개정3판

생태복원 계획·설계론 제 I 권

생태복원 이론과 법·제도

조 동 길

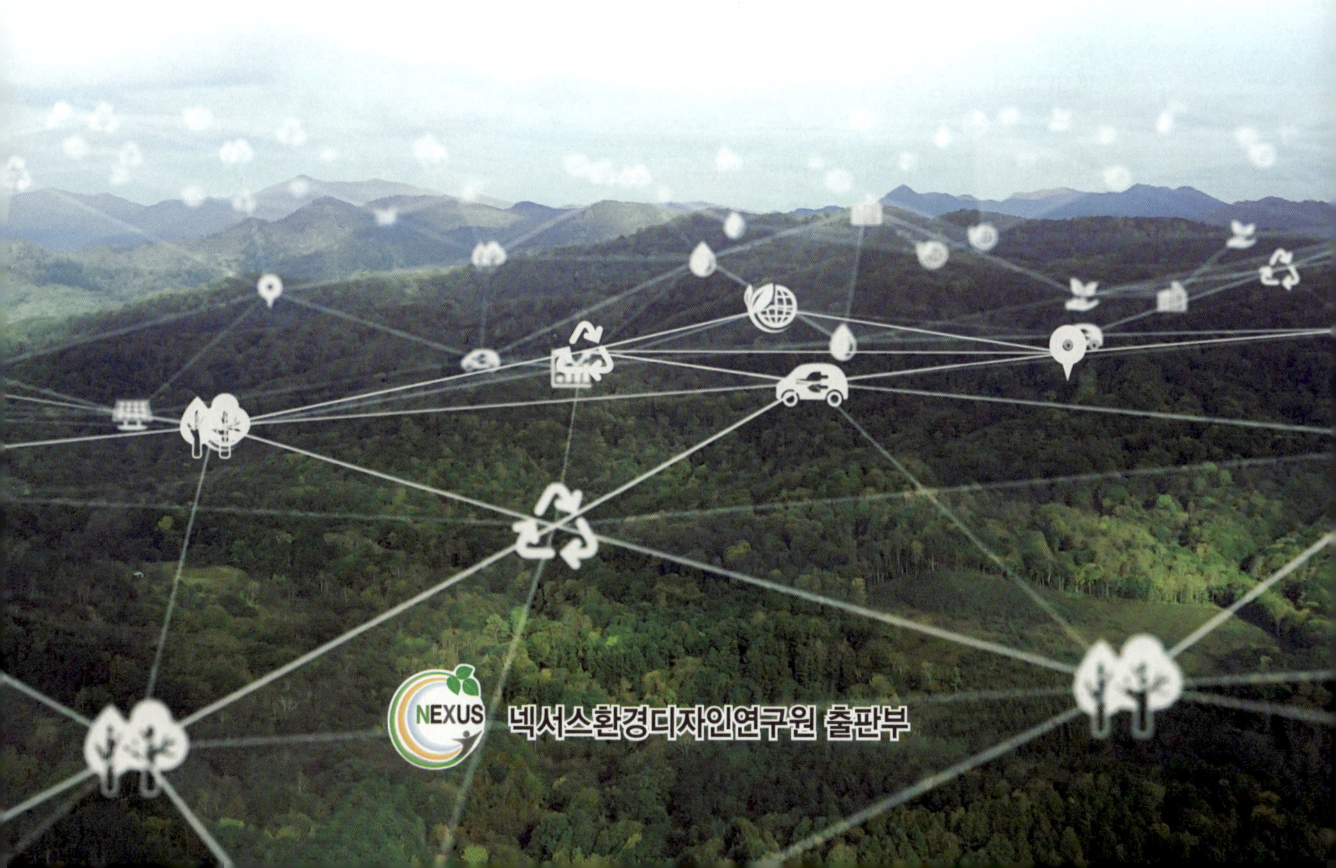

넥서스환경디자인연구원 출판부

생태복원 계획·설계론 제Ⅰ권 개정3판

생태복원 이론과 법·제도

1판 1쇄 인쇄 2011년 8월 25일
2판 1쇄 인쇄 2017년 8월 17일
3판 1쇄 인쇄 2024년 8월 30일

지은이 조 동 길

발행인 이 시 정
편집디자인 김 보 라

발행처 넥서스환경디자인연구원(주)
출판신고 2007년 2월 21일 (신고번호 제22-3086호)
주소 경기도 의왕시 이미로 40 인덕원 IT밸리 B903 (우)16006
전화 031-424-2930 | 팩스 031-421-2931
홈페이지 www.nexusdesign.co.kr | 이메일 nexus@nexusdesign.co.kr
값 40,000원

ISBN 979-11-87571-25-4

생태복원 계획·설계론 제Ⅰ권 개정3판

생태복원 이론과 법·제도

조 동 길

넥서스환경디자인연구원 출판부

개정3판

머리말

지난 2011년에 "생태복원 계획·설계론"으로 초판을 낸 이후에 2017년에 "생태복원 계획·설계론"을 2권으로 나누어 개정판을 출간하였다. 이후 필자는 실무를 보는 회사의 대표를 마치고, 2020년 3월 학교로 와서 교육과 연구에 더 집중할 수 있는 좋은 계기가 마련되었다. 학교에 와서 생태복원 분야와 관련된 교과목들을 중심으로 강의하다 보니 개정3판을 서둘러 내야겠다는 생각을 항상 품고 있었다. 가장 크게 변화한 것 중에 하나가 생태복원과 관련된 정책이 법제화되면서 산림청에서는 '산림복원'이라는 이름으로 법조항이 신설되었고, 환경부에서는 '자연환경복원'과 관련한 법조항이 생겼다. 해양수산부에서 갯벌복원을 위한 갯벌법(약칭)이 제정되기도 하였다. 결과적으로 법적 뒷받침 속에서 우리나라 생태복원 분야는 더 체계적이고 빠르게 발전하고 있었다. 그런 가운데 이 책은 아직도 2017년 시절을 벗어나지 못하여 아쉬움만을 가지다가 이제야 3번째 개정판을 출간하게 되었다.

3번째 개정판에서는 새로운 법과 제도, 정책이나 기법 등을 담았다. 특히, 기후변화협약에 따른 파리협정의 이행과 생물다양성협약, 그리고 쿤밍-몬트리올 글로벌 생물다양성 프레임워크(GBF) 등으로 세상은 빠르게 변화하고 있다. 이에 발맞춰 우리나라에서도 여러 가지 법과 제도를 정비하고, 국제 흐름에 맞추고 있다. 또한, 생태복원에 대한 국내 관심이 더 많아지고, 새로운 기법들이 정착되어 가면서 생태복원 사업을 위한 단계별로도 새로운 내용들을 추가하였다. 물론 지난 7년 사이에 사라진 제도나 잘못되었다고 판단된 내용들은 삭제하였다.

7년 사이의 변화 과정을 거치면서 새로운 개정판을 낸 만큼 앞으로 또 5~6년이 지나는 사이에 생태복원 분야에는 많은 발전이 있을 것으로 생각한다. 따라서 그 때 즈음엔 "생태복원 계획·설계론" 제4판이 출판될 것이라고 생각한다. 개정3판 작업을 하면서 담지 못했거나 수정하지 못한 것들은 차후 지속적인 수정과 보완 작업을 거치면서 더욱 정교하고 체계화된 책이 될 수 있도록 하고자 한다. 더불어서 독자분들께서 이 책에 담긴 내용에 대한 지적 혹은 새로운 생각들이나 기법들에 대해서 알려주신다면 언제든지 받아들이고 고민하여 더 나은 책을 만들 준비를 갖고 있음을 알려드리고 싶다. 학문의 발전 속에 산업이 발전하게 되고, 산업의 발전은 학문의 발전으로 다시 연결되는 순환과 교류의 관계 속에서 우리 생태복원 분야가 나날이 발전해 나가기를 진심으로 바란다.

끝으로 책이 나오기까지 세세한 내용을 리뷰하고 수정해 준 진산환경연구원의 정희정 연구원과 동아대학교 생태복원연구실의 김민지 연구원, 넥서스환경디자인연구원의 이시정 대표에게도 고마운 마음을 전하다. ♣

부산 승학산 기슭에서 낙동강 하구를 보며.

珍汕 **조 동 길** (cdgileco@dau.ac.kr)

1권 차례

2권 차례

사진설명 : 전남 순천만 갯골

1장 생태복원의 개요

1. 생태복원의 개요

가. 생태복원 개념과 유형

1) 생태복원의 개념

가) 개념의 태동

생태복원이라는 단어가 언제부터 사용되었는지에 대한 정확한 기록과 연대를 추정하기는 어렵지만 "복원(restoration)"이라는 단어는 약 130여년 이전부터 사용된 것으로 추정되고 있다. 서부 유럽에서는 19세기 말과 20세기 초부터 임업인과 엔지니어들에 의해서 "산지 복원(restoration of mountain lands)"이라는 단어를 사용한 것으로 알려지고 있다(Vallauri *et al.*, 2002). 하지만 이 시기의 복원이라는 단어는 현재 우리가 사용하고 있는 생태적 복원과는 다소 다른 의미 즉, 조림(silviculture)과 침식 방지라는 측면에서 사용되었다. 한편, Mutillod 등(2024)은 생태복원과 재야생화(rewilding)의 개념과 역사를 설명하면서 생태복원의 첫 시작을 1800년대 브라질의 티주카(Tijuca) 국립공원 복원으로 제시하였다. 이는 Drummond(1996)의 글을 인용한 것이며, 이 시대에 사용한 복원의 용어도 현대적 의미의 생태복원으로는 보지 않았다. 국제생태복원학회(the Society for Ecological Restoration International)의 자료에서는 복원(restoration)의 의미를 생태적으로 사용한 것은 George Perkins Marsh가 그의 저서 "Man and Nature"(1864)에서 가장 먼저 사용하였다고 환경 역사학자인 Curtis Meine가 주장한 것을 인용하였다(http://www.ser.org, 2010년 8월 리플릿). Marsh는 "restoration of disturbed harmonies"라는 말을 하면서 훼손된 경관의 복원이 필요하다고 주장하였다는 것이다. 물론 이때에는 복원에 대한 구체적인 설명은 하지 않았다.

이후 현재에 사용되고 있는 서식처의 재조성과 같은 복원의 의미를 사용한 것은 환경운동가이자 환경 토지 윤리의 아버지로 평가받고 있는 앨도 레오폴드(Aldo Leopold)로 보고 있다(Zedler, 1999). William R. Jordan III 등(1987)에 의하면, 1935년 가을에 커티스(Curtis)의 위스콘신대학 수목원에서 앨도 레오폴드의 지도 아래 24㏊의 프레리(tallgrass prairie, 대초원)를 복원한 것을 생태복원의 시작으로 보고 있다. 이후 1970년대 중반까지는 복원(restoration)에 대한 개념들이 여러 형태로 사용되는 여명기를 거쳤다. 그리고 1981년 William R. Jordan III이 주도하여 지금의 '국제생태복원학회'의 전신 격인 '생태복원과 관리 학회(the Society for Ecological Restoration and

Management)'의 첫 번째 정기학술대회에 와서 생태복원에 대한 개념들이 확립되기에 이르렀다. 이후 1988년 국제생태복원학회가 설립되어 본격적인 활동을 하면서 개념 정의와 가이드라인 등을 발간하고 있다. 참고로 우리나라의 (사)한국환경복원기술학회는 1998년 6월 설립되었다.

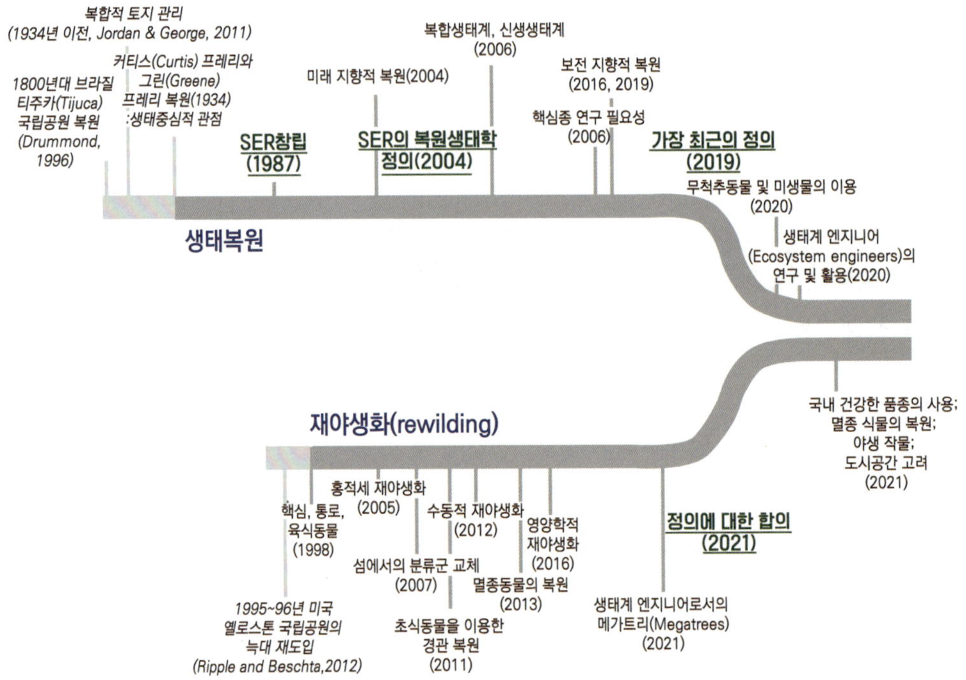

[그림 1-1] 2022년까지의 생태복원과 재야생화에 관한 개념 역사와 경향

※ 자료출처: Mutillod *et al*., 2024.

※ 주) 기울임체는 현재의 개념으로 사용하지는 않았을지라도 생태복원 또는 재야생화 사업의 초기 사업을 예시한 것이며, 밑줄 친 것은 국제생태복원학회(SER)에 의한 합의된 개념 등을 나타냄. 그 외 내용은 원칙을 위한 개념이나 제안을 의미함.

※ 저자 주) Mutillod *et al*.(2024)의 논문에서는 1987년에 SER이 설립되었다고 되어 있으나, Clewell과 Aronson(2013)의 저서에서는 1988년에 설립된 것으로 설명하고 있음.

나) 생태복원의 정의

생태복원은 다양한 차원에서 정의할 수 있으며, 시간의 흐름에 따라서도 변화하고 있다. 초기 생태복원을 정의했던 Bradshaw(1987)는 '단순한 경관 실험을 넘어서는 생태학적 이론 적용의 시금석'이라고 했다. 또한, Jordan 등(1987)은 '생물 군집의 완전한 복원'이라고도 하였다. 이후 1992년 National Research Council에서는 '교란 이전의 상태에 가장 근접하게 생태계를 되돌리는 것'이라고 정의하였다.

국제생태복원학회에서도 시대별로 생태복원을 다양하게 정의하고 있는데, 1990년에 처음으로 정의한 것은 "확실하며, 자생적인 역사적 생태계를 만들기 위하여 대상 지역을 의도적으로 변경하는 과정"이며, "이 과정의 목적은 특정한 생태계의 구조, 기능, 다양성 그리고 역동성을 흉내 내는 것이다"라고 하였다. 이후 1995년에는 "생태복원은 생태계의 건강성을 다시 새롭게 하고 유지하기 위한 과정"으로 정의하였다. 그리고 SER에 의한 가장 최근의 공식적인 정의는 "질적·양적으로 저하되었거나, 훼손되었거나, 파괴된 생태계의 회복을 도와주는 과정(Ecological Restoration is the process of assisting the recovery of an ecosystem that has been degraded, damaged or destroyed)"이다(SER, 2004). 따라서 넓은 의미에서 복원은 개선(reclamation) 및 회복/복구(rehabilitation)와 같은 활동도 포함한다(SER, 2004). 이 개념은 생태적 측면, 사회·경제적 측면, 그리고 개인 및 문화적 가치 측면에서 해석될 수 있다(Clewell and Aronson, 2007).

우선, 생태적 측면에서는 생물종의 조합, 군집 구조, 생태적 기능, 생물상을 부양하는 물리적 환경에의 적합성, 그리고 주변 경관과의 연계성 등의 측면에서 생태계 회복을 시작하거나 가속화시키는 의도적인 행위로 볼 수 있다.

사회·경제적 측면에서는 생태계가 사회에 제공하는 경제적 결과물로서의 자연 재화와 서비스 흐름을 복구시키는 것으로 볼 수 있다. 최근에 활발하게 연구되고 있는 생태계 서비스와도 직접적으로 연결되는 것이다.

마지막으로 개인 및 문화적 가치 측면에서 생태적 복원은 심미적, 개인적 성취감 그리고 공유된 경험과 의미 등의 영역에서 자연과 인간과의 관계를 새롭게 하는 것이다.

이후 2016년 유엔 생물다양성협약(CBD, 2016)의 공식 문서에서는 '생태계 회복력 유지 및 생물다양성 보전' 달성이라는 목표를 생태복원 개념에 추가했다. 또한, SER 정의에서는 생태계 재화와 서비스와 같은 인간에 대한 혜택을 포함하도록 수정되었다(Martin, 2017). 생태복원은 복원의 퀄리티를 평가하는 연속체(또는 스펙트럼) 범위 중에 생태적 건강성과 생물다양성, 그리고 생태계 서비스의 질이 가장 높고 또 양이 가장 많은 쪽에 속해있는 복원 활동으로 재정의하였다(Gann *et al.*, 2019). 가장 최근에 정의된 이 개념은 뒤에서 제시한 [그림 1-2]를 참고하면 이해에 도움이 된다.

우리나라에서는 생태복원을 "자연적이거나 인위적으로 훼손된 생태계를 원래의 상태나 원래의 상태에 가깝도록 생태계의 구조와 기능을 조성해 주어 생물서식처 및 생물종을 증진시키고자 하는 환경 기술(김귀곤·조동길, 2004)"로 정의한 바 있다. 복원은 원래 복구 혹은 회복(rehabilitation)이란 용어에서부터 시작하고 있으며, 현재는 생태복원과 관련하여 여러 차원에서 다양한 용어들이 사용되고 있다. 복원과 비슷한 뜻을 가진 용어로써 혼용되고 있는 몇 가지 단어들을 정리해 보면 아래와 같다.

• 복원 Restoration

복원(restoration)은 이전의 상태나 위치(state or position)로 되돌리는 것 혹은 훼손되지 않거나 완전한 상태로 되돌리는 것을 말한다. 또한, 복원하다(restore)라는 것은 원래의 상태로 되돌아가는 것 혹은 건강하거나 활발한 상태로 되돌아가는 것을 말한다. 요약하면, 완전하거나 건강한 상태, 혹은 원래의 상태로 되돌리는 것을 의미한다.

- 복구 Rehabilitation

복구 혹은 회복(rehabilitation)의 개념도 복원과 유사하게 이전의 상태로 되돌리는 것을 의미한다. 하지만, 복원과는 약간의 차이가 있는데, 회복에는 '원래의' 혹은 '건강한' 상태라는 개념을 포함하고 있지는 않다. 즉, 어떠한 지역의 고유한 생태계 구조와 유사하지만 꼭 일치되는 것은 아니며, 원래의 상태인지 혹은 생태적으로 건강한 상태인지는 알 수 없는 것이다. 따라서 외래종이 없거나 있을 수도 있지만, 안정되고 지속가능한 생태계를 만드는 것을 말한다.

- 개선 Reclamation

이 용어는 일반적으로 영국에서는 사용하지만, 북미에선 잘 사용하지는 않는다. 원래의 개념은 경작하기에 적절한 토지로 만드는 것을 의미한다. 하지만, reclaim에는 본연의 상태로 되돌아가는 것을 포함하고 있다.

이 개념을 광의적으로 사용할 때에는 원래 경관이 파괴된 지역에서 동일한 밀도로 이전에 존재하던 유기체들이 서식할 수 있게 대지의 상태를 향상시키는 것을 의미한다고 볼 수 있다.

- 저감 Mitigation

저감 혹은 완화는 어떤 행위의 부작용을 줄이는 것을 의미한다. 이것은 복원을 생각할 때 고려될 수 있는 또 다른 용어로써 볼 수 있을 뿐, 복원과 직접적인 연계성은 없다. 하지만, 저감을 위한 하나의 수단으로써 생태복원은 중요한 역할을 할 수 있다.

- 향상 Enhancement

향상은 미국에서 주로 사용하는 것으로 대안 생태계(alternative ecosystem)를 만들어 주는 것을 표현할 때 사용한다. 하지만, 향상이라는 개념은 서식처 중에서 특별히 한두 가지의 기능을 증진 혹은 개선시키고자 할 때에 사용하기도 한다.

- 창출 Creation

훼손 등의 여부와는 상관없이 생태계를 지속적으로 유지하지 못하는 지역에 지속성이 높은 생태계를 새롭게 만들어 내는 것을 말한다. 또는 다양한 목적에 의해서 전혀 생태계가 없던 곳에 새로운 생태계를 만들어 내는 것도 포함한다. 도시화된 지역에서 생물서식공간을 새롭게 만드는 것이 대표적인 창출이 될 수 있다.

- 녹화 Revegetation

생태계의 기능과 구조의 한 부분이나 이전의 토지이용으로 복원하려는 시도를 의미한다. 예를 들면, 토양 침식을 감소시키기 위해 피복된 초본류나 야생동물을 위해 야생의 관목이나 교목을 이식하거나 씨앗을 뿌리는 행위이다. 따라서 녹화의 개념은 복원이라는 개념보다는 식물을 이용하여 푸르게 만드는 것에 더 큰 의미를 가지고 있다고 볼 수 있다.

- 재생 Renewal/Redemption

일본에서는 우리나라의 생태복원과 유사한 의미로 “자연재생”의 개념을 사용하고 있는데, 일본의 환경성과 국토교통성은 각각 다른 의미로 정의하고 있다. 일본의 환경성에서는 과거의 잃어버린 자연을 적극적으로 되돌리는 것을 통해서 생태계의 건전성을 회복하는 것을 직접적인 목적으로 행하는 사업으로 정의하고 있다. 반면, 일본 국토교통성에서는 주변의 녹음, 자연이나 생물이 살기 좋은 환경의 재생을 목적으로 행하는 하천, 공원, 항만 만들기를 자연 재생 사업으로 정의하고 있다.

지금까지 설명한 다양한 용어들과 연관된 개념들을 종합하여 표로 제시해 보면 [표 1-1]과 같다.

[표 1-1] 사전적 의미에서 복원과 관련된 다양한 개념들

구 분	정의 및 내용
복원(Restoration)	• 훼손된 생태계의 회복을 도와주는 과정 • 훼손되기 이전의 상태로 되돌리는 것 • 교란 이전의 상태로 정확히 돌아가기 위한 시도로 많은 시간과 비용이 소모되기 때문에 쉽지 않음
복구(Rehabilitation)	• 시각적인 측면에서의 향상 • 원래보다는 못하지만 원래의 자연 상태와 유사한 것을 목적으로 하는 것
개선(Reclamation)	• 새로운 토지이용의 개념이 포함되어 있음 • 농사를 위해 적합한 형태로 토지를 만드는 것
저감(Mitigation)	• 오염이나 훼손을 완화시키거나 경감시키는 것
향상(Enhancement)	• 질이나 중요도, 매력 측면에서의 증진
대체(Replacement)	• 현재의 상태를 개선하기 위하여 다른 생태로 원래의 생태계를 대체하는 것 • 구조에 있어서는 간단할 수 있지만 보다 생산적일 수 있음 • 초지를 농업적 목초지로 전환하여 높은 생산성을 보유하게 함
개조(Remediation)	• 건강한 생태계 조성을 위해 개조하는 것으로 결과보다는 과정을 중요시 함
재생 (Renewal/Redemption)	• 재이용 계획에서 유동성이 가능한 형태로 바꾸어 주는 것 • 과거의 잃어버린 자연을 적극적으로 되돌리는 것을 통해 생태계의 건강성을 회복하는 것

※ 자료출처: SER, 2004; Bradshaw, A.D. & Chadwick, M.J., 1980; Bradshaw, A.D., 1997.

한편, Nelson, C.R. *et al.*(2024)은 “UN 2021~2030 생태복원 계획”을 위한 생태복원 실행 표준에서 복원의 연속체로서 복원 활동을 4가지 유형 즉, 영향의 저감, 개조(remediation), 복구(rehabilitation), 생태복원(ecological restoration) 등으로 구분하였다([그림 1-2] 참조).

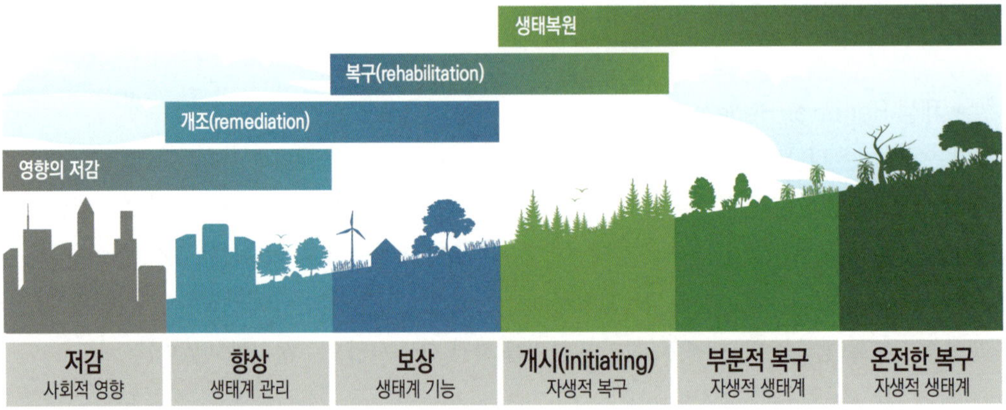

[그림 1-2] 생태복원의 연속체로서 복원 활동의 4가지 유형

※ 자료출처: Nelson, C.R. *et al.*, 2024. (원자료 출처: Gann *et al.*(2019)의 내용을 수정한 것임)

이러한 개념 정의에도 불구하고 국제생태복원학회의 회장을 역임했던 클레웰과 아론슨(Clewell & Aronson, 2013)은 생태복원 개정판에서 생태복원(Ecological Restoration)과 생태적 복구(Ecological Recovery)의 개념 정의를 새로운 시각에서 제시하였다. 이들은 웹스터 신국제 영어사전 제3판(1993)의 내용을 토대로 복원은 이전 상태 또는 본래의 상태로 되돌아가거나 되돌리는 것 또는 재건(rebuild)이나 개조를 의미한다고 보았다. 그리고 복구(recovery)는 정상적인 균형이나 안정적인 상태로 되돌아가는 것 또는 구조, 치료, 치유, 되찾기 등을 의미한다고 해석했다. 이러한 정의들에 따르면 복원은 이전의 상태로 되돌아가는 것을 의미하는 반면, 복구는 이전의 잠재력으로 되돌아가 그에 따른 활동을 기대할 수 있음을 의미한다(조동길 등, 2015). 결과적으로 생태계의 속성이 항상 변화하기 때문에 복원(restoration)이라는 단어보다는 복구(recovery)를 사용하는 것이 바람직하다고 보았다. 그러함에도 불구하고 생태복원 개정판의 내용을 "복원(restoration)"으로 사용한 것은 개념을 정정하기에 시기적으로 늦었다고 판단했다. 즉, 이미 전 세계적으로 복원이라는 단어는 중요한 가치이며, 언어적 반향을 갖고 있다는 것이다.

한편, 생물다양성협약 사무국(CBD Secretariat, 2022)에서는 복원과 관련된 유형을 2가지 구분하였는데, 복구(rehabilitation)와 생태복원(ecological restoration)이다. 우선 생태복원은 훼손된 자연생태계의 종 구성, 구조, 기능, 생태적 과정을 자연 상태에 가깝게 만드는 것이다. 즉, 자연생태계의 면적이나 온전성을 증가시키는 것을 중요시한다. 반면, 복구는 농경지, 조림지와 같이 원래 서식처에서 바뀐 서식처를 생태계의 기능과 서비스 등 인간에 대한 자연의 서비스(기여)(NCPs)를 향상시키는 것이라고 할 수 있다. 즉, 관리된 생태계의 생태계 기능과 서비스의 증가 등이 중요하며, 생물다양성과 관련된 목적 유무는 가변적이라고 할 수 있다.

지금까지 보았듯 복원과 관련한 다양한 정의와 관점들이 있음을 알 수 있는데, 환경부와 산림청에서는 소관 법령에서 복원과 관련된 정의를 다음과 같이 내렸다. 우선 환경부는 자연환경보전법(2021.1.5. 개정)에서 "자연환경복원사업"을 정의하였는데, 훼손된 자연환경의 구조와 기능을 회복시키는 사업으로서 다음 각 호에 해당하는 사업을 말한다. 다만, 다른 관계 중앙행정기관의 장이 소관 법률에 따라 시행하는 사업은 제외한다고 명시하였다.

가. 생태·경관보전지역에서의 자연생태·자연경관과 생물다양성 보전·관리를 위한 사업
나. 도시지역 생태계의 연속성 유지 또는 생태계 기능의 향상을 위한 사업
다. 단절된 생태계의 연결 및 야생동물의 이동을 위하여 생태통로 등을 설치하는 사업
라. 「습지보전법」 제3조제3항의 습지보호지역등(내륙습지로 한정한다)에서의 훼손된 습지를 복원하는 사업
마. 그 밖에 훼손된 자연환경 및 생태계를 복원하기 위한 사업으로서 대통령령으로 정하는 사업

여기서 대통령령으로 정하는 사업은 다음과 같다(자연환경보전법 시행령 2022.1.6.).

1. 「야생생물 보호 및 관리에 관한 법률」 제13조제2항에 따른 멸종위기 야생생물의 서식지를 복원하기 위한 사업
2. 「습지보전법」 제9조제1항에 따른 협약등록습지를 복원하기 위한 사업
3. 「하천법」 제45조에 따른 보전지구와 복원지구 안에서 하천을 복원하기 위한 사업
4. 자연환경·생태계 복원의 필요성과 복원 효과 등을 고려하여 자연환경복원사업을 실시할 필요가 있다고 환경부장관이 정하여 고시하는 사업

한편, 산림청은 산림자원의 조성 및 관리에 관한 법률(2019.1.8., 개정 기준)에서 "산림복원"이란 자연적·인위적으로 훼손된 산림의 생태계 및 생물다양성이 원래의 상태에 가깝게 유지·증진될 수 있도록 그 구조와 기능을 회복시키는 것을 말한다고 정의하였다.

또한, 2019년 제정된 "갯벌 및 그 주변지역의 지속가능한 관리와 복원에 관한 법률(2023.8.8., 타법 개정 기준)"에서는 "갯벌복원"의 개념을 갯벌에 서식하는 생물의 다양성을 증진하기 위하여 개발사업 등의 영향으로 훼손된 갯벌등의 물리적 형태와 생태적 기능을 본래 갯벌등의 상태로 회복·증진시키는 것이라고 정의하였다.

다) 생태복원에 대한 관점

아론슨과 클레웰(2013)은 훼손된 생태계의 복원을 환자와 의사의 관계로 비유하였다. 훼손된 생태계는 환자이며, 생태복원은 의사와 같은 것이다. 주지하다시피 우리가 감기가 들거나 병이 들었을 때는 건강한 상태가 아니라서 훼손된 생태계처럼 제 기능을 못하게 된다. 따라서 병원에 가서 의사의 진단을 받고 그 원인을 알게 된 다음 처방을 받게 된다. 이때 의사의 역할은 생태복원 전문가의 역할과도 같은 것이다. 즉, 생태복원 전문가는 훼손된 생태계에 대한 조사 및 분석, 평가 등을 통해서 훼손의 원인과 정도에 대한 진단을 내려야 하고, 그에 가장 적합한 복원 기법을 제시해야 한다.

문제는 약을 처방받은 환자가 곧바로 낫지 않는다는 것이다. 물론 특수한 경우엔 바로 완치되는 경

우도 있지만, 대부분의 경우 환자는 처방된 약을 복용하면서 건강한 상태로 서서히 회복하게 된다. 생태복원 기법이 적용된 생태계도 이와 마찬가지이다. 결과적으로 의사와 환자간의 비유는 우리가 생태복원을 바로 보는 시각을 달리해야 함을 보여주기도 한다. 즉, 훼손된 생태계는 복원전문가에 의해서 시행되지만, 훼손되기 이전의 원래 상태로 가는 데에는 많은 시간과 생태계의 자기 회복 능력이 중요하다는 것이다. 그래서 필자는 생태복원을 한 단어로 말하라고 하면 "과정"이라고 한다. 즉, 시간이라고 하는 절대적 힘에 의해서 회복되어야 하는 기법이라는 의미이다. 결과적으로 온전한 생태복원이 되기 위해서 전문가는 이 회복되는 과정을 "도와주는" 역할을 하는 것이다. 참고로 이러한 의사와 환자의 비유는 산림청에서 운영하고 있는 나무의사와 치료·관리를 해야 하는 수목과의 관계에서도 적절하게 적용될 수 있다.

한편, 생태복원의 개념에서 중요한 것은 '훼손된 상태를 훼손되기 이전의 상태로 되돌린다'는 것이다. 근본적으로 과거로의 회귀를 의미한다. 그렇지만 현재 시점에서 자연을 보면, 현재의 기후 체계에 적응하여 자연은 끊임없이 변화하고 있다. 따라서 현재 훼손된 생태계를 훼손되기 이전 즉, 수년 전 혹은 수십 년 전의 상태로 되돌리는 것이 타당한 것인가에 대한 의문이 많다. 전문가들의 의견은 생태복원은 현 시점 혹은 변화하는 환경 조건을 고려하여 미래의 시점을 염두에 두고 접근해야 한다고 주장한다. 그렇기 때문에 생태복원의 개념에서 '훼손되기 이전의 상태'로 되돌리는 것은 어디까지나 개념적 혹은 은유적인 표현으로만 이해하는 것이 바람직하다.

한편, 김성도 등(2017)은 "생태복원의 인문학적 상상력"이라는 저서에서 생태복원에서의 인문학적 접근을 강조했다. 이들은 생태복원은 자연과학적 지식을 필요로 하지만, 더 중요한 것은 자연과학적인 지식의 활용 방향을 인도하고, 그 적용 범위를 결정해 주는 인문학적 상상력과 사회과학적 지혜라고 보았다. 이들이 생태복원을 보는 시각을 인용해 보면 다음과 같다.

> *생태복원은 자연과학의 문제가 아니라 철학의 문제이며, 사회 발전의 방향과 관련된 것이다. 즉, 근대 사회가 당연한 것으로 여겨왔던 자연에 대한 개입, 다른 종에 대한 인간 우월주의, 그리고 세계를 대상으로만 여기는 인간중심주의에 대한 근본적 성찰을 필요로 한다. 그런 의미에서 생태복원은 자연과 사회, 생명과 인간 간의 관계 재설정을 위한 작업이라고 할 수 있다.*

2) 생태복원 관련 유사 개념

가) 생태공학

생태복원과 유사한 개념인 생태공학(Ecological Engineering)은 "인간 사회와 자연생태계 모두에게 이익이 되도록 인간사회와 자연환경을 통합하여 지속가능한 생태계를 설계하는 기술"로 정의한다(Mitsch, 1996, 1998, 2012). 여기에는 생태계의 창출과 복원을 포함하고 있다. 생태공학의 목적은 인간의 활동이나 토지의 교란, 환경오염 등에 의해서 그 본질이 훼손된 생태계를 복원하는 데 있다. 또한, 인간과 생태적 가치를 새롭고 지속가능하게 발전시키는 데 있다.

나) 자연기반해법

자연기반해법(NbS)의 개념이 태동한 것은 2002년으로 보고 있지만, 실질적인 발전과 활용은 2005년 "새천년 생태계 평가" 이후로 보고 있다. 구체적인 개념 정의가 이루어진 것은 비교적 최근으로, IUCN(2016)에선 "사회 문제를 효과적이고 순응적으로 해결하는 동시에 인류의 복지와 생물다양성 편익을 제공하는 행동으로서 자연과 변형된 생태계를 보호하고, 지속가능하게 관리하며, 복원하는 행동"이라고 정의하였다. 이러한 개념은 매우 포괄적인 것으로 보호와 관리, 복원의 개념이 망라되어 있다.

그리고 제5차 국가생물다양성전략(2024~2028)에서는 글로벌 정책 동향을 설명하면서 자연·생태에 기반한 기후적응과 탄소흡수 관리 강화로 기후회복력과 생물다양성 증진을 동시에 도모하는 자연기반해법이 대두되었다고 설명하였다. 그러면서 자연기반해법(Nature-based Solution)을 기후·환경오염·자연재해·수자원·질병·생물다양성 등의 문제를 생태계 보호·복원·관리를 통해 효과적이고 지속가능한 방식으로 해결하려는 조치(IUCN)라고 간략히 정의하였다. 그리고 제5차 국가생물다양성전략의 2030 실천목표에서 생물다양성 위협요인 저감을 위해서 "자연기반해법을 통한 기후변화 대응" 목표를 포함시켰다.

한편, IUCN(2020) 등은 자연기반해법 준거틀(framework)과 유형을 크게 5개로 구분하여 설명하고 있다([그림 1-3] 참조). 여기서 보호를 위한 접근 방법은 지역기반 보전 접근법을, 특성 이슈 대응을 위한 접근 방법은 생태계 기반 적응(EbA), 생태계 기반 완화, 기후 적응 서비스 그리고 생태계 기반 재난위험 경감의 접근법을 제시하였다. 또한 기반시설을 위한 접근 방법은 자연기반시설과 녹색기반시설을, 관리를 위한 접근 방법은 생태계 기반 관리(EbM)를 들었고, 복원을 위한 접근 방법에서는 생태복원, 생태공학, 산림경관 복원을 주요 접근 방법으로 설정하였다(이우균 등, 2023).

[그림 1-3] 자연기반해법 프레임워크와 유형
※ 자료출처: IUCN, 2020.

결과적으로 자연기반해법은 기후변화, 생태계 훼손, 생물다양성 감소, 경제적·사회적 발전, 건강, 식량과 물 안보, 재난 위기 저감과 같은 사회 문제를 해결하기 위한 종합적이고 포괄적인 수단으로 볼 수 있다. 자연기반해법을 적용함으로써 기후변화에 대응하고, 생태계를 보전하며, 생물다양성을 증가시키며, 녹색 일자리를 만들고, 지역사회 회복탄력성을 확보하며, 건강의 증진과 안전하고 충분한 식량, 깨끗한 공기와 물, 재난 위기의 저감 등의 기대 효과를 가져 올 수 있다.

한편, 물관리 측면에서 자연기반해법의 개념을 비교, 평가한 연구에서 NbS는 자연생태계 기능이 사회 환경 문제 해결에 활용하기 위한 기존의 다양한 접근 방법들을 포괄적으로 대표할 수 있다는 점에서 그 의미가 있으며, 특히 교육적, 설득적인 면에서 유익한 개념으로 보았다(우효섭, 한승완, 2020). 그러나 물관리 측면에서 접근 방법론은 특히, 생태계 기반 재해위험저감(Disaster risk reduction, DRR) 즉, Eco-DRR을 포함하는 광의의 그린인프라와 실제 크게 다르지 않다고 보았다. 다만 좁은 의미의 그린인프라는 현재 우수 관리에 초점을 맞추고 있기 때문에 NbS 개념은 여전히 유용하다고 보았다. 물과 관련한 여러 방법론은 개념적, 공간적 포괄성 관점에서 NbS-(EE)-BGI-(CRT)-GI-LID 순으로 표시할 수 있다(우효섭, 한승완, 2020). 여기서 LID(Low Impact Development)는 저영향 개발 기법을 의미하며, GI는 그린인프라(Green Infra)를 그리고 CRT(close-to-river techniques)는 자연형 하천 기술을 의미한다. 그리고 BGI는 블루그린인프라(Blue-Green Infra)를 의미하는데, 그린인프라의 개념을 단순한 우수처리 문제에 한정하지 않고 건조환경(built environment)과 주변 농경지, 산림, 하천, 호소 등 전체로 확대하여 보는 개념이다. EE(Ecological engineering)는 생태기술 또는 생태공학을 의미한다.

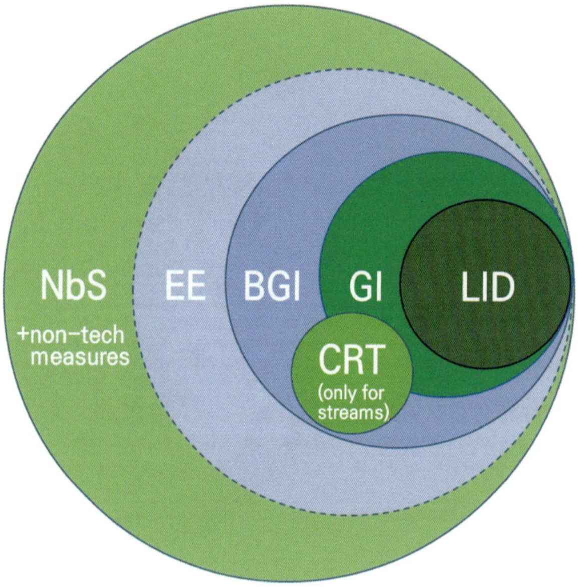

[그림 1-4] 자연기반해법과 유사한 개념들의 위계

※ 자료출처: 우효섭, 한승완, 2020.

3) 생태복원의 단계와 유형

앞서 살펴본 복원, 그리고 이와 관련된 몇 가지 개념에서도 나왔지만, 훼손된 생태계를 원래의 상태로 얼마만큼 되돌리느냐에 따라서 생태복원의 단계와 그 유형이 구분된다. 즉, 생태복원은 기본적으로 외부의 영향에 의한 변화 이전의 단계로 돌아가는 것을 의미하지만, 그 변화의 정도와 현재의 조건 등에 따라 [그림 1-5]와 같이 여러 가지 유형과 단계로 구분할 수 있다.

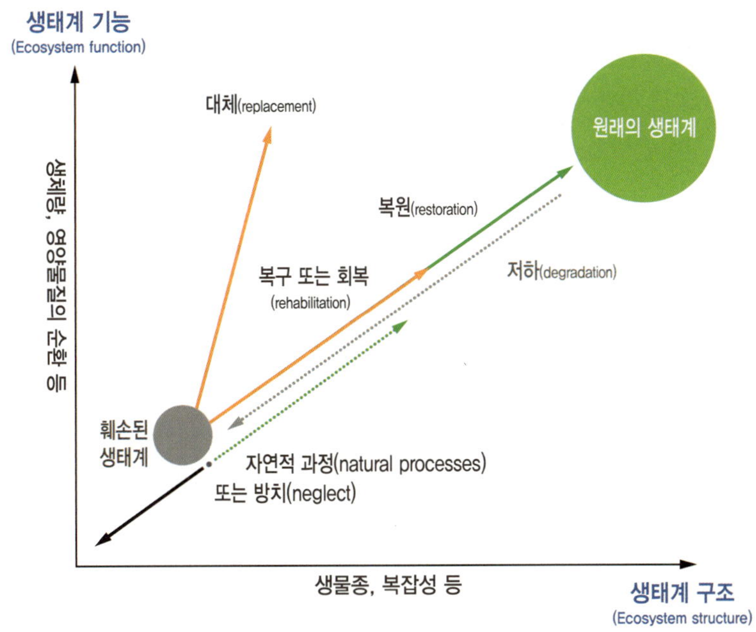

[그림 1-5] 자연환경복원의 단계와 유형

※ 자료출처: Bradshaw, 1984; Krystyna M. Urbanska *et al.*, 1997.

[그림 1-5]에서와 같이 생태계가 자립적인 역할을 하기 위해서 필요한 두 축은 구조(그림에서 가로축)와 기능(그림에서 세로축)으로 볼 수 있다. 여기서 생태계의 구조는 생물종, 복잡성 등과 같이 외형적으로 나타나는 것을 의미하며, 기능은 물리적 구조에 기초하여 생물종과 그 환경 사이에서 일어나는 다양한 기작을 말한다. 즉, 생체량(biomass)이나 영양물질의 순환과 같은 것이 생태계의 기능이라고 할 수 있다. 또한, 그림에서도 잘 나타나 있지만, 훼손이라는 것은 생태계의 구조나 기능 모두 혹은 그 중에서 한 가지라도 제 기능을 하지 못하여 영점에 가깝게 된 상태를 말한다. 훼손되기 이전의 상태가 기능이나 구조적인 면에서 최상위점에 있는 것과는 다르다. [그림 1-5]를 이용하여 우리는 복원의 단계와 유형을 방치(자연적 과정), 복원, 복구(회복), 개선(대체)으로 설명할 수 있으며, 그 시작점은 훼손된 생태계가 되고, 목표점은 원래의 생태계가 된다.

우선, 방치(자연적 과정) 기법은 훼손된 생태계를 그대로 둘 경우에 해당하는 것으로 생태계의 자체적인 회복력에 의해서 서서히 원래의 생태계로 회복되어 가도록 유도하는 기법을 말한다. 복원 비용이 너무 많이 들거나, 예전의 복원 노력이 실패했을 때, 생태계는 스스로 회복될 수도 있기 때문에 훼손된 지역을 그대로 두는 것이 좋을 경우도 있다는 것이다. 대표적인 예는 미국의 북동부에 있는 묵밭을 그대로 방치하였을 때 수십 년 내에 천이 과정을 통해 산림으로 회복된 사례가 있다. 한편, 특별한 제한 요인이 없을 경우 자연적 방치에 의한 생태계 회복은 온대지역에서 약 100년 정도 걸리는 것으로 보고 있다. 그러나 토양의 산성화, 중금속 등과 같은 독성 물질에 의한 오염과 같은 제한 요인을 가지면 50년 또는 100년이 넘도록 식물이 전혀 정착하지 못하는 경우도 있다(Bradshaw, 1995). 우리나라의 경우에는 산불 피해지역에서 자연에 맡기는 방식으로 복원한 경우, 층구조 형성이 빨라서 13년이

경과한 지역에서 이미 교목층이 발달하기 시작하였고, 21년 된 지역에서는 층구조를 완성하고 피도가 84%에 달하였다(정연숙 등, 2000). 참고로 최근의 연구 결과는 이 책의 제3장에서 복원생태학 부문 중 자기설계적 복원과 설계 복원 부분을 참고하면 된다.

훼손된 생태계를 그대로 방치해도 자연은 스스로를 치유하고 원래의 생태계로 전진해 나갈 수 있지만, 반대로 더욱 더 나빠지거나 침식이나 산사태와 같은 제2차 피해를 발생시킬 수도 있다. 후자의 경우에는 적극적이고 능동적인 생태복원을 해 주어야 한다. 이것은 훼손된 생태계가 보다 더 나빠지는 것을 방지하고, 원래의 생태계로 보다 빠르게 되돌아갈 수 있도록 도와주기 위한 것이다. 결과적으로 방치(자연적 과정) 기법은 자연에 의한 회복력을 담보할 수 있을 경우에만 적용하는 것이 바람직하다.

엄격한 의미 혹은 좁은 의미(협의(狹義))에서의 복원(restoration)은 훼손되기 이전의 생태계 구조와 기능으로 되돌아가는 것을 의미한다. 그러나 실제로 우리의 자연 생태계에서는 좀처럼 쉽지 않은 일이다. 즉, 우리가 지금 보고 있는 자연이라는 생태계는 수십 혹은 수 백 년 이상의 시간을 거쳐서 형성된 것인 만큼, 이러한 자연이 한번 훼손되고 나면 제아무리 적합하고 최신의 복원 기법으로 접근한다고 해도 수년 이내에 원래의 상태로 되돌릴 수 없다는 것이다. 실제로 국제생태복원학회에서는 소규모의 미미한 정도의 훼손에 의한 복원의 경우에는 수년 이내에 원래의 상태로 갈 수 있지만, 대부분의 경우에는 수 십 년에서 수 백 년을 거쳐 목표 시점에 도달할 수 있다고 보고 있다. 그리고 이러한 복원의 성공을 위해서는 대상지역의 특성에 맞는 최적의 방법을 사용했을 경우에 한정된다. 결과적으로 엄격한 의미에서의 복원은 매우 오랜 시간을 필요로 하며, 그에 따른 많은 예산과 노력을 필요로 한다.

앞서 설명한 바와 같이 훼손되기 이전의 상태로 완전하게 복원할 수 없기 때문에 우리는 대부분 훼손되기 이전의 유사한 상태로 복원하기 위한 노력을 시도하고 있다. [그림 1-5]에서는 이를 복구(회복, rehabilitation)로 표현하고 있는데, 앞서 제시하였던 개념과 유사하며, 부분적 복원이라고도 한다. 즉, 원래의 상태는 아니지만, 원래의 상태에 가깝고 유사한 수준으로 복원시켜 주는 것으로서 우리가 생각하는 복원의 대표적인 유형이 된다. 예를 들어, 광산을 개발하고 나면 원래의 지형으로는 도저히 복원할 길이 없지만 최대한 가깝게 만들어 줄 수는 있는 것이다.

마지막으로 대체(replacement)는 원래의 생태계 구조로 돌아갈 수 없지만 기능적인 측면에서는 원래의 상태와 유사하게 만들어 주는 것을 말한다. 예를 들어, 기존에 습지가 있던 곳에 택지개발사업으로 건물이 들어서 있다면, 건축물을 허물고 다시 습지로 복원할 수 없기 때문에 다른 지역에 일정 면적의 습지를 조성해 주고, 기존에 습지가 가지고 있었던 기능을 그대로 재현시키고자 하는 노력이다. 도심지역의 옥상 생물서식공간은 대체 기법의 대표적인 사례라고 할 수 있다. 따라서 대체라는 개념은 원래의 생태계와는 다른 구조적 형태를 갖지만, 기능적인 측면에서는 훼손된 생태계와 동등 이상의 생태계로 조성하는 것이다. 결과적으로 생태계의 구조에 있어서는 간단할 수 있지만 생태적인 기능에서는 보다 생산적일 수 있다.

한편, 앞서 언급한 방치(자연적 과정), 좁은 의미의 복원, 복구(회복), 그리고 대체 등의 모든 개념을 아울러서 넓은 의미의 복원이라고 부른다. 그리고 방치는 소극적 복원 또는 수동적 복원 기법으로 나머지 3개는 적극적 복원 또는 능동적 복원 기법으로 분류한다.

나. 생태복원 필요성

우리나라에서 1990년대 중반 이후부터 본격적으로 연구되기 시작한 “생태복원”은 최근 매우 활발한 연구와 정책·기술 개발, 산업계에서의 업역 확대 등 다양한 발전을 이루어나가고 있다. 그리고 앞으로도 이 분야의 발전은 매우 빠르고 다양하게 진행될 것으로 판단된다. 그렇다면 우리는 왜 생태복원을 해야 할까? 여기에서는 이에 대한 몇가지 이유들을 제시해 보고자 한다.

1) 생물다양성 증진

생태복원의 가장 근본적인 목적은 생물다양성 증진에 있다. 생물다양성 협약, 나고야 의정서 등으로 생물종의 가치는 매우 높아지고 있다. 다양한 생물종이 서식하는 건강한 생태계를 만들어 내는 것이 바로 생태복원의 첫 번째 목적이다.

가메야마(亀山 章, 2004)는 생태공학의 근본적인 목적은 지구의 생물다양성을 증진시키는 것이라고 하였다. 생태공학(ecological engineering)과 생태복원(ecological restoration)은 의미의 차이는 다소 있지만, 생태복원 역시 생물다양성 증진을 궁극적인 목적으로 하고 있다. 따라서 지구상에서 각종 개발과 환경 변화 등으로 사라져가는 생물종들을 보호하고, 이들의 다양성을 향상시키기 위한 수단으로써 생태복원은 절대적으로 필요하다.

UN 생물다양성 전망 보고서(2010)에 따르면, 자연적인 상태에서보다 현재의 생태계는 1,000배 이상 빠르게 생물종이 소실되고 있다고 주장하였다. 1970년부터 2006년까지 전 세계 야생 척추동물의 31%가 감소한 것으로 보고 있다. 또한, 세계자연기금(WWF, 2020)의 “지구생명보고서 2020”에서 제시한 2020년 세계 지구생명지수(Living Planet Index, LPI)에 따르면 1970년부터 2016년까지 관찰된 척추동물 종들의 개체군 규모가 평균 68% 감소한 것으로 나타났다. 특히, 아메리카 열대 지역의 LPI 감소율 94%는 세계 각지에서 관측된 결과 중 가장 충격적이라고 하였다. 또한, 인간은 생태용량(biocapacity)의 최소 56%를 초과하는 수준으로 자연자원을 과용하고 있으며, 식량 생산지와 생산 방식의 변화로 인한 토지이용 변화는 인간이 생물다양성에 가하는 최대 위협 중 하나라고 하였다(WWF, 2020). 여기서 말하는 지구생명지수(Living Planet Index, LPI)는 생물종 개체군에 대한 관찰을 통해 생물종의 풍부도(abundance) 증감 여부를 확인하는 지표로, 특정 생물종의 총 개체 수 정보는 제공하지 않는다. 또한, LPI는 전 세계 포유류, 조류, 어류, 파충류 및 양서류의 개체군의 규모, 풍부도 변화를 추적하는 지표이기도 하다. 지구생명지수를 산정하는 방식과 관련하여, 전 세계적으로 야생동물의 수는 다양한 용도로 산정하는데, 특정 지역에서 여러 해에 걸쳐 야생동물을 관찰하면 해당 지역의 개체 수 변화 양상을 파악할 수 있다. 지구생명지수(LPI)는 관찰된 생물종의 상대적 풍부도(abundance)가 평균적으로 증가 또는 감소하거나 그대로인지를 확인하기 위해 개체군 규모의 변화 양상을 활용한다. 이를 위해 지구생명 데이터베이스(Living Planet Database)에서 풍부도 변화 관련 정보를 취합한 뒤 평균을 구한다(WWF, 2022).

이처럼 최근 급격히 줄어들고 있는 야생생물종의 개체 수 감소에 대한 대응으로서 생태복원은 생물다양성의 증진 측면에서 사라져가고 있는 생물종들의 안정적인 서식과 복원을 위한 중요한 도구로 활용해야 한다.

2) 윤리적 책임

조금은 추상적일 수 있겠지만, 우리가 생태복원을 해야 하는 중요한 이유 중에 하나여야 한다. 주지하다시피, 1992년 브라질 리우데자네이로(Rio de Janeiro)에서 열린 지구정상회의에서 채택된 "ESSD(환경적으로 건전하고 지속가능한 발전)"의 개념에서 제시되고 있듯 현세대뿐만 아니라 미래세대를 위해서 우리는 자연을 보호·보전하고 복원해야 한다.

인간은 지구라는 공간에서 수많은 생물종들과 함께 공유하고 있는데, 인간중심적인 생활이 아니라 수많은 생물종들과 함께 어우러져 살아가기 위한 수단으로써도 우리는 생태복원을 해야 한다. 지구상에 서식하고 있는 생물종의 수는 학자들마다 국제기구마다 다양하게 나타나고 있지만, 많게는 1,000만~2,000만종으로 보고 있으며, 적게는 500만~1,000만종으로도 보고 있다. UNEP(2000) 기준으로 보면, 지구상의 생물종은 1,400만 종으로 추정되며, 이 중에서 인류가 발견하여 명명한 생물종은 약 175만종(추정치의 13%)에 달한다.

따라서 생태복원의 필요성은 미래세대와 지구를 공유하고 있는 다른 생물종들에 대한 윤리적 책임으로써, 고차원적인 철학적 사고에 바탕을 두어야 할 것이다.

3) 지구환경문제의 개선

유엔은 지난 2002년, 남아프리카공화국 요하네스버그에서 열린 "지속가능발전에 관한 세계정상회의(WSSD)"에서 우리 인류가 범지구적으로 안고 있는 문제와 그 동향을 정리한 자료를 출판했다. "지구적 도전과 기회 : 지속가능발전의 동향(The United Nations Dept. Of Economic and Social Affairs, 2002.8)"이라는 자료집인데, 여기에는 인구, 빈곤과 불평등, 식량과 농업, 물(담수, freshwater), 산림, 에너지, 기후 변화, 건강과 물, 건강과 대기오염이라는 9가지 주제를 다루고 있다. 그리고 이 세계정상회의에서 코피아난 유엔사무총장은 인류가 시급하게 해결해야 할 문제를 다섯 가지로 압축시켰다. 여기에는 물(water), 에너지(energy), 보건(health), 식량과 농업(agriculture), 그리고 생물다양성(biodiversity)이 포함되었다. 5가지 주제의 첫 글자들을 모아서 약어로 WEHAB라고 한다.

생태복원은 각종 지구환경 문제를 해결하기 위한 중요한 수단이 될 수 있다. 훼손되고 질적으로 악화된 자연생태계를 원래의 상태로 복원해 나감으로써 자연이 갖고 있던 제 기능을 되돌리고, 그곳에 서식하였던 생물종이 다시 서식할 수 있기 때문이다. 특히, 9가지의 지구환경문제 중에서 담수, 산림, 기후변화 등은 생태복원과 직접적으로 관계되는 것이며, 시급하게 해결해야 하는 5가지 문제 중에서도 생물다양성은 생태복원과 밀접하고 근본적인 관련성을 갖는다.

[표 1-2] 9가지 주요 지구 환경 문제

주 제	내 용
인구 증가	• 기하급수적 인구 증가, 후진국일수록 인구 밀도가 높은 점 제기
빈곤과 불평등	• 국가 및 계층 간 빈익빈 부익부 불평등 문제 심화
식량과 농업	• 인구 증가에 따른 식량 부족과 그에 따른 농업용 토지의 증가 • 지구 지표면 중 10%가 농지로 이용 • 농지의 확장을 위한 습지 및 산림 생태계 훼손
물 부족	• 지구의 0.014%에 불과한 유용수의 심각한 감소
산림	• 개발, 벌채에 따른 산림 면적 감소 • 산림 훼손에 따른 탄소 배출 증가의 문제점 제기
에너지	• 화석에너지 고갈에 따른 대체 에너지 개발 급선무
기후 변화	• 수림대, 생물상 변화 및 멸종, 자연 재해 피해 가중
건강과 물	• 후진국의 사망 최대 원인은 깨끗하지 못한 물
건강과 대기오염	• 호흡기 질환 및 그로 인한 사망 증가

4) 인간과 자연의 관계 개선

산업 및 경제의 발전을 위해서 그동안 인간은 자연과의 공존(co-exist)·공생(symbiosis)보다는 인간의 편리성과 경제성을 강조하는 방식을 채택해왔다. 그 결과 자연생태계를 훼손시키게 되었고, 생물종의 서식처 상실로 인한 생물다양성은 지속적으로 감소하고 있다.

실제로 우리나라에서는 경제성장을 위한 각종 개발 등의 결과로 지난 20여 년간 농지는 15.9%, 갯벌은 20.4%, 그리고 산림은 2.1%가 감소하였다(환경부, 2010). 이러한 생물종의 주요 서식처가 되는 자연환경은 각종 개발 사업에 의해서 소실된 것으로써, 생태복원은 인간과 자연의 관계에 있어서 보다 덜 파괴적인 방식의 대안적 모델을 제공하기 위한 수단이 된다. 다시 말하면, 생태복원은 인간과 자연환경의 건강성을 연계시키는 수단이 되고 이들을 보다 긍정적 관계로 승화시키는 방법이 된다.

사람이 자연을 지배하는 관계를 벗어나서 자연을 존중하고 인간과 자연의 공존·공생, 나아가서는 공진화(co-evolution)를 위한 관계를 만들어 나가기 위해서 생태복원은 절대적으로 필요하다.

5) 개발에 따른 생태적 요소의 보상

생태복원의 기본 개념이 훼손된 생태계를 훼손되기 이전의 상태로 되돌리는 것이라고 보았을 때, 생태복원은 각종 개발에 의해서 소실되는 서식처와 생물종들에 대한 보상(compensation) 차원에서 최적의 수단이 될 수 있다. 앞서 언급한 바 있지만, 인간에 의한 각종 개발은 서식처와 생물종을 왜곡시키거나 인간 중심적인 토지이용 공간으로 변모되면서 그곳에 서식하는 생물종들을 사라지게 한다. [그림 1-6]의 좌측 그림은 토지의 피복 변화 비율에 따라서 얼마나 많은 생물종들이 사라지는지를 잘 나타내고 있으며, 우측 그림은 생태복원 등을 통해서 장기적인 접근으로 생물다양성을 증진시키기 위한 목표를 제시한 것이다.

따라서 생태복원은 개발 사업으로 사라지게 될 것으로 예상되거나 생물종이 서식하기 어려운 환경으로의 변화에 대처하기 위한 수단이 된다. 즉, 생태적 요소에 대한 보상이며, 이는 생태기반환경의 복원과 서식처 및 생물종 등 생태환경의 복원을 통해서 이루어질 수 있다.

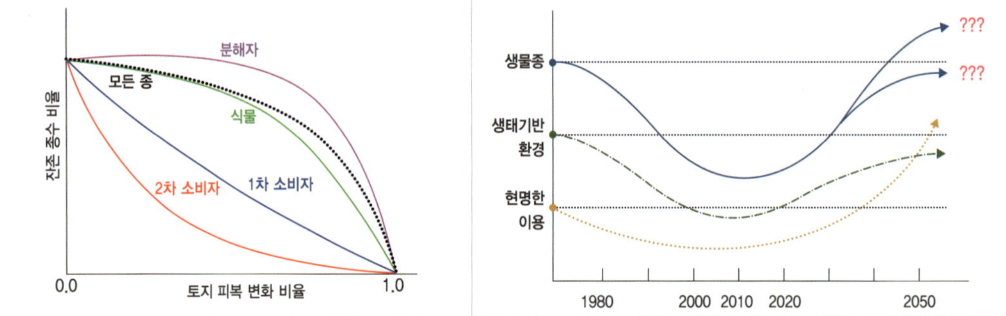

토지 피복 변화 비율에 따른 잔존 종수 비율

생태복원을 통한 생물다양성 증진과 지속가능하고 현명한 활용

[그림 1-6] 개발 지역의 보상 차원에서의 복원 필요성

6) 생태적 발자국의 개선

생태적 발자국(ecological footprint)이란 여러 가지로 정의하고 있으나, 베커나겔(2002)은 인간에게 자원(곡물, 사료, 목재, 물고기, 도시로 수용된 토지)을 제공하고 지구촌이 배출하는 배기가스(이산화탄소)를 흡수하기 위해 필요한 토지 면적이라고 정의했다(Donella Meadows *et al.,* 2004). 한편, 국제 생태적 발자국 네트워크(Global Footprint Network, GFN)의 국가 발자국 계정(National Footprint Accounts)은 소비될 식량, 섬유, 목재 자원을 생산하고 화석연료를 태울 때 배출되는 이산화탄소 폐기물을 흡수하는 데 필요한 경작지, 목초지, 산림, 어장의 면적을 측정함으로써 각국의 생태적 발자국을 추적한다.

도넬라 등(2004)은 성장의 한계 30주년 기념판을 내면서 베커나겔의 문헌을 인용하였다. 베커나겔(2002)은 현재 지구의 사용 가능한 면적을 비교했을 때 인간의 자원 사용량은 지구의 수용 능력보다 20% 초과한 상태라고 결론지었다. 즉, 지구는 1980년대에 지속가능한 수준이 끝난 것이고(일부 자료에서는 1970년대 중반부터 초과 상태가 시작되었다고 제시함, 2013년 지구환경보고서), 지금은 이미 지속 불가능한 상태에 있다는 것이다([그림 1-7] 참조).

한편, 제니 무어(Gennie Moore)와 윌리엄 리스(William E. Rees)는 2013년 지구환경보고서에서 언급하기를, 1961년 인류의 생태적 발자국은 지구 생태용량의 약 2/3 수준이었다고 한다. 하지만 앞서 언급한 바와 같이 현재의 생태적 발자국은 이미 지구의 생태용량을 초과한 상태이며, 우리가 사용하는 재생가능한 에너지를 공급하고 우리의 탄소 폐기물을 흡수하기 위해서는 현재의 지구보다 1.5배가 큰 지구가 필요하다고 역설했다.

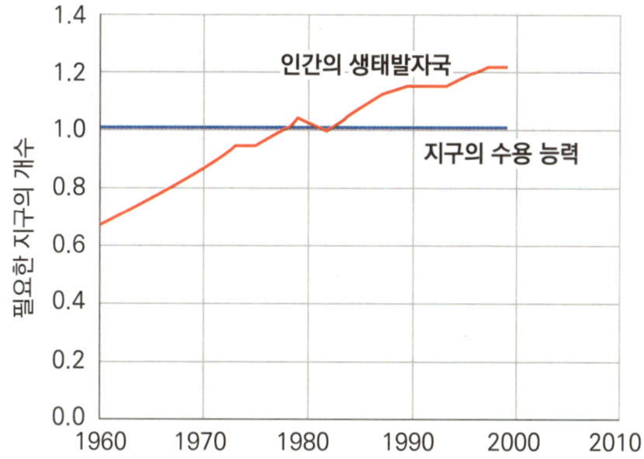

[그림 1-7] 생태적 발자국과 지구의 수용 능력

※ 자료출처: 마티스 베커나겔 등, 2002(도넬라 등, 2004를 재인용하여 다시 그림)

※ 그림 주) 이 그림은 1960년대부터 해마다 인간이 자원을 제공받고 자신들이 방출하는 배기가스를 흡수해 줄 토지 면적을 보여준다. 인간이 필요로 하는 이러한 수요는 하나밖에 없는 지구가 공급할 수 있는 수용 능력과 비교된다. 인간의 수요는 1980년대 이후로 자연의 공급량을 초과해서 1999년에 약 20%를 초과한 상태이다.

2016년 기준으로 1인당 소비와 관련된 전 세계 생태발자국 지도는 [그림 1-8]과 같다. 여기서 1인당 생태발자국은 한 국가의 총 인구수와 소비율의 상관관계를 나타낸다. 국가 단위의 소비에는 해당 국가가 만들어 내는 생태발자국 및 해외 수입이 포함되며, 수출은 제외된 것이다.

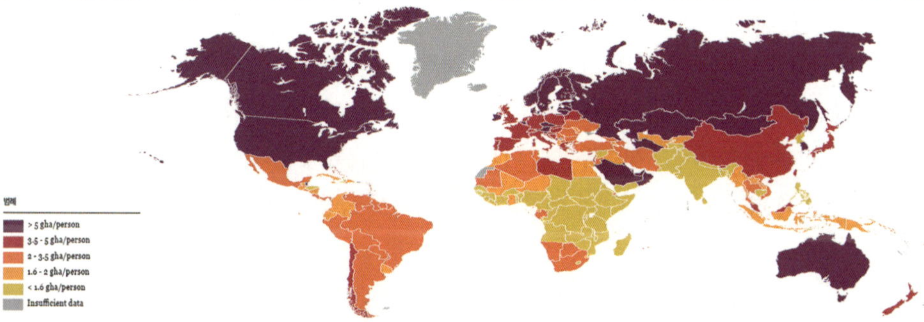

a) 1인당 소비와 관련된 전 세계 생태발자국 지도(2016)

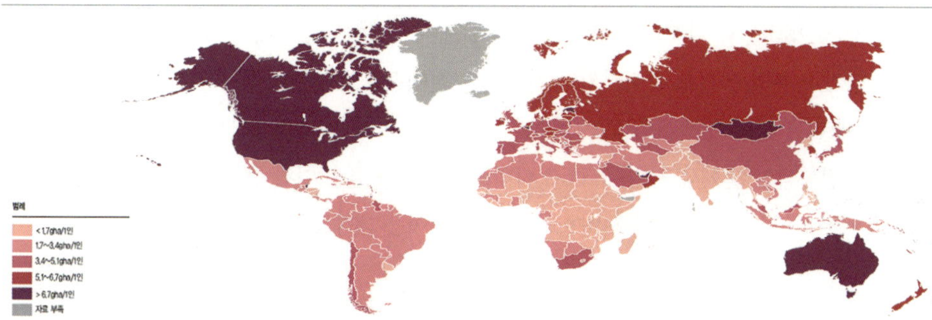

b) 1인당 소비와 관련된 전 세계 생태발자국 지도(2020)

[그림 1-8] 1인당 소비와 관련된 전 세계 생태발자국 지도

※ 자료출처: Global Footprint Network, 2020.

이러한 이유는 인구의 증가 탓도 있지만, 온전한 자연환경을 개발하여 배기가스를 흡수해 줄 수 있는 토지 면적이 줄어든 것도 관련된다. 따라서 훼손된 자연 지역을 복원하는 것은 생태적 발자국을 늘려주는 역할을 하게 된다. 달리 표현하면, 생태복원은 지구의 지속가능성을 증진시켜 주는 역할을 하게 된다.

7) 산업으로서의 생태복원

생태복원은 아직까지도 전문 업역이 만들어져 있지는 않은 상황이지만, 미래 산업으로서 의미를 갖고 있다. 미래학자 브랜다 쿠퍼(Brenda Cooper)는 2100년쯤 인류는 지구의 환경을 원시적인 상태로 남겨두기 위해서 자연환경을 관리하는 것에 집중할 것이라고 예측한 바 있다(박영숙 등, 2012). 지금까지는 경제 성장을 위해서 각종 개발 사업에 집중했는데, 그로 인한 생태계 파괴는 심각한 수준이다. 하지만, 미래 시대에는 더 이상의 파괴적 개발 사업이 의미를 잃게 되고, 훼손된 지역을 복원하기 위한 사업들이 늘어나게 될 것이라는 예측이다.

미국의 경우, 생태복원의 한 분야로 볼 수 있는 대체습지 조성 사업은 습지은행제도와 맞물려서 중요한 산업 분야로 발전하였다. 즉, 개발 사업에 의해서 자연습지를 훼손하게 되면 최소한 그와 동일한 면적 이상의 새로운 습지를 만들도록 규정하고 있다. 우리나라에서도 환경영향평가 시 멸종위기종의 서식지가 발견되면 대체 서식처를 만들도록 규정하고 있다. 또한, 생태계보전부담금 반환사업을 자연환경보전사업 대행자에게 맡기는 것이 제도화되어 있다. 생태계보전부담금 반환사업의 규모가 증가 추세에 있기 때문에 머지않아서 하나의 새로운 산업 분야로서 성장해 갈 수 있을 것이다.

이외에도 생태복원은 탄소 흡수·저장 공간의 확보, 저탄소 녹색성장을 위한 수단으로서도 필요하며, 지속가능한 발전과 자원의 현명한 이용을 위해서도 필요하다. 아울러 변화하는 생태환경에 능동적으로 대처하기 위한 수단으로서의 생태복원도 이루어져야 한다. 무엇보다도 신 기후 체제인 파리협정(Paris Agreement)에 따라 저성장 시대가 예견되면서, 경제적 성장 수단으로서 생태복원의 역할도 중요하게 고려해야 한다.

한편, 국제생태복원학회에서는 IUCN의 생태계관리위원회와 함께 생태복원의 필요성을 (1) 생물다양성 보전의 증진, (2) 인간의 삶의 질 증진, (3) 지역 주민의 능력 배양, (4) 생태계의 생산성 증진 등으로 정리하였다. 이러한 네 가지의 생태복원 필요성은 다시 말해서, 생태적 복원은 훼손된 생태계의 복구뿐만 아니라 인류의 복지를 증진시키기 위해서도 절대적으로 필요하다는 것을 보여준다.

생태적 복원에 따른 자연 생태계의 보전 이익은 분명한 것이며, 특히, 생태적 복원은 경제적인 측면에서의 기회와 전통적인 문화적 경험, 그리고 지역사회로부터 얻은 영감 등을 새롭게 할 수 있는 특징도 갖고 있다. 즉, 생태복원은 생태계 서비스의 기능을 높이는 데에도 중요한 역할을 한다.

다. 생태복원의 대상

생태복원의 대상은 완전히 훼손되어 황폐해진 지역부터 인간의 간섭을 제한하는 관리에 이르기까지 매우 다양하고 광범위하다. 훼손된 생태계를 대상으로 하는 것도 당연한 것이지만, 생태적 가치가 높은 지역을 보전하기 위해서 인간의 간섭을 제한하는 관리 행위도 생태복원의 대상으로 보고 있다.

1) 훼손 지역

생태복원은 교란되거나 훼손된 생태계를 주요 대상으로 하는 만큼 교란의 유형을 구분할 필요가 있다. 클레웰과 아론슨(Clewell & Aronson, 2013)은 생태복원의 대상이 되는 교란을 (1) 스트레스, (2) 온건한 교란, (3) 훼손으로 구분하였다. 이러한 교란은 여러 가지 유형으로 발생할 수 있으며, 각각의 교란은 서로 다른 수준의 강도를 지닌다. 결과적으로 어느 수준의 교란이 발생했느냐에 따라서 복원의 시행이 이루어져야 할 것인지를 가늠할 수 있다.

세 가지 유형 중 스트레스(stress)는 생태계 보전을 유지하는 수준의 교란을 말한다. 주기적인 스트레스는 생태계의 변형을 막고 생태계의 보전을 유지한다. 물론 생물다양성의 증진에도 도움이 된다. 이러한 유형의 교란은 불에 의해서 유지되는 생태계나 하천에서의 주기적 범람과 같은 것들이 예가 될 수 있다. 생태계에서 자연스러운 것으로 받아들여 특별한 복원 사업이 필요하지 않는 경우다.

두 번째 유형인 온건한 교란(moderate disturbance)은 생태계 스스로 복귀할 수 있는 수준의 교란을 의미한다. 안정적으로 반복되는 스트레스보다 강도는 더 높지만 생태계를 훼손시키지는 않을 정도의 교란이다. 따라서 생태계 자체의 회복탄력성에 의해서 자연 스스로 복원될 수 있는 수준이다. 결과적으로 이 역시 특별한 상황이 아니라면, 별도의 복원 사업을 필요로 하지 않는다.

세 번째 유형인 훼손(impairment)은 생태적으로 건강하지 못한 상태로 바뀌는 것을 막기 위해서 인간의 개입이 필요한 심각한 수준의 교란을 말한다. 당연히 훼손이 발생했을 때는 적극적인 생태복원의 시행이 필요하다. 이러한 훼손은 그 원인이 자연적인 것과 인위적인 것으로 구분할 수 있으며, 어떠한 경우든 생태복원을 필요로 한다.

한편, 어떠한 교란에 의해서 훼손된 생태계는 다양한 패턴으로 나타난다. 여기에는 생태계에서 특수한 종의 상실과 일반 종의 출현, 외래종의 군집 형성, 군집 구조의 단순화, 미기후 붕괴, 유용한 토양 특성의 상실, 무기영양분 보유 능력의 감소, 수분 함량 변화 등이 있다. 즉, 훼손은 생태계를 단순화시킨다. 결과적으로 영양 종속(trophic cascade, 영양 단계 증폭 효과), 사막화(desertification), 염류화(salinization)의 현상도 발생한다. 여기서 영양종속은 특정 생물종의 증가 혹은 파괴로 인해서 먹이관계에 있는 다른 생물종들에게 큰 영향을 미치는 것을 말한다.

생태복원의 대상은 앞서 언급한 훼손된 생태계, 서식처가 주요 대상이 된다. 그리고 그 훼손의 결과로서 나타나는 다양한 징후들을 살피고 훼손 원인을 진단하여, 어느 수준으로 생태복원을 해야 할 것인지를 결정하는 것이 중요하다.

우리나라에서는 훼손의 원인과 영향에 따라서 일차적으로 인위적 훼손과 자연적 훼손으로 구분한 이후에 생태계 또는 서식처 유형에 따라서 세분화시키기도 했다(환경부, 2011). 더불어서 생태계 훼손 정도에 따라서 인간 행위, 식생, 토양 지형의 변수를 고려하여 생태계 유형별로 1~4차 유형을 구분하였다. 여기서 1차 훼손지는 교란 및 간섭, 2차 훼손지는 식생 훼손지역, 3차 훼손지는 토양 훼손지역, 그리고 4차 훼손지는 지형 훼손지역으로 분류하였다(이종문 등, 2015).

참고로 생태복원이 법제화되면서 자연환경보전법 시행령 제35조의3(자연환경복원사업의 시행 등)과 관련하여 자연환경복원사업을 위한 후보목록을 작성토록 적시되어 있는데, 후보지역의 우선순위 평가 기준(정확하게는 평가항목이고, 각 항목별 기준은 '자연환경복원사업 후보목록 우선순위 및 추진실적 등의 평가 세부기준 고시(환경부 고시 제2024-63호, 시행 2024.3.18.)'자료를 참고 바람)은 [표 1-3]과 같다.

[표 1-3] 자연환경복원사업 후보목록의 우선순위 평가 기준(제35조의3 관련)

1. 훼손지의 생태가치

구분	평가항목
가. 일반 현황	1) 주요 생태축, 법정보호지역 등 현황 2) 훼손면적, 녹지단절 등 현황
나. 식생 현황	1) 식생 훼손 정도 2) 군락 유형, 참조생태계(생태계 복원 과정에서 목표 및 모범이 되는 표준생태계) 대비 현황 등
다. 물환경	1) 수질 상태 2) 개방수면 비율(특정 생물종의 서식을 위해 심은 식물 등이 수면의 상부를 가리지 않는 개방 정도) 등
라. 토양 환경	1) 유기물 함량 및 토양 산성도 2) 토양의 경도(단단한 정도) 등
마. 생태축 연결성	생태축 단절 현황 등
바. 야생생물 서식	1) 법정보호종 및 주요 종 출현 현황 2) 주요 종 분류군별 서식 조건 3) 생태계교란 야생식물 출현 현황

2. 복원 필요성

구분	평가항목
가. 복원의 시급성	자연환경의 훼손으로 생태기능의 저하가 우려되거나 향후 복원이 어려워질 가능성
나. 복원 효과	복원사업 이후 자연생태계 서비스 기능 향상 및 생태계 선순환 구조 형성 가능성

3. 사업추진 여건

가. 국가 및 지방자치단체의 주요 관련 계획과의 연관성

나. 국공유지 비율 및 사업비 조달 계획의 적정성

다. 지역주민, 이해관계자의 수용성 등 행정절차 추진의 용이성

비고: 평가항목별 세부 평가기준 및 평가방법 등은 환경부장관이 정하여 고시한다.

※ 자료출처: 자연환경보전법 시행령 별표2의2

2) 유형별 대상

복원할 대상이 무엇이냐에 따라서 서식처와 생물종 복원으로 구분할 수 있는데, 서식처 복원은 훼손되거나 황폐화된 지역의 기존 생물과 야생동물이 서식하는 공간을 대상으로 하는 것이다. 예를 들어, 습지 복원이나 산림, 광산 및 비탈면 복원 등이 대표적인 예가 될 수 있다. 여기에는 오염된 지역에 있어서 야생동물의 가치를 높여주거나, 변화된 지역에 대해서 자생종과 변화 이전에 서식한 생물종의 서식처를 창출하는 것을 포함하기도 한다. 특히, 국제생태복원학회에서 발간하는 "Restoration Ecology" 학회지에서는 1997년부터 1999년 사이의 100편의 논문에 대한 게재 경향을 분석한 바 있는데, 여기서 전체 연구의 75%가 서식처를 대상으로 하였다.

한편, 생물종 복원은 멸종위기에 처해있거나 보호할만한 가치가 있는 생물종, 인공증식이 필요한 생물종 자체를 대상으로 한다. 지리산에서 복원중인 반달가슴곰, 월악산·설악산 등에서 이루어지고 있는 산양, 소백산의 여우 등이 대표적인 예가 될 수 있다.

[표 1-4] 우리나라의 생물종 복원 대상종 64종

분류군	등급 및 생물명		종수 (우선복원종수)
	I급(25)	II급(39)	
포유류	**반달가슴곰, 산양, 여우, 수달,** 사향노루, 대륙사슴	**무산쇠족제비**	7 (5)
조류	**저어새, 황새**	**따오기, 양비둘기**, 검은머리갈매기	5 (4)
양서·파충류	**비바리뱀, 수원청개구리**	**남생이, 금개구리**, 구렁이, 맹꽁이	6 (4)
어류	여울마자, 모래주사, 좀수수치, 임실납자루, 흰수마자	**큰줄납자루, 한강납줄개**	7 (4)
곤충	비단벌레, 산굴뚝나비, 장수하늘소	**소똥구리**, 한국꼬마잠자리*, 닻무늬길앞잡이, 대모잠자리, 뚱보주름메뚜기, 물방개, 여름어리표범나비, 왕은점표범나비, 은줄팔랑나비, 큰홍띠점박이푸른부전나비	13 (1)
무척추동물	나팔고둥, 남방방게, 두드럭조개	**참달팽이**, 갯게, 검붉은수지맨드라미, 기수갈고둥, 대추귀고둥, 붉은발말똥게, 자색수지맨드라미, 흰발농게	11 (1)
육상식물	**나도풍란, 만년콩**, 털복주머니란, 한라솜다리	**가는동자꽃, 서울개발나물,** **신안새우난초, 한라송이풀**, 각시수련, 나도승마, 노랑붓꽃, 물고사리, 정향풀, 제주고사리삼, 칠보치마	15 (6)

※ 주) 굵은 글씨는 우선 복원 대상종(25종)

※ 주) 밑줄친 종은 증식 및 복원이 진행중인 종

※ 자료출처: 환경부, 2018, 멸종위기 야생생물 보전 종합계획(2018~2027) 내용을 약간 수정함.

- 원자료에 있던 꼬마잠자리(*Nannophya pygmaea*)는 동남아시아에 분포하는 것과 같은 종으로 여겨왔지만, 유전자 분석 등을 통해 다른 종으로 확인되어 명칭을 한국꼬마잠자리(*Nannophya koreana*)로 수정함(신종으로 확인).

한편, 멸종위기 야생생물 보전 종합계획(2018~2027)(환경부, 2018)에서는 기존에 이루어지던 멸종위기종 개체의 증식·보충 위주로 복원하던 방식을 벗어나서 서식처를 먼저 평가·분석하고 개선하는 등 서식처 보전·복원 중심으로 패러다임에 변화를 주었다. 결과적으로 생물종 복원도 그 생물종이 살아가야 하는 서식환경에 대한 보전·복원을 중요하게 판단한 것이라고 할 수 있다.

생태복원은 서식처와 생물종 이외에도 경관과 유역 차원에서의 복원도 이루어지고 있다. 대부분의 서식처 복원이 점적 복원이라고 한다면, 경관 및 유역 복원은 면적 차원에서의 생태복원이라고 볼 수 있다. 생태복원이 궁극적으로 생물다양성을 증진시키고, 생물종들의 안정적인 서식을 목표로 한다면, 상대적으로 규모가 큰 면적 차원의 복원이 필요하다.

참고로 산림경관복원(Forest landscape restoration, FLR)은 훼손되거나 생태계 수준이 저하된 산림경관 지역의 생태계의 기능을 복원하고 인간의 복지도 향상시키는 접근 방법을 말한다. 산림경관복원의 목적은 보호지역 간의 연결성 향상, 물이나 토양의 보호, 생태계의 문화적 가치 향상 등으로 다양하다. 복원 과정에서 자연생태계의 종 구성이나 전반적인 생태계 서비스까지 고려하고 있는 추세이다(이우균 등, 2023). 산림경관복원에 관한 전 지구적 파트너십(Global Partnership on Forest and Landscape Restoration, GPFLR)에서는 산림경관복원이 개별적인 사이트차원에서가 아니라 전체적인 경관차원에서 복원하는 것임을 강조하고 있다. 또한, 생태적·사회적·경제적 우선순위에서의 균형을 갖춘 복원, 이해당사자들이 참여하는 복원, 다양한 기능과 이익이 구현되는 복원, 다양한 접근 방법을 사용하여 현지 상황에 맞게 조정하는 복원, 경관 내에서의 자연생태계의 관리와 향상 등을 주요 원칙으로 한다(https://www.forestlandscaperestoration.org/).

Memo

사진설명 : 원주 성황림

2장 생태복원을 위한 생태학 이론

2. 생태복원을 위한 생태학 이론

가. 일반생태학

1) 일반생태학의 개요

가) 일반생태학의 개념

여기서 이야기하려는 일반생태학은 우리가 흔히 생태학이라고 부르는 학문 분야로서 뒤에서 소개할 다른 세부 및 응용 분야의 생태학과 차별화를 위한 것이다. 생태학은 Robert Leo Smith와 Thomas M. Smith(2001)가 정리한 바에 의하면, 식물생태학, 동물생태학, 생리생태학, 개체군생태학, 생태계생태학 등으로 세분화된다. 그리고 응용생태학으로서 보전생물학, 경관생태학, 복원생태학 등을 들었다. 생태복원은 복원생태학을 근간으로 하는 분야이기는 하지만, 우리가 생태복원을 실행하는데 있어서는 단순히 한 분야의 이론만으로 완성할 수 없기 때문에 다른 생태학의 전 분야에 대해서 기초적인 개념들을 파악할 필요가 있다.

생태학(Ecology)이라는 말은 1869년 Haeckel이 쓴 일반형태학(General Morphology)에서 최초로 사용되었는데, "Ecology"는 고대 그리스어로 가정 혹은 농장, 사는 곳(a place to live) 등을 뜻하는 '*oikos*'와 학문을 뜻하는 '*logos*'를 합성한 것이다. 따라서 흔히 생태학은 생물종과 그들이 살고 있는 장소, 그들의 환경 등에 관한 상호 관련성을 연구하는 학문으로 정의한다. 여기서 중요한 키워드는 상호 관련성이며, 이는 상관관계를 뜻한다. 이러한 상호 관련성은 Humboldt가 1805년 논문 "식물지리"에서 환경요인과 식물 분포에 관한 연구를 발표한 것이 주된 시작이라고 보고 있다(김준호 등, 2007). 그리고 Clements는 생태계 구성원 사이의 상호 관계를 작용(action), 반작용(reaction), 그리고 상호작용(coaction)으로 구분하였다. 작용이란 비생물 환경이 생물에 미치는 영향을 말하며, 생물이 비생물 환경에 미치는 영향을 반작용이라고 한다. 생물군집 내의 한 생물과 다른 생물 사이에 서로 주고받는 영향을 상호 작용이라 한다.

한편, 학문이 발전해 가면서 생태학에 대한 다양한 개념들을 정의하기 위한 시도들이 있었는데, 이들 중에서 몇 가지 예를 들어보면, Odum(1971)은 "자연의 구조와 기능에 관한 연구"라고 하였으며, Krebs(1985)는 "생물종의 분포와 풍부성을 결정하는 상호작용에 대한 연구"라고 하였다. 그리고 McNaughton과 Wolfe(1979)는 "생물종과 그들의 환경에 관한 관련성을 과학적으로 연구하는 것"으로 정의하기도 하였다.

어떠한 정의가 되었든 생태학은 생물종과 환경을 대상으로 하면서 그들에 관한 상호작용을 연구하는 것으로 볼 수 있으며, 여기에는 자연계의 두 축을 이루는 구조와 기능에 관한 연구도 포함된다. 생태계의 구조라는 것은 쉽게 말하면, 우리가 눈으로 확인할 수 있는 것들로서 산림생태계에서는 고도와 향, 경사, 그리고 그에 따라 서식하고 있는 식물종의 분포, 생물다양성 정도 등이라고 볼 수 있다. 반면, 생태계의 기능은 우리가 눈으로는 쉽게 볼 수 없지만, 생태계의 구조가 형성되어 있음으로 해서 나타나는 에너지 순환, 물질 순환, 홍수 예방 등과 같은 기작이라고 볼 수 있다.

나) 일반생태학이 다루는 대상

일반생태학에서의 주요 관심사는 개체, 개체군, 군집, 그리고 생태계를 대상으로 하여 생물학적 원칙과 현상, 상호 관련성을 연구한다.

[그림 2-1] 크기와 기능에 따른 생물학적 체계 구성의 수준

[그림 2-1]에서 위로 올라갈수록 아래 것보다 포괄적이다. 따라서 생태계는 가장 포괄적인 생태적 수준을 말하는 것으로 어느 지역의 생물학적인 것과 비생물적인 것의 총체라고 볼 수 있다. 따라서 생태계는 생물과 그 생물의 물리적 환경을 포함한다. 생태학은 [그림 2-1]의 4가지 단계의 생물학적 구성을 연구하는 학문으로서 매우 다양한 상호작용을 다룬다. 생태학은 어느 수준에서 생물학적 체계를 다루느냐에 따라 [표 2-1]에서 보는 바와 같이 개체생태학, 개체군생태학, 군집생태학, 그리고 생태계생태학으로 다시 구분하기도 한다.

[표 2-1] 생태학의 영역별 조사 연구 대상

생물체계 구성의 수준	개체	개체군	군집	생태계
생태학의 분야	개체생태학	개체군생태학	군집생태학	생태계생태학
연구대상 (예시)	• 갈대 개체	• 갈대 개체군	• 갈대물억새 군집 • 물억새·버드나무 군집	• 군집과 그 군집의 물리적 환경을 포함
연구분야	• 하나의 개체와 그것의 환경과의 상호작용	• 개체군(동일종에 속하며 특정 장소에 속하는 개체의 그룹)과 그것의 환경과의 상호작용 • 동일종간의 경쟁	• 군집(특정한 때에 어느 한 지역에 살고 있는 모든 종의 개체군) 가운데에서 일어나는 상호작용 • 천이, 경쟁 등	• 이산화탄소의 교환 과정 • 인의 순환 과정 • 영양물질의 순환 과정 등

[표 2-1]을 좀 더 자세하게 갈대를 예로 들어서 설명해 보면 다음과 같다. 개체생태학은 갈대라고 하는 하나의 개체와 그것의 환경(기후, 물 풍부도와 염도, 영양물 이용 가능성, 산소, pH 등)과의 상호작용을 다루는 분야로서, 흔히 갈대의 비생물 환경에 대한 생리학적 반응에 초점을 맞춘다. 반면에, 개체군생태학은 어느 장소에 서식하는 갈대의 그룹(갈대 개체군)과 그것의 환경과의 상호작용을 다룸으로써 갈대라고 하는 동일 종간의 경쟁에 초점을 맞춘다.

군집생태학은 군집(특정한 때에 어느 한 지역에서 살고 있는 모든 종의 개체군) 내에서 일어나는 상호작용을 말하는데, 갈대·물억새 군집과 물억새·버드나무 군집을 들 수 있다. 갈대와 물억새, 그리고 버드나무 간의 상호작용은 천이와 경쟁에 의해서 설명될 수 있다. 갈대와 물억새의 경우, 초지종끼리의 경쟁적 상호작용에 의해서 식물종의 수가 결정된다. 불에 타지 않는 경우, 궁극적으로 버드나무가 물억새 서식처를 침범하게 된다. 한편, 개체군과 군집의 개념적 차이는 동일종의 무리를 개체군이라고 하고, 하나의 공간에 다른 종들이 함께 어우러지면 군집이라고 한다. 갈대·물억새 군집과 억새·상수리나무 군집의 크기는 궁극적으로 에너지 한계에 의해서 결정된다. 즉, 하나의 군집은 태양에너지를 얻기 위한 식물의 능력에 따른 변화의 결과로써 발달한다. 군집들의 구성을 좌우하는 하나의 주요 힘인 경쟁은 흔히 에너지를 얻기 위한 싸움이다.

한편, 개체, 개체군, 군집, 생태계의 체계에서 더 상위 체계로 가면, 경관, 생물군계, 생물계 혹은 생물권으로 구분하기도 한다. 이때 경관(landscape)은 서로 다른 군집과 생태계들로 구성된 지역으로 정의할 수 있다. 달리 말하면, 인위적인 구조물이 포함되거나 인위적으로 변형된 여러 가지 생태계가 모여 있으면 이것을 경관이라고 한다. 생물군계(biome)는 비슷한 지형과 기후 조건을 가진 지역 단위를 말한다. 생물군계는 넓은 지역에 걸쳐서 조금씩 다른 경관이 모여 있는 단위라고 할 수 있다. 열대우림, 온대초원, 사바나, 타이가, 툰드라 등이 대표적인 예가 된다. 생물계 혹은 생물권(biosphere)은 지구상의 모든 생태계의 범지구적인 총합이라고 할 수 있다. 생태학에서는 생물체(개체), 개체군, 생물군집, 생태계, 생물군계, 생물권을 주로 다룬다(김준호 등, 1993).

다) 일반생태학과 생태복원과의 관련성

현대 생태학은 경험적이며 실험적인 과학이라고 설명하기도 한다(Robert Leo Smith, Thomas M. Smith, 2001). 그리고 앞서도 언급하였지만, 자연의 구조와 기능에 관한 학문이다. 따라서 일반생태학에서는 실험적 접근 방법이 이용되며, 가설의 설정과 검증, 그리고 모델과 예측 등의 방법을 동원한다. 또한, 생태학은 통계에 기초하는 학문이기도 하다. 따라서 통계적으로 분석하였을 때 유의성을 갖거나 의미가 있는 경우를 이론화시키고 있다. 결과적으로 절대적이라고 하는 값을 갖지 않는 경향이 있다.

이러한 연구 방법들은 생태복원에 있어서 기초적인 역할을 하는데, 즉, 일반생태학에서 다루는 실험적 접근이나 가설의 설정과 검증 등은 복원을 위한 현지 조사나 분석, 그리고 가설과 복원의 목표 설정 등에 도움을 준다.

복원생태학이 실제로 훼손된 지역을 대상으로 하여 어떻게 복원해 나갈 것인지에 대하여 구체적인 방향을 설정하고, 실험 계획을 수립하고, 복원 공법 등을 마련해 나가는 데 있어서 일반생태학은 가장 기본적인 기초를 제공하고 있다고 볼 수 있다.

좀 더 구체적으로 생태복원계획을 수립하는 데 있어서 일반생태학은 매우 중요하다. 예를 들어 생태복원계획에 있어서 가장 중요한 요소 중에 하나인 복원 목표종을 설정할 때 우리는 왜 그 종이 목표종이 되어야 하는지를 도출해 내야하고, 도출된 결과를 토대로 복원할 지역에서 어떠한 서식처를 만들어야 할 것인지를 결정하게 된다. 일반생태학은 어떠한 서식처를 만들어야 할 것인지에 대한 답을 준다. 즉, 목표종이 설정되고 나면, 그 종의 생태적 특성을 파악하고 그에 따라 필요로 하는 공간의 성격, 먹이사슬 구조, 물, 은신처 등의 구체적 조성 방안을 도출한다. 이때 필요한 근거는 생태학으로부터 나온다.

2) 일반생태학의 주요 이론

가) 개체

개체(individual)란 공간적으로 단일하며 생활하기 위해 필요한 충분한 구조와 기능을 갖추고 있는 것이라고 정의한다(문석기 등 譯, 2004). 개체는 쉽게 표현하면 생물종 하나하나를 말하는 것으로써, 연못 안에 물고기가 50마리가 있다면, 50마리 각각의 물고기는 하나의 온전한 개체가 된다. 이러한 개체는 생식과 번식 등을 통해서 후손을 만들게 되며, 이 과정에서 변이가 발생한다. 여기서 변이(variation)는 같은 종의 생물 개체에서 나타나는 서로 다른 특성을 의미하고, 형질 특성이 자손에게 유전되는 유전변이와 환경의 영향을 받아서 생기는 환경변이로 구분하다. 이러한 변이는 다양성을 증진시키는 데에도 기여한다.

참고로 생물종(species) 즉, 생물학적 종의 개념은 다양하게 정의하고 있는데, 가장 보편적으로 사용하는 것은 “자연에서 서로 교배할 가능성이 있고 생존능력과 생식능력이 있는 자손을 낳을 수 있지만 다른 무리의 구성원과는 생식적으로 격리되는 개체군들의 무리”로 정의한다(박상규 등, 2022).

(1) 생물의 생활사

모든 생물은 출생에서부터 사망까지의 전체 생활 과정 즉, 생물의 생활사(life cycle)를 갖고 있다. 생물의 생활사는 생활하고 있는 기간의 활동이나 행동 및 생활 방법을 말한다. 식물의 경우, 일년생 식물은 발아에서 성장, 개화, 결실, 고사의 과정을 대부분 1년 이내에 하게 된다. 다년생 식물은 생육과 성숙 등의 시기를 2년 이상 거친다.

동물의 경우에도 1년을 주기로 짝짓기, 산란, 부화, 변태, 우화, 동면 등을 하게 된다. 그리고 출생에서 사망에까지의 과정을 거치는데, 출생, 성장, 이주, 독립, 짝짓기 등의 과정을 거친다.

우리가 복원을 할 때 생물종의 생활사를 잘 파악해야 하는 것은 식물의 이식 시기나 동물이 민감해 하는 짝짓기 및 산란기 등을 피해서 시공해야 하기 때문이다. 이러한 접근 방법을 생물 생활사를 고려한 친환경적 시공이라고 한다.

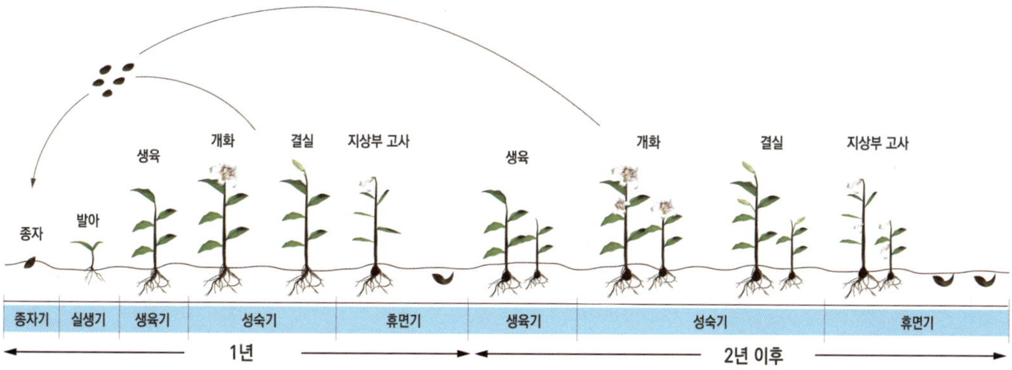

[그림 2-2] 다년생 식물의 생활사

[그림 2-3] 도롱뇽의 생활사

(2) 서식처

생물이 살아가는 장소를 서식처(habitat)라 하는데, 개체 즉, 하나의 생물종은 온도, 물 등과 같은 다양한 비생물적 환경(abiotic factor) 요인과의 상호관련성, 다른 생물종들과 같은 생물적 요인(biotic factor)의 상호관련성에 의해서 살아간다.

서식처를 다시 세분화시키면, 먹이를 먹는 공간(먹이터), 짝짓기 및 산란을 하는 공간(번식터), 일상생활을 하는 공간, 휴식을 하는 공간(쉼터) 그리고 적으로부터 몸을 피하기 위한 공간(은신처) 등으로 구분할 수 있으며, 이러한 모든 공간을 합쳐서 생물의 행동반경(행동권, home range)이라고 한다.

이러한 행동반경은 생물종들마다 서식 특성에 따라서 달라지는데, 어떤 생물종은 하나의 좁은 공간에서 휴식과 번식을 하면서 먹이도 먹고 은신처로도 이용한다. 반면, 어떤 생물종은 휴식처와 먹이터, 번식터와 은신처가 모두 다른 공간을 갖기도 한다.

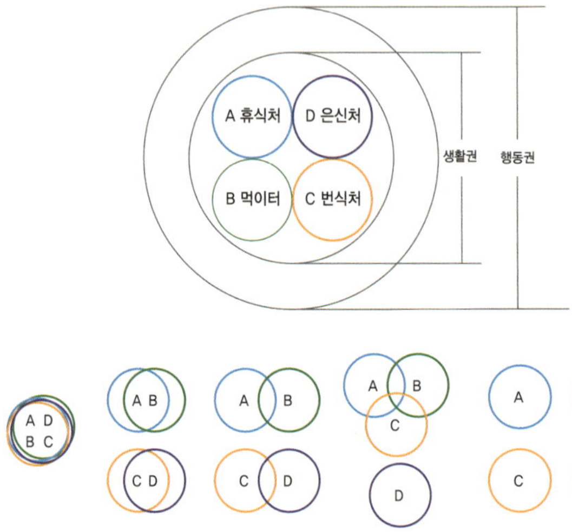

[그림 2-4] 행동권 모식도

한편, 행동권은 텃세라고 하는 영역성과는 다른 개념으로 영역성(세력권, territory)은 하나의 동물이 다른 동물의 개체 등과 지역을 분할하여 서식하며, 침입을 받았을 경우에 이것을 방어하는 공간이라고 할 수 있다. 따라서 영역성은 동물 개체가 일정한 생물공간을 행동으로 지키는 공간이라고 할 수 있다.

모든 생물종은 자신이 살기에 가장 적합한 장소를 선택하여 살아가게 된다. 살기에 적합하다는 것은 다시 말해 비생물적 요인과 생물적 요인에 의한 상호작용이 적절한 조건을 갖추었다는 것을 의미하기도 한다. 여기서 비생물적 요인은 빛 조건, 기후와 기상 조건, 지형 조건, 수리와 수문·수질 조건, 토양 조건 등 갖가지 환경 요인들을 말한다. 복원을 실시할 때에는 각각의 생물종마다 필요로 하는 비생물적 요인별 조건을 파악하여야 하며, 이러한 비생물적 요인 중 한 가지라도 잘못 도입된 경우에는 복원 지역에서 생물의 서식에 어려움을 줄 수 있다.

(3) 내성 범위와 최적 범위

모든 생물종은 그들이 살아가는 데 필요로 하는 적정한 서식 환경 범위가 있는데, 한 환경에 대한 특정 생물의 생존 가능 범위를 내성 범위(range of tolerance)라 한다. 예를 들어, 금붕어가 살 수 있는 수온의 범위는 6.0~36.6℃이며, 이 범위를 벗어나면 죽게 된다(김준호 등, 2007). 여기서 수온 6.0~36.6℃는 금붕어의 수온에 관한 내성 범위가 된다. 그리고 일반적으로 생물종들은 내성 범위의 중앙값과 그 주변에서 잘 자라게 되는데, 이 범위를 최적 범위라 한다.

우리가 생태복원을 할 때 생물종 서식을 위해서는 이러한 내성 범위와 최적 범위를 파악해야 한다. 예를 들어, 수목의 염해 한계나 습생식물의 침수 한계 등에 대한 것이다. 내륙에서 생육시킨 수목을 임해매립지나 바닷가에 식재할 경우 염해 한계를 이해하는 것은 중요하다. 또한, 저영향 개발(Low Impact Development, LID)을 위한 식생수로에 식재할 습생 식물의 침수 한계를 알게 되면 적정 수종을 선정하는 데에 도움을 받을 수 있다. 정확한 내성 범위를 알기 위해서는 반드시 실험실이나 야외의 실험으로 검증을 받아야 한다. 이와 관련한 직접적 실험 연구로 환경 적응도가 높은 10종의 식물을 반침수와 완전침수 조건에서 침수기간별 생육 상태(수고, 엽폭)를 조사하여 내침수성을 비교 실험한 바 있다. 그 결과 내침수성은 원추리 > 골풀 > 노랑꽃창포 > 갈대 > 부들 > 벌개미취 > 붓꽃 > 속새 > 창포 순으로 나타났다. 특히, 원추리, 골풀, 노랑꽃창포는 두 가지 침수조건에서 모두 양호하였고 붓꽃, 속새는 27일 전후로 고사하였으나 내침수성이 비교적 강한 것으로 판단하였다. 이 실험 연구에서 LID 시설에 적합한 식물은 원추리, 골풀, 노랑꽃창포가 선정되었고, 벌개미취, 붓꽃, 속새 또한 침수기간에 따른 이용가능성이 확인되었다(이은엽 등, 2014).

(4) 항상성

외부의 환경이 달라져도 생물체 내부의 환경은 일정하게 유지되는 경향을 항상성(homeostasis, 恒常性)이라 한다. 항상성은 생물종이 환경의 변화에 의해서도 생존할 수 있도록 해주는 능력이지만, 그 환경의 변화가 급작스러울 경우에는 생존하지 못하고 사망하게 된다. 최근에 일어나고 있는 지구온난화에 의한 기후변화로 인해서 개구리들이 멸종될 위험에 있다는 보도는 갑작스런 환경 변화에 따른 생물종 멸종의 대표적인 예가 되고 있다. 구체적으로 영국에서는 개구리가 멸종 위기를 맞고 있는데, 산란기가 빨라지고는 있지만 기온 상승 속도를 따라잡지 못하기 때문이라고 한다(중앙일보, 2010년 9월 1일자, 강찬수 기자).

한편, 급작스런 환경 변화에 대처하는 방법에는 생물종의 이동(이주)이나 순화의 방법들이 있다. 여기서 순화(acclimation, 순응이라고도 함)라는 것은 환경적 변화에 따른 생리적 조절로 볼 수 있다. 생태학적인 개념에서 순응이라고 하면 생물종이 변화하는 환경 조건에 따라서 박동률, 대사율, 신경활동, 효소 반응속도 등 가역적인 개체들의 표현형 변화라고 정의한다. 또는 다른 자연환경에 장기간 노출된 후 한 종에 나타난 생리적 상태나 내성의 변화라고도 정의한다. 반면, 적응(adaptation)은 우세한 환경적 조건하에서 생물의 생존력과 생식력을 향상시키는 유전적으로 결정된 행동적·형태적·생리적 특성이라고 정의할 수 있다(강혜순 등 譯, 2011). 표현형적 가소성(phenotypic plasticity, 또는 표현형적 유연성)은 다른 환경 조건에서 형태를 바꿀 수 있는 능력을 말한다. 식물의 경우, 우리가 눈으로 확인할 수 있는 형태인 표현형은 그 식물이 본질적으로 가지고 있는 유전형질(유전형)과 환경 조건, 그리고 유전형과 환경의 상호작용에 의한 결과물이다([그림 2-5] 참조).

이러한 특성 때문에 간척 지역이나 공업 지역에서 식물종을 도입할 때 외부(재배지역)에서 곧바로 도입하지 않고 중간적인 환경의 조건하에서 어느 정도 순응토록 하는 방법이 생태복원 사업에서 응용될 수 있다. 예를 들어, 간척지역의 식물상 복원 시 다른 환경의 재배지역에서 도입할 종을 곧바로 복원지역에 식재하지 않고, 복원할 지역과 가까운 지역(염, 공해 등 환경 여건이 유사하지만 그 강도가 높지 않은 지역)에 이주시켰다가 이곳에서 적응된 식물종들만 복원할 지역으로 최종적으로 도입하는 방법이 있다. 실제 이와 관련된 사례로 바닷가 간척매립지역에서 이루어진 ○○사업지역에서 규격이 작은 곰솔을 식재하였음에도 불구하고 전체가 고사한 경우가 있었다. 하지만, 그 주변 지역에 2~3년 동안 가식되어 있던 곰솔을 이용하여 식재하였을 때는 생존율이 99%를 넘겼다.

서식처 조건이 좋지 않아서 생육이 불량한 상태의 아왜나무	생육이 양호한 상태의 아왜나무

[그림 2-5] 아왜나무의 표현형

(5) 생물의 이동

모든 생물은 자신이 서식하기에 적합한 공간으로 이동하는 특성을 갖는다. 이를 산포라 하는데, 산포(dispersal)란 개체가 본래 있던 곳을 떠나 다른 장소로 이주하는 것을 말하며, 산포의 수단은 종에 따라서 다르다. 그리고 동물이 서식하기 좋은 환경으로 이동하는 과정을 서식처 선택(habitat selection)이라고 한다.

생물이 이동하는 목적은 여러 가지로 분류할 수 있는데, (1) 부적합한 환경의 장소를 회피하기 위해서, (2) 번식을 위하여, (3) 개체군의 분산을 위해서이다(문석기 등 譯, 2004). 물론 (4) 먹이를 찾기 위해서도 분주하게 움직인다.

동물의 이동은 이동에 쓰이는 공간과 수단에 따라서 공중이동동물, 육상이동동물, 수중이동동물, 그리고 이들을 조합하여 이동하는 동물로 구분할 수 있다. 당연히 동물의 이동에 있어서 공중이동이 가장 수월하며, 수중이동과 육상이동은 상대적으로 어렵다. 특히, 육상을 이동하는 대부분의 동물종에게는 도로나 철도 등과 같은 인공적인 시설물이 주요 장애요인이다. 야생동물은 본래의 습성 때문에 새로 조성된 도로나 철도를 인지하지 못하고 이동하는 경향을 보이는데, 이동 중 야생동물 교통사고(로드킬, road-kill)를 당하기도 한다. 이러한 장애요소를 제거하고 연결시켜주는 노력 중에 하나가 생태통로(야생동물 이동통로)이다. 한편, 생태통로의 효용성(effectiveness)과 관련한 논란의 여지는 여전히 존재하고 있다. Soanes 등(2024)은 생태통로의 효용성과 관련하여 313개의 연구논문을 분석한 결과, 생태통로는 야생동물 이동에 관한 도로의 장벽 효과(barrier effects of roads)를 저감시킬 수 있는 것으로 보았다. 다만, 많은 연구들이 효용성의 평가와 관련된 실질적인 내용에 대해서는 부족하다고 지적하였다. 참고로 우리나라에서는 국립공원 내 설치된 생태통로 13개소를 2017년부터 2021년까지 모니터링한 결과, 총 21종(반달가슴곰, 멧돼지, 고라니, 노루, 산양, 여우, 너구리, 삵, 오소리, 담비, 수달, 멧토끼, 족제비, 무산쇠족제비, 고슴도치, 청설모, 다람쥐, 하늘다람쥐, 생쥐, 땃쥐, 대륙밭쥐, 가축 3종은 제외)의 포유류가 46,935회 이용하는 것으로 나타났다(국립공원공단, 2023).

수중을 이동하는 어류에게는 보나 제방 등이 중요한 장애요인이 되고, 이를 극복하기 위해서 어도(魚道, fishway)를 만들어주기도 한다.

울산 선바위보 어도 | 경기도 오봉산 생태통로

[그림 2-6] 어도와 생태통로

공중을 이동하는 새들에겐 전깃줄이 장애가 되는데, 전남 순천만에서는 두루미류를 포함한 철새들의 보호를 위해 282개의 전봇대와 전깃줄을 제거하는 노력을 기울인 바 있다. 이후 순천만에서의 흑두루미 월동 개체수는 크게 증가한 것으로 나타났다.

한편, 최근에는 새들이 투명방음벽이나 유리창과 같은 인공구조물에 충돌하여 폐사하게 되는 야생조류 충돌 사고(Bird Strike)에 대한 관심이 높다. 유리로 만들어진 구조물은 투명성과 반사성이 있어 야생조류가 인지하지 못하거나, 실제 자연환경으로 인식되어 이동에 있어 위협요인으로 작용한다. 또한, 야생조류는 종에 따라 차이가 있으나, 눈이 머리 측면에 위치하여, 전방 거리 감각이 떨어져서 전방의 구조물 인식이 어렵다. 결과적으로 비행속도가 빠른 조류가 투명구조물에 충돌할 때 그 충격이 매우 크며, 비행에 적응한 가벼운 골격으로 인해 두개골 골절 등의 신체손상이 쉽게 나타난다. 이러한 야생조류 충돌 사고가 빈번해지자 환경부에서는 "야생조류 투명창 충돌 저감 가이드라인(환경부, 2019)"을 작성하였다. 야생조류 충돌사고 저감을 위해서 도트형 테이프를 붙이거나 자외선 반사 패턴유리를 사용하는 등 다양한 방법을 제시하고 있다.

도트형 조류충돌 방지테이프
(국립생태원 멸종위기종복원센터)

'아코피안(Acopian) 충돌 방지줄'
활용 사례(국립생태원)

[그림 2-7] 야생조류 충돌사고 방지를 위한 방법

※ 자료출처: 환경부, 2019.

한편, 동물의 이동 습성에 따라서 회귀이동과 분산으로 구분하는데, 원래의 서식지로 되돌아오는 것을 회귀이동이라 하며, 이러한 특성을 귀소성(site tenacity)이라 한다. 반대로 원래의 서식지로 되돌아오지 않으면 분산이라고 한다.

식물의 경우에는 꽃가루에 의한 유전자 이동과 종자에 의한 유전자 이동으로 구분할 수 있으며, 꽃가루에 의한 유전자 이동은 꽃가루의 매개 방법에 따라서 바람으로 운반되는 풍매화, 곤충류에 의해서 운반되는 충매화, 새들에 의해서 운반되는 조매화, 물에 의해서 운반되는 수매화 등으로 구분한다.

소나무는 바람에 의해서 꽃가루가 날린다.

곤충은 꽃가루를 옮겨주고,
꽃은 곤충에게 먹이와 쉼터를 제공해 준다.

[그림 2-8] 꽃가루에 의한 유전자 이동 방법

종자에 의한 유전자 이동 역시 그 방법에 따라서 중력산포, 풍산포, 수산포, 기계산포, 동물산포, 그리고 각각의 방법들을 조합하는 방식의 복합형 등으로 구분한다. 여기서 중력산포는 비교적 무게가 있는 종자가 중력에 의해서 땅으로 떨어지는 것을 말하며, 과실수나 도토리와 같은 열매를 맺는 참나무과 식물이 이에 해당한다. 풍산포는 바람에 의한 종자의 이동으로 종자는 비교적 바람에 날릴 수 있을 정도로 가볍고, 멀리 이동하기 위한 기구를 갖고 있는데, 자작나무나 소나무, 민들레, 단풍나무 등이 해당된다. 수산포는 물에 의해 종자가 이동하는 것으로 물에 떠야하므로 역시 가벼운 특성을 갖고 있으며, 비교적 습지식물군에서 많이 볼 수 있으며, 부들류가 대표적이다. 기계산포는 봉선화나 콩과 같이 자력에 의해서 종자를 멀리 흩어 뿌리는 것을 말한다. 마지막으로 동물산포는 다시 세분화시키면,

부착형 산포, 피식형 산포, 저식형 산포로 구분하며, 부착형 산포는 사람이나 동물의 몸에 종자를 붙일 수 있는 도구를 이용하여 멀리 이동하는 것으로 도꼬마리, 미국가막사리, 도둑놈의갈고리 등이 여기에 속한다. 피식형 산포는 동물에 의해서 먹이가 됨으로써 동물 몸속에 있다가 동물이 이동한 후 배설되면서 산포되는 방식을 말한다. 산딸기, 산뽕나무, 산앵두나무, 보리수나무, 겨우살이과 식물 등이 여기에 속한다. 한편, 피식형 산포는 주로 새들에 의한 방식이 많은데, 이를 조산포라고 하며, 새들의 먹이가 되는 식물은 식이식물이라 한다. 마지막으로 저식형 산포는 종자를 저장하는 동물이 먹이를 저장하기 위해 다른 장소로 운반한 후 그곳에서 발아하는 경우이다. 다람쥐류와 쥐류, 어치새 등이 매개 역할을 한다.

사진의 부들류 종자가 더 성숙하게 되면, 바람에 날리기도 하며, 물 위에 떠서 종자가 이동하기도 한다.

산수유 열매는 새들에게 먹힘으로서 새들에 의해 멀리 이동하여 종자를 산포시킨다.

[그림 2-9] 식물 종자의 다양한 이동 방법

나) 개체군

개체군(population)은 한 지역 내에서 같은 시간대에 사는 동일 종의 집단을 말한다. 여기서 키워드는 "동일 종"으로 한 지역 내에서 사는 "서로 다른 종"의 집단은 군집(community)이라고 한다. 군집은 바로 뒤에서 설명하기로 한다. 이러한 개체군은 특정 서식지에서 구성 개체 사이에 교배를 통해 긴 세월 동안 공진화를 거친 단위로 본다.

(1) 개체군 크기

동일종의 개체는 동일한 자원을 필요로 하기 때문에 가깝게 모여 사는 경우가 많으며, 이때 개체군을 형성하는 개체수를 개체군 크기라고 한다. 개체군의 크기는 외부에서의 이입량과 외부로의 이출량, 그리고 출생률과 사망률의 차이에 의해서 결정되는데, 일반적으로 자연 상태에서는 이입과 이출을 알기가 어렵기 때문에 대부분 출생률과 사망률의 차이로 파악한다. 자연 상태에서 이루어지고 있는 출생률과 사망률은 각각 생태적 출생률과 생태적 사망률이라 한다. 반대로 외부 환경 조건의 제약이 없는 이상적인 조건에서의 출생률과 사망률은 최대출생률과 최소사망률이라고 한다. 또한, 각각의 개체는 고유한 수명을 갖고 있기 마련인데, 자연 상태에서는 외부 환경의 제한을 받아 수명이 짧아지는데 이러한 것을 생태수명이라고 하고, 이상적 조건에서 환경의 제한을 받지 않고 천수를 다한 후 죽는 수명을 생리수명이라 한다.

(2) 개체군 생장과 소실

개체군은 시간이 흐르면서 다양한 변화를 가져오게 되며, 지속적으로 성장하다가 일정한 크기를 유지하게 되는가 하면, 반대로 여러 가지 환경요인에 의해서 그 크기가 작아져 사라지게 된다. 전자를 개체군의 생장이라 하며, 후자를 개체군의 소실이라 한다.

• 개체군 생장

우선 개체군의 생장과 관련해서는 실험실의 최적 환경 조건에서 미생물을 배양할 때 시간이 경과함에 따라 개체수는 초기에는 완만하게 증가하고 후기에는 급격히 증가하는 J 자형 곡선을 보이게 되는데, 이를 지수생장(exponential growth)이라 한다. 하지만, 자연 상태에서는 일반적으로 시간의 경과에 따라서 초기에는 지수적으로 증가하지만, 시간이 지나면 일정 개체수를 유지하게 되는데 이러한 생장을 로지스틱 생장(logistic growth)이라고 한다. 이는 개체군 생태학에서 개체군의 증가율을 설명하는 모델로서 1838년 Verhulst가 고안하였다. 로지스틱 성장에 있어서 그 성장률을 결정하는 가장 중요한 인자는 개체군의 시간에 따른 내적 증가율(r)과 수용능력(K)과 현재 밀도와의 차이에 의해서 결정된다.

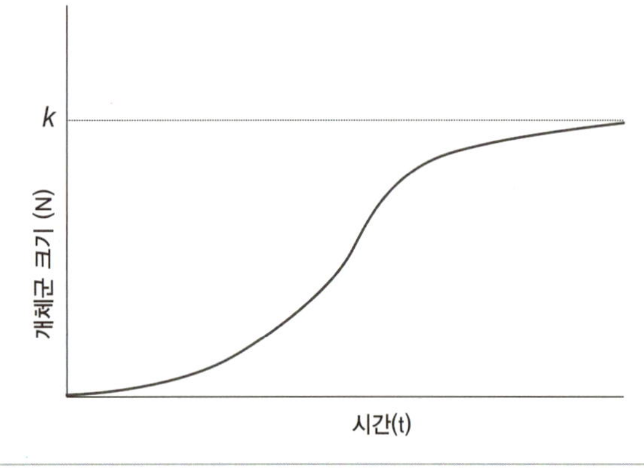

• 개체군이 성립 가능한 입지에 침입하는 초기의 개체수는 기하급수적으로 증가하고,

• 환경수용력에 가까워지면 그 증가 속도가 크게 저하된다.

[그림 2-10] 로지스틱 생장

[그림 2-10]에서 보는 바와 같이 S 자형이 되는데, 이 곡선을 시그모이드 생장곡선(sigmoid growth curve)이라고 한다. 그리고 시간이 지남에 따라 일정한 개체수를 유지하려는 경향을 보이게 되는데, 이는 환경수용능력에 의해서 결정된다. 여기서 환경 수용 능력(carrying capacity, 일반적으로 K 로 표시)은 환경이 수용할 수 있는 개체군의 최대 크기이다. 하지만, 이러한 로지스틱 생장 모델은 식물개체군에서는 잘 맞지 않는 특성이 있는데, 식물 개체군의 경우에는 행렬 모델(matrix model)을 사용하는 경우가 많다.

- 개체군 소실

개체군은 서식처 환경이 악화되면 그 크기가 줄어들어 결국에는 사라지게 된다. 이러한 개체군 소실에는 인구학적 확률성, 환경의 확률성, 유전적 확률성, 대변동(catastrophe) 등이 있다(문석기 외, 2004).

최근에 이루어지고 있는 개체군의 소실은 기후변화와 같은 환경의 급작스런 변화에 의한 영향이 크다. 30년 전만 하더라도 생물종에 미치는 기후변화의 영향은 극히 드물었으나, 지금은 흔한 편이다. 심해 어류와 같은 일부 생물종은 기후변화의 영향으로부터 상대적으로 영향을 덜 받지만 북극 및 툰드라 지역 등에 서식하는 생물종은 막대한 기후변화의 영향에 직면해 있다. 그러한 압력은 직접적인 생리학적 스트레스, 적합한 서식지의 상실, 생물종 간 상호작용(예: 수분 작용 또는 포식자-먹이 간 상호작용) 방해, 그리고 회유, 번식, 출엽(잎 돋움) 등과 같은 중요한 생애사건(life event)의 시기 교란 등 다양한 메커니즘을 통해 생물종에 영향을 미칠 수 있다(WWF, 2020). 기후변화 압력에 노출된 생물종은 다섯 종류의 메커니즘을 통해 긍정적, 부정적 또는 이 두 가지가 결합된 방식의 영향을 받을 수 있는데, 이는 [그림 2-11]에서 제시하였다. 이러한 영향에 대한 각각의 종 별 민감도 및 적응 능력은 고유한 생물학적 특성 및 생활사(life history)에 의해 좌우된다. 기후변화 압력, 메커니즘, 민감도 및 적응 능력이 복합적으로 작용하여 각 생물종의 멸종 취약성에 영향을 미친다(WWF, 2020).

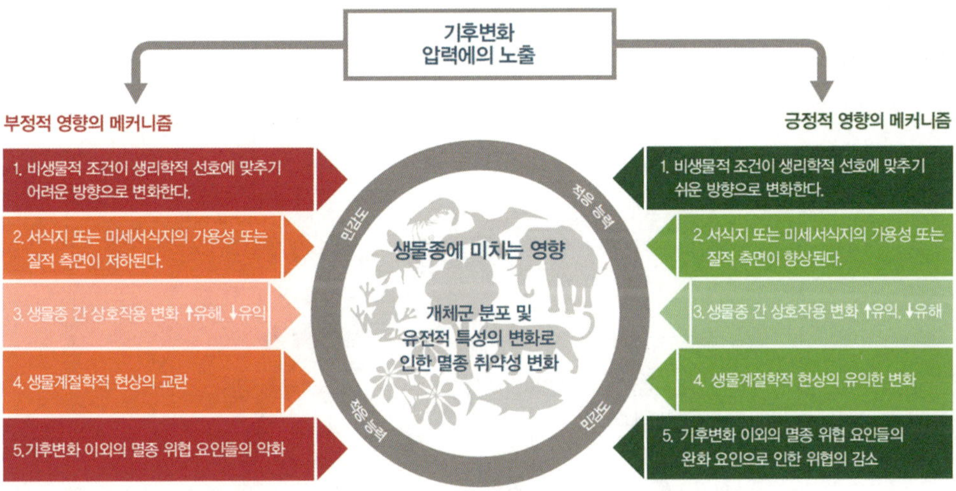

[그림 2-11] 기후변화 압력에 노출된 생물종의 다섯 가지 메커니즘

※ 자료출처: WWF, 2020.

또한, 근현대에 와서 늘어나고 있는 각종 개발 사업에 의한 서식처의 파편화(fragmentation) 등에 의해서도 개체군은 소실되는데, 이는 [그림 2-12]에서 절멸의 소용돌이 개념으로 제시하였다.

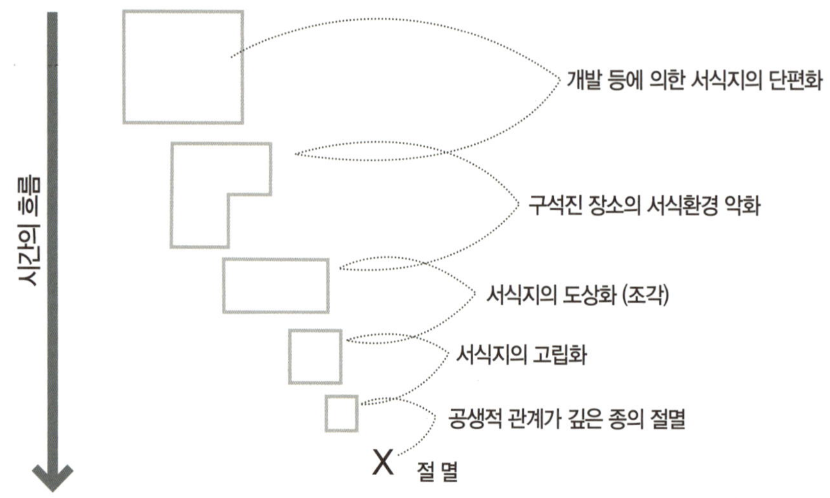

[그림 2-12] 절멸의 소용돌이 개념도
※ 자료출처: 문석기 등 譯, 2004.

단절되거나 파편화된 생태계는 고립되어 소규모의 개체군만을 유지할 수밖에 없게 된다. 결과적으로 소규모 개체군은 유전적 부동과 근친교배 등을 통해 유전자의 다양성이 소실되고, 이로 인해 개체나 개체군의 적합도 및 적응력도 감소하게 된다. 이는 낮은 번식률과 생존율 등으로 다시 더 작은 개체군으로 축소된다. 이와 같은 과정이 지속적으로 반복되면 단절되고 파편화된 서식지는 존속 가능한 최소 개체군(MVP)을 확보하지 못하고 결국에 멸종으로 치닫게 된다.

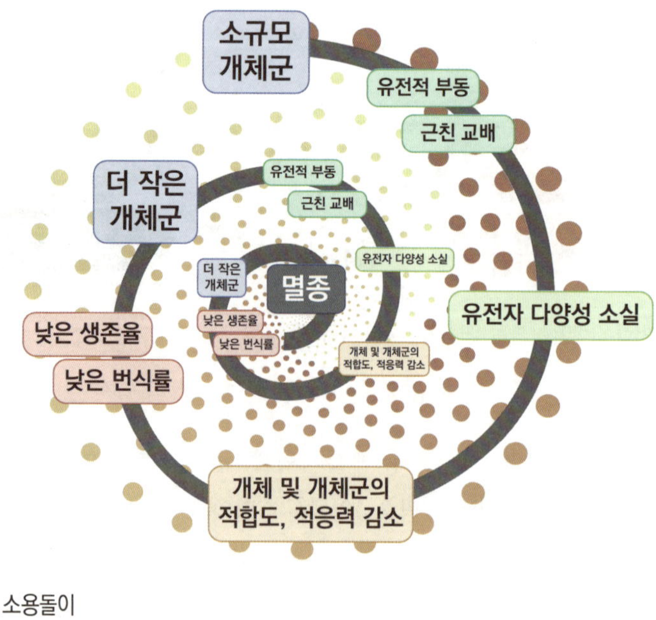

[그림 2-13] 멸종의 소용돌이
※ 자료출처: 이우신 등(2017)을 다시 그림

(3) 존속 가능한 최소 개체수와 존속 가능한 최소 면적

개체군이 지속적으로 유지되기 위해서는 최소한으로 확보해야만 하는 개체군의 크기가 있는데, 이를 존속 가능한 최소 개체수(minimum viable population, MVP)라고 한다. 그리고 존속 가능한 최소 개체수의 이하가 되면, 그 개체군은 소멸한다. 한편, 존속 가능한 최소 개체수가 서식할 수 없을 정도로 면적이 작아지게 될 때를 존속 가능한 최소 면적(minimum viable area, MVA)이라고 한다. 존속 가능한 최소 개체수는 일반적으로 1:1의 성비를 기준으로 하고, 초기 개체군 크기를 기초로 하여 생존율과 번식률이라는 생활사 수치 정보를 이용하여 50년, 100년 후에 절멸 확률을 구하는 방식을 채택한다.

예를 들어, 어떠한 개체군의 초기 크기가 30마리와 50마리가 각각 있다면, 30마리인 개체군은 100년 이후 절멸할 확률이 90% 이상으로 나타났고, 50마리인 개체군은 100년 후에 생존 및 유지되고 있을 확률이 95% 이상이라면, 이 개체군의 존속 가능한 최소 개체수는 50마리가 된다. 한편, Shaffer(1981)는 MVP를 계산하면서 1,000년 동안의 생존 확률 99%를 지니는 최소 크기의 고립 개체군으로 정의하기도 하였다. 여기서 생존 확률은 95%, 99% 또는 다른 수치로도 변경할 수 있으며, 시간도 100년, 50년 등으로 조정할 수 있다.

실제로 지리산에서 복원 사업이 이루어지고 있는 반달가슴곰의 경우, MVP는 2020년 목표를 50마리로 설정하였고, 2018년 9월 기준으로 55마리가 서식하는 것으로 나타나 성공적인 결과를 나타냈다. 또한, 2020년을 목표로 산양의 MVP는 100마리였으며, 여우는 50마리였다. 이러한 정보는 추후 생태복원에 있어서 목표종이 설정되었을 경우, 그 목표종이 100년 이상 지속적으로 서식·유지될 수 있도록 하기 위해서 얼마만큼의 개체수를 확보해야 하는가를 따질 때 유용하게 사용되고, 그 값에 따라 존속 가능한 최소한의 면적(MVA) 이상을 확보해 주어야 한다. 2019년 덕유산 인근 삼봉산에서 발견된 반달가슴곰의 경우, 지리산에서 복원중인 개체의 후손으로 알려졌다. 지리산의 반달가슴곰은 2018년에 이미 목표로 했던 MVP가 초과한 상태이기 때문에 적정 서식처를 확보하기 위해서 주변 지역으로 이동하는 것으로 판단된다. 이는 MPV와 MVA뿐만 아니라 생물종의 공급원(source, 지리산)과 생물종 수용처(sink, 삼봉산)로도 설명할 수 있으며, 백두대간의 연결성 회복 또는 생태축 확보의 중요성에도 시사하는 바가 크다.

복원증식장 현황 / 증식장 내의 반달가슴곰

[그림 2-14] 반달가슴곰 복원증식장

(4) 개체군 밀도 조절

일반적으로 자연 상태에서 개체군은 스스로 밀도를 조절하고 있다. 단위 면적당 개체수를 개체군 밀도라고 하는데, 개체군의 밀도가 과밀해지거나 과소해지면 각각 좋지 않은 결과를 갖게 된다. 따라서 적정한 개체군 크기가 유지되어야 비로소 개체 사이에 협동이 이루어져서 최적의 생장과 생존을 유지하게 되는데, 이러한 개체군의 특성을 Allee 효과(Allee effect)라고 한다. Allee 효과는 사회생활을 하는 생물에서 주로 나타나는데, 이는 생물이 집단을 형성함으로써 천적으로부터 보호하는 등의 환경 적응도를 향상시키려는 것이다. 물론 생물종은 고립 생활과 집단생활을 하는 패턴으로 다양하게 나타난다. 고립 생활을 하는 생물종들은 영역성을 확보하기 위해 노력하며, 집단생활을 하는 생물종들은 협동 체계를 갖고 있다. 생태적 관점에서 이러한 집단생활은 포식자에 대한 쉬운 노출, 질병의 빠른 전파, 먹이 부족, 서식지의 부적합한 변화 등과 같은 좋지 않은 효과가 있다. 반대로 포식자로부터의 보호, 쉬운 먹이 발견, 서식지의 적합한 변화와 같은 좋은 효과도 있다.

각종 환경요인은 출생률이나 사망률에 영향을 미치고, 그 결과로서 환경수용능력을 변화시킨다. 이처럼 개체군의 크기 조절에는 내적 요인과 외적 요인의 작용에 의해서 결정되는데, 내적 요인은 밀도에 대한 개체군 자체의 반응으로 종내경쟁, 이입과 이출, 생식과 생존에 영향을 주는 생리적이고 행동적인 변화가 포함된다. 반면, 외적 요인은 다른 군집 구성원과의 상호작용 즉, 주로 포식, 기생, 질병 및 종간 경쟁, 그리고 생태계 교란 등이 포함된다. Errington(1967)은 개체군의 밀도에 영향을 미치는 요인 사이의 상호관계를 상호보상작용(inter-compensation)이라고 하였다.

(5) 개체군 구조

개체군을 구성하는 개체 사이의 상대적 위치를 공간 분포(space distribution)라 한다. 개체군의 공간 분포의 기본형에는 임의 분포(random distribution), 집중 분포(clumped distribution) 및 규칙 분포(uniform distribution)가 있다. 자연 상태에서는 집중 분포가 일반적이며, 규칙 분포나 임의 분포는 흔하지 않다.

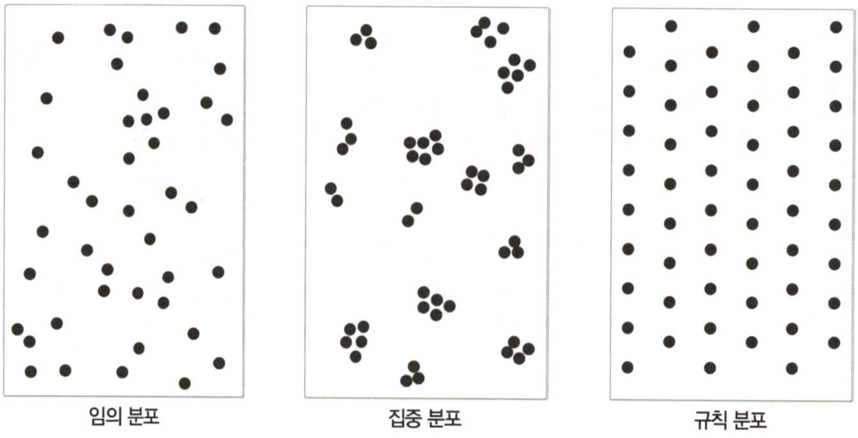

[그림 2-15] 개체군의 공간 분포

(6) 생활사 전략

개체군은 생활사에 따라 생물을 *r*-선택 생물(*r*-strategists, *r*-전략종이라고도 함)과 *K*-선택 생물(*K*-strategists, *K*-전략종이라고도 함)로 구분한다. 안정화된 서식처에 사는 개체군은 환경수용능력인 *K*에서 혹은 그 부근에서 오랫동안 유지되므로 이들을 *K*-선택(*K*-selection) 생물이라 한다. 반대로 불안정하고 일시적이며 변동하기 쉬운 서식지에서 일시적으로 환경 조건이 좋을 때 최대 번식 능력 *r*(*r* 은 일반적으로 번식 능력으로 봄)로 증가하여 *K* 가까이 접근하다가 다시 환경이 나빠지면 개체수가 감소하는 생물을 *r*-선택(r-selection) 생물이라 한다. 한편, MacArthur와 Wilson(1967)은 개체수가 환경수용능력에 가깝도록 증가하는 환경을 *K*-선택 환경, 그리고 생물의 번식 능력 *r*을 발휘하는 환경을 *r*-선택 환경이라 불렀다.

r-선택과 *K*-선택 생물의 특징은 [표 2-2]와 같다.

[표 2-2] *r*-선택과 *K*-선택 생물의 특징 비교

r-선택 생물	*K*-선택 생물
일찍 성숙하여 *r*을 높임	늦게 성숙함
크기가 작은 다수의 자손 생산	크기가 큰 소수의 자손 생산
짧은 생활사	긴 생활사
일년생	다년생
부모로부터의 자원 분배 적음 (어린 자손의 생존율 낮음)	부모로부터의 자원 분배가 많음 (어린 자손의 생존율 높음)
낮은 경쟁력	높은 경쟁력
적합한 서식지에 도달하기 위해 산포력이 매우 좋음	경쟁이나 근친 교배를 피하기 위해 산포력이 좋음
천이 초기종	천이 후기종

※ 자료출처: 김준호 등(2007)의 내용을 수정함.

[표 2-2]에서 제시된 것처럼 *r*-선택종이 빠르게 성장하는 특성을 갖기 때문에 일반적으로 생태복원 사업을 하는데 있어서 *r*-선택종을 복원 현장에 많이 도입하는 경향이 있다(Clewell & Aronson, 2013). *r*-선택종을 사용하면 종자를 수확하기 쉽고, 값도 저렴하며, 쉽게 성장하기 때문이다. 이렇게 *r*-선택종을 사용하는 경우는 대부분 복원이 어려운 비탈면이나 험악지에 사용하는 경우가 많다. 하지만 올바른 복원이나 다양성 증진, 천이 계열을 존중한다면 *K*-선택종도 적극적으로 도입할 필요가 있다.

한편, 지금까지 언급한 *r*-*K* 선택 모델은 환경요인에 반응하는 생물의 생활사를 잘 나타내지만 너무 단순화되었다는 문제점이 있다. 이에 Grime(1979)은 스트레스가 식물의 생활사에 큰 영향을 미치는 주요 요인임을 제시하면서 이 모델을 확대하여 식물을 R-선택, C-선택 및 S-선택으로 구분하였다. 즉, 식물의 생활사를 스트레스, 교란 및 경쟁의 정도에 따라 구분한 것이다. 여기서 스트레스란 생물의 생산력을 제한하는 낮은 온도, 수분부족, 영양염류 부족, 그늘 등의 환경 요인을 말한다. 이러한 관점에서 스트레스를 받는 생육지에서는 스트레스 내성형 식물(stress tolerator, S)이 번성하는 경향이 있

는데, 이들은 느리게 생장하고 오래 살며, 조건이 좋을 때 생식한다. 즉, 스트레스라는 환경 요인에 강점을 발휘하는 전략을 갖게 되며, 저장 능력을 중요한 전략으로 사용한다. 교란이 잦은 생육지에서는 교란지 식물(교란 적응형 식물, ruderal, R, 터주 식생)이 번성하는데, 이들은 r-선택종처럼 빨리 자라고, 생식에 자원을 많이 투자하는 일년생 식물이다. 이러한 식물은 거친 환경에서 생육하는 능력을 강점으로 하는 전략을 취하고, 속도를 중요한 전략으로 사용한다. 그래서 환경 변화에 빠르게 적응하는 특성을 가진다. 스트레스나 교란이 적은 생육지에서는 경쟁형 식물(competitor, C)이 번성하는데, 이들은 K-선택식물처럼 크기가 크며 오래 사는 식물이다. 즉, 경쟁에 유리하도록 크기를 키우는 전략을 주로 사용한다. 중간 정도의 교란이나 스트레스를 받는 생육지에서는 생활사의 특징이 중간 정도인 식물이 번성한다.

경쟁형 식물(C)

- 초본, 관목, 교목
- 빠르고 크게 성장
- 다양한 수명
- 다소 일찍 생식
- 생식에 적은 투자
- 간혹 종자은행 유지
- 영양생식 중요

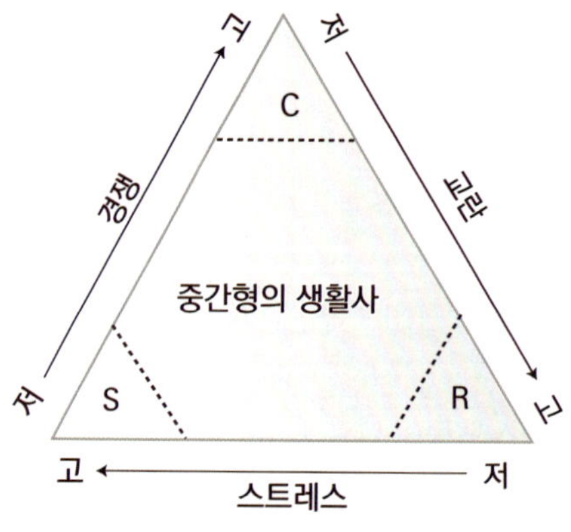

스트레스 내성형 식물(S)

- 지의류, 초본, 관목, 교목
- 보통 상록성
- 매우 느리게 생장
- 생식에 적은 투자, 다소 늦게 생식
- 영양생식 중요

교란지 식물(R)

- 초본, 보통 일년생
- 매우 빠르게 생장
- 일찍 생식
- 생식에 많은 투자
- 항상 종자은행 유치, 이동성 증가

[그림 2-16] R-, C- 및 S- 선택 식물 모델

※ 자료출처: 김준호 등, 2007(원저; Grime, 1979)

(7) 개체군 상호작용

두 종 개체군 사이에는 매우 다양한 상호작용이 있다. 생태학이 상호작용에 관한 학문인만큼 이 분야는 매우 중요하다. 이 상호작용에는 한 개체군이 이익을 얻는가, 해를 받는가 혹은 이해관계가 있는가 없는가에 따라서 중립, 경쟁, 편해작용, 기생, 포식, 편리공생, 상리공생 및 원시협동 등으로 분류하며, 이는 [표 2-3]에서 행렬표를 보면 쉽게 이해할 수 있다.

[표 2-3] 두 종 개체군의 상호작용을 분류한 행렬표

강한 종에 미치는 영향 \ 약한 종에 미치는 영향	—	○	+
—	경 쟁	편해작용	기 생
○	편해작용	중 립	편리공생
+	포식, 초식	편리공생	상리공생 원시협동

※ 자료출처: 김준호 등, 2007.

한편, 두 종 개체군 사이에 일어나는 상호작용은 먹고 먹히는 관계로 이루어진 영양상의 상호작용과 그렇지 않은 비영양상의 상호작용으로 구분할 수 있다. 한 종이 다른 종을 먹이로 이용하는 영양상의 상호작용에는 초식, 포식, 기생과 질병, 부생(saprobism)이 있으며, 비영양상의 상호작용에는 편리공생, 경쟁, 중립, 편해작용과 타감작용, 상리공생 등이 있다.

초식(herbivory)은 초식동물이 식물을 먹는 것을 말하며, 초식동물에는 곤충과 포유류가 많다. 식물들은 초식에 대하여 나름대로의 방어 전략을 갖고 있는데, 털이나 가시와 같은 형태적 방어뿐만 아니라 물질을 분비하거나 방출하는 화학적 방어가 있다. 형태적인 방어는 자신의 몸에 초식동물의 접근을 방지하기 위한 도구를 갖추는 것이며, 화학적 방어는 식물체 내에 화합물을 합성하여 맛을 없게 하거나 소화가 안 되도록 함으로써 방어하는 것이다. 참고로 목본류보다 3억 년쯤 뒤에 출현한(더 진화한) 초본류(Hidehiro Inagaki, 2020(장은정 역, 2021))는 생장점이 뿌리 바로 위쪽의 땅 표면부에 형성되어 있어서 제초를 하거나 초식동물에게 윗부분이 뜯어 먹혀도 빠르게 잎을 올려서 다시 생육하는 특성이 있다. 물론 이나가키(2020)도 언급은 하였지만, 바다에서 육상으로 올라온 식물은 솔잎란류, 석송류, 속새류, 고사리류 등의 순으로 진행되었다(이상태, 2010).

한편, 초식을 하는 동물과 식물 개체군의 상호 관련성을 염두에 두어야 한다. 과거 제주도 한라산에서는 1980년대 후반부터 노루 보호 정책에 의해서 적극적인 관리를 실시한 바 있다. 한라산에서 노루를 포식할 수 있는 고차소비자가 없던 관계로 한라산에서 노루는 지속적으로 증가하였고, 반대로 노루가 먹는 식물의 개체 수는 줄어들게 되었다. 문제는 한라산의 식물들 중에서 희귀종들도 함께 개체수가 줄어들어 이에 대한 관리 대책이 필요하게 된 것이다. 이와 같이 특정 개체군이 지나치게 우점하게 될 경우에는 다른 생물종의 피압이나 멸종위기에 기여하게 된다. 그래서 제주도에서는 노루 관리 방향과 관련한 논쟁이 많았었다. 최근 Nature지에 실린 연구에 의하면, 목초지에서 초식동물들이 풀을 뜯어먹으면 식물에 닿는 빛의 양이 증가해 식물들의 다양성이 증가한다는 사실을 밝혔다(Eskelinen *et al.*, 2022). 즉, 양과 같은 초식동물들이 목초지의 식물 생태계를 다양하게 유지하는 데 중요한 역할을 한다는 것이다. Eskelinen *et al.*(2022)의 연구는 목초지에서 초식동물과 빛, 다양성 간의 상관관계를 조사한 것이다. 그 결과 빛이 생물다양성에 영향을 미치는 가장 중요한 요인임을 확인한 것이다. 초식동물은 지속적으로 식물을 섭취해 특정 식물이 거대하게 자라서 태양빛을 가려 다른 식물의 생장을 막지 않도록 하는 역할을 한다고 밝혔다(Eskelinen *et al.*, 2022).

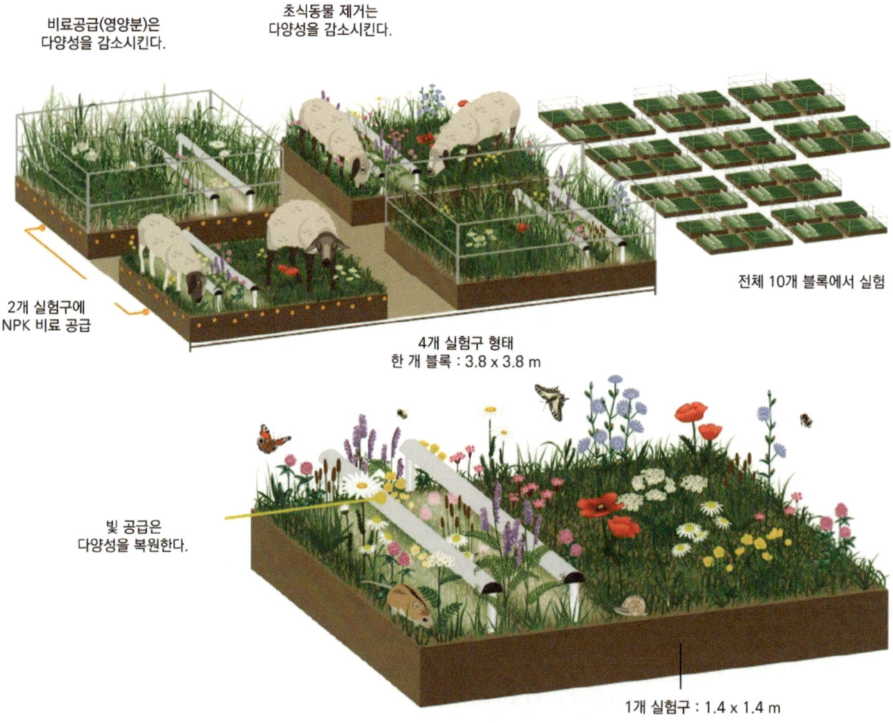

[그림 2-17] 빛과 초식동물, 식물다양성 간의 상호 관련성 실험 연구
※ 자료출처: Eskelinen *et al.*, 2022.

한편, Science지에 실린 Changlin Xu *et al.*(2023)의 연구에서는 초식동물의 개체수 증가는 식물 풍부도를 저하시키는 것으로 보고 있다. 황폐화된 식물 생태계를 복구하는 데 있어서 인위적으로 초식동물 개체수를 조절하는 것이 복원 효과를 높일 수 있다고 보았다. 이 연구는 전 세계에서 이뤄진 600개 이상의 연구 데이터를 분석한 것인데, 초식동물이 식물 풍부도와 생태계의 기능에 영향을 미치는 것으로 분석한 것이다(Changlin Xu *et al.*, 2023).

이처럼 최근의 연구들도 초식동물과 식물다양성 혹은 식물종 풍부도와 관련한 다양한 견해를 보이는데, 중요한 것은 어떤 환경 조건에서 어떤 생태계(복원과 관련된 산림 생태계, 초지 생태계 등)를 대상으로 어느 정도의 초식동물 개체수(초식동물의 먹이 특성을 포함)를 대상으로 하느냐에 따라 다른 견해들이 나올 수 있다고 보는 것이 좋을 것이다.

포식(predation)과의 상호관계에서는 개체군 조절에 있어서 포식자에 의한 피식자 수의 조절 관계를 파악해 둘 필요가 있다. 이는 Lotka-Volterra 모델로 설명할 수 있는데, 포식자 개체군의 개체수가 그 출생률을 결정하는 피식자 개체군에 의존하고 있음을 나타내는 모델이다. 이 모델은 여우와 쥐 개체군을 예로 들어 설명할 수 있다. 우리나라에서 세 번째 멸종위기종 복원 사업으로 추진되고 있는 여우는 과거 우리나라 전 지역에 분포했던 것으로 알려져 있었다. 하지만, 1960년대 여우의 먹이가 되는 쥐잡기 운동이나 여우 털을 얻기 위한 포획 등으로 개체수가 급감하여 환경부에서는 멸종위기 야생생물 I 급으로 지정하여 관리하고 있다. 즉, 피식자인 쥐 개체군은 1960년대 이전에는 매우 많아 여우가 쥐를 잡아먹으면, 쥐는 개체군 유지를 위해 많은 새끼를 낳았다. 하지만, 쥐잡기 운동이 시작되면서 쥐 개체군이 작아졌고, 그로 인해 먹이가 줄면서 여우가 서식하지 못하게 된 원인 중에 하나로 지목되고 있다. 반대로 어떤 피식자의 수는 그 사망률을 결정하는 포식자 개체군에 의존하게 되는데, 여우 개체군이 작아지면 포식자가 없어져서 쥐의 개체수가 증가하게 된다. 결과적으로 피식자는 포식자를 제한하고 이와 반대로 포식자는 피식자를 제한하는 관계를 갖고 있다.

한편, 야생동물이 먹이를 먹는 습성과 관련해서 야생동물들은 최적 채식 전략(optimal foraging strategy)을 갖고 있다. 최적 채식 전략은 생물의 효율적인 자원 개발 전략으로서, 야생동물이 먹이를 먹는 특성에 따라서 일반 섭식자(generalist)와 전문 섭식자(specialist)로 구분한다. 야생동물이 전체 먹는 먹이 자원 중에서 70% 내외를 기준으로 그 이상의 비율을 주요 먹이자원으로 하면, 전문 섭식자라 한다. 학자들마다 차이가 있어 70%라고 확정짓기는 한계가 있으나, 특정 먹이만을 채식하기 때문에 전문 섭식자는 먹이를 찾기 위하여 많은 시간과 에너지를 소비하는 특성을 보인다. 반대로 먹이 자원이 매우 다양하여 특정 생물종에 치중하지 않고 다양한 것들을 먹는 야생동물은 일반 섭식자로 분류한다. 복원 계획을 수립할 때 목표종이 전문 섭식자인 경우에는 해당 먹이 자원을 충분히 확보해 주기 위한 방법을 모색해야 한다.

기생은 다른 생물종으로부터 일방적으로 영양분을 얻어 내는 기생생물과 숙주(host)와의 상호작용으로 식물에서는 새삼, 겨우살이, 개종용 등이 있으며, 탁란(brood parasitism)을 하는 뻐꾸기도 기생동물이라고 할 수 있다. 편리공생은 한 생물이 다른 생물(숙주, host)과 함께 살거나 가까이 살면서 이익을 얻는 상호관계를 말한다. 여기서 숙주가 피해를 받지 않으면 편리공생이 되고, 피해를 받으면 기생이 되지만, 이 둘의 관계는 구별이 모호하고 시간에 따라서 변화하기도 한다.

한편, 부생이란 죽었거나 죽어가는 생물로부터 에너지를 얻는 상호 작용으로, 부생생물(saprobe)

에는 부육동물(scavenger), 부패생물(decay organism), 분변식자(coprophage, 파리와 쇠똥풍뎅이 등) 및 부니식자(detrivore)가 포함된다. 부생생물이 이용하는 물질은 동물의 사체, 배설물과 분비된 유기화합물, 고사목(통나무, 그루터기 및 나무뿌리), 낙엽과 낙지(落枝), 나무 조각, 과숙한 과일 등이다(김준호 등, 2007). 이러한 상호 작용은 우리가 복원 시 도입하는 나뭇가지 놓기나 나무더미 쌓기, 곤충호텔 등과 같은 방법의 도입 이유를 설명해 준다.

경쟁은 한 종류의 한정된 자원 혹은 동일한 생태적 지위를 두고 두 생물종간에 자원을 차지하려고 벌이는 상호작용이다. 직접적인 다툼 없이 한정된 자원을 소모함으로써 다른 종의 적응도를 감소시키는 간접적 형태의 착취 경쟁(exploitation competition)과 직접적인 신체 접촉을 통한 경쟁으로 세력권이나 먹이 등을 위해 싸우는 간섭 경쟁(interference competition)으로 구분한다. 어떤 개체군이 경쟁 개체군에게 유해한 화학물질을 분비하는 것을 항생작용(antibiosis)이라고 한다. 식물에서의 항생작용인 타감작용(allelopathy)은 간섭 경쟁의 한 유형이기도 하다. 또한, 다른 종의 생물 사이에서 한정된 자원을 차지하려는 종간 경쟁(interspecific competition)과 같은 종의 다른 개체 사이에서 일어나는 종내 경쟁(intraspecific competition)으로 구분하기도 한다. 자연간벌 또는 자기솎음(self-thinning)은 종내 경쟁의 대표적인 예로서 단위면적당 개체수의 밀도가 높으면 높을수록 개체 간에는 치열한 경쟁이 생기고, 경쟁에서 진 개체가 사라지면서 밀도가 감소하게 되는 것을 말한다. 자연산림지역에서 한 종의 개체수가 많아지게 되면 한정된 자원 때문에 생장하는 과정에서 경쟁이 자연스럽게 유발되고, 이 과정에서 소멸하는 개체가 나타나게 된다. 이것은 산림에서 처음에 종자가 많이 발생하여 각 나무 개체가 성장할 때에도 나타나는데, 각 개체의 생중량이 증가하면서 경쟁에 의하여 죽는 개체가 생기므로 밀도가 감소하는 것이다(손요한 등, 2019).

한편, 한 자원에 대하여 종간경쟁이 심하게 일어나면 한 종이 멸종하고 다른 종은 살아남게 되는데, 이를 "경쟁배타의 원리" 또는 "Gause의 법칙"이라고 한다. 여기에는 생태적 지위의 개념이 들어있는데, 즉, 두 종이 똑같은 생태적 지위를 점유할 수 없다는 것을 의미한다. 이러한 사실을 실험적으로 밝힌 학자는 러시아의 Gause(1934)이고, 이를 이론화 시킨 사람은 Hardin(1960)이다. 이러한 원리는 실험실 조건처럼 단순한 환경에선 일어날 수 있지만, 자연환경처럼 복잡한 환경에서는 두 종의 먹이와 서식지가 정확히 일치하는 경우가 적기 때문에 완전한 경쟁이 일어나기 어렵다. 예를 들어, 논밭에서는 뚝새풀, 어저귀, 버들여뀌가 한 공간에서 공존하는데, 이들은 각각 뿌리 구조가 다르기 때문에 가능하다. 즉, 뚝새풀의 뿌리는 깊이가 얕은 수염뿌리이고, 어저귀는 곧은 뿌리이며, 버들여뀌는 토양 내 여러 층의 깊이로 뻗을 수 있는 뿌리구조를 갖기 때문에 한 공간에서도 다른 종들이 함께 생존이 가능하다(손요한 등, 2019). 이처럼 한 공간에서 공존하는 생물종이 자원의 형태를 나누어 사용하는 것을 "생태적 지위 분할(niche partitioning)"이라고 한다. 이러한 생태적 지위 분할은 종다양성을 결정하는 중요한 요인으로 알려져 있다.

편해작용(amensalism)은 한 종이 해를 입고 다른 종이 아무런 영향을 받지 않는 상호 관계를 말한다. 즉, 한 생물의 활동 결과가 다른 생물에 해를 주는 상호 관계이다. 한 식물이 화학물질을 주변 환경에 방출하여 자신은 아무 영향을 받지 않은 채 다른 식물에 해를 끼치는 편해작용을 타감작용

(allelopathy)이라 한다. 이는 오스트리아의 식물학자인 Molish(1937)가 제창한 것이다. 타감작용이 큰 식물들은 개망초, 호두나무, 소나무, 유칼리나무 등이며, 귀화식물 중에서도 미역취, 돼지풀, 달맞이꽃 등도 타감물질을 많이 발생한다(이상태, 2010). 이러한 타감물질에는 저항성을 가지는 식물들도 있는데, 이를 잘 고려하여 식재하는 것이 중요하다. 예를 들어, 소나무에서 많이 배출되는 타감물질(allelochemicals)에는 억새, 진달래, 조릿대류, 맥문동, 김의털, 그늘사초 등은 서식할 수 있는 반면에 명아주, 강아지풀, 비름 등은 그 종자의 발아는 물론이고 생장에도 피해를 받는다. 따라서 소나무 식재지역의 피복식물로 이용하고 있는 식물들은 타감물질에 영향을 받지 않는 식물들이 주를 이루고 있다. 한편, 이러한 타감작용을 일으키는 대부분의 물질은 테르페노이드 또는 페놀 화합물이지만 다른 여러 가지 물질들이 관여하기도 하며, 이러한 물질들은 살균 및 항균 작용을 갖고 있어 피톤치드(phytoncide)라고도 한다. 피톤치드는 어원적으로 보면, *phyton*(식물) + *cide*(죽이다)의 합성어로 '식물을 죽이는 물질'이라고 할 수 있다.

소나무 밑의 진달래: 소나무의 타감작용은 특정 식물의 생존에는 영향을 미치지 않으므로 식재시 조합을 고려하여야 한다.

침엽수에서 활발하게 발생하는 피톤치드를 이용한 삼림욕 (홍천 가리산 휴양림)

[그림 2-18] 타감작용을 고려활용한 접근

피톤치드는 나무에서 나오는 물질들에 의해 사람의 신진대사에 이로운 영향을 줌으로써 우리는 삼림욕에서 많이 활용하고 있으며, 중요한 약으로도 사용하고 있다. 타감작용은 농작물의 병충해 제거를 위한 제초제로의 활용이나, 동반 식물의 식재 등을 통한 잡초의 번성을 억제하는 등의 친환경 농법에도 활용될 수 있다. 한편, Whittaker와 Feeny(1971)는 생물 간에 영향을 미치는 화합물의 효과를 두 가지로 구분하였는데, 화합물이 다른 종에 영향을 미칠 때 이를 타감작용이라 하였고, 같은 종 사이에 영향을 주는 물질을 페로몬(pheromone)이라 하였다.

상리공생(mutualism)은 두 생물이 다 같이 이익을 얻는 상호관계로서 떨어져 있으면 두 생물 모두 생존하지 못하는 결과를 가져온다. 지의류(lichen)는 조류와 균류의 공생체로서 이들이 떨어져 있으면 양자가 함께 살지 못한다. 균사가 조류 세포를 둘러싸서 구상체(soredia)를 형성하여 생식하는데 균류는 물과 영양소를 흡수하고 조류는 광합성을 하여 서로 보완하여 살고 있다(김준호 등, 2007).

상리공생에는 앞서 언급한 공생적 상리공생과 함께 비공생적 상리공생으로 구분할 수 있다. 비공생적 상리공생의 대표적인 예는 화분운반자(pollinator)에 의한 수분(pollination)이다. 수분을 통해서 동물은 화분과 꿀을 얻는 이익을 받고, 식물은 수분을 하는 이익을 얻게 된다. 최근 이와 관련하여 국제적으로 화분운반자로서 중요한 역할을 하고 있는 벌의 중요성이 부각되고 있으며, 벌의 멸종은 인류에 큰 재앙이 될 수 있다고 경고하고 있다.

다) 군집

군집(community)은 같은 시점에 같은 공간 내에서 상호 작용하는 여러 종의 개체군들의 집합이라고 정의한다. 개체군들이 동종(同種)의 집단이라고 한다면, 군집은 이종(異種)의 집단이라고 볼 수 있다. 그리고 우리가 흔히 서식처(habitat)와 비오톱(biotop)의 개념을 혼용하고 있지만, 서식처는 특정한 종이나 개체의 서식 공간을 의미하며, 비오톱은 군집 차원에서의 서식 공간으로 해석할 수 있다. 비오톱에 대한 구체적인 내용은 이 책의 "제3장. 생태계 유형별 이론" 중 도시생태계 부문에서 자세히 제시하였다.

군집은 다양한 개체군이 모여서 상호작용하는 계(system)이며, 종 조성, 다양성, 층위구조, 먹이사슬 등의 속성을 갖는다.

(1) 군집의 구조

군집의 구조는 종 조성, 상관(physiognomy), 주기성, 영양구조 등과 같이 여러 가지 방법으로 나타낼 수 있다. 군집은 일정한 지역에서 생육하는 특정한 여러 개체군의 집합체로서 개체군의 상대 수도(relative abundance)는 각각 다르다(종 조성). 종조성(species composition)은 특정 군집에 어떤 종들이 있는지, 종 수가 얼마인지, 이들의 상대적인 풍부도가 어떤지를 포함하는 말이다(박상규 등, 2022). 또한, 군집의 층위구조나 공간적인 분포 유형과 같은 고유한 구조적 특징을 갖는다(상관). 군집의 구조는 하루 또는 계절을 주기로 반복되는 주기성을 나타낸다. 마지막으로 군집은 먹이사슬과 영양단계를 포함한 특정한 에너지 흐름의 유형을 갖는다(영양구조).

어떤 군집에서 개체수나 생물량이 가장 많은 종을 우점종(dominant species)이라고 한다. 우점종은 일정한 지역의 군집 내에서 중요한 역할을 수행하고, 다른 종에 영향을 크게 미치는 종이다. 이러한 역할은 종과 그들을 둘러싸고 있는 환경 사이의 반작용과 상호작용을 통해서 이루어진다. Avolio *et al.*(2019)에 의한 최근 정의에 따르면, 우점종이란 생물 군집에서 다른 종보다 풍부도가 높으며, 군집 구조 또는 생태계 기능에 다른 종보다 큰 영향을 미치는 생물종을 의미한다. 그리고 많은 연구에서 우점종은 풍부도를 기준으로 식별한다(최호, 2022).

화학생태학(chemical ecology)이란 동종 혹은 이종 간에 영향을 줄 수 있는 화합물의 생산, 흡수 및 이용을 연구하는 분야로 타감작용과 페로몬 등이 이에 속한다.

(2) 공간 구조

지위 유사종(synusia)이란 식물군집에서 생활형이 같은 종의 무리를 일컫는 말이다(DuRietz, 1930). 반면, 동물에서의 지위 유사종은 길드(guild)라고 하는데(Root, 1967), 같은 방법으로 환경자원을 이용하는 무리라고 할 수 있다. 산림성 조류의 길드를 구분해 보면 [표 2-4]와 같다.

[표 2-4] 산림성 조류의 길드 구분

길드		설명
영소길드 (nesting guild)	수동 영소길드 (hole-nesting guild)	나무 구멍을 둥지로 이용하는 종류
	수관층 영소길드 (canopy-nesting guild)	수관층을 둥지로 이용하는 종류 (수고 2m 이상의 교목 상층에 형성)
	관목층 영소길드 (bush-nesting guild)	지면, 관목, 덩굴수목 등에 둥지를 짓는 종류
	임연부 영소길드 (edge-nesting guild)	산림의 임연부를 자원으로 이용하는 종류
채이길드 (foraging guild)	외부 채이길드 (outside-foraging guild)	산림 이외의 장소, 임연부에서 먹이자원을 이용하는 종류
	수관층 채이길드 (canopy-foraging guild)	공중, 잎, 가지, 줄기, 새순 등에서 먹이자원을 이용하는 종류
	관목층 채이길드 (bush-foraging guild)	덩굴, 낙엽, 고사목, 덤불에서 먹이자원을 이용하는 종류

※ 자료출처: 이우신·박찬열, 1995.

주기성은 일변화와 계절변화로 구분한다. 일변화는 활동하는 시기에 따라 낮에 주로 활동하는 생물은 주행성(diurnal), 밤에 활동하는 생물은 야행성(nocturnal), 그리고 새벽녘이나 어두워질 때 활동하는 생물은 황혼성(crepuscular) 생물로 구분한다. 일반적으로 야생동물들은 인간의 활동 시간과 달리 밤에 많이 활동하는 야행성 특성을 갖는다. 계절변화는 온도, 강수 및 광주기와 같은 환경 요인들에 의해서 생태계의 구조와 기능이 달라지는 것을 말한다.

한편, 생물계에서 나타나는 계절 변화에 대한 과학적 연구 즉, 기후에 따른 생물의 변화 연구를 화력학(phenology) 또는 생물기후학이라고 하며, 식물계절학과 동물계절학으로 세분화된다. 해마다 꽃이 개화하는 시기를 조사하거나 개구리류의 산란시기를 조사하는 것은 생물계절 모니터링의 대표적인 예이다. 생물계절 조사는 기후변화가 생물에게 어떠한 영향을 미치는지를 평가하는 데에도 매우 효율적인 방법으로 활용되고 있다. 한편, Hopkins(1920)는 생물기후학의 법칙을 수립하기도 하였다. 이 법칙에 의하면 위도 1°씩 북쪽으로 갈수록 봄은 약 4일 늦게 오는데, 이는 봄이 하루에 약 27㎞ 북쪽으로 이동하는 것과 같다. 고도와 경도 역시 영향을 미치는데, 고도는 30.5m 높아질수록, 경도는 1.25°씩 동쪽으로 갈수록 개화 시기가 하루씩 늦어진다. 종합하면, 위도는 1°북쪽으로, 고도는 122m 위로, 경도는 5° 동쪽으로 갈수록 봄은 4일씩 늦어진다(김준호 등, 2007).

생태적 지위(ecological niche)라는 용어는 캘리포니아 대학의 박물학자 Grinnell과 영국의 동물학자 Elton에 의해서 거의 같은 시기에 약간 다른 의미로 사용하였다. Grinnell(1917)은 생태계에서 한 생물이 차지하는 공간적 위치와 기능적 역할에 초점을 두었다. 그는 생태적 지위는 종에 따라 다르고, 종의 분포를 결정하는 구조적이며 기능적 제한요인이란 의미에서 단순히 서식처라고 정의하여 공간적 지위(spatial niche)라고 하였다. 즉, 공간적 지위는 서식처에 따른 접근 방법이라고 할 수 있다. Elton(1927)은 생태적 지위를 생태계에서 한 종과 다른 종의 상대적 위치로 인식하여 역할이 다른 신분의 의미로 사용하였고, 먹이사슬의 에너지 관계에 역점을 두어 영양적 지위(trophical niche)라 하였다. 따라서 영양적 지위는 먹이에 따른 접근 방법이다. 또한, Hutchinson(1957)은 생물이 군집내에서 살아가기 위해서는 다른 여러 생물 및 비생물적 요인에 적응하여야 하므로 다차원적 공간의 개념을 도입하여 다차원 지위(hypervolume niche)를 주장하였다. 다차원 지위는 복합적 지위라고도 하며, 같은 먹이나 서식처를 이용하지만, 활동 방식이나 시간대 등에 의해서 구분되는 것을 말한다. 다차원적 지위는 공간적 지위와 영양적 지위를 모두 포함하는 것이라 할 수 있다. 달리 말하면, 생태계에서의 종의 생태적 지위는 공간과 시간의 다차원적 특화에 의해서 결정되고, 그 종의 기능·적응·분포 특성 등을 포함한 복잡하고 다양한 요인을 반영하게 된다. 생물종의 생태지위를 설명하기 위해서 다차원 부피 모형을 이용하여 설명하기도 한다([그림 2-19] 참고).

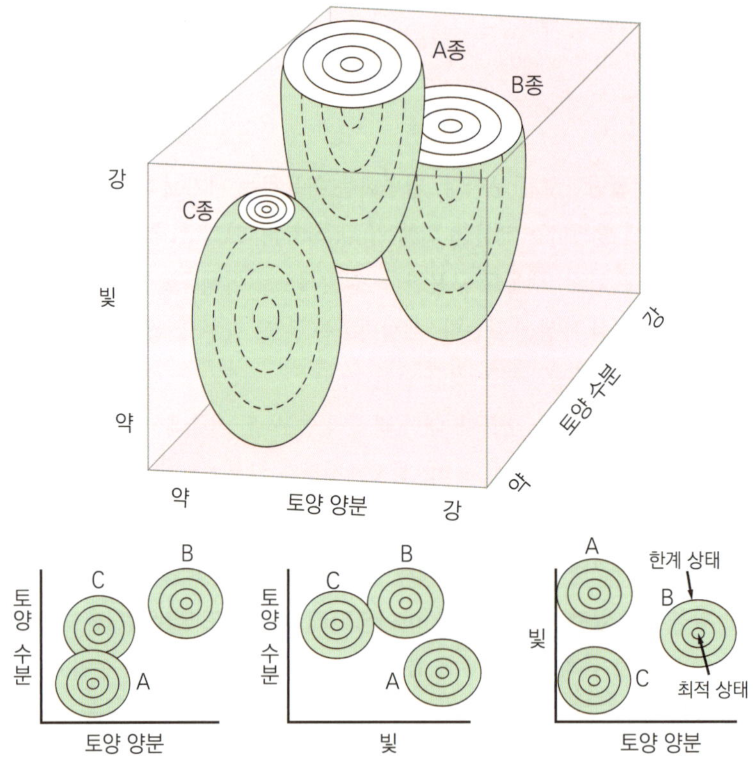

[그림 2-19] 토양 양분, 토양 수분 및 빛의 차이에 따른 A, B, C 종의 현실지위모형도

※ 자료출처: 손요한 등, 2019(원저: Kimmins, 2004를 일부 수정한 것임).

Odum(1959)은 생물의 구조적 적응, 생리적 반응 및 종의 행동 결과로 나타나는 군집이나 생태계 내에서 각 종이 차지하는 위치와 신분이라고 생태적 지위를 정의하였다. 이들을 종합하면, 생태적 지위에 대한 정확한 정의를 내리기는 어렵지만, 어떤 종이 생태계에서 수행하는 전반적인 역할이라고 볼 수 있으며, 생물이 생태계에서 차지하는 구조적, 기능적 역할을 종합적으로 나타내는 개념이다. 예를 들어, 논 생태계에서 개구리를 포식하는 뱀이나 중대백로는 먹이자원에서는 동일한 생태적 지위를 갖고 있다.

둘 이상의 종이 상호작용하여 일어나는 진화를 공진화(co-evolution)라 한다. 다시 말하면, 복수의 종이 서로 생존이나 번식에 영향을 미치면서 진화하는 현상을 말한다. 공진화의 대표적인 예는 박쥐와 나방 사이에서 일어나는 것인데, 박쥐는 나방을 먹기 위해 필요한 기능을 발달시키면, 나방은 박쥐의 기능을 회피하기 위한 또 다른 기능을 발달시켜 왔다. 박쥐와 나방 사이의 이러한 먹고 먹히는 관계의 발달은 두 종이 함께 진화하는 결과를 가져오게 하였다.

(3) 다양성

다양성(diversity)이란 군집 구조의 복잡한 정도를 의미한다. 다양성에는 여러 가지 측면이 있으나 가장 간단한 것은 출현종의 수를 세는 것으로서 다양한 군집에는 그렇지 않은 군집보다 더 많은 종이 있다. 이런 측면에서의 다양성을 풍부도(richness)라고 한다. 하지만, 좀 더 엄격한 의미에서 보면, 다양성은 생물종의 많고 적음과 함께 그 분포의 균질성을 의미하며, 풍부도는 종의 수나 개체수의 많고 적음만을 의미한다.

종풍부도는 군집내에 서식하고 있는 종수를 세어 두 군집을 비교할 수 있는 간단한 지표이다. 하지만 상대우점도, 즉 종 균등도(species evenness)를 고려해야 할 경우가 있다. 예를 들면, 두 종으로 구성된 두 군집에서 한 군집은 A종이 99개체이고 B종이 1개체로 구성되어 있고, 다른 군집은 두 종이 각각 50개체일 때 후자의 다양성이 높게 나타난다.

일반적으로 사용되는 다양성 지수에는 종풍부도와 균등도의 개념이 포함되어 있으며, 여기에는 연속 비교 지수(sequential comparison index, SCI), Shannon-Wiener 지수(H′), 그리고 Simpson 지수(C) 등의 방법으로 계산할 수 있다. 일반적으로 많이 사용되는 방법은 Shannon-Wiener 지수(H′)로서 이는 정보 이론에서 도출된 것이며(Margalef, 1958), 연속된 두 개체가 같은 종일 확률을 측정하는 방식이며, 계산식은 다음과 같다.

$$\text{Shannon-Wiener 지수}(H') = -\Sigma P_i \log P_i$$

· 여기서, $P_i = N_i / N$으로, N은 총 개체수, N_i = i종의 개체수를 말한다.

이러한 다양성의 요인에는 군집의 역사, 시간, 극단적인 서식지, 자원의 다양성, 생산성, 기후의 안정성, 포식, 교란 등이 있다.

여기서 염두에 둘만한 것은 자원의 다양성으로서 자원이 다양해지면 그곳에 서식하는 생물도 다양하다는 것이다. 예를 들어, 산림과 같이 물리적 환경 조건이 다양한 지역은 잔디밭과 같이 균일한 지역보다 생물종 수가 많다. 확장시켜서 생태복원과 연계시켜보면, 다양한 생물종이 서식할 수 있도록 하기 위해서는 다양한 환경조건을 만들어 주는 것이 매우 중요하다. [그림 2-20]에서처럼 좌측의 정형적이고 대칭적인 연못의 환경조건보다는 우측의 비대칭적이고 다양한 수심, 경사를 갖는 환경조건이 더 많은 생물종이 서식할 수 있다.

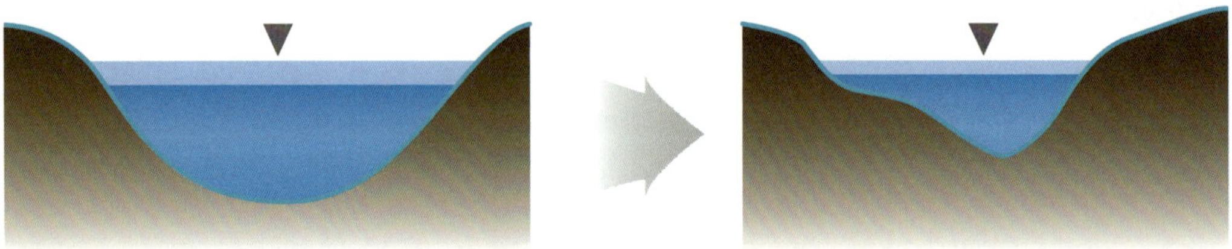

[그림 2-20] 다양한 생물서식을 위한 습지 환경 조건 조성 방법

또한, 생물다양성이 증가하면 생태계 기능은 선형적 증가를 가져온다는 "다양성-안정성(diversity-stability) 가설"이 있다. 생물다양성이 화두가 되고 있는 현대 생태학에서 가장 중요한 문제 중에 하나로 생물다양성이 어떻게 생태계 기능에 영향을 미치는가를 이해하고, 검증하는 것이다(Aubree *et al.*, 2020). 생물종들이 상호 보완적인 방식으로 생태계 과정에 기여하기 때문에 보다 많은 생물종이 존재할수록 생태계 기능은 더욱 향상된다. 개별 종 또는 종 그룹이 각각의 생태과정과 자원이용을 세분하거나(resource partitioning), 긍정적인 내부길드 관계(positive intra-guild interactions)를 향상시켜 생태적 기능을 높게 한다(육근형 등, 2010). 이 가설을 검증하기 위해 여러 연구가 이루어졌지만 논쟁은 지금도 진행 중이다. 이는 환경에 따라 가설을 검증하는 모델의 설명력이 서로 다르기 때문인데(육근형 등, 2010), 다양성-안정성 가설의 경우 교란을 덜 받았고 오랜 진화 역사를 가지고 있는 생태계에서 적합하다는 것이다(Sala, 2001).

한편, 두 생태계가 인접하여 다른 두 가지의 생태계가 공존하는 곳을 점이대(ecotone, 추이대, 이행대)라고 하는데, 이러한 지역도 환경 조건이 다양하기 때문에 서식하는 생물종이 다양하다. 예를 들어, 초지와 산림이 서로 만나는 지역은 초지에 서식하는 종과 산림에 서식하는 종, 그리고 이 두 지역의 자원을 함께 이용하는 종이 모두 서식하기 때문에 다양성이 높아지게 된다. 여기서, 두 지역의 자원을 이용하는 종을 산림 주변 종(forest edge species)이라 하고, Leopold(1933)는 점이대에서 종의 밀도가 증가하는 현상을 주연부 효과(edge effect)라 하였다. 따라서 점이대를 많이 형성해 주고, 환경 조건을 다양하게 해 주는 것은 생태복원의 근본적인 목적인 생물다양성 증진에 큰 도움을 준다.

[그림 2-21] 점이대로서의 산림 가장자리

한편, 교란과 관련해서는 교란이 지나치게 심한 지역은 그곳에만 적응해서 살 수 있는 생물만 남기 때문에 종수가 감소된다. 반대로 교란이 거의 없으면 종들끼리 경쟁을 하게 되어 극상에 도달한 종만이 우점하고 다른 종들은 거의 사라지게 된다. 반면, 적당히 교란되면 많은 종이 공존할 수 있는데, 이것을 중규모 교란설이라고 하며, Connell(1978)에 의해서 주창되었다. 우리가 생태복원 후 적정한 관리가 필요한 이유는 여기에 있다. 즉, 다양성 증진을 목적으로 한다면, 적절한 관리 즉, 교란을 통해서 다양성을 증진·유지시켜주어야 한다. 다만, 집중적인 관리나 에너지가 많이 소비되는 관리 방식은 바람직하지 않다.

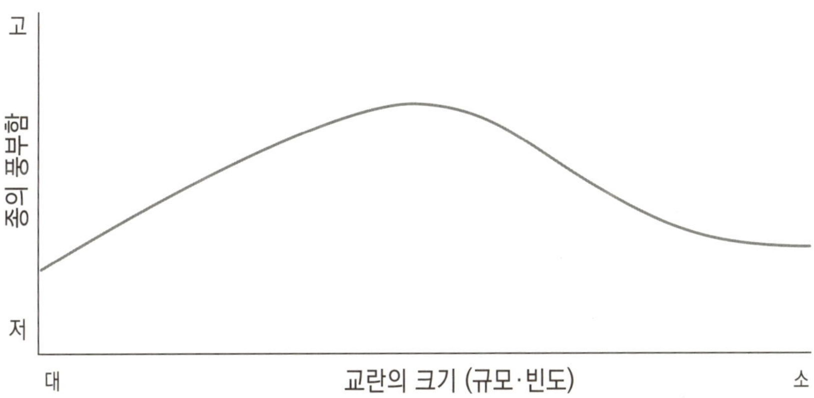

[그림 2-22] 중규모 교란설 모식도

실제로 Lewis-Phillips 등(2019)에 의하면 영국 전원지역에서의 농업용 저수지(연못)는 농업 방식이 변화하면서 지난 40~50년간 인위적으로 메워졌고, 관리되지 않음으로써 육상화가 진행되어 1970년대에 비해서 조류 개체수가 56% 감소한 것으로 나타났다. 최근 5년 이내 쌓인 퇴적물을 제거하고 10% 미만의 수관이 드리워진 관리된 연못과 20~30년간 방치한 연못(습생교목식물 등에 의해서 85% 이상의 수관층이 형성된 곳)을 대상으로 조류(bird) 다양성을 조사하였다. 전체 16개의 연못에서 총 66종의 조류가 관찰되었으며, 64종은 관리된 연못에서 관찰되었고, 무관리 연못에서는 37종이 관찰되었다.

a) 관리된 연못(개방된 수면)
b) 무관리 연못(수목 성장으로 수면이 폐쇄됨)

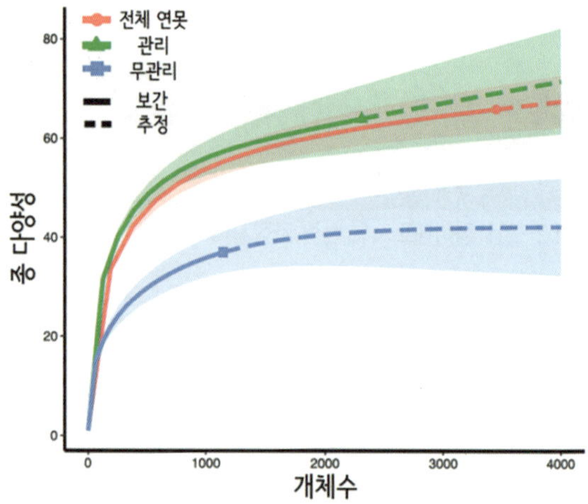

연못별 종풍부도 곡선(Rarefaction curves)

[그림 2-23] 연못의 관리 유무에 따른 종풍부도

※ 자료출처: Lewis-Phillips *et al.*, 2019.

(4) 군집의 변화

군집의 구조와 기능은 시간에 따른 변화가 계속 일어나는 역동적인 상태에 있다. 이러한 군집의 변화는 군집을 특정한 방향으로 영구적으로 변화시키지 않는 비방향성 변화와 군집을 일정한 방향으로 영구적으로 변화시키는 방향성 변화로 구분할 수 있다. 비방향성 변화에는 일 변화나 계절 변화, 교체 변화와 방황 변이적 변동 등이 속한다. 교체 변화는 안정된 군집에서 평형 상태를 유지하는 기작으로 순환 교체와 산림의 수관 교체 등이 포함된다. 순환 교체는 교체 과정이 순환적으로 반복되는 것을 말한다.

변동(fluctuation)은 일반적으로 기후와 연관된 물리적 요인의 변동에 따라서 일어나는데, 서식지 환경의 변화로 군집 구조나 종조성이 교대하는 것을 말한다. 예를 들어, 습지에서 일반적으로 애기부들이 우점 상태에 있다가, 지하수위가 낮아지면 습초지로 변하게 되고, 다시 지하수위가 원상태로 높아지면 다시 연못이 형성되는 변화를 말한다. 반면, 방향성 변화에는 진화, 기후 변화에 따른 장기적 변화, 그리고 천이 등이 있다.

군집의 변화를 포함하여 생태계는 공간의 규모, 시간, 그리고 생태적 체계(organization)에 따라서 매우 다양하게 변화하는데, [그림 2-24]는 생태계의 수준에 따라서 변화의 속도나 규모, 변화하는 속성들을 나타낸다.

속도 / 규모	수준	변화 속성: 구조	변화 속성: 과정
빠름 / 작음	개체	생리학 행동 크기	사망 출생 번식
	개체군	밀도 구조(나이, 크기, 성별)	진화 절멸
	군집	다양성 조합 기능적 그룹	공존 경쟁 상호작용 포식
	생태계	영양물질/생산	저항성 회복력 영양물질의 흐름/보유
	경관	외생(exogenous) 교란 번식체(propagule) 압력	연결성 개척화(colonization)
느림 / 큼	지역	기온 강수량	오염물질 유입 기후변화

[그림 2-24] 생태계의 수준에 따른 변화의 속도나 규모, 속성

(5) 천이

• 천이의 개념과 유형

시간이 지남에 따라 한 지역에서 상이한 군집이 연속적으로 변화되는 과정을 천이(succession)라고 한다. Cowles(1899)가 사구 식생 연구를 통해서 천이에 대해서 처음으로 인식하였다. 그리고 이후 1916년 Clements의 식물천이라는 개념을 통해서 천이 이론이 정립되어 현재까지 생태학적 이론의 많은 배경이 되고 있다.

일반적인 천이의 과정은 나지 → 1년생 초본 → 다년생 초본 → 관목 → 내광성 수림대(교목) → 내음성 수림대(교목) 등의 순으로 진행된다. 여기서 내음성으로 구성된 교목림, 즉 천이의 최종 단계를 극상(climax)이라 한다. 이렇게 나지에서 극상에 이르는 전 과정을 천이계열이라고 한다.

천이의 유형은 [표 2-5]와 같이 정리할 수 있다.

[표 2-5] 천이의 유형

구 분	천 이 유 형	
유발 지역	1차 천이	2차 천이
수분 조건	수생 천이 (습성 천이)	건생 천이
유발 주체	자발적 천이	타발적 천이
진행 방향	진행적 천이 (정상 천이)	퇴행적 천이 (편향 천이)
진행 방향 형태	방향적 천이	순환적 천이
군상 천이 원인	시차적 천이	지형적 천이

천이를 시작할 때의 생태계 현황에 따라서 1차 천이와 2차 천이로 구분한다. 용암대지나 사구 등과 같이 과거에 식생이 없던 불모지에서 시작되는 천이를 1차 천이라 한다. 1차 천이 과정은 생태계의 내적인 요인에 의해서 진행되므로 자발적 천이(autogenic succession)의 특징을 갖는다. 이러한 지역에서는 포자 등과 같이 보다 비산능력이 높은 산포체를 지닌 지의류나 이끼식물 등에 의해 서서히 천이가 진행되기 마련이다. 한편, 산불이 난 지역이나 휴경지 등과 같이 군집이 자연적 또는 인위적인 교란에 의해서 파괴된 장소 즉, 식생만이 사라진 상태에서 시작되는 천이를 2차 천이라 한다. 2차 천이는 생태계 외부로부터의 힘에 의해서 진행되므로 타발적 천이(allogenic succession)의 특징을 갖는다. 2차 천이는 토양이 보전되어 있어 매토종자 및 잔존 뿌리의 맹아에 의해 천이가 진행되기 마련이다.

천이는 시작되는 장소의 수분 조건에 따라서 호수나 습지와 같이 물에서 시작하는 것을 수생천이(hydrosere)라 하며, 암반, 자갈밭, 사구 등 건조한 곳에서 진행되는 천이를 건생천이(xerosere)라고 한다. 빙하토와 같이 적습한 토양에서 출발하는 천이를 중성천이(mesarch succession)라고 한다.

한편, 천이의 진행 방향과 관련해서 생태계가 안정적이고, 수직적 층화가 생기며, 생물종이 다양해지고, 현존 생체량이 증가하는 등의 방향으로 진행되면 진행적 천이(progressive succession, 정상천이라고도 함)라고 하며, 인위적·자연적 방해 작용으로 군집의 속성이 보다 단순하고 획일화될 경우는 퇴행적 천이(retrogressive succession, 편향천이라고도 함)라고 한다. 예를 들어, 비탈면 녹화 지역에서 잘못된 복원이 이루어지면 편향천이가 나타나게 되는데, 일반적으로 칡, 아까시나무, 환삼덩굴 등이 우점하게 되는 특성을 갖는다. 이러한 교란 식물이 우점하게 되면 타감작용 등에 의해서 다른 식물의 성장을 방해하게 되고, 정상적인 식생 발달을 지연시키게 된다.

칡 군락이 비탈면 전체를 덮고 있어 편향천이의 경향이 나타날 지역

안정적 천이의 과정을 거칠 것으로 예상되는 지역

[그림 2-25] 비탈면 녹화 지역의 식생

진행 방향 형태에 따라서 방향적 천이와 순환적 천이로 구분하는데, Clements(1916)가 주창한 바와 같이 나대지에서 식물이 이입하여 1, 2년생 식물, 관목, 교목 등의 순서로 식생이 발달해 가는 것을 방향적 천이라 한다. 한편, 산림 군집 내부에서는 고목들이 쓰러지면서 숲 틈(gap)이 발생하는데, 이러한 지역에서는 다시 식물이 발달하게 되고, 또 시간이 지나면 다시 숲 틈이 발생하는 등의 반복이 국부적으로 발생하는데, 이를 순환적 천이라고 하며, 숲 틈 천이(gap phase succession)는 순환적 천이의 대표

적인 예가 된다.

숲에서는 식생의 분포가 균일하지 않고 부분적으로 이질적인 형태를 보이는 등 매우 다양하게 나타나는 것을 볼 수 있다. 이러한 것은 숲에서 교란의 시점이나 정도가 달라 천이 단계가 다양해지는 현상을 보인 결과로 판단되며, 이러한 천이의 양상을 시차적 천이(chronosequence succession)라고 한다. 또한, 숲 전체를 놓고 보면 남사면과 북사면, 계곡과 능선부의 식생이 제각각으로 나타나는 것을 알 수 있다. 이는 미세 지형적인 조건이 달라 이주 및 정착하는 수목의 종류나 천이의 단계가 다르게 나타난 것으로 이러한 양상을 지형적 천이(toposequence succession)라고 한다.

한편, 천이계열 군집이나 극상 군집을 막론하고 군집 내에는 특이한 미소서식처가 있으며, 이곳에서는 미소천이계열(microsere)을 구성하는 일련의 개체군이 유지되고 있다.

• 천이의 원인

천이는 기본적으로 기후와 생물종 공급원에 변화가 없는 곳에서 진행되는 방향성 있는 군집 변화이다. 기후 변동이 없는 경우에도 군집의 외적 요인에 의하여 천이가 주도되는 경우가 있는데, 이러한 요인을 타발적 요인이라고 한다. 대표적으로 인공적으로 조성된 습지의 천이 과정에서는 주변에서 운반된 토사로 연못이 메워지는 것이다.

반면, 천이 과정에서 군집이나 그것을 구성하는 생물에 의한 요인을 자발적 요인이라고 한다. 인공적으로 조성된 습지에서 식물의 지하경이나 고사체로 습지가 메워지는 것은 자발적 요인이 되며, 이러한 자발적 요인에는 이입, 생장, 반작용, 상호작용 등이 포함된다. Clements(1916)는 반작용이 천이를 주도하는 힘이라고 주장하였다. 천이단계에서 우점종은 반작용으로 자신이 점유하고 있던 환경을 자신에게 유리하지 않은 상태로 바꾸기도 하며, 다음 천이 단계의 생물에게 더 유리하도록 환경을 변화시킬 수도 있다.

천이 과정에서 새로운 종이 이입되는 과정은 매우 중요한데, 종이 언제 이입되고, 이입된 종이 어떻게 증식하는가를 아는 것은 식생 관리 측면에서도 매우 중요하다. 한편, 초기종의 반작용으로 나타날 수 있는 상황은 촉진모델(facilitation model), 내성모델(tolerance model), 억제모델(inhibition model)로 구분한다. 여기서 촉진모델은 초기종의 반작용으로 후기종에게 적합한 환경이 조성되는 경우로 천이 초기종이 후기종의 정착을 촉진한다. 내성모델은 초기종의 반작용이 후기종의 생장에 거의 영향을 주지 않는 경우이다. 억제모델은 초기종의 반작용으로 형성된 환경 조건이 후기종에게 불리한 경우이다.

한편, 상호작용과 관련해서는 빛과 공간에 대한 경쟁의 상호관계가 천이에 영향을 미친다. 또한, 비경쟁적인 상호 작용도 천이에 영향을 미치는데, 동물의 서식은 식물의 반작용에 의한 미기후 변화에 따라서 결정되기도 하고, 식물이 둥지에 적합한 나무 및 둥지를 만드는 재료를 제공하는 것에 영향을 받는다. 천이에서 우점종과 대체 속도를 결정하는 것에 동물 혹은 균류와의 비경쟁적 상호작용이 중요하다.

• 극상

천이의 최종 단계를 극상(climax stage)이라고 하는데, 극상 군집은 환경과 평형을 이루고 있고, 이 환경요인 중에서 기후가 가장 중요하다. 극상은 종의 경쟁, 구조 및 에너지 흐름이 안정된 상태(steady state)에 있다. 이러한 극상에 대한 견해는 단극상(monoclimax), 다극상(poluclimax), 그리고 극상유형(climax pattern)이 대표적이다.

단극상설은 미국의 생태학자 Clements가 주장한 것으로 극상 상태인 한 종류의 군집이 특정 지역의 모든 지면을 차지한다는 것이다. 이 극상은 지역의 기후에 의해서 결정된다. 강수량, 온도, 일조 등 기후 조건이 비슷하면 그 곳에 나타나는 극상의 내용 즉, 종의 조성과 생활형(교목, 관목 등)은 비슷하게 된다는 것으로, 기후 조건에 의해서 결정된다는 측면에서 기후적 극상이라고 한다. 한편, 우리나라 강원도 지방의 소나무는 능선의 암석지대에서 잘 나타나는데, 이들 군집은 상당히 오랜 시간에 걸쳐 안정적으로 유지되고 있다. 즉, 지형이나 토양 혹은 생물 요인에 의해서 결정된다. 이러한 이론은 다극상설을 증명하는 것으로서 어떤 지역에서 토양 수분, 토양 영양소, 동물 활동 등의 여러 요인에 의해서 조절되는 다양한 극상이 존재한다는 것이다. 영국의 생태학자 Tansley와 미국의 Daubenmire 등이 주장하였다. 다극상설은 토지적 극상이라고도 하는데, 토양, 지형 등 토지의 조건이 특이하면 이에 적합한 극상이 만들어져 오랜 세월 동안 그 곳을 차지한다는 것으로 천이의 원인이 토지적인 것에 있는 경우를 말한다. 우리나라의 경우, 돌이 많은 지역에서는 서어나무류(개서어나무 등)가 극상림으로 간주되는 것은 이 이론에 의한 것이다.

참나무류의 활엽수림이 우점하는 산림에서
소나무는 능선부를 중심으로 생육하고 있다.

[그림 2-26] 다극상설의 전형적인 예가 되는 강원도 지방의 소나무 군집

한편, Clements는 다극상의 다양한 군집을 속도가 느리거나 일시 중단된 천이 단계에 있는 아극상(subclimax) 혹은 방해극상(disclimax)으로 정의하였다.

마지막은 미국의 Whittaker가 주창한 다극상 개념의 변형인 극상 유형설이다. 그에 따르면 자연 군집은 기후, 토양, 불, 바람과 같은 환경요인과 생물요인의 총체적인 유형에 적응되어 있다고 한다. 단극상설에서는 하나의 기후극상이, 다극상설에서는 몇 가지의 극상만이 나타나는 반면에 극상유형설에서는 환경 경사에 따라서 극상의 유형이 연속적으로 변하기 때문에 이를 뚜렷이 구분할 수 있는 극상형으로 나눌 수 없다는 것이다.

결론적으로 극상은 추상적인 개념으로 실제로 기후가 계속적으로 변하기 때문에 극상에 도달하는

것은 매우 어렵다. 기후가 식생의 전반적인 조절 요인이지만 하나의 기후대에서도 식생은 토양, 지형, 동물 등에 의하여 다양하게 변화한다. 군집의 변화 속도는 천이 초기에는 매우 빠르지만 극상 군집에 가까울수록 매우 느려지게 된다. 결국 극상 군집은 절대로 도달할 수 없을 것이다.

한편, Odum(1969)은 천이가 진행되는 동안 일어나는 군집의 구조와 기능의 변화를 설명한 바 있는데, 현재까지 그 타당성을 인정받고 있는 항목은 [표 2-6]과 같다.

[표 2-6] 천이 과정에 따른 식생과 생태계 속성의 변화

속성	초기 단계	후기 단계
생물량	적다	많다
상관	단순	복잡
잎의 배열	다층	단층
영양염류 저장고	토양	생물체
부니질의 역할	중요하지 않다	중요하다
영양염류 순환	개방적	폐쇄적
1차 순생산력	높다	낮다
지소의 성질	극단적인 조건	중간
대기후의 중요성	크다	작다
안정성	낮다	높다
식물의 종 다양성	높다	낮다
종의 생활사	*r*-선택	*K*-선택
종의 분산 매체	바람	동물
분산체의 수명	길다	짧다

※ 자료출처: 김준호 외(2007)의 내용을 수정함.

위의 표에서 종다양성과 관련(특히, 식물 종 다양성을 말함)해서는 일반적으로 초기 단계에서는 증가하지만, 온대지방의 경우 천이의 후기 단계에서는 수관층이 밀폐되고 소수의 종이 우점함에 따라 종다양성이 감소한다. 따라서 온대지역에서 종다양성을 최대화시키기 위해서는 군집을 천이의 초기 단계로 후퇴시켜주는 주기적인 소규모의 교란이 필요하기도 하다(Loucks, 1970). 따라서 천이의 중간 단계에서는 초기 및 후기 단계를 구성하는 종이 혼합되기 때문에 초기나 후기 단계에 비해서 종다양성이 높다.

안정성(stability)이란 용어는 다양한 의미를 갖고 있다. 교란이 가해졌을 때 변화 없이 안정된 상태로 남아 있으려는 경향을 저항 안정성(resistance stability)이라고 한다. 즉, 생태계가 외부의 변화에 저항하여 그 구조와 기능을 유지하려는 능력을 말한다. 이것은 안정성을 단순히 변화가 없다는 의미로 사용한 것으로, 천이가 진행됨에 따라 증가하는 경향을 나타낸다. 예를 들어, 극심한 저온 가뭄시 초본류보다 수목의 저항 안정성이 크다.

또한, 교란을 받아 변형된 후에 원래 상태로 회복되는 능력을 복원 안정성(resilience stability) 혹은 탄력 안정성이라고 한다. 예를 들어, 불이나 폭풍우같이 자주 발생하는 교란에 의하여 군집이 교란된 후에 다시 원상태로 회복하는 능력을 말하며, 천이 초기 군집이 복원 안정성이 가장 높고, 극상 군집이 가장 불안정하다. 또한, 태풍에 의해 피해가 발생했을 때 초지생태계가 산림생태계에 비해 복원 안정성이 크다. 왜냐하면 극상 군집에 가까운 산림생태계가 파괴된 후 원상태로 회복되는 데에는 100년 이상이 소요될 수 있기 때문이다.

천이 이론은 Tilman(1980)에 의해서 자원 경쟁설로 발전해 왔다. 즉, 부족한 자원을 효율적으로 이용함으로써 천이가 진행된다는 이론이다.

- 천이와 생태복원

천이는 복원생태학의 근간이 되는 학설이다. 따라서 천이에 대한 식물생태학적 지식은 생태적 복원에 있어 매우 중요하다. 특히, 복원을 위한 식재 설계 기법의 마련이나 전략 도출을 하는데 유용하며 바람직한 관리 방향을 제시하는데 큰 도움이 될 수 있다(Kevin F. Noon, 1996). 예를 들어, Noon(1996)은 식물종의 초기 천이의 변화에 대한 연구에서 생체량과 초기 천이 군집의 구조적 형태를 구성하게 하며, 식물군집의 구조는 습지를 조성한 이후의 초기 단계에서 잘 관리하면 이후에 천이의 단계에 영향을 주면서 습지생태계의 기능을 향상시키는 결과를 가져온다고 설명하고 있다.

물론, 예전부터 식재설계를 하는데 있어서 시간의 흐름을 염두에 두고 있으며(김승환, 1999), 산림생태계의 복원이나 도시 근린공원의 식재시에도 천이를 고려하고 있다(Hough, 1984; 이경재 등, 1995; 오구균, 1997). 하지만 체계적인 접근이 부족하였고, 구체적인 실험이나 검증 자료가 부족하였다. 다행스럽게 생태계에 대한 연구가 진전되면서 최근에는 천이의 개념을 적용하기 위한 노력이 증가하고 있다. [그림 2-27]은 폐도로를 복구하면서 천이 개념을 포함시킨 복원 개념도이다. 아스콘과 같은 포장체를 걷어내고 천이에 의해서 빠르게 수림대가 형성될 수 있는 다양한 방법들을 고려한 것이다.

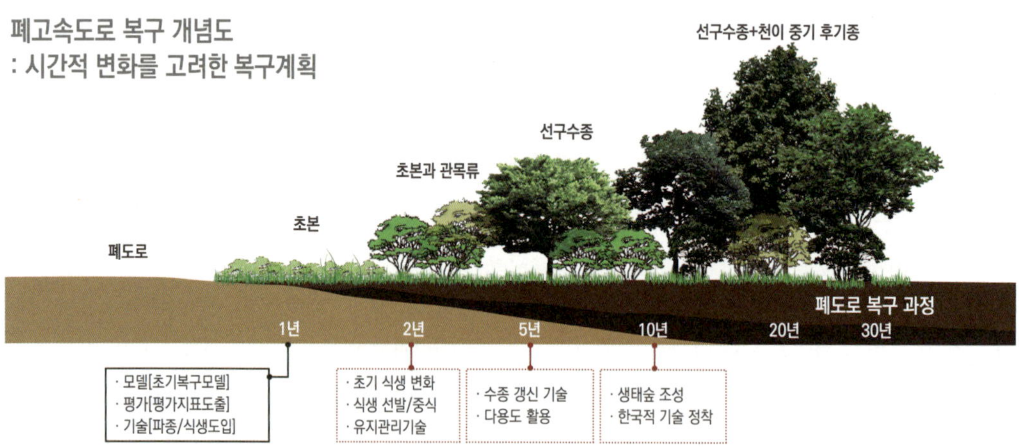

[그림 2-27] 시간 변화를 고려한 식생 복원 계획 개념도

한편, David R. Given(1994)은 식물 개체군의 관리에 있어서 시간의 흐름에 따라서 식물 개체군이 변화하는 모델을 제시한 바 있는데, 이는 [그림 2-28]에서 제시하였다.

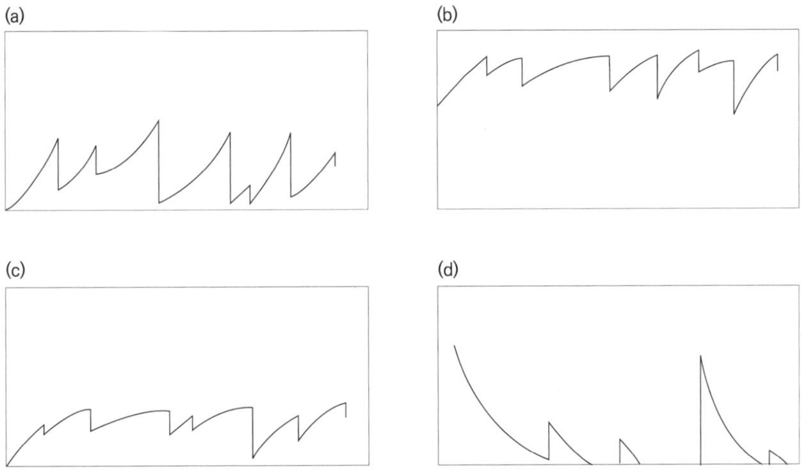

[그림 2-28] 시간의 흐름에 따른 식물개체군의 변화 다이어그램
※ 자료출처: David R. Given, 1994.

[그림 2-28]에서 (a)는 정기적으로 일어나는 교란이나 개척화 등의 후에 식물 개체군의 성장을 나타내고 있으며, (b)는 환경적 수용 능력(수용 능력은 높고 종은 많은 상태임)의 제한에 의해서 우점되는 곳에서의 역동성, (c)는 (b)와 같은 경우이지만, 수용 능력은 낮고 종도 드문 곳에서 일어나는 것이며, 그리고 (d)는 갑작스런 개척화나 토양 내의 종자은행의 교란 등의 후에 개체군이 소멸하는 곳을 나타낸다.

한편, 환경 변화에 따른 천이에 의해서 식물상과 동물상이 변하는 역동적인 관계도 있다. 멸종위기 야생생물 II급에서 I급으로 상향 지정된 붉은점모시나비는 산지의 암반지대, 도로 건설에 따른 산지의 절개지, 강변의 암석지, 산 정상부의 암반 등과 같은 빛이 잘 드는 초지에 주로 서식한다. 붉은점모시나비의 서식은 먹이식물인 기린초와 밀접한 관련을 갖고 있는데, 산림 개벌(皆伐) 지역에서 기린초가 자생하게 되면 주변의 나비 이주에 의해서 한시적으로 발생하게 된다. 하지만, 식생 천이 과정에 의해 기린초가 소멸하게 되면, 붉은점모시나비도 사라진다(김도성 등, 1999). 즉, 개벌된 지역이 천이 과정을 거치면서 숲으로 바뀌어 가면 붉은점모시나비의 생존에 악영향을 주게 된다.

천이에 따른 생물상의 변화는 생태계에서 자주 일어나는데, 생태복원 지역에서는 복원 목표 및 목표종에 따라서 서식하게 할 식물종과 그에 따른 관리 방안을 염두에 두어야 한다.

- 천이 및 극상과 관련된 논란

앞서 언급한 바와 같이 복원생태학의 근간 이론 중에 하나는 천이 이론이다. 따라서 생태복원 사업에서 항상 언급되는 내용 중에 하나는 '천이 이론에 따라서 극상 상태를 빠르게 도달하게 한다'는 것이다. 이를 위해서 생태복원을 위한 식생 복원 계획의 개념에는 생태 천이를 위한 극상림 수종, 동반종, 보모종(nurse plants) 도입 등과 같은 방식의 기법을 사용한다. 그래서 우리나라의 온대수림대에 적합한 참나무류나 서어나무림을 목표로 하여 식생 복원 계획을 수립하는 방법을 사용한다. 또한, 천이를 가속화시키기 위한 복원 기법으로 유기물질이 있는 토양으로 개량하거나 균근균을 접종하기도 한다(Clewell & Aroson, 2013).

물론 이러한 방향이나 접근 방법이 잘못되었다는 것은 결코 아니다. 하지만, 지금까지의 생태복원 방향이 천이 이론에 지나치게 편중한 접근 방식을 채택해 왔다는 의견이 지배적이다. 그렇기 때문에 다른 대안을 만들어 내지 못하거나 다양한 시나리오를 짤 수 없었다는 것이 문제점이다.

특히, 천이 이론에 대한 논의는 아직도 진행 중인 상태이다. 하나의 예를 들면, 천이의 극상 이론에 따라 식생은 안정된 상태로 계속 발달해 가는가 하는 문제이다. 극상 이론은 천이 이론을 정립한 Clements(1916)의 경우 단극상설을 주장하였다. 벌써 백년이 넘은 이론이다. 이후에 Tansley(1935)와 Gleason(1939) 등은 다극상설을 주장하였다. Odum(1969)은 천이를 인류생태학과 연결시켜야 한다는 주장을 하였고, Tilman(1980)은 자원 경쟁설 즉, 부족한 자원을 효율적으로 이용함으로써 천이가 진행된다고 보았다. 어떠한 경우든 식생은 시간이 지남에 따라서 안정적 서식처로 간다는 것에는 큰 변화가 없는 것 같았다.

하지만, Drury와 Nisbet(1973)은 식생의 변화는 특정한 방향이 없이 진행되고, 안정 상태와 같은 것은 결코 도달하지 않는다고 보았다. 더불어서 도대체 어떤 상태를 안정된 상태로 규정지을 수 있는지 혹은 균형 잡힌 상태란 어떤 것인지에 대해서 명확하게 기준을 정하기도 어렵고, 합의점을 찾기도 어렵다고 보았다. 그리고 Hobbs와 Walker(2007)는 천이를 극상이나 생태적 평형으로 수렴한다는 의미보다는 식물상의 변화 과정을 의미하는 것으로 볼 것을 주장했다. 결과적으로 천이는 식물상의 변화 과정이라는 것에 초점을 맞추고 생태계의 역동성을 강조하는 것이 바람직하다.

특히, 한국전쟁 등의 영향으로 수림대의 평균적인 연령대가 높지 않은 우리나라의 경우에는 더욱 그러하다. 따라서 우리나라의 경우 어떤 모습이 가장 극상에 가까운 상태인지에 대해서 아직까지 충분하게 합의가 되지 않은 느낌이다. 물론, 국책 연구기관에서는 경우에 따라서 서어나무림을 우리나라의 극상림으로 보기도 한다.

따라서 앞으로는 천이의 이론 특히 극상에 대한 이론에 집중하는 것보다는 자연의 변화, 교란에 대한 존중을 더 의미 있게 봐야 한다. 이러한 관점을 생태복원 측면에서 보면, 앞으로는 여러 가지 생태복원 시나리오를 갖고 접근해야 함을 의미한다. 천이 이론 이외에도 잠재자연식생을 이용하는 방법이나 대상지역의 환경에 가장 적합한 식생 모델을 발굴하거나(물론 일부 사례에서 이런 방법을 사용하고 있다), 기존에 이루어지지 않았던 새롭고 다양한 방법들을 개발하여 적용해 나가야 한다. 그래서 식생의 극상을 빠르게 도달하게 하려는 것보다는(자연 상태에서도 극상림까지 도달하는 데는 최소 150여년이 걸린다) 생태계의 역동성을 존중하는 것이 바람직하다. 생태계의 역동성을 존중하게 되면, 복원할 대상지역에서 어떠한 시나리오로 접근해야 하는지에 대한 다양한 안들을 만들어 낼 수 있고, 그 안들이 가장 적합한 방법으로 대상지역에 적용되도록 해야 한다.

(6) 영양 구조

군집의 영양구조는 여러 생물 사이의 먹고 먹히는 관계인 먹이사슬(food chain)에 기초를 두고 있으며, 대부분의 군집에서는 수많은 먹이사슬이 형성되고 이들은 서로 연결되어 먹이그물(food web)을 이룬다. 그리고 이들 생물은 먹이사슬의 위치에 따라 생산자, 소비자, 분해자 등의 각 영양단계로 구분된다. 생산자는 독립영양생물로서 간단한 무기물을 이용하여 탄수화물, 지방, 단백질과 같은 복잡한 유기물을 만드는 생물로서 녹색식물이 대표적이다. 소비자는 다른 생물을 먹이로 이용하는 생물로서 식물체를 먹으면 초식동물 또는 1차 소비자이고, 다른 동물을 먹음으로써 간접적으로 식물을 섭식하면 육식동물 또는 2차 소비자, 3차 소비자이다. 이들은 종속영양생물이라고 한다. 분해자는 부육동물(scavenger)과 균류나 세균과 같은 분해생물이 포함된다.

그리고 영양단계별로 생물 수를 살펴보면, 초식동물보다 식물이 그리고 육식동물보다 초식동물의 수가 많아지는데 이러한 구조는 피라미드 형태를 나타내어 개체수 피라미드(pyramid of number)라 한다. 개체수 대신 건조 중량 즉, 생물량(biomass, 생체량이라고도 함)을 이용하여도 개체수 피라미드와 모양이 비슷한 생물량 피라미드(pyramid of biomass)가 된다. 여기서, 생물량은 현존량(standing crop)이라고도 하는데, 어떤 시점에서 각 영양단계에 저장된 에너지양을 의미한다. 생물량 피라미드는 특정한 시기에 존재하는 에너지양을 나타낸다.

라) 생태계

(1) 생태계생태학의 개념

생태계생태학(ecosystem ecology)은 생태계의 생물적 구성요소와 비생물적 구성요소 간의 가장 포괄적인 상호작용을 연구하는 학문 분야이다. 즉, 생태계생태학은 생물종과 이들을 둘러싸고 있는 환경 사이의 에너지와 물질의 흐름에 대해 연구하는 분야라고 볼 수 있다.

생태계생태학에 대한 개념을 파악하기 위해서는 그 전에 "생태계(ecosystem)"라는 말부터 살펴볼 필요가 있다. 1935년 영국의 식물학자 Arthur Tansley가 처음으로 사용한 생태계라는 말은 "어느 지역에 서식하는 모든 생물과 그 지역 내의 비생물적 환경을 하나의 단위로 통합하여, 주로 물질순환이나 에너지 흐름에 주목하여 하나의 기능계(functional system)로 다루는 대상"이라고 보았다. 쉽게 요약하자면, 생물종과 그 생물종과 관련되어 있는 비생물적 환경으로 구성되는 계로 볼 수 있다.

(2) 생태계생태학이 다루는 대상

생태계의 생물적 구성요소와 비생물적 구성요소는 각기 다른 공간적 크기에서 상호작용을 한다. 지구 차원에서의 생태계 상호작용으로서 대기, 바다, 식물, 그리고 동물 사이의 이산화탄소의 교환을 들 수 있다.

이와 같은 주제들을 제대로 이해하려면 에너지와 영양물질 이동의 성격과 에너지와 영양물질이 제한인자가 되는 방법을 이해해야 한다. 생물체들이 삶을 유지하려면, 어떤 형태의 에너지와 영양물질을 얻고, 소비해야 되기 때문이다. 생태계생태학은 생태계 규모에서 에너지와 물질이동의 패턴을 연구하고, 에너지와 물질을 축적하고 소실하는 과정에 대한 이해를 도와준다.

한편, 생태계생태학자들이 추구하는 문제들로는 생태계의 생산성, 생태계에서의 영양물질의 변화와 순환, 생물지리학 등이 주요 관심사가 된다. 구체적으로 생태계의 생산성과 관련해서는 일차생산과 이차생산, 먹이그물, 그리고 에너지 흐름의 모델 등을 다루며, 영양물질의 변화와 순환에서는 생물지화학적 연구에 초점을 맞추어 영양물질의 유형과 모델, 탄소, 질소, 인 등의 순환 등에 관심을 갖는다. 마지막으로 생물지리학에서는 식생대(vegetation zonation), 생체량(biomass), 생태지역(ecoregion), 생물지리적 지역, 그리고 생물종 풍부성의 패턴 등이 주된 대상이 된다.

(3) 생태계생태학과 생태복원과의 관련성

생태계생태학이 응용되어 발전해 가면서 관심을 갖게 된 것은 손상된 생태계에 대한 복원 문제와 생태계의 지속적인 관리 방법 등이다. 생태계를 흔히 생물종과 그들의 서식처로 본다면 생태계생태학은 생태복원에서 다루는 주된 대상이 되는 서식처의 훼손과 복원 방향에 대해서 고민한다는 공통점을 찾을 수 있다.

또한, 생태지역(ecoregion) 혹은 생물지역과 관련하여서 생태복원의 공간적 범위와도 연계된다. 즉, 일반적으로 서식처나 생태계의 복원에서는 하나의 서식처만을 대상으로 하기보다는 유역이나 그보다 더 넓은 공간을 대상으로 삼는데, 생태계생태학에서 다루는 공간적 범위 혹은 규모는 생태복원에서 다루고자 하는 공간적 범위 혹은 규모와도 멀지 않다고 볼 수 있다.

(4) 에너지 흐름

군집 및 생태계에서의 에너지 흐름은 태양에서 시작된다. 태양의 빛이 지구에 도달하면, 지구와 대기를 데우고, 물 순환과 흐름, 공기의 흐름(바람) 등을 일으킨다. 그리고 식물에 도착한 빛은 광합성에 사용되는 광화학에너지로 변환된다. 생태계는 태양 에너지에 의해서 움직인다. 이들은 녹색식물, 1차 소비자, 그리고 2차 및 3차 소비자에 의해서 에너지가 이동하게 되며, 고차로 이동할수록 이용할 수 있는 에너지양이 줄어들어 개체수 피라미드나 생물량 피라미드의 형태를 나타낸다.

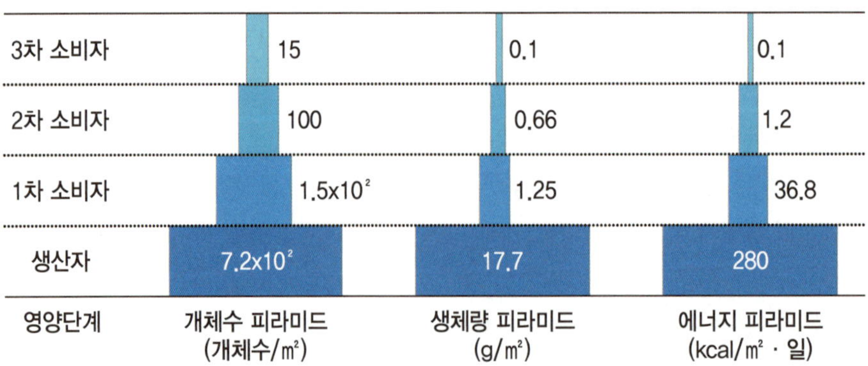

[그림 2-29] 생태적 피라미드

※ 자료출처: 김준호 등, 2007.

육상생태계를 통한 에너지 흐름은 독립영양생물이 햇빛을 이용하는 것과 함께 시작한다. 광합성에 의해 복사에너지가 유기화합물로 전환되는 속도를 1차 생산력이라 하는데, 이것이 에너지를 저장하는 최초이자 기본적인 형태이기 때문이다.

총 1차 생산력(gross primary productivity, GPP, 1차 총 생산성이라고도 함)은 독립영양생물에 의한 총 광합성률, 또는 독립영양생물에 의해 생산된 총에너지를 말하는데, 이는 동화된 에너지로서 다른 모든 생물들처럼 독립영양생물도 호흡 과정을 통해 에너지를 소비해야 한다. 호흡하고 남은 유기물로서의 에너지가 저장되는 속도는 순 1차 생산력(net primary productivity, NPP, 1차 순 생산량이라고도 함)이라고 한다. 즉, 1차 순 생산량은 1차 총생산량 중에서 호흡으로 소비하고 남은 양을 말한다. 생산력(혹은 생산량)은 대개 단위 시간과 단위 면적당의 에너지 단위로, 즉 연간 1㎡ 당 에너지(kcal/㎡/yr)로 표시한다.

이러한 생산량은 육상 생태계에서는 온도(연평균 기온), 물(연평균 강수량), 영양소 등에 의해서 조절되며, 수생 생태계에서는 온도(연평균 기온), 빛, 영양소가 1차 생산을 조절한다.

식물에 의해 고정된 에너지는 식물체의 여러 부분과 번식으로 분배된다. 각 구성 요소에 얼마나 많은 에너지가 할당되는지는 식물의 생육형과 환경 조건에 따라서 다르다. 분배 양상은 현존량과 생산력 속도 모두에 직접적인 영향을 끼친다. 또한, 한 생태계의 1차 생산은 시간에 따라 다르다.

2차 생산량은 소비자 단계에서 축적된 에너지양인데, 이는 1차 생산량과는 근본적으로 다르다. 1차 생산량은 새로운 유기물을 생산하는 것이지만, 2차 생산량은 먹이를 섭취하여 새로운 조직이나 개체를 생산하는 유기물의 전환이다. 대개 총생산량이나 순생산량과 같은 용어는 2차 생산량에서는 사용하지 않는다. 2차 생산량은 소비자 영양 단계에서 호흡을 제외하고 남은 에너지 저장량 즉, 생물량의 증가로 나타내며, 이는 식물의 순생산과 같은 뜻이다. 소비자에 적용되는 동화(assimilation) 또는 동화에너지(assimilated energy)는 식물의 총생산과 같은 뜻이다(김준호 등, 2007).

일단 소비되어 동화된 에너지는 몸의 유지와 생장, 번식, 배설물, 소변 등으로 전환된다. 체중 변화와 번식 모두를 포함한 생물량의 변화는 2차 생산으로 본다. 이러한 2차 생산은 1차 생산에 의존하고 있다. 생산 효율은 다양하게 나타나는데, 항온동물은 동화 효율은 높지만 몸 유지에 많은 에너지를 사용하므로 생산 효율은 낮다. 변온 동물은 동화 효율은 낮지만, 생산 효율이 높아 많은 에너지를 생장에 투입한다(강혜순 등, 2011).

생태계의 기본 기능은 먹이사슬이라고 알려진 여러 에너지 전달 단계를 통해 태양에서 시작하여 많은 종류의 소비자를 통과하고 마지막으로 소멸되는 에너지의 흐름이다. 생태적 피라미드(ecological pyramid)는 생태계의 구조와 에너지 흐름을 평가하기 위한 방법으로 개체수, 생물량, 에너지 피라미드 3가지 유형이 있다. 영양 단계가 올라갈수록 양은 감소하고, 에너지 효율은 높아지고, 생물 농축도 증가한다([그림 2-29] 참조). 생태계에서 에너지는 두 경로를 따라 흐른다. 하나는 초식먹이사슬이고, 다른 하나는 부니먹이사슬이다. 생산물의 상당 부분은 죽은 유기물을 먹는 생물에 의해 이용된다. 두 먹이사슬은 초식먹이사슬에서 부니먹이사슬로 투입되는 죽은 유기물과 폐기물에 의해 연결되어 있다.

영양 단계를 통과하는 에너지는 먹이사슬에서 다음 단계로 넘어갈 때마다 양이 감소한다. 이러한 양상은 모든 에너지가 생산으로 이용되지 않기 때문에 일어난다. 생태적 경험 법칙에 의하면, 주어진 영양단계에 있는 생물량에 저장된 에너지의 10%만이 다음으로 높은 영양 단계의 생물량으로 전환된다. 각 영양 단계에 있는 개체들의 총 무게를 순서대로 도표화하면 끝이 뾰족한 피라미드가 된다([그림 2-29] 참조). 하지만, 몸이 작은 수중 생산자의 전환이 빠른 수생태계에서는 생물량 피라미드가 역삼각형 모양이 된다(강혜순 등, 2011).

참고로 생태계에서 이러한 과정을 거치는 동안에 적용되는 에너지 법칙은 열역학 제1법칙과 열역학 제2법칙이 있다. 열역학 제1법칙은 '에너지 보존의 법칙'이라고도 하는데, 이는 에너지가 다른 형태의 에너지로 그 형태는 바뀌지만, 전환 전후의 에너지 총량(총합)은 항상 같다는 의미이다. 열역학 제2법칙은 '엔트로피(entrophy) 증가의 법칙'이라고도 한다. 여기서 엔트로피는 '무질서함의 정도(무질서도)'라고 하는데, 질서가 잘 갖춰진 상태가 엔트로피가 낮은 것이고, 반대의 경우가 엔트로피가 높은 것이다. 고립된 계(isolated system)에서는 에너지가 변하는 과정에서 쓸모없는 폐기물(또는 부산물, waste)이 발생하기 때문에 자연적인 모든 에너지의 변환 과정은 반드시 무질서한 쪽으로 반응이 진행된다는 것이 열역학 제2법칙이다. 달리 말하면, 고립계(isolated system)에서의 엔트로피는 절대 감소하지 않는다.

(5) 물질순환

생태계 내에서 에너지와 물질은 먹이사슬을 통하여 이동하지만 에너지 흐름이 한 쪽 방향으로만 진행하는 것과는 대조적으로 물질은 생물계와 비생물계를 순환한다.

생물체를 구성하는 원소들은 생물계와 비생물계를 순환하는데, 이러한 현상을 물질순환 또는 생물지화학환(biogeochemical cycles)이라고 한다. 생물지화학환은 생물계와 비생물계 사이에 화학물질이 순환함을 의미하며, 물질순환을 통해 생물계와 비생물계가 상호연관성을 갖게 된다.

• 물 순환

물의 순환과 관련해서 알아두어야 할 기초 용어는 다양한데, 우선 증발은 물이 수증기로 전환되는 것을 말하며, 증산은 뿌리에 의해서 토양으로부터 흡수된 물이 식물을 통해서 이동한 후 잎에서 증발하는 것을 말한다. 또한, 응결은 수증기가 물방울로 전환되는 것을 말하며, 강수는 비나 눈을 말한다. 침투는 토양 속으로 물이 이동하는 것을, 투수는 토양과 투수성 암반층을 지나 대수층이라고 부르는 지하수의 저장고로 내려가는 물의 이동을 말한다. 마지막으로 지표에서의 흐름은 지표의 경사에 따라 바다로 흘러내림으로써 순환하는 것을 말한다.

식물이 영양염류를 흡수하기 위해서는 그것이 물에 용해된 이온 상태로 존재해야 한다. 따라서 물질순환은 기본적으로 물의 순환과 불가분의 관계에 있다.

물의 순환은 우선, 바다와 육지의 지표면, 호수, 하천 등에서 증발된 물이 구름을 형성하고 이것이 응축하여 바다와 육상에 비를 내리게 한다. 육상에 내린 비는 지표면을 흘러 호수나 하천과 같은 습지로 이동한 후 이들은 다시 바다로 모이고, 이 과정에 많은 양이 증발하여 구름을 형성한다. 또한, 육상에 내린 비 중에서 상당량은 토양 속으로 스며들어 지하수를 형성하는데, 지하수도 낮은 곳으로 이동하여 결국에는 해양에 도달하게 된다.

식물이 있는 곳에서의 물의 순환은 우선, 식물은 토양 용액 중에 이온 상태로 존재하는 영양염류를 물과 함께 흡수한다. 따라서 식물의 영양염류 흡수는 토양의 수분 상태에 따라서 달라진다. 토양의 수분 상태는 그 지역의 강우량과 증발산량에 의해 결정되며, 일반적으로 토양수의 형태로 존재하는 양은 전체 물의 양 중에서 0.005%에 해당한다. 상층 토양에 존재하는 영양염류는 토양 용액에 들어 있는 양과 점토 광물 입자의 표면에 흡착된 양으로 구분되며, 이들은 강우나 암석의 풍화를 통해 그 양이 증가하고 배수를 통해 감소한다.

식생이 형성되어 있는 곳에서는 식물이 뿌리를 통해 흡수한 물의 증산작용으로 대기 중에 방출하기 때문에 증발 이외에 물이 능동적으로 소실된다. 또한, 식물이 이온 펌프와 같이 토양용액 중의 영양염류를 흡수하기 때문에 영양염류의 농도가 변한다. 마지막으로 식물의 조직이 토양에 첨가되기 때문에 토양의 영양염류 저장고의 양이 변화한다. 이와 같은 과정은 식생의 종류에 따라 그 양이나 순환율에 차이가 있다.

이와 같이 물이 순환하는 동안에 많은 자연적 과정을 거치면서 물은 스스로 정화된다. 증발과 강수는 물속에 녹아 있는 불순물을 제거하며, 땅 위나 속에서 흐르는 물은 화학적 그리고 주로 분해 세균에 의한 생물학적 과정에 따라 자연적으로 정화된다.

또한, 물의 자연적 순환 과정은 토양을 침식하면서 토양과 암석 등을 이동시킨다. 더불어서 물은 많은 영양물질을 녹여서 생태계 안에서 혹은 생태계 사이로 영양분을 이동시키거나 폐기물을 제거하고 희석하는 역할을 한다.

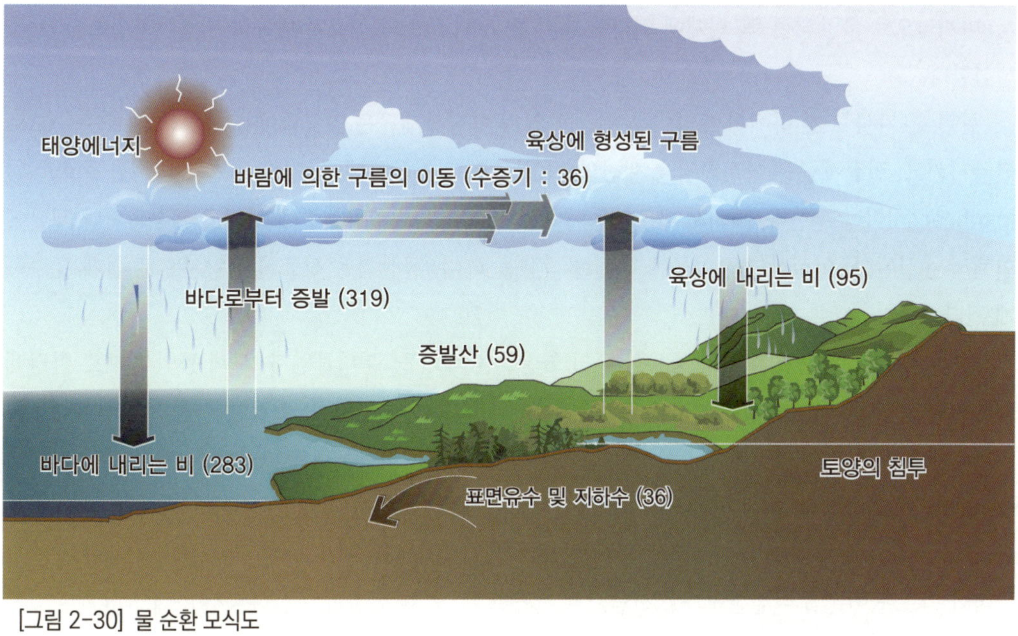

[그림 2-30] 물 순환 모식도

• 질소 순환

질소는 공기 중에 약 78%를 구성하는 가장 풍부한 원소로 화학적으로는 매우 안정된 기체 질소(N_2)로 존재한다. 이러한 질소는 단백질, 비타민 그리고 핵산인 DNA 및 RNA의 결정적인 구성원이 된다. 하지만, 이러한 기체 질소는 동·식물에 영양분으로써 직접 흡수되거나 이용되지 않는다. 즉, 식물의 경우에는 암모늄 이온이나 질산염의 형태로 질소를 흡수하게 되고, 동물은 먹이에 들어있는 단백질을 이용하여 자신의 단백질을 생산하며, 분해자는 죽은 동·식물의 조직 속에 들어있는 질소와 탄소화합물을 이용하여 자신의 단백질을 이용하게 된다.

앞서 언급한 대기 중의 질소는 생물이 이용할 수 있는 무기질소의 형태로 전환되는데, 이를 질소 고정이라고 한다. 자연계에서는 일반적으로 세균이 N_2를 NH_3로 전환하고, 이것이 물에 녹으면 NH_4^+가 된다. 토양 중의 NH_3나 NH_4^+는 독립영양생물이 흡수하거나 세탈에 의해서 손실된다.

질소 고정은 생물학적 질소 고정, 산업적 질소 고정, 그리고 자연 방전(번개) 등 3가지 경로를 통해 이루어진다. 생물학적 질소 고정은 광합성세균이나 종속영양세균을 비롯하여 많은 생물들이 호기 또는 혐기 조건에서 질소를 고정하는 것을 말한다. 일반적으로 질소고정자라고 불리는 이러한 생물로는 (1) 담수와 바다 그리고 토양에 사는 시아노박테리아 또는 남조류, (2) 자유 생활을 하는 토양 세균, (3) 콩과식물의 뿌리에 공생하는 세균, (4) 오리나무 *Alnus* 및 다른 여러 종의 목본류 뿌리와 관련 있는 방선균류 등이 있다. 이러한 질소 고정은 공생 또는 비공생적으로 일어나는 특징을 갖는데, 공생적 질소고정의 대표적인 예는 콩과식물의 뿌리혹에 사는 세균, 소귀나무나 오리나무와 같은 비콩과식물의 뿌리혹에 서식하는 방선균 등이 있다.

산업적 질소 고정은 질소 비료 공장에서 사람이 인위적으로 만들어 내는 질소로서 이는 경작지에 뿌려져 식물 성장에 활용된다. 하지만, 잔존하는 질소 비료는 주변의 하천이나 토양의 부영양화를 유발시킨다.

마지막으로 자연 방전 즉, 번개에 의하여 대기 중 기체 질소와 산소가 반응하여 일산화질소(NO)를 생성한다.

한편, 호기성 조건 하에서 토양이나 수중에 있는 아질산세균은 암모니아를 아질산염(NO_2^-)으로 전환시키고, 질산세균은 아질산염을 질산염(NO_3^-)로 전환하는데, 이러한 일련의 과정을 질화 작용(nitrification)이라고 한다. 여기서 아질산염이나 질산염은 독립영양생물에 의해서 흡수되거나 세탈에 의해서 손실된다. 아질산염은 식물에 유해한 작용을 하며, 질산염은 식물이 영양분으로 쉽게 흡수하게 된다.

한편, 식물 및 동물은 질소가 풍부한 유기 화합물을 폐기물, 분비물입자, 사체 등의 형태로 환경에 되돌린다. 암모니아화(ammonification) 단계에서 분해 세균이 이러한 퇴적물을 암모니아나 암모니아를 함유하는 수용성 염같이 질소를 함유한 보다 단순한 무기화합물로 전환한다.

마지막으로 질소는 탈질화(denitrification) 단계를 거쳐 토양을 떠나는데, 이 단계에서 침수된 토양, 호수, 해양, 습지 등의 바닥 퇴적물 속 즉, 혐기적인 조건에 있는 또 다른 특정 혐기성 세균이 암모니아와 암모늄 이온을 아질산염과 질산염으로 전환한 후, 기체 질소와 아산화질소 기체(N_2O)로 되돌린다. 이러한 탈질작용은 식물이 이용할 수 없는 질소분자로 전환하기 때문에 식물에게는 이로운 것이 아니다. 이들 기체가 대기로 방출되면 질소의 순환은 다시 시작된다.

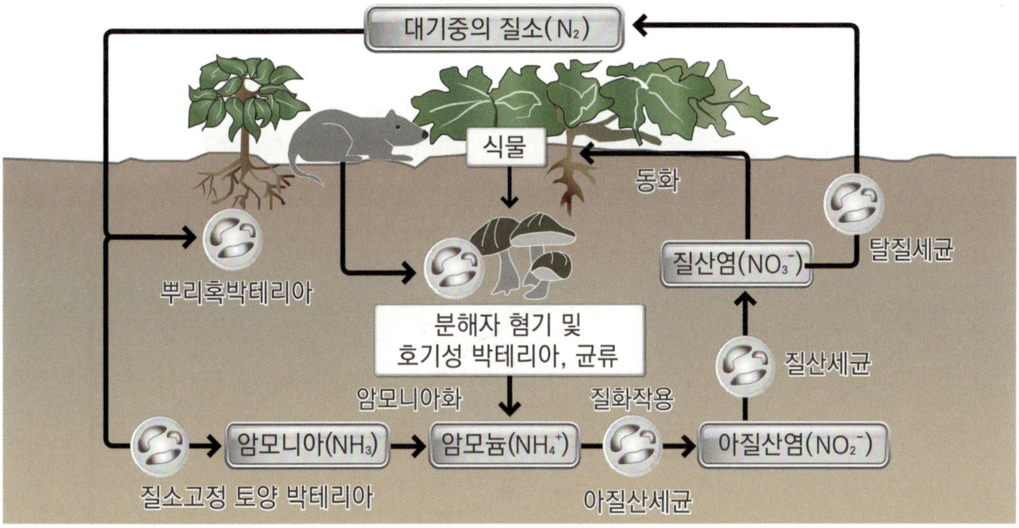

[그림 2-31] 질소 순환 모식도

• 인 순환

인은 DNA, RNA 및 ATP의 구성 성분이고 모든 세포의 정상적인 기능에 필수적인 원소이며, 척추동물의 뼈를 구성하는 등 생물에 따라 그 역할이 다양하다. 이러한 인은 물과 지각, 그리고 생물을 통하여 순환한다. 매우 작은 입자의 인이 먼지 속에 있기도 하지만, 세균이 인을 기체 형태로 전환하기에 토양 조건이 맞지 않으므로 대기를 통한 인의 순환은 거의 없다.

지구상의 인은 인산이온(PO_4^{3-})을 포함하는 인삼염의 형태로 육지의 암석이나 해양 바닥의 퇴적물로 존재하는 것이 일반적이다. 인을 함유한 암석이 풍화되면 인은 인산염의 형태로 토양의 물, 호수 그리고 강으로 방출된다. 그리고 $H_2PO_4^-$의 형태로 식물의 뿌리에 의해서 흡수되는데, 육상에서는 균근(mycorrhizae)이 중요한 역할을 한다. 동물은 필요한 인의 대부분을 먹이를 통해서 얻으며, 배설을 통해 인산염 형태로 토양이나 수중에 배출한다. 그리고 분해자가 생물 사체 속의 유기인화합물을 분해하여 토양으로 방출하면 식물이 재사용한다.

인산염이 육지에서 씻겨 강을 따라 해양으로 이동하면 오랜 기간 동안 순환에 참여하지 못하게 되고, 바다의 바닥에 퇴적물로 수백만 년 동안 남겨질 수도 있다. 어느 날 지질학적 융기 과정에 의하여 바다의 바닥이 지표로 드러나면 인산염이 풍화됨으로써 순환 과정이 시작된다.

토양 대부분은 인을 거의 함유하지 않으므로 비료의 형태로 인을 토양에 뿌려 주지 않은 한 인은 육상식물의 생장에 제한요인이 되는 경우가 흔하다. 인은 물에 잘 녹지 않으므로 많은 호수나 강에서 생산자 개체군의 생장을 제한한다.

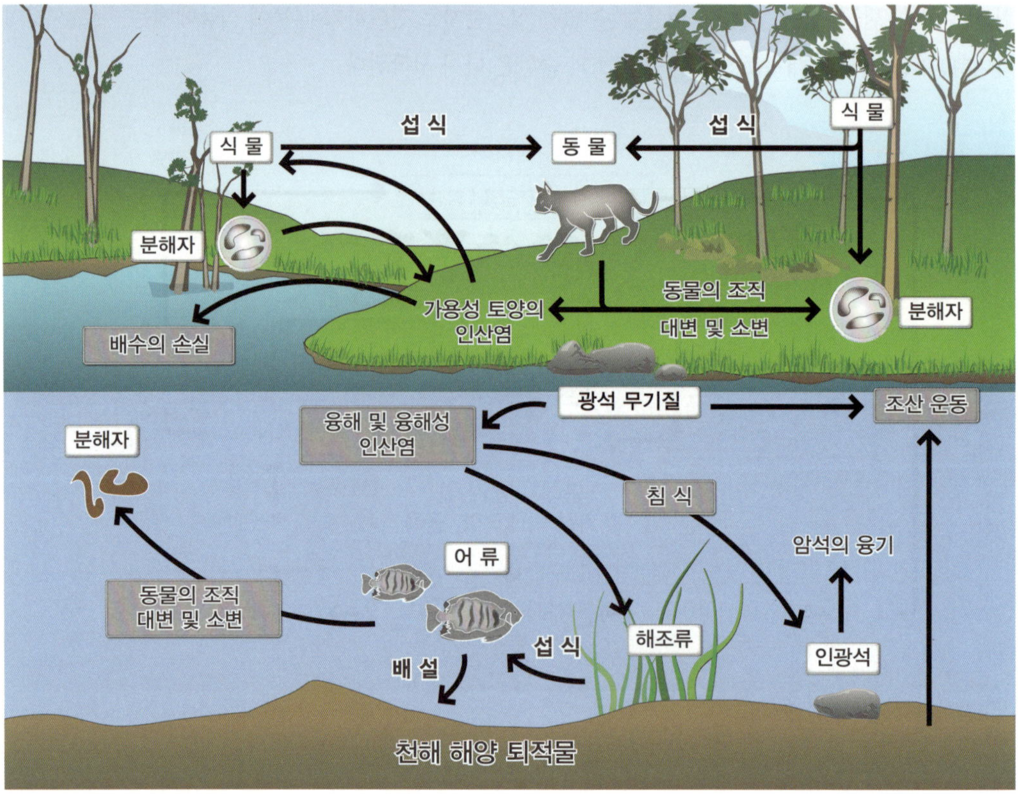

[그림 2-32] 인 순환 모식도

• 황 순환

황은 원형질의 필수 성분이며, 여러 종류의 아미노산과 효소의 구성 성분이다. 지구의 황의 대부분은 지하의 암석이나 바다 퇴적층 밑에 깊이 묻힌 황산염을 함유하는 무기염에 저장되어 있다.

이러한 황은 몇 가지 형태로 대기 중으로 방출되는데, 황화수소(H_2S)는 활동 중인 화산, 습지 그리고 뻘에서 유기물이 혐기성 세균에 의하여 분해되어 방출된다. 아황산가스(SO_2)는 화산에서 나오며, 황산염의 입자는 바다의 비산염, 먼지 폭풍 그리고 산림 화재에 의해서 대기로 들어간다.

자연 상태에서의 황은 질소나 인보다 비교적 풍부하기 때문에 식물생장의 제한요인으로 작용하지는 않는다. 식물 뿌리는 황산염 이온을 흡수하며, 특정 식물 중에는 대기 중의 아황산가스를 직접 이용할 수 있는 것도 있다. 동물은 필요한 황을 보통 섭식하는 먹이에서 얻게 된다.

자연적으로 혹은 인간 활동으로 생긴 아황산가스는 대기에서 삼산화황(SO_3)으로 그리고 황산(H_2SO_4)의 작은 방울로 전환된다. 아황산가스는 암모니아 같은 다른 대기 중 화학물질과 반응하여 작은 황산염 입자를 형성한다. 이런 방울과 입자가 산성강하물의 구성 성분으로 지표로 내려오는데, 이를 산성비라 한다. 이러한 산성비는 다른 대기오염물질과 함께 나무나 수생생물에 피해를 주기도 한다.

물에 잠긴 토양, 담수 습지 그리고 뻘 같이 산소가 부족한 환경에서는 특정 세균이 황산염 이온을 황이온으로 전환한다. 황이온이 금속 이온과 반응하여 불용성 금속 황화물을 형성하면 침전하여 암석이 되고 순환은 지속된다.

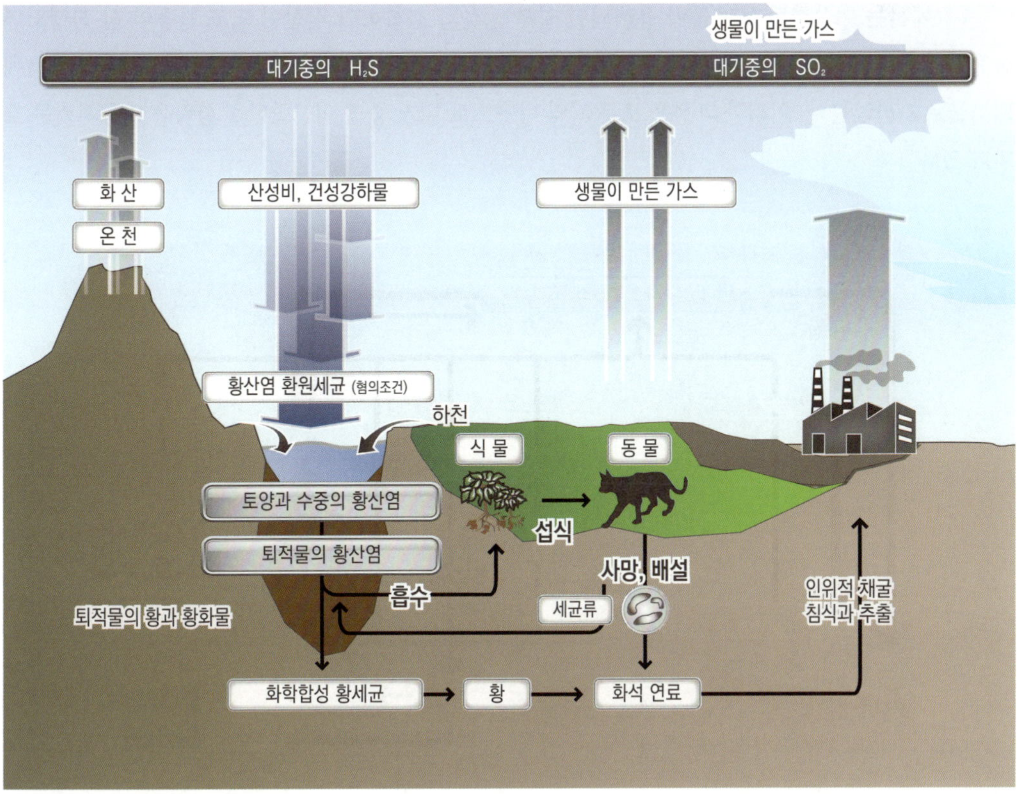

[그림 2-33] 황 순환 모식도

• 탄소 순환

탄소는 모든 유기물의 골격을 이루는 중요한 원소이며, 지구온난화 유발물질로 관심 받고 있다. 생물의 호기성 호흡, 화산 분출, 석회석의 풍화 그리고 나무, 풀, 화석 연료 등의 탄소화합물의 연소가 대류권의 이산화탄소를 증가시킨다. 자연 상태에서는 탄소 순환에 따라 너무 많은 이산화탄소가 대기에서 제거되면 대기는 냉각되며, 너무 많이 발생시키면 대기는 더워진다.

그리고 해양은 탄소 순환에서 중요한 역할을 하는데, 대기 중의 이산화탄소의 일부는 바닷물에 녹으며, 해양의 광합성 생산자가 이중 일부를 제거한다. 반면 해양의 물이 더워지면 녹은 이산화탄소의 일부는 더워진 탄산음료에서 거품이 나듯이 대기로 되돌아간다. 이 두 과정의 균형이 지구의 평균 온도에 중요한 역할을 한다.

대기 중의 이산화탄소는 식물에 흡수되어 광합성에 이용되며, 수중식물은 물에 용해된 이산화탄소를 이용한다. 합성된 유기물질이 식물의 호흡에 사용되면 일부의 이산화탄소는 대기 중으로 환원되지만 대부분의 탄소는 식물체 내에 유기물질의 형태로 남게 된다.

초식동물이 식물을 먹으면 탄소는 1차 소비자로 이동하고, 고차 소비자는 자신보다 낮은 영양 단계의 소비자를 먹어 탄소를 얻는다. 식물과 동물이 죽으면 여기에 분해자가 작용하며, 분해자는 사체의 분해 과정에서 탄소를 얻는다. 소비자와 분해자는 식물과 마찬가지로 모두 호흡 과정에서 이산화탄소를 대기나 수중으로 방출한다.

수중에서는 이산화탄소가 물에 용해되면 일부는 물과 결합하여 탄산이 되고 반응이 더 진행되면 중탄산염이나 탄산염이 될 수 있다. 탄산염은 용해도가 낮아 침전이 가능하며 호수나 해양의 바닥에 퇴적물로 가라앉는다. 이러한 과정은 모두 가역 반응으로 대기 중의 이산화탄소 함량을 완충시키는 효과가 있다.

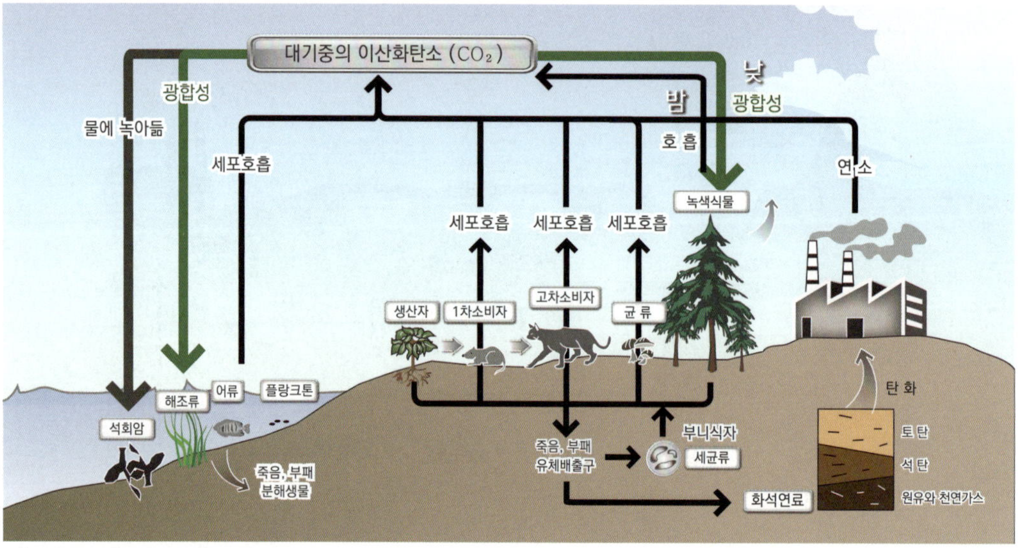

[그림 2-34] 탄소 순환 모식도

나. 보전생태학

1) 보전생태학의 개요

가) 보전생태학의 개념

보전생태학(conservation ecology)은 흔히 보전생물학(conservation biology)과 혼용하여 사용하는데, 이 책에서도 두 가지 개념을 따로 분리하지 않고 보전생태학으로 사용하고자 한다.

보전생태학은 생물다양성의 근원(origin)과 보전에 관한 연구로 볼 수 있다. 좀 더 구체적으로 제시하면, 살아 숨 쉬는 생물종과 생물다양성을 연구하고 다양한 서식지와 그 속에 살아가는 생물종의 보호를 추구하는 학문이다(신현철 등, 2009). 따라서 보전생태학에서는 몇 가지 목적을 갖고 있는데, 첫째로 지구상의 생물다양성에 대한 모든 정보를 기록하는 것이고, 둘째는 생물종, 생물군집, 생태계에 대한 인간 간섭이나 활동을 조사·연구하는 것, 셋째는 생물종 절멸을 방지하고, 생물종 내의 유전적 다양성을 유지하고, 생물군집과 관계하는 생태계 기능을 보호하고 복원하는 것이다. 특히, 그 중에서도 희귀종이나 멸종위기종과 같은 생물다양성에 직접적으로 위협이 되는 종들을 주요 목표로 하고 있다.

나) 보전생태학이 다루는 대상

앞서 개념에서 언급한 바와 같이 보전생태학은 생물다양성의 보전과 현명한 활용을 목적으로 하기 때문에 생태계 혹은 서식처와 생물종의 현황과 변화의 추이 파악을 첫 번째로 염두에 둔다. 그리고 지속적인 이용 혹은 현명한 활용을 위한 연구에서는 보전경제학, 외래종의 관리, 생물다양성의 보전, 멸종위기종의 보호, 그리고 자연 보전 지역의 설계 등도 다룬다. 여기에는 훼손된 생태계의 복원을 포함하기도 한다.

좀 더 구체적으로 보전생태학이 다루는 대상을 알아보기 위해서 Ian F. Spellerberg(1996), Richard B. Primack(1993), Geogre W. Cox(1993) 등이 저술한 목차를 분석해 보면 [표 2-7]과 같이 구분해 볼 수 있다.

[표 2-7] 보전생물학의 주요 연구 대상

구 분	구체적인 내용
개념 등의 정립	• 보전생태학(생물학)의 개념 • 생물다양성의 개념 • 생태계의 개념
생물다양성의 위협	• 생물다양성의 손실 혹은 변화 • 종의 멸종에의 취약성 / 멸종 생태학(the ecology of extinction) • 서식처의 훼손, 파편화 • 귀화종의 침입, 질병, 과다 남획
생물다양성의 가치	• 직간접적인 경제적 가치 • 윤리적 가치
개체군 수준에서의 보전	• 적은 개체군의 문제 • 멸종위기종의 개체군 생물학

[표 계속]

구 분	구체적인 내용
생태계 수준에서의 보전	• 육상생태계: 산림, 관목림, 초지, 툰드라, 사막, 열대우림, 섬(island) • 육상생태계의 주요 문제: 대규모 동물의 문제, 이동성 조류, 포식자 관리, 살충제와 야생동물 • 수생생태계: 호수, 연못, 습지, 강과 하천, 해양, 연안 • 수생생태계의 주요 문제: 해양 포유류와 새, 수생생태계의 화학적 오염, 산성화
실질적인 적용	• 멸종위기종의 보전 • 유전적 다양성의 보전 • (자연)보호지역의 설정 / 설계 / 관리 • 보호지역의 외적인 것들 • 현지외 보전(*Ex-Situ* Conservation) 전략 • 새로운 개체군의 설정 • 보전 전략과 교육 • 귀화생물종의 관리 • 보전경제학 • 지속적인 생산 개발
보전과 인간 사회	• 생물종 보호를 위한 법·제도적 체계 • 국제적 협약 • 국제적 기금 • 미래 세대를 위한 의제

한편, 보전생태학이 다루는 대상이나 연구의 방법을 다른 학문과의 차별화를 위해 경관생태학과 비교하여 설명해 보면 다음과 같다. 보전생물학에서 나타나는 생물종의 이동 및 분포에 관한 연구는 (Lennart Hansson, 1992) 도서생물지리설이나 경관생태학보다 앞서서 나타난 것으로 볼 수 있으며, 경관생태학이 토지이용의 관점에서 본 것이라면, 보전생물학은 생물종의 관점에서 본 것이라고 할 수 있다.

다) 보전생태학과 생태복원과의 관련성

생태복원의 대상은 일반적으로 서식처가 강조되고 있기는 하지만, 보전생태학자들의 입장에서는 멸종위기종이나 희귀종들의 복원에 관심을 갖고 이들 개체수의 증진을 주된 연구 목표로 삼고 있다.

우리나라에서 이루어지고 있는 황새 복원 사업, 지리산 반달가슴곰 복원 사업, 월악산과 설악산의 산양 복원 사업, 그리고 소백산의 여우 복원 사업 등은 멸종위기에 처한 생물종의 복원 사업으로서 대표적인 것들이라고 볼 수 있다. 나아가서 직접적인 종 복원의 차원을 넘어서 생물종이 서식하는 공간에 대한 복원 즉, 서식처의 복원도 궁극적으로는 생물다양성의 증진을 꾀하기 위한 노력들로 볼 수 있어 보전생태학은 생태복원과 밀접한 관련성을 가지고 있다고 볼 수 있다.

2) 보전생태학의 주요 이론

가) 도서 생물 지리 모델

도서생물지리학은 어떤 지역의 종수를 결정하는 변수가 있고, 그러한 변수가 비슷한 지역의 생물상은 유사할 것이라는 가정에서 출발한다(김명수, 2001). 이러한 도서(섬) 생물 지리 모델(island biogeographical model)은 1967년 MacArthur와 Wilson에 의해 만들어진 것이다. 대륙으로부터 떨어져 있는 섬들에 대한 연구 결과를 바탕으로 마련되었는데, 섬 면적에 따라 종다양성이 비례하는 면적-종수 관계를 발전시킨 개념이 도서 생물지리설이다. 바다에 떠 있는 섬의 생물종 수는 종의 공급원이 되는 대륙으로부터의 종의 이입(정착) 확률과 섬에서의 절멸(소멸) 확률이 평형을 이룰 때 결정된다는 이른바 도서 생물지리설의 평형 이론(모델)을 제시했다. 즉, 섬의 생물종 수는 생물종의 이입·정착률과 소멸·절멸률 사이에서 동적 평형(equilibrium)을 이룰 때 결정되는데, 이입·정착률은 섬과 대륙과의 거리에 반비례하고, 소멸·절멸율은 섬의 크기에 반비례한다. 당연히 종의 공급원인 대륙으로부터 거리가 멀면 멀수록 섬으로의 종의 이입 확률은 떨어져서 생물종 수가 적은 경향을 나타낸다. 또한, 섬에서의 절멸 확률은 섬의 크기가 크면 클수록 줄어들게 되는데, 이것은 섬이 클수록 지역적인 환경과 군집형이 더 다양하게 되고, 먹이나 은신처 등의 자원이 많으며, 지리적 격리가 많이 되어 있기 때문이다. 결과적으로 대륙으로부터 가까울수록, 그리고 섬의 크기가 클수록 생물종의 수는 많고 안정적이 된다는 것이다.

도서 생물 지리 모델은 좀 더 확장적인 개념으로 내륙 지역에서의 패치 형태로 남아 있는 산림이나 녹지 등을 대상으로 하여서도 생각해 볼 수 있다. 즉, 서울과 같이 도시화된 지역에서 잔존하고 있는 산림지역의 면적에 따라서 그리고 생물종의 공급원이 될 수 있는 북한산과의 거리에 따라서 산림이나 녹지 내의 생물종의 수는 달라진다는 것이다. 다만, 바다의 섬을 대상으로 한 연구 결과를 내륙지역에 적용함으로써 바탕(matrix)이 다르다는 문제점이 제기될 수 있다. 또한, 한 지역의 생물종 수는 면적뿐만 아니라 다른 여러 가지 변수에 의해서 결정된다는 것도 도서생물지리설에 의한 결과를 내륙지역에 적용하는 데 한계로 지적된다. 이러한 논쟁은 여전히 진행 중이다.

한편, 도서생물지리 모델에서는 도서의 50%가 파괴되면 그 도서에 있는 종의 약 10% 정도가 멸종될 것으로 추측하고 있다. 하지만, 서식처의 90%가 파괴되면 종의 50%가 멸종되고, 서식처의 95%가 파괴되면 원래 종의 약 75%가 사라질 것으로 예측하고 있다.

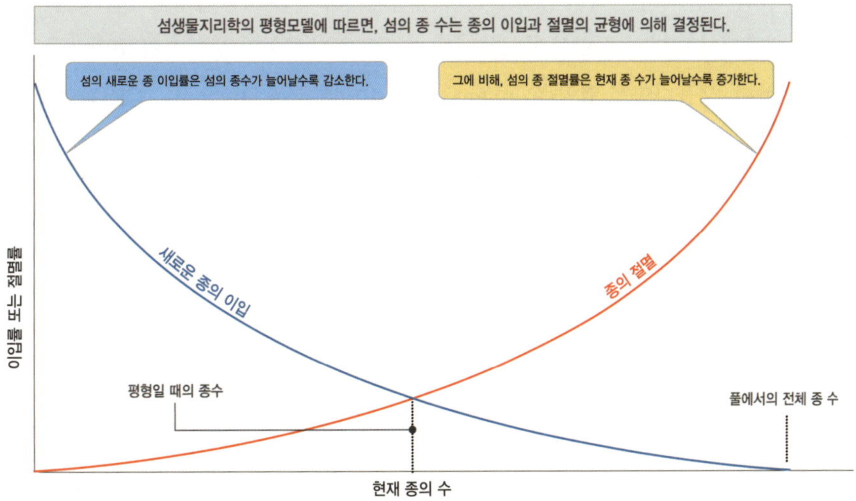

[그림 2-35] 도서생물지리모델

※ 자료출처: MacArthur and Wilson, 1963.

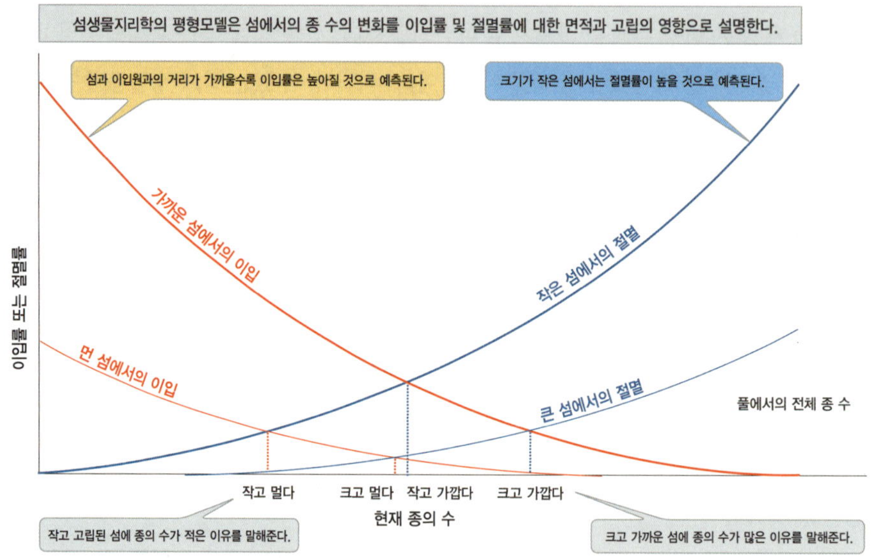

[그림 2-36] 섬의 거리 및 면적과 이입률 및 절멸률

※ 자료출처: MacArthur and Wilson, 1963.

나) 생물다양성

(1) 개념

생물다양성(biodiversity)은 1988년 Wilson과 Peter에 의해 처음으로 사용된 개념으로, 지구상의 생물이 다양하게 존재하는 모습을 통틀어 생물다양성이라고 부르고 있다. 참고로 '생물학적 다양성(biological diversity)'이라는 개념은 1985년 로젠(Rozen)이 미국 NRC(National Research Council)가 개최한 생물학적 다양성에 관한 국제회의에서 처음 사용하였다. 우리나라의 생물다양성 보전 및 이용에 관한 법률에서는 육상생태계 및 수생생태계와 이들의 복합생태계를 포함하는 모든 원천에서 발생한 생물체의 다양성을 말하며, 종내(種內)·종간(種間) 및 생태계의 다양성을 포함한다고 정의하고 있다. 한편, 생물다양성 협약(Convention on Biological Diversity, CBD)의 제2조에서는 생물다양성이라 함은 "육상·해상 및 그 밖의 수중생태계와 이들 생태계가 부분을 이루는 복합생태계 등 모든 분야의 생물체간의 변이성을 말하며, 이는 종내의 다양성, 종간의 다양성 및 생태계의 다양성을 포함한다"고 정의하고 있다.

(2) 유형

앞서 정의에서도 나왔듯이 생물다양성 유형은 유전자 다양성, 생물종 다양성, 서식처 다양성 등으로 설명할 수 있다. 여기서 유전자 다양성(종 내의 다양성)이라 함은 하나의 종 개체의 유전자 구성은 각각 변이가 있고, 개체군 간에도 변이가 있음을 말한다. 생물종 다양성(종 간의 다양성)이라 함은 지구상에 서식하는 박테리아나 원생동물로부터 동물, 식물, 균계의 모든 종을 대상으로 하는 수준을 말한다.

마지막으로 생태계 다양성(서식처 다양성)은 다양한 생물군집과 이들을 포함하는 생태계 그리고 군집과 생태계 간의 상호 작용을 대상으로 하는 수준에서의 생물다양성을 말한다. 최근에는 생태계 다양성의 상위 단위로 경관 다양성을 주장하는 학자들도 있다.

(3) 측정

생물다양성의 측정은 풍부도, 다양성 지수 등이 있다. 이외에도 서로 떨어진 지역 간의 종다양성을 비교하고자 각종 수학적 지수가 고안되었는데, 그 중 단일 군집 내의 종수를 알파 다양성(alpha(α) diversity), 지역 내에서의 군락 다양성을 베타 다양성(beta(β) diversity), 그리고 지역의 종다양성을 감마 다양성(gamma(γ) diversity)이라고 한다. 좀 더 구체적으로 알파 다양성은 종 풍부도라는 개념에 가장 가까운 측정 방법이며, 각기 다른 생태계에 서식하는 군집 간 종수를 비교할 때 사용된다. 한편, 베타 다양성은 두 군집 또는 생태계 간의 종다양성을 의미한다. 즉, 종 조성이 다양한 환경 기울기에 따라서 얼마나 변하는지 그 정도를 나타내는 것이다. 즉, 산비탈을 따라서 고도가 높아짐에 따라 종이 동일하게 나타나면 다양성은 낮아지며, 종이 다양하게 나타나면 다양성은 높아진다. 또한, 감마 다양성은 지리적으로 좀 더 넓은 범위에 적용될 수 있는데, 어떤 종들이 지리적으로 다른 지역에서 같은 종류의 서식처를 만날 확률이라고도 할 수 있다.

참고로, 생물다양성이 높은 지역은 언어(language)의 다양성도 높아서 생물다양성은 언어의 다양성과 거의 일치하는 것으로 알려져 있다. 유네스코(2003)의 “지구의 언어·문화·생물다양성 이해하기”에서는 지구상에 약 6,700개의 언어가 있다고 밝혔다. 언어다양성이 높은 지역은 식물다양성과도 밀접한 관련성을 갖고 있고, 척추동물의 다양성과도 유사하게 나타나는 것으로 제시하였다. 이러한 것은 생물다양성이 생물과 함께 문화, 언어적 측면에서 나타나는 모든 다양한 생물체로 확장하여 이해해야 함을 의미한다(Maffi, 2005). 이러한 특성 때문에 2002년부터 토착 언어 사용자 수와 언어 다양성에 관한 현황과 경향은 생물다양성 협약의 2010 생물다양성 목표 지표의 하나로 지정되기도 했다.

달리 말하면, 언어와 문화, 환경이 서로를 지탱해주면서 동시에 이 모두가 지속가능할 수 있도록 해야 함을 의미한다. 언어의 소멸이 바로 환경에 대한 지식의 상실과 밀접히 연관되어 있음도 간과해서는 안 된다. 그래서 생물문화다양성(biocultural diversity)이라는 개념이 확산되고 있고, 전통생태지식(traditional ecological knowledge)의 중요성도 부각되고 있다. 유네스코(2003)에 따르면 생물문화다양성은 “지구상의 자연과 문화 속 생명다양성(The diversity of life on Earth in both nature and culture)”으로 정의하고 있다. 참고로 생명다양성(The diversity of life on Earth)은 생물다양성을 넘어 인간 사회에서 발견되는 문화 및 언어 다양성을 포함하는 것이다(UNESCO, 2003).

(4) 현황

지구상의 생물종 수는 얼마나 될까? 지구상의 생물종 수를 정확히 아는 것은 불가능한 것이지만, IUCN에서 제공한 추측 기록 생물종 수는 2,112,588종이다(국가생물다양성 정보공유체계, 2021.7. 기준). 생물다양성 현황에 대한 전반적인 정보는 국가생물다양성센터에서 제공하는 누리집 “국가생물다양성 정보공유체계(http://www.kbr.go.kr/index.do)"에서 확인할 수 있다. 한편, 정식 명칭을 부여받지 못한 생물종이 더 많은데, 학자들마다 차이는 있지만 적어도 500만~1,000만종의 생물이 더 존재하는 것으로 추정되고 있다(Andrew Beattie & Paul R. Ehrlich, 2005). 또한, 많게는 1,000만에서 3,000만 종에 이를 것이라고 보는 학자들도 있다(Pimm *et al.,* 1995).

한편, 2023년 말 기준 국가생물다양성 통계자료에 따르면 우리나라의 자생생물종 수는 60,010종이며, 이 중 고유종 수는 2,371종으로 분류하였다(국가생물다양성센터, 2024년 4월 방문 기준). 특히, 2023년 12월 말 기준으로 우리나라 자생생물종은 6만 종으로 확인되었는데, 이는 우리나라에 서식할 것이라고 추정되는 생물종수인 10만 종의 60%를 밝힌 것으로 평가받는다(환경부 보도자료, 2014.1.30. 기준).

여기서 고유종(endemic species)이란 지리적으로 한정된 지역에만 자연적으로 생육·서식하는 생물분류군을 의미하며, 분류학적으로 종 혹은 종 이하의 분류군을 총망라하는 것이다. 그에 비해서 자생종은 어떤 서식지에서 원래 자연적으로 자라고 있는 토착종을 의미한다. IUCN에서는 자생종(native species)을 과거이건 현재이건 해당 자연적인 범위에서 살고 있는 종, 아종, 혹은 이하의 분류군으로 정의한다. 자연적인 범위란 그것이 도달할 수 있고 스스로의 다리, 날개를 사용하여, 혹은 바람이나 물을 통하거나 기타 확산 체계를 통하여 점령할 수 있는 지역을 포함한다.

(5) 위협 요인

생물다양성에 위협이 되는 요인은 매우 다양하게 나타나고 있으며, 인위적인 원인과 자연적인 원인으로 구분할 수 있다. 인위적인 원인은 서식처 파괴와 단편화, 환경오염 등에 의한 서식처 악화, 인위적 목적을 위한 생물종의 과도한 이용(수렵 및 밀렵 포함), 과잉 개발, 외래종의 도입, 질병의 확산 등이다. 자연적인 원인은 기후 변화(물론, 사람 활동에 의한 결과로서 인위적 요인으로도 분류 가능), 화산 폭발 등에 의한 대변동 등이 있다.

참고로 WWF(2016)에서는 생물종 감소 원인을 남획과 밀렵, 채취 등을 1순위 위협요인(37%)으로 보았으며, 다음으로 서식지 악화와 변화가 31.4%, 서식지 손실이 13.4%, 그리고 기후변화가 7.1%로 분류하였다. 이외에 침입외래생물, 오염, 질병 등의 순으로 원인을 제시하였다. 이러한 원인은 국제기구나 연구기관에 따라서 다소 차이는 있는데, 원인과 관련한 항목들의 범주는 유사한 편이다.

(6) 멸종위기

Nature지는 2004년 1월에 향후 50년 내 지구 동·식물종의 1/4이 멸종될 것으로 예측한 바 있다. 육지의 20%에 해당하는 6개 지역의 동·식물 1,103종을 대상으로 기후변화에 따른 모의실험 결과, 현재 추세로 지구 온난화가 계속될 경우 15~37%가 멸종 또는 멸종위기에 처할 것으로 본 것이다(Thomas 교수, 영국 리즈대학). 한편, 지구상 1,000만~3,000만의 생물종이 연평균 0.5%씩 감소하여 향후 20~30년 내 전체 생물의 20~30%가 멸종될 것으로 전망하는 경우도 있다(Pimm *et al.,* 1995). 이는 매일 30~300여종이 멸종하고 있는 것이며, 2백만종의 동·식물이 다음 반세기 동안 멸종할 것이라고 예측되는 값이다.

IUCN에서는 식물종의 경우, 세계적으로 270,000종의 12.5%인 34,000종이 멸종위기, 세계 조류의 11%, 포유류의 25%가 멸종위기에 처할 것이라고 하였다(환경부, 2005). 이러한 국제 수준의 생물종 멸종화율을 우리나라에 적용해 보면, 매년 500종, 매달 42종, 매일 1.4종의 생물종이 멸종될 것이라고 예측하고 있다(환경부, 2010).

다) 생물종의 보호

앞서 언급한 바와 같이 지구상에서는 수천만 종의 생물종이 서식할 것으로 추정되고 있지만, 매년 0.5%씩의 생물종이 감소해 갈 것으로 추정되고 있기도 하다. 그렇다면 어느 종이 희귀하고 어느 종부터 보호를 해야 할 것인가에 대한 문제가 대두된다.

우선, 어느 종이 희귀한 지에 대한 문제와 관련해서 Debora Rabinowitz(1981)는 세 가지 요인의 결합에 기초하여 희귀성과 흔함을 분류하였다. 첫 번째는 한 종의 지리적 범위로 광범위한 서식지를 가진 종인지 아니면 제한적 서식지를 가진 종인지를 따지는 것이다. 두 번째는 서식지 내성이 넓은지 아니면 좁은지에 대한 문제이다. 세 번째는 지역 개체군의 크기가 큰지 아니면 작은지에 대한 것이다. 이들의 조합에 의해서 참새와 같이 광범위한 지리적 분포, 폭넓은 서식지 내성, 그리고 거대한 지역 개체군을 충족하면 가장 흔한 종으로 분류한다. 반대로 마운틴고릴라와 같이 제한된 지리적 분포와 좁은 서식지 내성, 작은 지역의 개체군을 가진 종은 매우 희귀한 종으로 절멸위기에 가장 많이 처해 있는 종으로 분류한다.

한편, 생물다양성의 보전을 위해서 한정된 인력과 재원으로는 모든 생물종을 한꺼번에 보호할 수 없기 때문에 우선순위를 정하게 된다(Erwin, 1991). 이 경우 생물의 종 보호를 위한 우선순위의 결정에는 3가지 기준을 적용할 수 있다(김진수 등, 2000).

우선, 차별성(distinctiveness)으로 많은 개체수가 넓게 분포하는 종보다는 적은 개체 수 즉, 희귀하고 고유한 종, 그리고 이들로 구성되어 있는 군집을 보전하는 것이 중요하다. 또한, 분류학적으로 유일한 종 또는 과에 속하여 분류학적으로 독특한 종이 보전되어야 한다(Faith, 1994; Vane-Wright *et al.,* 1994). 우리나라의 미선나무(*Abeliophyllum distichum*)는 세계에서 한 종 밖에 없는 한국특산식물로서 보전가치가 높다.

둘째는 위험성(endangerment)으로, 멸종위기에 처한 정도가 더 높은 종이 우선적으로 보호되어야 한다. 야생생물 보호 및 관리에 관한 법률에 따른 멸종위기 야생생물 I급 종이 II급 종보다도 우선 보호되어야 한다.

셋째는 유용성(utility)으로, 현재 또는 미래에 가치를 발휘할 수 있는 종을 우선적으로 보전해야 한다. 식량, 의약품 등으로써 더 가치가 있는 종을 우선 보전해야 한다.

• IUCN 생물종 적색 자료 목록

이렇게 생물종의 멸종위기에 처한 정도에 따라서 종을 보호하기 위한 노력들이 이루어지고 있으며, 지구적 차원에서는 1963년 IUCN에서 마련한 적색 목록(Red Data Book)이 있다.

이는 국제 차원에서의 멸종위기종을 분류한 것으로, IUCN 적색 목록 평가를 위해서는 대부분 현재 분류군의 전체 개체 수(total number of individuals), 점유 영역(AOO, Area Of Occupancy) 및 분포 범위(EOO, Extent Of Occurrence)의 감소 추세, 아집단의 개수(number of locations and subpopulation)의 정보가 필요하다. 또한, IUCN 적색목록 평가에서는 아래의 5가지 평가 항목에 대한 정보 중 최소 1~2개의 자료를 토대로 평가한다.

[표 2-8] 위협 범주 판정을 위한 5가지 평가 기준

구분	평가 기준
A	집단의 과거와 미래 감소율
B	지리적 분포 영역과 단절, 감소 혹은 기복 변화
C	작은 집단의 크기와 단절 혹은 기복 변화
D	매우 작은 집단의 크기와 단절, 감소 혹은 기복 변화
E	정량적 멸종위기 분석

한편, 적색 목록의 분류 체계는 지금까지 몇 차례 업그레이드하면서 2001년 이후에는 크게 9가지 단계로 구분하고 있다(IUCN, 2001, ver 3.1).

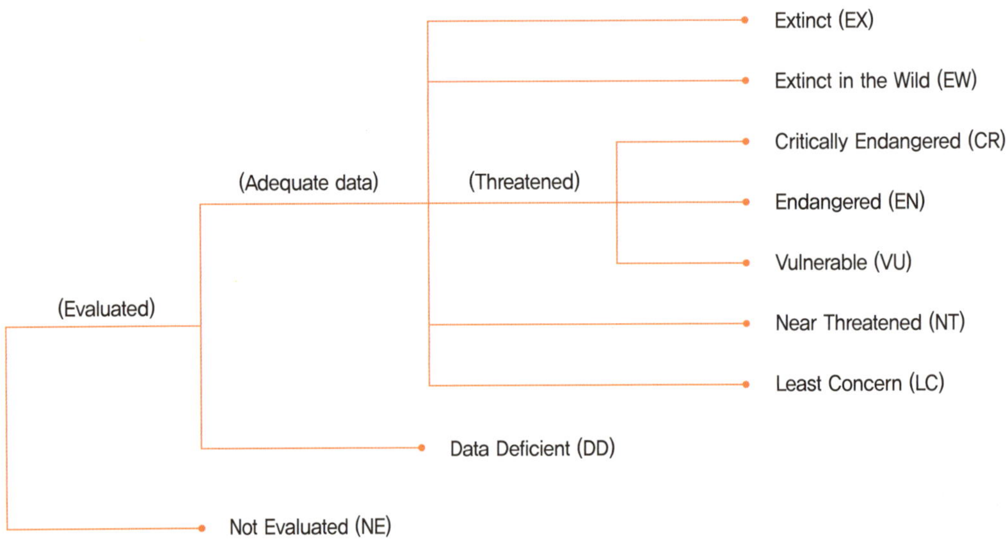

[그림 2-37] 적색목록 분류 체계

※ 자료출처: IUCN, 2001.

분류 체계에서도 나타나듯이 위협(threatened)이라 통칭하는 3개 등급(CR, EN, VU)에 속하게 되면 이를 멸종위기에 처한 종으로 분류한다.

[그림 2-37]에서 제시하고 있는 각각의 등급별 명칭과 지정 요건은 [표 2-9]와 같다.

[표 2-9] IUCN 적색목록의 멸종위기 등급별 명칭과 지정 요건

멸종위기 등급 명칭	지정 요건
절멸(EX: Extinct)	• 마지막 개체가 죽었다는 점에 대하여 논리적 의문이 전혀 없는 분류군 • 1,500년을 기준으로 근대 멸종과 그 이전의 멸종으로 구분
야생 절멸 (EW: Extinct in the Wild)	• 사육이나 생포된 상태, 또는 과거의 분포범위 밖에서 순화된 개체군으로만 생존이 알려진 분류군
위급 (CR: Critically Endangered)	• 긴박한 미래에 야생에서 극도로 높은 절멸 위험에 직면해 있는 분류군
위기 (EN: Endangered)	• '위급'은 아니지만 가까운 미래에 야생에서 매우 심각한 멸종위기에 직면한 분류군
취약 (VU: Vulnerable)	• '위급'이나 '위기'는 아니지만 멀지 않은 미래에 야생에서 절멸될 위험에 처해있는 분류군
준위협 (NT: Near Threatened)	• 현재는 위협(위급, 위기, 취약) 범주에 적합하지 않은 것으로 평가되었으나, 위협 범주에 근접하였거나 또는 가까운 미래에 위협(위급, 위기, 취약) 범주를 만족시킬 것 같은 분류군
최소 관심 (LC: Least Concern)	• 위협 범주 평가기준으로 평가하였으나 위협 또는 준위협 범주에 부적합한 분류군
자료 부족 (DD: Data Deficient)	• 해당 분류군의 분포 또는 개체군 현황에 근거하여 멸종의 위험에 대한 직접적 또는 간접적 평가를 하기에 정보가 불충분한 분류군
미평가(NE: Not Evaluated)	• 기준들로 평가하지 못한 분류군

2021년 12월 기준, 세계적색목록에는 총 138,374종의 생물이 수록되어 있다.

• 국가생물적색자료

우리나라 환경부 국립생물자원관에서는 2011년부터 2014년까지 국내에 자생하는 야생생물 중 8,029종을 대상으로 세계자연보전연맹(IUCN)의 지역적색목록 기준을 적용하여 "한국의 멸종위기 야생동·식물 적색자료집"을 발간한 바 있다. 이것을 국가생물적색자료집이라고 한다. 이와 같은 적색목록은 우리나라에서 자생하고 있는 생물의 위기 척도를 판단하는 근거로도 사용되고 있고, 종의 분포 변화에 대한 지속적인 모니터링과 적절한 보호 활동에 필요한 기본적인 정보를 제공하고 있다(국립생물자원관, 2022). 참고로 지역적색목록의 범주는 [그림 2-38]과 같다.

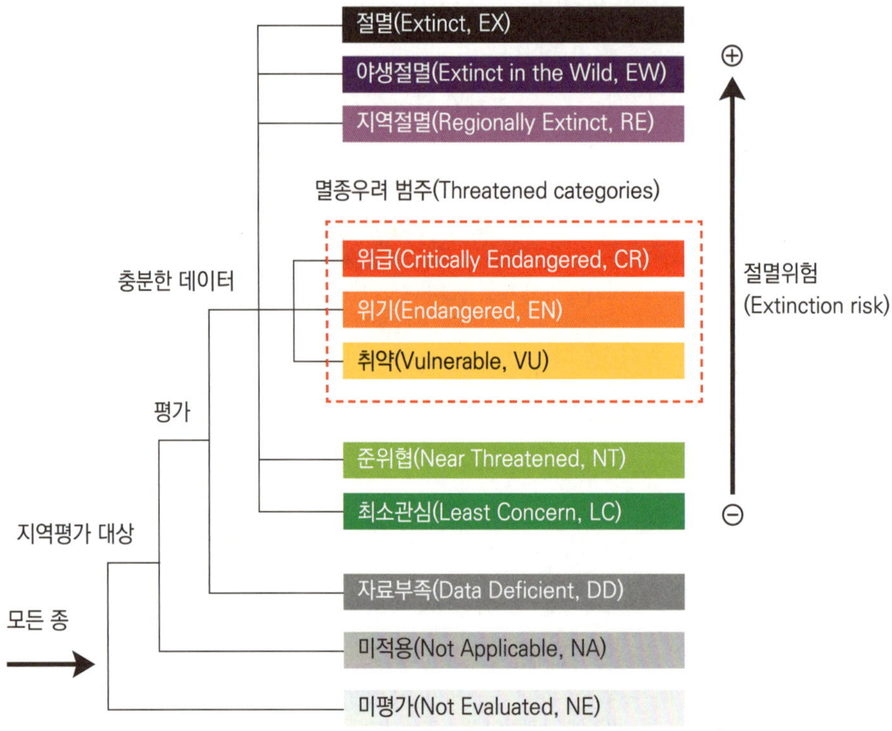

[그림 2-38] 지역적색목록의 범주

※ 자료출처: 국립생물자원관, 2022.

한편, 환경의 고전 중에 하나인 "에코토피아(Ecotopia, 1975)"를 썼던 Ernest Callenbach는 그의 저서 "생태학 개념어 사전"에서 멸종(extinction)이란 단지 살아 있는 호랑이와 같은 생물종이 사라지는 현상만을 뜻하는 것이 아니며, DNA의 고유한 구성, 즉 그 호랑이를 만들어내는 암호화된 정보가 영원히 제거된다는 것을 의미한다고 설명하였다. 또한, 절멸(絶滅, extirpation)은 오직 한 지역에서 한 종만 멸종하는 것을 말하며, 전멸(全滅, extermination)은 전체가 멸종하는 것을 의미한다고 보았다.

- IUCN 생태계 적색목록

지금까지 제시한 것이 멸종위기에 처한 생물종에 대한 것이었다면, 최근에는 생태계를 대상으로 위험에 처한 곳을 선정하고 있다. "IUCN 생태계 적색목록(IUCN Red List of Ecosystems, RLE)"이라는 것인데, 생태계 건강 상태를 평가하고 위협을 식별하여 보전 노력을 지원하는 도구라고 할 수 있다. 생태계 적색목록은 IUCN에서 제안한 위협받는 생태계를 평가하는 방법으로, 생물다양성협약(CBD)에서 제시한 생물다양성 보전을 위해 2030년까지 달성해야 하는 목표의 달성 정도를 평가하는 지표로 활용된다(국립생태원 보도자료, 2023.12.28.).

생태계 적색 목록을 작성하는 이유는 우선, 생태계 평가를 위한 것이다. 즉, 다양한 지역의 생태계를 평가하고, 그 안정성과 멸종 위험 정도를 파악하는 것이다. 어떤 생태계가 위험에 노출되어 있는지를 확인하고 적절한 조치를 취할 수 있도록 방향을 제시할 수 있다. 두 번째는 생태계 보호를 위한 우선순위를 설정하기 위한 기준을 제공하는 데에 있다. 생태계의 취약성, 저해요인의 영향, 변화에 대한 저항력 등을 평가하여 보호 대상 생태계를 식별하고, 보호 활동에 제한된 자원을 효율적으로 사용할 수 있다. 마지막으로 보전 및 관리 계획을 수립하는 데에 도움을 준다. 즉, 위기생태계를 인식하고 이를 해소하기 위한 보전 및 관리계획을 개발하는데 도움을 준다. 위기에 처한 생태계를 식별하고 적합한 조치를 취함으로써 생물다양성의 보전을 돕는다.

생태계 적색목록은 대상 생태계를 1)분포 면적의 변화, 2)분포 면적의 크기, 3)환경의 황폐화, 4)생물의 천이 및 교란, 5)정량적 추정치의 기준을 가지고 평가하여, 등급화하고 있다. 이 평가는 2014년부터 110개 이상의 국가에서 4,000개 이상의 생태계 유형에 대한 평가를 수행하였으며, 육상생태계의 경우 63개국, 담수생태계 42개국, 해양생태계 32개국에서 평가가 이루어졌다. 평가를 위한 기준과 목적은 [표 2-10]에서 제시하였다.

[표 2-10] IUCN 생태계 적색목록 기준과 목적

기준	내용	목적
기준 A	• 지리분포 감소	• 생태계 손실·파편화를 유발하는 위협으로 인해 면적이 감소하고 있는 생태계를 식별
기준 B	• 지리분포 제한	• 지리적으로 뚜렷한 위협·재해에 취약한 소규모 분포의 생태계를 식별
기준 C	• 환경 황폐화	• 환경 황폐화를 겪고 있는 생태계를 식별
기준 D	• 생태 천이/상호작용 교란	• 주요 생태 천이/상호작용으로 손실 또는 교란을 겪고 있는 생태계를 식별
기준 E	• 생태계 붕괴 확률을 추정하는 정량분석	• 여러 위협징후 및 그 상호작용을 종합적으로 평가

※ 자료출처: Bland *et al.*(*eds.*), 2017.

IUCN의 생태계 평가 결과는 붕괴(CO)부터 최소관심(LC)까지 8개의 등급으로 분류한다. 구체적으로 붕괴(Collapsed: CO), 위급(Critically Endangered: CR), 위기(Endangered: EN), 취약(Vulnerable: VU), 준위협(Near Threatened: NT), 최소관심(Least Concern: LC), 정보부족(Data Deficient: DD), 그리고 미평가(Not Evaluated: NE)로 구분한다. 여기에서 위급(CR), 위기(EN), 취약(VU) 등 3가지 유형은 시급한 조치를 필요로 하는 위협 받는 생태계로 분류한다([그림 2-39] 참고).

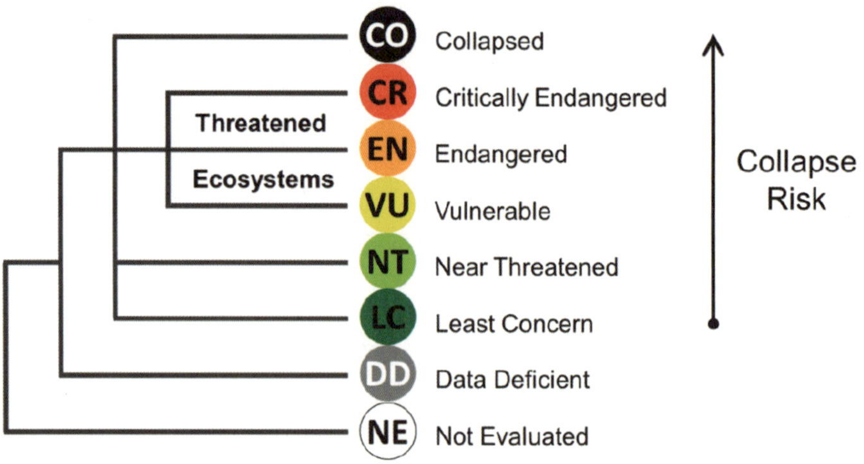

[그림 2-39] IUCN 생태계 적색목록의 유형(분류)

※ 자료출처: Bland *et al*.(*eds*.), 2017.

한편, IUCN(2017)의 생태계 적색목록 유형과 기준의 적용을 위한 가이드라인에서 생태계 붕괴(ecosystem collapse)의 대표적인 사례로 아랄해(Aral Sea)를 예시하였다. 주지하다시피 아랄해는 과거 면적으로는 세계 4번째로 큰 호수(내해, 內海)였으나, 강물의 유입이 해마다 줄어들면서 급격히 작아진 곳이다. 호수의 크기가 줄어든 것은 1960년대부터 주변 국가들에서 대규모 면화(raw cotton) 재배를 위해 아랄해로 들어오는 강줄기의 물을 중간에서 차단하고 관개용수로 사용했기 때문으로 알려져 있다. 호수 규모가 줄어들면서 어업 생산량은 크게 줄었고, 염분에 의한 주변 농작물 피해도 심각한 수준에 이르게 되었다. 특히 먼지 등 여러 가지 환경문제가 발생하면서 영유아 사망률도 급격히 높아진 곳이다.

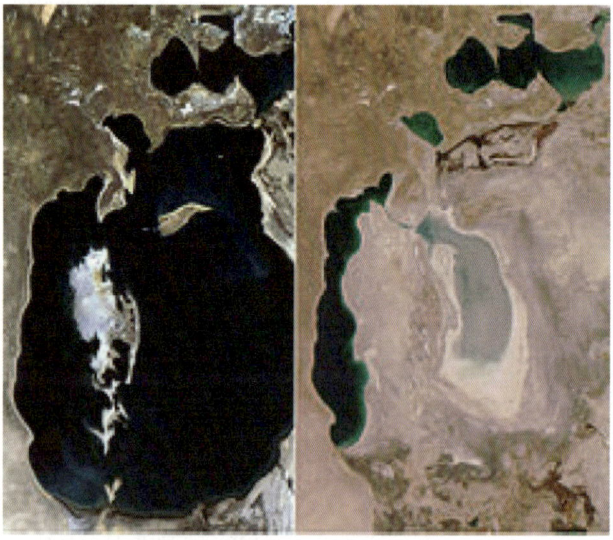

[그림 2-40] 아랄해의 호수 면적 변화(좌측: 1976년, 우측: 1989년)

※ 자료출처: Bland *et al*.(*eds*.), 2017. (원출처: NASA)

생태계 붕괴(ecosystem collapse)의 개념과 연관 지어서 설명하면, 아랄해는 정체성(identity)의 변형을 겪고 있는 상태이며, 수서생물종, 갈대밭, 물새류, 수문학적 균형과 기수 수문화학(brackish hydrochemistry)과 같은 특성의 상실 등으로 염분이 많은 호수와 사막 등의 새로운 생태계(신생태계, novel ecosystem)로 교체되고 있다. 생태계 붕괴는 원래 생태계가 가지고 있던 정체적 혹은 고유한 특성의 변형, 상실, 또는 다른 생태계로의 교체(Collapse is a transformation of identity, a loss of defining features, and/or replacement by a different ecosystem)로 정의하고 있다.

참고로 '새로운 생태계(신생태계, Novel Ecosystem)'는 기본적으로 인간이 만들었거나 인간에 의해서 변형되었거나 조작된 생태계로 정의할 수 있다. 여기에 기후변화 등으로 인하여 생물종들의 소멸, 이동과 그 결과로 나타나는 생물종들의 새로운 조합으로 우리가 알고 있던 생태계의 구조나 특성이 아닌 지금까지 보지 못했던 구조나 특성을 갖는 생태계를 의미하기도 한다.

이러한 새로운 생태계는 생태계의 구조와 기능을 원래의 상태(역사적인 상태)로 되돌릴 수도 있으나, 경우에 따라서는 복원이 매우 어렵거나 불가능한 경우도 있다(Stuart K. Allison, 2024).

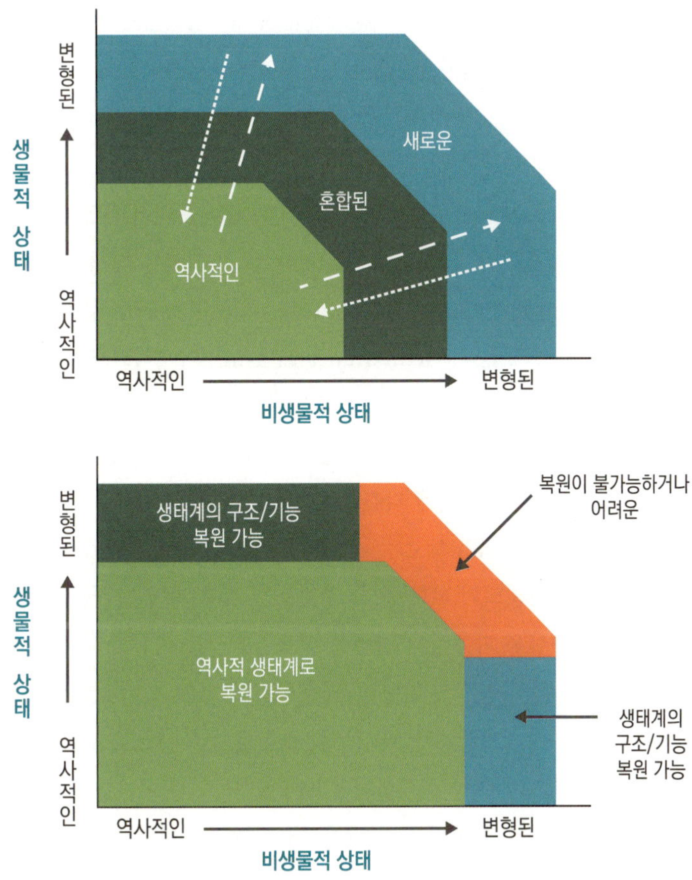

[그림 2-41] 새로운 생태계와 생태복원

※ 자료출처: Stuart K. Allison, 2024.

- 법적 보호종

우리나라에서는 환경부 소관 야생생물 보호 및 관리에 관한 법률에 의해서 멸종위기 야생생물을 I급과 II급으로 구분·지정하여 관리하고 있으며, 국가유산청 소관 자연유산의 보존 및 활용에 관한 법률에 의한 '천연기념물' 등으로 구분하여 지정하고 있다. 또한, 산림청 소관 수목원·정원의 조성 및 진흥에 관한 법률에 의한 '희귀식물', '특산식물'을 지정하고 있으며, 산림보호법에서는 '특별산림보호대상종'을 지정·관리하고 있다. 해양수산부 소관 해양생태계보전 및 관리에 관한 법률에 의해서 '해양보호생물'을 지정하여 관리하고 있다. 멸종위기 야생생물에 대한 구체적인 내용은 이 책의 "제6장. 생태복원 관련 국내 법, 정책과 제도"에서 제시하였다.

라) 생물다양성 핵심 지역

여러 생물종이 서식하고 유난히 생물다양성이 높아 보호할만한 가치가 있는 지역을 생물다양성 핵심 지역(hotspot)이라고 한다. 생물다양성 핵심 지역은 1989년 Norman Myers에 의해 식물 고유종이 두드러지게 많으면서 그 서식지의 손실이 심각한 10군데의 열대 우림 지역을 최초로 "hotspot"으로 지정하였다. 이후 지속적인 재평가와 논의를 거쳐 "Conservation International"에서 2000년 25군데의 생물다양성 핵심 지역(biodiversity hotspots)을 지정하였으며, 2017년 기준으로 36군데가 지정, 운영되고 있다. "hotspot"은 연구자에 따라 생물다양성 집중 지역, 생물다양성 중점 지역, 생물다양성 위험 지역 등으로 다양하게 번역한다.

생물다양성 핵심 지역의 대표 지역으로는 북·중미 지역은 캘리포니아 플로리스틱 지역(California Floristic Province), 카리브해 군도(Caribbean Islands), 남미 지역은 대서양 산림(Atlantic Forest of tropical South America), 열대 안데스 지역(Tropical Andes Region), 유럽과 중앙아시아 지역은 코카서스 산맥(Caucasus), 지중해 유역(Mediterranean Basin), 아프리카 지역은 케이프 플로리스틱 지역(Cape Floristic Region), 서부 아프리카의 기니숲(Guinean Forests of West Africa), 아시아·태평양 지역은 히말라야(Himalaya), 인도-버마(Indo-Burma), 일본, 필리핀, 뉴질랜드 등이 포함되어 있다. 생물다양성 핵심 지역은 전 세계 지표면의 2.3%를 차지하며, 육지 척추동물 고유종의 약 43% 정도가 서식하고 있다([그림 2-42] 참고).

생물다양성 핵심 지역으로 지정되기 위한 두 가지 요소는 그 지역의 전반적 다양성과 인간 활동 영향의 중요성에 근거한다. 다양성을 파악하기 위해서 식물다양성을 이용하는데, 식물들은 동정 및 조사가 쉽고 다른 분류군이 보이는 다양성의 기반이 되기 때문에 자격 요건으로 이용되었다. 지정을 위한 구체적인 조건은 (1) 최소한 1,500종 이상의 유관속 식물을 고유종으로 포함하고 있어야 하며, (2) 그 지역의 원래 서식처가 최소 70% 이상이 손실되었어야 한다.

생물다양성 핵심 지역은 자연을 손상되지 않은 상태로 남겨두어 인간에 의한 종의 소멸을 막기 위한 것으로, 이를 위해 가장 위협받는 지역을 우선적으로 보존하면서, 나아가 주어진 비용으로 가장 높은 성과를 거둘 수 있도록 노력하기 위한 것이다. 생물다양성 핵심 지역에서 조사해야 할 주요 내용으로는 전체 면적, 남아 있는 식생 가능 면적, 고유 식물종의 분석, 남아있는 서식지 면적, 고유 척추동물종, 고유 속과 과, 멸종 위기종과 멸종된 종, 지역 내 인구 밀도 등이다.

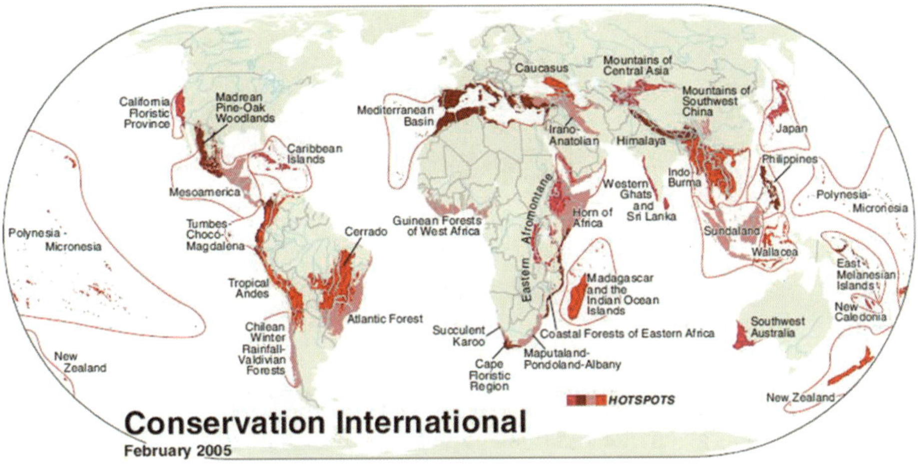

a. 2005년 작성된 생물다양성 핵심 지역 분포도

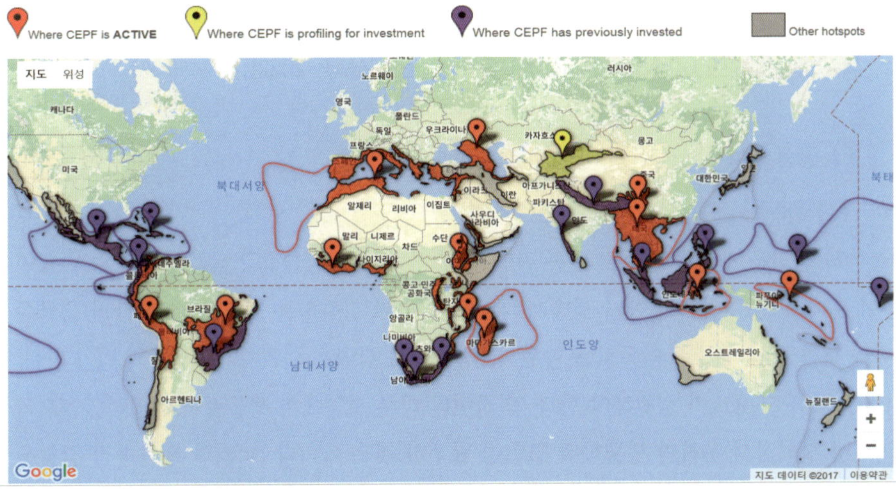

b. 2017년 기준 해당 웹사이트에 제시된 생물다양성 핵심 지역 분포도

[그림 2-42] 세계의 생물다양성 핵심 지역

※ 자료출처: http://www.cepf.net/resources/hotspots/Pages/default.aspx

한편, 최근에는 Hotspot을 다양한 지역이나 확장된 개념으로 확대시켜서 사용하고 있다. 예를 들어, 국립공원에서는 핫스팟을 공원별 보호가치가 있는 야생 동·식물의 주요 서식지, 또는 공원자원 유출 등 고질적인 불법 행위가 발생하는 주요 지점을 의미한다. 또한, WWF(2022)의 '지구생명보고서 2022'에서는 주요 위험 요인 및 분류 집단별로 위험에 처해 있는 생물종의 수가 상위 10% 이내에 해당하는 지역(Harfoot *et al.*, 2021)을 핫스팟(hotspot)이라고 정의하였다. Harfoot 등(2021)은 전 지구의 모든 육상 양서류, 조류 및 포유류(총 2만 3,271종)의 공간적 분포와 위험 요인에 관한 전문 정보를 IUCN 적색목록으로부터 수집하여 이들 생물종 집단이 (1) 농업, (2) 수렵/덫사냥, (3) 벌목, (4) 환경오염, (5) 침입종, (6) 기후변화(이를 6대 위험 요인으로 봄)로 인해 위협받고 있는 지역들이 표시된 세계 지도를 작성했다.

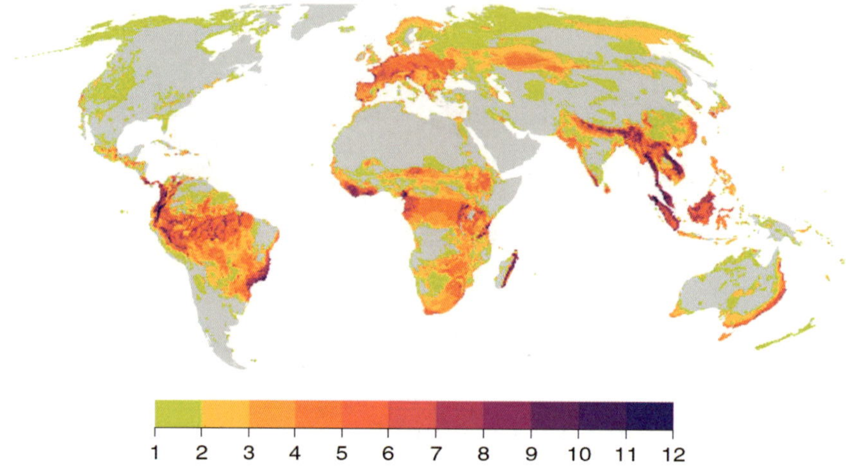

[그림 2-43] 전 세계의 멸종위협이 높은 '핫스팟' 지역

※ 자료출처: Harfoot *et al.*, 2021.

※ *주) 분류 집단 또는 위험 요인별로 하나의 픽셀이 몇 번이나 핫스팟 지역에 해당하게 되는지를 기준으로 전체 생물종 및 위협 요인에 걸친 각 픽셀의 상대적 중요도를 측정한다(WWF, 2022).

마) 생물학적 침입

(1) 개념

생물학적 침입은 자생종의 주요 멸종 원인 중에 하나이다. 생물학적 침입이란 인위적 요인에 의해 이입종이 본래의 분포 지역이 아닌 생태계 내에 침입하여 정착하는 것으로 국가 간의 생물종 이동뿐만 아니라 지역 간의 생물종 이동도 포함된다. 생물학적 침입은 인위적인 이입종의 반입과 생태계로의 정착이라는 두 가지 요소가 성립해야 한다. 외국이나 다른 지역에서 생물종이 이입하였을지라도 이입된 지역에서 정착하지 못하면 생물학적 침입이 발생한 것은 아니다. 이러한 생물학적 침입은 생태적 지위에 빈틈이 많은 도시생태계나 도서(島嶼)생태계에서 많이 발생하는 것으로 알려져 있다.

생물다양성 협약의 제2조에서는 침입 외래종(invasive alien species)을 "생태계, 서식지 혹은 생물종을 위협하는 외래종"으로 정의하고 있으며, IUCN에서는 생태계에 위협이 될 수 있으나, 인간이 통제할 수 있으며, 정착되지 아니하는 경우는 포함되지 않는다고 보고 있다.

한편, 외래식물의 경우 침입 단계를 세 가지로 구분하기도 한다. 침입외래식물 연구의 선두자라고 할 수 있는 Richardson과 Pyšek은 자연생태계에서 발견되는 외래식물을 침입 단계에 따라서 일시출현식물, 귀화식물, 침입식물로 구분하였다(김창기, 길지현, 2017). 우선 일시출현식물(casual alien plants)은 미정착식물이라고도 하는데, 자연환경에서 자라거나 번식하는 것이 관찰되지만 개체군을 스스로 유지하지 못해 소멸하고, 공급원이 있을 때에만 일시적으로 환경에 나타나는 식물을 말한다. 귀화식물(naturalized plants)은 자연생태계에 완전히 정착해 인간의 도움 없이도 스스로 개체군을 유지할 수 있는 식물을 말한다. 침입식물(invasive plants)은 가시박, 돼지풀, 미국쑥부쟁이와 같이 환경에 빠르게 침입하는 식물을 말하며, 생태계에 미치는 악영향이 큰 것을 나타내는 용어로 사용한다(김창기, 길지현, 2017).

(2) 원인

생물학적 침입의 원인으로는 다양하게 볼 수 있으나, 의도적인 이입과 비의도적인 이입으로 나눌 수 있다. 의도적인 이입은 식용, 약용, 관상용, 연구용, 녹화용 등의 이유로 국내에 들여왔다가 이들이 자연생태계로 침입하는 경우이다. 황소개구리와 같은 경우에는 식용으로 들여왔다가 자연생태계로 이입되어 생태계의 교란을 일으키고 있는 종이다. 특히, 우리나라에서 비탈면 녹화에 사용되는 종자의 경우에는 국내 자생종보다는 외국에서 수입하는 경우가 많은데, 이러한 사례도 대표적인 외래종의 이입으로 볼 수 있다. 반면, 비의도적인 이입은 선박이나 비행기 등에 의해 식물의 종자가 국내에 들어오는 경우로 볼 수 있는데, 북아메리카 원산인 미국자리공은 한국 전쟁 때 군수물자에 딸려 들어온 것으로 알려져 있다.

가시박은 자생 식물종을 위협하는 대표종이 되었다. (한강 수변 구역)

[그림 2-44] 생물학적 침입 관련 생물종

한편, 외래종이 새로운 지역에 쉽게 침입하고 새로운 서식지를 우점하여 자생종을 위협하는 원인은 새로운 서식지에는 자연적인 포식자, 질병, 기생충이 없기 때문이다(김진수 등, 2000). 즉, 외래종에 대한 자연적인 천적이 없거나 확산을 방지할 만한 충분한 공생 관계가 형성되지 않았기 때문이다.

(3) 현황

우리나라의 귀화식물종은 8·15 광복을 전후해서는 89분류군이었던 것이 한국전쟁을 치르면서 9분류군, 1980년까지 48분류군이 추가되어 146분류군에 달하게 되고, 2008년을 기준으로 약 300분류군 가까이 확대되었다(박수현, 2009). 박수현(2009)은 2008년 4월 기준으로 귀화식물은 38과 160속 270종 13변종 3품종으로 총 286분류군으로 제시하였었다. 한편, 2018년을 기준으로 전체 외래종은 2,160종으로 분류하였는데, 이 중 식물은 334종, 동물은 1,826종인데 분류군별 구체적인 현황은 [표 2-11]과 같다. 최근의 외래생물종 수는 국립생태원에서 관리하는 "한국 외래생물 정보시스템"에서 확인할 수 있다.

[표 2-11] 분류군별 국내유입 외래종수(2018 기준)

포유류	조류	양서·파충류	어류	무척추동물	식물	합계
202종	135종	355종	886종	248종	334종	2,160종

※ 자료출처: 관계부처합동, 2019.

또한, 국립수목원에서 관리하는 "국가생물종지식정보시스템"에서는 우리나라의 외래식물을 420분류군으로 제시하였으며, 여기서 귀화식물은 255분류군(60.7%), 임시정착식물은 125분류군(29.8%), 그리고 불확실종은 40분류군(9.5%)으로 제시하였다(국가생물종지식정보시스템, 2024년 6월 방문 기준). 국립수목원 관리 시스템에서는 외래식물을 침입외래식물과 불확실종으로 구분하고 있으며, 침입외래식물은 다시 귀화식물과 임시정착식물로 구분하고 있다. 귀화식물은 침입외래식물 중 자연생태계에 적응하여 지속적으로 개체군을 형성하고, 10년 이상 생육, 번식, 확산을 통해 자생종과 구분없이 융화되어 자라는 종으로 정의하였다. 임시정착식물은 침입외래식물 중 귀화식물로 전환되기 이전에 세대교체 및 정착이 불완전한 초기 정착준비종으로 정의하였다. 불확실종은 기존에 외래식물로 지정되었으나 현재 분포 여부가 불확실하거나 분류군의 실체가 모호한 종이라고 정의하였다.

참고로 우리나라 귀화식물은 분류군별로 국화과, 벼과, 십자화과, 콩과 등의 순으로 많다(*국립수목원의 국가표준식물목록의 2024년 6월 8일자 기준으로는 벼과, 국화과, 배추과(십자화과), 콩과 등의 순으로 많은 것으로 제시되어 있음*). 귀화식물은 대체로 다년생보다는 1~2년생 식물이 많고, 목본식물보다는 초본식물이 대부분이다. 목본식물은 초본식물에 비해 생장이 느리고 개체 수도 많지 않아 새로운 환경에 적응하기에 어려움이 있으며, 분포 범위 또한 제한적이기 때문이다. 일반적으로 귀화식물들은 다양한 환경에 적응하기 위하여 영양 생장기가 짧고 생식 생장기가 길어서 일생 동안 많은 종자를 만들어 산포한다. 또한, 귀화식물은 대부분 양지식물로서 도시 내부와 주변, 도로변, 하천변, 황무지, 농경지, 임도 등 직사광선이 닿는 곳을 선호한다. 다만, 단풍잎돼지풀, 주홍서나물, 서양등골나물 등은 반음지성 식물로 그늘진 숲 내에서도 자란다(국토지리정보원, 2020).

또한, 김창기와 길지현(2017)에 의하면, 북한을 포함한 한반도의 전체 외래식물종은 539종으로 제시하였다. 이 539종은 과거 외래식물로 발표하였다가 최근 여러 가지 이슈나 연구 등으로 제외한 14종을 포함하였다. 한반도 외래식물(김창기, 길지현, 2017)에 따르면, 금낭화, 다닥냉이, 전동싸리, 좀개소시랑개비, 선포아풀, 큰꿩의비름, 큰닭의덩굴, 흰겨이삭 등 8종은 외래종인지 자생종인지 논란이 일었던 종으로 분류하였는데, 대부분 외래종으로 인정하지 않는 종들이다. 또한 잘못 동정(식별)된 것으로 판정되어 귀화식물 목록에서 제외된 식물에는 길뚝국화, 나도돼지풀, 쑥부지깽이아재비, 아마냉이, 유럽쥐손이 등 5종이다. 그리고 부채갯메꽃은 인위적이거나 의도적인 도입이 아니라 한반도에 자연적으로 산포된 식물로 분류하였다.

김창기와 길지현의 자료는 국가표준식물목록(2016)을 참고하였는데, 여기에는 자생식물을 4,178종, 재배식물을 9,938종, 귀화식물을 321종으로 분류하여 제시하였다. 참고로 혹자들이 자생종으로 착각하고 도입하는 수종들 중에 노랑꽃창포, 풀명자(명자나무), 황매화, 골담초, 박태기나무 등도 모두 외래식물로 분류하였다. 무궁화도 자생종이냐는 것과 관련한 논란은 많으나, 박상진(2011)에 따르면 우리나라에서는 적어도 1,000년 전부터 재배한 외래식물로 분류하였다.

생물다양성 보전 및 이용에 관한 법률에 의거 생태계 교란 생물이라 함은 위해성 평가 결과 생태계 등에 미치는 위해가 큰 것으로 판단되어 환경부장관이 지정·고시하는 것을 말한다. 과거 법에서 시행령 별표로 제시하였던 것에서 환경부 장관이 지정하고 고시하는 것으로 바뀌었다. 생태계 교란 생물에 대한 구체적인 내용은 이 책의 “제6장. 생태복원 관련 국내 법, 정책과 제도”에서 제시하였다.

한편, 생태계 교란 생물 중 특히, 식물의 경우에는 생태복원 사업 후 초기 단계에서도 출현할 가능성이 높기 때문에 관리할 필요성이 높다. 생태적으로 잘 복원된 경우에는 그 발생 빈도가 낮겠지만, 어떠한 경우라도 생태계 교란 식물종이 발생하면 초기에 제거하는 것이 바람직하다. 이와 관련된 구체적인 내용은 “생태복원 계획·설계론 제II권, 제9장. 모니터링 및 평가, 유지·관리”에서 제시하였다.

(4) 영향

귀화생물종과 같은 침입종이 생태계에서 관리 대상이 되는 이유는 여러 가지가 있다. 우선 가장 중요한 것은 그 지역 생태계 고유종의 강력한 천적으로 작용하기 때문이다. 멸종위기 야생생물로 지정된 남생이의 경우에는 그와 생태적 지위가 유사한 붉은귀거북이 침입한 이후로 서식처에서 먹이 경쟁을 하게 되었고, 우리의 터전에서 밀려나는 현상이 발생하였다.

남생이(좌)와 붉은귀거북(우)은 거의 비슷하게 생겼으나,
귀 부분이 붉은 색을 띠는 것이 붉은귀거북이며, 남생이는 등갑이 상대적으로 진한 갈색이다.

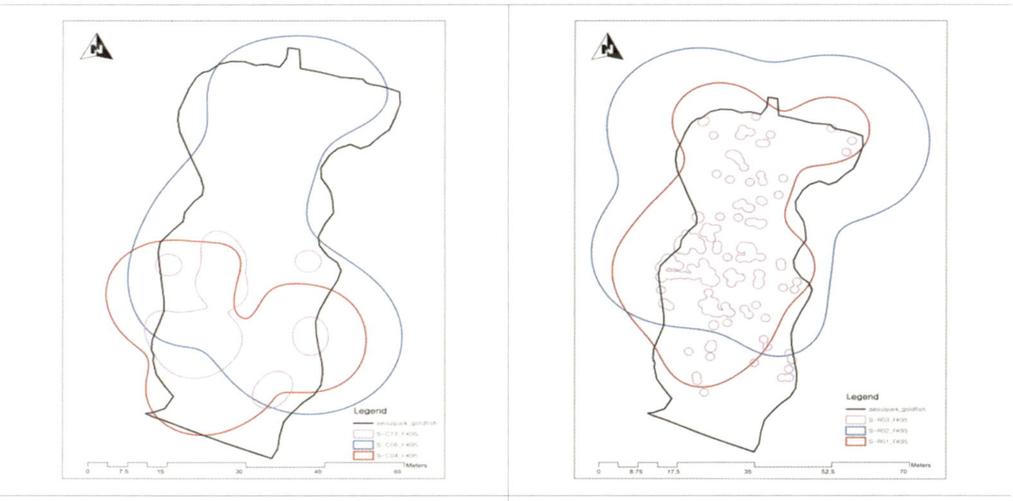

남생이 행동권(색깔별로 개체를 의미함) | 붉은귀거북 행동권(색깔별로 개체를 의미함)

[그림 2-45] 남생이와 붉은귀거북의 행동권 비교

※ 자료출처: 국립생물자원관, 2011.

※ 사진제공: 송재영 박사(국립공원연구원)

또한, 고유종을 먹이로 하거나 생태적 지위를 획득함으로써 교란을 일으키기도 한다. 유전적 교란도 마찬가지다. 외래종이 토착종이나 변종과 교잡을 하게 되면, 그 지역의 고유한 개체군이 가지고 있는 특이한 유전형이 없어지게 되고, 이들 간의 분류 기준이 모호해질 수 있다.

생물학적 침입에 의한 경제적 피해와 관련해서 유엔 생물다양성과학기구(IPBES, 2023)에서는 '침입 외래종과 관리에 관한 평가 보고서(Thematic Assessment Report on Invasive Alien Species and their Control)'를 발간하였다. 이 보고서에 의하면 침입외래종 유입으로 인한 문제가 날로 커지는 가운데 이로 인한 전 세계의 경제적 손실이 연간 4,230억 달러(약 564조 원)에 달하는 것으로 평가하였다. 또한, 이 보고서에서는 ① 토지·해양 이용 ② 유기체 착취 ③ 환경오염 ④ 기후변화와 함께 침입외래종 유입이 생물다양성 손실을 일으키는 주요 원인이라고 강조했다.

(5) 저감 방안

생물학적 침입을 방지하기 위해서는 다양한 노력이 필요한데, 우선 식물의 경우에는 이입 기회를 억제시켜야 한다. 비탈면 녹화공사와 같은 복원사업의 추진 시 종자는 자생종을 사용하고, 이입종의 경우에는 사전에 종합적인 검토를 실시한 이후에 사용하는 것이 바람직하다.

또한, 정착 가능한 환경을 마련하지 않는 것도 좋은 방법이다. 일반적으로 건조한 육상 생태계에서 서식하는 귀화식물종은 햇빛을 선호하는 양수인 경우가 많으며, 번식 주기가 매우 빠르고, 건조하거나 교란된 생태계에서 많이 나타나기 때문에 생태계 교란의 지표종으로도 사용된다. 이러한 식물종의 자연적 퇴치를 위해서는 수림대를 조성하여 그늘을 형성하거나 습한 환경을 조성함으로써 최소화시킬 수 있다.

침입종이 지역 고유 생태계에서 발생하였을 경우에는 원인이 되는 개체군을 제거하고, 토양 내 잔존하는 매토종자 집단을 고갈시킬 필요도 있다. 무엇보다도 지역 고유종에 악영향을 미치는 교란 및 위해종들은 확산되기 전에 우선적으로 제거해야 한다. 특히, 식물들은 다양한 방식으로 산포하기 때문에 보전 혹은 복원한 지역에서의 외래종 관리를 위해서는 최소한 유역권 전체를 관리 대상으로 포함하는 것이 좋다. 예를 들어, 가시박과 같이 수산포의 종들은 물길을 따라 이동하기 때문에 해당 유역 전체를 대상으로 삼고, 가시박이 발생한 지역부터 차근차근 제거해 나가는 것이 필요하다.

동물종의 생물학적 침입에 대한 대책으로는 외래 생물종의 이입 기회를 최소화하는 것이다. 식용 및 약용 등으로 들여오는 외래종은 가급적 국내에서 양식하지 못하도록 하는 것도 좋은 방법이 될 것이다. 한편, 지역 생태계에서 외래동물종이 관찰되었을 때는 빠르게 포획하는 것이 바람직하다. 외래동물종 역시 외래식물종과 마찬가지로 빠른 번식력을 갖고 있기 때문에 지나치게 확산되기 이전에 전부 포획하여 제거하는 것이 좋다. 일부 지자체 등에서는 생태계 교란 생물을 포획할 경우 포상금을 지급하는 제도까지 도입한 사례도 있다.

(6) 생물학적 침입과 관련된 논란

생태학적 침입을 일으키는 외래종들을 무조건 부정적인 시각만으로 볼 수는 없다. 즉, 외래종일지라도 우리의 생활 속에서 함께 하고 있으며, 사회·경제적인 측면에서 이익을 주기도 한다. 사전귀화식물로 분류되는 쌀, 고구마, 감자 등은 외국에서 들어온 종이지만, 우리의 주식으로 사용되고 있다. 또한, 화훼와 농업, 애완동물, 재산 및 인간의 보호, 천적의 이용, 토양 유실 방지, 산림 조성 등을 포함하여 사람들에게 욕구를 충족시켜 주거나 산업 발전에 기여하는 등의 긍정적 이득도 함께 갖고 있다.

한편, 외래종은 나쁘기만 한 것인가에 대한 관점의 변화와 새로운 연구들이 활발하게 진행되고 있다. Gurevitch와 Padilla(2004)는 미국에서 멸종위기에 처한 야생 동·식물의 가장 큰 위협 요인을 서식지 파괴로 보았으며, 그 다음으로 외래종이라고 판단한 Wilcove 등의 자료(http://www.natureserve.org)와 IUCN의 적색자료서를 분석하고, 그 어떤 데이터에서도 외래종이 토착종 멸종의 원인이라고 할 수 있는 뚜렷한 연관 관계를 발견하지 못하였다고 주장한 바 있다. 또한, 보전생물학자 중에는 보다 거시적인 측면으로 원래 지구 표면이 하나의 대륙에서 출발하였다는 점을 고려하면, 토착종과 외래종의 구분이 무의미하다는 주장도 있다. 특히, 외래동물종이라고 하여 무조건 포획해서 살생하는 것이 생명 윤리 측면에서 바람직한 것인지에 대한 논란도 있다.

바) UNESCO MAB과 생물권 보전지역

(1) 개념

(가) UNESCO MAB

UNESCO MAB(인간과 생물권, Man and the Biosphere) 프로그램은 생물다양성 보전, 자원의 지속가능하고 공평한 이용, 그리고 인간의 복지를 추구하는 유네스코의 정부 간 프로그램으로, 인류와 지구환경 간의 상호관련성을 증진시키기 위한 과학적 기초를 마련하는 것을 주된 목적으로 하고 있다.

생물권(biosphere)이라는 용어는 1968년 9월 파리에서 유네스코 주최로 열린 '생물권 자원의 합리적인 이용과 보전의 과학적 기초에 관한 정부 간 전문가 회의'에서 처음 소개되었다. 이후 1971년 MAB 사업이 유네스코 총회를 통해 공식적으로 설립되고 유엔인간환경회의(UNCHE, 1972, 스톡홀름)에서 확인되어 전 세계적으로 추진하게 되었다. MAB 사업은 동·식물, 대기, 해안의 자연과 인간을 포함한 전체 생물권에 인간이 미치는 영향에 대해 연구하고 전 세계가 함께 더 이상의 생물권 파괴를 막기 위한 것이다. 따라서 생물다양성의 소실에 대한 생태적·사회적·경제적 측면에서의 능력 배양과 연구 의제 등을 다루고 있다. MAB 프로그램의 하위 프로그램은 산림, 건조지역, 열대우림, 도시, 습지, 해양, 섬, 연안 생태계 등의 특정 생태계를 대상으로 구성되어 있으며, 이의 실행을 위해서 생물권 보전지역의 세계네트워크(World Network of Biosphere Reserves, WNBR)를 형성하고 있다(http://www.unesco.org, 2010).

(나) 생물권 보전지역

1971년 설립된 인간과 생물권(Man and the Biosphere, MAB) 프로그램을 실행하는 한 방안으로서 MAB 특별전문위원회에 의해서 1974년 생물권보전지역의 개념이 창안되었다(세계 생물권보전지역 네트워크 규약 및 세비야 전략). 생물권 보전지역의 개념은 1971년 설립된 인간과 생물권(Man and the Biosphere, MAB) 프로그램을 실행하는 한 방안으로 고안되었다. 생물권 보전지역은 오늘날 세계가 당면한 가장 중요한 과제의 하나인 '생물다양성과 생물자원의 보전을 지속가능한 이용과 어떻게 조화시킬 수 있는가' 라는 문제를 다루고 있다. 생물권 보전지역은 생물다양성의 보전과 지속가능한 발전을 조화시킬 수 있는 방안을 모색하기 위해 전 세계적으로 뛰어난 생태계를 대상으로 유네스코가 지정한 육상, 연안 또는 해양생태계이다. 생물권 보전지역이라 함은 UNESCO MAB과 각 국가들에 의해서 설정된 지역으로 지역 커뮤니티의 노력과 건전한 과학에 기초하여 지속가능한 발전을 증진시키기 위한 지역이다. 이는 인간과 자연 사이의 파트너십을 통한 경제적·사회적 발전과 생태적·문화적 다양성의 보전을 위한 지역이라고 볼 수 있다. UNESCO에서는 지속가능한 발전을 위한 학술 지역으로 간단히 정의하기도 한다. 생물권의 필수적이며 근본적인 일부로서의 인간, 인간의 영향에 따른 대규모 생태학 체계에 대한 연구, 평가, 관리의 통합적 접근, 그리고 지속가능한 자원 관리를 지탱해주는 과학적이고 교육적인 활동을 계속해서 개발하는 데 중점을 두고 있다.

"세계 생물권 보전지역 네트워크 규약" 제3조에 따르면, 생물권 보전지역은 지역적 차원에서 지속가능한 발전과 보전을 위한 접근법을 모색하고 제시하기에 적합한 지역이 되도록 최선을 다해 노력해야 한다고 명시되어 있을 정도로 다른 보호지역과 다르게 '지역사회의 참여와 협력'을 중요시하고 있다(유네스코 한국위원회, 2019).

한편, 국가 간의 경계를 포함하여 두 나라 이상에서 생물권보전지역으로 지정하는 것을 접경 생물권 보전지역(Transboundary Biosphere Reserves, TBR)이라 한다. 우리나라의 경우, 과거 DMZ를 사이에 두고 남한과 북한이 접경생물권보전지역으로 지정하려는 논의는 있었으나, 아직까지 구체적인 성과는 내지 못하고 있다.

DMZ 경의선 도로 주변의 습지는 과거 농경지가 천이 과정을 거쳐 형성된 것으로 추정된다.	DMZ 내 장단면사무소의 자취는 남아있으나, 주변의 식생에 의해 자연으로 덮이고 있다.

[그림 2-46] 생태계 보고로서의 DMZ (2004년 9월 6일 현지 촬영)

(2) 생물권 보전지역의 특성

첫 번째 특성은 생물권 보전지역의 세 가지 기능을 갖추는 것이다.

- 경관, 생태계, 종, 유전적 변이의 보전(conservation)

- 사회문화적, 생태적으로 지속가능한 경제와 인간의 발전(development)
- 시범사업, 환경교육, 연구 및 모니터링을 통해 위 두 가지 기능이 용이하게 수행될 수 있도록 지원(logistic support)

여기서 보전이라 함은 문화적 다양성과 함께 종 변이와 생물종, 생태계, 경관 등을 포함하는 생물다양성을 보호하는 것을 말한다. 발전이라 함은 경제적 그리고 인간적 발전을 촉진시키는 것을 말하며, 여기에는 환경 및 사회적 지속가능성과 문화적 고유성 등이 포함된다. 지원이라 함은 실험적 프로젝트, 환경 교육, 지속가능한 발전 교육, 훈련과 연구, 모니터링 등을 촉진시키는 것을 말한다.

두 번째 특성은 적절한 공간(또는 구역) 구획이다. 생물권 보전지역의 세 가지 목적을 달성하기 위해서는 참여적 관리 방식과 뚜렷한 지리적 용도 구획이 필요하다. 즉, 어떠한 생물종과 그 서식처를 보호하기 위해서 핵심지역을 설정하고, 그 핵심지역을 보호하기 위한 완충지역, 그리고 외부와의 간섭을 절충시키기 위한 협력(또는 전이)지역으로 공간을 구분하고 있다. [그림 2-47]과 같이 세 용도구역이 원래 일련의 동심원을 이루도록 구상되었으나, 현지의 요구와 조건에 맞게 다양한 형태를 보인다.

[그림 2-47] 생물권 보전지역의 세 가지 기능과 공간 구획

※ 자료출처: MAB 한국위원회 누리집 (http://mab.unesco.or.kr/)

구체적인 각각의 공간별 특성은 다음과 같다(세비야 전략(THE SEVILLE STRATEGY FOR BIOSPHERE RESERVES), 1995).

- 핵심지역(core area): 엄격히 보호되는 하나 또는 여러 개의 지역. 생물다양성의 보전과 간섭을 최소화한 생태계 모니터링, 파괴적이지 않는 조사 연구, 영향이 적은 이용(예: 교육) 등을 할 수 있다.
- 완충지대(buffer zone): 핵심지역을 둘러싸고 있거나 이에 인접해 있다. 환경교육, 레크리에이션, 생태관광, 기초 및 응용 연구 등의 건전한 생태적 활동에 적합한 협력 활동을 위해 이용된다.
- 신축성 있는 전이지역(flexible transition area) 또는 협력지역(area of cooperation): 다양한 농업 활동, 주거지, 기타 다른 용도로 이용된다. 지역의 자원을 함께 관리하고 지속가능한 방식으로 개발하기 위해 지역사회, 관리당국, 학자, 비정부단체(NGO), 문화단체, 경제적 이해 집단과 기타 이해당사자들이 함께 일하는 곳이다.

한편, 공간 구획과 관련한 특징은 생태복원 사업에서도 매우 유용하게 사용되고 있다. 생태복원을 위한 지역에서도 전체 공간을 핵심지역과 완충지역, 그리고 협력(전이)지역으로 구분하여 사람과 생물이 공존할 수 있는 체계를 갖추도록 요구하고 있다. 이와 관련한 구체적인 방법은 "생태복원 계획·설계론 제II권, 제6장, 생태복원 계획 및 설계"에서 제시하였다.

세 번째 특성은 관리에 있어서 지역 커뮤니티의 참여 속에서 다양한 이해당사자들의 접근에 의해서 이루어진다는 것이다.

네 번째 특성은 자연적 자원의 이용에 있어서 대립적 충돌에 관한 대화를 촉진시킨다.

다섯 번째 특성은 문화적·생물학적 다양성을 통합시킨다. 특히, 생태계 관리에 있어서 전통적인 지식의 역할을 강조하고 있다.

여섯 번째 특성은 연구와 모니터링에 기초하여 건전하고 지속가능한 발전의 실행과 정책들을 논증한다.

일곱 번째 특성은 교육과 훈련을 위한 모범적인 공간으로서 역할을 한다.

여덟 번째 특성은 세계 네트워크(world network)에 참여한다.

(3) 지정을 위한 기준

'세계 생물권 보전지역 네트워크 규약(THE STATUTORY FRAMEWORK OF THE WORLD NETWORK OF BIOSPHERE RESERVES, 1996)' 제4조에 따라 생물권 보전지역으로 지정되기 위해서는 아래와 같은 다양한 기준들을 요구하고 있다.

1. 인간 간섭의 점진적 변화를 포함하여 주요한 생물지리학적 지역을 대표하는 생태계의 한 부분을 포괄하여야 한다.
2. 생물다양성 보전의 중요성이 있어야 한다.
3. 지역적 차원에서 지속가능한 발전에 대한 접근 방법을 모색하고 실험하는 기회를 제공해야 한다.
4. 제3조에 언급된 생물권보전지역의 세 가지 기능을 수행하기에 적절한 크기여야 한다.
5. 적절한 구획을 설정하여 다음의 기능을 실행할 수 있어야 한다.
   (a) 생물권보전지역의 보전 목적에 따라, 그리고 이러한 목적을 충족할 만큼 충분한 규모를 갖춘 법적으로 구성된 핵심지역이나 장기 보호되는 지역
   (b) 보전의 목적을 저해하지 않는 활동만이 수행되는 지역으로 핵심지역에 인접하거나 이를 둘러싸면서 명확히 구분되는 완충지대
   (c) 지속가능한 자원의 관리 실행이 장려되고 발전되는 바깥의 전이지역
6. 무엇보다도 생물권보전지역의 기능을 실행하고 고안하는 데에 관심이 있는 공공 기관, 지역공동체, 그리고 민간인들이 적절한 범위 내에서 관여하고 참여할 수 있도록 조직적인 조정이 이루어져야 한다.
7. 더불어 다음을 위한 조항들이 만들어져야 한다.
   (a) 완충지대에서 인간의 이용과 활동을 관리하기 위한 메커니즘

(b) 생물권보전지역을 위한 관리 정책이나 계획
(c) 이러한 정책과 계획을 실행하기 위한 지정 기관이나 메커니즘
(d) 연구, 모니터링, 교육 훈련을 위한 프로그램

특히, 여기서 핵심지역, 완충지대, 전이지역(협력구역)과 관련하여 각 구역이 해당되는 기능을 수행할 수 있어야 하는데, 구체적인 내용은 다음과 같다(유네스코 한국위원회, 2019).

- 핵심지역
  - 생물권보전지역의 보전 목적에 따라, 그리고 이러한 목적을 충족할 만큼 충분한 규모를 갖춘 법적으로 구성된 지역으로서 장기적으로 보호되는 지역
  - 경관, 생태계, 종 및 유전자 변이의 보전에 기여할 수 있도록 엄격하게 보호되어야 함.
- 완충지역
  - 보전의 목적을 저해하지 않는 활동만이 수행되는 지역으로 핵심구역에 인접하거나 이를 둘러싸면서 명확히 구분되는 지역
  - 종 이동과 유전자 교환이 일어날 수 있도록 인접한 핵심구역, 협력구역과 생태적 연결성이 유지되어야 함.
  - 환경교육, 휴양, 건전한 생태관광, 과학적 연구, 모니터링 등 보전 목적에 부합하는 활동을 할 수 있음.
- 협력지역
  - 사회·문화적, 생태적으로 지속가능한 경제, 인간 발전을 장려하는 활동이 활발하게 허용되는 구역
  - 농업, 주거지 등 기타 용도로 이용되며 여러 이해관계자가 협력하여 생물다양성 보전과 조화로운 지역 발전 계획을 실행할 수 있음.

(4) 우리나라의 지정 현황

우리나라에 등록된 UNESCO 생물권 보전지역은 2021년 9월말을 기준으로 남한은 설악산(1982년 최초 지정, 2016년 확대 지정), 제주도(2002년 한라산 중심 최초 지정, 2019년 제주도 전체 확대 지정), 신안 다도해(2009년 최초 지정, 2016년 확대 지정), 광릉숲(2010년), 고창군(2013년), 순천시(2018), 강원생태평화(2019), 연천 임진강(2019), 완도군(2021) 등 9개 지역이 지정되어 있다. 여기서 신안군과 고창군, 순천시, 연천군(연천 임진강), 제주도, 완도군 등은 지방자치단체 행정구역 전체가 생물권보전지역으로 지정되어 있다. 또한, 강원생태평화 생물권보전지역은 강원도 권역의 민통선이북지역과 DMZ 접경지역 일부를 포함하여 지정되었다. 북한은 백두산(1989), 구월산(2004), 묘향산(2009), 칠보산(2014), 금강산(2018) 등 총 5개의 생물권보전지역을 지정·관리중이다(환경부, 2021.9.15. 보도자료).

국내 생물권보전지역은 다른 여러 MAB 회원국과 마찬가지로 국내에서 법정보호지역은 아니지만, 생물권보전지역으로 지정받을 때 국내법으로 이미 보호를 받고 있는 곳을 핵심구역 등의 범위에 포함하고 있다. MAB과 관련한 국내 법·제도는 자연환경보전법(제21조2, 제49조13), 유네스코 MAB 한국위원회 운영규정(2009년 12월에 제정된 환경부 훈령)에 일부 지원 근거가 있다(유네스코 한국위원회, 2019).

(5) 기타 유네스코 보호지역

UNESCO에서 인증하는 보호지역에는 생물권 보전지역 이외에도 세계유산과 세계지질공원이 있다.

• 세계유산

세계유산은 1972년 채택된 "세계 문화 및 자연유산 보호 협약(Convention concerning the Protection of the World Cultural and Natural Heritage, 약칭, 세계유산협약)"에 따라 세계유산위원회가 지정하는 것으로서, 인류가 보존하고 후손에게 물려주어야 할 세계적으로 중요한 가치를 지닌 유산을 말한다. 세계유산은 문화유산, 자연유산, 복합유산 등으로 분류한다. 세계유산의 등재는 '탁월한 보편적 가치(OUV, Outstanding Universal Value)'를 가지고 있는 유형유산을 대상으로 한다. 탁월한 보편적 가치(OUV)를 입증하기 위해서는 등재 기준에의 부합성, 완전성(Integrity) 또는 진정성(Authenticity), 보호 및 관리 체계의 3가지 요건을 모두 충족해야 한다. 우리나라에는 세계문화유산(창덕궁, 수원 화성 등)은 상대적으로 폭넓게 지정되어 있다.

세계자연유산은 지난 2007년에 우리나라에서는 최초로 지정된 제주도의 한라산, 성산일출봉, 거문오름용암동굴계 3개소가 있으며, 이후 2021년에 우리나라의 갯벌 지역 4곳(서천·고창·신안·보성-순천 갯벌)이 두 번째로 지정되었다.

이 협약에서 정의하고 있는 "자연유산"은 다음을 말한다(협약 제2조).

- 물리적 또는 생물학적 생성물, 또는 그러한 생성물의 집합체로 구성된 자연의 특징물로서, 미학이나 과학적 관점에서 탁월한 보편적 가치를 갖는 것
- 과학 또는 보전의 관점에서 탁월한 보편적 가치를 갖는 지질학적, 자연지리학적 생성물과 멸종 위기에 처한 동·식물 종의 서식지로 구성된 경계가 명확한 지역
- 과학, 보전 또는 자연미의 관점에서 탁월한 보편적 가치를 갖는 자연적 장소 또는 경계가 명확한 자연지역

한편, 세계유산의 등재 기준은 모두 10개 항목인데, 이 가운데 자연유산은 등재 기준 (vii)~(x)의 4개 항목 중 어느 한 항목에만 부합하면 등재 기준의 요건을 갖추게 된다. 세계유산 운영 지침(Operational Guidelines for the Implementation of the World Heritage Convention) 제77조에 제시된 자연유산 관련 등재 기준은 다음과 같다.

- 등재 기준 (vii) : 최상의 자연 현상이나 독보적인 자연미와 미학적 중요성을 지닌 지역을 포함해야 한다.
- 등재 기준 (viii) : 생명의 기록이나 지형의 발전에서 진행 중인 중요한 지질학적 과정, 중요한 지형학 또는 자연지리학의 특징물 등 지구 역사상 주요 단계를 보여주는 탁월한 사례여야 한다.
- 등재 기준 (ix) : 육상, 민물, 해안 및 해양 생태계와 동식물 군락의 진화와 발전에서 진행 중인 중요한 생태적·생물학적 과정을 보여주는 탁월한 사례여야 한다.
- 등재기준 (x) : 과학이나 보존의 관점에서 탁월한 보편적 가치를 지닌 멸종 위기종 등 생물학적 다양성의 현장 보존을 위해 가장 중요하고 의미 있는 자연 서식지를 포함해야 한다.

세계유산은 생물권보전지역에 비해서 상대적으로 인증받기가 어려운 것으로, 국가에서 신청하며, 법적으로 강한 규제를 받는다. 참고로 관련 협약 등에 의해 세계 기록 유산(훈민정음, 조선왕조실록, 동의보감 등)과 인류 무형 문화유산(종묘 및 종묘제례악, 판소리, 매사냥 등)도 다양하게 지정되어 있다.

- 세계지질공원(UNESCO Global Geoparks)

세계지질공원은 지질학적 가치를 지닌 명소와 경관을 보호하고 지속가능한 발전을 도모하며 관리하기 위해 유네스코가 승인하는 곳을 말한다. 세계지질공원이 유네스코의 공식 프로그램이 된 것은 2015년 11월이기 때문에 상대적으로 역사가 짧다. UNESCO의 세계지질공원을 위한 운영 지침에 따른 지질공원의 정의는 '단일의 통일된 지리적인 지역으로 국제적인 지질학적 가치를 가진 장소와 경관이 보존, 교육, 지속가능발전의 총체적인 개념으로 관리되는 곳'을 의미한다. 세계지질공원에서는 지역사회와 파트너십을 통해 지역의 지질유산을 활용하여 지역주민의 사회·경제적 필요를 충족하면서 그들이 살고 있는 지질경관을 보호하고 정체성을 강화하도록 돕는다(http://map.unesco.or.kr/globalgeoparks/). 세계지질공원은 자연의 보전뿐만 아니라 지질관광 등을 통한 지역 경제 발전을 중요하게 생각한다.

우리나라에서 최초로 지정된 세계지질공원은 제주도(2010년)로서, 한라산과 성산 일출봉, 만장굴, 천지연 폭포, 패류 화석 서귀포층, 주상절리대, 산방산, 용머리 해안, 수월봉 등 12곳이다. 이후 청송(2017년), 무등산권(2018년), 한탄강(2020년) 등 총 4개소가 지정되어 있다(2021년 6월 기준).

한편, 자연공원법이 개정되면서 국가지질공원 제도가 만들어졌는데, 여기서 지질공원은 지구과학적으로 중요하고 경관이 우수한 지역으로서 이를 보전하고 교육·관광사업 등에 활용하기 위하여 환경부장관이 인증한 공원(자연공원법 제2조)으로 정의하고 있다. 우리나라에서 지정하고 있는 국가지질공원에 대한 세부 내용은 이 책의 "제6장. 생태복원 관련 국내 법, 정책과 제도"에서 제시하였다.

사) IUCN의 세계 자연 보호지역

세계의 자연 보호지역(protected areas)이 각 국가별, 국제기구별로 상이하게 구분됨으로써 발생되는 혼란을 방지하기 위하여 명칭과 개념 등 그 기준을 통일시켰다. IUCN의 자연환경 보호지역 카테고리는 1978년 처음으로 10개의 카테고리 체계를 도입했다가 1994년 지금의 6개 체계로 변경하였다([표 2-12] 참고). 그리고 2004년 생물다양성협약 제7차 회의에서 이 6개 카테고리 체계를 공식 채택함으로써 전 세계 자연환경 보호지역 관리의 국제적 기준이 되고 있다.

[표 2-12] IUCN이 분류한 자연환경 보호지역 카테고리와 정의

유형		카테고리 명칭	정의
I	a	엄정 자연보호지역 (Strict Nature Reserve)	• 특이하거나 대표성을 갖는 생태계, 지리적 또는 생리적인 특성이나 종을 가진 육지 및 해양 보호지역 - 주로 과학(학술)적 연구(조사) 및 환경적 모니터링에 유용한 지역
	b	야생지 보호지역 (Wilderness Area)	• 자연적인 특성과 영향력을 유지하면서 전혀 변형되지 않았거나 최소한의 변형만 이루어진 상당히 넓은 면적의 육지 또는 해양보호 지역
II		국립공원 (National Park)	(a) 현재뿐만 아니라 미래 세대를 위하여 하나 이상의 생태계를 원상태로 보호하고 (b) 지정의 목적에 위해되는 개발이나 점용을 배제하며 (c) 심미적, 과학적, 교육적, 레크리에이션적인 목적 및 이용자에게 방문기회의 토대를 제공하고, 환경적, 문화적으로 양립할 수 있는 육지나 해양지역
III		천연기념물 (Natural Momument)	• 본래의 희귀성 및 대표성이나 심미학적 특징 또는 문화적 중요성이 뚜렷하거나 독특(유일)한 가치가 있는 한 개 이상의 특별한 자연현상이나 문화적 특성을 지닌 보호지역
IV		야생동·식물 서식지 및 종 관리 지역 (Habitat/Species Management Area)	• 야생동·식물의 서식지 유지 또는 특별한 종에 대한 요구조건 충족을 보장하기 위한 목표 달성을 위해 관리를 간섭(개입)하는 육지 또는 해양보호 지역
V		육지 및 해양경관 보호 지역 (Protected Landscape/Seascape)	• 오랜 시간을 두고 인간과 자연사이의 상호작용에 의하여 중요한 미학적, 생태적, 문화적 가치 및 풍부한 생물종 다양성을 지닌 독특한 상태의 지역으로 형성된 육지, 해안, 해양보호 지역
VI		관리(되고 있는) 자원 보호 지역 (Managed Resource Protected Area)	• 변형되지 않는 우수한 자연계와 장기적인 생물종 다양성의 보호(protection)·유지(maintenance, 보전)를 보장하고 동시에 자연생산물의 지속적 이용과 지역주민의 요구 해소가 가능한 보호지역

위의 등급은 국제적으로 통용되는 것으로 과거 우리나라의 국립공원은 IUCN의 V 등급으로 분류되고 있다가 2005년 설악산을 시작으로 국립공원들이 II 등급으로 분류되기 시작하였다. 이후 우리나라 다수의 국립공원들이 IUCN의 유형 II 국립공원으로 평가받고 있다.

주의할 것은 IUCN의 등급은 그 등급이 높다고 가치가 높은 것만을 의미하는 것이 아니라 II 등급은 생태를 우선시하며, V 등급은 경관보호지역으로서의 가치를 가지는 것으로 보아야 한다. 즉, 등급이 내려갈수록 인간의 간섭과 이용이 높아짐을 의미한다.

아) 현지 내 보전과 현지 외 보전

생물다양성 협약에서는 현지 내 보전(*In-Situ* conservation)과 현지 외 보전(*Ex-Situ* conservation)에 대한 내용이 있다. 여기서 "현지 내(***In-Situ*** 또는 on-site) 보전"은 생태계 및 자연 서식처의 보전과 자연환경에서의 종의 적정한 개체군의 유지 및 회복을 말한다. 반면, "현지 외(***Ex-Situ*** 또는 off-site) 보전"은 생물다양성의 구성 요소를 그 자연 서식지 외에서 보전하는 것을 뜻한다. 쉽게 풀이하면, 현지 내 보전은 중요 생물종이 서식하고 있는 해당 지역에 대한 적절한 관리라고 할 수 있으며, 현지 외 보전은 현지 내 보전이 어려운 환경 때문에 안전한 지역으로 이주시켜 보전하는 것이다.

- 현지 내 보전

우리나라에서는 현지 내 보전 즉, 중요한 생물종이 서식하고 있는 지역을 보전하기 위해서 다양한 보호지역을 설정하고 있으며, 여기에는 자연환경보전법에 의한 생태·경관보전지역, 습지보전법에 의한 습지보호지역, 자연공원법에 의한 국립공원, 도립공원, 군립공원 등, 야생생물 보호 및 관리에 관한 법률에 의한 야생생물 특별보호구역, 야생생물 보호구역, 독도 등 도서지역의 생태계 보전에 관한 특별법에 의한 특정 도서, 그리고 자연유산의 보존 및 활용에 관한 법률에 의한 천연보호구역, 천연기념물 등이 있다.

- 현지 외 보전

현지 외 보전은 야생생물 보호 및 관리에 관한 법률 제7조에 의해 서식지외 보전 기관을 지정하여 운영하고 있다. 구체적으로 서식지외 보전 기관은 야생생물을 그 서식지에서 보전하기 어렵거나 종의 보존 등을 위하여 서식지 외에서 보전할 필요가 있는 경우에 지정할 수 있도록 하고 있다.

일반적으로 현지 외 보전기관이 될 수 있는 것은 동물원, 수족관, 식물원과 수목원, 종자은행 등이 있다. 우리나라의 서식지외 보전 기관은 2022년 4월을 기준으로 총 28개소가 지정되어 있으며, 서울대공원, 한라수목원, (재)한택식물원, 한국황새복원연구센터, 남부내수면연구소 등이 있다.

현지 내 보전과 현지 외 보전은 상호간에 보완적인 관계에 있다(Kennedy, 1987). 즉, 현지 외 개체군의 개체들은 현지 내 보전 노력을 증대시키기 위해 정기적으로 자연 속으로 방사될 수 있다. 사육 개체군에 대한 연구를 통해 대상종의 생물학적 기초 지식을 알 수 있고, 현지 내 개체군의 보호를 위한 새로운 보전 전략을 강구하는 데 도움이 될 수 있다(김진수 등, 2000).

자) 보호지역 계획과 설계

(1) 틈(GAP) 분석

틈 분석(gap analysis)은 현재 보호되고 있는 지역과 생태계 조사에 따라서 보호되어야 하는 새로운 지역에 대한 차이를 비교·분석하는 접근이다. 초기에 중요한 생물종이 서식하고 있어서 보호지역으로 설정하였더라도 시간에 따른 각종 환경 변화에 의해서 생물종의 서식처는 확대되거나 축소될 수 있다. 따라서 주기적인 모니터링과 틈 분석을 통해서 보호지역을 효율적으로 설정할 필요가 있다.

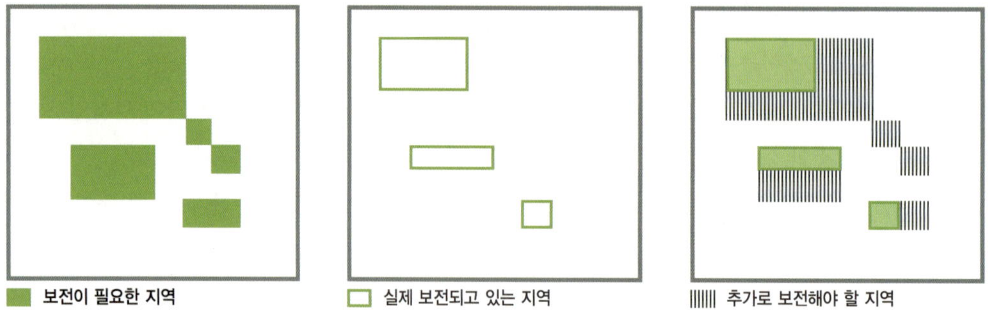

[그림 2-48] 틈 분석의 개념도

※ 자료출처: 문석기 등 譯(2003)을 수정함.

(2) 보호지역 설계 원리

앞서 제시한 바 있는 도서 생물 지리 모델에 따르면, 섬에서의 생물다양성은 대륙으로부터 가까울수록, 그리고 섬이 클수록 높아진다. 이러한 이론은 내륙지역에서 보호지역을 설계하고자 할 때에도 적용되고 있다. 즉, 도시화가 많이 진행된 공원의 설계를 위해서는 생물종의 서식처 면적을 크게 할수록 좋다고 할 수 있다(원칙 1). 이외에도 동일 면적이라고 하면 따로 떨어진 것보다 하나인 서식처가 좋고(원칙 2), 동일 면적의 서식처들이 모두 분리되어 있다면 서로 가까이 붙어 있는 경우가 생물종 서식에 유리하다(원칙 3). 또한, 서식처를 공유하는 형태(원칙 4), 생태통로가 있는 경우(원칙 5), 그리고 서식처가 원형일 때(원칙 6)가 생물다양성이 높다([그림 2-49] 참고).

하지만, 이 이론들은 보전생태학자들 사이에서도 논란이 많이 되고 있고, 아직도 연구와 논쟁은 진행 중이라고 할 수 있다. 대표적인 논쟁은 원칙 1과 원칙 2에 대한 논쟁이며, 원칙 1의 경우에는 작은 서식처일지라도 생물다양성이 더 높은 경우가 있다는 것이다. 이를 LOS(Large Or Small) 논쟁이라고 한다.

반면, 원칙 2의 경우에는 큰 하나의 서식처보다도 작은 여러 개의 서식처가 생물다양성이 높다는 것이며, 이를 SLOSS(Single Large Or Several Small) 논쟁이라고 한다. 이 경우, 하나의 큰 서식처는 면적이 넓은 관계로 내부의 서식처를 좋아하는 내부종의 서식에 유리하지만, 생물종이 풍부해지는 외연부 길이는 줄어든다. 반대로 작은 여러 개의 서식처는 내부 공간이 형성되지 않아 내부종의 서식에는 불리하지만, 외연부의 길이는 하나의 큰 서식처에 비해서 길어지기 때문에 생물다양성이 상대적으로 풍부해 진다는 것이다. 이것은 주연부 효과(edge effect)와 관련되어 있는데, 실제로 [그림 2-50]에서 보면 하나의 큰 서식처보다 작은 여러 개의 서식처가 주연부가 길어져 생물다양성 유지에 효과적인 것을 볼 수 있다. 하지만, 이러한 논쟁들은 아직도 진행 중이기 때문에 우리가 보호지역을 계획·설계하고자 할 때에는 [그림 2-49]에서 좌측의 더 좋은 형태를 받아들이는 것이 바람직하다.

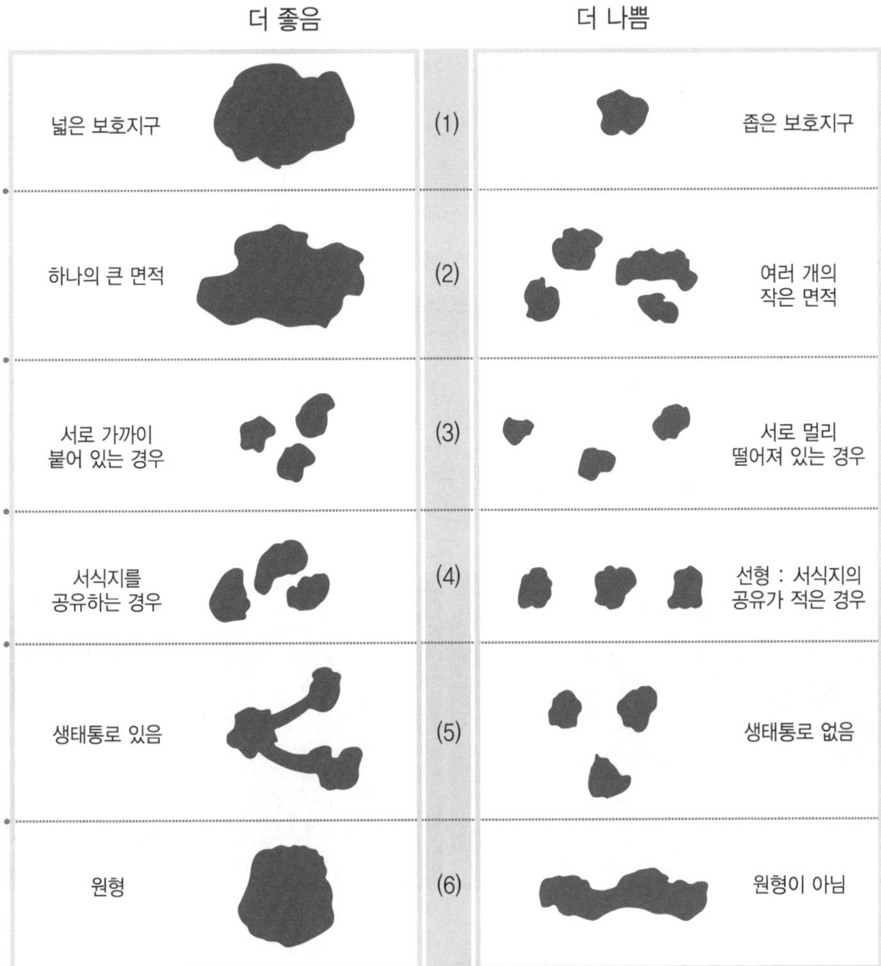

[그림 2-49] 도서생물지리모델을 기반으로 한 보호지역 설계 원리

※ 자료출처: Diamond(1975), Shafer(1997)의 내용을 수정함.

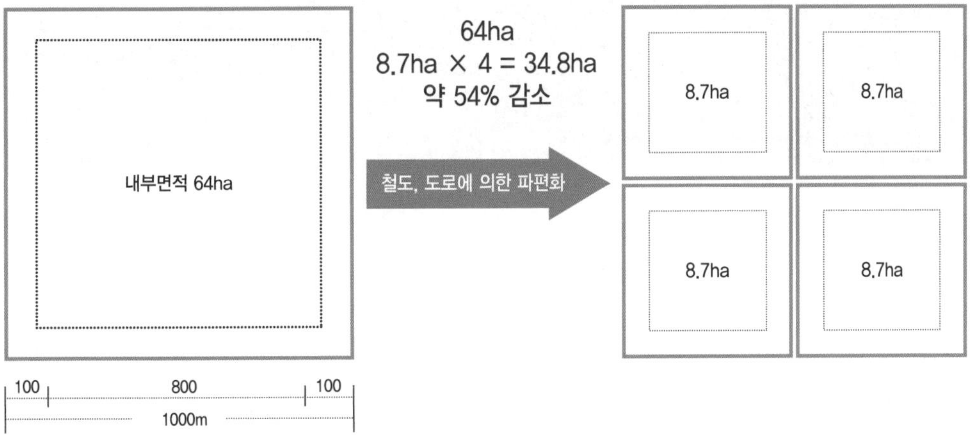

[그림 2-50] 서식처 파편화에 따른 주연부 효과

※ 자료출처: 김진수 등(2000)을 수정함.

차) 전통 생태학적 접근

주지하다시피, 우리나라의 전통적 생활 방식은 생물다양성의 보전과 현명한 활용을 충분히 배려하고 있다. 이러한 전통적 접근 방식은 요즘 시대의 생태복원이나 생물다양성 증진을 위해서도 충분히 반영될 수 있는 것들이다.

마을이나 가옥의 배치에 있어서는 풍수적 사고에 의한 접근이 많이 이루어졌다. 가장 전형적인 배산임수라고 하는 것은 물을 얻고 바람을 회피하기 위한 좋은 방법이다. 기(氣)를 보완하기 위한 비보(裨補) 기법으로 마을 앞에 마을숲을 만들기도 하였는데, 이러한 공간은 현대의 마을 생태숲과 같은 역할을 하고 있다.

또한, 전통적인 농업 및 어업 방식은 지속가능한 자원의 경영이라고 할 수 있다. 농업에 있어서는 순환적 기법을 이용하여 자원을 최대한 재활용하였다. 어업에 있어서도 적정 크기의 어패류만을 취하여 지속적인 생산 활동이 가능하도록 하였다.

돌담은 그 자체가 생물서식공간이 된다. (전남 순천)

마을 앞 연못은 생물서식공간이면서, 수질정화를 위한 공간이다. 더불어 경관을 감상하는 기능도 수행한다. (경주 남산)

마을숲은 비보와 같은 풍수적 역할 이외에도 그 자체가 숲으로서의 생태적 기능을 담당한다. (강원 원주)

지형을 존중하는 건물의 배치는 자연 훼손을 최소화시킨다. (경주 양동마을)

[그림 2-51] 전원 및 전통 공간에서의 생태적 요소

생활공간에서도 자연 소재를 활용한 옥상 녹화나 돌담, 텃밭 등을 쉽게 찾아 볼 수 있다. 초가집 지붕은 다양한 채소를 식재하기도 하였고, 그 자체가 굼벵이에게는 더 없이 좋은 서식처가 되었다. 돌담도 마찬가지다. 다공질성 공간을 많이 확보하는 돌담도 파충류의 서식처가 되고, 벽면을 녹화하기도 하였다. 최근에 부각되고 있는 도시농업도 그 근원은 텃밭에서 찾을 수 있을 것으로 생각된다. 마을이

나 가옥의 입구에는 연못을 파서 경관적으로도 활용했겠지만, 이러한 공간은 마을이나 집에서 나오는 폐수를 정화시키는 역할도 하였다.

무엇보다도 생물다양성 보전 및 이용에 관한 법률에서는 전통 지식을 법·제도 속으로 끌고 들어왔다는 데 의의가 있다. 이 법에 의한 "전통지식"이란 생물다양성의 보전 및 생물자원의 지속가능한 이용에 적합한 전통적 생활양식을 유지하여 온 개인 또는 지역사회의 지식, 기술 및 관행(慣行) 등으로 규정하고 있다. 그리고 동법 제20조(전통지식의 보호 등)에서는 전통지식의 보전 및 이용을 촉진하기 위하여 정부는 (1)개인과 지역사회의 전통지식 발굴·연구 및 보호, (2)전통지식 정보 수집 및 관리 시스템 구축, (3)전통지식 활용을 위한 기반 구축 등을 위한 노력을 추진하도록 요구하고 있다. 또한, 2017년 제정된 유전자원의 접근·이용 및 이익 공유에 관한 법률에서 정의한 "전통지식"이란 유전자원의 보전과 지속가능한 이용에 적합한 전통적인 생활양식을 유지하여 온 개인 또는 지역사회의 지식, 기술 및 관행(慣行) 등을 말한다. 이렇게 우리나라 관련법에 전통지식이 포함된 것은 생물다양성 협약과 관련되어 있다. 생물다양성협약 제8조에는 '각 국가가 생물다양성의 보전 및 지속가능발전과 관련된 지역사회의 전통지식을 존중하고 보전할 것'을 의무로 명시하고 있다. 참고로 생물다양성 보전 및 이용에 관한 법률은 생물다양성협약을 이행하기 위한 법이다.

이러한 전통지식은 전통식물지식, 전통생물지식, 전통생태지식으로 나누어 볼 수 있다. 전통식물지식(Traditional Plant Knowledge, TPK)은 전통적으로 약이나 음식 등으로 식물을 활용해 온 지식으로 학문적으로는 전통민족식물학(ethnobotany) 또는 전통민족약학(ethnopharmacology)이라고 한다(박상규 등, 2022). 전통생물지식(Traditional Biological Knowledge, TBK)은 식물분야뿐만 아니라 지의류, 동물까지도 확장되며 학문적으로는 민족전통생물학(ethnobiology)으로 발전하였다(박상규 등, 2022). 그리고 전통생태지식(Traditional Ecological Knowledge, TEK)은 소단위의 전통사회에서 제한된 자연요소들과 인간이 조화를 이루며 살아온 삶의 방식으로 생태적으로 또는 세대 내, 세대 간 형평성을 통해 사회를 지속가능하게 하여 왔다(박상규 등, 2022).

한편, 생태복원에 있어서도 전통적인 지식을 이용한 접근을 요구하기도 한다. 즉, 우리 조상들이 자연과 순응하면서 조정해 왔던 기법이나 지혜를 현재 시대에도 복원을 하는 데 있어 활용하는 것이다. 이와 관련된 자세한 내용은 "생태복원 계획 · 설계론 제II권, 제5장. 생태복원 기본구상"에서 제시하였다.

다. 경관생태학

1) 경관생태학의 개요

가) 경관생태학의 개념

경관생태학이라는 용어는 Troll(1939)이 처음 사용하였으며, 지역지리학과 식생학에서 유래하였다. Troll은 1939년 초 동부 아프리카에서 토지이용과 개발의 문제점을 연구하면서, 경관 분석에 있어서 항공사진의 활용에 대한 무한한 잠재력을 인식하면서 이 개념을 만들었다. 그는 땅과 생물의 통합된 연구가 생물권을 다루지 않고 죽어있는 지권(lithosphere)만을 다루는 지리과학(geoscience)과 구별하고, 새로운 생태과학(ecoscience)인 경관생태학을 개발함으로써 지리학자와 생태학자의 밀접한 관련성을 강조하였다.

그리고 Troll은 1963년 국제식생학회에서 경관생태학의 개념을 정의하였는데, 경관과 생태학, 각각이 갖는 개념들이 통합된 것으로 과학의 전문화와 연구의 세분화가 진행되어 자연현상 및 사회현상이 분석적으로 해석되는 것을 반대하고, 종합적인 접근과 평가 및 해석을 하고자 하는 과학자의 노력에 의해서 발생했다고 설명했다. 좀 더 간략하게 정의하면, 경관생태학은 생태계의 공간적 분포 패턴에 관계되는 현상을 밝혀내는 것을 주된 목적으로 연구하는 분야이다(일본조원학회, 1999).

기존의 생태학이 물, 바람, 에너지 흐름, 동·식물 사이에서 일어나는 수직적인 관계를 규명하는 연구였다면, 경관생태학은 공간과 공간 사이에서 일어나는 현상을 규명하는 수평적인 연구라 할 수 있다. 이러한 경관생태학의 특성에 따라 단위 공간을 대상으로 하는 계획이나 설계분야에서는 기존 생태학과 더불어 많은 관심을 기울이게 되었다. 결과적으로 경관생태학은 경관을 대상으로 하는 생태학으로 간략하게 정의할 수 있다. 하지만, 중요한 것은 경관생태학은 경관에 있어서 공간적 분포와 그들이 어떻게 발전해 가는지를 중점적으로 연구한다는 것, 그리고 인간의 영향을 포함한 교란의 역할을 강조하고 있다는 것이다.

나) 경관생태학이 다루는 대상

경관생태학은 경관의 구조와 기능, 그리고 변화를 집중적으로 연구한다. 원래 변화는 생태학 연구에서 기능 분야에 포함되지만, 토지이용 또는 경관의 시간·공간적 변화가 중요하기 때문에 경관생태학에서는 별도의 분야로 범주화시킨 것으로 이해하면 좋다. 경관생태학 연구를 위해서는 지리정보체계(GIS)와 같은 도구를 활용하여 모든 정보를 도면화하는 데 주력한다. 따라서 항공사진을 포함한 사진 자료나 도면, 인공위성과 같은 자료들을 많이 활용하는 특징도 있다.

여기서 '구조(structure)'는 구별되는 생태계 사이의 관계를 말한다. 즉, 종의 크기와 모양, 수, 종류, 이러한 요소들의 배치들이 어떻게 분포하는가를 말한다. '기능(function)'은 공간적인 요소 사이의 상호작용으로 생태계의 구성요소 사이에서 에너지, 물질, 유기체의 흐름을 말한다. '변화(change)'는 시간에 따른 생태적인 모자이크의 구조와 기능의 변화(alteration)를 말한다.

구체적으로 경관생태학에서 다루는 것을 예를 들어 설명해 보면, 경관생태학에서 나타나는 생물종의 분포 및 이동과 관련하여 패치(patch, 조각), 경계, 코리더(corridor, 통로), 매트릭스(matrix, 바탕 혹은 기질), 모자이크 등에 대한 다양한 연구 내용이 소개되어 있다(Forman & Godron, 1986; Forman, 1995; Dramstad *et al.,* 1996 등).

한편, 경관생태학적 원칙은 패치(patches), 가장자리와 경계(edges and boundaries), 코리더와 연결성(corridors and connectivity), 모자이크: 패턴과 규모(mosaics: pattern and scale) 등의 4가지로 구분할 수 있다.

[표 2-13] 경관생태학적 원칙

원 칙	내 용
패치	• 크기와 수 그리고 위치의 관점에서 구별하고 분석함. • 패치의 크기: 주연부 서식처와 종, 내부 서식처와 종, 지역적 소멸 가능성, 소멸, 서식처 다양성, 교란에 대한 장벽, 대규모 패치, 소규모 패치 • 패치의 개수: 서식처의 손실, 변형 개체의 활동, 대규모 패치의 수, 소규모 패치의 수, 서식처로 집단화된 패치 • 패치의 위치: 소멸, 재점령, 보존을 위한 패치의 선택
가장자리와 경계	• 가장자리의 중요성은 생태적 천이를 고려할 목적으로 많은 기회가 되고 있음. • 가장자리의 구조: 다양성, 폭, 생태학적 경계, 여과장치로서의 가장자리, 경사 • 경계(직선 또는 곡선형): 자연적 그리고 인위적 가장자리, 직선과 곡선형의 경계, 거친 경계와 부드러운 경계, 가장자리의 곡선 정도와 폭, 후미와 돌출부 • 패치의 형태: 가장자리와 내부종, 주변 환경에 대한 상호작용, 생태적으로 최적의 패치 형태, 형태와 방향
코리더와 연결성	• 서식처 네트워크 • 종의 이동통로: 통로 기능의 조절, 통로에서의 GAP의 효과, 구조적 유사성 대 식물 유사성 • 징검다리: 연결, 간격, 손실, 밀집 • 도로와 방풍벽: 도로와 통로, 풍식과 그것의 제어 • 하천 코리더: 하천 코리더와 용존 물질, 하천 본류의 통로폭, 하천 통로폭, 하천 통로의 연결성
모자이크: 패턴과 규모	• 인간 활동에 의해 발생하는 토지이용의 변형으로 인한 서식처 분리 • 그 자체가 경관의 기능을 강조하기도 함. • 네트워크: 네트워크의 연결성과 순환성, 순환과 그 외의 대안, 코리더 내의 종밀도와 망의 크기, 교차점 효과, 연결되어 있는 작은 패치내의 종들, 종의 분산과 작은 연결 패치 • 단편화의 유형: 서식처 내부 대 전체의 손실, 분열된 패치, 교외화 및 외래종들과 보호구역 • 스케일: 모자이크의 최저 규모, 동물의 단편화 척도의 인식, 특수종과 일반종, 다중 서식처들의 모자이크 형태

좀 더 구체적으로 경관생태학의 원칙들을 제시해 보면 다음과 같다.

- 패치의 크기와 형태는 생산성, 생물다양성, 토양과 물에 생태적 시사성을 가짐.
- 서식처는 중요 생물종의 서식 반경을 고려하여 패치(patch: 패치는 주변과는 다른 비교적 동질적인 넓은 면적을 말함)의 크기를 결정해야 함.
- 대수층과 호수 수질의 유지·보호를 위해서는 넓은 패치의 자연 식생이 필요함.

- 생태계의 생물다양성을 유지하기 위해서는 여러 개의 넓은 패치가 있어야 함(크기가 다른 소나무 패치, 포도밭 패치 등).
- 대륙에 가까운 섬이 대륙으로부터 멀리 떨어져 고립되어 있는 섬보다 더 많은 종을 유지함. 마찬가지로 산림에 접해있는 습지가 떨어져 있는 습지 보다 더 많은 종을 보유함.
- 수로가 만나는 곳을 대규모 식생 결절점(large vegetated nodes)으로 처리함.
- 패치의 형태는 곡선이어야 하며, 불규칙적이어야 함.
- 종합을 통한 토지이용의 배치 원칙; 패치, 통로, 매트릭스를 합쳐서 모자이크 패치를 만듦.

경관생태학 관점의 분석 방법에서는 패치, 가장자리와 경계, 코리더와 연결성, 모자이크(패턴과 규모)의 4가지 경관생태학적 원칙에 바탕을 두고 공간을 분석하게 된다. 이러한 예는 하천의 복원에 있어서 경관생태학적 분석 방법이나(USDA *et al.*, 1998), 환경친화적인 토지이용 계획(Wenche E. Dramstad *et al.*, 1996), 환경영향평가에 있어서도 경관의 분석 및 저감 대책 등의 강구에도 활용된다.

다) 경관생태학과 생태복원과의 관련성

앞서 살펴본 바와 같이 경관생태학은 비교적 넓은 공간을 대상으로 하는 특징이 있다. 따라서 광역적인 혹은 지역적인 차원에서 생태복원에 관한 연구를 할 때에는 경관생태학적 연구 방법들이 유용하다고 볼 수 있다. 또한, 공간의 구조에 대한 분석, 생태네트워크 계획, 야생동물 이동통로 계획 등과 같이 공간의 패턴과 그에 따른 다각적인 복원 방안을 모색하는 데 있어서 경관생태학은 매우 유용하다.

또한, 주거단지의 계획 등에 있어서도 경관생태학적 원칙을 이용하여 생물다양성을 증진시키는 단지 계획을 수립하는 데 도움을 줄 수 있는데, 그에 대한 대표적인 예를 제시해 보면 [그림 2-52]와 같다. [그림 2-52]에서 'a)'는 'b)'에 비하여 주택들 사이에 보다 많은 녹지를 배치시켜서 넓고 연속적인 식생 코리더로 역할을 하게 조성하였다. 따라서 'b)'와 같이 식생 코리더가 좁고 깨져있어 주요 종의 이동에 방해를 주는 것과는 달리 'a)'는 야생동물의 이동에도 기여하게 된다.

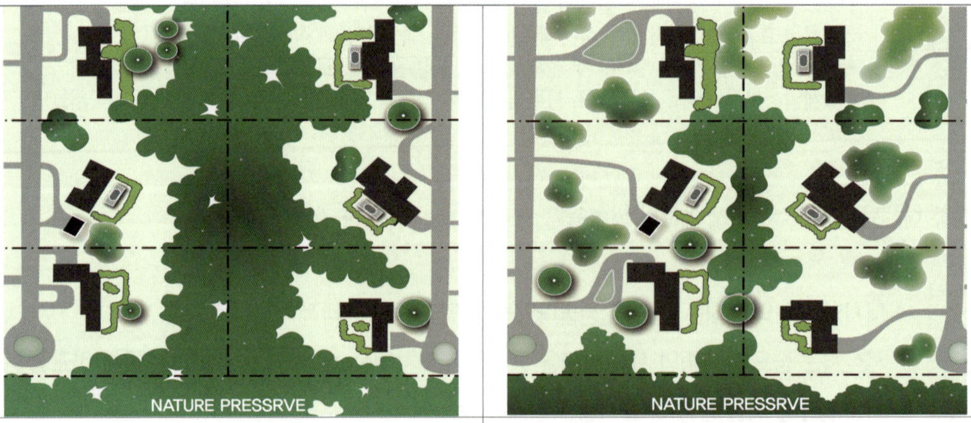

a) 바람직한 계획 | b) 바람직하지 않은 계획

[그림 2-52] 주거단지 계획에서 경관생태학적 방법의 응용 예

※ 자료출처: Wenche E. Dramstad *et al.*, 1996.

2) 경관생태학 관련 주요 이론

가) 경관 구조

경관의 구조는 생물이나 특정 물질 등 공간을 특징짓는 대상물의 분포 패턴 및 그 배경이 되는 구조적 요인을 말한다(이동근 등, 2004). 이러한 구조는 수직적 구조와 수평적 구조로 구분할 수 있으며, 수직적 구조는 수림대의 층위(상층, 중층, 하층 등)가 대표적이며, 수평적 구조는 수림대의 수관투영도 등이 대표적인 예가 될 수 있다. 경관생태학에서는 수평적 구조를 보다 더 중요시하며, 경관생태학에서 다루는 경관의 구조 중 중요 대상인 매트릭스, 코리더, 패치 등에 대한 사항은 [그림 2-53]에서 제시하였다.

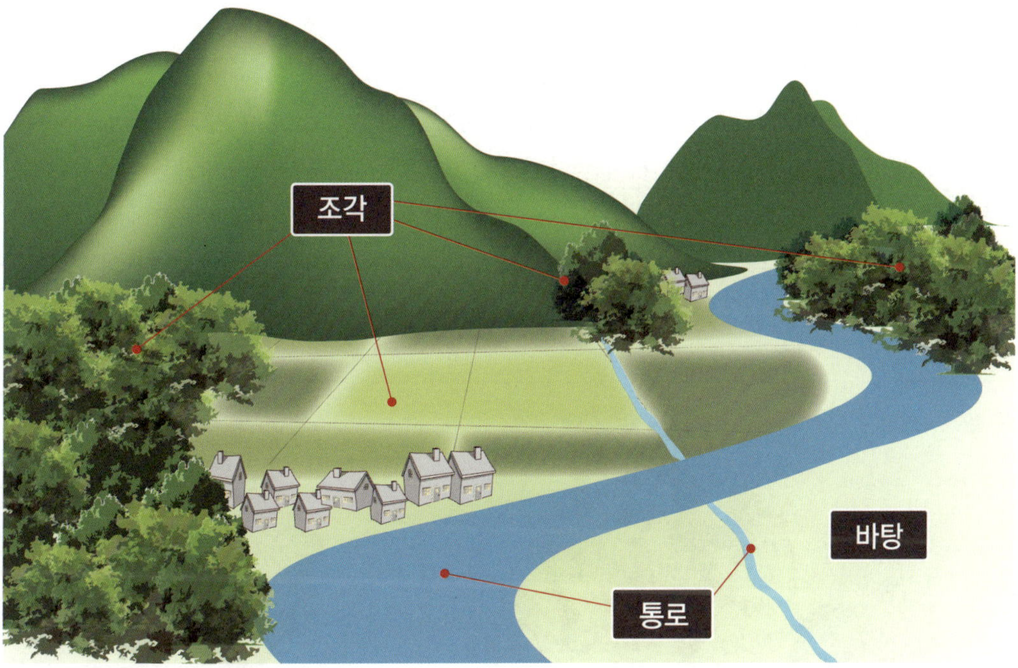

[그림 2-53] 경관 구조의 주요 구성 요소

경관생태학의 대상이 되는 구역의 항공사진이 있다고 하면, 가장 넓은 면적을 차지하고 있는 지역이 바탕(매트릭스, matrix)이 되며, 산림과 같이 조각 나 있는 공간들은 조각(패치, patch), 그리고 하천이나 도로와 같이 선적인 형태로 연결되어 있는 것을 통로(코리더, corridor)라고 한다. [그림 2-54]와 같은 전원 지역이 연구 대상이라면, 영상에서 가장 넓은 면적을 차지하고 있는 농경지가 바탕이 된다. 그리고 산림은 조각나 있는 자연적 패치이며, 단독 주택들은 인공적인 패치로 구분한다. 마을 앞으로 형성된 도로는 인공적인 코리더가 된다.

[그림 2-54] 전원 지역의 경관

※ 자료출처: 카카오 지도

한편, 서울시 행정구역 전체를 대상으로 [그림 2-55]에서 제시한 요소로 구분해 보면, 바탕은 시가화 지역이 되고 산림이 패치가 된다. 하지만, 북한산을 끼고 있는 강북구 행정구역만을 대상으로 하면 산림이 바탕이 되고, 시가화 지역은 패치가 된다. 이와 같은 이유로 경관생태학은 규모(scale)에 관한 학문이라고도 한다. 연구하는 대상의 규모에 따라서 동일한 경관 요소라고 하더라도 경관의 구조적인 요소가 달라지기 때문이다.

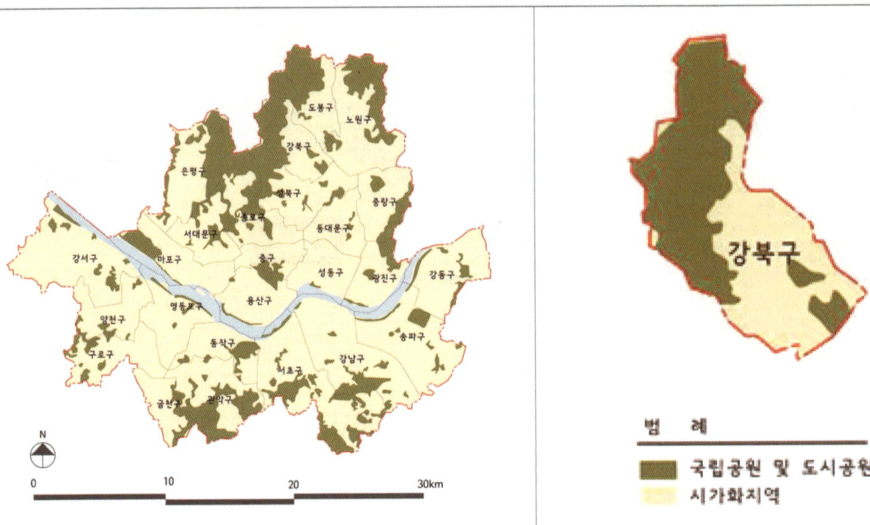

a) 서울시 전체 | b) 강북구

[그림 2-55] 규모에 따른 경관 구조 요소의 구분

(1) 패치

패치(patch, 조각)는 경관에서 조각의 형태로 분포하고 있는 것이다. Forman(1995)은 토지에서의 식생 패치를 형성 원인에 따라서 5가지로 구분하였다. 교란형 패치는 작은 구역의 변화 또는 교란의 결과로 시작되어 형성된 패치이며, 잔류형 패치는 작은 구역에 그것을 둘러싸고 있는 교란이 미치지 않아서 만들어지는 패치를 말한다. 이와는 대조적으로 식생을 구성하고 있는 환경형 패치는 모암 또는 토양형과 같은 환경요인 때문에 패치 모양으로 나타나는 것이 원인이 되어 만들어진 것을 말하며, 재생형 패치는 잔류형 패치와 비슷하지만 교란이 있었던 장소에 다시 식생이 형성되어 자라는 것이 다르다. 도입형 패치는 사람들이 수목 또는 농작물을 식재하거나 건물 등을 만듦으로써 형성된다.

참고로 이동근 등(2004)은 식생 패치를 4가지의 기원 또는 원인으로 구분하였는데, 잔여, 도입, 간섭, 환경자원으로 구분하였다. 여기서 잔여 패치는 농경지의 산림지역과 같은 이전의 광범위한 경관 형태가 남겨진 지역이 대표적인 예가 되고, 도입 패치는 농경시에 새로운 교외 지역의 개발 또는 산림 내의 소규모 초지와 같은 것들이 예가 된다. 간섭 패치는 산림 내의 산불이 난 지역 또는 심한 폭풍에 의해 파괴된 지역이 예가 될 수 있으며, 환경자원 패치는 도시 내 습지 또는 사막의 오아시스가 예가 될 수 있다(이동근 등, 2004).

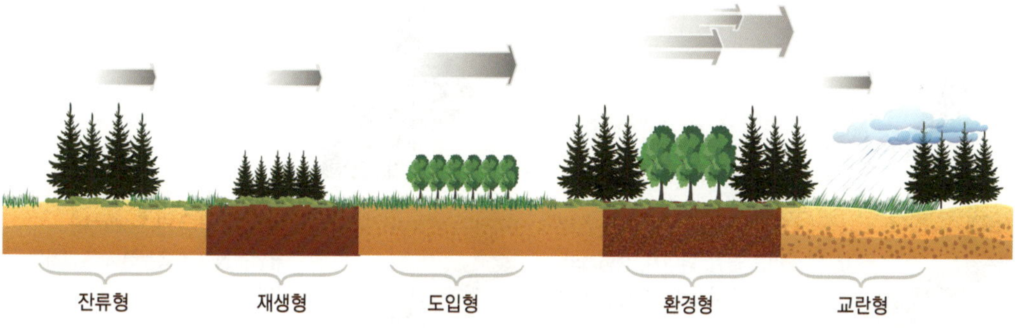

[그림 2-56] 패치의 형태, 기원 및 지속성에 따른 5가지 유형
※ 자료출처: Forman(1995)을 다시 그림.

경관생태학에서는 이러한 패치의 크기와 형태, 개수, 위치 등에 관심을 갖고 있다. 크기에 대한 여러 이론은 앞서 설명한 바 있으며, 형태 역시 원형이나 굴곡이 많은 패턴 등이 관심의 대상이 된다. 그리고 패치의 수는 서식처의 많고 적음에 따른 생물다양성의 정도를 나타낸다.

이러한 이론을 응용해 보면, 도시 지역에 습지를 만들 때 몇 개의 습지를, 어떠한 형태와 크기로 배치하여 만드는 것이 생물들의 서식에 가장 좋은 상태가 될 것인지에 대한 고민과 관련된다.

(2) 코리더

코리더(corridor, 통로)는 선적인 형태의 공간으로 그 성격이나 형성 원인이 인공적인 것인지 자연적인 것인지에 따라서 구분된다. 도로나 운하 같은 경우는 인공적인 코리더가 되며, 하천이나 생울타리는 자연적인 코리더가 된다.

한편, 코리더는 패치들을 연결시킬 때 어떤 형태로 연결시키느냐에 따라서 면적 코리더, 선적 코리더, 점적 코리더 등으로 구분한다. 면적 코리더는 규모 있는 녹지축이 대표적인 예가 되며, 선적 코리더는 실개울이나 가로수길 등이 해당한다. 점적 코리더는 패치와 패치 사이를 징검다리 형태로 연결시키는 옥상 비오톱 등이 그 예가 된다. 이러한 코리더의 연결 방법은 뒤에서 설명하게 될 생태네트워크의 모식도와도 연관된다.

코리더는 매우 다양한 기능을 갖는다. 기본적인 기능으로 서식처를 연결시키는 (1) 이동통로(conduit)의 기능도 있지만, 그 자체가 (2) 서식처(habitat)로서 기능을 한다. 그리고 오염물질을 저감시키는 (3) 여과(filter)의 기능도 갖는다. 이외에도 코리더는 (4) 생물종 공급원(source) 기능과 함께 (5) 생물종 수용처(sink)로서의 기능도 함께 갖는다. 또한, 코리더는 (6) 장벽(barrier)으로서의 기능도 갖는데, 개체군을 분리하는 역할을 하는 자연적 장벽이 되기도 하며, 도로 등과 같은 인공적 요소에 의해서는 서식처를 단절시키는 인위적 장벽이 되기도 한다.

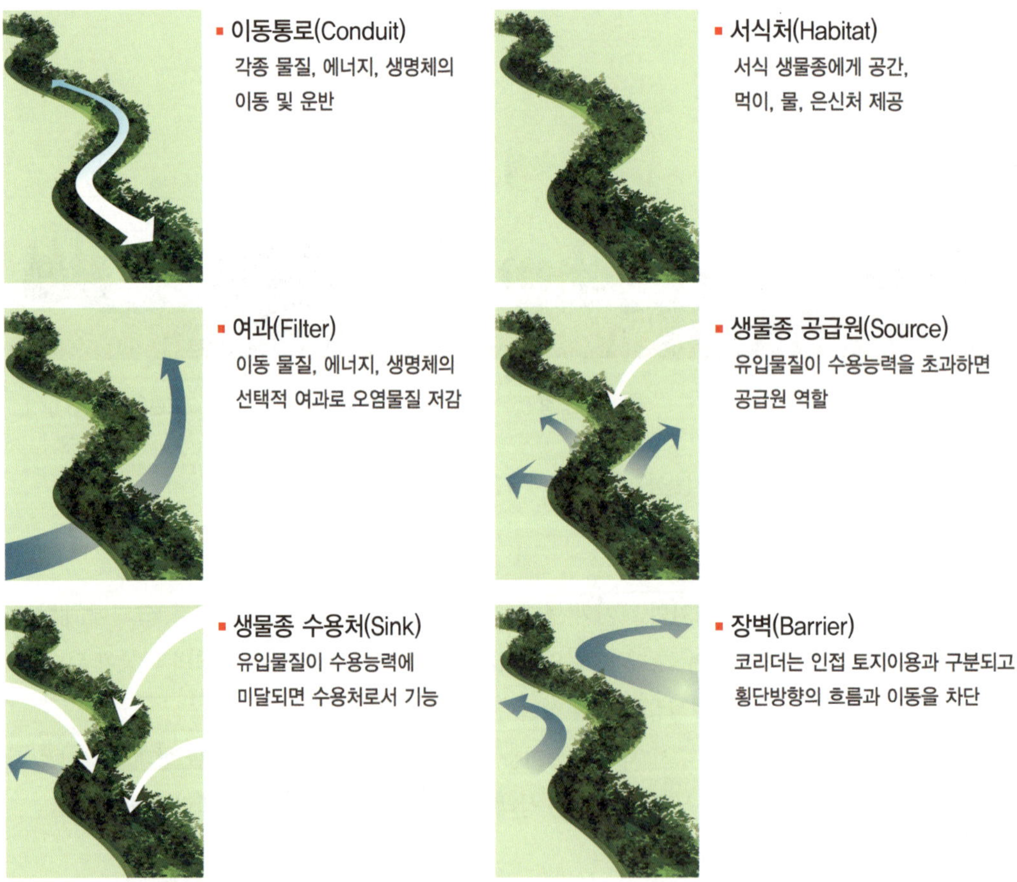

[그림 2-57] 코리더의 다양한 기능

(3) 매트릭스

매트릭스(matrix, 바탕 혹은 기질)는 바탕으로 해석할 수 있으며, 경관 구조에서 패치와 코리더를 둘러싸고 있는 배경이 되는 경관 요소이다. 매트릭스에서 경관 요소는 가끔 프랙탈 구조를 갖는데, 프랙탈 구조는 인간의 간섭에 대한 작용으로, 경관 구조에서 유사성이 발견된다고 보는 것이다(이동근 등, 2003). 프랙탈(fractal) 구조는 1차원, 2차원 등의 정수 이외의 차원을 갖는 도형을 말하는 것으로서(한국생물과학협회 편, 1998), 작은 구조가 전체 구조와 비슷한 형태로 끝없이 되풀이하는 구조를 말한다. 프랙탈은 자기 유사성과 순환성이라는 특징을 갖고 있는데, 즉 그 어느 부분을 확대하여 보더라도 전체와 같은 도형이 나타나는 특성을 갖는다. 예를 들어, 리아스식 해안의 해안선이나 나뭇가지 모양과 같은 자연계 물체의 형태가 프랙탈 구조로 근사(近似)된다고 생각하는 것이다(한국생물과학협회 편, 1998).

매트릭스에서 중요한 것은 그 질(quality)에 있다. 매트릭스의 질은 생태네트워크에서 야생동물의 수용 및 이동에 영향을 미친다.

나) 경관 기능

경관의 기능 연구는 경관 요소 간의 생물, 물질, 에너지의 이동 및 이들에 의해 결정되는 경관 요소의 상호 관계를 밝히는 것이다. 즉, 공간적 넓이를 갖고 있는 물질 순환계의 연구, 생물의 이동, 공간 이용의 연구 등이 경관의 기능 연구에 포함된다.

다) 경관 변화

경관의 변화는 시간의 흐름에 따라서 그 구조와 기능이 변하는 것을 말한다. 구조의 변화는 시간의 흐름에 따른 천이와 함께 생물의 분포, 자연환경 구성 요소의 변화, 토지이용 등의 자료를 시계열적으로 해석하는 것에 의해 파악할 수 있다.

경관 기능의 변화는 구조의 변화에 따른 기능의 변화이기 때문에 관련된 기록이 없는 한 과거의 경관 구조로부터 추정하여야 하므로, 어떠한 경우에도 역사적 자료 분석에 의한 경관 연구가 필요하다.

라) 파편화

파편화(fragmentation)는 하나였던 서식처가 어떠한 원인에 의해서 두 개 이상의 서식처로 나누어지는 것을 말한다. 여기서 원인이 되는 것은 자연적인 것도 있으며, 인공적인 것도 있다. 파편화가 되면, 당연히 서식처 면적이 작아지게 되고 그 사이에 장벽이 생겨 생물종의 이동에 장애가 된다. 또한, 서식처 면적이 작아지고, 가장자리 비율이 높아져 안정된 내부 환경을 좋아하는 종의 서식이 어려워진다.

Ringler(1981)는 파편화로 인한 서식처의 축소를 자연보다 인문이 강조된, 단지 일부 생물종만이 살아갈 수 있는 자연경관이 상대적으로 축소된 것이라고 정의하였다. 공간의 고립화는 서식 공간을 축소시키고 구조적으로 빈약하게 만들어 많은 동·식물 종들의 상호 단절을 야기하며 생존을 어렵게 한다. 이는 생물종들의 생존에 매우 불리한 조건인 해양의 섬에서 살아가는 것과 유사하다고 보고 있다(Mader, 1980; 1984).

도로는 서식처를 파편화시키는 주요 요인 중에 하나이다.

도로에 의한 파편화는 로드킬(road-kill)을 발생시킨다(꿩의 로드킬을 확인하는 모습).

[그림 2-58] 파편화에 따른 영향

※ 자료출처: 위의 그림 - Management Committee COST 341, 2000.

파편화에 따른 구체적인 영향은 [그림 2-59]와 같으며, 서식처 파편화는 서식지 면적 감소, 경관 프로세스 변화, 고립도 증가, 개체군 감소 등을 야기하며, 종국에 가서는 생물다양성을 감소시킨다.

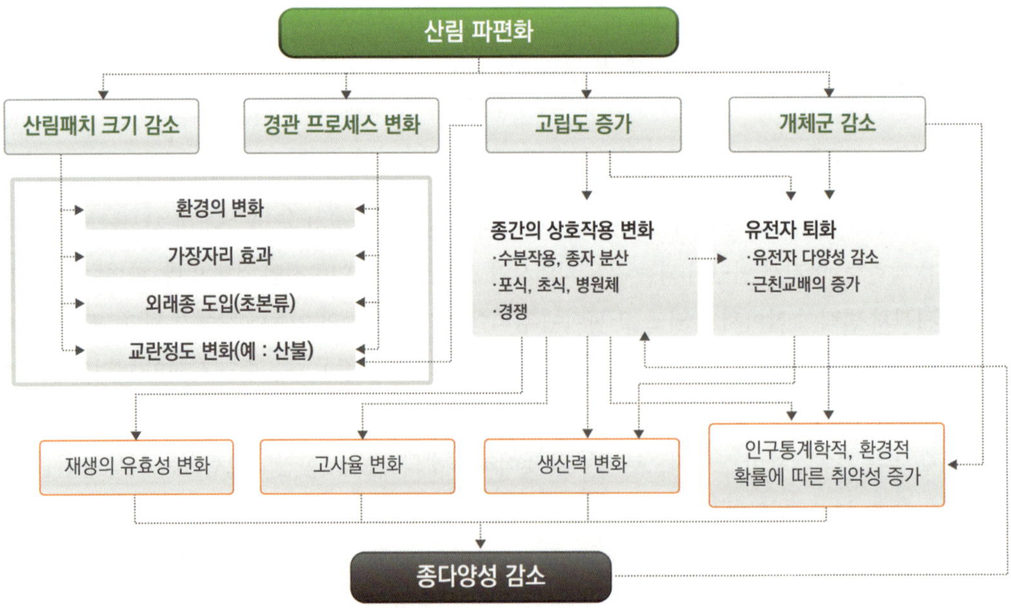

[그림 2-59] 서식처 파편화가 생태계에 미치는 영향

※ 자료출처: Hobbs and Yates, 2003.

마) 생태네트워크

(1) 필요성

생태네트워크의 필요성은 무절제한 개발로 생긴 서식환경의 훼손과 생물종 그리고, 삶의 질 저하 등을 들고 있다. 이처럼 무절제한 개발로 인해서 훼손되는 환경을 개발과 보전이 조화를 이루면서 자연 지역을 보전하기 위한 하나의 대안적인 개념으로 나타난 것이 생태네트워크이며, 이것은 생태네트워크를 조성해야 하는 필요성을 보여주는 것이라고 할 수 있다(Cook & Lier, 1994).

또한, 생태네트워크는 파편화되는 생태계 및 서식처에의 대응 수단이 된다. 이것은 생태네트워크가 등장하게 되고, 절대적으로 필요로 하는 이유로 들고 있는 것 중의 하나로, 생물다양성을 증진하기 위한 것이라고 할 수 있다. 생태네트워크 특히, 서식처 네트워크는 지역차원에서 생물종의 소멸 비율을 최소화하고, 자연화를 위한 기회를 최대화시켜 준다(Langevelde, 1994).

파편화되는 생태계 및 서식처를 보전하는 것은 작게는 토지이용계획을 생물다양성을 증진시킬 수 있는 방향으로 합리적으로 전환시키는 것이며, 넓게 보면 도시 및 지역계획 차원에서 전체적인 골격을 유지하면서 도시를 하나의 시스템으로 유지하기 위한 방법이 될 수 있다.

(2) 개념

생태네트워크 개념의 등장은 유럽지역에서 발생한 것으로 기존에 이루어지던 보전 및 복원 방법에 대한 근본적인 사고전환을 하게 만든 것이다. 즉, 기존에 이루어지던 개별적인 서식처들이나 생물종을 중심으로 하지 않고 전체적인 맥락이나 구조 측면에서 어떻게 생물종과 서식처를 보전할 것인가에 대한 사고의 출발에서 나타난 것이 생태네트워크라고 할 수 있다(Nowicki *et al.,* 1996).

따라서 생태네트워크의 개념은 기본적으로 개별적인 서식처와 생물종을 목표로 하지 않고 지역적인 맥락에서 모든 서식처와 생물종의 보전을 목적으로 하는 공간상의 계획이라고 볼 수 있다. 즉, 생태네트워크는 일반적으로 사람이 자연을 이용하는 데 있어 공간 계획이나 물리적 계획을 위한 모델링 도구로 이해할 수 있다(Cook & Lier, 1994).

이러한 생태네트워크의 개념은 무엇에 중점을 두느냐에 따라서 다양하게 정의할 수 있다. 즉, 도시지역에서 보행 공간의 연결을 강조할 경우에는 녹도(green way)를 사용하며, 서식처의 연결을 강조할 경우에는 서식처 네트워크(habitat network)를 사용한다.

우리나라에서는 생태네트워크와 관련된 개념을 생태축이라는 용어로 더 많이 사용한다. 이와 관련하여 '핵심생태축'의 개념을 2002년에 "생태네트워크 구축 추진 전략(환경부, 2002)"에서 처음으로 도입하였다. 법적 근거는 2004년에 자연환경보전법을 전부 개정하면서 생태축의 정의를 마련하였다. 이 법에 의한 생태축의 정의는 전국 또는 지역 단위에서 생물다양성을 증진시키고 생태계 기능의 연속성을 위하여 생태적으로 중요한 지역 또는 생태적 기능의 유지가 필요한 지역을 연결하는 생태적 서식공간을 말한다.

참고로 일반적으로 축과 망을 혼용하는 경우가 많은데, 엄격한 의미에서는 구분하는 것이 바람직하다. '축(axis)'은 중심이 되는 골격의 의미를 갖고 있어서 국토나 도시의 핵심을 이루는 중추적 연결선을 의미하고, 이 축들을 더욱 상세히 서로 연결해 그물처럼 구성된 것을 '망(network)'이라고 한다.

(3) 유형

생태네트워크의 유형은 연결시키고자 하는 서식처나 생물종의 특성에 따른 분류, 대상으로 하는 공간 규모에 따른 분류, 그리고 조성된 모습의 형태에 따라서 구분할 수 있다.

서식처 및 생물종의 특성에 따른 생태네트워크의 유형은 습지 생태축, 산림 생태축, 공원녹지 생태축, 하천/강 생태축, 연안 갯벌 생태축 등으로 구분할 수 있다. 이러한 유형은 다시 간소화시켜서 녹지 생태축(green network), 하천 생태축(blue network) 등으로 구분하기도 한다. 또한, 도시 기후 완화 등을 목적으로 하는 바람길(white network)도 한 유형이 된다. 토양의 네트워크화를 위한 골드 네트워크(gold network)의 개념도 적용되고 있다. 골드 네트워크는 기존의 단순한 토양 개념에서 유전자 공급처, 탄소 저장소, 경관 가치, 생태복원의 기능이 추가된 개념으로서, 토양의 건강성을 높임으로써 식물이 스스로 자랄 수 있는 접근 방식을 사용한다(이동근, 2017, 발표자료). 최근에는 이러한 개별적인 축들을 독립적으로 사용하지 않고 결합시키는 경향도 보이는데, 예를 들어 녹지와 하천이 결합된 곳은 녹지-하천축(Green-Blue Network)과 같이 명명한다. 기능적인 면에서 봤을 때 이러한 녹지-하천축은 바람길의 역할도 하기 마련이다.

공간 규모에 따른 유형 분류는 국제적 차원, 국가적 차원, 광역적 차원, 지역적 차원, 그리고 사이트 차원 등으로 구분할 수 있다([그림 2-60] 참조).

[그림 2-60] 공간 규모에 따른 생태네트워크의 구분
※ 자료출처: Uwe Riecken, 발표자료(undated)

국제적 차원의 생태네트워크 사례로는 유럽 전체를 아우르는 "범유럽 생태네트워크(Pan European Ecological Network, PEEN)"가 대표적이다. 유럽의 중요한 생태계, 서식처, 생물종, 경관의 보전을 목적으로 핵심지역, 코리더, 완충지역 세 가지 구성 요소를 바탕으로 네트워크를 구축하였다. 그 중 핵심지역은 유럽의 특징적인 자연, 반자연 서식처 유형 중 대표적인 것들을 포함하며, 생

태적 천이의 여러 단계, 생존 가능한 유럽 주요 종 군집, 종과 서식처가 의존할 수 있는 환경적 과정, 유럽에서의 중요한 경관 등을 포함하였다. 이외에도 동북아시아 지역에서의 이동성 철새를 고려한 생태네트워크가 있다.

국가적 차원의 생태네트워크는 우리나라의 경우, 4대 생태축을 대표적인 예로 들 수 있는데, 백두대간 생태축, DMZ 생태축, 서·남·동해안 등 도서·연안 생태축, 그리고 5대강 생태축이다. 5대강 생태축은 물관리 일원화가 되면서 포함된 것으로 강과 수변구역의 생태계를 대상으로 한다.

광역적 차원의 생태네트워크 역시, 우리나라에서는 2006년 광역생태축에 관한 개념을 처음으로 제2차 자연환경보전기본계획에 담았다. 그리고 2007년에 광역생태축 구축 방법론을 포함한 기준을 정립하고, 그에 따른 한강수도권의 광역생태축을 구축하였다. 이후 태백강원권 및 금강충청권 지역, 낙동강영남권 및 영산강호남권 등 전국을 5대 권역으로 구분하여 광역생태축을 구축하였다.

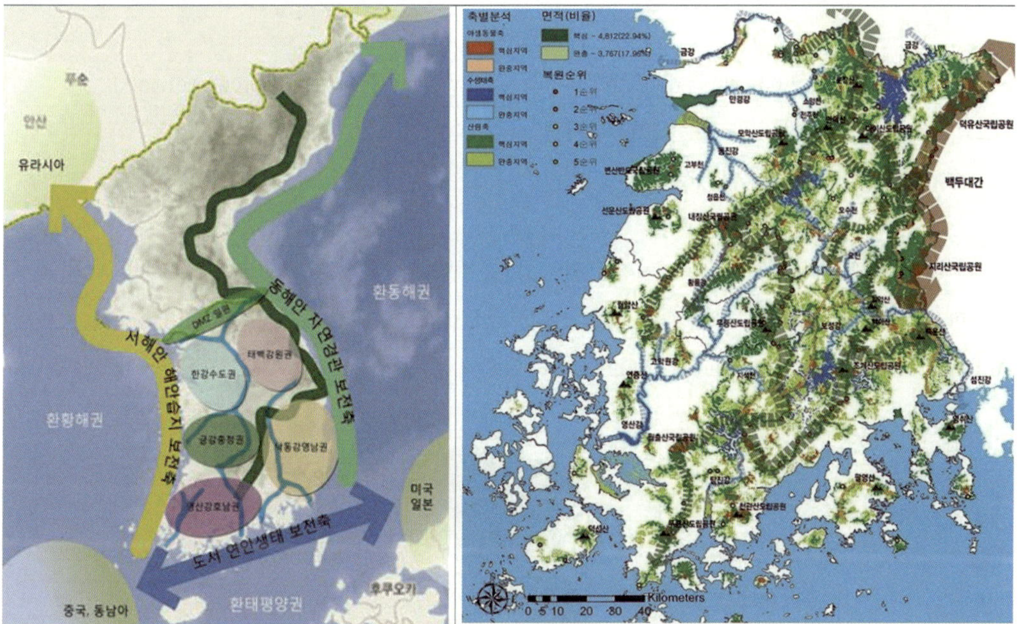

4대 생태축	영산강호남권 광역생태축

[그림 2-61] 우리나라 4대 생태축과 5대 광역생태축 중 영산강호남권 광역생태축

※ 자료출처: 환경부(http://www.me.go.kr)

지역적 차원의 생태네트워크는 하나의 도시나 규모 있는 지역을 대상으로 한 생태축으로 볼 수 있으며, 우리나라에선 주요 지자체들이 생태네트워크 구축 계획을 수립하고 있다.

사이트 차원은 소규모 생태네트워크로 볼 수 있으며, 하나의 지구단위 혹은 생태공원 지역 내에서의 생태네트워크 등으로 볼 수 있다.

한편, 생태네트워크가 갖추게 될 모습에 따라서 가지형 네트워크(branching network)와 원형 네트워크(circuit network)로 구분할 수 있다. 가지형 네트워크는 하천과 같이 일정한 방향성을 가지고 있는 서식처의 특성을 네트워크화 시킬 때 나타나며, 원형 네트워크는 도로와 같이 어디로든지 연결될 수 있는 성격을 가진 서식처를 네트워크화 시킬 때 나타난다. 즉, 징검다리형(stepping stone) 서식처를 점들로 연결할 때 그 숫자가 많아질수록 원형에 가까운 네트워크 형태를 가지게 된다.

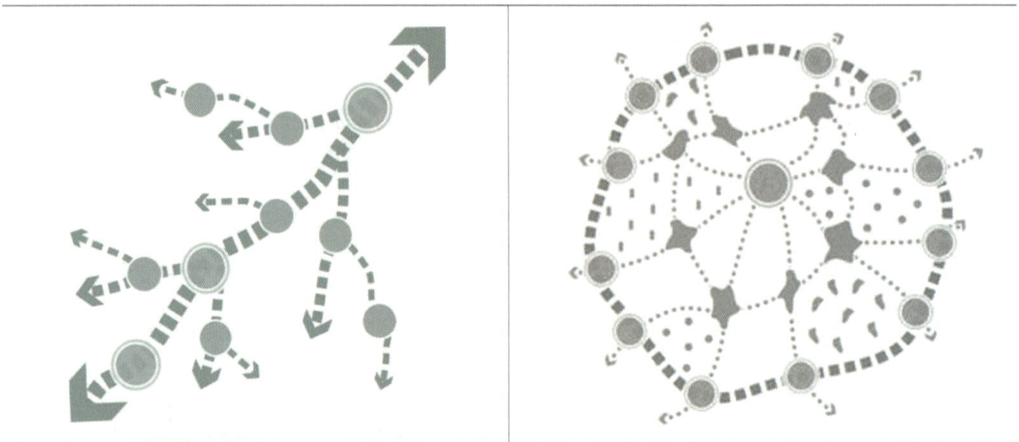

가지형 네트워크(branching network)	원형 네트워크(circuit network)

[그림 2-62] 구축될 생태네트워크의 형태에 따른 유형

(4) 구성 요소

생태네트워크를 구성하는 요소는 핵심지역, 완충지역, 생태적 코리더, 복원 및 창출 지역, 지속가능한 이용 지역 등으로 구분해 볼 수 있다(Edward & Hubert, 1994; Graham Bennett, 1998; Graham Bennett and Kalemani Jo Mulongoy, 2006).

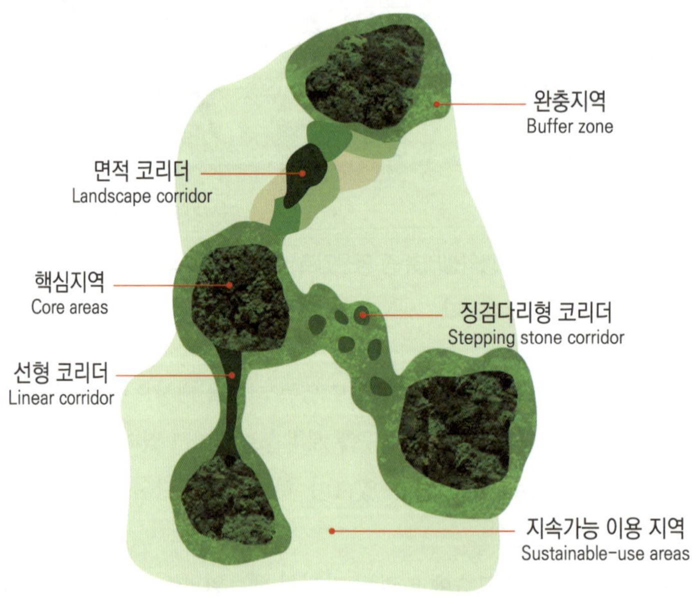

[그림 2-63] 생태네트워크 구성 요소의 모식도

※ 자료출처: Graham Bennett and Kalemani Jo Mulongoy, 2006.

[표 2-14] 생태네트워크의 구성 요소별 특징

구분	내용
핵심지역 (core area)	• 중요한 종 또는 생태계가 존재하며 그들의 서식처 조건을 만족시키는 구역
생태적 코리더 또는 연결 지역 (ecological corridor)	• 생태계 사이 또는 서식처 간 기능적 연결(선형, 디딤돌 또는 경관)을 통해 종의 확산과 이주를 가능하게 하는 역할 • 생태계 간의 상호작용뿐만 아니라 종의 교환(개체, 종자) 및 유전에 있어 긍정적 영향 • 서식처회랑, 확산회랑, 이동회랑, 야생동물회랑, 경관 연결 등 다양한 명칭 보유
완충지역 (buffer zone)	• 핵심지역 또는 회랑 주변에서 그들을 외부의 부정적 영향으로부터 보호하는 지역으로 외부로부터의 생태적 충격을 완충시킬 수 있는 곳
복원 및 창출지역 (restoration & creation zone)	• 생물 서식이나 생태네트워크상에서 생물다양성의 증진을 위해서 새롭게 조성하는 모든 지역
지속가능 이용 지역 (sustainable use area)	• 위의 4가지 구성 요소 이외의 공간으로 생물종의 서식 및 이동을 보장할 수 있도록 지속가능한 방식으로 이용하는 지역 • 지역의 자원을 함께 관리하고 지속가능한 방식으로 개발하기 위한 지역(농업 활동, 주거지, 기타 다른 용도로 이용 가능)

※ 자료출처: 환경부(2009)를 수정보완함.

우선, 핵심지역(core area)은 다양하거나 희귀한 생물종들이 서식하는 장소로 특히, 국가적·국제적인 중요성을 가진 서식처를 말한다. 면적과는 밀접한 관련성을 갖고 있지는 않으나, 외국의 경우 거시적인 차원에서 볼 때 최소한 250ha 이상을 갖추어야 하며, 침엽수림의 경우에는 1,000ha의 면적을 요구하기도 한다. 반면, 비교적 작은 면적을 가졌을지라도 물을 포함하는 습지와 같은 서식처는 핵심지역으로 분류하기도 한다. 네덜란드의 경우 핵심지역이 될 수 있는 것으로 습지, 레크리에이션 지역, 해상수로, 군부대 지역 등을 제시하고 있으며, 공업지역, 항구, 도시지역 등은 핵심지역으로 구분할 수 없다(Lammers, 1994). 결론적으로 생태네트워크에 있어서 핵심지역이라고 하면 역사·경관적 가치를 지닌 지역이나 농경지역, 산림, 생태적으로 높은 가치를 가진 지역을 말한다. 다만, 도시지역에 한정할 때에 핵심지역은 생물종의 공급원이 될 수 있는 다양한 생물이 서식하는 곳이라고 그 범위를 줄여서 생각할 수도 있다.

완충지역(buffer zone)은 핵심지역의 지속성을 보호하기 위한 지역으로 볼 수 있는데, 외부로부터의 생태적 충격을 완충시킬 수 있는 곳을 말한다. 하지만, 아직까지 완충지역에 대한 구체적인 연구는 미흡한 실정으로 핵심지역이나 생태적 코리더를 연결하기 위해서 얼마만큼의 보호 면적을 완충지역으로 설정할 것인지에 대한 연구는 거의 찾아보기 힘들다(Lammers, 1994).

생태적 코리더(ecological corridors)는 핵심지역 사이에서 생물종의 이동을 가능하게 하는 지역이나 경관적 구조라고 볼 수 있다. 이러한 코리더를 조성하기 위해서는 우선적으로 최근에 종이 감소하고 있거나 종의 소실이 우려되는 지역 등 다양한 하위 개체군 사이의 장애물이 제거되어야 한다. 또한, 현재 관찰되는 생물종과 과거에 서식 및 이동하였던 생물종의 기록을 바탕으로 하여 강이나 하천과 같은 연속적인 서식처나 인공습지, 옥상 소생태계 등의 디딤돌이 정확한 위치에 자리 잡을 수 있도록 해야 한다.

생태적 코리더는 앞서 제시된 바와 같이 연결되는 형태에 따라서 선 코리더(linear corridor), 디딤돌 코리더(stepping stone corridor, 혹은 점적 코리더라고 함), 그리고 경관 코리더(landscape corridor, 혹은 면적 코리더라고 함) 등으로 구분할 수 있다.

생태적 코리더는 생태네트워크를 구축하기 위해서 매우 중요한 요소로서 해당 지역의 거점지역(핵심 및 완충지역)들을 연결시키는 핵심 역할을 한다. 가장 이상적인 연결 방법은 물리적 연결이지만, 이미 도시화가 진행된 지역에서는 물리적 연결이 어려운 경우도 많다. 그래서 기능적 연결 방법도 고려해야 하며, 이러한 기능적 연결을 위해서 디딤돌 코리더의 유형에 해당하는 서식처들을 많이 조성해 주는 것도 하나의 방법이 될 수 있다. [그림 2-66]의 일본 요코하마시 잠자리 서식처 네트워크는 기능적 연결을 보여주는 대표적인 사례에 해당한다. 이러한 디딤돌 코리더는 물리적으로 연결되어 있지 않더라도 기능적 연결성을 높여주는 역할을 충분히 할 수 있다. 즉, 비행하는 생물종들에게는 비행 가능한 거리 내에 적절한 서식처가 있을 때 자유로운 이동을 할 수 있도록 도와주고, 그 자체가 잠자리의 서식처가 되기도 한다. 나아가서 시각적 연결성도 확보해 주는 것이 좋다. 연속적인 자연적 요소의 시각적 경관 구조를 형성해 주는 것이다. 도시에서는 자연적 요소들이 시각적으로 연결되게 하여 녹시율(Index of Greenness)을 높여줄 수 있고, 결과적으로 사람에게 심리적 안정감을 느낄 수 있도록 해 준다.

3층 구조의 가로수길은 선적 코리더로써 서식처 연결을 위한 수단이 된다.

옥상녹화 지역은 점적 코리더로써 남산과 주변 지역의 녹지를 연결하기 위한 중요한 역할을 한다.

[그림 2-64] 생태적 코리더 요소

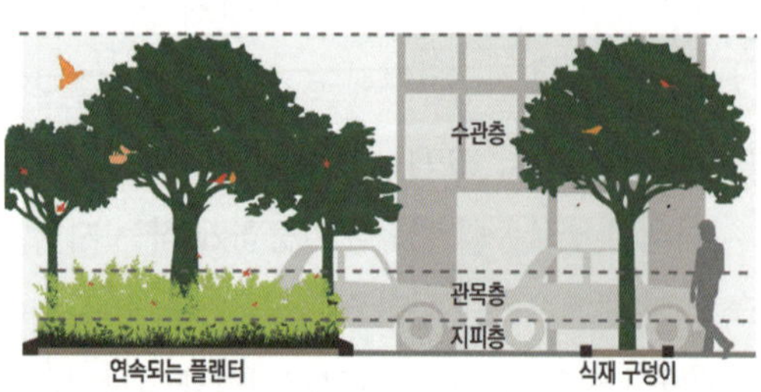

3층 구조의 가로수길(좌측)과 전통적 가로수길(우측)

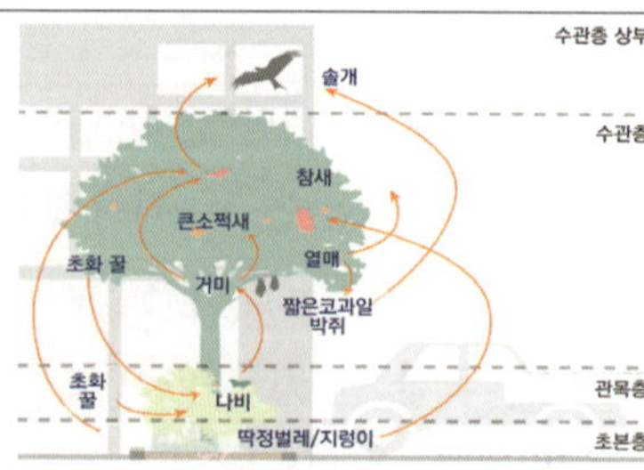

3층 식재를 하였을 경우 홍콩지역에서의 가로수 내 먹이사슬

[그림 2-65] 3층의 가로수 식재지역

※ 자료출처: Development Bureau, 2023.09.

a) 그림에서 점으로 표시된 곳들은 잠자리 서식처를 조성한 곳을 의미한다.

b) 실제 조성된 잠자리 서식처

[그림 2-66] 일본 요코하마시의 잠자리 서식처 네트워크 사례

복원 및 창출지역(restoration & creation area)은 생물종의 서식이나 생태네트워크상에서 생물다양성의 증진을 위해 복원하거나 새롭게 조성하는 모든 지역을 일컫는다. 도심 속에 생태공원이나 옥상비오톱을 조성하거나 훼손된 서식처를 복원한 곳은 복원 및 창출지역으로 분류할 수 있다.

지속가능 이용 지역(sustainable use area)은 현재와 미래의 세대가 동등한 기회를 가지고 그 혜택을 누릴 수 있는 곳으로 경관 모자이크의 지속적인 이용을 병행하는 지역이라 할 수 있다. 지역의 자원을 함께 관리하고 지속가능한 방식으로 개발하기 위해 지역사회, 관리 당국, NGO, 이해당사자들이 함께 관리하는 지역으로 다양한 농업 활동, 주거지, 기타 다른 용도로 이용이 가능한 곳을 말한다.

(5) 생태네트워크의 기능

생태네트워크는 그 개념에서도 나타나듯이 생물다양성의 보전 및 증진을 위한 종합적인 접근이라고 볼 수 있으며, 결과적으로 그 기능도 생물다양성의 보전과 복원, 증진에 있다고 볼 수 있다. 이러한 기능은 도시 차원에서뿐만 아니라 지역이나 국가 차원, 나아가서는 범지구적 차원에서도 나타난다.

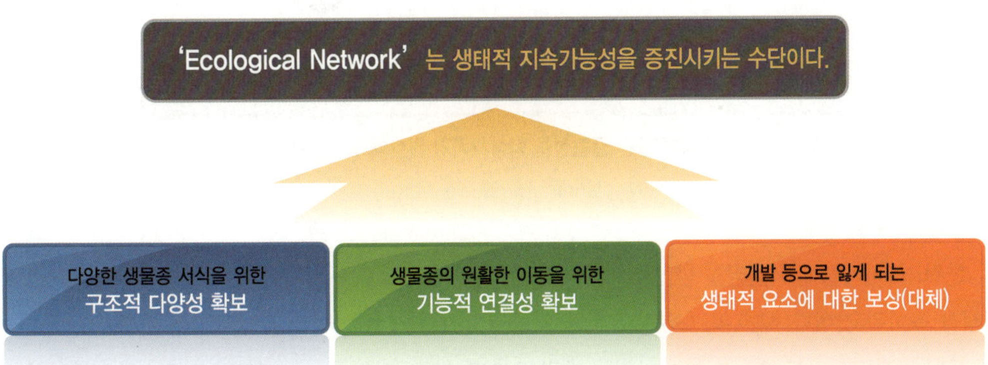

[그림 2-67] 생태네트워크의 기능

구체적으로 생태네트워크 기능에 대한 한 가지 예를 들어 보면 오픈 스페이스 간에 혹은 서식처 간에 야생생물종의 이동을 촉진시키는 역할을 한다. 생태네트워크의 본질적 의미가 서식처의 네트워크화를 통해 생물종의 자유로운 이동을 보장하기 위한 것이기 때문이다.

(6) 접근 방법

생태네트워크를 구축하기 위한 기본적인 접근 방법은 수용 능력 및 연결성의 증대 차원으로 구분해 볼 수 있다.

우선, 수용 능력의 향상을 위해서는 서식처의 질을 향상시키고, 네트워크를 구성하는 요소들의 전체 면적을 증대시키는 방법이 있다. 서식처의 질을 향상시키는 것은 다층구조화나 서식처 내 생물종 서식에 도움을 줄 수 있는 다양한 요소들을 도입하는 것이 주된 방법이 된다. 또한, 네트워크의 면적을 늘리는 것은 핵심지역, 완충지역, 연결지역 등과 같은 생물서식공간의 전체 면적을 최대한 확보하는 방법으로 달성할 수 있다.

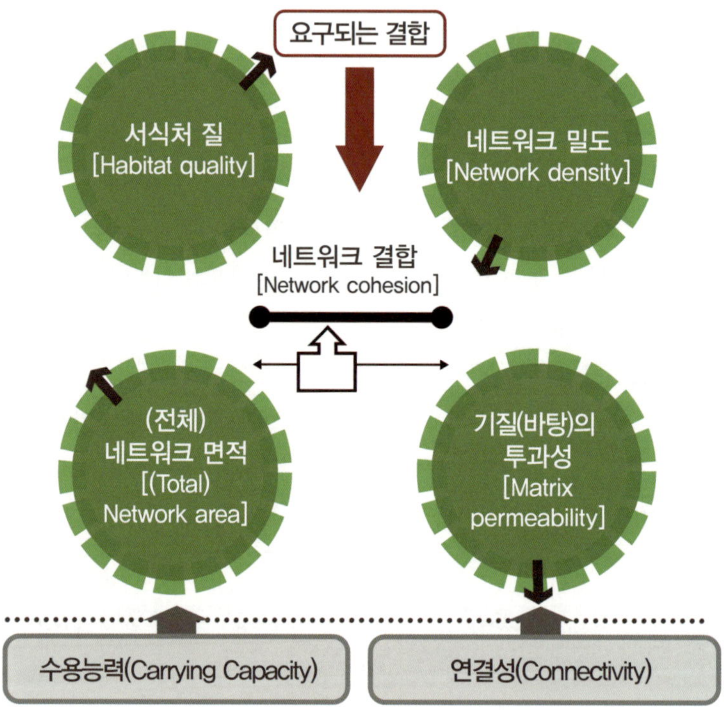

[그림 2-68] 생태네트워크의 접근 방법(공간 결합성을 향상시키기 위한 4가지 전략)

※ 자료출처: Paul Dpdam (http://www.planningfornature.wur.nl)

한편, 서식처들의 연결성을 향상시키기 위해서 네트워크 밀도를 향상시키는 것과 함께 바탕의 투과성을 높이는 것이다. 네트워크의 밀도 향상은 네트워크의 전체 면적을 증대시키는 것과도 연계되지만, 동일 면적일지라도 개수를 향상시키는 방법 등으로 이룰 수 있다. 앞서 [그림 2-66]에서 제시한 일본 요코하마 잠자리 서식처의 경우, 동일 행정구역 내 잠자리 서식처가 30개일 때 보다는 200개일 때가 밀도가 높아지고, 결과적으로 연결성은 자연스럽게 향상된다. 기질의 투과성 증대는 서식처를 이용하는 생물종들의 서식을 유리하게 조성·관리하고, 생물종들의 이동력을 높일 수 있는 방향으로 조성·관리하는 것이 좋다.

한편, 기질의 투과성은 경관 투과성(landscape permeability)으로도 설명할 수 있는데, 경관 투과성이란 핵심지역 또는 개체가 풍부한 지역으로 움직이기 위해 어떠한 종이 소비하는 비용을 계산하는 것을 의미한다. 야생동물의 이동은 크게 토지피복 등과 같은 경관 구조, 표고, 경사 등과 같은 지형적 요인, 도로 밀도 등의 인위적인 장애 요인에 영향을 받기 마련이다. 경관의 투과성을 분석할 때 야생동물 이동통로로서 제안되는 것이 최소 비용 경로이다. 최소 비용 경로(least cost path)는 핵심 서식처 또는 개체군들 사이에서 가능한 모든 경로 비용의 계산, 동물 이동을 위해 최소 비용이 소요되는 경로의 확인, 보전 계획에서 사용하기 위한 도면상에 가장 적합한 경로 기입의 과정으로 결정된다. 여기서 '비용(cost)'은 이동 가능성을 의미하는 것으로서 명확하게 경계가 주어지는 개념은 아니다(송원경, 2011).

• 생태복원에 있어서 생태네트워크의 역할

생태네트워크를 생태복원에 있어서 중요하다고 강조하는 것은 생태네트워크의 기본적인 개념이 바로 생물다양성의 증진을 위한 계획 방법과 수단으로써 통용되기 때문이다. 하나의 고립된 서식처보다는 여러 개의 서식처가 있는 것이 좋으며, 이들 서식처들은 서로서로 연결되어 있어야 생물다양성을 증진시킬 수 있다는 것은 "도서생물지리 이론(the theory of island biogeography)"에서 이미 언급한 바 있다. 결과적으로 볼 때 도시지역에서 생물서식공간을 새롭게 조성할 지역이나 복원 지역을 선정할 때 고려해야 하는 것이 바로 생태네트워크이다.

특히, 생태네트워크를 구축할 때 복원·창출할 지역은 생태적 다양성뿐만 아니라 경제적 효율성도 고려하여야 한다. 장소의 선정에 있어서 어떤 특정한 체계나 규칙이 없는 생태복원이나 새로운 서식처의 조성은 훗날 그곳에 생태적인 기능을 할 수 없을 때에는 막대한 조성 비용에 대한 손해를 보게 된다. 반면, 어느 한 지역이나 도시를 대상으로 하여 생태네트워크 계획을 수립하고, 생태적 연결이 이루어져야 하는 적지적소에 생태적 공간이 들어선다고 하면 그 기능이 올바로 이루어져 생태적인 측면에서나 경제적인 측면에서도 가치를 향상시킬 수 있다.

그렇다면 어떻게 파편화된 서식처를 연결시킬 것인가에 대한 방법은 [그림 2-69]에서 제시하였는데, 기존의 녹지 지역을 확대하여 조성하거나 단절된 서식처들을 연결하도록 하고 있다. 이것은 이미 존재하고 있는 자연적 서식처들을 최대한 고려하여 단절된 공간들을 연결시키고, 작은 면적의 서식처는 보다 다양한 생태적 기능이 가능하도록 그 면적을 키워주는 것이다.

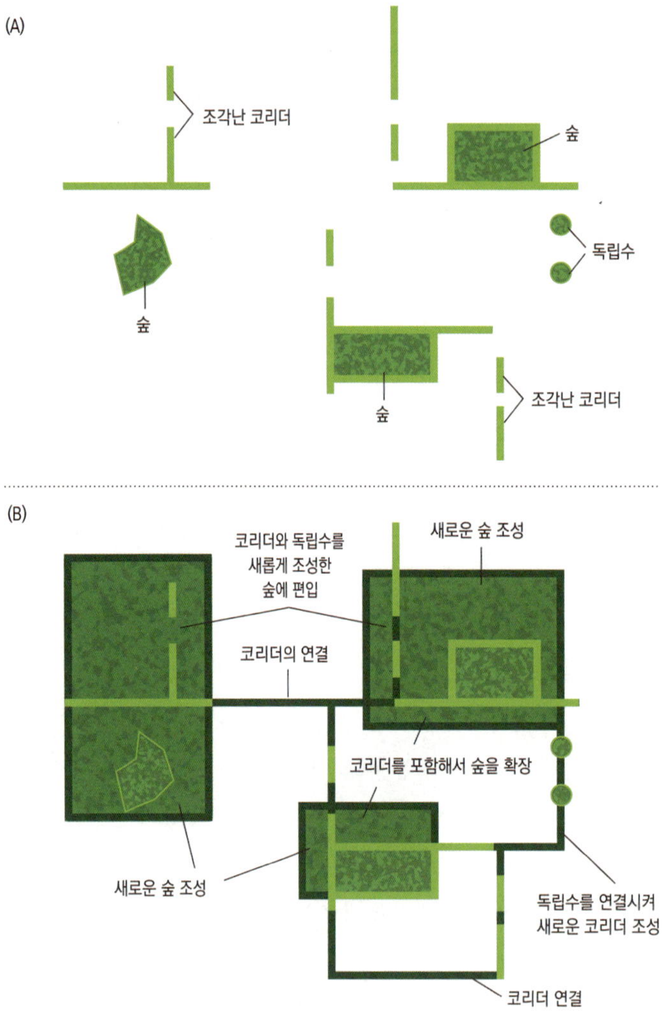

좌측 그림에서 위쪽의 그림은 새로운 서식처를 조성하기 이전의 서식처 현황이며, 이러한 지역에 새로운 서식처를 조성하고자 할 때에는 아래쪽의 그림과 같이 서식처의 면적 확대와 연결성이 확보되도록 해야 한다.

[그림 2-69] 생태네트워크 형성을 위한 서식처 창출 방법

※ 자료출처: Oliver L. Gilbert & Penny Anderson(1998)을 다시 그림.

(7) 생태네트워크에서의 생물종 이동

생태네트워크를 조성하기 위한 기본적인 접근 방법은 토지이용을 중심으로 한 방법과 경관생태학에 의한 방법, 그리고 생물종의 분포 및 이동에 의한 방법 등으로 구분해 볼 수 있는데, 여기서는 생물종의 분포 및 이동의 관점을 중심으로 하여 제시하였다. 생물종의 분포 및 이동의 원칙과 관련한 연구분야는 경관생태학적 접근과 도서생물지리학설에 의한 방법, 그리고 보전생태학 및 일반생태학에 의한 방법 등으로 접근할 수 있다.

보전생태학 및 일반생태학에서 나타나는 생물종의 이동에 관한 연구는 생물종을 중심으로 분석하는데, 일반적으로 지역 차원에서의 이동(local movement)과 이주성 이동(migratory movement)으로 구분할 수 있다(Bailey, 1984). 지역 차원에서의 이동은 행동권(home range)과 세력권(territory), 분산(dispersal) 등으로 나누어지며, 이주성 이동은 기후 지역 사이의 위도 및 경도의 이동으로 철새의

이동이 대표적이지만 동일한 서식처에서의 저고(低高) 이동을 포함하고 있다.

한편, 생물종의 이동에서 중요한 것은 생물종의 특성이나 동일한 종이더라도 개체별로 다른 이동을 보이는 경우도 있다. [그림 2-70]에서 좌측 그림은 동일한 행동권을 가지는 종일지라도 이동하는 패턴이나 루트가 다름을 나타내며, 우측 그림은 생물종이 계절에 따라 이용하는 서식처가 다양함을 나타낸 것이다(Almo Farina, 1998; Forman, 1995).

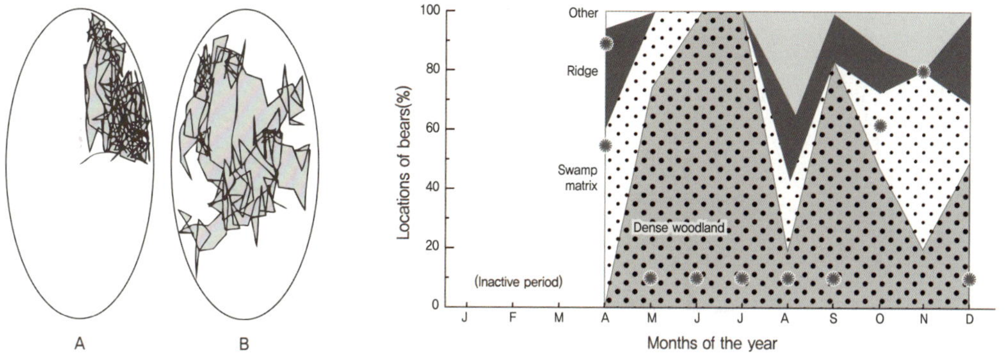

[그림 2-70] 생물종의 이동과 관련한 기본적 특성

※ 자료출처: 좌측 - Almo Farina, 1998; 우측 - Forman, 1995.

생물분류군별 이주 특성을 살펴보면 식물의 경우에는 바람에 의한 이동과 동물(특히, 조류)에 의한 이동으로 구분되며, 식물종이 이주되었을 경우 분포를 결정하는 인자로는 수분과 토양, 영양분 등이다. 또한, 곤충류의 경우에는 날개에 의해서 기본적으로 이동하지만, 유충·유년기에는 바람에 의해서 이동하며, 수서곤충은 하천 내 물의 흐름에 의해서 이동하게 된다. 비행성이 아닌 육상곤충은 유수와 정수면을 통해서 이동하게 되는데, 이들은 최종적으로 100㎞ 이상을 이동하기도 한다. 조류의 경우에는 비행거리에 대한 연구가 독일을 중심으로 연구되었으며, 우리나라에도 소개된 바 있다(환경부, 1995). 포유류의 이주에 영향을 미치는 요인으로는 자원에 대한 경쟁, 번식, 회피 등을 들 수 있다(Lennart Hansson, 1992).

이와 같은 생물종의 이동시 고려해야 할 것은 이들의 이동이 경관의 구조와 관계없이 진행될 수도 있다는 것이다. 예를 들어, [그림 2-71]에서 보여주듯 바람의 영향을 받아 이동하는 생물종은 B의 패치보다 C의 패치가 A패치에서 더 가까운데도 불구하고, 바람의 영향으로 A에서 B로 더 많이 이동을 하는 것을 보여준다.

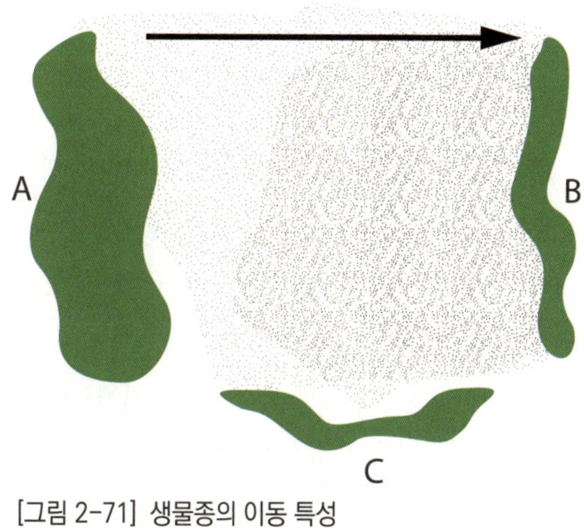

[그림 2-71] 생물종의 이동 특성

※ 자료출처: Almo Farina, 1998.

경관생태학적 이론에서는 생물종 이동의 관점을 모자이크를 중심으로 언급하고 있으며, 모자이크 내에서 종의 이동 방법과 모형에 관한 연구들이 상당히 진척되어 있다. 또한, 경관생태학에서는 패치와 코리더의 개념에 의한 생물종의 이동 및 다양성에 관한 연구들도 언급되어 있다. 경관생태학에서 생물종의 이동에 관한 연구의 내용들이 주로 행동권 차원, 분산과 방향, 서식처 선택과 개체군 다이내믹스 등을 중심으로 이루어졌는데, 이들의 결과를 종합해서 생물종의 이동 패턴에 관한 내용을 제시하면 [그림 2-72]와 같다(Forman, 1995).

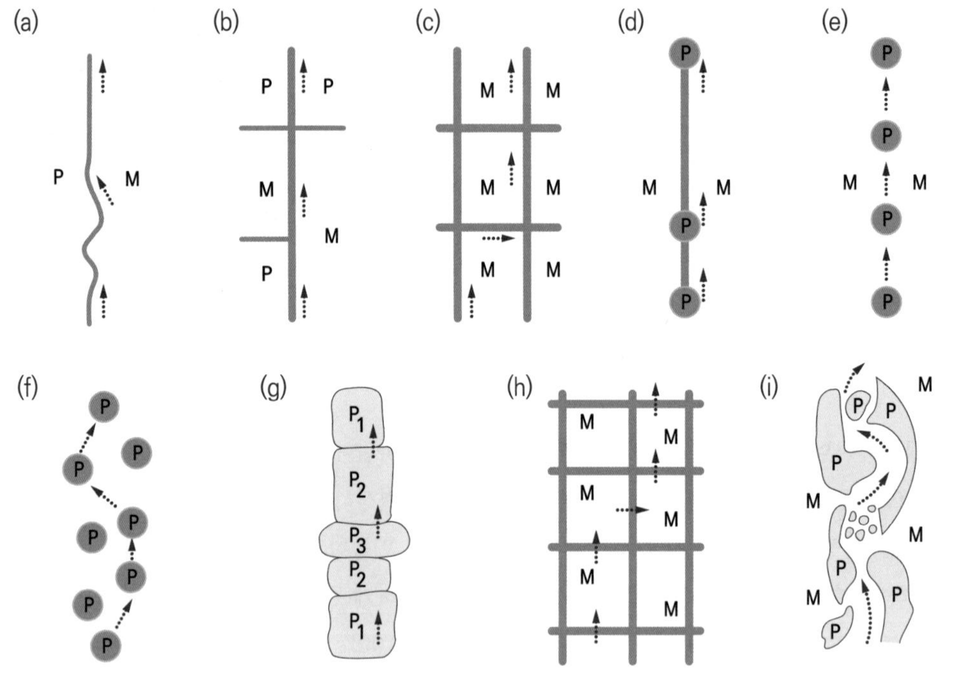

주) M: 매트릭스, P: 패치, 굵은선: 코리더, 가는선: 경계, 화살표: 생물종 이동경로

[그림 2-72] 매트릭스 내에서 생물종 이동의 유형

※ 자료출처: Forman, 1995.

(8) 생태네트워크의 실현 방법

공간상의 계획인 생태네트워크를 실현하는 방법은 크게 4가지로 접근할 수 있다. (1) 가치 있는 지역의 보전, (2) 훼손된 서식처의 복원 및 기능이 저하된 서식처의 향상, (3) 적지적소에 새로운 서식처의 창출, (4) 이동통로의 조성 등이다([표 2-15] 참조). 어떠한 곳을 보전하고 복원하며, 어떤 곳에 새로운 서식처를 만들어 줄 것인지와 같은 구체적인 실현 방법을 제시하기 위해서는 대상지역의 보전가치평가를 먼저 수행해야 한다. 보전가치평가와 관련한 구체적인 방법은 "생태복원 계획·설계론 제II권, 제4장. 생태계 보전가치평가 및 환경 변화 예측"에서 제시하였다.

[표 2-15] 생태네트워크 실현을 위한 요소(예시)

구분	산림 및 녹지	하천 및 습지
가치 있는 서식처의 보전	• 핵심지역으로 설정	• 핵심지역으로 설정
훼손된 서식처의 복원 및 기능이 저하된 서식처의 향상	• 자연산림 훼손지 복원 • 완충녹지대(다층식재) • 조림지 복원 • 귀화수종 우점지역 복원 • 친환경 농법 시행	• 콘크리트 수로의 자연화 • 수리·수문 차단 지역의 개선 • 호안 및 제방 복원 • 귀화수종 우점지역 개선
새로운 서식처의 창출	• 생태공원 등 규모있는 서식처 조성 • 생태(가로)숲 등 비오톱 조성(옥상 녹화, 소생물 서식처) • 입면공간의 생물서식공간화(옹벽, 호안 등) • 완충녹지대(다층식재) 조성	• 생태수로, 실개울 등의 조성 • 생물종 서식처 조성
이동통로의 조성	• 도로나 철도 등에 의해 단절된 지역에 생태통로 조성	• 어도 조성

(9) 생태 네트워크 구축 사례

새만금 지역을 대상으로 생태네트워크를 구축한 사례를 예시해 보면 다음과 같다. 여기서 제시한 생태네트워크(안) 계획은 2010년 1월 28일에 정부에서 발표하였던 새만금 토지이용계획(안)을 기초로 한 것이다. 따라서 현재의 토지이용과는 차이가 있기 때문에 생태네트워크의 구축 방법론과 관련한 참고 자료로만 활용해야 한다. 새만금 지역에서 생태네트워크를 구축하기 위한 전반적인 과정은 [그림 2-73]과 같다.

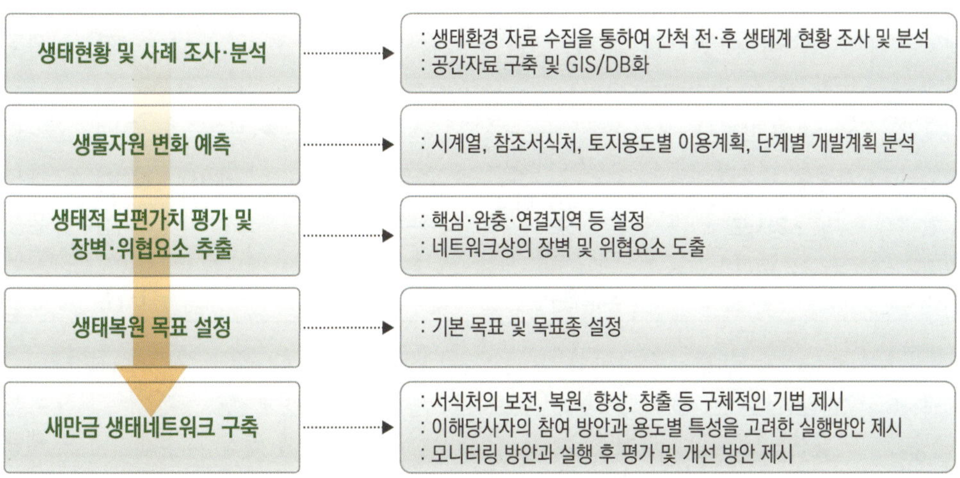

[그림 2-73] 새만금 지역의 생태네트워크 구축을 위한 과정

※ 자료출처: 환경부, 2010. (연구기관: 넥서스환경디자인연구원)

생태네트워크 계획을 수립하기 전에 새만금 지역과 그 주변 권역에 대한 전반적인 생태환경의 조사 및 분석과 평가 등의 과정을 거쳤다. 그리고 절대평가와 상대평가 기준을 설정하고, 도출된 관리 지

역을 대상으로 연결성 분석을 시행하였다([표 2-16] 참고). 참고로 이 연구에서 사용하였던 방법은 최소지표법이다.

[표 2-16] 관리 지역 설정을 위한 항목과 기준

<table>
<tr><th colspan="2">구분</th><th colspan="2">항목</th><th>보전가치평가 기준</th><th colspan="2">관리지역</th></tr>
<tr><td rowspan="8">절대평가 기준</td><td rowspan="3">산림축</td><td>환경·생태</td><td>생태 자연도</td><td>1등급</td><td>핵심</td><td rowspan="8">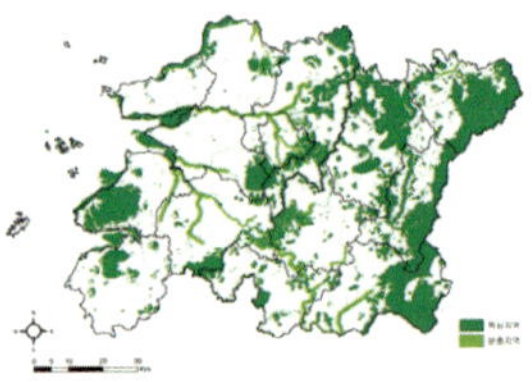</td></tr>
<tr><td>지형</td><td>정맥</td><td>1차 계류 유역</td><td>핵심</td></tr>
<tr><td>법</td><td>법정 보호지역</td><td>백두대간보호지역, 생태경관보호지역, 자연공원 (국립·도립·군립공원) 등</td><td>핵심</td></tr>
<tr><td rowspan="4">하천축</td><td rowspan="3">환경·생태</td><td rowspan="2">하천</td><td>국가하천, 지방하천 (지방 1급 하천)</td><td>핵심</td></tr>
<tr><td>국가: 수변 좌우 500m
지방(지방 1급): 수변 좌우 250m</td><td>완충</td></tr>
<tr><td>습지</td><td>토지피복도의 습지, 갯벌</td><td>핵심</td></tr>
<tr><td>법</td><td>법정 보호지역</td><td>수변구역, 습지보호구역 (해당 없음)</td><td>핵심</td></tr>
<tr><td>야생 동물축</td><td>환경·생태</td><td>주요 종 발견지점</td><td>중대형 포유류, 희귀종 및 멸종위기 종 발견 지점 반경 500m</td><td>핵심</td></tr>
</table>

+

<table>
<tr><th colspan="2">구분</th><th colspan="2">항목</th><th>보전가치평가 기준</th><th colspan="5">관리지역</th></tr>
<tr><td rowspan="9">상대평가 기준</td><td rowspan="9">산림축</td><td rowspan="4">환경·생태</td><td rowspan="2">생태 자연도</td><td>1등급과 인접한 2등급 지역</td><td>2</td><td rowspan="9">▶</td><td rowspan="4">광역적 차원</td><td rowspan="2">5~8점</td><td rowspan="2">핵심</td></tr>
<tr><td>그 외 2등급 지역</td><td>1</td></tr>
<tr><td rowspan="2">임상도</td><td>5, 6 영급</td><td>2</td><td rowspan="2">1~4점</td><td rowspan="2">완충</td></tr>
<tr><td>3, 4 영급</td><td>1</td></tr>
<tr><td rowspan="4">지형</td><td rowspan="2">표고도</td><td>300m 이상</td><td>2</td><td rowspan="5">지역적 차원</td><td rowspan="2">7~8점</td><td rowspan="2">핵심 우선지역</td></tr>
<tr><td>200m 이상</td><td>1</td></tr>
<tr><td rowspan="2">경사도</td><td>20° 이상</td><td>2</td><td>5~6점</td><td>핵심</td></tr>
<tr><td>15~20°</td><td>1</td><td>3~4점</td><td>완충 우선지역</td></tr>
<tr><td>계</td><td colspan="2">최고점수</td><td>8</td><td>1~2점</td><td>완충</td></tr>
</table>

+

<table>
<tr><th colspan="2">구분</th><th colspan="3">항목</th><th colspan="3">관리지역</th></tr>
<tr><td rowspan="5">연결성</td><td rowspan="2">연결</td><td colspan="2">핵심</td><td>2</td><td rowspan="5">▶</td><td>18점</td><td>핵심</td></tr>
<tr><td colspan="2">완충</td><td>1</td><td rowspan="3">1~17점</td><td rowspan="3">완충</td></tr>
<tr><td rowspan="3">단절</td><td colspan="2">시가화 건조, 고속도로</td><td>-1</td></tr>
<tr><td colspan="2">국도 이하 도로</td><td>-2</td></tr>
<tr><td>계</td><td>최고/최저점수</td><td>18/-18</td><td>-18~0점</td><td>-</td></tr>
</table>

※ 자료출처: 환경부, 2010. (연구기관: 넥서스환경디자인연구원)

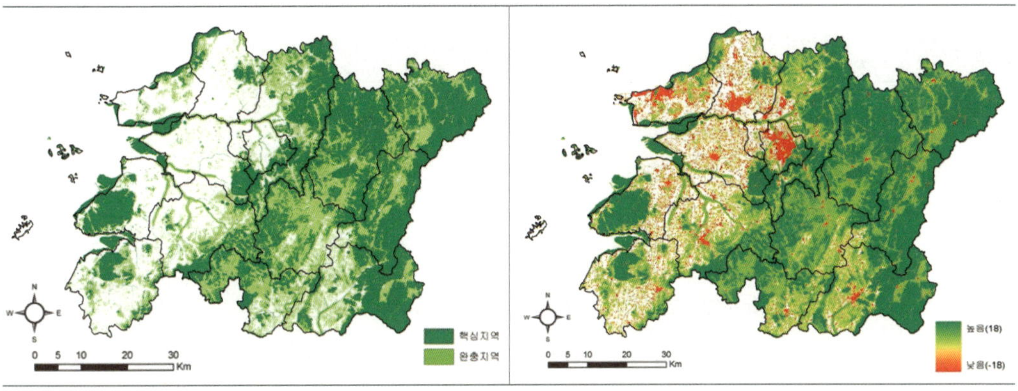

[그림 2-74] 상대적 기준 적용 평가 결과(좌) 및 연결성 분석 결과(우)

※ 자료출처: 환경부, 2010. (연구기관: 넥서스환경디자인연구원)

지역적 차원에서의 관리 지역도 2010년 1월에 정부에서 발표한 새만금 토지이용계획(안)을 기초로 하여 용지별 성격에 따라서 설정하였다. 생태기반환경의 훼손을 최소화하고, 친환경적 접근을 하고 있는 생태환경용지를 핵심지역으로 설정하였다. 그리고 생태환경용지 정도의 기능을 하지는 않지만, 친환경 농업이 이뤄지고 기타 생물종의 휴식처가 될 수 있는 농업지역을 완충지역으로 설정하였다. 현재 내륙 지역과 새만금 사업 지구가 인접한 곳은 대부분이 핵심지역 또는 완충지역으로 새만금 지역의 토지이용계획을 고려한 관리지역 설정으로 새만금 내부까지도 내륙에서부터의 생태축 유입이 가능토록 했다.

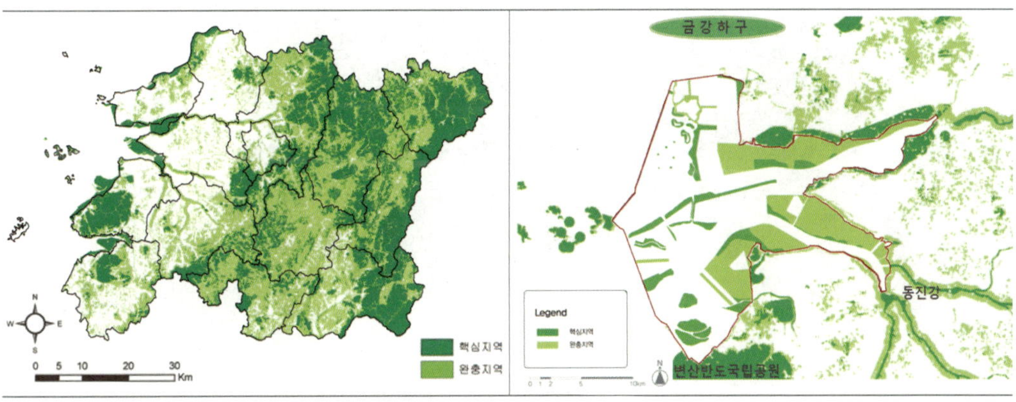

[그림 2-75] 광역적 차원의 관리지역 및 새만금 내부 관리지역 설정

※ 자료출처: 환경부, 2010. (연구기관: 넥서스환경디자인연구원)

새만금 지역을 대상으로 한 광역적 차원의 생태네트워크 구상 방법과 안은 [표 2-17], [그림 2-76]과 같다.

[표 2-17] 광역적 차원의 생태축별 설정 기준과 목표종(안)

구 분	설정 기준	목표종(안)
산림생태축	생태자연도 1등급, 임상도 5,6등급, 법정보호지역, 광역적 복합환경	삵, 노루, 고라니, 박새, 참나무류, 서어나무 등
하천습지축	수변구역(국가하천, 지방하천), 하천, 습지(내륙습지), 법정보호지역, 수변타입, 초원타입	고라니, 삵, 수달, 백로류, 도요새류, 저어새, 달뿌리풀 등
갯벌연안축	연안, 갯벌지역, 해안 습지지역, 수변타입, 광역적 복합환경	도요새류(민물도요, 붉은어깨도요 등), 수달, 해홍나물, 칠면초 등
도시생태축	자연공원(국립, 도립, 군립), 시가지 타입	황조롱이, 붉은머리오목눈이, 솔부엉이, 두더지, 소나무 등
야생동물 및 서식처 생태축	주요종 발견 지점(반경 500m), 야생생물보호구역, 수림대, 초원, 농경지 타입	고라니, 삵, 멧토끼, 너구리, 물떼새류, 수달, 산딸나무 등

[그림 2-76] 광역 생태네트워크 구상 결과(안)

※ 자료출처: 환경부, 2010. (연구기관: 넥서스환경디자인연구원)

광역적 차원에서의 생태네트워크를 보다 확대하여 세부적인 계획을 수립하면 지역적 차원에서의 생태네트워크가 된다. 새만금에서 지역적 차원의 생태네트워크 구상 방법과 안은 [표 2-18], [그림 2-77]과 같다.

[표 2-18] 지역적 차원의 생태축별 설정 기준

구분	설정 기준
녹지생태축	생태환경용지, 농업용지 등 / 수변공원, 소공원, 완충녹지, 경관녹지 등 방조제 사면 녹화 / 광역적 차원의 산림생태축, 도시생태축과의 연계 금강하구~명품복합도시~변산반도 남북 연결
하천습지축	주요 지방하천 연계 / 새만금 내부로 연결되는 소하천 및 농수로 / 오염원에 대한 적극적인 완충기능
갯벌연안축	연안의 변화에 따라 설정 / 광역적 차원의 갯벌연안축 수렴 / 고군산군도를 중심으로 생태축 설정
야생동물 및 서식처 생태축	철새의 이동경로, 철새도래지, 주요 생물종 발견 지점 연결 인접한 다양한 생태계 유형과 생물종이 이입되는 지역 연계

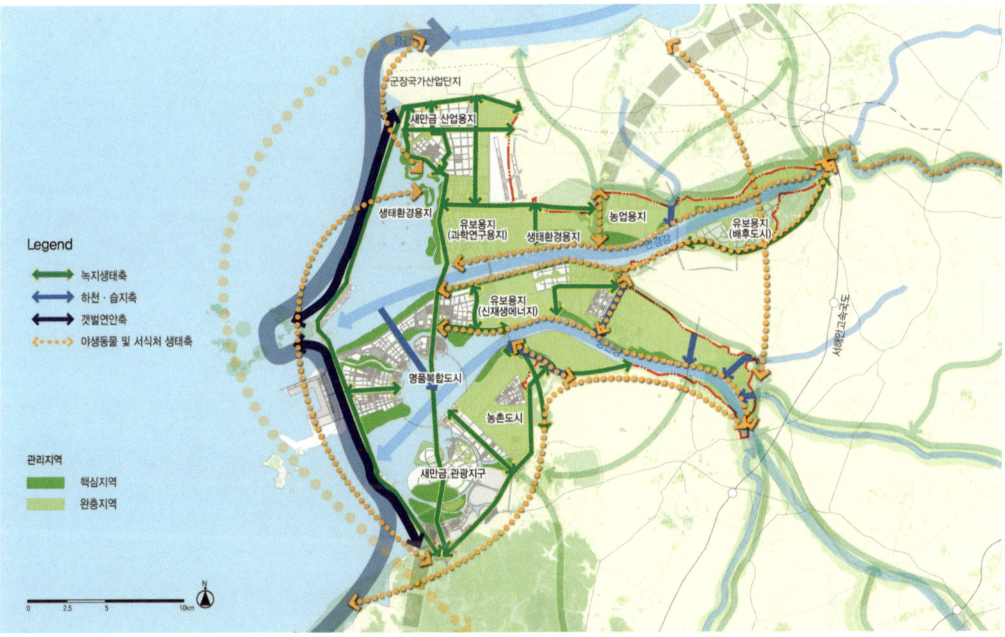

[그림 2-77] 지역적 차원의 새만금 생태네트워크 구상 결과(안)

※ 자료출처: 환경부, 2010. (연구기관: 넥서스환경디자인연구원)

지역적 차원에서의 생태네트워크를 보다 더 구체화시키면 사이트 차원에서의 계획이 된다. 새만금 지역의 사이트 차원에서의 생태네트워크(안)은 [그림 2-78]과 같다. 사이트 차원의 생태네트워크 구상(안)과 관련해서는 향후 변경될 용지 배치 등을 고려하여 유연하게 변경 가능토록 계획하였었다. 용지별로 변경되는 계획 내용에 맞추어 폭 넓은 범위의 선택적 활용이 가능하도록 골격을 유지·제시하였다. 또한, 인접한 용지와 연결이 필요한 곳, 완충이 필요한 곳 등 용지별 기능적 측면을 고려하여 생태축을 설정하였다. [그림 2-78]은 2010년 1월에 발표했던 새만금 내부 개발 기본구상 및 종합실천계획(안)에서 제시하고 있는 용지 배분 중 방수 시설물을 제외한 7개의 용지별로 생태네트워크를 구축한 것이다.

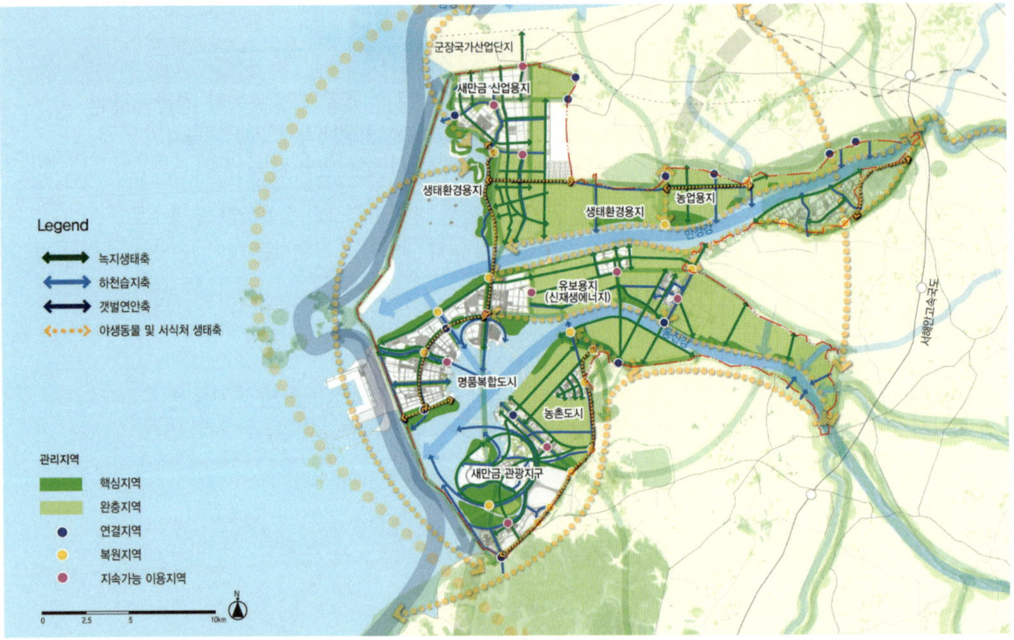

[그림 2-78] 사이트 차원의 새만금 생태네트워크 구상 결과(안)

※ 자료출처: 환경부, 2010. (연구기관: 넥서스환경디자인연구원)

라. 환경생태학

1) 환경생태학의 개요

가) 환경생태학의 개념

Bill Freedman(1995, 1998)은 환경생태학(Environmental Ecology)을 저술하면서 환경생태학의 개념을 명쾌하게 정립시키지는 않았다. 하지만, 그는 환경생태학을 생태적 피해의 원인과 그에 따른 결과의 이해라고 생각하면서, 이러한 지식은 생태 및 환경적 피해를 회피하거나 경감시키는 관리 방식에 기여한다고 보았다.

따라서 환경생태학은 자연에서 이루어지는 생태적 피해의 원인 및 결과의 분석과 그에 따른 지속가능한 관리 방안을 모색하는 것이라고 할 수 있다.

나) 환경생태학이 다루는 대상

Bill Freedman(1995, 1998)이 저술한 환경생태학의 구성을 살펴보면, 대기오염, 독성(toxic) 요소, 산성화, 산림 감소, 기름 오염, 담수의 부영양화, 살충제, 산림의 수확, 생물다양성과 멸종, 복지의 생태적 효과(ecological effects of warfare), 생물학적 자원 등을 대상으로 하고 있다.

그리고 방법론적인 측면에서도 앞서 개념에서 언급하였듯 오염이나 교란, 다른 스트레스가 생태적으로 미치는 효과를 살피고, 이를 저감시키기 위한 방법을 택하고 있다. 구체적으로, 환경생태학을 적용하는 연구 분야에서는 생태계의 구조와 기능에서의 스트레스 효과, 환경영향평가, 그리고 생태적 모니터링 등을 언급하고 있다.

다) 환경생태학과 생태복원과의 관련성

환경생태학이 다루는 연구의 관심사가 다양한 오염이 생태적으로 미치는 영향에 대한 것이라고 한다면, 그 영향을 해결하기 위한 방법을 모색하는 것은 생태복원과 밀접하게 연계된다고 볼 수 있다. 예를 들어, 산림의 지나친 벌채로 인해 생태적으로 미치는 영향을 파악하는 것이 환경생태학에서 다루는 것이라면, 그 영향을 최소화하기 위한 방법 즉, 산림의 복원이나 다른 대안적인 방법에 의한 벌채 등은 생태복원이 관심을 갖는 분야이다. 이러한 관련성은 환경영향평가에서 쉽게 찾아 볼 수 있는데, 대상지역의 환경 현황, 개발 사업에 따른 영향의 분석, 그리고 대안의 마련과 같은 과정을 거치면서 개발에 따른 영향의 저감 대책으로 모색할 수 있는 것 중에 하나가 바로 생태복원이 된다.

구체적으로 스트레스는 생태복원에 있어서 고려해야 할 중요한 사항이다. 스트레스는 "측정 가능한 생태적 변화를 야기 시키거나 생태적 발달을 제한하는 환경 영향"이라고 간단히 정의될 수 있기 때문이다(Bill Freedman, 1995). 스트레스를 야기 시키는 요인은 그 성격에 있어서 물리적, 화학적 혹은 생물학적인 환경 인자와 관련될 수 있다. 스트레스의 요인은 그 기원에 따라 외부적인 것과 내부적인 것으로 구분할 수 있다. 외부적인 요인으로는 살충제와 가스와 같은 독성 화학 물질을 들 수 있다.

기존의 내적인 인자의 강도가 높아짐에 따라 야기되는 스트레스가 있는데, 영양물질 부하의 증가, 풍속 및 온도의 상당한 증가가 있는 경우에 발생할 수 있다. 이와 같이 여러 가지 유형의 스트레스 원인의 생태적 영향에 대한 이해, 특히, 장·단기적 피해의 성격, 스트레스의 점오염원 주위에서 관찰되는 생태적 피해의 공간적 패턴, 그리고 스트레스의 강화 혹은 경감으로부터 야기되는 생태적 변화에 대한 이해는 생태복원에 있어 필수적인 과정이라고 보아야 한다.

2) 환경생태학의 주요 이론

가) 기후변화와 관리

(1) 기후변화의 개념

기후변화협약에서 이야기하는 기후변화라 함은 인간 활동에 직접 또는 간접으로 기인하여 지구 대기의 구성을 변화시키는 상당한 기간 동안 관측된 자연적 기후 가변성에 추가하여 일어나는 기후의 변화를 말한다. 문제는 이 기후변화에 따른 부정적인 효과로 기후변화에 기인한 물리적 환경 또는 생물상의 변화로 자연적 생태계 및 관리되는 생태계의 구성·회복력 또는 생산성, 사회·경제 체제의 운용 또는 인간의 건강과 복지에 대하여 현저히 해로운 효과를 야기하는 것을 말한다.

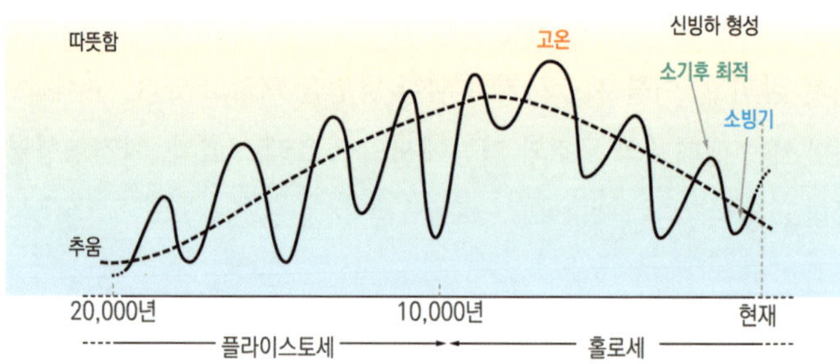

*주) 점선은 북위 65도에 도달하는 태양복사의 지구 궤도의 주기적 변동으로 얼마나 변화하는가를 보여주고, 실선은 실제 지구 온도 변화의 추정치를 의미함.

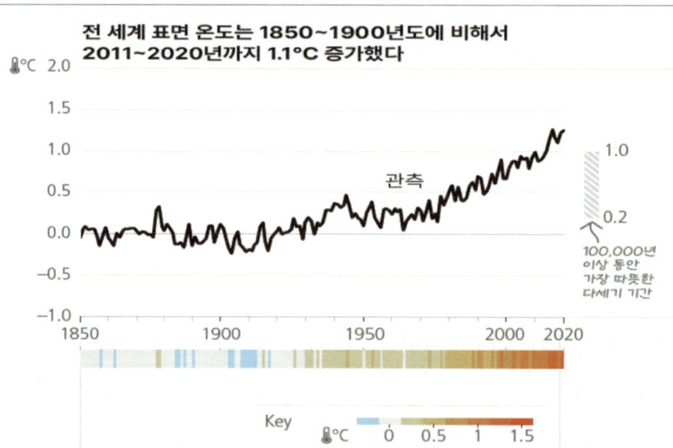

[그림 2-79] 지난 20,000년간 기후 변동과 1850년 이후 기후 변화

※ 자료출처: 위 그림- Pielou, 1991. 아래 그림 - IPCC, 2023.

기후변화협약은 기후 체계가 위험한 인위적 간섭을 받지 않는 수준으로 대기 중의 온실가스 농도를 안정화시키자는 것이다. 이러한 원인은 온실효과에 기인하고 있다고 볼 수 있는데, 지구가 원래 평균 기온 15℃를 유지할 수 있는 것도 대기 중에 존재하는 일정량의 온실가스에 의한 것이다. 이러한 온실효과가 없다면 지구의 평균 기온은 −18℃까지 내려가 대부분의 생명체는 살 수 없게 된다. 그런데, 지난 100년 동안 이러한 온실효과를 일으키는 물질들의 대기 중 농도가 증가하여 인류는 기후변화라는 전 세계적인 문제에 직면하게 되었다. 이들의 주된 원인은 산림 벌채 등과 같은 각종 개발에 의해 자연의 자정 능력이 약화되고, 산업화에 따른 화석 연료의 사용량 증가로 인위적으로 발생하는 이산화탄소의 양이 증가되어 온실효과가 커진 것이다. 이로 인하여 지구의 평균 기온이 올라가는 지구 온난화 현상이 발생하고 있다.

다만, Fred Singer 등(2009)은 지구온난화가 1,500년을 주기로 이루어지는 기후 변동 주기에 해당될 뿐이라는 주장을 제기하고 있다. 즉, 현재 지구가 따뜻해지는 것은 1,500년을 주기로 이루어지는 하나의 반복적인 현상일 뿐이며, 인류가 우려하는 수준의 재앙이나 대변동은 없을 것이라는 것이다. Pielou(1991) 등도 과거 20,000년부터 약 2,500년의 주기로 춥거나 더운 기후가 반복되고 있다고 주장했다([그림 2-79] 참고). Pielou(1991)의 그림에서 현재에 가장 가까운 소빙기는 약 400~300년 전으로 보고 있다. 참고로 이 소빙기의 근거는 극지방에 있는 빙하 높이에 의한 것이다. 그리고 관측되고 있는 자료에 의한 최근의 지구온난화 현상은 1850년 이후의 기후변화 그래프에서 보여준다.

(2) 기후변화의 원인

기후변화에 관한 정부 간 협의체(IPCC, Intergovernmental Panel on Climate Change)에서는 6차례의 보고서를 통해 기후변화의 원인이 인간의 활동에 의한 화석연료 및 온실가스 배출로 인한 것임을 과학적으로 증명하고 있다. 즉, 산업혁명 이후 화석연료 사용 증가가 대기 중 온실가스 농도를 높여 지구의 기후변화를 일으키는 것이다. 온실가스란 대기를 구성하는 여러 가지 기체들 가운데 온실효과를 일으키는 기체로 제3차 당사국총회(COP : Conference of the Parties)에서 이산화탄소(CO_2), 메탄(CH_4), 아산화질소(N_2O), 수소불화탄소(HFCs), 과불화탄소(PFCs), 육불화유황(SF_6)을 6대 온실가스로 지정하였다.

온실가스가 지구온난화에 기여하는 정도는 IPCC가 제시한 지구온난화지수(Global Warming Potential, GWP)를 통해 알 수 있으며, 이산화탄소를 1로 보았을 때, 메탄은 21, 아산화질소는 310, 불소계 가스는 1,300~23,900이다. 주요 온실가스의 배출원은 에너지를 사용하는 차량 및 산업 공정에서 배출되는 것으로서 전체 온실가스의 85%를 차지하고 있다.

지구온난화의 약 60%는 이산화탄소에 의한 것이며, 이는 주로 화석연료의 사용에 따른 것이다. 대기 중의 이산화탄소 농도는 산업혁명 이전의 280ppm에서 2005년 현재 379ppm으로 35%가 증가한 상태이다. 향후 2100년까지 평균 기온은 20세기말 대비 1.1~6.4℃, 해수면은 18~59㎝가 올라갈 것으로 예측하고 있다. 이러한 기온 상승 속도는 과거에 지구가 변해온 과정과 비교해 볼 때 무려 100배나 빠른 속도다.

(3) 기후변화의 영향

기후변화로 인해 극지방과 고산지대의 빙하와 적설 지대가 감소하고, 결빙 기간 및 겨울철이 짧아졌다. 대신에, 식물 생육 기간은 늘어났고 집중 호우와 같은 극한 기상 현상이 자주 발생하였다. 우리나라도 1912년 이래로 지구온난화와 도시화 효과로 평균 기온이 1.5℃가 상승하여 전 세계 평균 기온 상승폭보다 높다. 1990년대의 겨울은 1920년대에 비하여 약 한 달 정도 짧아진 반면, 여름과 봄은 길어져 개나리, 벚나무 등 봄꽃의 개화 시기가 빨라졌다. 특히 여름철보다는 겨울철의 최저 기온이 크게 상승하였고, 강수의 횟수나 강수량보다는 집중 호우 발생 횟수가 증가하는 경향을 보이고 있다. 특히, 집중 호우 발생 시기를 1996~2010(13년) 시기와 2011~2022(12년) 시기로 구분해서 비교해 보았을 때 과거엔 7월에 강수량이 가장 많았으나, 최근엔 8월 강수량이 가장 많은 경향을 보였다(정희정 등, 2023).

이러한 기후변화는 해수면 상승, 홍수, 가뭄, 생태계 변화, 빙하 해빙과 함께 각종 질병을 증가시키는 등 인류가 직면한 가장 심각한 환경위기라고 할 수 있다. 이와 관련하여 기후변화 2023 보고서(IPCC, 2023)에서는 [그림 2-80]에서와 같이 기후변화로 인해 관측된 광범위하고 실질적인 영향, 그와 관련된 손실과 피해 등을 제시했다.

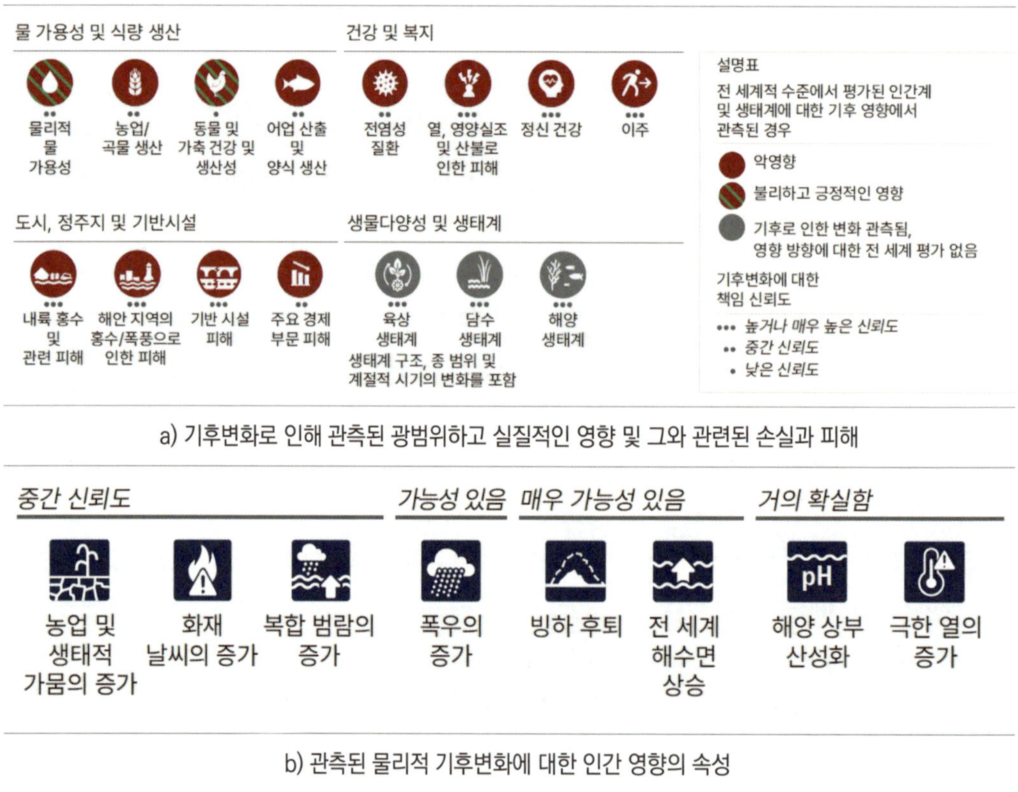

[그림 2-80] 기후변화에 따른 손실과 피해, 인간 영향의 속성

※ 자료출처: IPCC, 2023.

(4) 기후변화의 대응 방안

기후변화 문제에 대한 대응 방안은 크게 완화 방안과 적응 방안으로 구분한다. 완화 방안(mitigation)은 기후변화의 주된 원인이 되는 지구온난화 현상을 저감시키는 방법으로서 지구온난화를 유발시키는 온실가스 발생원을 감소시키거나 온실가스 흡수원을 확충하는 것을 의미한다. 이러한 완화 정책에는 기름, 석탄과 같은 화석에너지 사용을 줄여 온실가스의 배출량을 감축시키고, 태양, 바람, 물, 지열, 식물 등을 이용한 자연에너지 활용을 늘리고, 발생된 온실가스의 포집 및 저장 등을 통하여 온실가스를 줄여 나가는 것이다. 그러나 온실가스가 대기 중에 머무는 시간은 수십 년에서 수백 년 정도로 지금부터 배출을 감축한다고 하더라도 향후 100년간 지구온난화는 계속될 것이며, 현 상황에서 최소한 향후 50년간은 온난화를 피할 수 없을 것이다. 따라서 이러한 기간 동안 발생할 수 있는 물 부족, 생태계 변화, 질병, 집중 호우 등에 대한 적응 방안이 필요하다. 구체적으로 적응 방안(adaptation)은 기후변화로 인하여 현재 발생하고 있거나 앞으로 발생할 것으로 예측되는 다양한 위험요소에 대하여 자연적·인위적 시스템 등을 활용하여 조절함으로써 피해를 저감시키는 것을 의미한다. 홍수를 대비하기 위해서 하천의 계획 빈도를 상향시키거나 하천변 완충녹지대를 조성하는 것, 가뭄에 대비한 수자원 관리, 해수면 상승에 대비한 방파제 건설 등이 적응 방안에 해당한다.

한편, 기후테크(Climate Tech) 혹은 기후기술이란 온실가스 배출 감소 등 기후변화 문제 해결에 도움을 주는 모든 범위의 기술을 총칭하는 것으로 대부분의 산업에 적용할 수 있다. 국가기후기술정보시스템에 따른 국가기후테크는 탄소배출을 줄이거나 흡수하는 완화(mitigation)와 기후변화로 달라진 환경에서 살아가도록 돕는 적응(adaption), 그리고 완화·적응 융복합으로 구분한다. 앞서도 제시한 바와 같이 완화는 자원의 활용을 줄이기 위한 인류의 조정 활동 또는 온실가스의 흡수원을 증대시키는 활동을 의미한다. 감축 분야를 크게 '온실가스 저감' 영역과 '온실가스 고정'으로 이분화하며, 온실가스 저감 영역의 경우 에너지 공급, 에너지 저장·운송 및 에너지 수요 세 가지 영역으로 구분하였다. 여기에 해당하는 구체적인 것들은 비재생 에너지, 재생 에너지, 신에너지, 에너지 저장, 송배전·전력 IT, 에너지 수요, 온실가스 고정 등 7개로 분류한다.

적응은 인간 및 자연시스템에서 기후변화로 인해 발생하는 환경적, 사회적 및 경제적 위험과 영향에 대응하기 위한 기술 전반을 포함하였다. 여기에 해당하는 것으로 농업·축산, 물 관리, 기후변화 예측 및 모니터링, 해양·수산·연안, 건강, 산림·육상으로 분류한다.

마지막으로 완화·적응 융복합은 IPCC 용어집에서는 별도로 구분하지 않았으나, 기술의 진보성에 의한 신기술 출현 및 학제간의 융합으로 융·복합 기술의 출현이 예상됨에 따라 기후기술 분류 체계 수립 과정에서 새로운 대분류로 구분하였다. 다분야 중첩을 중분류로 구분하였고, 세분류에는 신재생에너지 하이브리드, 저전력 소모 장비, 인공광합성, 분류 체계로 다루기 어려운 기후변화 관련 기타 기술 등을 포함한다.

[표 2-19] 국가기후테크 분류 체계

<table>
<tr><th>대분류</th><th colspan="4">중분류</th><th>소분류범위</th></tr>
<tr><td rowspan="22">감축</td><td rowspan="20">온실
가스
저감</td><td rowspan="13">에너지
생산
&
공급</td><td rowspan="13">발전
&
전환</td><td rowspan="3">(1) 비재생 에너지</td><td>1. 원자력 발전</td></tr>
<tr><td>2. 핵융합 발전</td></tr>
<tr><td>3. 청정화력 발전·효율화</td></tr>
<tr><td rowspan="8">(2) 재생에너지</td><td>4. 수력</td></tr>
<tr><td>5. 태양광</td></tr>
<tr><td>6. 태양열</td></tr>
<tr><td>7. 지열</td></tr>
<tr><td>8. 풍력</td></tr>
<tr><td>9. 해양에너지</td></tr>
<tr><td>10. 바이오에너지</td></tr>
<tr><td>11. 폐기물</td></tr>
<tr><td rowspan="2">(3) 신에너지</td><td>12. 수소제조</td></tr>
<tr><td>13. 연료전지</td></tr>
<tr><td colspan="2" rowspan="4">에너지 저장
& 운송</td><td rowspan="2">(4) 에너지저장</td><td>14. 전력저장</td></tr>
<tr><td>15. 수소저장</td></tr>
<tr><td rowspan="2">(5) 송배전 & 전력IT</td><td>16. 송배전 시스템</td></tr>
<tr><td>17. 전기지능화 기기</td></tr>
<tr><td colspan="3" rowspan="3">(6) 에너지 수요</td><td>18. 수송효율화</td></tr>
<tr><td>19. 산업효율화</td></tr>
<tr><td>20. 건축효율화</td></tr>
<tr><td colspan="4" rowspan="2">(7) 온실가스고정</td><td>21. CCUS</td></tr>
<tr><td>22. Non-CO_2 저감</td></tr>
<tr><td rowspan="18">적응</td><td colspan="4" rowspan="4">(8) 농업 & 축산</td><td>23. 유전자원&유전개량</td></tr>
<tr><td>24. 작물재배&생산</td></tr>
<tr><td>25. 가축질병관리</td></tr>
<tr><td>26. 가공, 저장&유통</td></tr>
<tr><td colspan="4" rowspan="4">(9) 물관리</td><td>27. 수계&수생태계</td></tr>
<tr><td>28. 수자원 확보 및 공급</td></tr>
<tr><td>29. 수처리</td></tr>
<tr><td>30. 수재해 관리</td></tr>
<tr><td colspan="4" rowspan="2">(10) 기후변화예측 및 모니터링</td><td>31. 기후 예측 및 모델링</td></tr>
<tr><td>32. 기후정보 & 경보 시스템</td></tr>
<tr><td colspan="4" rowspan="3">(11) 해양, 수산 & 연안</td><td>33. 해양생태계</td></tr>
<tr><td>34. 수산자원</td></tr>
<tr><td>35. 연안재해 관리</td></tr>
<tr><td colspan="4" rowspan="2">(12) 건강</td><td>36. 감염 질병 관리</td></tr>
<tr><td>37. 식품 안전 예방</td></tr>
<tr><td colspan="4" rowspan="3">(13) 산림 & 육상</td><td>38. 산림 생산 증진</td></tr>
<tr><td>39. 산림 피해 저감</td></tr>
<tr><td>40. 생태 모니터링 & 복원</td></tr>
<tr><td rowspan="5">감축/적응
융복합</td><td colspan="4" rowspan="5">(14) 다분야 중첩</td><td>41. 신재생에너지 하이브리드</td></tr>
<tr><td>42. 저전력 소모 장비</td></tr>
<tr><td>43. 에너지하베스팅</td></tr>
<tr><td>44. 인공광합성</td></tr>
<tr><td>45. 분류체계로 다루기 어려운 기후변화 관련 기타 기술</td></tr>
</table>

※ 자료출처: 국가기후기술정보시스템(https://www.ctis.re.kr/ko/techClass/classification.do?key=1141)

나) 대기오염과 관리

(1) 개념

대기오염이란 인위적 혹은 자연적인 원인에 의해서 발생한 물질이 대기 중에 확산되어 그 물질의 농도나 지속 시간이 사람 및 동·식물의 생활을 방해하게 되는 상태를 말한다. 참고로 세계보건기구(WHO)에 따르면 대기오염이란 대기 중에 인위적으로 배출된 오염물질이 한 가지 또는 그 이상 존재하여 오염물질의 양, 농도, 지속시간의 과잉으로 특정 지역의 다수에게 불쾌감을 주는 상태 혹은 공중보건상 인간, 동·식물 및 재산에 위해하고 쾌적한 생활을 방해하는 상태라고 정의하고 있다.

(2) 오염원

대기오염물질의 근원이 되는 것은 자연적인 것과 인위적인 것으로 구분할 수 있는데, 자연적인 것은 번개에 의한 산불, 꽃가루의 분산, 바람에 의한 토양의 침식 등이 있다. 반면, 인위적인 것은 인간의 활동에 의한 것으로 공장이나 자동차에서 화석연료의 연소 등이 포함된다.

배출원을 물리적 배출 형태로 분류하면 크게 고정 배출원(stationary source)과 이동 배출원(mobile source)으로 나눌 수 있으며, 이들을 다시 점오염원(point pollutant source), 선오염원(line pollutant source), 면오염원(area pollutant source)으로 구분한다. 점오염원에는 화력발전소와 같이 굴뚝 형태로 배출되는 대형 배출 시설이 해당되고, 선오염원은 자동차, 기차, 비행기, 선박 등과 같이 일정한 경로를 따라 이동하면서 연속적으로 배출하는 것을 말한다. 면오염원은 도시지역에서 일반 주택과 같이 소규모 배출 시설이 밀집하여 널리 분포되어 있을 때를 말한다.

[그림 2-81] 배출원의 분류

대기오염 물질의 발생원은 공장, 자동차의 배기에 의한 것이 주가 되고, 그 발생 메카니즘으로 1차 오염(primary pollutants)과 2차 오염(secondary pollutants)으로 구별한다. 1차 오염은 각종 발생원으로부터 대기 중에 배출되는 황산화물 속스(SOx, 예를 들어 이산화황), 일산화탄소, 질소산화물 녹스(NOx, 예를 들어 이산화질소), 불화물, 암모니아, 염소 등의 가스나 미립자 등이다. 여기에는 일산화탄소나 이산화탄소 등이 포함되어 있다.

2차 오염은 대기 중에 배출된 오염물질끼리의 상호작용이나 오염물질과 대기의 정상 성분과의 반응, 태양방사에 의한 광화학 반응 등에 의해서 오염물질이 변질되어 대기오염을 형성하는 것이다. 즉, 대기 중에서 2가지 혹은 그 이상의 성분들 사이에 화학 반응이 일어나 형성되는 해로운 화학물질을 말한다.

한편, 일반적으로 사용하는 대기오염물질의 분류는 대기오염물질의 물리적인 성상에 따른 것으로 물리적 상태가 가스인 물질들은 가스상 오염물질로 분류하고, 물리적 상태가 고체상인 물질들은 입자상 오염물질로 분류된다. 입자상 오염물질에는 분진, 재, 검댕, 에어로졸, 먼지, 안개, 훈연, 매연, 연무 등이 대표적으로 포함된다. 가스상 오염물질에는 황산화물(SOx), 질소산화물(NOx), 탄화수소(HC), 할로겐화합물, 일산화탄소(CO), 옥시던트(oxidant), 그리고 이산화탄소(CO_2) 등이 있으며, 이들 중 중요한 것은 황산화물과 질소산화물이다. 대부분의 가스상 대기오염물질들은 화석연료의 연소 과정에서 주로 발생한다.

(3) 대기오염의 영향

(가) 대기오염의 현상

대기오염이 발생하게 되면 여러 가지 좋지 않은 현상이 발생하는데, 스모그 발생, 도시열섬 현상, 산성비 등이 있다.

스모그(smog)는 smoke와 fog의 합성어로 산업적 스모그와 광화학적 스모그로 분류할 수 있다. 산업적 스모그는 아황산가스와 부유 입자상 물질 및 아황산가스로부터 형성된 황산액적 등의 혼합물이다. 광화학적 스모그는 1차 대기오염물질들과 이들이 햇빛의 영향 하에 서로 반응하여 형성되는 NO_2, O_3, H_2O_2 등의 2차 대기오염물질들과의 조합을 말한다.

우리에게 잘 알려진 스모그 사건은 산업적 스모그인 런던 스모그 사건과 광화학적 스모그인 LA 스모그 사건이 있다. 런던 스모그 사건은 공장에서 배출된 가스와 가정의 난방에 의한 매연이 주요 원인이었으며, 이 대기오염으로 런던 스모그가 발생한 전체 기간에 걸쳐서 약 12,000여명이 사망한 것으로 알려졌다. LA 스모그는 자동차 배기가스에 의해서 발생한 스모그이다.

도시의 열섬 현상(heat island)은 도시 지역의 대기 특성에 의해서 주변의 전원 지역보다 상대적으로 기온이 높아지는 현상을 말한다. 전 세계적으로 도시들은 주변 전원 지역보다도 보통 1~4℃정도 더 높은 것으로 알려져 있다. 이러한 현상으로 도심지의 따뜻한 공기는 오염물을 동반, 상승하고 팽창하여 도시 변두리 지역으로 흐르면서 냉각되고, 도시 변두리의 보다 찬 공기가 도시 중심지의 지표 부근으로 흐르게 된다.

산성비(acid rain)는 석탄, 석유 등의 화석연료의 연소로 생성된 이산화황, 질소산화물이 대기 중에서 화학 반응으로 황산, 질산으로 변환되어 형성된 것이다. 일반적인 자연 상태의 강우는 pH 5.6의 수준인데, 이 이상으로 산성의 비가 내리면 산성비라고 한다. 산성비는 천연수를 산성화시킴으로써 생태계에 대한 영향이 매우 크다. 또한, 토양 내에서 영양염류가 용출되므로 식물이나 산림에 대한 피해가 크다. 그리고 건축물이나 예술품에도 영향을 미치며, 인체의 건강에도 악영향을 주기도 한다.

최근에는 황사 문제와 더불어 미세먼지 농도가 뜨거운 이슈로 부상하고 있다. 미세먼지는 지름이

10㎛보다 작은 미세먼지(PM_{10})와 지름이 2.5㎛보다 작은 초미세먼지($PM_{2.5}$)로 구분한다. 이러한 미세먼지는 석탄·석유 등의 화석연료를 태울 때나 공장·자동차 등의 배출 가스에서 많이 발생한다. 우리나라에서 이슈가 되고 있는 미세먼지는 발생 원인이나 외국의 유입량 등에 대한 연구가 활발하지만, 자료마다 원인 비율이 다른 실정이다. 즉, 중국 등 외국에서 유입되는 미세먼지의 양은 적게는 30%, 많게는 72%까지 보기도 한다.

반면, 황사는 중국 내륙에 위치한 내몽골 사막에서 강한 바람으로 인해 자연적으로 만들어진 모래와 흙먼지로서, 칼륨, 철분 등 토양 성분으로 이루어져 있다. 이 황사가 바람을 타고 오염된 지역을 거치게 되면 건강에 위협을 주게 된다.

황사와 미세먼지가 다른 성질의 것이지만, 두 가지 모두 우리의 건강에 영향을 직접적으로 미치는 것인 만큼 이를 줄이기 위한 노력이 절대적으로 필요하다.

(나) 대기오염의 영향

대기오염은 인체에 영향을 미침과 동시에 동·식물, 그리고 지구생태계에도 영향을 미친다.

인체에 영향을 미치는 것은 폐질환, 심장질환, 순환기계 질환 등을 갖고 있는 노약자와 어린이가 쉽게 피해를 받고, 일반인도 대기 오염에 장기간 노출되면 호흡기 관련 질환을 가질 수 있고, 결과적으로 수명도 줄어들 수 있다.

또한, 대기오염은 식물과 동물에 직접적인 피해를 주며, 동물보다는 식물에 직접적이고 큰 영향을 미친다. 식물에게 피해를 주는 유해성분은 CO_2를 제외한 모든 분진과 가스라고 할 수 있으며, 가스 중에서는 SO_2가 주된 원인으로 판단되고 있다. 대기오염과 식물 피해와 관련하여 좀 더 구체적으로 살펴보면, 대기오염물질은 식생에 직접 영향을 주기도 하지만 더 심각한 것은 비에 녹아 토양에 이입되어 토양을 산성화시키는 것이다(정환도, 2012). 산성화된 토양은 식물의 생식기관이나 잎에 영향을 주어 식물 생리 및 대사 과정에 이상을 주며, 이는 양분유실, 독성물질 증가, 인산 흡수 감소, 뿌리 활력 저하, 토양미생물 활동을 둔화시켜 결국 고사 현상이 발생하는 등 직접 또는 간접적으로 영향을 미친다(Smith, 1980).

한편, 대기오염은 오존층의 파괴와 지구온난화 등에도 영향을 미친다.

(4) 대기오염 저감 대책

대기오염은 발생 전 제어와 발생 후 제어로 구분할 수 있다. 발생 전 제어(input control)는 인간의 활동에 의해서 대상 대기오염물질이 발생되는 것을 막거나 감소시키는 것이다. 이러한 방법에는 인구 증가의 억제, 자원의 재활용, 재사용과 내구성 및 부품 교체의 용이성을 겸비한 상품의 생산 등을 통한 자원 절약, 에너지 사용의 절약과 효율적 사용, 그리고 화석연료가 아닌 신재생에너지로의 전환 등이 있다.

발생 후 제어(output control)는 일단 발생한 대상 대기오염물질에 대한 처리, 처분을 통하여 대기 중으로 방출을 억제시키는 것이다. 여기에는 입자상 오염물질을 제거하기 위한 싸이클론, 백필터, 정전기식 집진기, 습식 분진 제거 장치 등이 있다. 또한, 가스상 오염물질의 제거를 위해서 흡수, 흡착, 연소 등의 방법을 사용할 수 있다.

(5) 미세먼지 관리

2018년 8월 제정된 미세먼지 저감 및 관리에 관한 특별법에서는 대기환경개선 종합계획을 고려하여 5년마다 미세먼지 저감 및 관리를 위한 종합계획을 수립·시행하도록 요구하고 있다. 미세먼지 관리 종합계획에서의 관리 대상 물질은 초미세먼지($PM_{2.5}$), 황산화물(SOx), 질소산화물(NOx), 휘발성 유기화학물(VOCs), 암모니아(NH_3) 등이다. 관리 계획에서는 산업부문, 수송부문, 발전부문, 농업·생활부문 등으로 구분하여 제시하고 있다. 여기서 생활부문에는 도심지역도 포함되어 있는데 도심 내 Eco-인프라 확충 및 '생활권 숲' 조성·관리는 대표적인 대책 중에 하나이다. 이를 위해 옥상 소생태계 조성이나 생태복원 사업 추진, 미세먼지 차단숲 등이 세부 내용으로 적시되어 있다.

한편, 미세먼지는 발생원뿐만 아니라 기상 상황과도 밀접한 관련이 있는데, 풍속이나 강수, 대기 혼합고(Atmospheric Mixing Layer Height, 대기의 수직적인 대류현상(혼합)이 가능한 고도), 풍향 등이 영향을 미친다. 즉, 동일한 국내 배출 및 국외 유입 영향에서도 대기 정체, 강수 등 기상 여건에 따라 미세먼지 고농도 발생 또는 해소가 가능하다.

[표 2-20] 기상 요인에 따른 미세먼지 영향

기상요인	미세먼지 영향
풍속	• 풍속이 낮은 대기정체 현상 발생시 대기 중으로 배출되는 미세먼지가 축적되고 2차 생성이 활발하게 이뤄져 고농도 발생에 유리한 여건으로 작용
강수	• 대기 중 강우시 미세먼지 입자가 씻겨 내려가는 세정 효과가 발생하여 미세먼지 농도 저감에 유리하게 작용
대기 혼합고	• 대기 혼합고가 높은 경우 대기가 수직으로 활발히 혼합되어 미세먼지가 확산되고 농도가 줄어드는 효과 발생
풍향	• 서풍 또는 북서풍 계열의 풍향일 경우 중국 등 국외 유입 영향이 증가하여 미세먼지 관리에 불리하게 작용

※ 자료출처: 관계부처 합동, 2019.11.

특히, 겨울 및 봄철은 여름철에 비해 미세먼지에 영향을 주는 기상여건이 불리하게 작용한다.

[표 2-21] 계절적 기상 특성과 미세먼지 영향

겨울 및 봄철	여름철
• 강한 북서풍 형성 • 지면냉각과 찬 기단의 정체로 대기역전층 형성 • 강수량이 적어 세정 효과 미미 • 저온에서 질산염 생성 증가	• 남동풍계열 청정기류 유입 • 지면가열에 따라 수직적 대기혼합 활발 • 장마 등 강수에 의한 세정 활발 • 고온에서는 질산염 생성 불리

※ 자료출처: 관계부처 합동, 2019.11.

이러한 특성 때문에 계절관리제의 개념을 도입하고 있는데, 계절관리제는 고농도 시기에 평상시보다 강화된 저감 정책을 시행하는 것으로, 기저(base) 농도를 낮춰 고농도 발생 강도 및 빈도를 완화하는 것을 목표로 한다. 이 대책에서는 평시보다 강한 국민건강 보호 조치도 계절관리제 범주에 포함한다.

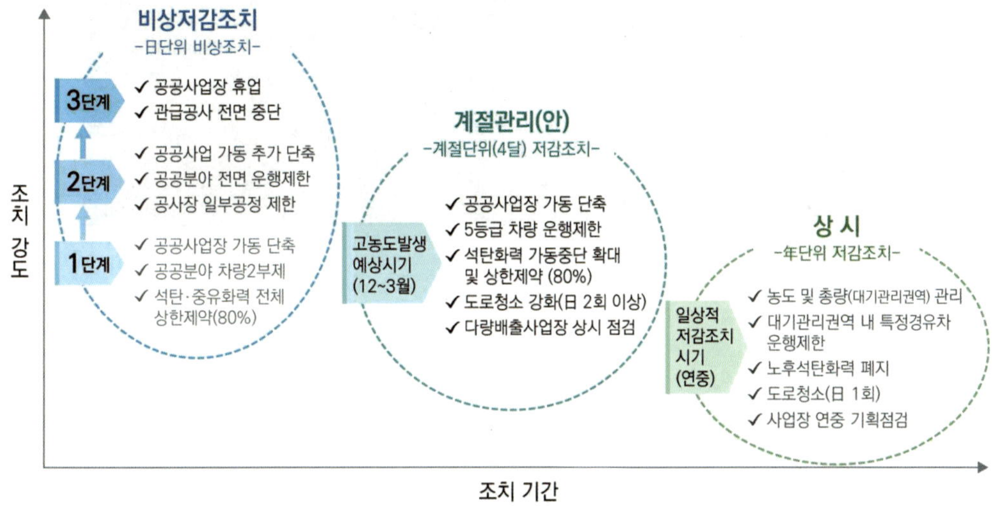

[그림 2-82] 계절관리제에 따른 대책

※ 자료출처: 관계부처 합동, 2019.11.

앞의 그림에서 상시저감 대책은 법·대책에 따른 평상시 저감 정책을 시행하는 것을 말하며, 계절관리는 고농도 빈발 기간(12~3월)에 보다 강력한 조치를 시행하는 것이다. 그리고 비상저감 조치는 실제 고농도 상황에서 피해 최소화를 위해서 일(日) 단위로 조치를 시행하는 것을 의미한다.

한편, 황사와 미세먼지를 포함하여 대기오염을 줄이기 위한 대책 중에 하나가 바로 나무를 많이 심는 것이다. 수림대는 대기오염물질들을 걸러주는 역할을 하며, 반대로 깨끗한 공기를 생성하는 역할도 한다. 국립산림과학원에 따르면, 도시숲이 도심의 부유먼지(PM_{10})를 25.6%, 미세먼지($PM_{2.5}$)를 40.9%까지 줄였다고 밝혔다. 이 연구 결과는 2017년 4월 17일부터 5월 4일까지 국립산림과학원이 위치한 홍릉숲의 3개 지점(숲 경계, 내부, 중심)과 홍릉숲에서 2㎞ 떨어진 도심에서 부유먼지와 미세먼지 농도를 측정하여 비교·분석하여 얻은 값이다(산림청, 2017년 5월 30일 보도자료).

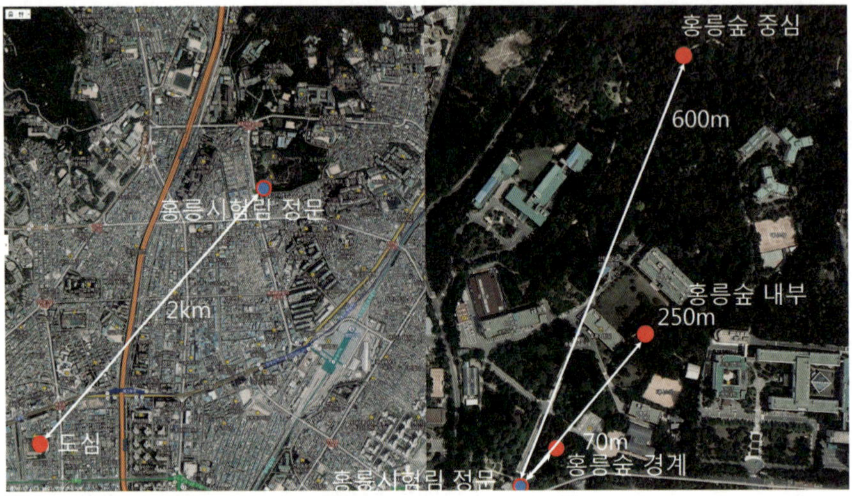

[그림 2-83] 도시숲에 의한 미세먼지 저감 효과 실험 측정 위치

※ 자료출처: 산림청 보도자료(2017.5.30)

[그림 2-84] 도시숲의 미세먼지 저감 모식도

※ 자료출처: 산림청 보도자료(2017.5.30)

한편, 도시 내에서 대기오염물질이 정체되지 않도록 바람길을 확보해 주는 것도 매우 중요한 방법이 된다. 바람길을 수림대와 하천 등 자연적인 공간으로 만들어주면, 대기오염 저감에 기여할 수 있다.

특히, 황사는 국경을 넘나드는 환경 문제로서 사막화 현상과도 관련되어 있기 때문에 산림청에서는 지난 2007년부터 몽골과 함께 한·몽 그린벨트조림사업을 추진한 바 있다. 그리고 2016년부터는 몽골 자민우드시 지역의 사막화 방지를 위한 건조지 녹화 파트너십(GDP)을 추진하고 있다. 건조지 녹화 파트너십(Greening Dryland Partnership, GDP)은 개도국의 사막화와 토지 황폐화, 가뭄 대응 등을 위해서 사막화 방지 조림, 산림 조성 등의 사업을 지원하는 것이다(산림청, 2015년 8월 11일 보도자료). 이처럼 황사나 미세먼지의 저감을 위해서도 생태복원은 중요한 역할을 한다.

한편, 실내에서의 미세먼지 및 초미세먼지의 저감을 위한 실내정원(indoor garden)에 대한 실험적 연구와 기술 개발은 농촌진흥청 등에서 상당히 많이 진행하고 있다.

다) 수질오염과 관리

(1) 개념

수질오염은 일반적으로 사람 활동의 직·간접적 영향에 의해서 육수나 해수의 수질이 악화되는 현상을 말한다. 수질 변화는 그 속의 생물상에 영향을 미치고 질적·양적인 변화를 일으키는 원인이 된다. 수질오염은 외부에서의 영향에 의해서 직접 수질이 악화되는 1차 오염(primary pollution)과 외부에서의 영향에 의하여 수중에서 2차적으로 생긴 물리적·화학적 혹은 생물적인 과정에 의해 수질이 악화되는 2차 오염(secondary pollution)으로 구분한다.

(2) 오염원

수질오염을 유발하는 오염원은 크게 점오염원(點汚染源, point source)과 비점오염원(非點汚染源, nonpoint source)으로 구분할 수 있다. 점오염원은 폐수배출시설, 하수발생시설 등으로서 관거·수로 등을 통하여 일정한 지점으로 수질오염물질을 배출하는 배출원을 말한다. 비점오염원은 도시, 도로, 농지, 산지, 공사장 등으로서 불특정 장소에서 불특정하게 수질오염 물질을 배출하는 배출원을 뜻한다. 물환경보전법에 의한 정의는 이 책의 "제6장. 생태복원 관련 국내 법, 정책과 제도"에서 제시하였다.

점오염원은 오염물질의 유출 경로가 명확하여 자료 수집이 쉽고, 계절에 따른 영향이 상대적으로 적은 만큼 연중 발생량 예측이 가능하여 처리 시설의 설계와 유지·관리가 상대적으로 용이하다.

반면, 비점오염원은 오염물질의 유출 및 배출 경로가 명확하게 구분되지 않아 수집이 어렵고 발생량·배출량이 강수량 등 기상 조건에 크게 좌우되기 때문에 처리 시설의 설계 및 유지관리가 어려운 편이다. 비점오염원에는 농작물에 흡수되지 않고 농경지에 남아있는 비료와 농약, 초지에 방목된 가축의 배설물, 가축사육농가에서 배출되는 미처리 축산폐수, 빗물에 섞인 대기오염물질, 도로 노면의 퇴적물과 중금속, 합류식 하수관거에서 강우 시 설계량을 초과하여 하천으로 흘러드는 오수·하수와 빗물의 혼합수 등이 있다.

[표 2-22] 점오염원과 비점오염원의 특성 비교

구 분	점오염원	비점오염원
배출원	공장, 가정하수, 분뇨 처리장, 축산 농가 등	대지, 도로, 논, 밭, 임야, 대기 중의 오염물질 등
특 징	• 인위적 • 배출 지점이 특정·명확 • 관거를 통해 한 지점(주로 처리장)으로 집중적 배출 • 자연적 요인에 영향을 적게 받아 연중 배출량의 차이가 일정함 • 오염원을 수집하기 용이하고 처리 효율이 높음	• 인위적 및 자연적 • 배출 지점이 불특정·불명확 • 희석, 확산되면서 넓은 지역으로 배출 • 강우 등 자연적 요인에 따른 배출량의 변화가 심하여 예측이 곤란함 • 오염원을 수집하기 어렵고, 처리 효율이 일정치 않음

점오염원과 비점오염원은 상대적인 개념으로 공장을 예로 들면, 관거를 통해 수집되어 수질오염 방지 시설을 통해 처리되는 공장 폐수를 배출하는 공장 시설은 점오염원인데 반해, 그 외 처리를 거치지 않고 하천으로 유입되는 강우 유출수를 배출하는 야적장 등의 공장부지는 비점오염원에 해당된다.

(3) 수질오염의 영향

수질오염은 인체, 용수(用水), 수중생태계 등에 다양한 영향을 미친다. 인체에 미치는 영향은 직·간접적인 방법에 의해서 이루어지며, 심각할 경우에는 미나마타병, 이따이이따이병과 같은 질병을 일으킨다. 또한, 물놀이 등을 할 수 있는 친수공간에서 수질이 오염될 경우에는 피부병 유발 등의 다양한 문제를 일으키기도 한다.

한편, 용수에는 음용수나 공업 및 농업용수 등에 영향을 미쳐 생산품의 품질 저하 등의 문제점을 일으킨다.

생태 측면에서는 부영양화, 용존산소의 고갈, 녹조·적조·수화 현상, 생물농축과 먹이사슬, 열오염, 침적현상 등의 문제를 일으킨다. 부영양화는 하천이나 하구, 호소 등에 유기물 또는 질소나 인 등의 영양염류가 과다 공급되어서 식물성 플랑크톤 즉, 조류(藻類, algae)의 이상 번식을 촉진하여 물 색깔의 변화와 투명도 저하를 초래하게 됨으로써 생물의 서식이 어렵게 되는 것이다. 이러한 부영양화를 일으키는 원인 물질은 영양염류로서 주로 질소, 인 등이다. 그 중에서도 담수에서는 인이 더 중요하다고 보고 있는데, 이는 1973년 캐나다의 Lake 226의 실험에서 입증된 바 있다(박상규 등, 2022). 그리고 해수에서는 질소가 부영양화를 일으키기 쉬운 요인이다(이율경, 백현민, 2023). 이들 물질은 수중식물의 영양소가 되기도 하지만, 자정작용을 초과하여 과다해질 경우에는 조류(algae) 등의 식물성 플랑크톤이 급격히 늘어나면서 과밀 성장함에 따라 막대한 수중 산소가 소비되어 물고기 등 수중생물은 산소 부족으로 죽게 된다.

한편, 수온 상승에 따른 수질오염을 열오염(thermal pollution)이라 하며, 많은 수중생물들이 수온에 영향을 받으므로 이러한 환경 변화로 큰 영향을 미칠 수 있다. 일반적으로 열오염은 화력 및 원자력 발전소 등에서 배출되는 냉각수가 원인이 된다.

(4) 수질오염 저감 대책

오염된 물을 처리하기 위한 방법은 물리적 처리, 화학적 처리, 생물학적 처리 등으로 구분할 수 있다.

물리적 처리는 스크린(screen), 침전, 침사지, 부상, 여과, 흡착 등의 방법이 있다. 여기서 침전은 부유물 중에서 중력에 의해서 제거될 수 있는 침전성 고형물을 제거하는 것을 말한다. 침사지(沈砂池, grit chamber)는 모래, 자갈 등을 제거하는 공정을 말한다. 또한, 여과는 공극이 있는 매질층을 통하여 물을 통과시켜서 부유물을 제거하는 방법으로 특히, 침전으로 제거되지 않은 미세한 입자의 제거가 효과적이다. 여과제로는 모래나 무연탄, 규조토 혹은 세밀하게 짜여진 섬유 등이 사용된다.

화학적 처리에는 중화 및 pH 조절, 살균, 염소에 의한 살균, 약품 응집 등이 있다.

생물학적 처리에는 상당량의 유기물 성분을 이산화탄소의 형태로 분해, 안정시키거나 메탄가스의 생성으로 폐수 내 유기물을 제거시킴으로써 처리 후 생성물 양이 비교적 적게 된다. 생물학적 처리 방법은 주로 미생물을 이용하여 폐수 내의 오염물질을 분해, 해독 및 분리시키는 것으로 관여하는 미생물로는 세균, 균류, 조류(algae), 원생동물 등이 있으며, 일부 하등동물도 관여한다. 이러한 생물학적 처리는 산소의 이용 유무에 따라 호기성 처리와 혐기성 처리로 구분한다. 호기성 처리에는 활성오니법, 살수여상법, 회전원판법, 산화지법 등이 있으며, 혐기성 처리에는 혐기성 소화조법, 부패조법 등이 있다.

• 생태계에 기반한 관리

수질오염을 비롯한 생태환경의 관리에 있어서 생태계 기반 관리(Ecosystem-based Management, EBM) 접근의 중요성이 강조되고 있다. 이 개념의 출발은 5대호(Great Lakes)와 관련되어 있다. 이 지역은 캐나다인의 1/3, 미국인의 10%가 거주하는 지역으로 호수의 부영양화가 심화되자 주민의 쾌적한 삶의 질 향상을 위하여 수질 관리의 필요성이 증대되기 시작하였다. 이에 따라 Boundary Water Treaty(1909), The Great Lakes Water Quality Agreement of 1972 등을 통하여 수생태계의 보존과 수질 개선 기법들을 적용하는 수환경 관리를 시작하였으나, 큰 개선 효과가 나타나지 않았다. 이와 더불어 사회적 연계성이 떨어져 지역주민, 정당, 협회, 이해당사자 등의 무관심 속에 방치되기만 했다.

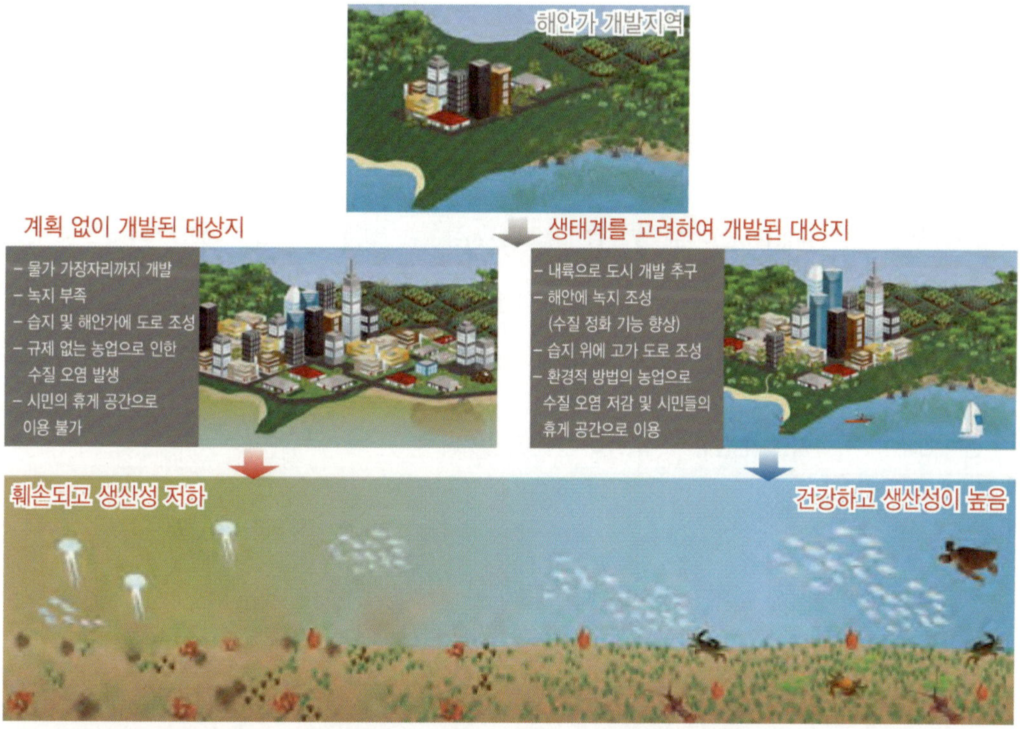

[그림 2-85] 생태계 기반 관리 방안(EBM)을 적용하지 않은 경우와 적용한 경우의 비교

※ 자료출처: UNEP, 2011.

5대호 주변으로 계속되는 인구 증가, 토지이용, 인간 행태 등으로 생태계 관리에 한계가 따르자 환경수용력을 고려한 관리의 필요성을 지각하고, 1978년 국제연합위원회(International Joint Commission, IJC)에서 인간 활동을 포함한 생태계 관리 개념의 접근을 제안하면서 생태계 내에서 인간 행태를 고려한 관리가 시행되기 시작하였다.

수질 개선의 효과가 나타나지 않은 것은 기술적인 문제가 아니고, 사회적 구성원들의 행동이나 인식, 불합의 등이 더 큰 원인을 제공한 것으로 나타났다. 또한, 지나치게 보존 중심적인 접근의 한계를 확인하고 미국과 캐나다는 5대호(Great Lakes)를 중심으로 "Ecosystem-based Management(EBM)"라는 용어를 만들고 적용하기 시작하였다.

즉, 제아무리 기술적으로 뛰어난 접근을 하더라도 그 지역에 거주하거나 영향을 미치는 사람들이 관심을 갖지 않고 오염 행위를 지속하게 된다면 수질 개선 효과는 나아지지 않는다는 것이다. 이를 개선하기 위한 방법이 바로 생태계 기반 관리(EBM)인데, 수질 관리에 있어서 기술적 접근과 사회·인문학적 접근을 융합시킨 것이라 할 수 있다.

위와 같이 생태계에 기반한 관리의 개념이 태동하면서 생태계 관리에 있어서도 인문·사회적인 요소를 융합하는 관리 방식을 강조하기 시작하였다. 기존의 관리 방법과 생태계에 기반한 관리 방법을 비교해 보면 [표 2-23]과 같다.

[표 2-23] 관리 방법의 패러다임 변화

구분	기존의 관리 방안	생태계 기반 관리 방안	비고
대상	특정종	생태계	생태계: 식물, 동물, 사람간의 네트워크 지역
범위	한정된 범위	다양한 단계의 범위	여러 기관의 협력이 필요한 범위
시간적 시점	단기적(1~5년) 시점	장기적(20년) 시점	생태계 기반 관리로 인한 세계 빈곤 퇴치
인간과 관계	인간과 분리된 생태계	인간이 포함된 생태계	커뮤니티와 사회경제 체계는 생태계와 하나로 생각됨
관리 방법	연구와 분리된 관리 방법	적응형 관리 방법	생물과 생태는 연계되어 과학적 이론에 기초한 관리
관리 이유	자연자원관리	지속적 자연자원 서비스	생물종과 생태계는 하나이므로 생산성을 유지해야 함

※ 자료출처: UNEP, 2006.

생태계의 관리 방식에 있어서 기존의 관리 방식인 생태계 관리(Ecosystem Management, EM)는 생태계에 기반한 관리(EBM)와 목표, 대상, 철학적 측면에서 개념적 차이가 있다([표 2-24] 참고). 생태계 관리(EM)는 자원 중심의 보존 및 복원을 기본 개념으로 효율적이고 윤리적인 자연 자원의 사용 및 관리 방안 설립을 목표로 한다. 반면, 생태계에 기반한 관리(EBM)는 생물물리학·사회경제적인 요소들의 상호작용과 각 생물체 및 활동의 연관성을 고려한 관리 방안 설립을 목표로 한다. 또한, 생태계 관리(EM)의 대상은 자원 사용적 측면을 중요시하되 지역적인 단계를 대상으로 자연에만 국한되었지만, 생태계에 기반한 관리(EBM)는 사회·경제적 요소를 포함하기 위하여 기관 간의 협력을 중요시하되 사람을 포함한 생태계 전 범위를 대상으로 하는 데 차이가 있다.

[표 2-24] 생태계 관리(EM)와 생태계에 기반한 관리(EBM)의 차이점

구분	생태계 관리 (Ecosystem Management)	생태계에 기반한 관리 (Ecosystem-Based Management)
목표	• 사회경제적, 정치적, 문화적 요소를 고려하나 자원생태계 보존 및 복원에 초점을 맞춤 • 효율적, 윤리적인 자연자원 사용 및 관리방안 수립을 목표로 함	• 생물물리학 및 사회경제적 요소의 상호 작용을 연구함 • 각 생물체 및 활동(사회적, 생태적)의 연관성을 조사하여 관리방안 마련을 목표로 함
대상	• 자원 사용적 측면을 중요시 함 • 지역적인 단계를 대상으로 하되 자연에만 한정하도록 함	• 사회경제적 요소를 포함하기 위하여 기관 간의 협력을 중요시함 • 생태계 범위(사람을 포함한) 전체를 대상으로 하되 지자체, 지역주민 등을 대상으로 함
철학	• 전체적인 생태계 이해, 관리, 방제가 가능함을 시사함	• 생태계 이해, 관리, 방제의 어려움을 납득하고, 인간 활동 요소를 제외한 생태계의 보전 및 복원은 불가능함

※ 자료출처: 환경부, 2012.

한편, 공동체에 기반한 관리(Community-based Management, CBM)는 자연자원 등의 공유물이 시장 기능 하의 관리에 맡겨지면 과다한 사용으로 인해 고갈될 수 있다는 전제에서 출발한다. 이 개념은 엘리노어 오스트롬(Elinor Ostrom) 교수가 산림, 관개 시스템, 수산자원 등과 같은 공공재들이 정부의 통제적 관리보다는 공동체의 협력적 자율관리로 이러한 문제가 해결될 수 있다는 주장에서부터 시작되었다(Ostrom, 1990). 몇몇 정부 주도에 의한 정책들은 자원의 붕괴를 가속화시켰지만, 자원을 이용하는 사람들은 자원의 지속가능성을 향상시키기 위한 노력과 시간을 투자함으로써 관리해 나가는 것을 재차 확인하였다(Ostrom, E., 2009). 즉, CBM은 정부 통제보다는 지역사회에 의한 협력 및 자발적 관리를 통해서 문제가 해결될 수 있다는 관점에서 관리하는 접근 방법이며, 복합적인 사회·경제 시스템(SES, social-ecological systems)을 지속가능하게 하는 관리 방식이다. 공동체에 기반한 관리(CBM)의 장점은 정부 통제적 관리보다 활동의 실행과 모니터링에 있어 공동체의 책임의식과 주인의식이 강화되어 효율적인 결과를 창출할 수 있으며, 상황에 따라 유연하고 적응적인 관리가 가능하다는 점이다. 뿐만 아니라 지역주민 참여로 다수의 동의를 이끌어 낼 수 있으며, 지역 내의 전문적 지식을 극대화시켜 활용할 수 있다(WWF, KIOST, 2014). 참고로 오스트롬(Ostrom)은 개릿 하딘(Garrett Hardin, 1968)의 '공유지의 비극(Tragedy of the Commons)' 문제를 이해관계자들의 조정을 통해서 즉, 공동체에 기반한 관리(CBM) 기법을 통해서 얼마든지 해결할 수 있음을 보여줬다.

라) 토양오염과 관리

(1) 개념

토양오염은 대기오염이나 수질오염에 비해서 그 심각성이 뒤늦게 알려진 분야이지만, 최근 토양오염에 따른 농작물의 오염 및 유류에 의한 토양오염 등으로 사회적으로 이슈화가 되고 있다. 토양오염은 산업과 생활 활동에서 배출되는 유해물질에 의해서 발생되며, 이로 인해 농작물에 유해물질이 흡수되어 이를 인간이 섭취함으로써 건강을 해치거나 식물과 동물의 생육을 저해하는 현상이라고 할 수 있다(박석환, 1997). 한편, 토양환경보전법(2022.12.13., 일부 개정 기준) 제2조에서는 "토양오염"을 사업 활동이나 그 밖의 사람의 활동에 의하여 토양이 오염되는 것으로서 사람의 건강 · 재산이나 환경에 피해를 주는 상태를 말한다고 정의하고 있다.

(2) 오염원

토양오염은 농약류, 산업폐수, 생활하수, 방사능 물질, 대기오염 물질, 일반 및 특정 폐기물 및 기타 오염원에 의해서 이루어지며, 원인 물질로는 유기물, 무기염류, 중금속 등이 있다. 특히, 중금속은 인체에 유해한 카드뮴, 납, 수은, 구리, 아연 및 비소 등이 있다. 이러한 중금속은 토양에 장기간 잔류하여 농작물을 오염시켜 이를 섭취하는 인간과 가축의 체내에 잔류, 축적되어 급·만성 중독을 일으키기 때문에 토양오염의 주된 원인 물질은 중금속이라고 할 수 있다.

(3) 토양오염의 영향

토양오염이 미치는 영향은 중금속 등의 농작물 내 축적에 의한 인체 피해 그리고 난분해성, 축적성 살충제에 의한 야생동물의 피해 및 식물의 생산성 저하를 일으키는 식물의 피해 등을 들 수 있다. 이 중에서도 식물에 미치는 영향이 가장 크다고 할 수 있다.

토양오염은 토양의 산성화 또는 염분량을 증가시키기도 하고, 중금속을 증가시키기도 하며, 토양의 물리적 성질을 변화시키기도 한다. 토양의 산성화는 과다한 농약과 화학비료, 산성비 등에 의해서 발생할 수 있으며, 토양의 산성화는 식물의 성장을 저해시킨다. 토양의 중금속은 식물체 내에 흡수되어 잔류하게 되며, 이는 사람이 섭취하게 될 경우 큰 피해를 줄 수 있다. 또한, 토양을 악화시키는 물질로는 탄광폐수 등에서 발생되는 미립자가 있는데, 이들은 토양 내로의 공기 유통을 막기도 하며, 토양을 경질화시키기도 한다.

(4) 토양오염 저감 대책

토양오염의 저감은 예방 차원과 사후 대책으로 구분할 수 있다. 예방 차원은 농약의 사용을 제어하거나 폐수 및 폐기물의 관리를 철저히 함으로써 가능하다. 즉, 토양오염을 유발시키는 오염원들을 사전에 배출시키지 않도록 하거나 최소화시키는 것이 최선이다.

사후 대책으로는 토양의 조건을 고려한 식물 재배나 유해 중금속으로 오염된 토양은 토양 개량제 등을 사용하여 토양중의 중금속 농도를 줄이고, 객토를 실시하여 중금속 함량을 극소화시키는 방안도 있다. 특히, 토양 내 중금속 등 오염물질을 잘 흡수하는 식물을 재배하는 것도 좋은 방법이 되는데, 이 경우 재배한 식물은 거두어들인 후에는 폐기물로 처리해야 한다.

한편, 토양환경보전법(2022.12.13., 일부 개정 기준) 에서의 “토양정화” 개념은 생물학적 또는 물리적·화학적 처리 등의 방법으로 토양 중의 오염물질을 감소·제거하거나 토양 중의 오염물질에 의한 위해를 완화하는 것을 말한다.

(5) 토양오염 지역 복원

충남 서천군에 위치한 장항제련소는 일제강점기인 1936년 조선총독부가 건설, 1945년까지 운영했다. 해방 후 1947년부터 1971년까지는 국가 직영으로 운영됐다가 이후 민간으로 매각된 뒤 1989년 폐쇄됐다. 폐쇄된 뒤 제철소 운영 과정에서 배출된 오염물질이 토양과 농작물을 오염시키면서 주민들에게 집단으로 암이 발병하는 등 환경오염에 따른 문제가 나타났다. 이에 정부는 2009년부터 옛 장항제련소 토양오염 개선 종합대책을 수립한 뒤 환경부 주도로 2020년까지 주변 토지 매입과 토양 오염지역의 정화사업을 실시하였다. 이후 서천 브라운필드 그린뉴딜 사업을 추진할 계획을 수립하였다(환경부 보도자료, 2021.12.21.). 브라운필드(brownfield)는 산업시설 폐쇄지나 산업 활동 등으로 오염된 지역을 일컫는 말이다. 그리고 2023년 12월 ‘장항 국가습지복원사업’이 예비타당성조사를 통과함으로써 2029년까지 국가습지로 조성할 계획이다. 이 국가습지에는 습지와 생태숲 28만5000㎡, 녹지·전망시설·탐방로 22만9000㎡ 등이 들어설 예정이다.

[그림 2-86] 장항 국가습지복원사업 토지이용구상(안)

※ 자료출처: KDI 공공투자관리센터, 2023.12.

사진설명 : 태안 기지포 사구 복원 지역

3장 생태계 유형별 이론

3. 생태계 유형별 이론

가. 습지생태계

1) 개념

습지(wetland)란 말 그대로 정의하면 축축한 땅이다. 습지 및 물새와 관련된 국제협약인 람사르 협약(Ramsar Convention)에 따른 정의는 "자연 또는 인공이든, 영구적 또는 일시적이든, 정수 또는 유수이든, 담수, 기수 혹은 염수이든, 간조 시 수심 6m를 넘지 않는 곳을 포함하는 늪, 습원, 이탄지, 물이 있는 지역(areas of marsh, fen, peatland or water, whether natural or artificial, permanent or temporary, with water that is static or flowing, fresh, brackish or salt, including areas of marine water the depth of which at low tide does not exceed six metres)"이라고 정의하고 있다.

우리나라에서는 습지보전법에서 그 개념을 정의하고 있는데, 습지라 함은 "담수(淡水, 민물), 기수(汽水, 바닷물과 민물이 섞여 염분이 적은 물) 또는 염수(鹽水, 바닷물)가 영구적 또는 일시적으로 그 표면을 덮고 있는 지역으로서 내륙습지 및 연안습지"를 말한다. 여기서 "내륙습지"란 육지 또는 섬에 있는 호수, 못, 늪, 하천 또는 하구(河口) 등의 지역을 말한다. 또한, "연안습지"란 만조(滿潮) 때 수위선(水位線)과 지면의 경계선으로부터 간조(干潮) 때 수위선과 지면의 경계선까지의 지역을 말한다.

여기서, 염수와 기수, 그리고 담수를 나누는 일반적인 기준은 염분 농도로서 보통 바닷물의 평균 염분은 34~37psu(practical salinity unit)로서 평균 35psu 또는 34.7psu에 해당한다. 즉, 1㎏의 물에 35g의 소금이 들어있는 농도다. 우리가 일반적으로 해수라 하면, 염분이 17psu 이상인 상태를 말하며, 담수는 0.5psu 이하의 상태를 말한다. 기수(brackish water)는 염분이 0.5~17psu의 범주 내에 있는 경우를 말하는데, 문헌마다 약간의 차이는 있어 0.5~30psu까지도 기수의 범주에 포함시키는 경우도 있다.

2) 구성 요소

습지의 구성 요소는 습지 생태계가 갖고 있는 고유한 인자로서 습지를 판별하는 기준이 되기도 한다. 여기에는 습지 수문, 습윤 토양 그리고 습지 식생으로 구성되어 있다. 나라마다 차이는 있지만, 일반적으로 세 가지 조건 중 하나만 갖추어도 습지로 구분한다.

가) 습지 수문

습지 수문은 습지를 만들게 하는 근본적인 요소로서 수문학적 조건을 말한다. 참고로 수리학(hydraulics)은 정지해 있거나 흐르는 물을 중심으로 한 유체의 여러 가지 현상을 역학(mechanics)에 기초하여 규명하는 학문을 말한다. 특히 하천이나 운하 등에서의 물 흐름, 압력, 파동 등과 관련된 공학적 내용을 다룬다. 수문학(hydrology)은 지구의 물을 연구하는 과학으로 지표의 하천과 호수 그리고 지하수를 포함하는 물의 흐름과 특성을 취급하는 학문이다. 따라서 강수와 증발, 해양으로의 물 이동 등을 포함하여 물 순환 관련 내용을 다룬다. 일반적으로 습지는 일 년 내내 물이 있는 영구성 습지와 일 년 중 특정 기간만 물이 고이는 계절성 습지로 구분한다. 영구성 습지는 하천의 저수로나 호수와 같이 일 년 내내 물을 담고 있는 곳이며, 물이 항상 고여 있거나 흐르기 때문에 인지하기 쉽다. 반대로 계절성 습지는 겨울철 쌓인 눈에 의해 봄철에만 형성되는 습지(vernal pool, 봄 습지)나 여름철 범람에 의해서만 형성되는 습지와 같이 특정 시기에만 관찰되기 때문에 그 시기를 놓치면 확인하기 어렵다. 이럴 경우에는 범람한 흔적, 모래에서 흘러내려온 침전물, 씻겨 내려갔거나 물때 등에 노출된 지역, 습지 배수 패턴, 나무줄기에 이끼류 등의 흔적, 수목의 적응 형태, 물에 침수되었거나 씻겨 내려간 흔적, 물때가 든 잎 등을 통해서 습지였음을 판별할 수 있다.

여름철 범람으로 생긴 부유물질(쓰레기)의 흔적과 물 때(빨간색 화살표 아래 부분)는 습지 판별과 함께 습지 경계(wetland boundary) 설정을 위한 기준으로도 사용한다(경주 황룡강, 2022.10.04.).

[그림 3-1] 습지의 판별 인자로서의 습지 수문

[그림 3-1]에서 제시한 물 때 흔적은 습지의 경계를 설정할 때에도 활용하는 방법 중에 하나이다. 참고로 국립생태원(2020)이 작성한 "내륙습지 조사 지침"에서는 습지의 경계 설정 방법과 관련하여 다음과 같이 설명하고 있다. 습지의 경계 설정은 습지를 식별하거나 결정하는 개략적 판단 수준에서 설정한다. 그리고 습지 경계는 '습지 기초지도'의 경계를 우선적으로 적용하고, 습지의 변화로 경계가 상이한 경우에는 현지 조사 결과에 기초하여 작성한다. 효율적인 습지 경계 설정을 위해서는 고해상도

항공사진, 수치지형도, 토지피복도 등의 지리정보 자료를 활용하는 것이 좋다. 또한, 습지 경계 작성 시, 법정 보호구역 경계와 학술적으로 중요하다고 검증된 경계가 있는 경우에는 검증된 경계를 우선하여 적용한다. 습지 경계는 반드시 경계 후보지의 현지 조사를 한 후에 최종적으로 경계를 확정해야 한다.

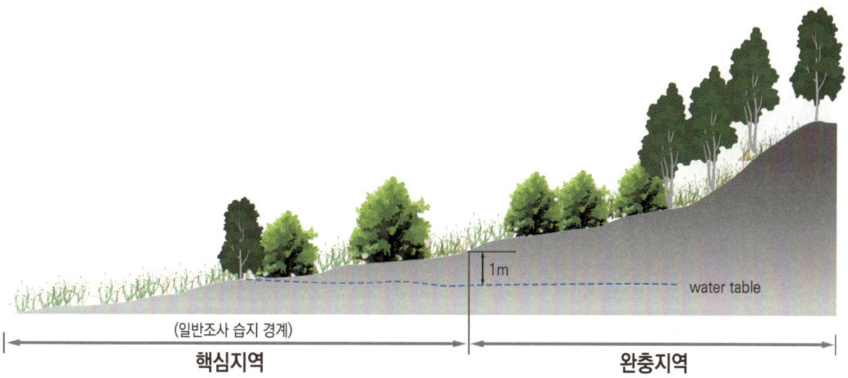

a) 산지형 습지의 경계 설정을 위한 일반적 모형

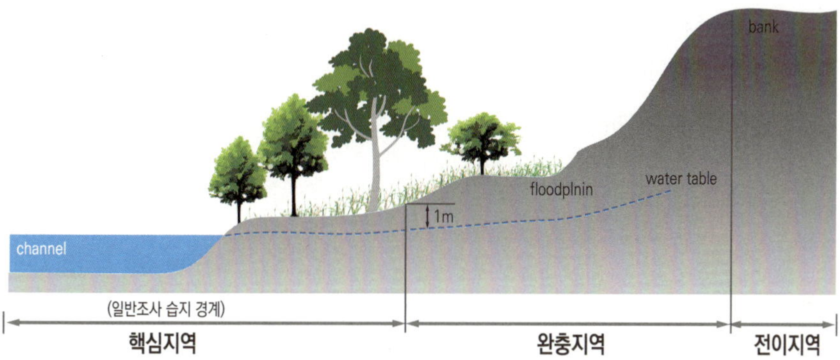

b) 하천형 습지의 경계 설정을 위한 일반적 모형

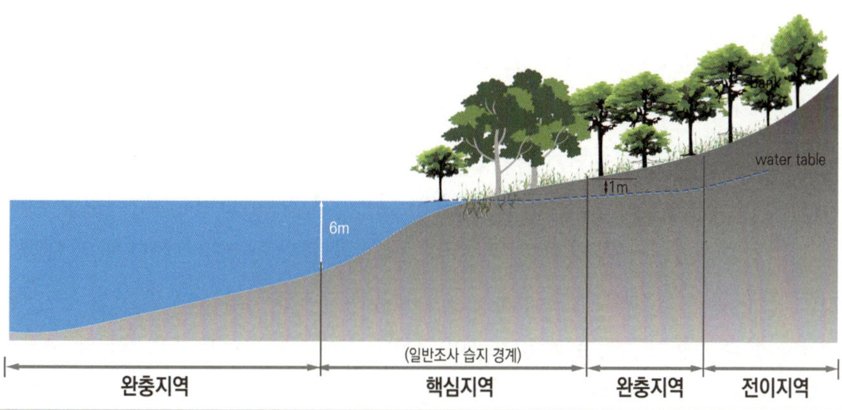

c) 호수형 습지의 경계 설정을 위한 일반적 모형

[그림 3-2] 습지 유형별 경계 설정 모형

※ 자료출처: 환경부, 국립생태원(2020)을 다시 그림.

이러한 경계 설정 단계를 거치고 나면, 이후 단계인 경계 설정 범위를 구체적으로 구획하기 위한 방법은 다음과 같다. 습지의 경계는 종·횡적 공간적 범위를 고려해야 하며, 현장에서 조사된 습지의 발달 정도와 규모 등을 종합하여 습지 경계를 결정한다. 국립생태원의 자료에서는 습지 유형별로 경계 범위를 설정하는 방법을 제시하였는데, 여기서는 공통된 사항만 간략히 제시하고자 한다. 우선 수역 경계는 수생식물이 분포하는 한계선까지 설정하고, 육상경계는 제외지와 제방경계까지로 한다. 그리고 제외지 내 인공 포장재로 덮여있는 지역(아스팔트, 콘크리트, 보도블록 등)은 제척한다. 습지보호지역 등 법정 보호구역으로 지정된 경우에는 경계 범위와 상관없이 법정 보호구역을 우선으로 한다.

한편, 계절형 습지의 경우 얼마만큼의 기간 동안 물이 고여야 하는지는 미국 공병대의 자료에서 확인할 수 있는데 일 년 중 평균 45일 이상인 경우로 해석할 수 있다([표 3-1] 참고).

[표 3-1] 습지 수문을 나타내는 지표

범주	명칭	지속 정도	비고
I	지속적으로 침수되어 있는 습지	100%	침수 평균 수심 2m
II	반지속적에서 지속적으로 침수되어 있는 지역	〉75~〈 100%	침수 평균 수심 2m 이하
III	주기적으로 침수되는 지역	〉25~75%	
IV	계절적으로 침수되는 지역	〉12.5~25%	45일/1년
V	비규칙적으로 침수되는 지역	〉5~12.5%	이러한 수문 성격을 지닌 많은 지역이 습지가 아님
VI	간헐적 또는 침수되지 않은 지역	〈 5%	이러한 수문 성격을 지닌 지역은 습지가 아님

※ 자료출처: U.S. Army Corps of Engineers(1987)를 수정함.

나) 습윤 토양

습윤 토양은 습지 수문 조건 등의 영향으로 물이 항상 있는 공간에서의 토양 특성을 나타내는 것이다. 습지 토양은 기본적으로 물에 의해 공기가 있는 공간이 줄어들어 혐기성 특성을 나타낸다. 이러한 이유로 습지 토양은 화학적, 물리적 변화를 거치게 된다. 대표적이고 가장 먼저 발생하는 변화로 산소의 급속한 감소를 들 수 있다. 토양 공극에 채워져 있는 공기가 식생이나 토양미생물에 의해 소모되면 침수 조건이기 때문에 그 공간이 물로 채워지며, 그 결과 점차 산소가 부족한 혐기 환경이 된다. 이러한 환경에서는 죽은 식생 등에 대한 분해 작용이 거의 이루어지지 않고, 오랜 세월 동안 축적된 결과 이탄층(peatland)과 거름기 있는 유기질 토양이 형성되어 유기물의 농도가 높아진다. 또한, 식생이나 미생물에게 중요한 질소, 철분, 망간, 황 등의 무기염류가 불용성으로 전환되며, 토양으로부터 이동되거나 유리되어 심한 경우 생명을 위협하는 수준에까지 이르게 된다. 이러한 화학적 변화는 물리적 변화를 초래하며, 그 대표적인 예가 토양 색채의 변화이다. 습지 토양은 밝은 적색이나 갈색, 노란색 등으로 나타나는 내륙 토양과는 달리 무기염류로 인해 짙은 회색이나 검은색으로 나타난다. 때로는 망간이온, 철이온 등이 집적되고 산화되어, 밝은색 위에 짙은 색의 반점이 나타나기도 한다. 일반적으로 포화 상태에서 산화·환원층이 뚜렷하게 구별되고, 지하수위가 낮아지면 산화층이 발달하여 이탄층의 분해가 촉진된다. 이러한 습윤 토양이 조성되기까지는 시간이 걸리며, 규칙적이고 지속적인 침수와 범람이 필요하다. 이런 특성을 갖는 습지 토양은 달걀 썩은 냄새(토양 내 황화수소), 토양색, 유기질 토양이나 검은 사질토양 등의 지표로써 확인할 수 있다.

[표 3-2] 습윤 토양 인자

지 표	문 헌
• 유기질 토양 또는 검은 사질토양	Ce, Co, Cy, G, K, Ke
• 황성분 또는 냄새(달걀 썩는 냄새)	Ce, Co, G, K
• 토양 색채	Ce, Co, Cy, G, K, Ke, F
• 반점 또는 응결물	Co, K, Kw, F
• 지표면에 물이 흐른 흔적 – 작은 수로 등	Co
• 토성 및 토양경도	Ke

※ 자료출처: Ce: USACE(US Corps), 1988; Co: US Corps, 1987; Cy: Cylinder *et al.*, 1995; F: USFWS, K: Kent, 2001; Ke: Kentula *et al.*, 1993; T: Tiner, 1999

다) 습지 식생

습지 식생은 물과 토양을 확인하지 않아도 우리가 습지임을 판별하는 데 있어서 가장 쉬운 접근 방법이 된다. 수문 조건과 토양 조건을 충족하는 공간에선 어김없이 습지 식물들이 자라게 되는데, 이를 통해서 습지임을 판별할 수 있다.

이른 봄의 버드나무 종류는 새잎이 일찍 나와서 손쉽게 습지임을 확인해 주는 주요 인자가 된다. / 습생식물이 서식하는 공간은 습지임이 분명함을 알려준다.

[그림 3-3] 습지의 판별 인자로서의 습지 식생

습지 식생은 토양이 지속적 또는 주기적으로 범람하거나 침수되어 물로 포화된 토양에 적응된 식생으로서, 습지 토양의 혐기성 환경에 적응하기 위하여 뿌리에 산소를 공급하기 위한 생존 전략을 마련하고 있다. 대부분의 습지 식생은 천근성 뿌리 분포를 보이는데, 이는 습지 토양의 표토 부분은 비교적 호기성 환경이 존재하므로 이 얇은 표층의 호기성 토양에 뿌리를 뻗기 때문이다. 또한, 갈대와 같이 속이 빈 줄기가 많은데, 이는 대기 중의 공기를 뿌리까지 전달할 수 있게 하는 역할을 한다. 수생식물은 육상식물과 다르게 물 밖의 환경 변화에 큰 영향을 받지 않으므로 잎 표면의 큐티클 층이 없거나 표피 세포가 매우 얇은 것이 특징이다. 또한, 기공이 발달해 있지 않은 경우가 많으며, 육상식물의 기공이 잎의 뒤쪽에 있는 것과는 달리 부엽식물의 경우 잎의 앞쪽에 기공이 있는 것을 볼 수 있다.

습지식물은 통기 조직(aerenchyma, 그물 또는 관 모양으로 연결되어 공기가 이동할 수 있는 조직)이 발달해 있는데, 종에 따라 통기조직의 비율은 체적의 30~60%로 다양하다. 통기 조직은 식물체가 물 위에 쉽게 뜨거나 물속에 서식하는 경우에도 식물체 내의 공기 순환을 가능하도록 한다. 육상식물이 뿌리를 통하여 물과 양분을 흡수하는 반면 수중식물의 뿌리는 식물을 지지하며 주로 무기영양소를 흡수하는 역할을 한다.

습지 식물의 일반적인 서식 조건으로 지형은 경사가 완만해야 유리하다. 토양은 토성의 영향을 많이 받는데, 사질, 점질토가 유리하며, 적절한 토심으로 대형 정수식물은 토심 1m, 소형 정수식물과 부엽식물은 50~60㎝가 필요하다. 수심과 수위 변동은 습지 식물의 분포에 영향을 미치는 가장 중요한 인자이다. 정수식물의 경우, 일반적으로 수심 2m까지 생육이 가능하다. 부엽식물과 침수식물은 수심에 대응하여 발달하고 분포하는데, 부엽식물은 3.5m 이하의 수심에서 주로 생육한다(이율경·백현민, 2023). 한편, 유속이 너무 빠르면 생육이 불가하므로 천천히 흐르거나 고여 있는 상태일수록 식물 분포와 생육에 유리하다.

습지 식생은 크게 습생식물과 수생식물로 구분한다. [그림 3-4]에서 보는 바와 같이 평수위를 기준으로 하여 수생식물은 물에서 생활하는 식물이며, 습생식물은 물가에서 생활하는 식물이다. 수생식물은 다시 정수식물과 부엽식물, 침수식물과 부유식물로 구분한다. 참고로 우리나라 수생식물은 130종류 내외이고, 습지식물은 이보다 많은 230~280종류 내외로 본다(한반도의 생물다양성 누리집, 2024년 2월 검색 기준).

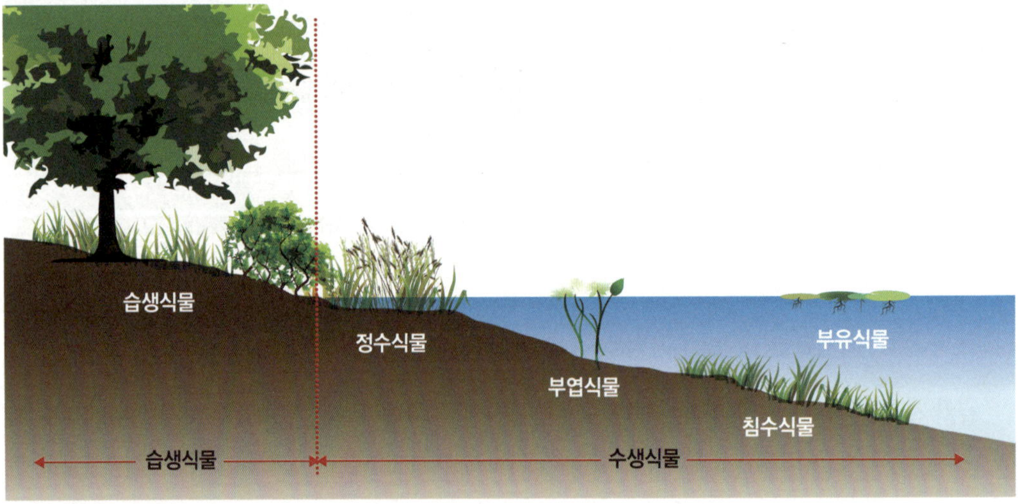

[그림 3-4] 생활형에 따른 습지 식생 구분도

[표 3-3] 습지 식물의 생활 특성과 예

분류		주요 식물종
수생식물	정수식물	• 갈대, 줄, 달뿌리풀, 애기부들, 꼬마부들, 부들, 연, 큰고랭이, 송이고랭이, 질경이택사, 매자기, 미나리, 보풀, 흑삼릉, 물옥잠, 창포, 노랑꽃창포 등
	부엽식물	• 노랑어리연, 어리연, 수련, 각시수련, 가래, 네가래, 자라풀, 순채, 마름 등
	침수식물	• 말즘, 붕어마름, 새우말, 나사말, 검정말, 물질경이, 물수세미 등
	부유식물	• 개구리밥, 좀개구리밥, 생이가래, 통발 등
습생식물		• 초화류: 물억새, 모새달, 골풀, 부처꽃, 털부처꽃, 물봉선, 고마리, 꽃창포, 동의나물, 낙지다리, 삼백초 등 • 관목류: 갯버들, 떡버들, 키버들 등 • 교목류: 버드나무, 능수버들, 당버들, 왕버들, 오리나무 등

※ 주) 주요 식물종은 정연숙 등(2020)을 기준으로 제시함.

한편, 미국의 야생동물보호청(The U.S. Fish and Wildlife Service)에서는 적응 환경 요구도에 따라서 습지식물을 절대습지식물, 임의습지식물 등으로 분류하였다. 우리나라에서는 국립생물자원관(2020)에서 발간한 한반도 관속식물의 습지선호도 분류 기준을 [표 3-4]와 같이 구분하였다.

[표 3-4] 한반도 관속식물의 습지 선호도 분류 기준

구 분	약어	특 성	대 표 종
절대습지식물 (Obligate wetland plant)	OBW	자연상태에서 거의 항상 습지에서만 출현하는 식물 (습지 출현빈도>98% 추정)	각시수련, 겨풀, 골풀, 달뿌리풀, 꽃창포, 뚝새풀 등
임의습지식물 (Facultative wetland plant)	FACW	대부분 습지에서 출현하나 낮은 빈도로 육상에서도 출현하는 식물 (습지 출현빈도 71~98% 추정)	갈풀, 물억새, 꽃여뀌, 오리나무 등
양생식물 (Facultative plant)	FAC	습지와 육상에서 비슷한 빈도로 출현하는 식물 (습지 출현빈도 31~70% 추정)	붓꽃, 강계버들, 강아지풀, 관중, 금불초, 수양버들, 신나무 등
임의육상식물 (Facultative upland plant)	FACU	대부분 육상에서 출현하나 습지에서도 낮은 빈도로 출현하는 식물 (습지 출현빈도 3~30% 추정)	까마중, 갈퀴나물, 괭이밥, 수크령 등
절대육상식물 (Obligate upland plant)	OBU	자연상태에서 거의 항상 육상에서만 출현하고 습지에서는 거의 출현하지 않는 식물 (습지 출현빈도<3% 추정)	각시원추리, 개별꽃, 국수나무 등

※ 자료출처: 정연숙 등(2020)을 기준으로 대표종을 예시하여 수정함.

한편, 습지 식생에 따라서 습지 유형을 분류할 수 있는데, 소택지(swamp)는 버드나무류 등 목본성 수종이 대표종이 되며, 습초지(marsh)는 갈대류, 사초류 등의 초본성 수종이 대표종이 된다. 알칼리 습원(fen, 저층습원)은 진퍼리새, 동자꽃 등이 대표종이며, 습원(bog, 고층습원, 이탄늪)은 물이끼, 식충식물(끈끈이주걱, 통발 등), 양치류 등이 대표종이다.

한편, 갯벌과 같은 해안 습지에서는 염분을 견딜 수 있는 퉁퉁마디, 칠면초, 해홍나물, 나문재와 같은 염생식물(halophyte)이 전형적으로 나타난다. 염생식물은 생육하고 있는 지역의 수분 정도에 따라서 건생 염생식물과 습생 염생식물로 구분한다.

새섬매자기는 다년생 염생식물로 분류한다. 땅속에서 자라나는 덩이줄기(괴경)는 겨울 철새인 고니류의 중요한 먹이자원이기 때문에 낙동강하구 등에서 복원하고 있다(사진은 서천 장항 송림해수욕장의 새섬매자기임).

[그림 3-5] 염생식물로 분류하는 새섬매자기

3) 유형

습지의 유형은 매우 다양하게 구분될 수 있으며, 구분하는 방법도 다양하게 나타난다. 현재 국제적으로 가장 일반적이고 널리 사용되는 분류 체계는 람사르 협약에서 마련한 습지 유형 분류 체계(Classification System for Wetland Type)이다. 이 분류 체계는 1990년 당사국 총회에서 승인되었고 이후 수정된 것으로, 각 지역의 대표적인 주요 습지 서식처 유형을 신속하게 파악하기 위해 전체 습지 유형을 42가지로 구분하였다. 대분류는 연안습지와 내륙습지, 인공습지로 구분한다. 그리고 다시 해안형 습지와 하구형 습지, 하천형 습지, 호수형 습지, 소택형 습지, 그리고 인공형 습지로 세분화된다.

해안형 습지(coastal wetland)는 바닷가에 형성된 습지이다. 일반적으로 해안형 습지는 개방 수면의 바다와 이와 관련된 만을 포함하고 있으며, 항상 바닷물에 잠겨있는 개방된 해양이나 해안을 포함한다. 파도와 해수의 흐름, 조석 현상이 있으며, 염분 농도는 일반적으로 17psu(practical salinity unit 혹은 ‰) 이상이다. 식생과 동물 분포를 결정하는 인자는 파도에 노출되는 정도, 기반의 질감과 물리·화학적 특성, 파도의 크기, 위도 등이 있다.

해안형 습지의 종류에는 갯벌, 연안지대의 자갈이나 암석, 해안 사구 등이 해당한다. 갯벌은 조류로 운반되어 온 미세한 흙들이 파도가 잔잔한 해안에 오랫동안 쌓여 생기는 평탄한 지형으로 암반 지역, 펄 갯벌, 모래 갯벌, 펄과 모래가 섞인 혼성 갯벌 등으로 구분한다. 다양한 염생식물이 자생하거나 철새, 어패류 등의 서식처로 생태적 가치가 매우 높다. 해안 사구는 해류·하안류에 의하여 운반된 모래가 낮은 구릉 모양으로 쌓여서 형성되는 지형을 말한다. 생태적으로 해안 및 내륙습지와 기능적으로 연계되기 때문에 매우 중요한 생태계로 분류한다.

하구형 습지(estuarine wetland)는 내륙의 강이나 하천이 바다와 만나는 지역에 형성되는 습지이다. 물의 염분적 특성을 고려해 보면, 담수와 염수가 만나기 때문에 기수(brackish water)라는 독특한 특성을 갖게 된다. 일반적으로 기수는 담수와 염수의 점이대에 해당하기 때문에 다른 곳에 비해서 생물다양성이 상대적으로 높다고 할 수 있다.

하구는 일반적으로 하천이나 강이 바다로 유입되는 어귀에 형성되고, 강이나 만, 바닷물목과 같은 곳의 입구에 근접한 임의의 선(imaginary line)까지를 하구습지의 범위로 생각한다.

하구형 습지는 하구역에 형성된 갯벌이나 석호 등이 대표적인 예가 된다. 우리나라의 대표적인 하구는 5대강 하구가 있으나, 대부분 인위적으로 막혀 있으며, 한강하구는 군사분계선 때문에 자연적인 하구 구조를 갖고 있다. 우리나라의 석호는 동해안 지역에 집중적으로 분포하는데, 석호(lagoons)는 바다가 모래 등으로 가로막혀 생긴 호수를 말한다. 동해안 일대에 경포호, 청초호, 영랑호, 화진포호 등이 있다.

해안형 습지 | 하구형 습지

[그림 3-6] 해안형 습지와 하구형 습지

하천형 습지(riverine wetland)는 흐르는 물의 특징을 갖는 습지로서 강이나 하천, 실개울, 도랑 등이 모두 포함된다. 해안 및 하구형 습지를 제외한 내륙 습지 중에서 물이 흐르는 특징이 습지 유형을 구분하는 주요 요소가 된다.

인공형 습지(artificial wetland)는 생성되는 원인이 사람의 인위적인 간섭에 의해서 형성된 습지라고 할 수 있다. 우리나라의 저수지, 염전, 논, 양식장이나 양어장 등은 대표적인 인공습지다.

하천형 습지 | 인공형 습지

[그림 3-7] 하천형 습지와 인공형 습지

호수형 습지(lacustine wetland)는 수면적이 비교적 넓은 습지로 일반적으로 8ha가 넘는 곳을 말한다. 8ha는 미국의 기준이며, 우리나라에서는 이 기준을 적용할 때 해당하는 호수형 습지가 상대적으로 적어지므로 조정이 필요하다. 한편, 홍선기 등(2008)은 호수를 연안식물이 침입하지 못할 정도로 수심이 깊은 웅덩이를 호수로 표현하였다. 우리나라는 자연적 호수는 좀처럼 보기 힘들며, 대부분 댐이나 저수지와 같은 인공적인 호수이고, 염분 농도에 따라 담수 호수와 기수 호수로 구분한다. 상대적으로 넓은 면적의 수체(water body)를 호수형 습지로 보고 있으며, 이러한 곳에는 교목과 관목, 수생식물이나 이끼류와 같은 식생이 잘 발달하지 않는 특성이 있다. 이것은 물의 깊이에 영향을 받은 것으로 볼 수 있을 것이다. 한편, 지형적으로 볼 때에는 주변 지역에 비해서 상대적으로 움푹 패였거나 댐과 같은 것에 의해서 수로(channel)가 막힌 지역으로 볼 수 있다.

소택형 습지(palustrine wetland)는 내륙의 전형적인 담수습지로 하천형 습지와 비교하면 흐르지 않는 물의 특성을 갖고, 호수형 습지와 비교하면 8㏊를 넘지 않는 습지가 해당된다. 염수와 기수의 특성을 갖는 해안형 및 하구형 습지와 사람의 인위적 간섭에 의해서 형성되는 인공형 습지를 제외하면 모두 소택형 습지에 해당한다고 볼 수 있다.

호수형 습지 | 소택형 습지

[그림 3-8] 호수형 습지와 소택형 습지

지금까지 제시한 람사르 협약에 따른 습지 분류 체계 중에서 소택형 습지의 범주는 너무 넓거나 모호한 측면이 있다. 따라서 지형, 수원, 수리·수문학적인 사항을 분류키로 이용하는 HGM(hydrogeomorphic) 분류 방식을 이용하여 습지의 유형을 구분하기도 한다.

우리나라 환경부(국립습지센터)에서는 지난 2011년에 '국가 습지 유형 분류 체계'를 확립하여, 현재 국가 습지 조사 및 관련 정책에 활용하고 있다. 우리나라의 국가 습지 유형 분류 체계는 국내 습지 유형을 크게 3가지로 구분하였는데, 연안습지와 내륙습지, 인공습지이다. 그리고 다시 각각의 소분류를 통해 총 35개의 습지 유형으로 구분하여 사용하고 있다. 습지의 유형 분류는 습지의 효율적 보전과 이용 및 복원 방안 마련을 위한 기준 설정을 위해 습지의 형성과 유지에 중대한 영향을 미치는 지형 조건과 수문 조건(수원, 범람 빈도)에 따라 습지 유형을 분류하였다(환경부 국립습지센터, 2014).

분류 체계에서 대분류(super-system)는 습지의 입지 및 형성에 따라서 구분하였다. 그리고 중분류(system)에서는 지형적 특성에 따라 연안형, 하천형, 호수형, 산지형 등으로 구분하였다. 소분류(sub-system)는 습지의 특성을 반영하고, 습지의 보전 및 복원에 가장 중요한 요인인 수원과 범람 빈도 및 범위를 기준으로 구분하였다. 마지막 분류 단계인 상세 분류(class)는 우리나라 습지의 기질과 분포 형태를 나타낸다. 이 방법에 의해서 우리나라에서 현재 사용하고 있는 습지 유형 분류 체계는 [표 3-5]와 같다.

[표 3-5] 습지 보전 및 복원·재생을 위한 습지 유형 분류 체계

대분류	중분류 (지형)	소분류 (수원/범람)	상세 분류 (식생, 토양, 수문)	기호	비고(특성)
연안 습지	연안	조하대	해양수초대습지	C1	수초대
			산호습지	C2	산호초
			해양습지	C3	고결/미고결대
		조간대 (조상대)	연안수초대습지	C4	수초대
			암석해안습지	C5	암석해안
			갯벌습지	C6	미고결대
			해빈습지	C7	
			염습지	C8	
내륙 습지	하천형	기수역	하구갯벌습지	R1	하구
			하구삼각주습지	R2	
			하구염습지	R3	
		유수역	하도습지	R4	제외지
			보습지	R5	보의 축조로 형성된 습지
		정수역	배후습지	R6	제내지 범람원
			용천습지	R7	용출천
	호수형	기수역	석호습지	L1	기수/염수
			간척호습지	L2	자연발생적 인공호습지(기수/염수)
		담수역	담수호습지	L3	자연호수습지와 자연발생적 인공호습지
			우각호습지	L4	담수호, 석호구하도
			사구습지	L5	해안/하안
	산지형	강우	고층습원(bogs)	M1	이탄습원, 산성습원
		지중수	저층습원(fens)	M2	계절적/영구적 습원
		지중수/ 지표수	저습지(marshes)	M3	추수성 수생식물, 이탄지
			소택지(swamps)	M4	관목우점 늪, 묵논
인공 습지	연안	염전	염전	Hc1	염전/폐염전
		양식장	연안양식장	Hc2	양식장
	내륙	인공호	인공호습지	H1	인공댐, 저수지
		농경지	논	H2	경작지(논)
		내수면어업	내수면어업	H3	양식장/낚시터
		용수로	인공수로습지	H4	관개 및 연락수로, 어도
		조성 습지	저류지 습지	H5	저류지/양수장
			수질정화습지	H6	오폐수 및 비점오염원 저감시설
			대체습지	H7	새롭게 복원된 습지
			생태수변공원	H8	도시공원
		인공웅덩이	채굴지 습지	H9	채굴지

※ 자료출처: 국립습지센터 누리집(2023년 10월 검색 기준)의 내용(오탈자)을 수정함.

한편, 습지의 생성 원인 중 인공성에 의한 기준에 의해서 인공습지와 반자연 습지, 자연 습지로 구분하는데, 그 분류 방법은 다음과 같다.

[표 3-6] 인공 습지, 반자연 습지, 자연 습지의 분류 기준

구 분	인공 습지	반자연 습지	자연 습지
인간의 개입이나 간섭 여부	인간의 간섭에 의해 관개 등의 목적으로 조성	인간의 간섭에 의해 조성된 후 방치되어 조성목적을 이루지 못하고 자연화 과정을 거치고 있음	인간의 간섭이 없거나 미미하여 자연습지의 기능 유지
시간적 기준	이용 목적으로 조성된 직후에서 본래의 조성 목적으로 유지관리 되는 기간	인공습지가 1년 이상 방치되어 조성 목적을 이루지 못하는 경우	지리·지형적 조건에 의해서 자연적으로 발생된 습지이거나 인공습지를 20~30년 이상 방치함으로써 자연화 되어 본래의 인공적인 구조를 상실한 경우
식물 생태학 접근 기준	인위적으로 식재된 식생이 우점	외부 침입 또는 자생 식생이 30% 이상 우점	자생 식생이 70% 이상 우점
동물 생태학 접근 기준	야생동물의 서식처가 없거나 인간의 간섭에 의해 인공 서식처 조성	야생동물의 서식처가 30% 이상 생겨남	야생동물의 서식처가 70% 이상 유지
기능상의 구분	논, 양어장 등 조성 목적의 기능 유지	인공습지의 물리적인 형태를 유지하나 자연생태 기능을 가짐	자연적인 생태계의 구조와 기능을 가짐
생태학에서 보는 견해	종다양도가 높음	종다양도가 높으나 점차 안정됨	종다양도가 안정됨

※ 자료출처: http://www.acad.carleton.edu/

우리나라에서 습지에 대한 조사 및 보전 등에 관한 연구와 복원 사업은 각 부처에 산재해 있다. 내륙습지 및 인공습지는 환경부에서 관할하고 있는데, 여기에는 하구형 습지를 포함한다. 해양수산부에서는 연안습지를 담당하고 있으며, 최근 갯벌 복원과 관련된 연구 및 복원 사업이 활발하게 진행 중이다. 산림청에서도 산림습지에 대한 세부 유형을 구분하고, 전국의 산지습지 조사와 보전, 복원 등에 대한 연구와 사업을 진행하고 있다.

참고로 산림습지는 지적상 산림으로 되어 있는 지역에서 나타나는 모든 습지(소택지, 늪원, 이탄지)와 지적상 산림이 아니더라도 교목, 관목, 덤불림과 같은 목본성 식물이 나타나는 소택지를 말한다. 또한 산림습원은 산림습지를 포함하여 과거에 화전, 경작 등의 활동으로 형성되어진 산림 내 수분을 다량 함유한 지형 및 수분이 공급되는 지점으로 산림생태계의 유지와 생물다양성의 증진에 핵심적인 역할을 하는 지역을 지칭하는 확장된 범위의 개념이다(국립수목원, 2019).

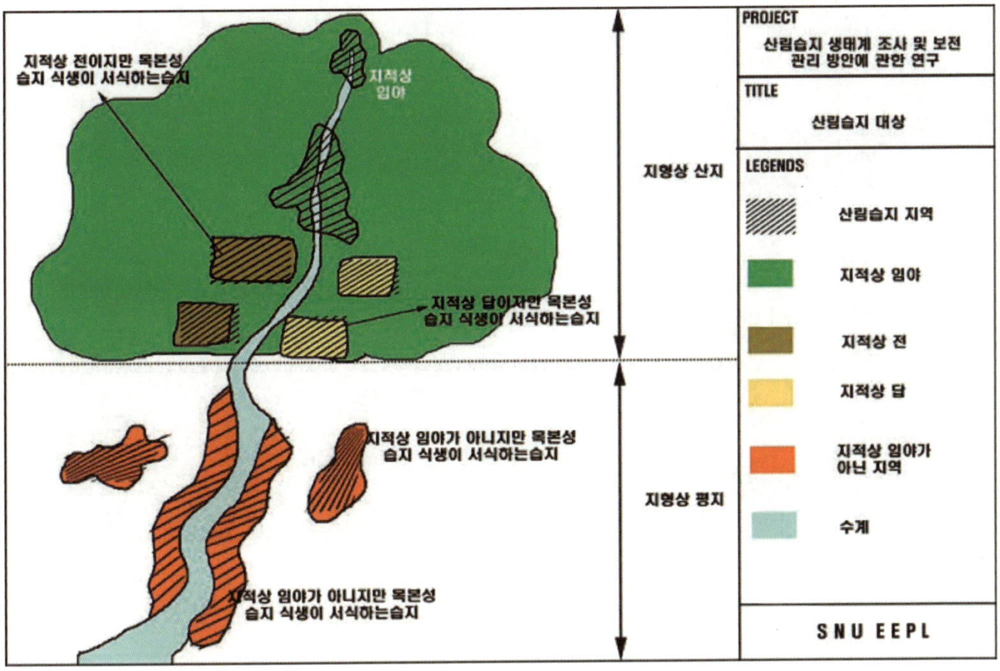

[그림 3-9] 산림습지의 개념 모식도

※ 자료출처: 산림청, 2004.

이와 같은 개념에 의해서 산림청에서 2006년부터 2014년까지 8년간 국유림과 민유림 지역의 산림 6,370천㏊를 대상으로 제1차 전국 산림습지 조사를 실시하였다. 그리고 2014년까지 조사한 전국의 산림습원은 1,264개소로 그 중 91개소(692㏊)는 산림유전자원보호구역으로 지정하여 관리하고 있다(국립수목원, 2019).

4) 구조와 기능

가) 습지의 구조

(1) 수평적 구조

습지는 물과 물에서 뭍으로 이행하는 점이대, 그리고 주변의 수변림 구조를 갖는다. 습지의 수평적 구조로서의 특징은 개방수면과 수초들에 의해 형성된 습초지대, 관목림이나 교목림 등의 습지 목본 식생대와 습생 식물들이 우점하는 공간 등이 대표적이다. 습생식물이 형성된 곳은 수위의 변화에 의해서 물에 잠기기도 하고, 노출되기도 한다. 또한, 습지에는 점토나 모래, 자갈 등으로만 구성된 공간도 존재하는 경우가 많다. 유입구와 유출구가 별도로 형성된 경우도 많지만, 용출수나 지하수에 의해 형성된 습지는 유입구와 유출구가 모두 없는 경우도 있다.

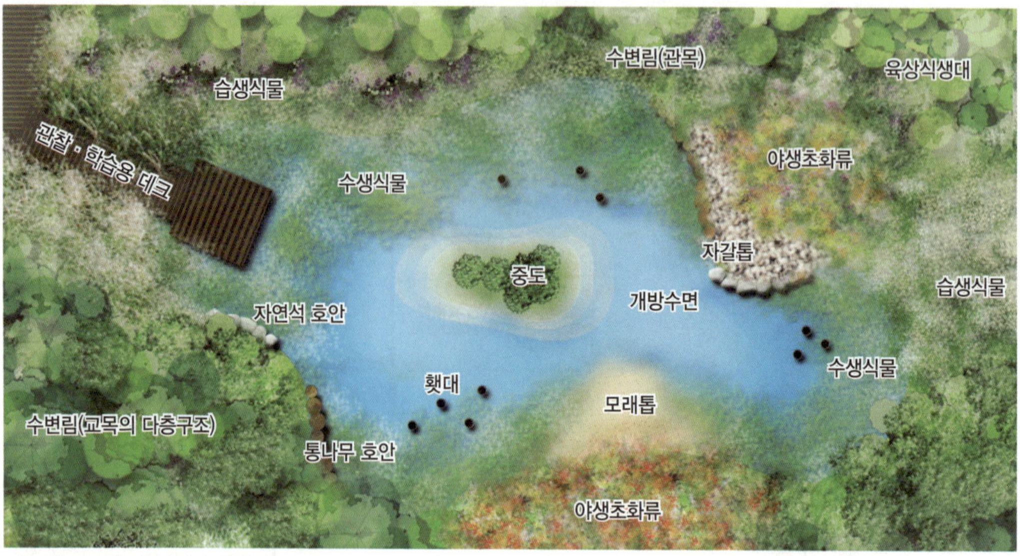

[그림 3-10] 습지의 수평적 구조

(2) 수직적 구조

습지는 움푹 패인 구조로 되어 있으면서 수심에 따라 다양한 환경을 갖게 된다. 섬은 있거나 없을 수도 있지만, 있을 경우에는 조류의 서식처로서 유용한 역할을 한다. 수직적으로 보면, 수심이 가장 깊은 곳에서부터 점점 수심이 얕은 곳으로 이동하면서 수초들이 나타나기 시작하며, 통상 2m 수심은 정수식물 분포의 성장 한계선 역할을 한다. 이후 평수위를 지나고 나면 만수위 때만 일시적으로 형성되는 습생대역이 형성되고, 그 다음부터는 물과 가까운 고지대(upland) 공간(수변림, 육상 식생대 등)이 형성된다.

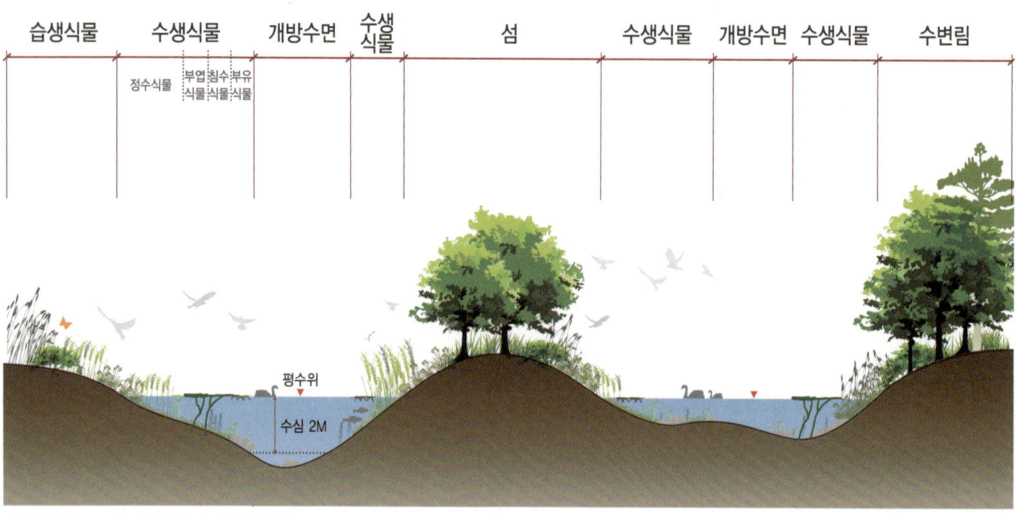

[그림 3-11] 습지의 수직적 구조

나) 습지의 기능과 가치

Cylinder 등(1995)은 습지가 갖는 가치에 대해 (1) 생물적 기능으로 먹이사슬 제공, 서식처 및 번식처, 산란처, 사육, 휴식 등, (2) 교육, 학습, (3) 파도, 침식, 폭우 등으로부터 주위 환경 보호, (4) 홍수시 범람원, (5) 지하수 보충 및 저장, (6) 수질 정화, (7) 지역의 인식 제고 등을 들었다.

람사르 협약에서는 습지의 물리적, 생물학적, 화학적 구성 요소, 토양, 물, 식생, 동물간의 상호작용으로 물 저장, 홍수억제, 호안의 안정성 확보 및 침식조절, 지하수 보충 및 유지, 수질정화, 그 외에도 영양물질과 퇴적물 그리고 오염물질 등의 보유, 지역 기후환경(강우와 기온)의 안정화 등을 습지의 가치로 들고 있다.

CERES(1998)에서는 캘리포니아 습지 분류 체계를 수립하면서 습지의 기능을 다음과 같이 제시하였다.

- 수질보호 및 개선: 습지는 주변으로부터 흘러들어오는 각종 오염된 물을 흡수하여 오염물질을 정화시키고 깨끗한 물을 흘려보낸다. 이러한 자정 능력은 인간을 포함한 모든 생물에게 매우 중요한 역할을 하고 있다.
- 홍수조절 및 지하수 보충: 습지는 표면 유출수를 효과적으로 저류함으로써 지하수위를 보충시킴과 동시에 홍수 등을 조절하기도 한다. 또한 주변의 포장된 도로 또는 건물에서 유출되는 표면수로 인해 발생될 수 있는 범람의 피해를 줄이는 등 자연재해의 조절 기능을 수행한다.
- 침식 조절: 습지를 구성하는 식물의 뿌리는 토사를 붙잡아 고정시키면서 해안 또는 하안의 침식을 방지한다.
- 어류 및 야생동물: 습지 내 식생과 개방 수면의 조합은 어패류에게 먹이를 제공할 뿐 아니라 물새를 위한 먹이와 서식처를 제공한다. 또한 지구상 그 어느 지역보다 생물학적 생산성이 높은 곳으로 거대한 먹이사슬을 제공할 수 있는 서식환경을 형성함으로써 많은 생물이 습지 생태계에 의존하며 살고 있다.
- 생물종 다양성: 습지는 물과 육지가 만나는 곳으로 두 영역에서 살아가는 식물과 동물 모두에게 서식처를 제공한다. 습지는 이러한 독특한 서식처 특성으로 희귀종 및 멸종위기종을 부양한다.
- 레크리에이션: 습지는 사냥, 낚시, 보트 놀이, 조류 관찰, 사진 촬영 등을 즐기는 사람들에게 야생생물의 다양성과 미적 아름다움 등의 휴양 가치를 제공한다.

습지는 생태적, 사회적, 경제적 가치를 지닌다(USGS, 1999). 습지의 기능은 가치를 배제한 습지의 자연 과정 그 자체를 의미하며, 가치는 사람의 기준에서 일정한 의미를 부여하는 행위를 말한다. 따라서 습지의 가치는 절대적인 것이 될 수 없다. 즉, 물새의 서식처로서의 가치가 사냥꾼이나 조류 관찰자, 생태학자 등에게는 매우 중요하나 토지 소유자나 농민에게는 무의미한 것이 될 수 있다. 이러한 가치 평가는 평가자의 가치관에 따라 매우 다를 뿐 아니라 시대상을 반영한다. 전통적으로 습지의 가치는 단순히 토지 이용 측면에서의 토지자원으로서 평가가 이루어졌으며, 습지의 경제적 가치는 매우 낮게 평가되는 경향이 있었다.

70년대 이후 습지의 생태적 가치에 대한 인식이 확산되면서 이를 경제적 가치로 환산하려는 노력 등 습지의 잠재된 가치에 대한 재평가가 이루어지고 있다. 습지의 가치 재발견은 단순한 토지 자원으로서의 가치뿐만 아니라, 일종의 'free services'로서 홍수 억제, 침식 조절, 퇴적 조절, 수질 정화, 상업적 혹은 레크리에이션의 시각에서 어류와 물새류의 서식 등이 그 예이다. 그 외에도 경관적 가치, 심미적 가치 등이 습지로부터 인간이 얻을 수 있는 가치들의 예이다.

한편, 람사르 협약에서는 습지가 주는 경제적 이익을 물의 양적·질적 공급, 어업, 지하수위 유지에 따른 농업, 목재 생산, 에너지원, 야생생물 자원, 교통, 레크리에이션 및 관광 등으로 설정하였다.

이러한 습지의 가치와 기능 외에도 습지는 인류 문화유산의 한 부분으로서 중요하다. 즉, 습지는 종교와 우주론적 믿음, 미적 영감의 대상, 야생생물의 서식, 지역 전통의 근간으로서 중요한 구실을 한다(Ramsar Convention, 1997). 자연유산으로서의 습지는 정착 이전의 경관의 한 요소로서 독특한 경관과 거주환경을 제공한다(Admiraal *et al.,* 1997). 지금까지 다양한 차원에서 언급된 습지의 기능을 종합하여 제시해 보면 [표 3-7]과 같다.

[표 3-7] 습지의 기능

습지의 기능		일반적 성격	기능의 중요도를 결정하는 요인	위협적 요소
홍수 조절	홍수 유도	하천 인접 습지들은 홍수가 나서 강물이 범람했을 때 갑작스레 불어난 물의 배수로 역할	습지의 지형, 규모, 식생, 하천과의 관련성, 홍수 흐름 억제 지형지물	제방 등에 의해 홍수의 흐름이 저해되는 경우 홍수위가 높아지고 흐름이 빨라지며 인근 지역에 피해 초래
	홍수 저장	홍수시 물을 저장하고 천천히 흘려 내림으로써 하류의 첨두홍수량을 저감시키고 농작물이나 거주지 등에 미치는 홍수 피해 가능성 저감	유역과의 상대적 위치, 관련성, 지형, 토양 흡수능, 습지의 규모 및 깊이, 하천 규모 및 특성, 배출부 규모 및 깊이, 식생형, 토양형	습지 매립으로 홍수 저장 능력 감소
토양 안정	침식 방지 조절	습지 식생의 뿌리권역, 뿌리줄기 등이 토양을 결속하고 보호하여 유실 방지, 유수나 파도의 침식력으로부터 토양 보호	해안이나 호수, 하천에 관련된 위치, 파도의 강도, 식생 유형, 토양 유형, 습지 식생(유형, 밀도, 성장패턴 등), 토양형과 구조, 흐름, 식생 완충대와 관련된 습지 위치	식생을 제거하면 침식이 증가하고 파도에 저항하는 능력 저하. 습지 지형이나 식생 파괴는 습지의 표면 유출수에 대한 필터 기능 저하
	퇴적조절	습지식생이 토양입자를 뿌리로 결속하고 침전속도를 늦춤	습지 깊이 범위, 습지식생(유형, 밀도, 성장패턴 등), 토양형과 구조, 흐름, 식생완충대와 관련된 습지 위치	습지 지형이나 식생 파괴는 습지의 표면 유출에 대한 필터기능 저하. 하류 저수지 등에 대한 탁도 및 실트화 증가
오염 조절	오염 조절 및 수질개선	침전물을 여과하고 과잉 영양물질 등 오염물질을 제거하는 등 여과와 분해과정을 통하여 수질개선	습지의 유형과 규모, 습지식생, 오염원 및 유형, 물길 및 규모, 수체 크기, 미생물	습지 지형이나 식생 파괴는 습지의 자연 정화능력 저하. 하류 호수나 하천에 대한 수질 악화 초래
종 다양성 유지	어류, 야생 동물의 서식처	식생과 물이 어우러져 어류, 조류, 기타 야생동물의 물, 먹이, 번식처, 휴식처 등을 제공. 해안습지는 어패류에 필요한 암설 제공	습지 유형 규모, 우점종 식생, 다양도, 유역내 습지 위치, 주변 서식처 유형, 여러 습지 위치, 수질, 물의 화학성, 깊이, 이용도	식생 및 동물상에 대한 여러 형태의 파괴 행위는 생산성 저하. 댐 축조는 물고기 이동을 저해
	종보전	멸종위기 및 희귀종에 대한 보전		

[표 계속]

습지의 기능		일반적 성격	기능의 중요도를 결정하는 요인	위협적 요소
상업 레크리에이션	레크리에이션	레크리에이션으로 이용되는 야생 생물과 물 공급, 자연 사진 촬영, 야생 동물 관찰, 사냥, 어로, 보트타기	습지식생, 야생동물, 수질, 접근성, 규모, 희귀도, 지원시설, 주변 지형, 식생, 토지 이용, 교란정도, 유사한습지유용, 분포	습지에 대한 여러 형태의 교란은 보트, 수영, 조류관찰, 사냥, 낚시 등에 대한 기회 감소
	상업적 이용	상업적 이용, 스포츠 낚시 등		
수문 안정	표면수 공급	홍수시 물을 저장하여 첨두 홍수량과 시간을 조절, 오염원에 대한 필터, 수자원 공급원	침전, 유역 유출특성, 습지 유형 및 규모, 배출부 특성, 수체에 관련된 습지의 위치	매립 등은 유출을 가속시키고 오염을 증대시키는 원인이 됨
	지하수 저장보충	지하수를 저장하고 천천히 흘려보냄. 많은 경우 연중 대부분의 시기에 물을 공급	지하수위와 관련된 습지 위치, 지하수위의 증감, 지질(유형, 깊이, 투수성), 습지 규모, 지하수 저장능, 지하수 흐름, 유출억제	매립은 지하수 저장능력이 저감되므로 하천과 지하수의 가정용, 상업용, 기타 용도의 용수 공급량 저하
	물질 생산	먹이연쇄에 중요한 유기물질을 생산하여 깊은 물 서식처 등으로 전달	유기물질 종류, 어류, 양서파충류 등 생물상	식생 및 동물상에 대한 여러 형태의 파괴 행위는 생산성 저하

※ 자료출처: Admiraal *et al.*, 1997; California Resources Agency, 1999; CERES, 1998; Cylinder *et al.*, 1995; Kusler *et al.*, 1996; Ramsar, 1997; USACE, 1998; USGS, 1999.

- 습지와 탄소 저장

지구온난화와 그에 따른 대응 전략이 중요해지면서 탄소중립이 중요한 이슈가 되고 있다. 특히 탄소를 흡수하여 저장하는 생태계의 중요성이 커지고 있는데, 대표적인 것이 블루카본이다. 블루카본(blue carbon)은 바다와 습지 등의 해양 생태계가 흡수하는 탄소를 의미한다. 그리고 연안부에 형성되는 맹그로브숲(mangrove), 염습지(salt marsh), 잘피림(seagrass)이 탄소흡수원으로 인정받으면서 국제적인 탄소 감축 수단이 되고 있다. 맹그로브숲은 열대나 아열대 기후대에서 나타나는 것으로 리조포라속(*Rhizophora*)의 교목림이 우세하는 습지이다. 우리나라와 같은 온대지역은 염습지와 잘피림이 발달해 있는데, 우리나라는 염습지가 약 35㎢, 잘피림이 약 19㎢에 달하는 것으로 조사되었다(김인수, 2023). 블루카본은 육상에 서식하는 녹색식물의 탄소흡수원을 일컫는 그린카본(green carbon)보다 탄소 흡수 속도가 50배에 이르며 탄소 저장 능력도 훨씬 높다. 더불어 지구 산소의 20%를 만들어내는 아마존 열대우림보다 바다와 해양 습지의 탄소흡수 능력이 더 뛰어나다고 알려져 있다. 참고로 블루카본, 그린카본 이외에도 청록카본(teal carbon)은 내륙의 담수, 습지가 흡수하는 탄소를 의미하고, 브라운카본(brown carbon)은 화석 연료의 연소를 통해 생성되는 온실가스(가시광선 및 자외선 흡수)를, 블랙카본(black carbon)은 화석 연료의 연소를 통해 생성되는 검댕(넓은 스펙트럼의 빛을 흡수)을 의미하며, 레드카본(red carbon)은 눈, 얼음 위에서 살아가는 미생물 등 유기물(빨간색을 띰)을 일컫는 용어이다(Laura Zinke, 2020).

전세계 습지에는 약 7,700억 톤의 온실가스가 저장되어 있다고 추정된다(김영일, 2020). 습지생태계에서의 탄소 저장소는 5개로 구성되어 있다. 즉, (1) 식물체, (2) 미립자 유기탄소, (3) 용존 유기탄소, (4) 미생물, 그리고 (5) 이산화탄소, 메탄과 같은 가스 생성물이다(Kayranli, B. *et al.*, 2010). 식물은 광합성을 통해서 대기 중의 이산화탄소를 흡수하고, 호흡 과정을 통하여 이산화탄소를 배출한다. 식물이 사멸하면 식물체 내에 저장되었던 탄소는 습지 내로 유입된 후 분해 과정을 거친다. 분해의 결과로 식물체 탄소는 주로 이산화탄소의 형태로 대기 밖으로 배출되어야 한다. 그러나 습지에서는 토양의 혐기 조건으로 인해 분해에 의한 이산화탄소의 배출 과정이 느리게 일어나, 탄소 덩어리(덜 분해된 식물사체)가 이탄의 형태로 토양에 쌓이게 된다. 이와 같이 식물체 탄소가 토양 내에 축적되는 과정은 주로 이탄습지에서 일어난다. 이탄습지(peatland)는 죽은 식물들이 얕은 산성수에서 미생물 분해가 잘 이뤄지지 않은 상태로 쌓여서 만들어진 이탄층이 존재하는 습지를 말한다. 이런 이탄습지는 특수한 환경 조건 때문에 일반 토양보다 탄소를 10배 이상 저장할 수 있다. 탄소를 흡수하여 격리시킬 수 있는 능력은 습지생태계가 다른 육상생태계와 호소생태계에 비해 매우 높은 편이다. 식물체의 분해 속도와 지하수면의 높이, 기온 등의 생물, 비생물 요인들이 탄소격리 양을 결정하게 된다(김영일, 2020).

이처럼 다양한 유형의 습지식물은 탄소 포집과 격리, 저장의 역할을 한다. 여기서 탄소 포집과 격리(carbon capture & sequestration, CCS) 또는 탄소 포집과 저장(carbon capture & storage, CCS)은 화석연료 사용 시 발생하는 이산화탄소를 식물이 성장 과정에서 광합성 작용을 통해서 흡수하고, 이산화탄소를 유기물로 전환하여 퇴적물에 탄소를 장기적으로 저장하는 것을 의미한다. 물론 더 넓은 의미의 탄소 포집과 격리, 저장(CCS) 기술은 식물 이외의 다른 분야에서도 활발하게 연구하고 있다.

• 습지와 메탄 발생

메탄(CH_4)은 1개의 탄소 원자와 4개의 수소 원자로 구성되는 탄화수소 중 분자량이 가장 작은 물질로서 무색, 무취, 가연성의 특성을 갖는다. 메탄의 자연적 발생원은 습지와 호소, 논 등의 바닥이며, 인공적 발생원은 천연가스의 채굴, 가축, 논, 매립지 등이다. 기존에는 CO_2만 평가되었으나, 산화 환경에서 식물로부터 메탄이 방출되는 것이 밝혀졌다(keppler *et al.,* 2006 Nature). 논과 습지에서 메탄은 기포, 수중 확산, 벼를 통해 방출된다.

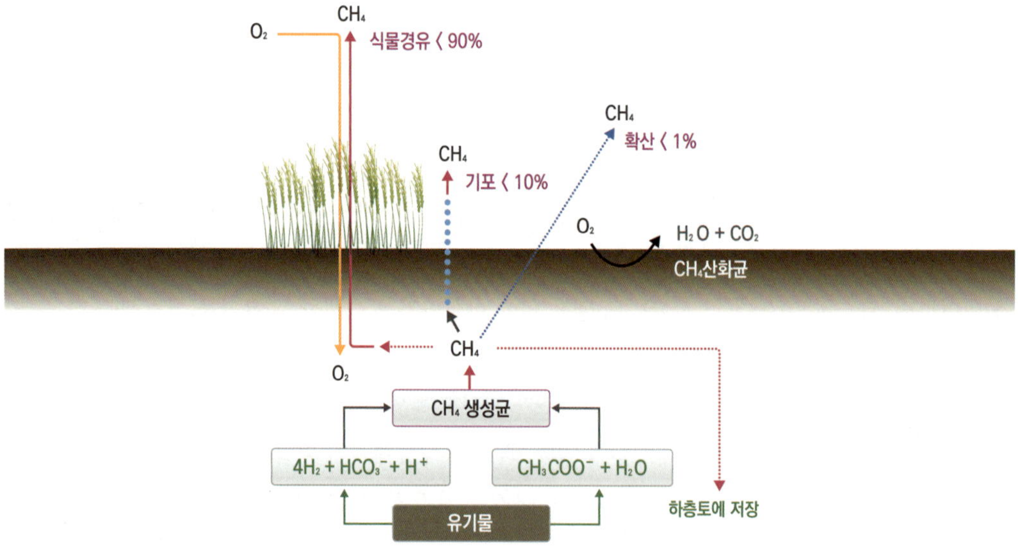

[그림 3-12] 논과 습지에서 메탄 방출 과정

한편, 국제사회에서는 메탄 관리를 위한 농업 부문의 기후변화 대응이 주로 논에 집중하였는데, 그로 인해 논에서 배출되는 또 다른 온실가스인 아산화질소(N_2O)는 상대적 소홀했다는 연구도 있다. 미국과 인도의 환경보호기금 관련 연구자들은 메탄보다도 10배 이상 더 강력한 아산화질소를 관리하기 위해서는 간헐적으로 물을 대두는 논의 아산화질소 배출량이 지속적으로 물에 잠긴 상태로 두는 논의 아산화질소 배출량보다 30~45배 많을 수 있다고 밝혔다(한겨레신문, 2019.10.19.).

인공습지인 논을 포함한 전 세계의 모든 습지에서의 메탄 배출량은 전 지구 메탄 배출량의 40%에 이른다. 특히, 지구 지표면의 3%만 차지하는 이탄지에는 최소 약 550억Gt(기가톤)의 탄소가 저장돼 있다. 전체 전 세계 토양이 저장하고 있는 탄소의 44%를 차지하는 양이다. 이탄지가 1년간 흡수하는 이산화탄소의 양도 0.37Gt에 달한다. 하지만, 건조한 기후로 이탄지가 마르거나 온도 상승으로 동토층(凍土層, freezing land layer)이 녹게 되면 메탄이 대기중으로 방출되는 역효과도 발생하게 된다. 그러므로 가속화되어가는 기후변화 문제의 해결을 위해서는 습지에서의 메탄 발생의 과정에 대한 정확한 이해와 메탄 발생을 억제하고 저장 능력을 향상시키기 위한 다양한 노력이 필요하다.

5) 우리나라의 습지 현황

우리나라 습지 현황은 '생물다양성협약 제4차 국가보고서(대한민국, 2009)'를 토대로 제시하였다. 우리나라의 내륙습지는 총 3,541㎢로 전국에 걸쳐 넓게 분포하고 있으며, 이 중 습지보호지역은 107.1㎢로 많은 일조량으로 동·식물 서식, 생육에 바람직한 환경이 조성되어 있다.

우리나라 호소는 자연호가 많지 않고 규모도 작고, 자연호에 대한 조사·연구는 매우 적은 실정이다. 자연호는 풍부한 생물다양성, 멸종위기 습지 생물의 서식지 및 고생물학적 연구 가치 때문에 계속 보전해야 할 생태계이다. 인공호는 소규모 저수지의 건설과 상수원 확보와 홍수 조절을 위한 소양호, 충주호, 안동호, 대청호 등 대형 댐의 건설로 과거에는 국내에 존재하지 않던 수심이 깊은 새로운 형태의 서식처가 형성되어 생태계의 변화가 있다. 국내 호소 중 축조 된지 10년 이상 지나고 수면적이 10,000㎡ 이상인 207개 호수를 대상으로 생물상을 조사한 바 있다. 우리나라의 경우 수위 변화가 심한 인공 호수가 많아 호수 주변 습지는 적은 편이나, 큰 강을 끼고 있는 습지의 경우(예: 낙동강의 우포 등) 큰 수위 변화로 인한 매립의 어려움으로 상대적으로 많이 남아 있다.

한편, 습지의 유형 중 인공습지로 분류할 수 있는 논 습지와 관련해서, 우리나라에서 농업에 종사하는 가구와 인구는 2007년 말 농가 수는 1,231천호, 농가인구는 3,274천명이다. 우리나라 전체의 각각 7%를 차지하고 있고, 농지는 2007년 말 기준으로 전체 국토 면적 9,972천㏊의 17.9%(1,782천㏊)를 차지하며, 그 중 60%(1,070천㏊)가 논이며, 40%(712천㏊)가 밭으로 구성되어 있다.

농지(논, 밭) 생태계에 서식하는 터주 식생은 527종이며, 식생 비오톱은 8군강, 8군목, 8군단, 7군집, 2아군집, 32군락으로 구성(총 41개 비오톱)되어 있으며, 현재까지 조사된 논 생태계에 서식하는 수서무척추동물은 5문 7강 222종이 출현하고 있는 것으로 파악되고 있다.

우리나라는 기후적·수문학적 특성상 보호 가치가 높은 습지가 다수 분포하며, 습지는 우리에게 다양한 기능을 통해 커다란 생태적·경제적 이익을 제공해 왔다. 하지만, 1990년대 중반까지 습지에 대한 인식 부족으로 국토의 확장과 식량 자급을 위한 농지 확보를 명분으로, 소택지 혹은 늪은 악취 및 모기 발생의 이유로 매립이 이루어져 왔다. 그러나 환경에 대한 국민 의식이 높아지고 생태계의 중요성과 가치에 대한 새로운 인식이 싹트면서 습지 보전에 대한 사회적 공감대가 형성되었으며, 보호와 관리를 위한 수단도 착실하게 확립되고 있다.

또한, 농지 면적은 지속적으로 감소하고 있으며, 2000년 이후 2007년까지 연평균 14,668㏊가 감소하였으며, 특히 수서생물의 서식지 역할을 하고 있는 논 면적의 감소가 두드러졌는데, 전체 농지 중에서 70%를 차지한다. 논이 감소한 주요 원인은 첫째로 논이 밭으로 전환된 데에 기인하며, 그 다음으로 공공시설의 건설, 건물의 건축, 유휴지화, 기타 순으로 분석되었다. 해마다 개간이나 간척 등을 통해 농지가 새로이 만들어지고 있으나, 사라진 농지에 비해 상대적으로 적다. 농지는 대부분 개간을 통해서 이루어지는데, 이는 농지 증가 원인의 73%에 해당하며, 간척에 의한 농지조성 면적은 약 8%를 차지하고 있다. 이는 생태적으로 우수한 생물 서식지 역할을 하고 있는 자연 녹지 혹은 연안 습지인 갯벌 및 내륙 습지가 농지로 조성되어 왔음을 시사하고 있다.

전체적으로 농지 면적의 큰 감소는 도시화 및 산업화로 인한 건물과 공공시설의 건축(60% 차지)에 기인하며, 농지가 유휴지화 된 면적도 22% 정도를 차지하고 있고, 이는 유휴지가 농지로 환원되기보다는 산업이나 도시건설 용지로 이용될 가능성이 많다. 이러한 농지의 잠식은 연쇄적으로 자연녹지나 습지의 잠식을 초래할 수 있다.

나. 산림생태계

1) 개념

산림자원의 조성 및 관리에 관한 법률에서 산림은 "집단적으로 자라고 있는 입목(立木)·죽(竹)과 그 토지, 그리고 입목·죽이 일시적으로 없어지게 된 토지, 입목·죽을 집단적으로 키우는 데에 사용하게 된 토지, 산림의 경영 및 관리를 위하여 설치한 도로 등"으로 정의하였으며, 이들 토지에 있는 암석지(巖石地)와 소택지(沼澤地 : 늪과 연못으로 둘러싸인 습한 땅)를 포함하였다. 다만, 농지, 초지(草地), 주택지, 도로, 그 밖의 대통령령으로 정하는 토지에 있는 입목(立木)·죽(竹)과 그 토지는 제외하고 있다.

산림생태학(forest ecology)이란, 생물군집인 산림을 대상으로 목본 군집과 생물사이의 상호 관계, 그리고 생물과 이들 생물이 살아가는 환경 사이의 상호관계를 다루는 학문을 말한다. 따라서 산림생태학에서는 빛과 온도, 수분, 토양 등에 관한 비생물적 환경 인자와 산림 내 서식하고 있는 생물들 간의 상호관련성에 관한 것을 다루고 있으며, 여기에는 에너지와 물질의 순환 등을 포함하고 있다.

한편, FAO(2010)는 5m 이상의 수고를 가진 나무가 10% 이상 덮고 있고 면적이 0.5㏊ 이상인 땅을 숲으로 정의한다.

2) 유형

산림생태계의 유형 분류는 산림 식생에 따른 분류, 기후에 따른 분류, 그리고 지형에 따른 분류로 구분할 수 있다.

우선 산림 식생에 의한 분류는 비교적 동질성을 가지는 산림의 군집(community)이나 군총(association)이 다른 식생 단위와는 구별되면서 반복적으로 나타나는 식생 부류를 같은 집단으로 묶어주기 위한 시도로 볼 수 있다. 이러한 식생에 따라서 범지구적 차원에서 분류하여 Whittaker(1975)는 총 21개의 육상식물 군계(biome)를 제시하였다. 여기에는 열대우림, 온대우림, 타이가, 사바나, 툰드라 등이 포함되어 있으며, 우리나라는 온대 낙엽수림대에 속한다. 하지만, 온대 낙엽수림대는 범지구적 차원에서 보았을 때이며, 이를 토대로 산림생태계를 복원하기 위한 방향을 설정하는 데는 한계가 있기 때문에 보다 더 상세화된 식생 분류를 할 필요가 있다. 이를 위해서 산림 우점형에 따른 분류, 산림 피복형에 따른 분류, 그리고 산림 서식처형에 따른 분류로 세분화시키고 있다. 여기서 산림 우점형 분류는 산림 내에서 비교적 용이하게 식별되는 우점 수종을 바탕으로 분류하는 것으로서 소나무림이나 신갈나무림 등으로 부르는 것이 대표적인 예가 된다. 산림 피복형 분류는 자연 상태에서 산림을 구성하는 수종들이 어떤 경향을 가지고 집단을 이루거나 상관관계를 맺고 있다는 점에 착안하여 구성 수종을 중심으로 유사한 임분들끼리 동일한 산림식생단위로 분류하는 방법이다(이경준 등, 1996). 이것은 산림의 구성 상태, 우점수종의 구성 비율, 경제적인 중요성, 재적의 차이 등을 기준으로 산림을 분류하는 방법이다. 산림 서식처형 분류는 현존하는 식생을 대상으로 하는 분류 체계와는 달리 잠재 극상 식생(potential climax vegetation)을 근거로 한다. 이는 다극상설에 입각한 천이 개념을 도입하며,

기후적·토양적·지형적 및 생물상의 인자들이 고려되어 상층 식생 단위는 주로 지역적인 기후인자를 반영하고 하층 식생 인자는 토양 습도·토양 양료 상태·미기후 등에 따른 국소적인 변이를 반영하는 것이다(이경준 등, 1996).

기후에 따른 분류는 기후가 식생 분포에 영향을 미친다는 이론에 입각하여 접근한 방법으로 기온과 강우량의 변이에 따라 식생을 분류하는 방법이다. 특히, 연평균 강우량과 연평균 기온의 관계에 따라 작성된 지구상의 식생형 양상은 [그림 3-13]과 같다.

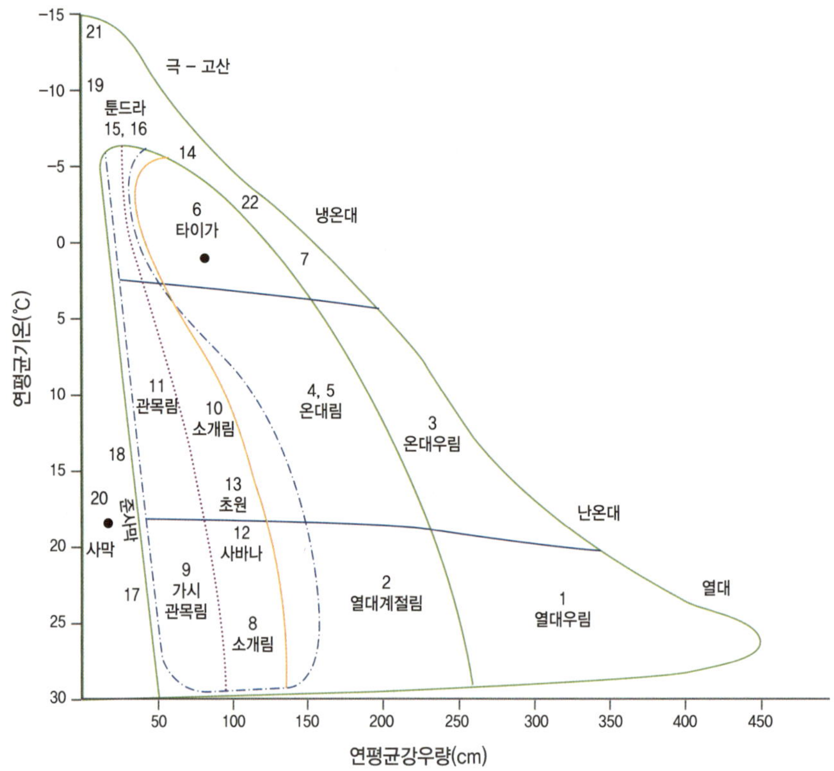

[그림 3-13] 강우량과 기온에 따른 식생형의 양상

※ 자료출처: 이경준 등, 1996.

이외에도 Thornthwaite(1931)는 월별 강우량(P; ㎜)과 증발량(E; ㎜)의 평균치를 사용하여 P/E 값을 12개월 동안 적산하여 이를 P-E 지수라 하였고, 이 지수를 사용하여 건습도 식생대를 구분하였다. 한편, Köppen은 어떤 지역에서의 증발량의 크기는 그 지역의 연평균 기온과 관계가 있는 점을 감안하여 기후 구분을 실시하였다.

일본의 川喜田二郎(가와키타 지로)와 吉良龍夫(기라 다쓰오)는 1976년 온도 기후대를 구분할 때 온량지수(온난지수, warmth index, WI)를 사용하였다. 이것은 식물이 잘 자라기 위해서는 일정한 기준 이상의 온도가 어느 기간 동안 유지되어야 한다는 생각에서 고안해 낸 것으로, 기준 온도는 5℃이다. 온량지수는 식물군계 수준의 크기인 식생형의 지리 분포와 온도 기후와의 관계를 나타내는 적산(積算)온도라고 할 수 있다(한국생물과학협회편, 1998). 월평균 기온 5℃ 이상인 달에 대해 월평균 기온과 5℃와의 차를 1년 동안 합한 값으로, 수식은 다음과 같다.

$$WI = \sum^{n}(t-5)$$

여기서, t는 각 달의 평균 기온(℃), n은 1년 중 t > 5인 달의 수를 나타내며, 5℃는 경험적으로 정한 식물의 정상적인 생활 활동의 역치이다. 이 지수(℃·달)는 월평균 기온을 이용함으로써 종래의 일적산온도(日積算溫度) 보다 훨씬 간략화된 것으로 세계 각지 식생의 온도 분포를 잘 설명할 수 있다.

세계의 온량지수는 0~300℃의 분포를 가진다. 온량지수 0~15℃인 지역은 한대기후로 수목이 생장하기 어렵고, 180℃ 이상인 지역은 아열대나 열대기후를 나타낸다. 좀 더 구체적으로 온량지수에 의한 기후 및 식생대 구분은 다음과 같다. WI=0인 곳은 극빙설대, 0 < WI ≤ 15는 한대, 툰드라대, 15 < WI ≤ 45인 지역은 아한대, 북반구 습윤기후지에서는 침엽수림대, 45 < WI ≤ 85인 지역은 냉온대, 낙엽활엽수림대, 85 < WI ≤180인 지역은 난온대, 상록활엽수림대, 180 < WI ≤ 240인 지역은 아열대, 아열대다우림대, WI > 240인 지역은 열대, 열대다우림대를 나타낸다. 이 지수는 많은 식물에 대해 종 분포의 남한(南限, 하한)과 잘 대응하고 있고, 또한 동계 휴면하는 낙엽수 등에서는 분포의 북한(北限, 상한)과도 잘 대응하는 것으로 알려져 있다. 그러나 상록활엽수 등에서는 분포의 북쪽 한계와 반드시 대응하지 않는다(한국생물과학협회편, 1998).

반대의 개념으로 한랭지수(coldness index, CI)가 있는데, 식물에 있어 바로 고사하지 않더라도 일정 기간 이상 지속하면 그 종의 생존이 곤란해지는, 저온에 의한 분포 제한을 정량적으로 나타내는 지수이다. 한랭지수의 산정을 위한 수식은 다음과 같다.

$$CI = \sum^{12-n}(5-t)$$

여기서, 12-n은 1년 중에 월평균 기온 t(℃)가 t < 5인 월의 수이며, 온량지수와 구별하기 위해서 한랭지수(CI)는 음의 값을 갖도록 정의하고 있다. 한랭지수는 난온대의 상록광엽수인 조엽수(照葉樹, laurel forest)의 각 종이나 산림식생으로서의 조엽수림 분포의 저온한계(북한 또는 상한)와 일치한다. 조엽수림의 북한은 CI=-10(℃·월) 정도이다. 조엽수림의 우점종인 후박나무, 종가시나무, 풀고사리, 붉가시나무 등의 종이 분포한 북한은 CI=-15 정도이다. 우리나라 남해안과 제주도의 저지에 분포하는 조엽수림은 전 분포역의 북단에 속한다. 한편 냉온대성 낙엽광엽수림은 신갈나무대와 서어나무대를 거쳐 온량지수 100선까지만 남하하고, 그 이상에서는 CI < -10선까지 서어나무대가 형성된다. 즉 내륙부에서는 CI < -10인 곳에 조엽수림이 분포하고 있다(한국생물과학협회편, 1998).

한편, 국립수목원(2020)에서는 인공지능(AI) 분석 기법과 약 33만 점의 실제 우리나라의 식물 분포 자료를 활용하여 분석한 결과 식물상 지역을 한랭온대, 상량온대, 온난온대, 그리고 해양성 온난온대 등 총 4개의 식물상 지역으로 새롭게 구분하였다. 그리고 식생기후 분포도도 온대북부, 온대중부,

온대남부 3가지로 구분하였다. 온대북부 지역은 다시 침엽·낙엽활엽수 혼합림(WI < 45), 낙엽활엽수림(WI 45~85)으로 구분하였고, 온대중부는 낙엽활엽수림(WI 85~100), 온대남부는 낙엽활엽수림(WI > 100), 상록·낙엽활엽수 혼합림(CI > -10)으로 구분하였다(국립수목원, 2020).

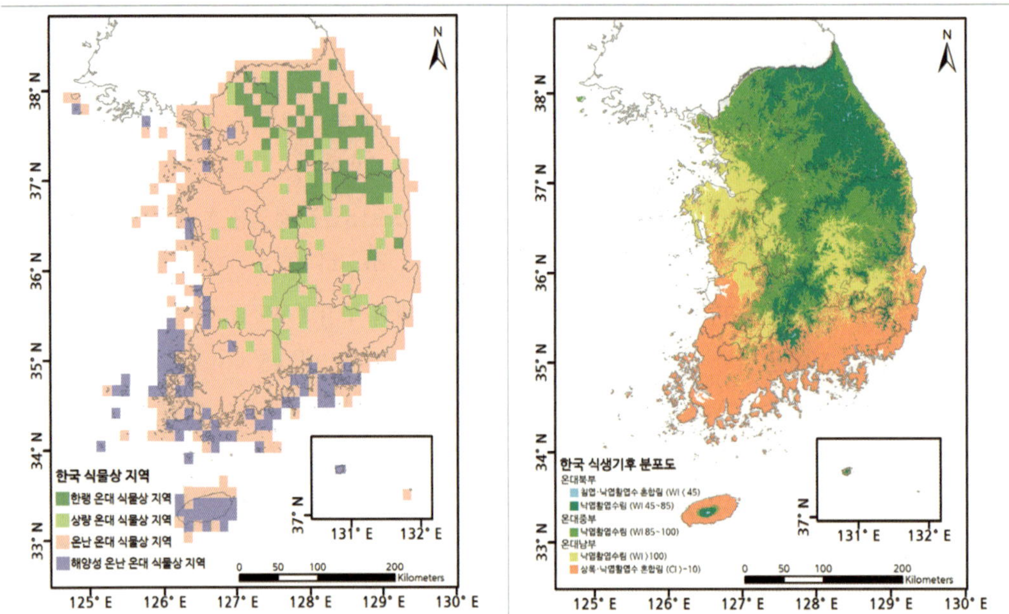

a) 우리나라 식물상 지역(2020)　　b) 우리나라 식생기후 분포도(2020)

[그림 3-14] 우리나라의 식물상 지역 및 식생기후 분포도

※ 자료출처: 국립수목원, 2020.

지형에 따른 분류는 토양과 지형이 산림 입지의 중요한 요소로서 그 차이로 인해 산림구조와 구성 및 생산성에 지대한 영향을 끼친다는 이론에 근거하고 있다. 지형적 변이에 따라서 온도와 수분 조건은 그 자체로서 뿐만 아니라 산림토양의 양분 가용성에 직접적으로 관여함으로써 산림식생의 구성과 분포를 결정짓는 일차적인 요소로 작용하기 때문에 산림생태계 분류의 한 방편으로 이용될 수 있다(이경준 등, 1996). 지형에 따른 분류는 원격탐사와 GIS와 같은 기법을 이용하여 접근할 수 있다.

3) 구조와 기능

가) 산림의 구조

(1) 수평적 구조

산림의 수평적 구조는 산림 전체를 상공에서 내려다 봤을 때의 식생 분포라고 할 수 있으며, 산림 전체를 놓고 보았을 때 북사면과 남사면의 식생 차이, 사면과 계곡 식생 차이 등이 대표적인 예가 된다. 주지하다시피, 남쪽 사면은 햇빛이 많아 온도가 높고, 그에 따라 증발산이 증가하여 건조하기 쉬운 환경이기 때문에 이러한 환경에 적합한 소나무류가 발달하고, 북사면은 그와 반대의 환경으로 활엽수종 위주의 식생이 형성된다.

이러한 수평적 분포가 달라지는 양상은 두 가지로 나눌 수 있다. 첫째는 배수가 불량한 습지의 습생식물군집과 같이 식물의 종구성이 인접한 지역과 전혀 달라서 확연히 구별되는 경우와 둘째, 높은 산의 고도가 변하면서 산복을 따라 점진적으로 수종 구성이 변해가는 것과 같이 구분되는 군집간의 경계가 불명확하게 되는 경우가 있다(이경준 등, 1996).

산림구조의 수평적 분포 양상은 (1) 토양의 성질, 배수 정도, 지형적 위치 등의 입지 조건과 식물의 종 구성 사이의 연관 관계, (2) 종자의 산포 방법과 범위, 식물 개체 간 또는 종간 경쟁, 식물 종간 상관관계 등의 생물학적 조건이 식물의 분포에 반영되는 정도가 평가되어야 한다.

한편, 산림의 수평적 구조는 숲 내부인 산림 군락(숲의 몸통)과 망토 군락(숲의 어깨), 그리고 주연부로서의 소매 군락(숲의 소매)으로 구분할 수도 있다.

[그림 3-15] 소매군락, 망토군락, 산림군락의 구조도

(2) 수직적 구조

산림 군집에는 지표면에서 최상층부까지 산림 식물들이 한 개 이상의 층을 이루고 있는데, 이러한 양상을 수직적 구조 또는 층화(stratification)라고 한다.

우리나라의 천연활엽수림의 수직적 구조를 예로 들면, 상층은 신갈나무, 젓나무, 피나무, 서어나무 등의 교목층이 형성되고, 그 아래에는 나이가 어린 교목류와 까치박달, 당단풍 등의 아교목이 차지하고 있다. 그 아래에는 어린 교목과 생강나무, 철쭉, 노린재나무와 같은 관목이 자라며, 지표면 가까이에는 어린 교목 및 관목의 치수(稚樹)를 포함하여 관중, 애기나리, 단풍마 등의 초본식물이 자라는 복잡한 수직적 구조를 흔히 볼 수 있다(이경준 등, 1996).

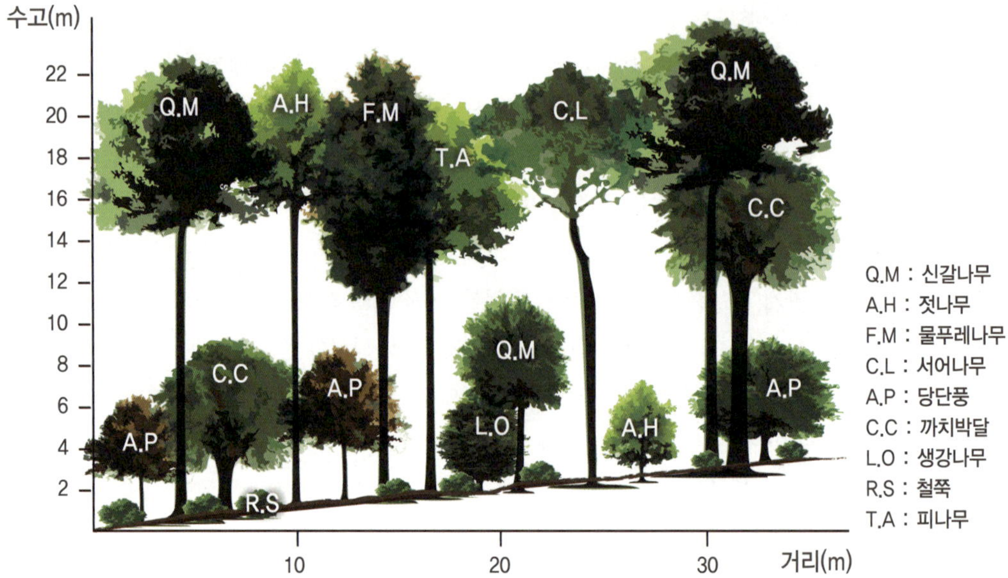

[그림 3-16] 우리나라 천연활엽수림의 수직적 구조의 모식도

※ 자료출처: 이경준 등, 1996.

이처럼 산림의 수직적 구조가 복잡하고 4개 이상의 임관층으로 구분되는 것을 다층림(multi-storied forest)이라고 하며, 한두 개의 층으로 구성되는 것을 단층림이라고 한다. 생태복원을 위한 수림대를 조성할 때에는 안정화된 자연산림에서 잘 나타나는 다층림을 구성하는 것이 기본 원칙이다.

이러한 산림의 수직적 구조를 결정하는 요인에는 수목의 생육형 이외에도 광선의 강도와 밀접한 관련성을 갖고 있다. 식물 개체들의 광선에 대한 경쟁은 산림의 수직적 구조를 결정하는 중요한 요소가 된다. 산림의 수직적 구조에서 빛의 강도에 대한 관련성은 상층은 양수, 중층은 중성수, 그리고 하층은 음수의 특성을 갖는 것이 일반적이다. 나무는 일반적으로 모두 광합성 등을 위해서 햇빛을 선호하기 마련인데, 양수와 음수의 구분은 이러한 햇빛에 대한 선호라기보다는 그늘에서 견딜 수 있는 능력에 따라 구분한다. 즉, 그늘에서 견딜 수 있는 능력이 있으면 음수(陰樹, shade tolerant tree)라 하고, 그늘에서 생육할 수 없는 수종을 양수(陽樹, shade intolerant tree)라고 한다. 그리고 그 중간에 있는 나무를 중성수라고 한다. 중요한 것은 하층에서 서식하는 수종은 지상부의 적은 햇빛에 대한 적응뿐만 아니라 지하부에서 치열하게 일어나고 있는 수분과 양분에 대한 경쟁을 위한 적응이 더 중요하다(Kimmins, 1987).

또한, 숲을 이루고 있는 나무들의 나이(樹齡) 분포에 따라서 동령림과 이령림으로 구분한다. 동령림(同齡林, even-aged forest)은 숲을 이루고 있는 나무들의 나이가 비슷한 곳을 말하고, 이령림(異齡林, uneven-aged forest)은 다양한 수령의 나무들이 숲을 이루고 있는 곳이다. 하지만 숲을 구성하고 있는 나무들의 나이가 같을 수 없기 때문에 일반적으로 수령 범위가 평균 수령의 20% 이내이면 동령림으로 본다. 참고로 영급은 수령을 10년 단위로 묶어서 표현하는 용어로 1~10년은 I 영급, 11~20년은 II 영급 등으로 표현한다.

일반적으로 동령림은 대규모 교란 이후나 비슷한 규격의 수종을 이용한 인위적인 조림 등으로 형성되는 경우가 많다. 이령림은 수목들이 갱신된 시간의 차이가 있기 때문에 다양한 수령의 나무와 크기가 다른 나무들이 존재하여 다층을 형성하는 경우가 많다. 이령림은 동령림에 비해서 심한 바람 피해가 적으며, 다양한 빛 환경을 제공하기 때문에 내음성 수종의 생육에 유리하고, 숲의 갱신이 지속적으로 이루어지는 특성을 갖는다(손요한 등, 2019). 따라서 우리가 생태복원을 할 때에도 가급적 동령림이 아닌 이령림의 구조를 갖추도록 조성해야 한다.

한편, 혼효림(혼합림 또는 혼성림이라고도 함)은 세계식량농업기구(FAO)의 기준에 따라 침엽수나 활엽수 가운데 어느 쪽도 75%를 넘지 않고 두 가지가 함께 섞여 있는 숲을 말한다.

나무는 토양의 수분 부족에 대한 적응 능력에 따라 식물을 수생식물과 중생식물, 건생식물로 구분한다(Kimmins, 1987). 여기서 건생식물은 건조지역에서 자라는 식물로서 수분 부족에 따른 생리 반응에 따라 건조 탈출 식물(drought escapers)과 내건성 식물(drought resisters)로 구분한다. 건조 탈출 식물은 체내 대부분의 수분을 제거함으로써 체내의 수분 균형에 미치는 건조의 불리한 효과로부터 탈출할 수 있는 식물과 수분이 부족할 때 생리 대사 기능이 정지되는 식물을 말한다. 그리고 내건성 식물은 다시 건조 회피형 식물과 진성 내건성 식물로 구분하는데, 건조 회피형 식물은 외적인 수분 부족 환경에 처했을 때 높은 수분 잠재성을 유지한다. 건조 회피형 식물은 수분 절약형 식물과 수분 소비형 식물로 세분화된다. 수분 절약형 식물은 다즙식물처럼 수분을 많이 저장하거나, 두꺼운 큐티클층으로 수분 손실을 줄이는 방법을 사용한다. 수분 소비형 식물은 뿌리 흡수력이 뛰어나서 함수율을 높게 유지하고 기공을 열어 수분을 소비하면서도 높은 광합성을 유지하는 특성을 가진다(손요한 등, 2019). 또한, 진성 내건성 식물은 많은 식물이 건조에 대한 내성을 나타내고 있는데, 이러한 내성은 탈수에 대한 회피 및 진성 내건을 의미한다. 심한 건조 상황에서도 여러 가지 방법으로 물을 흡수할 수 있는데, 소나무, 은행나무, 상수리나무 등은 증산을 억제할 수 있는 회피 능력이 잘 발달해 있다(손요한 등, 2019). 수목은 대부분 건조 회피형에 속하며, 어느 정도 건조에 대처하는 저항성을 갖는다. 그러나 이끼류나 선태류 그리고 몇몇 사막 식물은 강한 수분 스트레스에서도 견딜 수 있는 내성을 선천적으로 가지고 있는 진성 내건성 식물에 속한다(이경준 등, 1996).

나) 종 조성

산림생태계가 어떤 구조와 형태로 나타나고 있는지를 알기 위한 방법에는 앞서 제시한 수평적 및 수직적 단면의 제시와 함께 종 조성(species composition)을 파악하면 유용하다. 종 조성의 설명 방법은 Curis & McIntosh(1951), Brown & Curtis(1952) 등이 제시한 방법이 주로 사용되는데, 여기에는 밀도와 빈도, 피도, 중요치 등이 있다. 구체적인 방법은 "생태복원 계획·설계론 제II권, 제3장. 생태복원을 위한 조사 및 분석" 중 식생 조사 방법에서 제시하였다.

다) 산림의 가치와 기능

숲이 주는 기능은 직접적인 기능과 간접적 기능 두 가지로 구분할 수 있다. 직접적 기능은 목재 생산과 산림 부산물의 생산 기능을 말하며, 집을 짓기 위한 재료, 연료 생산, 종이, 식품 등으로 사람들이 이용하는 것과 관련되어 있다. 간접적 기능은 토사 유출 방지, 휴양 및 보건, 대기오염 정화, 수질 및 토양오염의 정화, 수원 함양, 야생동·식물의 보호, 소음방지, 기후완화, 문화적 기능 등과 같은 매우 다양한 기능을 말하며, 일반적으로 산림의 간접적 기능을 "공익 기능"이라고 한다.

국립산림과학원(2023)에 따르면 2020년 기준 우리나라 모든 숲의 공익적 가치는 연간 259조 원으로, 국민 한 사람당 연간 499만 원의 산림 혜택을 받고 있다고 평가했다. 참고로 이 연구 결과를 발표한 2023년은 우리나라 치산녹화사업의 50주년 기념해이기도 하다. 산림청에서는 1987년 산림 공익 기능 평가제를 도입하였고, 2~5년 주기로 평가를 시행하고 있다. 산림의 유형적 가치 환산은 수원함양, 산림정수, 토사유출방지, 토사붕괴방지, 온실가스 흡수, 대기질 개선, 산소 생산, 산림휴양, 산림치유, 생물다양성 보전, 산림경관, 열섬완화 기능 등 총 12가지 산림 기능을 주요 항목으로 평가한다.

평가 시기별 산림의 공익 가치는 1987년 18조 원에서 1990년 23조 원, 1992년 28조 원, 1995년 35조 원, 2000년 50조 원, 2003년 59조 원, 2005년 66조 원, 2008년 73조 원, 2010년 109조 원, 2014년 126조 원, 2018년 221조 원, 2020년 259조 원 등이다.

2020년 평가 금액의 항목별 현황에선 온실가스흡수·저장기능이 97.6조 원으로 총평가액 중 가장 높은 37.8%를 차지하였으며, 산림경관제공 기능 31.8조 원(12.3%), 산림휴양 기능이 28.4조 원(11.0%), 토사유출방지 기능 26.1조 원(10.1%) 순으로 평가되었다. 또한, 산림정수 기능 15.2조(5.9%), 수원함양 기능 12.1조(4.7%), 산소생산 기능 11.6조(4.5%), 생물다양성보전 기능 11.6조(4.5%), 토사붕괴방지 기능 11.5조(4.4%), 산림치유 기능 6.7조(2.6%), 대기질 개선 기능 5.3조(2.0%), 열섬완화 기능이 0.6조(0.3%)로 뒤를 이었다(국립산림과학원, 2023).

산림이 주는 기능은 직접적인 것이든 간접적인 것이든 인류의 문화 발달에 크게 기여해 왔으며, 최근에는 지구온난화 등과 관련하여 간접적인 기능도 매우 중요시 되고 있다. 예를 들어, 산림의 산소 발생량은 1ha당 연간 10~15톤 정도라고 하며, 이산화탄소의 흡수량은 1ha 당 연간 10~20톤 정도로 알려져 있다(이경준 등, 1996). 또한, 산림의 수원 함양 기능과 관련해서는 연강수량의 40~50% 정도의 저수 능력을 갖고 있어(이경준 등, 1996), 영구적인 녹색댐으로 불리기도 한다. 최근에 관심을 갖게 된 삼림욕(green shower)의 경우는 산림의 휴양 및 보건 기능과 관련되어 있다. 나무의 잎에서 발산되는 피톤치드는 테르펜, 페놀, 플라보노이드, 보르테올 등의 다양한 화학물질인데, 이 개념을 만든 러시아의 B.P. Tokin 교수는 향나무속 침엽수림의 1ha에서는 하루 약 30kg의 피톤치드가 공기 중으로 분비된다고 하였으며, 활엽수림에서는 동일한 면적에서 하루 평균 약 2~3kg이 분비된다고 보았다. 한편, 산소는 침엽수림보다 상록활엽수림대에서 훨씬 높게 발생한다. 전남산림환경연구소(2008)의 연구에 따르면, 산림 내 지상 산소 발생량이 가장 높은 곳은 제주시 애월읍 난읍리에 위치한 종가시나무림으로 산소농도는 22만1,500ppm이었다. 광주 무등산 소나무림의 산소농도는 20만900ppm으로 산림 외부 일반 대기 중 산소농도와 똑같은 것으로 나타났다(메디컬투데이, 2008.07.18.).

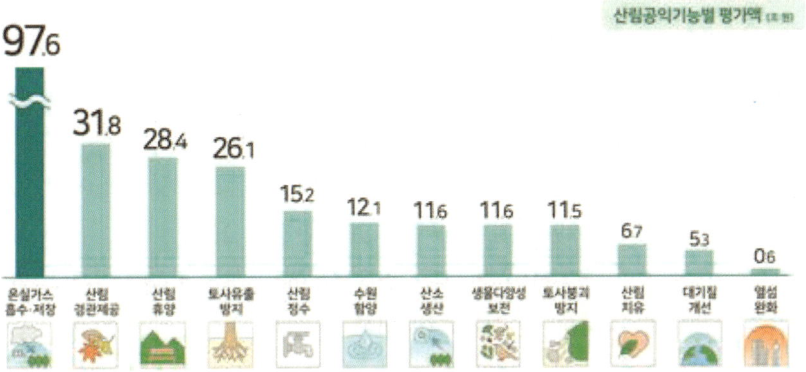

2020년 기준 산림의 공익적 가치

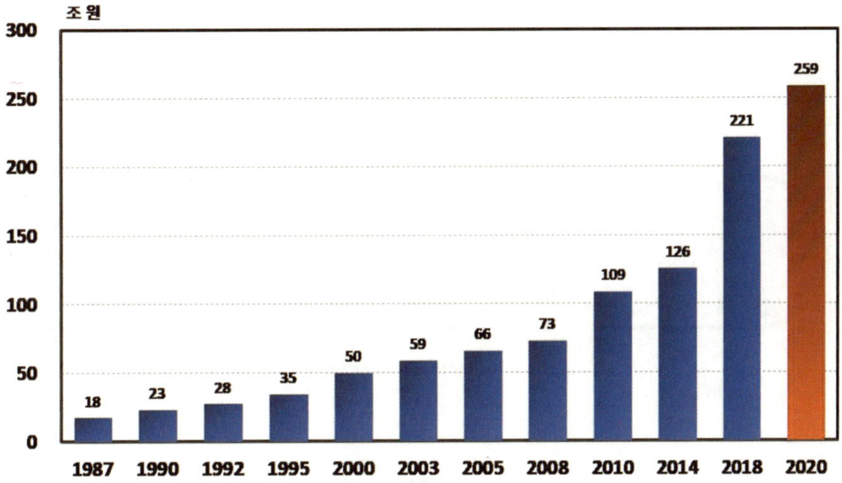

산림공익기능 평가액 추이(1987~2020)

[그림 3-17] 산림의 공익적 가치

※ 자료출처: 국립산림과학원 보도자료(2023.3.29.)

4) 우리나라의 산림 현황

우리나라의 산림 현황은 '생물다양성협약 제4차 국가보고서(대한민국, 2009)'를 토대로 제시하였다. 2007년 말 기준 우리나라의 산림 면적은 6,382천ha로 전 국토 면적(9,972천ha)의 64%이며, 이중 국유림은 1,509천ha(24%), 공유림은 489천ha(7%)이며, 사유림은 4,384천ha로서 전체 산림 면적의 69%를 차지하고 있다.

임상별 산림 면적은 침엽수림이 2,687천ha로 전체의 42%이고, 활엽수림은 1,661천ha로 26%, 혼합림은 1,862천ha로 26.4%, 죽림은 7천ha로 0.1%를 차지하고 있다. 나무 나이별(영급별) 산림 면적 분포는 30년 미만이 3,770천ha(전체 산림 면적의 59%), 31년생 이상이 2,439천ha(38%), 죽림 등이 173천ha(3%)이다. 임상별 1ha당 임목 축적량은 98㎥로서 침엽수림은 273,081천㎥으로 전체 임목 축적의 43%를 차지하고, 활엽수림이 165,729천㎥, 혼효림이 185,588천㎥으로 분포되어 있다.

산림 식생은 참나무류·단풍나무류 및 서어나무류 등 온대낙엽활엽수림대에 속해 있으나, 침엽수인 소나무가 산림 면적의 40%로 단일 수종으로는 가장 넓은 면적에 분포하고 있다. 그러나 남해안 및 도서지방에는 상록활엽수가, 고산지대와 북부지방에는 한대침엽수가 자라고 있다.

한편, 2010년 기준 우리나라 산림 면적은 6,368천ha로 전체 국토면적 대비 약 64%를 차지하고 있다. 이는 1960년의 6,700천ha에 비해 332천ha(4.95%)가 감소한 것으로, 지난 50년간 연평균 6,641ha의 산림 면적이 줄어들고 있는 것으로 파악되었다(환경부, 2014).

특히, 최근엔 친환경적인 개발 사업 등으로 산림을 훼손하는 경우가 줄고 있지만, 위에서 제시한 2007년 말 기준 산림 면적과 비교해 보아도 3년 사이에 1만4천ha가 감소한 것을 알 수 있다.

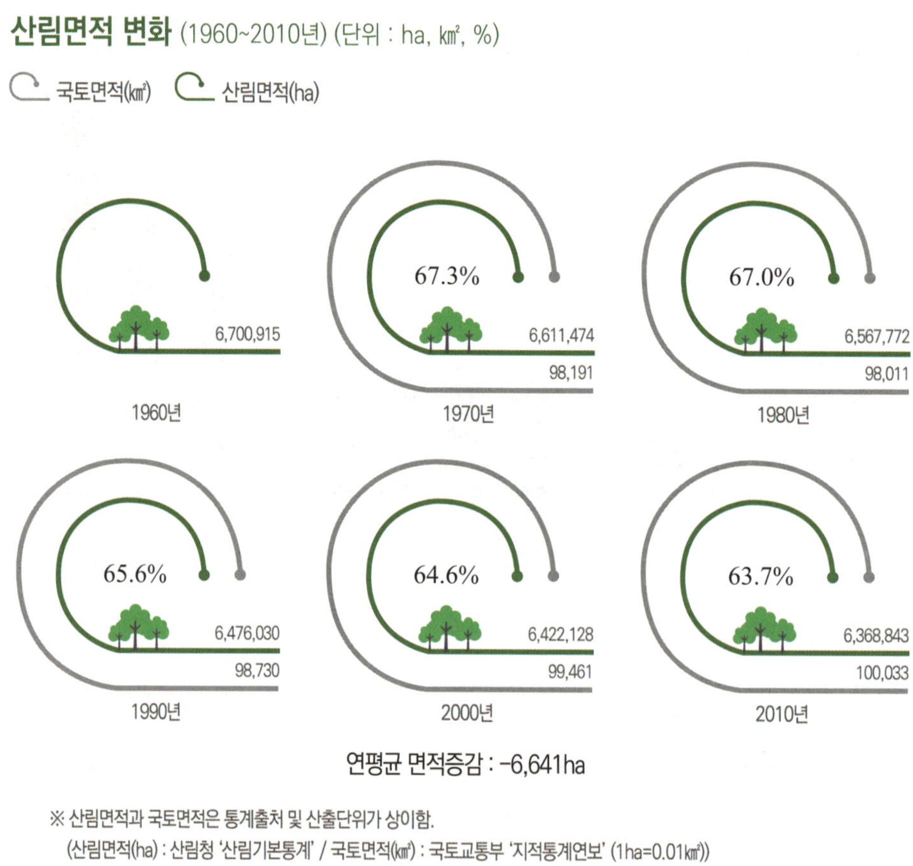

[그림 3-18] 우리나라의 산림 면적 변화

※ 자료출처: 환경부, 2014.

다. 하천생태계

1) 개념

하천의 사전적 개념은 육지 표면에서 대체로 일정한 유로를 가지는 유수의 계통을 말한다. 국내에서는 큰 강을 강(江), 작은 강을 천(川) 또는 수(洙)로 나타내고 있지만, 오늘날에는 혼용하여 사용하는 경우가 많다.

물관리일원화에 의해서 환경부가 주관하고 있는 하천법에 의한 하천의 정의는 "지표면에 내린 빗물 등이 모여 흐르는 물길로서 공공의 이해에 밀접한 관계가 있어 제7조제2항 및 제3항에 따라 국가하천 또는 지방하천으로 지정된 것을 말하며, 하천구역과 하천시설을 포함한다(2023.1.3 개정)." 여기서 제7조제2항 및 제3항은 국가하천과 지방하천의 구분과 지정에 관련된 사항으로 우선, 국가하천은 국토보전상 또는 국민경제상 중요한 하천으로 다음 각 호의 어느 하나에 해당하여 환경부장관이 그 명칭과 구간을 지정하는 하천을 말한다.

1. 유역 면적 합계가 200제곱킬로미터 이상인 하천
2. 다목적댐의 하류 및 댐 저수지로 인한 배수 영향이 미치는 상류의 하천
3. 유역 면적 합계가 50제곱킬로미터 이상이면서 200제곱킬로미터 미만인 하천으로서 다음 각 목의 어느 하나에 해당하는 하천
   가. 인구 20만 명 이상의 도시를 관류(貫流)하거나 범람구역 안의 인구가 1만 명 이상인 지역을 지나는 하천
   나. 다목적댐, 하구둑 등 저수량 500만세제곱미터 이상의 저류지를 갖추고 국가적 물이용이 이루어지는 하천
   다. 상수원보호구역, 국립공원, 유네스코생물권보전지역, 문화재보호구역, 생태·습지보호지역을 관류하는 하천
4. 범람으로 인한 피해, 하천시설 또는 하천공작물의 안전도 등을 고려하여 대통령령으로 정하는 하천

여기에서 대통령령이 정하는 하천은 (1)「수자원의 조사·계획 및 관리에 관한 법률」 제7조제1항 및 제18조에 따른 홍수위험지도 및 하천유역수자원관리계획, (2)「자연재해대책법」 제21조제1항에 따른 재해지도, (3) 최근 10년간의 홍수피해 이력 및 규모에 해당한다.

한편, 지방하천은 지방의 공공이해와 밀접한 관계가 있는 하천으로서 시·도지사가 그 명칭과 구간을 지정하는 하천을 말한다. 또한, 행정안전부에서 관리하는 소하천정비법에 의하면, "소하천"이란 「하천법」의 적용 또는 준용을 받지 아니하는 하천을 말하며, 동법 제3조에 따라 그 명칭과 구간이 지정·고시된 하천을 말한다고 정의하고 있다.

한편, 이율경과 김종원(2005)에 의하면, 하천은 유역 면적을 기준으로 하여 1,000㎢ 이상이면 대형 하천, 100~1,000㎢이면 중형 하천, 그리고 100㎢ 이하인 곳은 소형 하천으로 구분하고 있다. 또

한, 김종원 외(2008)에 의하면, 강과 하천은 일반적으로 규모에 따라 달리 사용하고, 비교적 큰 규모인 것을 강, 보다 작은 것을 하천이라고 구분하였다. 물론, 강과 하천에 대한 구체적인 크기 기준은 제시하지 않았다. 그리고 하천생태학은 강과 하천에 대한 생태학으로서 물길과 유역의 비생물적 환경조건과 생물적 요소들과의 상호관계를 규명하고 탐구하는 영역으로 정의할 수 있다(김종원 외, 2008).

2) 유형

하천을 분류하는 방법은 크게 인문·사회적 특성과 형태적 특성에 따라서 구분할 수 있다([그림 3-20] 참고). 인문·사회적 특성에 따른 구분은 하천 관리 주체, 하천 주위 토지 이용, 하천 부지 이용 상태, 오염 정도, 경관 특성, 유황 조절 등에 의한다. 한편, 형태적 특성에 따른 분류에서는 규모, 하상 재료, 조석 영향, 하천 경사, 하천 지형 등에 따른다.

한편, 하도(河道, stream channel)는 하천의 물길을 의미하는데, 하도의 형태에 따라서 직류 하천(straight stream), 곡류 하천(meander stream), 망류 하천(braided stream) 등으로 구분한다. 우리가 말하는 자연형 하천은 대부분 곡류하천을 의미하며, 그 형태가 뱀이 움직이는 모습과 유사하다 하여 사행천(蛇行川)이라고 한다.

3) 하천의 특성

하천의 차수는 물길이 처음 시작되는 원류 구간이 1차 하천이 되며, 이 1차 하천이 다른 1차 하천과 합류하여 형성된 물길은 2차 하천이 된다. 다시 1차 하천과 2차 하천이 만나면 2차 하천이 되며, 2차 하천과 2차 하천이 만나면 3차 하천이 된다. 이와 같은 방식으로 동일 차수의 하천이 만나게 되면 차수가 증가한다.

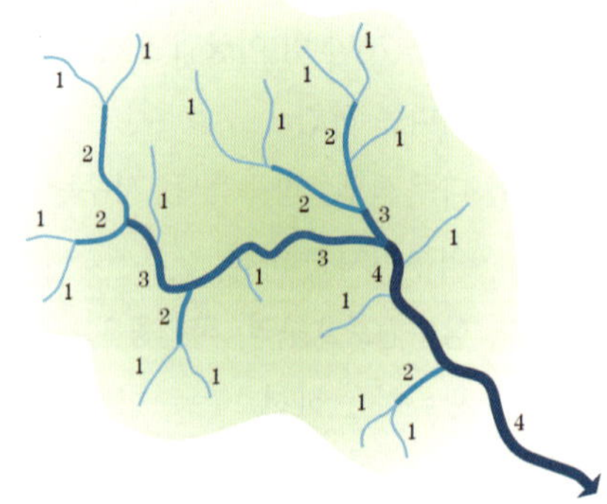

[그림 3-19] 하천의 차수

※ 자료출처: USDA, 2007.

일반적으로 1~3차수 하천은 소하천으로 분류하며, 4~6차수 하천은 중간 크기의 하천으로 분류한다. 낙동강은 9차수 하천, 한강은 8차수 하천으로 분류된다(이율경 · 백현민, 2023).

흐르는 물에 의해서 형성 · 유지되고, 끊임없이 변화하는 역동적인 생태계의 특성을 갖는 하천은 유량이 매우 중요하다. [그림 3-21]은 하천 유량의 중요성을 보여 주는데, 자연적인 유량 패턴이 발생할 수 있도록 해야 함을 나타낸다. 즉, 자연적인 저수위와 고수위가 반복되고, 홍수기에는 자연적 범람이 발생하는 하천이 생물종의 다양성 증진에 기여할 수 있고, 건강한 하천이라고 할 수 있다. 반대로, [그림 3-22]와 같이 댐이나 보 등으로 자연적 유량 패턴을 변경시키게 되면, 부적절한 저수위가 지속되면서 필요한 시기에 고수위가 없거나 홍수가 부재하여 단조로운 환경을 형성하게 된다. 단조로운 환경조건 때문에 생물다양성은 낮아진다.

- 인문사회적 구분
  - 하천관리 주체
    - 직할하천 : 하천법(환경부장관 관리)
    - 지방하천 : 하천법(시도지사 관리)
    - 준용하천 : 하천법(시장·군수 관리)
    - 소하천 : 소하천관리법(시장·군수 관리)
  - 하천 주위 토지 이용
    - 도시하천
    - 전원하천(농촌하천)
    - 산지하천
  - 하천 부지 이용 상태
    - 자연상 하천
    - 단순이용 하천
    - 고도이용 하천
  - 오염 정도
    - 청정 하천 : BOD 1ppm 이하
    - 2급수 하천 : 1~3ppm
    - 3급수 하천 : 3~6ppm
    - 오염 하천 : 6ppm 이상
  - 경관 특성
    - 자연경관 하천
    - 경승지 하천
    - 인위경관 하천
  - 유황 조절
    - 유량조절 하천
    - 자연유량 하천
- 형태적 구분
  - 규모
    - 대하천
    - 중하천
    - 소하천
  - 하상 재료
    - 뻘하천
    - 모래하천
    - 자갈하천
    - 암반하천
    - 수초하천
  - 조석 영향
    - 감조하천
    - 비감조하천
  - 하천 경사
    - 급경사 하천 : 1/1,000 이상
    - 중경사 하천 : 1/10,000~1/1,000
    - 완경사 하천 : 1/10,000 이하
    - 역경사 하천
  - 하천 지형
    - 유년기 하천
    - 장년기 하천
    - 노년기 하천
  - 하천 평면 형태
    - 직류 하천
    - 곡류 하천
    - 망상 하천
  - 하천 단면 형태
    - 천천
    - 중천
    - 심천
  - 하상고와 주변 지반고
    - 굴입하천
    - 축제하천
  - 하천 부지 형태
    - 고수부지 발달 : 저수로 폭/하폭<0.5
    - 중간 : 0.5~0.75
    - 고수부지 미발달 : 0.75 이상
  - 하천 종단 위치별
    - 상류하천 : 상류 1/4
    - 중류하천 : 중간 2/4~3/4
    - 하류하천 : 하류 1/4
  - 지하수 용출
    - 용출하천(effluent stream)
    - 복류하천(influent stream)
  - 흐름의 지속성
    - 상류천(perennial stream)
    - 간헐천(ephemeral steam)
  - 하천생태적 구분
    - 자연상 하천
    - 반자연상 하천
    - 인공상 하천

[그림 3-20] 하천의 분류

※ 자료출처: 건설교통부(1996), 김혜주(2004)의 내용을 약간 수정함.

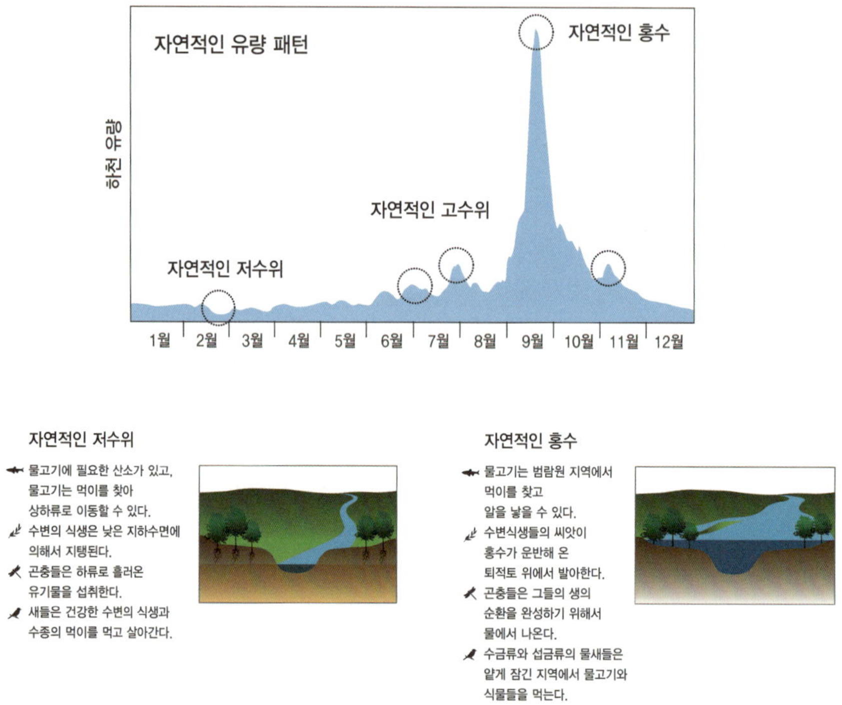

[그림 3-21] 자연 하천에서 유량의 중요성

※ 자료출처: Sandra Postel & Brian Richter, 2003.

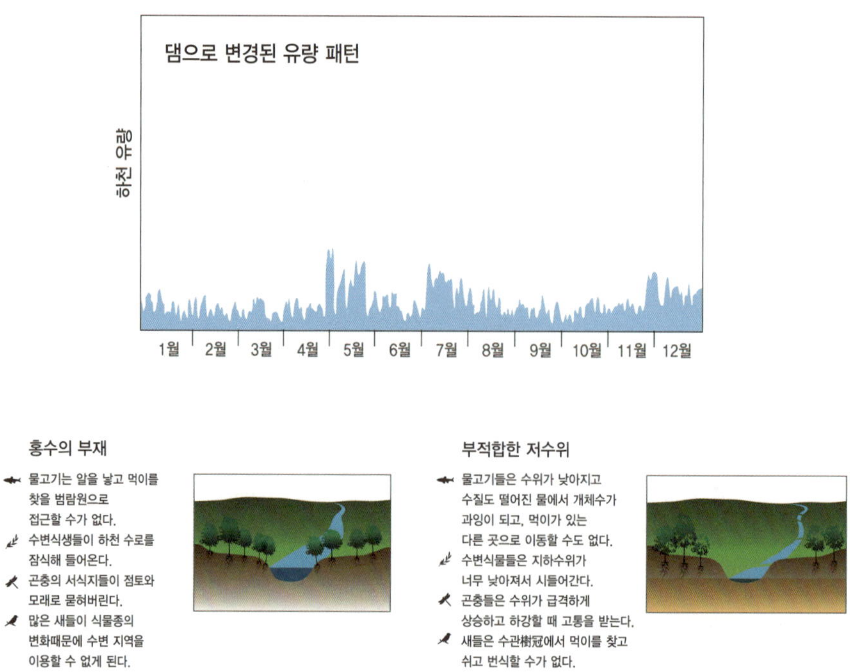

[그림 3-22] 댐으로 변경된 하천의 유량 특성

※ 자료출처: Sandra Postel & Brian Richter, 2003.

한편, 최근 기후변화 등의 이유로 국지성 가뭄과 집중호우 증가로 하천에서의 물 흐름의 패턴이 바뀌고 있다. 결과적으로 과거 모래와 자갈로 구성되었던 '화이트리버(White River)'에서 나무와 풀로 채워지는'그린리버(Green River)'화 현상이 전국적으로 나타나고 있다(우효섭, 2008). 이처럼 식생이 지속적으로 확산하는 식생 번무화(繁茂化) 현상은 생물종 다양성 측면에서 바람직해 보일 수도 있지만, 홍수 시 유사(流砂) 이송에 따른 하상고 상승으로 홍수 위험이 증가하고, 치수 관리 및 사람들의 접근성 훼손 등의 문제를 야기한다(우효섭, 2008). 무엇보다도 더 문제가 되는 것은 흰목물떼새나 표범장지뱀과 같이 모래톱이나 자갈톱과 같은 서식처를 필요로 하는 생물종의 서식에 어려움을 준다는 것이다. 우리나라 주요 국가하천에서는 식생 이입률이 34%를 넘어선 것으로 나타났다(한국건설기술연구원. 2015). 하천이 모래와 자갈로 구성된 화이트리버가 식생으로 채워지는 그린리버로 바뀌는 것을 하천 육역화라고도 한다. 이러한 현상은 4대강 사업 이후에, 그리고 여름 장마철에 이루어지던 집중 강우가 가을철로 이동하는 강우 패턴 변화와 같은 현상 때문에 우리나라의 많은 하천에서 발견되고 있다.

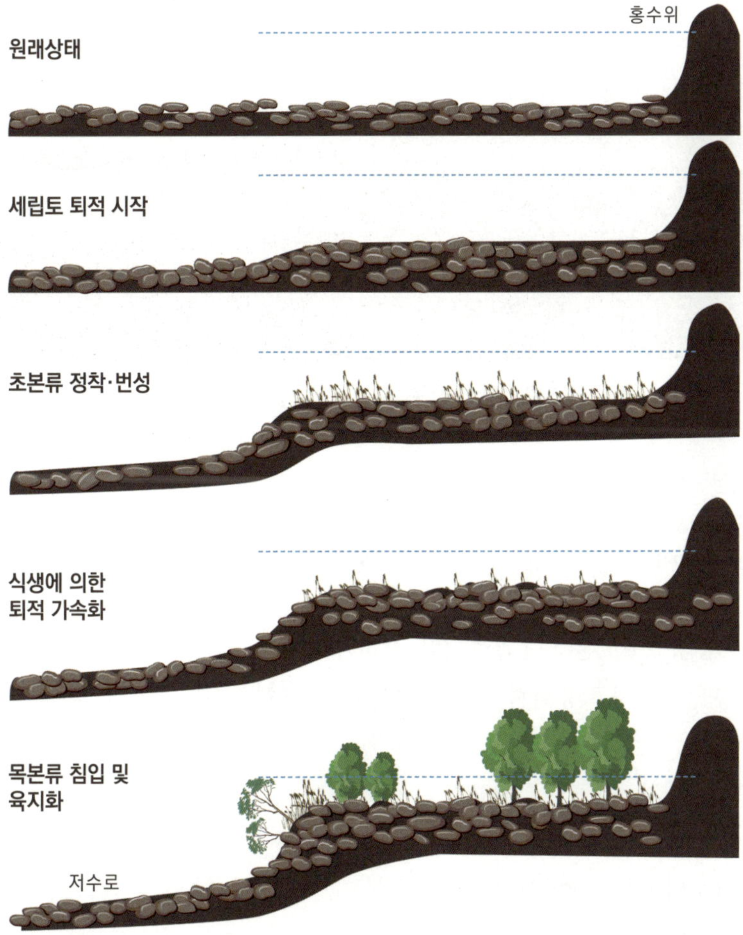

[그림 3-23] 하천 홍수터의 육역화 발달 단계

※ 자료출처: 환경부, 2021.4.(원출처: 이삼희 등, 1999)

실제 한 연구에서 1996~2010(13년)과 2011~2022(12년) 간의 강우량을 비교한 결과, 5월 강우량이 41% 감소하였는데, 이런 변화가 식생의 성장 시기에 영향을 미치는 요인으로 작용한 것으로 분석하였다. 특히, 6월에서 7월에 걸쳐 많은 비를 내렸던 장마 시기가 점차적으로 늦춰졌고, 가을철에 많은 강수량이 발생하는 양상으로 변화 중인 것으로 나타났다. 이런 집중호우 시기의 변화는 하천 식생의 생활사에 영향을 주어 우점종 변화를 발생시킨 것으로 분석하였다(정희정 등, 2023).

a) 2022년 5월

b) 2022년 6월

c) 2022년 7월(22년 7월까지는 비교적 큰 강우가 없어서 하천식생이 그린리버 형태로 변함)

d) 2022년 10월 (22년 9월 태풍 '힌남노' 등의 영향으로 형산강은 제방선 가까운 곳까지 수위가 상승한 이후의 모습, 그린리버가 화이트리버로 바뀌게 됨)

[그림 3-24] 경주 형산강의 식생 변화(2022년)

※ 주) 각 사진에서 좌측의 개방수면이 보이는 지점을 동일지점으로 보고 살펴보면 된다. 5월 하천식물들이 자라기 시작하여 7~8월 가장 번성하다가, 9월 태풍의 영향으로 저수로 내 식생은 거의 소실되었다.

한편, 우효섭 등(2019)은 국내 관련 자료, 특히 경년 별 항공사진자료의 비교·분석과 제한된 범위의 현장조사 등을 통해 사주 상 하천 식생 이입의 원인별 유형을 아래와 같이 제시한 바 있다.

○ 유형 1 : 유량과 유사량 흐름의 변화

- 유형 1-1N : 상류 댐에 의한 봄철 홍수 억제로 하류 홍수터에 신선한 토사 및 습윤 공급이 중단되어 홍수터에 식생 발아 및 생장 억제(미국 중서부, 태평양 연안 북서부 등)
- 유형 1-1P : 강우 양상 변화로 인한 비조절 하천에서 늦봄~초여름 작은 홍수 저감으로 발아된 유식물(幼植物) 활착 기회 향상(국내, 일본 등 몬순기후 지역) (가설)
- 유형 1-2 (조절) : 몬순기후 지역에서 상류 댐에 의한 여름철 홍수 저감으로 하류하천 사주에

식생 활착 기회 대폭 향상

○ 유형 2 : 하도의 인위적 교란(골재채취, 하천정비, 보건설, 경작지 홍수터 편입 등)으로 하천 내 식생 이입 촉진

○ 유형 3 : (중소)하천에 영양물질 유입 증가(비점오염물질 형태로 유입) 때문에 하천식생 생장 촉진(가설)

이와 같은 현상은 수문-지형동역학으로 설명할 수도 있다. [그림 3-25]에서 제시한 수문-지형동역학(hydro-morphodynamics)은 물의 흐름-유사(流沙)-지형 간 동적 과정을 의미하는 것으로서, 이 그림에서 흐름, 유사, 지형이라는 세 인자를 각각 구분하여 그렸기 때문에 각 인자를 아우르도록 표기한 것이다(우효섭 등, 2019).

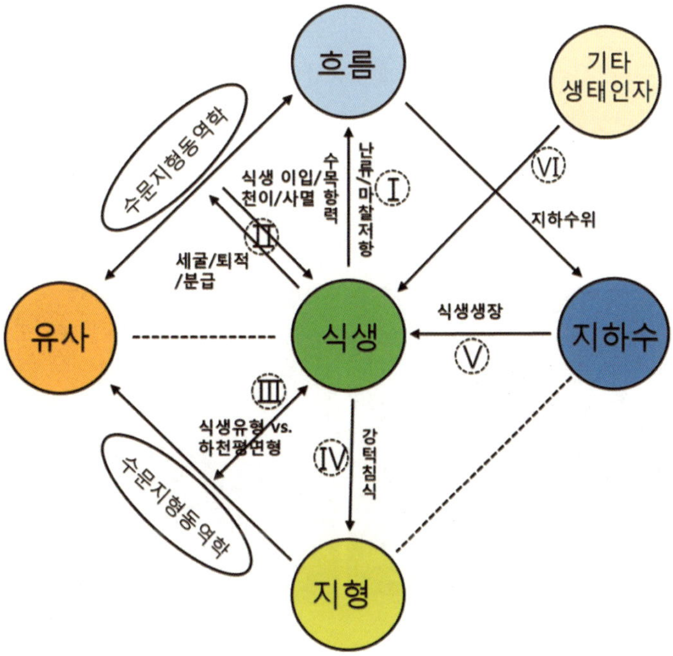

[그림 3-25] 수문지형동역학의 개념적 다이어그램

※ 자료출처: 우효섭 등, 2019.

한편, 이렇게 다양한 요인에 의해 하천생태계에 가해지는 주기적이고 불규칙적인 교란 때문에 하천생태계는 성숙 단계의 극상에 이르지 못하고 천이 초기 단계와 중간 단계를 지속적으로 반복하는 경향을 나타낸다. 결과적으로 하천생태계는 시간의 흐름에 따라 안정화되는 극상 상태에 이르는 경우는 드물고, 맥박식 안정준극상(Pulse-stabilized subclimax)을 이루게 된다(Odum, 1971). 즉, 하천에서는 극상림의 발달이 거의 없고 현재와 같은 조건이 지속된다면 식물군락의 안정적인 순환천이가 나타난다(이율경, 백현민, 2023).

4) 구조와 기능

가) 하천의 구조

(1) 수평적 구조 [종단 특성]

하천의 수평적 구조는 종단 특성으로 설명할 수 있으며, 하천은 발원지를 포함하여 상류와 중류, 하류 및 하구로 나눌 수 있다.

(가) 상류 구간

일반적으로 상류는 보통 경사가 가장 급하여 1/100의 구배를 가지며, 자갈이 많고 습도가 높으며, 수온이 낮고 용존 산소량은 많으며, 빈 영양 상태에 있다. 유역 사면으로부터 침식된 유사가 하류로 이동하는 구역으로 주로 침식 작용이 일어난다.

생태적인 측면에서 우리나라의 상류 하천에 인접한 계곡부의 우점식생은 물푸레나무, 서어나무, 신나무 등이며, 급류의 침식성으로 인하여 상류 하천의 홍수위와 평수위 사이의 영역에서는 관목 및 초본류 군집이 형성된다. 갯버들은 하천 상류에서 중류역에 이르는 하상의 바위틈에 활착하여 달뿌리풀, 참억새 등과 함께 군생한다. 상류 하천은 주로 울창한 산림이 덮고 있기 때문에 일조량의 대부분이 차단되어 수면에 떨어지는 대량의 낙엽을 각종 수서 생물이 분해하여 에너지를 공급한다. 먹이원의 제한과 계절 변화가 크지 않은 수온 등의 영향으로 생물종의 다양성은 제한된다.

[그림 3-26] 하천의 상류 구간

(나) 중류 구간

중류는 1/100~1/500의 구배를 가지며, 작은 자갈이나 모래로 구성되고, 수충부(水衝部, 물의 흐름에 의해 곡류부의 바깥쪽에 형성되는 충격을 받는 지역)와 사주부(砂洲部, 물의 흐름에 의해 곡류부의 안쪽에 형성되는 모래가 쌓이는 부분)를 형성한다. 대체로 홍수터가 넓고, 수로가 사행(蛇行)하는 형태를 띠며, 주로 운반작용이 일어나는 구간이다. 생물다양성이 높으며 건천화에 적응할 수 있는 다년생 초본류 갈대와 물억새 등이 분포한다.

생태적으로 중류 구간은 넓은 자갈밭, 하중도, 수변의 수생식물대, 홍수터의 자연초지, 하반림 등의 서식처에 적응하는 곤충과 조류가 서식한다. 하반림은 침수빈도가 가장 낮은 곳에 형성되고, 우점

수종은 버드나무, 오리나무, 느릅나무, 팽나무 등의 교목류이며 왜가리, 해오라기, 원앙 등의 둥지를 짓는 곳으로 이용된다. 하반림에 비해 침수빈도가 높은 홍수터 및 자연제방에는 찔레꽃, 붉나무 등의 관목 및 덩굴식물이 분포하며 물억새, 비수리, 띠 등의 초본식생이 분포한다.

중류 하천은 상류 하천과 달리 수중의 일조량이 풍부하여 광합성에 의한 자체 영양 공급이 가능해지기 때문에 초식성 수서곤충의 우점도가 현저히 증가하는 특징도 있다. 중류역의 대표 어종은 붕어와 잉어이며, 자연하천에 형성되는 소(沼, pool)는 겨울 동안 어류의 월동 및 휴식의 장으로 이용된다.

[그림 3-27] 하천의 중류 구간

(다) 하류 구간

하류는 1/500 이하의 구배를 가지며, 유속이 느리고 모래와 점토질이 퇴적되는 특성을 갖는다. 또한, 규모 있는 습지가 형성되기도 하며 수위 변동이 크고 유속 및 하폭의 변화는 거의 없고 수면경사가 거의 일정하다. 갈대나 줄 등의 식물이 분포한다.

생태적으로 하류부는 하천의 경사가 완만해지고, 유속이 작아져 퇴적이 진행되는 구간으로서 유입되는 영양물이 풍부해져서 생물상도 다양해진다. 하천의 사행에 의해서 안정된 홍수터 및 자연 제방에는 매자기, 애기부들, 갈대, 줄, 고마리, 미나리, 여뀌 등이 분포하고, 하류에는 습지대 등의 기수역이 형성되지만 갈대 등의 정수식물이 번성한다. 하류부는 하천의 물리적 안정성은 커지지만 탁도의 증가로 부유성 동·식물 사체를 주워 먹는 수서곤충의 우점도가 높아진다. 하구역의 생물 분포는 염습지 식생대, 갯벌 및 기수역으로 구분할 수 있는데 하구 및 해안에 가까운 점토질 수변에는 천일사초, 해홍

[그림 3-28] 하천의 하류 구간

나물, 갈대, 모새달 등으로 구성된 염습지 식생대가 조성된다. 갯벌은 저서생물의 밀도가 높으며 각종 영양물질을 분해하여 높은 생산성을 유지하여 물떼새, 도요새 등의 철새 도래지로 중요하며, 기수역은 각종 어종의 산란, 치어 생육, 이동통로로서 중요하다.

지금까지 기술한 하천의 상류, 중류, 하류별 종적 구조와 특성은 [그림 3-29], [표 3-8]에서 제시하였다.

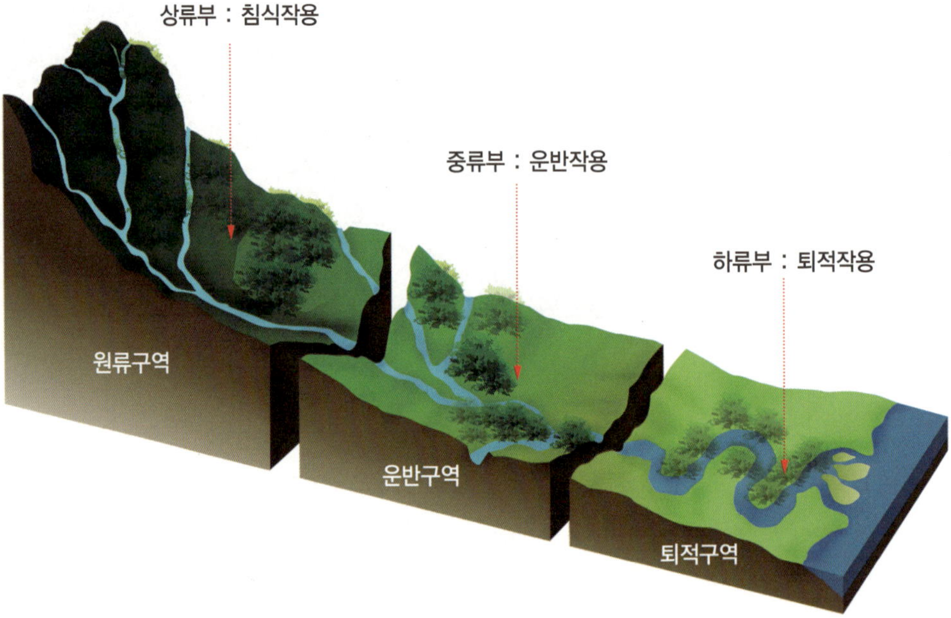

[그림 3-29] 하천의 종적 구조

※ 자료출처: http://www.usda.gov/stream_restoration

이러한 하천은 단일 및 다중의 유로 하천을 갖게 되는데, 유로가 한 개로 이루어진 하천이 대부분이나, 경우에 따라서는 다중 유로 하천도 찾아 볼 수 있다.

또한 자연적인 하천의 하도는 직선형인 경우는 찾아보기 어려우며, 사행도는 수로의 굽음 정도를 나타낸다. 사행도는 수로 중심선 길이와 하곡 중심선 길이의 비로서 계산한다. 사행도가 1.5이상이면 보통 사행 하도로 간주한다(환경부, 2002).

자연하천에서 생물서식처로서 중요한 역할을 하는 여울(riffle, 하천에서 수심이 얕고 물의 흐름이 빠른 곳)과 소(沼, pool, 하천에서 수심이 깊고 물의 흐름이 느린 곳)는 물의 흐름이 빠른 곳과 느린 곳을 지칭하는 용어이다. 수로의 평면형에 관계없이 대부분의 하천은 수심이 깊은 지역과 얕은 지역이 반복되어 나타나는 특성을 가지게 되고, 이러한 공간에서 물의 흐름이 달라진다. 여울과 소는 주수로 하폭의 약 5~7배의 거리를 두고, 하도의 종방향을 따라 교대로 반복되며 수로 내에서 사행하는 유심선과 관련 있다.

[표 3-8] 하천의 종적 특성

하천의 형태	상류	중류	하류
수심	얕다	상하류의 중간	깊다
유역 지형	가파르고 좁다	넓다	평평하다
하도	짧고 꺾임이 많다	곡류와 직류가 함께 나타난다	곡류가 많다
하상 경사	가파르다	상하류의 중간	완만하다
유속	빠르다	상하류의 중간	느리다
유량의 변화	크다	적다	거의 없다
하상 재료	큰 돌	자갈	모래, 진흙
소류 정도	많다	상하류의 중간	작다
침식 형태	하상 침식	하안침식과 퇴적	퇴적
수온	변화가 적고 낮다	온도 변화가 있다	온도가 높다
용존 산소	다량	상하류의 중간	소량
염기와 양분	소량	상하류의 중간	다량
동식물의 종류	적다	많다	매우 많다

※ 자료출처: 김혜주, 2004.

또한, 하중도(河中島, river island)는 하천에 있는 섬을 말한다. 하천의 유속이 느려지면서 퇴적물이 쌓여 하천 가운데에 만들어진다. 이러한 공간도 조류를 포함한 다양한 생물종들의 서식처로서 중요한 역할을 한다.

(2) 수직적 구조 [횡단 특성]

하천의 수직적 구조와 관련하여 우선 하천에서 사용하는 용어들을 올바르게 이해할 필요가 있다. 하도(河道, river course)란 물이 흐르는 길로서 물과 물이 운송하는 유사에 의하여 형성되고 변화한다. 하중도 및 하도 습지의 일부 구간을 포함하기도 한다. 하도의 형상은 대개 굴곡이 있고, 대략 포물선형에 가깝지만, 가변성이 매우 크다. 호안(護岸, revetment)은 하도 법면 구간을 일컫는 명칭으로서 수위를 기준으로 저수호안, 고수호안으로 구분한다. 경계부로 생물서식처 역할을 하며 오염물질의 직접적 유입을 차단하는 공간이다. 홍수터(flood plain 또는 범람원)는 하천이 홍수 등으로 범람하여 토사가 퇴적되어 형성된 하천 주변의 넓고 평평한 지형을 말하며, 홍수에 의해 범람되기 때문에 변동성이 매우 큰 지역이다. 좌안(左岸)과 우안(右岸)은 하천의 상류에서 하류를 향하여 볼 때를 기준으로 하는데, 왼쪽 하안이 좌안이고 오른쪽 하안은 우안이 된다. 제외지(堤外地, riverside land)와 제내지(堤內地, inland)는 하천의 제방을 기준으로 하여 하천의 물이 흐르는 하도 부분을 제외지라고 하며, 제내지는 제방에 의해서 보호받고 있는 공간 즉, 사람들이 생활하는 공간을 의미한다. 제외지와 제내지는 혼동하여 잘못 사용하는 경우가 많은데, 사람을 기준으로 보고 사람이 일상생활을 하는 공간이 제내지이고, 하천은 제외지가 된다.

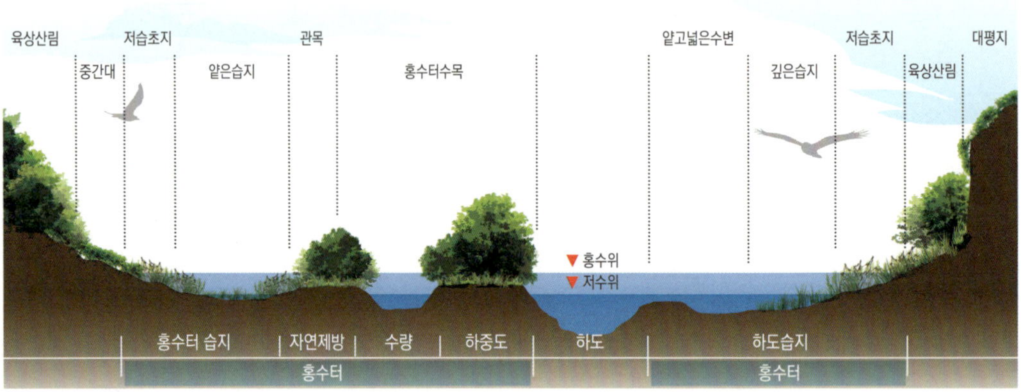

[그림 3-30] 하천의 전형적인 횡단면도

지금까지 하천의 구조를 수평적 구조와 수직적 구조로 구분하여 설명하였는데, 원래 하천은 종단 및 횡단으로 보고 접근하는 것이 바람직하다. 흔히 하천에서 생태복원사업을 할 때 가장 중요한 요소 중에 하나가 종·횡적 연속성(연결성) 확보 또는 종·횡적 생태네트워크 구축이다. 일반적인 하천에서 종적 연결성을 단절하는 것은 하천보(河川洑)가 많은데, 이는 적절한 어도 조성으로서 연결성을 확보한다. 물론 토지이용의 변화로 주변 지역에 물 공급 필요성이 없어진 경우에는 하천보를 철거하기도 한다.

또한, 횡적 연결성을 단절하는 것은 콘크리트 등 인공적인 제방(堤防)이다. 과거 자연하천의 경우 자연적인 제방은 흙이나 산림 등으로 되어 있어 하천 저수로부터 산림까지 자연스러운 연결성이 확보되었지만, 도시화 등이 진행되면서 제방을 축조하고 확보된 제내지 공간에 도시나 마을 등을 만들어 사용해 왔다. 결과적으로 양안의 제방에 의해서 하천 공간이 갇히게 되었고, 주변 자연생태계와 단절되었다. 이러한 횡적 단절을 극복하기 위해서 자연스러운 제방을 조성하여 식생을 적극 도입하는 경우가 많다. 여기에는 저수호안과 고수호안을 생태적으로 조성하는 경우도 포함된다.

하천생태계의 연속성 개념을 나타내는 모식도로 가장 많이 사용되는 있는 것은 [그림 3-31]과 같다.

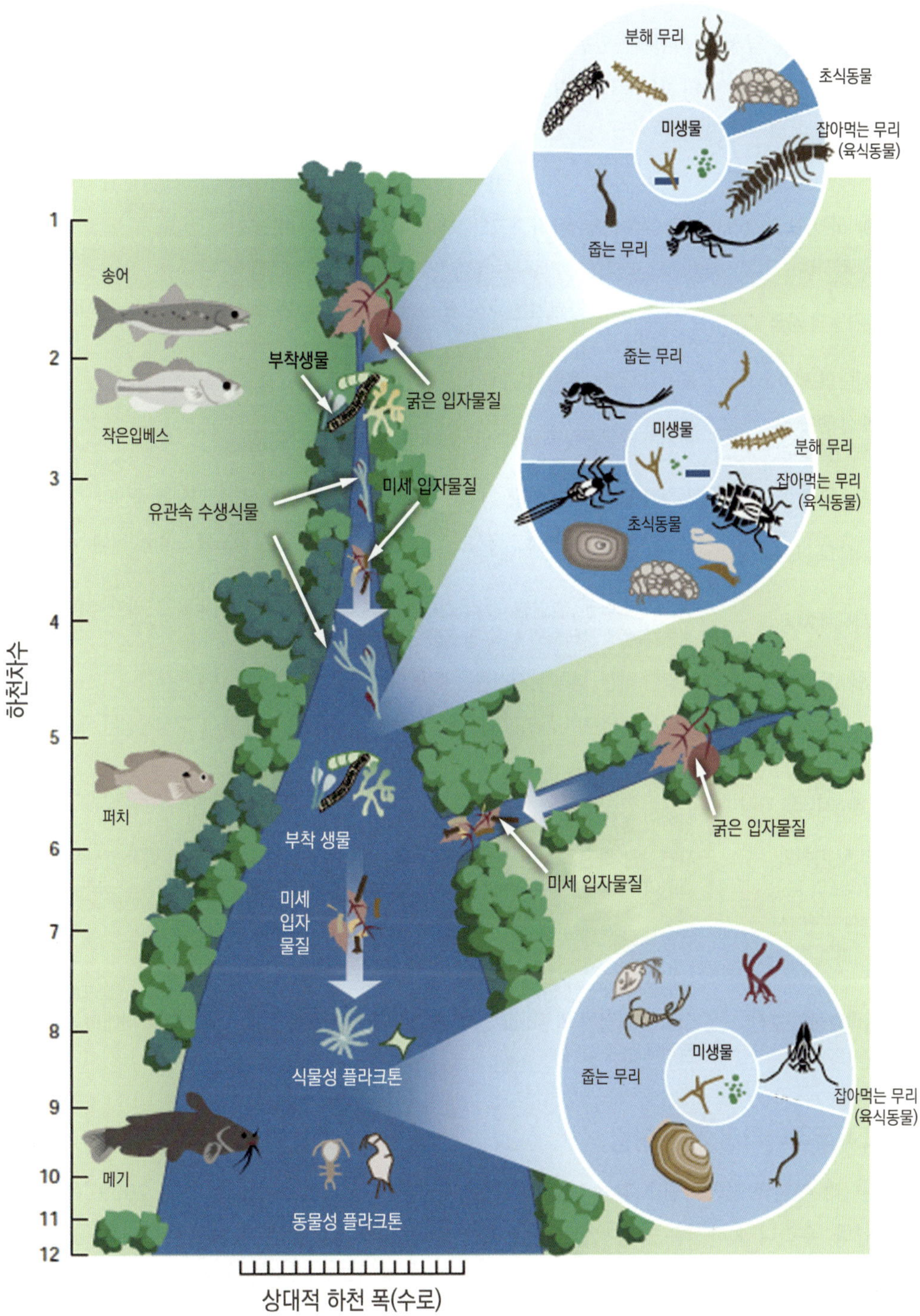

[그림 3-31] 하천 연속성 개념 모식도

※ 자료출처: http://www.usda.gov/stream_restoration

나) 하천의 기능

하천의 기능은 앞서 제시한 바 있는 습지의 기능과 크게 다르지 않으나, Sandra Postel과 Brian Richter(2003)가 제안한 하천, 습지 그리고 다른 담수 생태계들이 제공하는 생명 유지를 위한 서비스는 [표 3-9]와 같다.

[표 3-9] 하천, 습지 그리고 다른 담수 생태계들이 제공하는 생명 유지를 위한 서비스

생태서비스	편익
수자원의 공급	세계의 관개용, 산업용, 가정용 물 공급의 99퍼센트 이상이 자연의 담수 시스템에서 유래한다.
식량의 제공	물고기, 물새, 홍합, 조개류 등은 인간과 야생동물의 중요한 식량이다.
수질 정화 및 폐기물 처리	습지는 오염물질을 여과하고 분해하며, 수질을 보전한다.
홍수의 완화	건강한 유역과 범람원은 강수와 하천 유량을 흡수하고, 홍수 피해를 줄인다.
가뭄의 완화	건강한 유역과 범람원, 습지는 강수를 흡수하고, 유출 속도를 느리게 하며, 지하수의 함양을 돕는다.
서식처 제공	하천과 소하천, 범람원, 그리고 습지는 물고기, 조류와 야생동물, 그리고 수많은 다른 생물종에게 안식처와 생육 장소를 제공한다.
비옥한 토양 유지	건강한 하천-범람원 시스템은 주변 토양을 끊임없이 비옥하게 만든다.
영양분의 공급	하천은 영양분이 풍부한 퇴적물을 삼각주와 하구로 실어 날라 그 생산성을 유지하도록 도와준다.
해안 염수지대의 유지	담수의 흐름은 삼각주와 해안 환경에 염분 농도의 완충지를 유지하도록 해주며, 생물학적인 풍요와 생산성을 유지하도록 도와준다.
미적 가치와 만족도의 제공	자연적인 하천들과 수변 경관들은 영감을 불러일으키고, 깊은 문화적·정신적 가치의 원천이 된다. 그 아름다움은 인간의 삶의 질을 높여준다.
레크리에이션 기회의 제공	수영, 낚시, 사냥, 뱃놀이, 야생동물 관찰, 수변 하이킹, 소풍 등
생물다양성의 보전	생물종의 다양한 집합은 이 표의 모든 서비스를 포함한 자연의 작업을 수행하며, 사회는 이러한 작업에 의존하고 있다. 유전적 다양성을 보전하는 것은 미래 세대의 선택권을 남겨두는 것이다.

5) 우리나라의 하천 현황

우리나라 하천의 전반적인 개황은 '생물다양성협약 제4차 국가보고서(대한민국, 2009)'를 토대로 제시하였다. 우리나라 하천은 지형적인 요인으로 서해 및 남해쪽으로 큰 하천이 완만하게 흐르며, 동해로 유입하는 하천은 길이가 짧은 급류가 많고, 강수량의 계절적 편중으로 평상시에는 유량이 적으나 우기에 유량이 집중되는 특성이 있다. 하천 생태계의 경우 댐건설, 직강화, 준설, 골재 채취, 제방 및 수중보/보건설, 고수부지 개발, 용수 공급을 위한 과도한 하천수 이용, 유역의 교란(산림 벌채, 산불, 농경지 개간, 습지 매립) 등 물리적 요인, 공장 폐수, 생활하수, 유해 독극물이나 기름 유출 등 화학적 요인과 베스, 블루길, 황소개구리 등 외래 유입종의 생물학적 요인들에 의해 하천의 고유 생태계가 크

게 교란되고 있다.

한편, '통계로 본 국토·자연환경(환경부, 2014)'의 자료를 토대로 우리나라의 하천 현황 특성을 제시하면 다음과 같다.

2012년 기준 우리나라의 권역·수계별 하천 연장은 전체 약 29,868㎞이며, 이 중 낙동강 권역의 하천 연장이 9,640㎞(약 32%)로 가장 길고, 다음으로 한강권역(8,580㎞, 약 29%)이 긴 것으로 나타났다. 권역별 주요 수계를 비교한 결과 역시 낙동강 수계(7,319㎞, 약 25%), 한강 수계(7,111㎞, 약 24%)의 순으로 하천 연장이 긴 것으로 나타났다. 연장 비율의 경우, 낙동강, 한강, 금강 권역이 전체 연장의 약 82%를 차지하고, 이들 권역의 주요 수계인 낙동강, 한강, 금강 수계가 전체 연장의 약 61%를 차지하는 것으로 파악되었다.

권역·수계별 하천연장 현황 (2012년) (단위 : km, %)

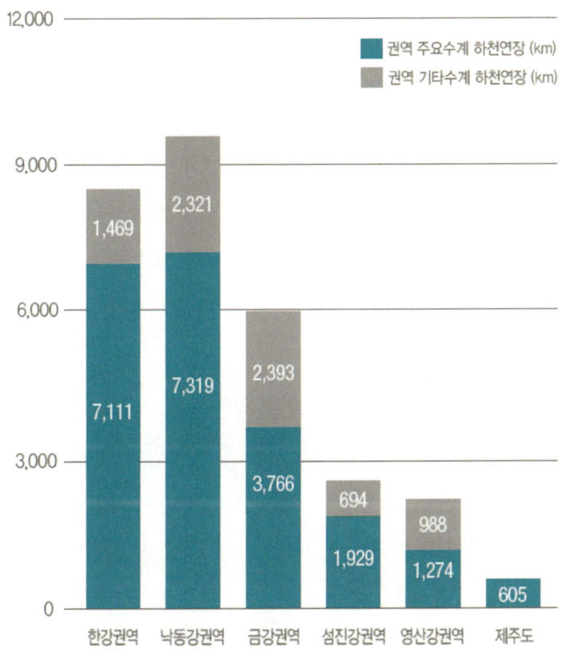

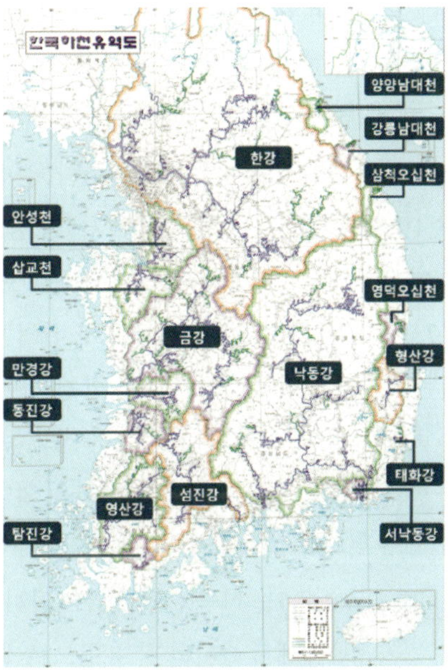

[권역 및 수계 지도]

[그림 3-32] 우리나라의 권역수계별 하천 연장 현황

※ 자료출처: 환경부, 2014.

한편, 환경부에서는 "한강 수계 상수원 수질 개선 및 주민 지원 등에 관한 법률(약칭: 한강수계법)" 등에 의해서 수변구역을 지정하여 관리하고 있다. "수변구역"이란 오염물질이 상수원에 직접 유입되는 것을 차단하여 상수원의 수질을 개선하고 생태계를 보전하기 위해 하천 인접지역에 설정하는 완충지역을 의미한다. 2012년 말 기준으로 4대강 수계별 수변구역은 16개 시·도 및 여러 개의 시·군·구에 걸쳐져 지정되어 있다. 이들 4대강 수계에서의 수변구역 지정 면적은 1,196.7㎢이며, 이 중 약 31.2%(372.8㎢)는 금강 수계에 있으며, 낙동강 수계 및 영산강·섬진강 수계에 각각 약 28.3%(338.4㎢)

와 25.0%(298.6㎢)의 수변구역이 지정된 것으로 파악되었다. 한강수계는 186.9㎢로 15.6%에 해당한다.

댐은 하천의 물을 조절하기 위해 인공 저수지를 만드는 것으로, 하천의 흐름을 막아 그 저수를 생활 및 공업용수, 농업용수, 발전, 홍수 조절, 기타의 용도로 이용하기 위한 높이 15m 이상의 공작물로 정의한다. 2012년 기준으로 우리나라의 전체 댐 개수는 17,735개소이며, 유효 저수량을 기준으로 보면 20개 다목적댐이 68.1%를 차지해 다목적댐을 제외한 나머지 댐의 저수용량의 2배에 달하는 것으로 나타났다.

또한, 앞서 언급한 댐(환경부, 한국수자원공사 관리)과 달리 저수지(한국농어촌공사 관리)는 하천의 계곡에 댐을 축조하여 저수하는 시설을 의미한다. 1985년 기준 전국의 저수지 수는 18,594개였으나, 2012년 저수지 수는 17,477개로 5년 동안 연평균 223개씩 감소한 것으로 나타났다. 이 같은 감소 추세는 개발 수요에 의한 논 면적 감소 등으로 인한 용도 폐지를 주요 원인으로 꼽을 수 있다. 2012년 기준 시도별 저수지 분포 현황을 살펴보면, 전국 17,477개 저수지 중 31.7%에 해당하는 5,544개가 경북에 위치하며, 전남과 경남에 각각 3,226(18.46%), 3,191(18.26%)개 저수지가 위치하는 것으로 파악되었다.

한편, 보(한국농어촌공사 관리)란 하천에서 관개용수를 농경지에 도수하기 위하여 하천의 일부 또는 전부를 가로막는 시설을 의미한다. 1985년 기준 전국의 보의 개수는 20,073개였으나, 2012년은 18,108개로 5년 동안 연평균 447개씩 감소한 것으로 나타났다. 2012년 기준 시도별 보 분포 현황을 살펴보면, 전국 18,108개 보 중 27.1%(3,938개)가 강원도에 위치하며, 경북과 경남에 각각 3,124개(17.3%), 2,777개(15.3%)의 보가 위치하는 것으로 파악되었다. 보는 하천의 생태계 연결과 직접 관련된 것으로서 어도의 설치 등 친환경적인 관리를 해야 할 자원이다.

하구는 바다와 만나는 본류 하천의 종점을 의미하며, 개방해역과 연결되어 있고 담수에 의한 염분 변화와 조석의 영향을 받는 지역을 의미한다. 개방하구(open estuary)는 지형적인 측면에서 과거의 하구 형태와 현재의 하구 형태를 비교하여 하구 순환이 유지되는 하구를 의미하며, 비개방 하구(closed estuary)는 하구 순환이 유지되지 않는 하구를 의미한다.

습지생태계에서 습지의 한 유형으로 설명한 바 있지만, 하구는 육지로부터 담수와 영양염, 유기물과 여러 가지 오염 물질이 유입되어 점이대(ecotone)로서 다양한 서식 환경을 이루고 있다. 따라서 많은 종류의 담수성, 기수성, 해수성 생물종들이 서식하고 있기 때문에 생물다양성이 특히 높다. 이처럼 하구는 전이수역으로 생태적 가치가 매우 높은 수역이지만, 개발이 집중되는 경향이 있다. 이에 수생태계 건강성이 취약한 하구를 선정, 실태 조사를 통해 향후 관리 및 복원 사업에 활용하려는 목적으로 환경부에서 우리나라의 하구 현황을 작성하였다. 2012년 기준으로 우리나라 전체 하구 수는 463개로서, 이 중 개방 하구 수는 전체의 50.8%인 235개로 파악되었다.

권역별 하구 현황 (2012년 말 기준) (단위: 개, %)

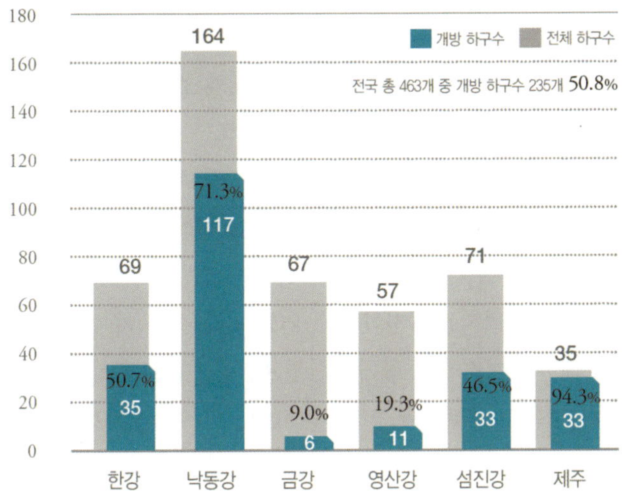

[그림 3-33] 우리나라의 권역별 하구 현황

※ 자료출처: 환경부, 2014.

전체 하구수의 35.4%인 164개 하구가 낙동강 권역에 존재하는 것으로 나타났으며, 이 중에서 개방하구의 비율은 71.3%인 117개로 파악되었다. 권역별 개방하구의 비율은 제주가 94.3%로 가장 높았으며 금강이 9.0%로 가장 낮았다.

최근에는 비개방 하구를 개방하구로 복원하기 위한 연구가 진행 중이지만, 지역사회와의 갈등 등으로 빠른 진척을 보이지 못하고 있다. 따라서 꾸준한 연구와 사회적 합의 등의 과정이 필요하다. 하구의 생태적 건강성 증진을 위해서 닫힌 하구를 열고 복원하기 위한 기술 개발도 절실히 요구되고 있다.

라. 해안생태계

1) 개념

여기서 제시하는 해안생태계는 해양생태학 중에서 조간대(intertidal)에 해당하는 것으로서 습지보전법에서는 연안습지에 해당한다. 습지보전법에서 연안습지의 정의는 만조 시에 수위선과 지면이 접하는 경계선으로부터 간조 시에 수위선과 지면이 접하는 경계선까지의 지역으로 구분하고 있다.

한편, 해양생태계의 보전 및 관리에 관한 법률에서는 해양생태계를 일정한 해역의 생물 공동체와 이를 둘러싼 무기적(無機的) 또는 유기적 환경이 결합된 물질계 또는 기능계라고 정의하고 있다.

이러한 조간대는 전 세계 해양에서 가장 작은 면적을 차지하지만, 인간이 접근하기가 쉬운 장소이다. 또한, 크기는 제한적이지만, 조간대는 해양의 여러 장소 중에서 환경요소의 변화가 가장 심한 지역이기도 하다. 하루의 일정 기간은 대기에 노출되고 대부분의 물리적인 요인들이 수중에서보다는 대기 중에서 더 폭넓은 범위의 변화를 나타내기 때문이며, 결과적으로 매우 다양한 생물이 서식하게 된다.

한편, 갯벌 및 그 주변지역의 지속가능한 관리와 복원에 관한 법률에 의한 갯벌의 정의는 만조(滿潮) 때 수위선(水位線)과 지면의 경계선으로부터 간조(干潮) 때 수위선과 지면의 경계선까지의 지역으로 자연적으로 형성된 펄, 모래, 자갈 등 평평한 지역을 말한다.

2) 유형

조간대에서 볼 수 있는 서식처의 유형은 암반 해안, 자갈 해안, 모래 해안, 펄 해안 등으로 구분해 볼 수 있다.

온대 지역의 암반 해안(rocky shore)은 대형 생물들이 가장 밀집해서 서식하고 있으며, 동물이나 해조류가 가장 높은 다양성을 보이는 곳이다. 암반 해안의 가장 뚜렷한 특징 중의 하나는 여기에 서식하는 생물들의 뚜렷한 수평의 띠 분포, 즉 대상분포(帶狀分布, zonation)라 할 수 있다. 산림에서 고도가 올라갈수록 식생대가 달라지듯이 암벽 해안은 수직으로 올라갈수록 그곳에 서식하는 생물상이 달라진다. 다만, 암벽 해안의 수직적 분포는 평균 2~3m 내에서 모두 일어난다. 또한, 암반 해안의 특징적인 모습 중에 하나는 다양한 크기와 수심 그리고 위치를 가진 조수 웅덩이를 들 수 있다. 조수 웅덩이는 암반 해안에서 움푹 패인 지역에 해수가 담겨진 서식처로서 이러한 서식처는 온도, 염분 농도, 산소 농도 등에 의해서 큰 영향을 받게 된다.

자갈 해안(cobble beach)은 마지막 빙하기 동안에 흘러내리던 빙하가 주변의 육상으로부터 깎아 내린 많은 양의 바위들을 퇴적시킨 해안에서 전형적으로 나타난다(James W. Nybakken & Mark D. Bertness, 2005). 이러한 지역은 자갈이라는 특성 때문에 다른 유형에 비해서 상대적으로 생물군집이 간단하게 나타난다.

모래 해안은 개방형 사빈(exposed sand beach)과 폐쇄형 모래갯벌(protected sand flat)로 구분할 수 있으며, 이러한 유형은 전 세계에서 공통적으로 나타난다. 모래 해안은 갑각류와 다양한 조개류, 고둥류 등이 서식한다.

펄 해안은 우리가 흔히 갯벌로 불리는 곳으로 생각할 수 있으며, 펄 해안은 세립질 퇴적물입자 공급원이 있는 곳에서 가장 잘 발달하며, 부분적으로 폐쇄된 만, 석호, 항구 특히 하구역 등에서 나타난다.

3) 구조와 기능

가) 해안의 구조

(1) 수평적 구조

해안은 해양과 내륙의 점이대 공간이다. 따라서 깊은 수심의 바다 즉, 해양에서부터 대륙붕을 거쳐 해안대가 형성된다. 해안대는 펄과 모래 등에 의한 갯벌이 형성되어 있고, 갯벌 내에는 물이 흐르는 갯골이 형성되어 있다. 그리고 내륙으로부터 물이 들어오는 하구와 그 앞은 삼각주와 같은 퇴적토들이 쌓인 공간들이 형성된다. 갯벌의 뒤쪽으로는 바람에 날린 모래들이 쌓여 만든 사구가 형성되기도 하고, 바닷물이 내륙에 들어왔다가 모인 석호도 형성되어 있다.

(2) 수직적 구조

해안은 주기적인 밀물과 썰물에 의해 형성되는 독특한 형태를 가진 생태계로서, 수직적 구조는 물의 영향에 따라 구분한다. 아울러 바다 바람의 영향으로 형성된 지형적 구조에 의해서 그 구조가 변하게 된다. 우리나라 해안 습지의 대표적인 유형인 사구와 염습지의 모식도는 [그림 3-34]와 같다.

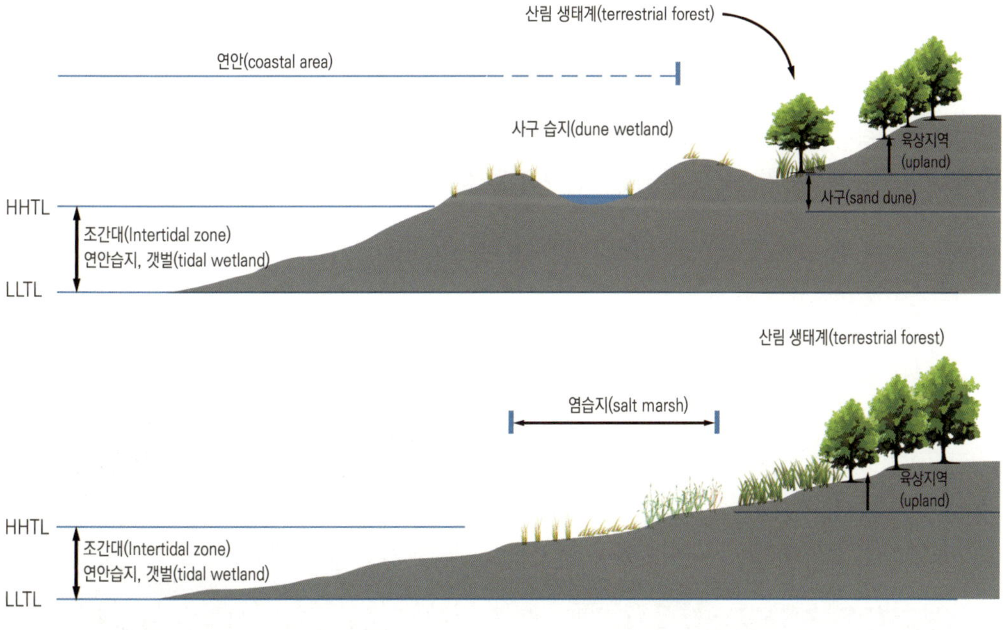

[그림 3-34] 우리나라 해안 지역의 습지 유형

※ 주) 위는 사구를, 아래는 염습지를 나타내며, HHTL은 최고조위를, LLTL은 최저조위를 나타냄.

나) 해안의 기능

해안의 기능은 앞서 습지의 기능에서 제시한 대부분의 것들과 유사하다. 특히, 우리나라의 해안은 그 중에서도 어촌과 어우러져 삶의 터전 자체였다고 보아도 무방하다. 갯벌을 이용하면서 어촌 고유의 문화를 형성하였다.

연안대에 형성된 해안 갯벌들은 양식을 제공할 뿐만 아니라 염생식물들은 수질을 정화하고, 다양한 생물종들의 서식처가 된다.

4) 사구 생태계 특성

원래 사구(砂丘, sand dune)는 단어 자체로만 해석하면, 모래가 쌓여 있는 언덕이나 능선을 의미한다. 사구는 사막, 바닷가, 호숫가, 강가 등지에서 볼 수 있으며, 주로 바람의 작용에 의해 만들어진다. 사구는 그것이 위치한 지역의 바람, 모래 공급량, 식생 조건 등 환경에 따라 크기와 모양이 매우 다양하게 나타난다(국립환경과학원, 2011).

여기서는 해안 지역에서 나타나는 해안 사구를 중심으로 기술하였다. 해안사구(海岸砂丘, coastal sand dune)란 바닷가에 있던 모래가 바람에 의해 날려 사빈(모래사장) 뒤에 쌓여서 만들어진 모래 언덕을 말한다. 이러한 해안사구지대는 육상시스템과 해안시스템의 경계에 위치하는 생태적 점이지대로, 연안습지나 해안림, 하구역과 비교될 수 있다(국립환경과학원, 2011).

해안사구를 구조 및 형태에 따라서 주요 용어를 정리해 보면 다음과 같다. 우선, 사구지대(砂丘地帶, dune field)는 해안사구가 넓게 나타나는 지역으로서, 크고 작은 모래언덕들로 이루어져 있는데, 바다로부터 가장 가까운 앞부분의 사구를 전(前)사구, 전사구 뒤편에 형성된 사구를 배후사구라고 하며, 사구와 사구사이의 움푹 패인 공간을 사구저지(砂丘底止, slack), 물이 고여 있는 곳을 사구습지(砂丘濕地)라고 한다. 사구마루는 모래 언덕의 꼭대기를 말하는데, 봉우리처럼 솟은 경우도 있지만 여러 개의 봉우리가 연결되어 능선(ridge)을 이루는 경우도 흔하다.

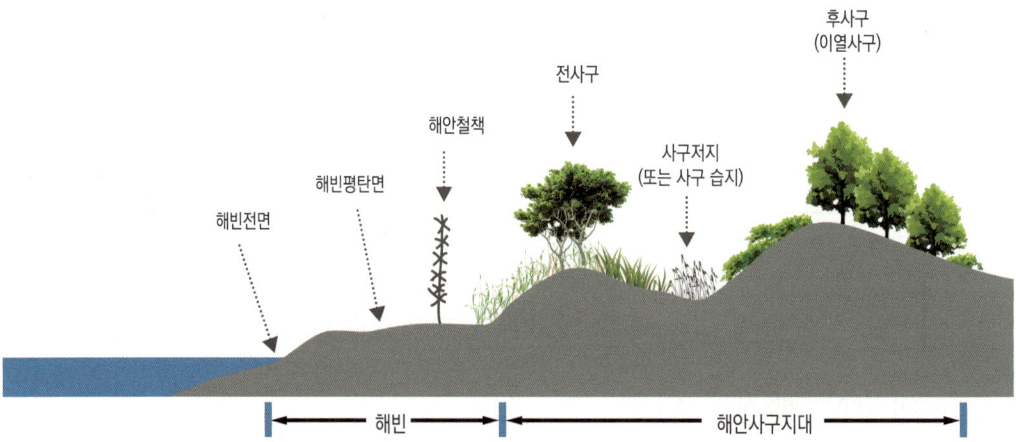

[그림 3-35] 해안사구의 횡단 구조

※ 그림출처: 환경부 보도자료(2008)를 다시 그림.

한편, 사빈(砂濱)은 모래가 쌓여 형성된 해빈, 모래사장을 말하는데, 서해안에서는 가는 모래(fine sand)가, 동해안에서는 굵은 모래(coarse sand)가 주로 퇴적되어 있으며, 사구와 모래를 주고받는 지역이다. 해안단구(海岸段丘)는 해수면의 변동이나 지반운동으로 과거의 파식대가 융기하여, 해안지역에 계단 모양으로 형성된 지형을 말한다.

[그림 3-36] 강릉 하시동안인 사구 전경

※ 사진출처: 환경부 보도자료, 2008.

해안사구는 여러 가지 기능을 수행한다. 폭풍이나 해일로부터 해안선과 농작물, 주택을 보호하고 해안가 식수원인 지하수를 저장하는 기능을 한다. 또한, 육상생태계와 해양생태계의 점이지대로서 다양한 생물종이 서식한다. 대표적으로 갯메꽃과 통보리사초 등의 사구식물이 발달해 있으며, 이를 기반으로 하여 표범장지뱀 등을 포함한 다양한 멸종위기 야생생물이 서식하기도 한다.

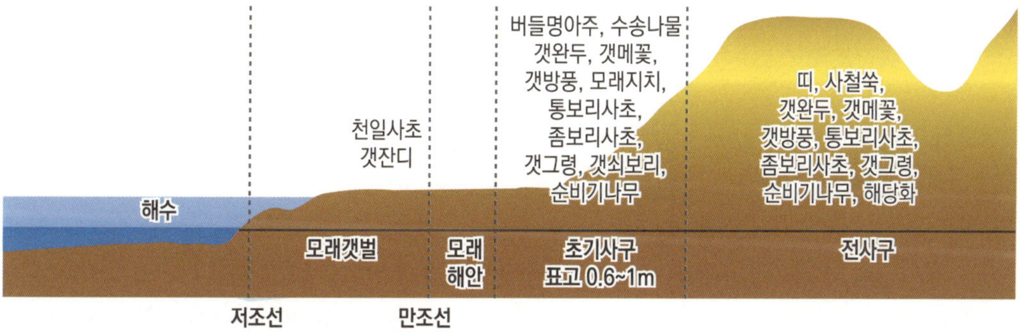

[그림 3-37] 우리나라 서해안 해안사구의 대표적인 염생식물 분포도

※ 자료출처: 김은규(2013)의 내용을 다시 그림

순비기나무 군락	통보리사초 군락

[그림 3-38] 해안 사구의 주요 식물(충남 보령 소황사구)

한편, 해안사구는 바람과 파랑의 작용, 식생 등 다양한 요인에 의해서 형성되는 생태계이다. 무엇보다도 해풍과 파랑에 의해서 침식과 퇴적이 주기적으로 발생하기 때문에 끊임없이 생동하는 생태계로 봐야 한다. 국립환경과학원(2011)은 해안사구의 형태나 발달 과정은 모래 공급지와 바람의 특성, 운반과 퇴적, 그리고 침식 양상에 따라 달라진다고 보았다. 특히, 5월부터 10월까지는 침식이 이루어지며, 11월부터 이듬해 4월까지는 퇴적작용이 우세하여 사구는 지속적으로 변화한다.

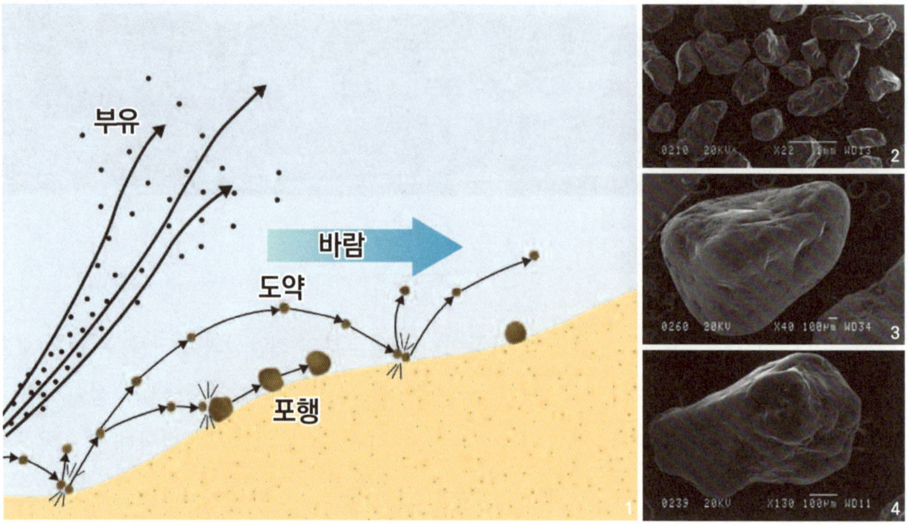

[그림 3-39] 바람에 의한 모래 입자의 이동 방법(포행, 도약, 부유)과 모래알

※ 자료출처: 국립환경과학원, 2011.

하지만, 최근 기후변화나 해안 개발 등의 영향으로 우리나라의 해안선 지역이 지속적으로 침식을 받으면서 해안사구가 사라지는 등 많은 변화가 발생하고 있다. 특히, 국립공원공단의 조사 연구에 따르면, 우리나라의 해안선은 침식을 받으면서 계속 후퇴하는 것으로 보고된 바 있다. 구체적으로 2011년 5월부터 2012년 5월까지 1년간 태안해안국립공원의 안면도, 학암포 해변을 정밀 GPS로 측량해 조사한 결과, 해안선이 평균 26m 후퇴하고, 침식 현상도 평균 37㎝ 일어난 것으로 조사되었다(환경부·국립공원관리공단, 2012년 8월 보도자료).

국립공원공단에서는 침식 발생의 주요 원인을 해안 개발에 따른 무분별한 모래 채취와 방파제, 레저시설 건설 등의 가능성을 높게 제시했다. 더불어서 기후변화에 따른 태풍의 증가와 게릴라성 집중호우 등이 해안 침식의 원인이 된다는 분석도 제기되고 있다. 특히, 해안사구는 해안사구 주변의 인공옹벽이나 방파제 등 인공구조물이 설치된 이후 파랑에너지의 방향이 변화되어 침식되거나 훼손된다. 여기서 파랑에너지는 바닷물이 상하로 움직이면서 발생하는 에너지로서 파도로 인해 해수면이 반복적으로 상하운동을 하게 되는데, 이 때 발생하는 힘을 의미한다. 해안 및 바다에서의 모래 채취, 하천 퇴적물 유입감소 등 모래의 자연적 유입이 감소하여 침식이 가속화되는 것으로 알려져 있다(국립공원공단, 2021.6.17. 보도자료).

한편, 해안림 조성을 위해 곰솔을 식재하는 경우에도 해안사구의 형성에 불리한 영향을 미친다는 연구도 있다. 최광희와 공학양(2020)은 강원도 양양군 오산리 해변의 사구지대에서 2010년부터 2019년까지 관측한 기상자료를 통해 풍향 및 풍속, 지면의 거칠기 길이 등의 특성과 그 변화를 분석하였다. 특히, 2015년 곰솔 식재 전후의 환경변화를 중점적으로 분석하였는데, 곰솔 식재 이후 해변의 모래가 사구로 이동할 가능성이 크지 않다고 보았다. 즉, 바람의 영향으로 움직이는 생태계로서의 해안사구는 곰솔 수림대가 형성되면 해안사구 고유의 특성을 약화시켜 사구의 방어적 기능을 저하하는 원인이 된다고 분석하였다(최광희, 공학양, 2020). 또한, 해안림 조성은 해안림의 후면부뿐만 아니라 전면부의 풍속도 감소시키는 결과를 가져온다(김윤미 등, 2021). 즉, 해안림은 해안 지역의 건축물과 같은 역할을 해서 사구 생태계를 악화시키는 결과를 가져올 수 있다. 실제로 천연기념물인 신두리 사구를 대상으로 환경부에서 제공하는 2002년, 2007년, 2013년 중분류 토지피복지도(1:25,000 축척) 자료를 수집하여 분석한 연구가 있다(석영선 등, 2015). 이 연구에 따르면, 2002년 해안사구는 1,239,550㎡였던 것이 2013년엔 884,375㎡로 줄어들었고, 곰솔 방풍림은 2002년 792,900㎡였던 것이 2013년 1,400,000㎡로 증가하였다. 곰솔 방풍림이 지속적으로 확장하면서 고유한 모습의 해안사구 면적이 줄어든 것이다. 방풍림의 수고가 4m 이상으로 성장하면서 사구의 모래 순환을 방해하거나 모래를 유실시킬 뿐만 아니라 떨어진 낙엽이 토양을 산성화시켜 염분·건조환경에 적응한 사구식물의 고사와 생육 저하를 초래하기도 한다(명현호, 2010). 결과적으로 해안림의 조성은 필요한 곳에 조성하되, 사구에 영향을 미치지 않는 곳을 적절하게 선정하는 접근 방법이 필요하다.

한편, 해안 사구는 환경부가 주로 담당하고 있으며, 산하 기관인 국립공원공단에서 사구 생태계 복원 사업이 활발하게 진행 중이다.

a) 해안사구 복원 지역 안내문 b) 해안사구 복원 지역

[그림 3-40] 태안해안국립공원 기지포 지구의 해안사구 복원 지역(2011년 10월)

5) 갯벌 복원

우리나라 서·남해안은 조수간만의 차이가 크고, 강·하구 유입 퇴적물이 풍부하며, 완만한 경사의 리아스식 해안 등으로 갯벌 형성에 최적의 지형 조건을 갖고 있다. 이처럼 갯벌의 다양한 물리·퇴적 환경(펄 갯벌, 모래 갯벌, 혼합 갯벌)은 보전가치가 높은 해양생물에게 서식처를 제공할 뿐만 아니라 수산자원의 주요 생산지로 활용되고 있다. 또한, 갯골, 염습지, 배후 사구는 오염정화 및 재해저감(태

풍 등) 등 순기능을 제공하나, 어선 통로로 활용되는 갯골은 체험·레저·관광 등의 활동 중 빠짐, 익사 사고 등의 원인이 되기도 한다(해양수산부, 2021).

우리나라 갯벌의 총 면적은 2018년 기준으로 2,482㎢(국토 면적 대비 2.5%)이며, 1990년대 말까지 진행된 대규모 간척사업으로 큰 폭으로 감소하였고, 최근에는 그 감소폭이 둔화되었다. 전국 갯벌의 83.8%가 서해안에 집중되어 있고, 지역별로는 전남 지역이 전체 갯벌의 42.5%, 인천·경기에 36.1%가 분포한다.

"갯벌 및 그 주변지역의 지속가능한 관리와 복원에 관한 법률(2023.8.8., 타법 개정 기준)"의 제정으로 갯벌 복원 사업이 탄력을 받고 있다. 이 법에서의 "갯벌복원"의 정의는 앞서 설명한 바 있지만, 갯벌에 서식하는 생물의 다양성을 증진하기 위하여 개발사업 등의 영향으로 훼손된 갯벌등의 물리적 형태와 생태적 기능을 본래 갯벌등의 상태로 회복·증진시키는 것이다. 그 외 법에서 제시하고 있는 관련 용어나 갯벌 관리 및 이용 원칙, 갯벌 복원 사업의 기본원칙 등은 이 책의 "제6장. 생태복원 관련 국내 법, 정책과 제도"에서 제시하였다.

갯벌 복원과 관련해서는 2008년 지자체 수요조사 등을 통해 7개 시·도, 17개 시·군·구가 총 81개(32㎢)의 갯벌 복원을 희망하였으며, 이 중 습지보호지역과의 인접 여부, 지역별 안배, 복원 유형 등을 고려하여 우선 복원지로 17개소(17㎢)를 선정하였었다. 이후 2010년 최종적으로 복원사업의 성공 가능성, 지역 의지, 보호지역 인접 여부 등을 고려하여 시범사업 지역으로 순천, 고창, 사천 3개소를 선정하여 2013년까지 순천 11억, 고창 50억, 사천에 14억 원의 예산을 지원하여 시범사업을 추진하였다(환경부, 2023 환경백서).

2018년 갯벌복원사업 후보지 재조사를 통하여 갯벌 생태계 현황 및 이용 실태 등을 파악하고 갯벌 복원 대상지를 재검토하여 복원 후보지 28개소를 선정하였으며, 2022년 말까지 사천, 순천(2개소), 고창(2개소), 신안(3개소), 무안, 고흥, 강화, 태안 등 갯벌복원사업 14개소를 완료하였고, 2023년 기준 순천(화포해역), 신안(암태·추포도, 북부권역), 서산(웅도, 고파도, 가로림만), 보령(죽도, 원산도), 서천(선도리), 인천(옹진), 제주(서귀포), 태안(근소만), 보성(벌교), 고창(심원면 해역) 등 14개소에서 갯벌복원사업을 실시 중에 있다(환경부, 2023 환경백서).

갯벌법(약칭)에 따라서 '제1차 갯벌 등의 관리 및 복원에 관한 기본계획(2021~2025)'을 수립하였으며, 앞으로 갯벌의 다양성 보전 및 갯벌의 현명을 이용을 위해 관리 기반을 강화할 계획이다.

'제1차 갯벌 등의 관리 및 복원에 관한 기본계획(2021~2025)'에서 제시한 갯벌 복원 사업의 유형은 해수 소통형, 갯벌 재생형, 기능 개선형, 경관 개선형, 기수역 복원형 등 5가지로 제시하였다. 여기서 해수 소통형은 연륙도로 등의 구조물로 단절되어 해수 소통이 저하된 지역을 복원하는 것이다. 즉, 해수소통이 단절된 갯벌의 노두(길), 연륙교 등을 교량화하거나 철거하고, 해수소통구를 확대 설치하는 사업을 추진한다. 갯벌 재생형은 폐염전 등 과거 갯벌이었던 지역을 복원하는 것으로 방치된 폐염전, 폐양식장, 폐농지 등을 복원하는 것으로 제방을 제거하여 해수 유입을 통한 자연천이를 유도하는 복원 방식을 의미한다. 기능 개선형은 수질, 퇴적, 주변 폐기물 등 오염으로 인해 갯벌의 기능 개선이 필요한 지역을 복원하는 것이다. 즉, 폐어구, 오수 등의 다양한 오염물질에 의해 갯벌의 생태적 기능이 저하된 지역에서 오염물질을 제거하거나 어장진입로를 철거하는 등의 복원사업을 추진한다.

'제1차 갯벌 등의 관리 및 복원에 관한 기본계획(2021~2025)'에서 새롭게 제시한 갯벌 복원 사업으로 경관 개선형과 기수역 복원형이 추가되었다. 경관 개선형은 주변 경관이 수려하거나 관광지로서 기능이 필요한 지역을 복원하는 유형이다. 2050 탄소중립 이행 및 온실가스 감축을 목표로 강하구 기수역을 중심으로 갯벌 식생을 복원한다. 염생식물 군락을 조성하거나 방치된 연안구조물을 제거하는 등 갯벌 환경복원과 경관 개선을 통한 탄소 저감 확대, 관광 활성화 등의 활용성을 증진하기 위한 유형이다. 마지막으로 기수역 복원형은 기수역에 대한 종합계획이 담긴 대규모 복원사업을 의미하는데, 간척사업의 부작용으로 발생된 미사용·방치·오염된 담수호 등을 기수역으로 복원하는 것이다. 담수배출량 검토 등을 통한 수질 개선, 해양생물 및 주변 어장에 대한 대책 마련, 지속가능한 이용 방안을 마련하는 등의 종합계획을 담고 시행하는 유형이다.

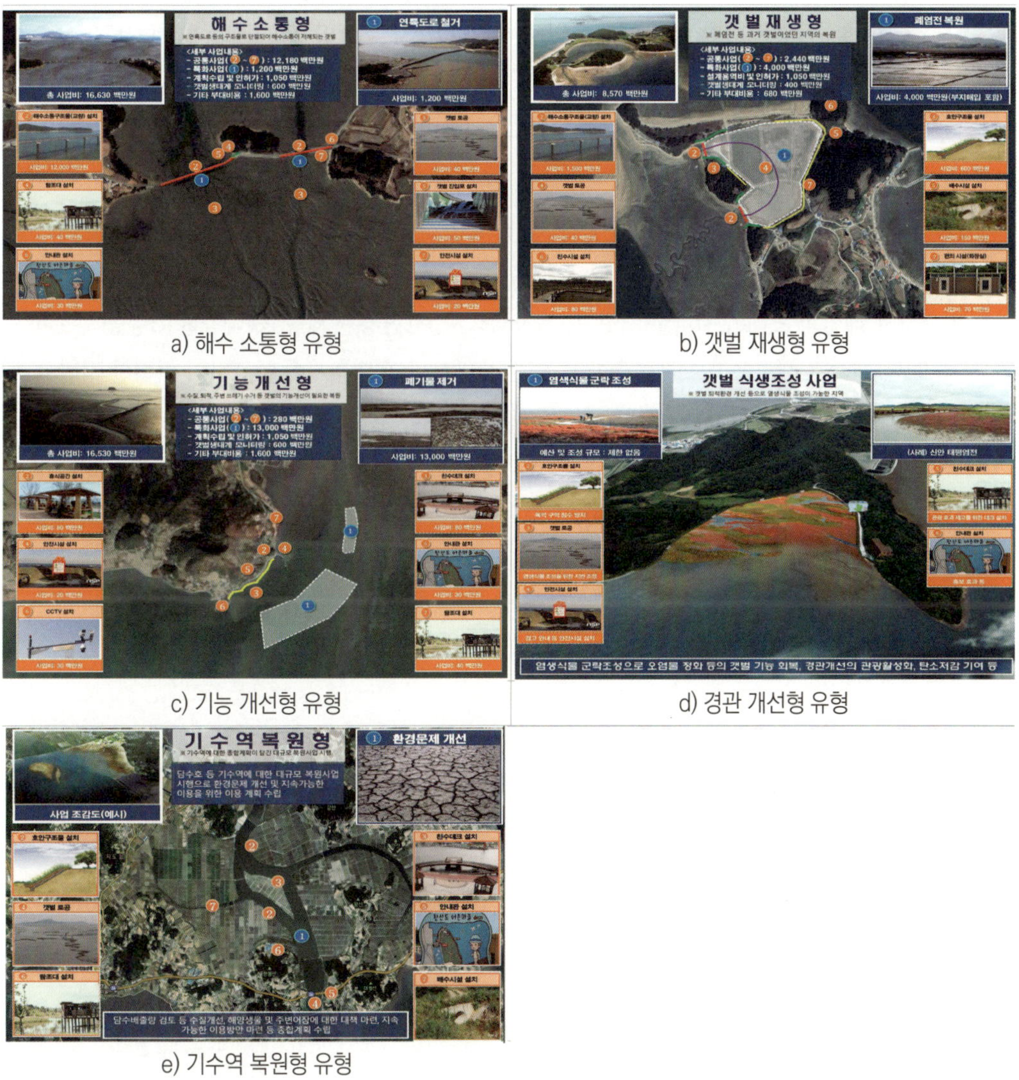

a) 해수 소통형 유형
b) 갯벌 재생형 유형
c) 기능 개선형 유형
d) 경관 개선형 유형
e) 기수역 복원형 유형

[그림 3-41] 갯벌 복원 유형

※ 자료출처: 해양수산부, 2021.9.

6) 우리나라의 해안 및 연안 현황

우리나라의 해안 및 연안 현황은 '생물다양성협약 제4차 국가보고서(대한민국, 2009)'를 토대로 제시하였다.

우리나라 해양·연안의 전체 해안선 길이는 12,682㎞로서 이중 자연 해안선은 78%, 인공 해안선은 22%로 구성되고, 연안습지는 총 2,550㎢로 국토의 2.5%이며, 서해안에 전체의 83%가 집중되어 있다. 해안선은 매립·간척, 항만 및 산업단지 건설, 장기간의 점·사용시설 설치 등 연안의 이용 및 개발 행위로 인공화가 진행되고 있으며, 해양생물 종수는 육상에 비해 현저히 적지만, 해양생물의 분류 체계는 34문 83강으로 다양성이 풍부하다. 국내 문헌조사 결과 현재 알려져 있는 우리나라의 해양 생물종은 총 9,534종으로 이중 해양동물이 6,110종(64.1%), 해양식물이 1,048종(11.0%), 식물플랑크톤이 2,172종(22.8%), 동물플랑크톤이 204종(2.1%)이다. 해양동물 중 해양무척추동물 4,989종, 미삭동물 97종, 어류 987종, 해양파충류 및 포유류 37종으로 해양무척추동물이 차지하는 비중이 81.7%로 가장 높았다.

해류는 대만 북동부에서 기원한 쿠로시오 해류의 지류인 황해난류와 동한난류와 오호츠크해 연안 기원인 리만해류의 지류인 북한한류가 있다.

우리나라의 해안사구는 전국에 총 133개소가 확인되었으며, 이중 1㎞ 이상이 73개, 2㎞ 이상의 사구는 28개로 분류된다. 자연적으로 형성된 해안사구는 해양에서 유입하는 바람, 해일, 파도 등 해양에너지를 완충하고 해안의 모래와 지하수 저장고, 생물서식지, 자연경관 제공 등 다양한 기능을 수행하고 있다. 하지만, 대체로 해수욕장으로 이용할 수 있는 모래해안의 배후지에 분포하며 뛰어난 경관을 보유하고 있어 숙박시설이나 주차장 등 개발 압력을 강하게 받는다.

연안 습지 면적은 공유 수면 매립·간척 등 연안 개발로 과거 1987년의 약 3,203㎢에 비하여 2005년은 2,550.2㎢로 약 20%가 감소하였다. 또한, 지속적인 해안 지역의 개발로 추가적인 손실 위협에 노출되어 있다.

마. 도시생태계

1) 개념

도시생태계 혹은 도시생태학에 대한 집중적인 연구는 1970년대에 이르러서야 이루어졌고, 그 선두에 스쿠프(H. Sukopp)가 있었다. 스쿠프는 도시생태학을 생태학적인 방법으로 도시의 비오톱을 연구하는 학문이라고 정의했다. 따라서 도시 생태계를 언급하면서 비오톱(Biotop(독일식 표기), Biotope(영어식 표기))을 빼놓을 수 없다. 그래서 도시 생태계를 언급하기 이전에 비오톱부터 설명하고자 한다. 독일에선 일찍이 비오톱이라는 개념을 만들어 사용하였다. 우리나라에서 이 개념을 자연환경보전법에 포함시키는 과정에서 "소(小)생태계"로 명시하였다. 그래서 흔히 비오톱을 생물들이 서식하는 작은 공간쯤으로만 여기는 경향이 있다. 하지만 비오톱의 원래 개념은 다양한 생물들이 서식하는 공간을 의미할 뿐 규모와는 관계가 없다. 또한, 비오톱은 특별하게 가치가 있고 보호할 필요가 있는 서식처만을 지칭하는 것도 아니다(Sukopp, 1990). 달리 말하면 도시를 포함한 자연지역에서 다양한 생물종이 서식하고 있으면, 그곳이 바로 비오톱이라고 할 수 있다. 원래 비오톱은 경관생태학의 분야에서 생성된 것인데(Heinrich and Hergt, 1991), 경관생태학에서 연구 대상의 위계는 아래와 같다.

Landscape = Ecotope + Anthropotope

Ecotope = Geotope + Biotope

Geotope = Morphotope + Pedotope + Hydrotope + Climatope

Biotope = Phytotope + Zootope

여기서 'tope'이란 접미사는 계(system)에 대응하는 공간적인 용어로서 가장 작은 균일한 공간의 단위를 말한다.

우선, 우리가 일상에서 보는 경관은 Ecotope과 Anthropotope에 의한 결합이다. 즉, 자연계와 인간계가 만들어 낸 결과물이라고 할 수 있다. 그리고 Ecotope은 Geotope과 Biotope이 결합된 것으로서, 구성 내용과 구조가 균일하고 다른 에코톱과 구분이 되는 지생물권(geobiosphere)이다.

Geotope은 여러 가지 요소에 의해서 결합된다. Morphotope은 지구표면의 작용, Pedotope은 토양의 물리·화학적 작용, Hydrotope은 수문, Climatope은 기후 현상이 일어나는 공간을 의미하며, 이들이 모여 Geotope을 형성한다.

한편, 생태학에서는 생물사회(biocenosis), 즉 식물사회(Phytocenosis)와 동물사회(Zoocenosis)에 대한 연구를 수행하는데, 이와 관련하여 공간적인 측면에서는 각각 Phytotope과 Zootope으로 인식할 수 있고, 이들을 합쳐서 비오톱이라고 할 수 있다. 달리 말하면, 비오톱은 식물들이 서식하는 공간과 동물들이 서식하는 공간이 합쳐진 공간이다. 그래서 생물서식공간이라고 한다.

비오톱이란 어원은 독일 생물학자 달(Dahl)에 의해 1908년에 독일에서 최초로 사용하였다. 그에 따르면 비오톱은 "생물공동체의 서식처(Lebensstaette von Biozoenosen)"이며, 예를 들어 그는 여러 종류의 지표수와 지표면을 "비오톱"으로 보았다. 그러나 어떤 지표수와 지표면을 비오톱으로 보고 있는지에 대한 구체적인 언급은 없었다. 그 이후 비오톱의 개념은 사회의 변화와 과학의 발전을 거듭하면서 조금씩 바뀌고 또 세분화되었다. 산업화와 도시화 등으로 생물종이 급격히 감소함에 따라 생물종 보전 및 자연환경 측면에서 비오톱의 중요성이 부각되면서 이에 대한 연구가 1950년대 이후 활발하게 진행되었다.

한편, 도시를 생태계로 보는 시각은 적어도 1925년까지 거슬러 올라간다. 그해에 시카고학파 사회학자들은 환경 용어를 도시 용어로 번역하려고 했다(Marti Boada Junca *et al.,* 2016(황의방 등 역, 2017)). 하지만 환경학자들이 본격적으로 도시를 생태계로 보고, 이를 도시생태학이라는 새로운 분야로 개척한 것은 대체로 1970년대에 등장한 것으로 보고 있다. 도시지역에서의 생태계를 도시 생태계(urban ecosystems)라고 할 수 있으며, 도시 생태계는 인간에 의해서 건설된 시가지라고도 할 수 있다. 그리고 이런 도시에서의 생태학적 관계를 연구하는 학문이 도시 생태학이다. 스쿠프는 도시 생태학을 도시 생태계 안에 있는 생물적·비생물적 구성 요소에 대한 연구라고 정의했다(Sukopp *et al.,* 1990). 윤상욱(2010)은 도시 생태학을 생물생태학과 인류생태학이 합성된 학문으로서, 인간 간섭에 의한 생태계의 변화와 그 반대의 영향 모두를 연구 범위로 하고 있다고 설명했다. 또한, 이것은 도시를 하나의 살아 있는 유기체로 간주해서, 도시에 있어서 인간과 자연계의 관계와 구조, 기능, 변화와 발달 등의 법칙성을 규명하기 위한 학문이라고 정의했다. 이러한 시각은 앞서 경관생태학의 학문 체계에서 보여 준 것처럼 경관을 Ecotope과 Anthropotope의 결합으로 설명하는 것과 같은 맥락이다.

도시생태계는 도시 지역에서의 생태계를 말한다. 도시란 일정한 지역 내에 밀집되어 있는 이질적인 사람들이 주로 비농업의 경제 활동에 종사하면서 공동생활을 유지하는 지역 단위를 말한다. 도시에 관한 법적 정의는 지방자치법 제10조(시·읍의 설치 기준 등, 2023.3.21., 일부 개정 기준)에서 제시하고 있는데, 시(市)는 그 대부분이 도시의 형태를 갖추고 인구 5만 이상이 되어야 한다. 그리고 읍(邑)은 그 대부분이 도시의 형태를 갖추고 인구 2만 이상이 되어야 한다. 따라서 통상적으로 인구 2만 이상인 읍(邑) 지역 이상을 도시로 본다. 일반적으로 촌락과 함께 사람들이 사는 주된 생활 근거지를 말한다. 행정학적으로 도시의 개념을 좀 더 명확하고 포괄적으로 정의하면 다음과 같다. 첫째 한 지역에의 인구 집중과 높은 인구밀도로 표현될 수 있고, 둘째 복잡하고 이질적인 요소로 구성된 사회조직이며, 셋째 조직 활동의 기능적 중심지이며, 넷째 농촌과 상응되는 지역사회라 할 수 있다(유종해 등, 1993).

산림청 누리집에서 설명하고 있는 도시 생태학의 개념은 도시에 있는 생물집단이나 도시 시스템을 연구하는 생태학의 한 분야로 설명하고 있다. 이러한 연구는 도시 속의 자연이나 생물군집을 대상으로 하는 움직임과 도시와 인간을 포함하여 하나의 생태계로 보고 접근하는 움직임으로 구분된다. 그런데 종종 두 움직임 간에 오해가 있어서 서로를 배척하는 경우도 있다. 그러나 생태학적인 관점에서 볼 때 두 움직임 모두 도시 생태학에 포함되지만, 대상에 접근하는 방법론이나 대상이 다를 뿐이다. 앞으로는 이 움직임들이 통합되어 진정한 도시 생태학이 발전할 것으로 보이는데, 도시 시스템의 에너지 흐름, 영양물질 순환 등을 과정과 기능, 구조적인 차원에서 분석하는 것은 물론 생물군집을 포함한 경관생태학적 차원의 접근을 통하여 도시 자체의 생태계와 도시와 농촌을 포함한 지역 생태계 차원으로 전개될 것으로 보인다(산림임업용어사전, 산림청 누리집의 내용을 수정·보완함).

2) 유형

도시 생태계의 유형은 비오톱 유형으로 대체하여 설명하고자 한다. 일반적으로 도시 생태계에 대한 연구나 조사 등이 대부분 비오톱을 고려하여 접근하기 때문이다. 관련 지침에서 비오톱 유형 분류는 대분류-중분류-소분류-(세분류) 체계로 작성하게 되어 있다. 다만, 대상지의 특성상 대분류-중분류 유형에서 추가적인 유형이 필요한 경우 현 분류 체계 안에서 새로운 유형을 추가할 수 있도록 했다.

2021년에 개정된 "도시생태현황지도의 작성 방법에 관한 지침(환경부고시 제2021-110호, 시행 2021.6.21.)"에서 제시하고 있는 비오톱 유형은 크게 시가지 비오톱과 녹지 비오톱으로 구분하였다. 그리고 시가지 비오톱의 대분류 항목으로는 주거지(01), 상업 업무지(02), 주상 혼합지(03), 공공용도지(04), 공업지(05), 공급처리시설지(06), 교통시설지(07)로 구분하였다. 녹지 비오톱은 특수지(08), 하천(09), 호소 및 습지(10), 해안(11), 산림(12), 초지(13), 경작지(14), 조성녹지(15), 나지 및 폐허지(16)로 구분하였다([표 3-10] 참고).

참고로 2017년 자연환경보전법이 개정되면서 도시생태현황지도의 작성·활용(자연환경보전법 제34조의 2)이 의무화되었는데, 특별시장·광역시장·특별자치시장·특별자치도지사 또는 시장(「지방자치법」 제2조 제1항 제2호에 따른 시의 장을 말한다. 즉, 시, 군, 구)은 환경부장관이 작성한 생태·자연도를 기초로 관할 도시지역의 상세한 생태·자연도(이하 "도시생태현황지도"라 한다)를 작성하고, 도시환경의 변화를 반영하여 5년마다 다시 작성하여야 한다고 규정하였다. 이 경우 도시생태현황지도는 5천분의 1 이상의 지도에 표시하여야 한다. 이 법에 따르면 도시생태현황지도는 도시지역의 상세한 생태·자연도를 의미한다.

위 법령에 의해서 만들어진 도시생태현황지도의 작성 방법에 관한 지침에서는 "비오톱"을 인간의 토지이용에 직간접적인 영향을 받아 특징지어진 지표면의 공간적 경계로서 생물군집이 서식하고 있거나 서식할 수 있는 잠재력을 가지고 있는 공간 단위를 말한다고 정의하고 있다. 그리고 "도시생태현황지도"는 각 비오톱의 생태적 특성을 나타내는 "기본 주제도"와 비오톱 유형화와 비오톱 평가 과정을 거쳐 각 비오톱(공간)의 생태적 특성과 등급화된 평가 가치를 표현한 "비오톱 유형도" 및 "비오톱 평가도" 등을 말한다. "대표 비오톱"은 도시생태현황지도 작성 과정에서 도출된 도시 전체의 비오톱 유형별 대표성을 갖는 비오톱을 말하며, "우수 비오톱"은 도시생태현황지도 평가를 통해 우수 등급으로 평가된 유형 중에서 희소성, 생물다양성 등 생태적 가치가 특히 우수한 비오톱으로 정의하였다. "비오톱 최소면적"이란 도시생태현황지도에 표현되는 비오톱 폴리곤 면적의 최소 기준을 말하는 것으로 도시생태현황지도의 해상도와 자세함을 표현하는 단위이다. 이 경우 최소면적이 작을수록 자세한 지도이며, 최소면적은 100㎡(10m × 10m)~2,500㎡(50m × 50m)의 범위내에서 지자체 현황에 맞게 사용하도록 제시하였다(도시생태현황지도의 작성 방법에 관한 지침, 환경부고시 제2021-110호, 시행 2021.6.21.).

또한, 도시생태현황지도 작성을 위해 기본 주제도를 작성하도록 하였는데, 여기에는 ① 토지이용현황도, ② 토지피복현황도, ③ 지형 주제도(경사분석도, 표고분석도, 향분석도 등), ④ 현존식생도, ⑤ 동·식물상 주제도가 포함된다. 기타 주제도는 유역권 분석도, 큰나무 분포도, 대경목 군락지 분포도, 철새류 주요 도래지 및 이동현황 분석도 등 지역의 특성 및 향후 활용을 고려한 주제도를 작성할 수 있도록 규정하였다.

[표 3-10] 비오톱 유형 표준안

구분	대분류	중분류	유형 설명
시가지 비오톱	주거지(01)	도시단독주택지(0101)	• 도시에 입지한 단독주택지 비오톱
		농촌단독주택지(0102)	• 기와주택, 농가주택, 개량주택, 전원주택 등 농촌지역에 입지한 단독주택 비오톱
		저층공동주택지(0103)	• 5층 이하의 다세대 주택 비오톱
		중층공동주택지(0104)	• 6층 이상 14층 이하의 다세대 주택 비오톱
		고층공동주택지(0105)	• 15층 이상의 다세대 주택 비오톱
	상업업무지(02)	저층상업업무지(0201)	• 3층 이하의 상업 및 업무지 비오톱
		중층상업업무지(0202)	• 4~14층의 상업 및 업무지 비오톱
		고층상업업무지(0203)	• 15층 이상의 상업 및 업무지 비오톱
	주상혼합지(03)	저층주상혼합지(0301)	• 3층 이하의 주거와 상업 및 업무지가 혼합된 비오톱
		중층주상혼합지(0302)	• 4~14층의 주거와 상업 및 업무지가 혼합된 비오톱
		고층주상혼합지(0303)	• 15층 이상의 주거와 상업 및 업무지가 혼합된 비오톱
	공공용도지(04)	교육기관(0401)	• 초등학교, 중등학교, 고등학교, 대학교 캠퍼스 등 교육기관 비오톱
		행정 및 공공기관(0402)	• 행정, 연구, 복지 등을 목적으로 하는 기관이 입지한 비오톱
		병원 및 요양기관(0403)	• 병원 및 요양을 목적으로 하는 시설이 입지한 비오톱
		대규모 운동시설지(0404)	• 대규모 면적의 운동장, 체육시설이 입지한 비오톱
	공업지(05)	대규모 공장(0501)	• 대규모 면적의 공업지가 입지한 비오톱
		소규모 공장(0502)	• 소규모 면적의 공업지가 입지한 비오톱
		창고(0503)	• 경작기, 공장지대 주변 물건보관을 위해 조성한 창고 비오톱
	공급처리시설지(06)	물관련시설지(0601)	• 배수지, 정수장, 유수지 등 물관련 공급처리시설 비오톱
		폐기물관련시설지(0602)	• 매립지, 집하장 등 폐기물 처리와 관련된 시설 비오톱
		에너지관련시설지(0603)	• 발전소, 송전소, 배전소 등 에너지 공급과 관련된 시설 비오톱
		통신관련시설지(0604)	• 통신을 위해 조성된 시설 비오톱
	교통시설지(07)	도로(0701)	• 2차선(폭 8m) 이상의 차량 운행과 관련된 비오톱
		주차장(0702)	• 비건폐 포장지로 구성된 주차장 비오톱
		철도(0703)	• 철도, 역사 등 열차의 운행과 관련된 비오톱
		항만(0704)	• 선박의 운항을 목적으로 이용되는 부지 및 부속시설 비오톱
		공항(0705)	• 항공기 운항을 목적으로 이용되는 부지 및 부속시설 비오톱
		교통관련 부속시설지(0706)	• 기타 교통과 관련된 부속시설 비오톱

[표 계속]

구분	대분류	중분류	유형 설명
녹지 비오톱	특수지 (08)	군사시설(0801)	• 군사시설지 및 유사시설이 입지한 비오톱
		공사현장(0802)	• 현재 공사가 진행중인 비오톱
		야적장(0803)	• 건축자재 및 기타 물건이 대규모로 적치된 비오톱
		조사 불가능지(0804)	• 안전 및 보안상의 이유로 일반인의 통행이 금지되어 조사가 불가능한 지역
	하천 (09)	자연 하천(0901)	• 하안이 자연적으로 형성된 하천 비오톱
		자연형 하천(0902)	• 하안이 돌망태, 식생매트 등 자연재료를 이용해 정비된 하천 비오톱
		인공형 하천(0903)	• 하안이 콘크리트 호안블록 등의 인공재료로 정비된 하천 비오톱
		소하천(0904)	• 폭 8m 미만의 소규모 하천 비오톱
		농수로(0905)	• 논 경작지 일대 물 공급을 위해 조성한 수로 비오톱
	호소 및 습지 (10)	자연습지(1001)	• 자연적으로 형성된 습지 비오톱
		인공습지(1002)	• 물막이, 터파기 등을 통해 인위적으로 조성한 습지 비오톱
	해안 (11)	자연해안(1101)	• 갯벌, 암반, 사구, 염습지 등 자연적으로 형성된 해안 비오톱
		인공해안(1102)	• 염전, 폐염전 등 인위적으로 형성된 해안 비오톱
		해안구조물(1103)	• 방파제, 해안제방 등 인위적으로 조성된 구조물 비오톱
	산림 (12)	자연림(1201)	• 자연적으로 형성된 식생의 산림 비오톱
		자연-인공림(1202)	• 자연적으로 형성된 식생과 인위적으로 식재된 식생이 혼효된 산림 비오톱
		인공림(1203)	• 인위적으로 식재된 식생의 산림 비오톱
		관목식생지(1204)	• 산림 훼손지 또는 주연부에 관목이 발생한 산림 비오톱
		벌채 및 훼손지(1205)	• 벌채, 산사태 등으로 인해 훼손이 발생한 산림 비오톱
		마을숲(1206)	• 마을 입구 또는 해안가에 방풍 또는 비보를 목적으로 조성한 숲 비오톱
		암석노출지(1207)	• 식생 및 토양이 없이 암석이 노출된 산림 비오톱
	초지 (13)	자연초지(1301)	• 자연적으로 형성된 초지 비오톱
		인공초지(1302)	• 인위적으로 초본을 식재해 형성된 초지 비오톱
	경작지 (14)	습윤지성 경작지(1401)	• 논, 미나리꽝 등 물이 상시 고여있는 경작지 비오톱
		건조지성 경작지(1402)	• 토양이 상시 드러나 있는 경작지 비오톱
	조성 녹지 (15)	자연식생이 있는 공원녹지 (1501)	• 산림 자연식생이 포함된 공원녹지 비오톱
		인위적으로 조성된 공원녹지 (1502)	• 인위적으로 수목을 식재하여 조성한 공원녹지 비오톱
		시설형 조성녹지(1503)	• 공학적, 건축적 목적으로 조성한 조성녹지 비오톱
	나지 및 폐허지 (16)	도시유휴지(1601)	• 도심에 방치된 유휴지 비오톱
		농촌유휴지(1602)	• 농촌지역에 방치된 유휴지 비오톱
		채광지(1603)	• 광산 또는 관련 시설 비오톱

※ 자료출처: 도시생태현황지도의 작성방법에 관한 지침(환경부고시 제2021-110호, 2021.6.21. 시행)의 오탈자를 수정함

3) 구조와 기능

가) 구조

도시 생태계도 자연 생태계를 포함한 다른 생태계처럼 태양을 근간으로 하는 다양한 요소들로 구성되어 있다. 도시 생태계와 자연 생태계는 모두 구성원 사이의 유기체적인 관계가 형성되어 있다. 즉, 에너지, 정보, 물질 등의 흐름이 이루어진다. 자연 생태계와 도시 시스템 모두 에너지, 물질, 정보 등 다양한 종류의 흐름을 통해 상호 작용하는 여러 개의 부분과 유기적으로 연결된 하위 시스템들로 구성된다. 이러한 공통점이 도시를 생태적 관점에서 관찰할 수 있도록 한다.

또한, 도시는 에너지를 흡수하고, 대사 작용을 하며, 폐기물을 배출하는 생물에 가깝다. 도시는 소화하고 호흡하고 순환하는 시스템을 이용해 소비하고 성장한다. 그리고 생물과 마찬가지로 도시는 시민과 그들의 지도자들이 주의를 환기시키는 것과 함께 자신의 생존가능성을 늘리는 방향으로 진화할 수 있다(Gary Gardner, 2016(황의방 등 역, 2017)). 즉, 도시는 복합 시스템이다.

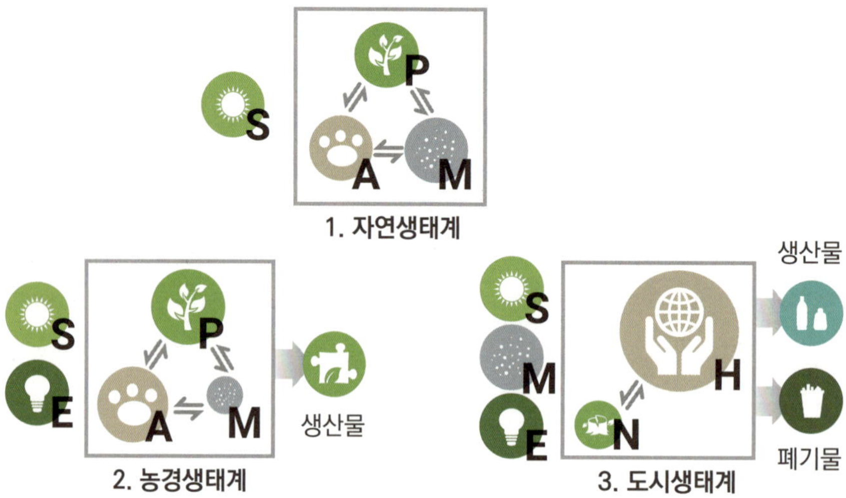

여기서, S:태양, E:에너지, M:물질, P:식물, A:동물, M:미생물, H:인간, N:자연을 의미함

[그림 3-42] 자연, 농경, 도시 생태계의 구조와 기능

그렇지만 도시생태계는 구성 요소의 대부분이 인간이며, 그 인간에 의해 만들어진 인공적인 구조물들이다. 따라서 에너지, 물질, 자본, 정보의 흐름이 집중되어 있고, 규모가 매우 크다. 무엇보다도 자연생태계에서 발생하는 자급적이고 자율적인 체계가 아니라 종속적인 체계를 갖게 된다. 즉, 농촌 등 외부의 생태계로부터 에너지와 물질 등이 유입되어야 하며, 도시에서 발생한 폐기물 등은 다시 외부의 생태계로 배출되어야 한다. 이 구조가 지속적으로 유지되지 않으면, 도시 생태계는 유지되기 어렵다.

1974년 설립되고 환경 분야에서 세계 3대 싱크탱크로 꼽히는 월드워치연구소(World Watch Institute, WWI)는 매년 지구환경보고서를 발간하고 있다. 지구환경보고서는 지속가능한 사회를 이루기 위한 전 세계적인 노력을 평가하는 연례보고서라고 할 수 있다. 그 해 지구 환경 분야에서 가장 이슈가 된 분야를 주요 제목으로 뽑는데, 2007년의 지구환경보고서의 제목은 "도시의 미래(Our Urban Future)"였다. 그리고 10년 후인 2016년 지구환경보서의 제목은 "도시는 지속가능할 수 있을까(Can a City Be Sustainable?)"이다. 10년을 사이에 두고 "도시"가 범지구적인 측면에서 주된 이슈가 된 것이다.

2016년 지구환경보고서에 담긴 주요 주제를 보면, '제1부 인간의 축조물로서의 도시'에서는 (01) 지속가능한 도시를 도모하자, (02) 인류사 속의 도시: 물자의 관점에서, (03) 도시: 복합 시스템, (04) 지속가능한 도시의 비전, (05) 에너지 와일드카드: 도시화를 진전시키기 위한 에너지 억제 등을 다루고 있다. '제2부 도전해야 할 과제, 도시의 기후변화'에서는 (06) 도시와 온실가스 배출: 문제의 범위, (07) 어바니즘과 전 지구적인 스프롤 현상, (08) 건물의 환경 발자국 줄이기, (09) 건물의 에너지 효율: 기회의 위기, (10) 도시에서 100% 재생 에너지 사용이 가능할까?, (11) 지속가능한 교통, (12) 도시 교통과 기후변화, (13) 자원 감소와 폐기물 재활용, (14) 고형폐기물과 기후변화, (15) 농촌-도시 이주, 생활양식, 그리고 산림 파괴 등으로 구성되어 있다. 마지막으로 '제3부 정치, 공정성, 거주 적합성에서는 (16) 재공영화, 저탄소로 이행, 그리고 에너지 민주주의, (17) 도시의 지속가능성에서 생물다양성의 중요한 역할, (18) 포용 도시: 다양성과 사회적 응집을 위한 도시 계획, (19) 도시화, 포용, 그리고 사회 정의로 구성되어 있다. 19개에 달하는 목차를 모두 열거한 이유는 도시생태계를 포함한 도시 환경 문제를 다룰 때 핵심 대상이 될 수 있는 범주를 보여주기 위함이다. 그리고 이러한 범주들은 도시 생태계를 구성하는 주요 요소이기도 하다.

2016년 지구환경보고서(황의방 등 譯, 2017)의 제17장 도시의 지속가능성에서 생물다양성의 중요한 역할에서는 다음의 내용을 담고 있다. 도시 생태계는 세 가지 하위 체계로 구성된다. 즉, 녹색(자연 토양에 살아 있는 모든 물질: 황무지, 가로수, 공원과 정원, 산림, 파편화된 녹지 등), 회색(기성 시가지로서 건물, 벽, 도로, 지하 체계, 광장 등), 그리고 청색(해안 지역, 강, 고여 있는 물, 샘, 해안과 항구 등) 체계이다(Marti Boada Junca *et al.,* 2016(황의방 등 역, 2017)). 중요한 것은 녹색 체계가 회색이나 청색 체계보다 우월하다고 간주하는 도시의 다른 생태계 개념화와는 달리, 녹색과 회색, 청색 체계 모두가 똑같은 중요성을 부여받고 있다는 것이다. 즉, 건물군으로 우세한 회색 체계도 생물서식공간으로서의 중요성을 담고 있다는 것이다.

이것을 달리 해석해 보면, 도시지역에서의 생물다양성 연구가 도시에 잔존하고 있는 산림이나 하천과 같은 자연 패치 지역만을 대상으로 할 것이 아니라 도심지역에서도 활발해야 함을 의미한다. 즉, 도심 생활 및 업무 공간에서의 자연성을 증진시키고, 생활 밀착형 자연 공간을 만들기 위한 노력이 필요하다.

나) 기능

비오톱의 개념에 대한 다양한 연구 결과는 도시 생태학 분야를 태동시키는 데 기여했다. 도시 생태학의 초기 연구자인 스쿠프는 도시지역에서의 비오톱 기능을 다음과 같이 제시하였다(Sukopp, 1988).

- 도시 생물종의 은신처, 분산, 이동통로 기능
- 도시가 얼마나 친근감을 느낄 수 있는 공간인가 판별하는 근거로서의 기능
- 도시민의 휴식 및 레크리에이션을 위한 공간 기능
- 어린이를 위한 비공식적 놀이 공간 기능
- 환경교육을 위한 실험 지역 기능
- 도시생태계 연구를 위한 공간 기능
- 도시의 환경 변화 및 오염의 지표로서의 기능
- 도시환경보호 및 환경 건전성(수질, 기후, 대기질, 소음 등)의 유지를 위한 기능

한편, 도시생태계의 기능 중 도시 내 잔존하고 있는 녹지나 공원 등의 기능들은 다음과 같다.

우선 자연생태적 측면에서 공원이나 녹지 등의 자연은 생태계 보호 및 안정성을 유지하는 데 기여한다. 무엇보다도 생물들에게 서식처나 피난처를 제공한다. 결과적으로 도시생태계에서 공원·녹지 등은 생물종 다양성 증진 및 유지에 있어서 핵심적인 역할을 한다.

도시의 공원·녹지는 환경 조절 기능을 한다. 대기오염을 정화하며, 미기후를 조절한다. 최근의 주요 이슈인 탄소의 흡수 및 저장 등의 기능도 갖는다. 수자원의 보호도 할 뿐만 아니라 완충녹지대 등에 의해서 수질을 정화한다. 소음 감소나 토양 환경 보전, 경관 자원 보호 등 다양한 환경 조절 기능을 한다. 우수의 침투 속도를 조절하고, 강수로 인한 침식을 방지하기도 한다. 결과적으로 도시의 공원·녹지는 방재의 효과를 갖는다. 앞으로 우리가 도시에서의 환경 개선을 위해서 방재에도 관심을 가져야 한다.

이용 기능도 담당한다. 보건 효과도 갖고 있으며, 여가 공간 및 커뮤니티 장소를 제공하기도 한다. 이용자에게 자아실현의 기회를 제공하기도 하고, 지역 주민 간의 접촉 기회를 증대시켜 소통의 장으로도 활용된다. 무엇보다도 정서적 안정감을 제공하기도 한다. 특히, 이준(2017)은 도시공원을 대상으로 하여 공원·녹지가 주는 생리적 효과를 청소년을 대상으로 하여 실험한 바 있다. 이 연구는 2014년 10월 초 서울 강남에 거주하는 중학교 2학년에서 고등학교 1학년인 청소년 25명을 대상으로 쉽게 접근할 수 있고 자주 방문 가능한 서울숲을 대상으로 한 연구이다. 실험 결과, 공원 체험 활동 전과 후 코르티솔의 농도는 0.35μg/dl에서 0.28μg/dl로 낮아져 스트레스 해소에 긍정적인 영향을 줬다. 심장 박동수는 1분에 81.85회에서 75.18회로 감소, 심박 변이도는 안정될 때에 활성화되는 부교감 신경이 활동한 것으로 나타났다. 특히, 체험 전 코르티솔의 농도는 일반적인 평균 수치보다 높아서 실험 대상인 강남 거주 청소년이 스트레스를 더 많이 받고 있음을 보여주고 있다. 심박 변이도 검사 결과, 다른 연구에서는 잘 나오지 않은 통계적으로 유의성 있는 결과가 나타나 공원에서의 체험 활동이 보다 더 효과적인 역할을 하였음을 시사하고 있다. 심리 검사 역시 스트레스 해소 및 정서 안정에 의미 있는 결과가 도출됐다. 공원 체험 활동 전과 후 자아 존중감은 69.22에서 74.96으로 높아져 자신감과 자긍심이 회복됐으며, 상태 불안감은 44.13점에서 38.57점으로 감소해 피험자의 불안 상태를 감소시켰다. 기분 상태 검사 결과 긴장과 불안, 우울, 피로, 종합정서장애, 분노, 혼란은 감소하고, 활기는 높아져 공원에서의 체험 활동이 심

리 상태를 안정시켜 주고 긍정적인 영향을 줬음을 수치로 보여 주었다. 이러한 연구는 도시에서의 생태적 공간 혹은 공원·녹지가 보건적인 측면에서 얼마나 큰 영향을 미치는지를 정량적으로 보여 주는 좋은 사례라고 할 수 있다.

공원·녹지는 경제적 기능도 한다. 도시지역에 풍부한 자연이 있는 지역은 부동산 가치가 증가한다. 반대로 냉·난방비와 같은 다양한 환경 비용을 절감시킨다.

도시의 공원과 녹지, 그린벨트 등은 각종 도시 개발의 통제 기능도 수행한다. 기본적으로 도시의 골격과 형태를 형성하는 기준이 되기도 한다. 특히, 서로 다른 토지이용 간의 완충적 역할을 수행한다. 즉, 도시의 물리적 크기와 형태를 제한하는 인자로서 기능하기도 하며, 도시의 지속적인 성장을 억제하는 등 다양한 기능을 수행한다. 한편, 도시의 생물다양성이 제공하는 생태계 서비스들을 제시해 보면 [표 3-11]과 같다.

[표 3-11] 도시 생물다양성이 제공하는 생태계 서비스들

구분	주요 기능	주요 내용
조절 (규제)	공기 여과	• 초목은 공기오염을 줄이고 수송과 건물의 난방 때문에 생기는 환경 문제와 공중 보건 문제들을 감소하는 데 도움이 될 수 있다.
	도로와 도시 수준에서의 미기후 규제	• 도시는 지방의 기후뿐 아니라 날씨에도 영향을 미칠 수 있다. • 단 한 그루의 큰 나무가 매일 450리터의 물을 만들 수 있다.
	소음 감소	• 초목과 열린 공간은 거리를 늘리고 도시 지역에서 사람들에게 건강 문제를 일으킬 수도 있는 교통 및 다른 것들에서 나오는 소음의 양을 줄이는 데 도움이 될 수 있다.
	빗물 배출	• 초목 지역의 부드러운 땅은 물이 스쳐 지나가게 한다. 그리고 초목은 물을 흡수한 뒤 증발산을 통해 물을 공기 속으로 내보낸다.
	하수 처리	• 습지의 식물과 동물은 대량의 영양소들을 흡수하고 하수의 흐름을 늦춰 분자들이 바닥에 정착할 수 있게 한다.
공급 (보급)	식량 공급	• 도시의 정원들은 그 지역에 필요한 채소의 중요한 원천이 될 수 있고, 도시 주변 지역은 인간과 동물 모두에게 식량을 제공할 수 있다.
	의약품	• 일부 초목 종은 의약물을 생산한다.
	그늘	• 나무와 도시의 다른 초목은 그늘을 제공하고, 습기를 만들어 내며, 바람을 막아 준다.
	냄새	• 틸리아(참피나무속), 회양목, 그리고 인동덩굴 같은 몇몇 꽃 종은 쾌적한 냄새를 만들어 낸다.
문화	교육과 과학 분야	• 도시 생물다양성은 사람들을 자연, 계절의 특성, 그리고 살아 있는 세계와 우리의 자연적 근원에 연결시켜 환경 교육을 해준다.
	미학과 예술	• 도시의 생물다양성은 예술적 영감의 원천이 될 수 있다.
	사회	• 새와 물고기 같은 동물의 출현은 휴양적 가치라는 차원에서 설명될 수 있다. • 녹색 공간들은 심리적으로 아주 중요하다.

※ 자료출처: WWI(2016) 엮음(황의방 등 옮김, 2017)의 내용을 일부 수정함.

※ 주) 괄호 안의 용어는 원저(역서)에서 제시한 용어임.

4) 특성

도시 생태계는 자연 생태계와 달리 외부의 사회·경제적 요인에 의해서 많은 영향을 받는 특징이 있다. 그리고 도시 생태계의 주요 구성원이 사람이기 때문에 그로 인해서 다른 자연 생태계와 달리 다양한 특성을 갖게 된다. 실제로 2005년 이후로 우리나라 전체 인구의 90%는 도시지역에서 살아간다. 전 세계적으로는 50%의 인구가 도시지역에서 살고 있으며, UN에서는 2050년까지 63억 명이 도시지역에서 살게 될 것으로 추정하고 있다.

생태계의 주요 구성요소인 비생물적 환경 요소와 생물적 환경 요소 중에서 생물다양성 증진 등의 차원에서 봐야 할 요소들을 제시하였다. 기본적으로 자연 생태계에 비해서 도시 생태계의 주요 구성요소들은 상당히 왜곡되거나 변형된 상태이다.

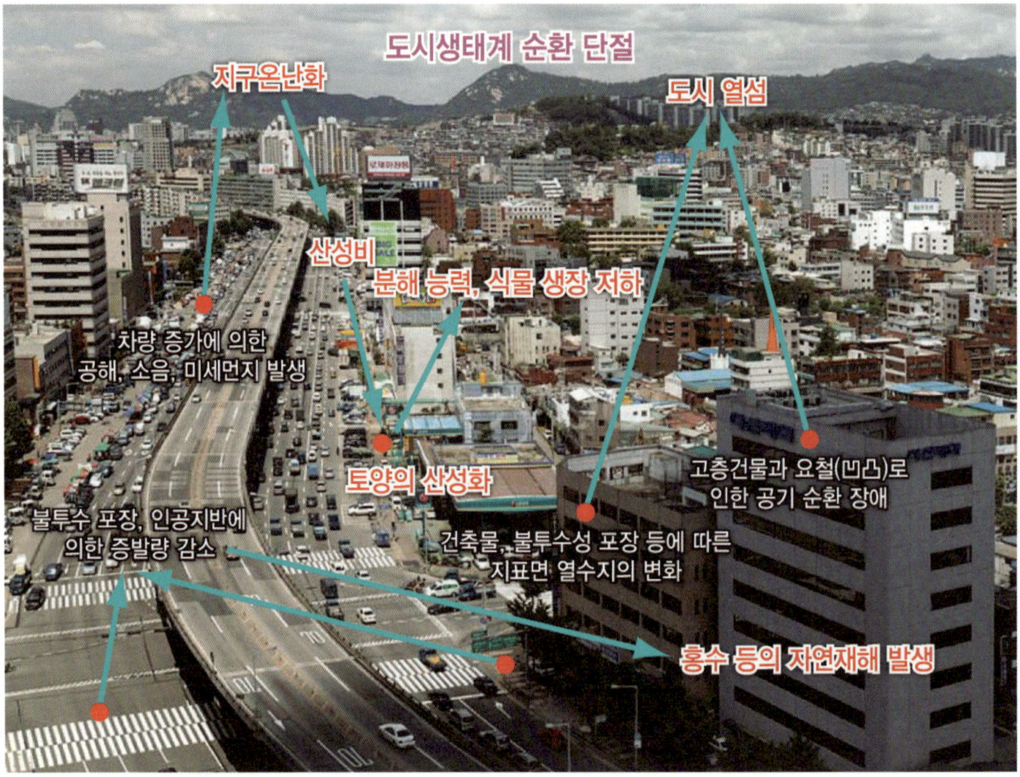

[그림 3-43] 도시 생태계의 다양한 문제점

- 도시의 기후 특성

도시 기후의 대표적인 특성은 열섬현상(Heat Island)이다. 주변 지역의 평균 온도에 비해서 도심지역은 당연히 온도가 높다. 또한 어떤 곳에서는 바람이 정체되기도 하고, 어떤 곳에선 빌딩풍이 불기도 하는 등 변형되고 왜곡된 바람 체계를 갖기도 한다. 결과적으로 대기오염이나 미세먼지 등의 문제는 갈수록 심화되고 있다. 이러한 도시 기후 문제를 해결하기 위해서 도시에 보다 많은 녹지 공간이나 바람길을 도입하고 있다.

• 도시의 지형 특성

도시에서의 자연적인 지형은 자연 잔존 지역을 제외하고는 거의 보기 어렵다. 산림지역을 개발하여 주거단지화하는 과정에서 지형은 극심하게 변형되기도 한다. 도로의 개발 때문에 도시지역의 산림에는 절개 사면이 많이 발생하게 된다. 이러한 절개 사면은 자연친화적인 녹화 방식이 아닌 인공적 요소로 마감되면서 도시 경관을 더욱 삭막하게 한다. 또한, 과밀한 토지이용 때문에 자투리땅이 증가하는 경향도 많다. 자투리땅은 대부분 방치되는 경우가 많았지만, 최근 이러한 자투리땅을 활용한 비오톱 조성이나 가드닝이 이루어지기도 한다.

• 도시의 수리·수문 특성

도시는 불투수성 포장 면적 증가에 따라 물순환이 어렵게 되고, 인공화된 하천으로 집중되면서 각종 수질 오염이나 도시 홍수 문제 등이 발생한다. 도심의 생태하천 복원 사업을 추진하고 있으나, 하천이라고 하는 한정된 공간에서만 복원이 이루어지고 있기 때문에 홍수 문제나 물순환 문제에 대한 근본적인 해결책은 되지 못하고 있다. 특히, 불투수성 포장 면적의 증가는 도심 홍수라고 하는 현상까지 유발시키고 있다. 이것은 [그림 3-44]에서 보는 바와 같이 도시에서 불투수 포장 지표면이 증가할수록 유출량은 증가하고, 토양 속으로의 침투는 줄어드는 것을 볼 수 있다. 결과적으로 도시 홍수는 자연적 투수 지표면을 가진 곳보다 더 쉽게 발생한다. 도심의 대기오염이나 도로 등에 축적된 각종 오염물질들로 강우 시 비점오염원들이 한꺼번에 하천이나 호수 등으로 유입되면서 수질의 악화 현상도 자주 발생한다.

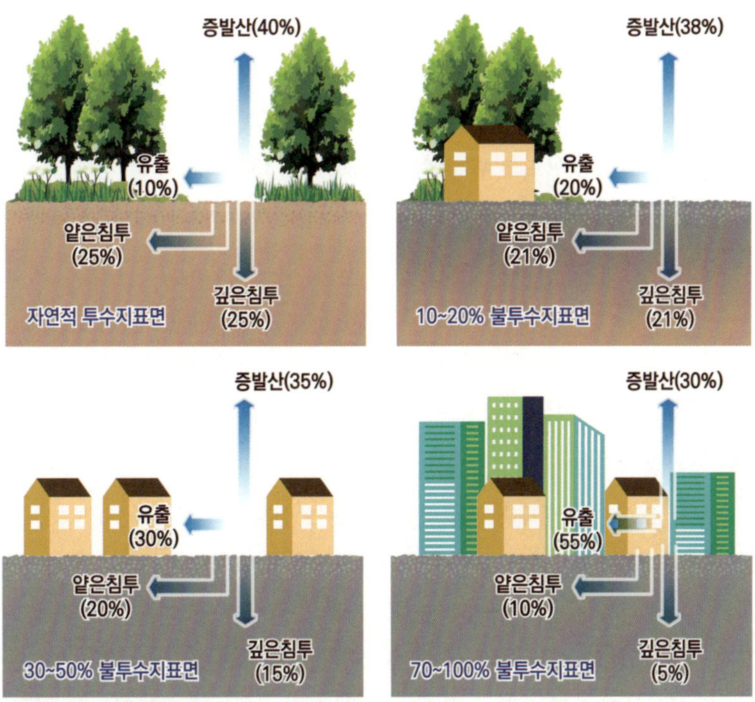

[그림 3-44] 유역의 불투수 지표면 구성비와 지표 유출량의 관계

※ 자료출처: USDA(1998)를 다시 그림.

- 도시의 토양 특성

도시 지역의 토양은 자연 잔존지역이나 공원·녹지를 제외하면 좀처럼 보기 어렵다. 공원·녹지 지역이더라도 이용자들에 의한 답압 등으로 경화가 많이 진행된 상태이다. 또한 각종 포장에 의해서 물의 순환을 어렵게 하고, 지하수 생성을 방해하기도 한다. 역으로 도시 지하 공간의 개발 때문에 지하수가 부족해지기까지 하고, 그로 인한 지형 변화도 동반한다. 영양적인 측면에서 도시의 토양은 오염도도 증가한 상태이다. 대기오염 물질이 순환의 과정을 거치면서 토양에 집적된 결과이다.

- 도시의 생태환경 특성

도시는 수많은 사람들이 모이고 활동하는 중요한 삶의 터전이 되었다. 결과적으로 도시지역에서 자연 서식처는 부족해지고 사람 중심의 공간들이 만들어져왔다. 한정된 공간에 많은 사람들이 살려고 하니 자연 서식처는 훼손되거나 개발로 사라지게 되었고, 남아 있는 자연공간들도 파편화되고 있는 것이 현실이다.

결과적으로 고유 및 자연 식생이 분포하는 지역은 줄어들었다. 귀화식물의 빈도는 증가하였고, 자연지역에서 자주 나타나는 지의류 등은 감소하거나 소멸되었다. 또한, 도심 내 생물은 내오염종(耐汚染種)이나 난지성종(暖地性種) 등이 증가하는 경향을 보인다. 야생동물도 파편화된 서식처에서만 발견되는 경우가 많으며, 종의 다양성도 많이 낮아진 상태다. 당연히 자연생태계의 종이나 고차소비자는 없는 경우가 많다. 그에 비해 버려진 애완동물이나 유해야생동물의 개체 수는 증가하고 있다. 더불어서 인공적인 먹이에 의존하는 생물종은 더욱 번성하고 있다. 특히, 먹이 부족 등으로 멧돼지나 오소리 등의 도심 출몰 현상도 잦아지고 있다.

이러한 도시를 생태적인 관점에서 보자고 하면 대부분은 부정적인 측면에서만 보기 쉽다. 하지만, 도시의 생태환경을 보는 시각은 크게 두 가지로 구분해서 생각해 볼 수 있다. 지나친 개발과 많은 사람들의 거주, 산업화 등에 의해서 오염되고 단순해져서 생물종이 다양하지 못할 것이라는 시각이 첫 번째이다. 반대로 개발의 영향을 받지 않은 그린벨트나 생태경관보전지역, 개발 시 제외된 단편화된 섬 생태계 등으로 어느 정도의 생물종다양성은 확보하고 있을 것으로 생각할 수도 있을 것이다. 후자에 대한 시각을 갖고 있는 사람들은 그리 많지 않다.

5) 도시 생태환경의 현황

앞서 제시한 것처럼 도시화는 생물군집에 유리한 영향과 악영향을 모두 가지고 있다(양병이, 2011). 일반적으로는 도시화를 생태환경을 악화시키는 요인으로만 보기 쉽지만, 상대적으로 생물다양성을 증진시키는 데 기여하는 바도 있다는 것이다. 좀 더 정확하게 표현하자면 도시화에 따른 도시 생태 환경이 무조건 나쁜 것만은 아니라는 것이다.

여기 몇 가지 예를 소개해 보면, 우선 영국은 인공적으로 조성한 서식처가 희귀한 딱정벌레 종을 35%나 더 많이 서식하게 한다는 연구 결과가 있다. 또한, 영국 쉐필드(Sheffield)시의 61개 정원(backyard garden)에 대한 생태조사 결과 4,000종의 곤충, 80종의 지의류, 1,000종의 식물이 서식하는 것으로 파악되었다. 영국의 전체 생물종 수가 약 10만종으로 알려진 것을 기준으로 한다면, 작은 정원 61개에 전 국가 생물종의 5%가 서식하고 있는 셈이다.

덴마크 코펜하겐 도시지역의 공원, 숲, 호수, 해변, 야생동물의 은신처, 기타 녹지에는 굉장히 다양한 생물종이 서식하는 것으로 알려져 있다. 이러한 결과로 코펜하겐은 덴마크에서도 생물다양성이 매우 풍부한 지역 중 하나이다. 무엇보다도 집약적인 농업이 이루어지는 전원지역보다는 준도시지역의 생물다양성이 오히려 더 풍부하다는 것을 보여주는 사례이기도 하다.

암스테르담, 싱가포르, 뉴욕 등은 도시양봉협회, 옥상농부, 수직식물농장 프로젝트 등을 추진하여 도시 생물다양성을 증진시키기 위한 노력을 기울이고 있다. 우리나라에서는 '도시농업의 육성 및 지원에 관한 법률(2011.11.22. 제정)'이 만들어지면서 도시농업이 활성화되고 있는데, 도시농업은 녹색공간을 창조하고 폐기물을 재활용하며 교통량을 감소시키는 등 생물다양성 상실 속도를 늦춰줄 것으로 기대되기도 한다. 참고로, 이 법에서 '도시농업'이라 함은 도시지역에 있는 토지, 건축물 또는 다양한 생활공간을 활용한 다음 각 목의 어느 하나에 해당하는 행위로서 대통령령으로 정하는 행위를 말한다.

가. 농작물을 경작 또는 재배하는 행위
나. 수목 또는 화초를 재배하는 행위
다. 「곤충산업의 육성 및 지원에 관한 법률」 제2조제1호의 곤충을 사육(양봉을 포함한다)하는 행위

반면 부정적인 영향의 사례는 매우 많지만 대표적인 사례로는 독일 뮌헨의 경우 지난 100년 동안 180종 이상의 식물종이 도시에서 사라진 것으로 나타났다. 도시의 생태환경을 조금 거시적인 차원에서 보면 생물다양성 핵심지역(hot spot)은 전 세계에 36개 지역이 지정되어 있는데, 이 모든 지역이 도시지역을 포함하고 있다. 물론 생물다양성 핵심지역이 자생식물의 생물종 수와 서식처 파괴 정도에 따라서 지정하지만(이런 이유로 hot spot을 생물다양성 위험지역이라고도 한다), 도시지역에서의 생물종 서식은 매우 관심을 갖고 접근해야 한다는 것을 의미한다. 더불어서 도시지역은 생물종다양성이 풍부한 곳이므로 적절한 관리와 바람직한 생물종다양성 증진을 위한 노력을 해야 한다.

6) 도시 생태환경 개선 노력

생물다양성협약 사무국, 스톡홀름대학교, 스톡홀름 회복력 센터, 그리고 ICLEI(2012)에서 함께 발간한 "도시와 생물다양성 전망(Cities and Biodiversity Outlook)"에서는 도시 지역에서의 생물다양성을 향상시키기 위한 정책과 행동 계획들을 제시하고 있다. 이 보고서는 10가지의 핵심적인 전달사항을 포함하고 있는데, 그 내용은 다음과 같다.

1. 도시화는 전 지구적 차원에서 생태계 서비스를 관리하는 데 있어서 기회와 도전의 성격을 갖는다.
2. 풍부한 생물다양성은 도시 지역에서도 가능할 수 있다.
3. 생물다양성과 생태계 서비스는 자연 자본의 핵심적인 요소이다.

4. 도시의 생태계 기능을 관리하는 것은 인간의 건강과 복지를 향상시키는 데 크게 기여할 수 있다.
5. 도시의 생태계 서비스와 생물다양성은 기후변화의 저감과 적응에 기여할 수 있다.
6. 도시의 식량 시스템의 다양성을 향상시키는 것은 식량과 영양 안보의 증진을 꾀할 수 있다.
7. 생태계 서비스는 도시 정책 및 계획 분야와 결합되어야 한다.
8. 생물다양성과 생태계 서비스에 대한 성공적인 관리는 다각적인 규모와 섹터, 이해당사자의 참여에 기초하여야 한다.
9. 도시는 지속가능하고 회복력 있는 미래에 대한 교육과 학습의 독특한 기회를 제공한다.
10. 도시는 혁신 및 정부 기구를 형성하는데 대규모의 잠재력을 갖고 있으며, 결과적으로 지속가능한 발전을 이끌어 갈 수 있다.

- 도시의 생물다양성 지수·지표와 인증 제도

그런데 도대체 도시에는 얼마나 많은 생물종들이 서식하고 있을까? 혹은 도시에서의 생물다양성은 어느 정도일까? 이 문제를 해결하기 위한 것이 바로 싱가포르 도시 생물다양성 지수이다. 싱가포르 도시 생물다양성 지수(SI, Singapore Index on Cities' Biodiversity 혹은 Singapore City Biodiversity Index)는 도시지역의 맥락에서 생물다양성을 보전하기 위해서 스스로 도시의 현황을 모니터링하고 평가하기 위한 것이다. 총 23가지의 지표를 갖고 있는데, 이미 전 세계적으로 50개 이상의 도시가 싱가포르 도시 생물다양성 지수를 사용하여, 평가를 시행한 바 있다. 아직 우리나라에선 이러한 경험을 가진 도시가 없다.

일본에서도 도시의 생물다양성 확보를 위해서 공원녹지기본계획에서 생물다양성 확보가 효과적

[표 3-12] 일본의 도시 생물다양성 지표

지표 항목		개 요	사용 데이터
생태계·서식지 다양성	지표 1	녹지 등의 현황 (도시 생물다양성 확보의 잠재력을 가진 녹지 등의 비율)	• 국토수치정보
	지표 2	법령 등에 근거하여 확보되고 있는 녹지 (도시 생물다양성 확보의 잠재력을 갖는 법령 등에 근거한 연속성이 있는 녹지 등의 비율)	• 도시계획 기초조사에 의한 법 적용 현황 조사
	지표 3	도시 생태네트워크	• 국토수치정보
생물종 모니터링	지표 4	동·식물종 모니터링 (도시에 서식 및 생육하는 동·식물 종수에 관한 모니터링)	• 설문 응답에 의한 자가 평가
생태계 서비스	지표 5	생태계 서비스 ①지구온난화에 대한 대응(도시 녹화 등 온실가스 흡수량) ②녹지의 열섬현상 완화(녹지 수관 피복 면적) ③도시물순환(녹지 등에 의한 투수 효과)	• 국토수치정보
도시의 대응	지표 6	행정의 생물다양성 대응 (도시 행정계획에서 생물다양성 확보에 대한 대응)	• 설문 응답에 의한 자가 평가
	지표 7	행정계획에서 주민 등의 평가 (생물다양성 확보에 관한 도시 행정계획에 주민·기업 등의 참가 현황)	• 설문 응답에 의한 자가 평가

※ 자료출처: 김영하 등, 2023.

이고 효율적으로 추진되도록 하고 있다. 특히, 일본은 '도시 생물다양성 지표'를 마련하여 지자체의 생물다양성 보전 대응 현황을 평가하기도 한다. 일본의 도시 생물다양성 지표는 [표 3-12]와 같다.

또한, 일본 도쿄도에 원래 분포하고 있던 자생식물을 활용하여 자연녹지를 연결하면서 생물서식처를 되찾기 위한 노력들도 하고 있는데, 그 중 하나가 자생식물 등록제도이다(김영하 등, 2023). 1,000㎡ 이상의 부지를 가지는 민간 건축물 등의 부지 내 녹지가 그 대상이 된다. 등록 요건은 (1) 녹지면적이 100㎡ 이상일 것, (2) 자생식물 면적 비율이 교목 40%, 중교목 및 관목이 10% 이상, (3) 자생수목 종수가 교목 4종 이상, 중교목 및 관목 3종 이상일 것 등이다. 일본 도쿄도는 이러한 자생식물 등록제를 통해서 도쿄도의 목표인 도시 생태네트워크 형성에 기여하도록 하고, 일반인들에게 녹지 가치를 깨닫게 하여 지속적인 녹지관리 운영으로 이어지도록 하고 있다(김영하 등, 2023). 또한, SEGES(Social and Environmental Green Evaluation System) 생물다양성 인증 제도도 운영 중이다. SEGES는 기업 등에 의해 창출되는 양호한 녹지와 녹화 활동, 생물다양성 확보에 대한 대응을 평가하여 사회·환경에 공헌하고 생물다양성에 기여하는 녹지를 인증하는 제도이다(김영하 등, 2023).

• 도시의 생태환경 개선을 위한 몇 가지 제안

어떠한 경우든 도시를 보다 생태적으로 건강하고 생물다양성이 풍부한 공간으로 만들기 위해서는 다양한 노력이 필요할 것이다. 정책을 수립하거나 구체적 전략 수립도 중요할 것이고, 생태적 접근이나 생태복원을 위한 기술의 개발과 적용도 중요하다. 더불어서 도시민들의 인식 향상을 위한 프로그램 개발과 다양한 홍보 수단을 발굴하여 보급하는 것도 중요하리라 생각한다.

하지만 그 어떠한 경우든 이러한 구체적 행동 계획을 마련하기 이전에 한번 짚고 넘어가야 할 과제가 있다. 앞서 언급한 바와 같이, 도대체 도시에서는 얼마만큼의 생물종이 서식하고 있으며, 생태계의 다양성은 어느 정도인가를 우선 파악해야 한다. 더불어서 자연이나 농촌지역, 반자연지역 등과 비교해서 얼마만큼의 생물다양성이 있는지를 비교해 보는 것도 의미 있을 것이다. 이를 위해서는 도시 지역에서의 자연환경에 대한 총체적이고 전반적인 조사가 필요하다. 이와 관련된 법 규정은 앞서 제시한 바 있는 도시생태현황지도의 작성·활용에 관한 것이다(자연환경보전법 제34조의2).

한편, 필자가 이야기하고자 하는 도시지역의 생태계 전반에 대한 조사 및 분석과 평가는 비오톱 지도의 작성을 주목적으로 하는 조사나 평가를 말하는 것은 아니다. 도시 전체를 대상으로 하여 정밀하고 정기적인 생태환경 조사와 모니터링을 말한다. 즉, 비오톱 지도의 작성을 위한 생태조사가 아니라 도시의 생태현황에 대한 조사를 말하는 것이다. 순수한 생태적 조사, 그리고 정밀하고 주기적이며 거의 모든 생물분류군을 대상으로 한 체계적인 조사를 말하는 것이다.

자연환경보전법 제30조에서 의무 규정으로 제시하고 있는 전국자연환경조사는 5년마다 우리나라의 전국을 대상으로 하여 다양한 분류군을 조사하고 있다. 물론 과거에는 10년을 주기로 하다가 2013년 법 개정을 통해서 5년으로 조정하였다. 하지만, 전국의 자연환경 조사는 너무 광범위한 지역을 조사해야 하는 관계로 샘플지역 혹은 말 그대로 자연환경이 우세한 지역에 집중되곤 한다. 결과적으로 도시지역에 대한 조사는 소홀해진다. 물론 도시지역에 대한 조사도 광범위한 구역을 다루어야 할 수도 있다. 따라서 영국의 쉐필드와 같이 최소한 하나의 작은 구나 동 수준에서만이라도 정밀한 생태조사를 해 볼 필요가 있다.

이러한 기초 조사는 우리나라의 도시가 다른 나라의 도시에 비해서 어떠한 수준인지를 비교·분석할 수 있고, 가치를 평가할 수 있다. 이를 위해선 싱가포르 도시 생물다양성 지수를 활용하는 것이 좋은 방법이 될 수 있다.

더불어서 조사 및 분석에 따른 문제점을 도출해서 앞으로 도시의 생태적 건전성을 향상시키기 위해서 어떠한 전략과 복원 방법이 필요한지를 파악할 수 있을 것이다. 도시의 생태적 현황이나 수준이 어떠한 상태인지 정확히 파악한 상태에서 만들어지는 생태도시 혹은 녹색도시의 조성을 위한 수많은 정책이나 전략은 그만큼 실천성이 높고 의미가 있게 될 것이다.

7) 우리나라의 도시 환경 현황

우리나라의 도시 환경 현황은 '통계로 본 국토·자연환경(환경부, 2014)'을 토대로 제시하였다. 이 부문의 자료에서 도시지역은 국토의 계획 및 이용에 관한 법률 제6조에 의거 하여 도시지역, 관리지역, 농림지역, 자연환경보전지역의 4개 용도지역 중 하나로 지정된 법정 도시지역을 말한다. 도시지역은 인구와 산업이 밀집되어 있거나 밀집이 예상되어 체계적인 개발·정비·관리·보전 등이 필요한 지역을 가리키며, 세분화하여 주거지역, 상업지역, 공업지역, 녹지지역으로 구분된다.

우리나라 국토 중 도시지역 면적은 지난 30여 년 간 39.23%(4,955㎢) 증가하여 2012년을 기준으로 전체 국토 면적의 17.55%를 차지하고 있다. 도시지역은 다시 주거, 상업, 공업 및 녹지지역으로 세분되며, 이 중 녹지지역이 도시지역 면적의 72.1%를 차지하고 있다(2012년 기준). 지난 30여 년 간 면적 증가율이 높은 지역은 공업지역(약 155%), 상업지역(121%), 주거지역(87%)으로 나타났다.

한편, 우리나라의 도시지역 인구 비율은 1960년 39.1%에 불과하였으나, 1970년에는 50.1%로서 비도시 인구와 대등하였고, 2012년 말 현재 91.0%의 인구가 도시지역에 거주하고 있다.

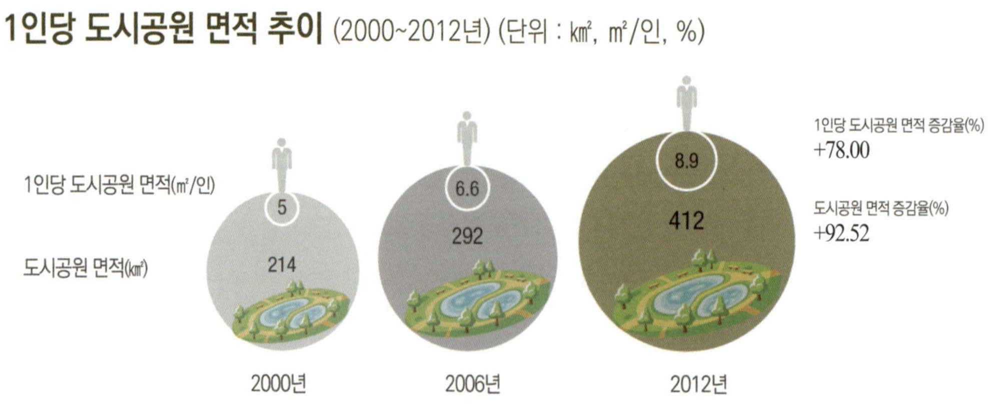

[그림 3-45] 1인당 도시공원 면적 추이

※ 자료출처: 환경부, 2014.

전국의 도시공원 면적은 2000년 214㎢에서 2012년 412㎢로서 약 93% 증가하였다. 2012년 1인당 도시공원 면적은 2000년에 비해 78%가 증가한 8.9㎡/인으로 나타났다. 여기서 도시공원 중 도시자연공원은 제외한 수치다.

또한, 도시민의 건강한 생활환경 조성을 위해 1971년부터 1977년까지 8차례에 걸쳐 총 5,397.11㎢의 개발제한구역이 지정되었다. 하지만, 2000년 이후부터 약 1,531㎢를 해제하여 2013년 12월 말 기준으로 약 3,866㎢가 개발제한구역으로 관리되고 있다.

2000년 1월에 제정된 "개발제한구역의 지정 및 관리에 관한 특별법"을 근거로 2000~2003년 동안 7개 중소 도시(춘천권, 청주권, 전주권, 진주권, 여수권, 통영권, 제주권)를 대상으로 1,103㎢ 등 총 1,256㎢의 개발제한구역이 전면 해제된 바 있다. 2004년 이후에는 7대 광역도시의 집단 취락 등 소규모 해제(261.8㎢)로 해제 면적이 감소 추세인 것으로 나타났다.

시가화 건조 지역이란 주택, 도로, 위락시설 등의 도시 기반시설이 있는 지역을 의미하며, 토지피복지도에서 시가화 건조 지역은 주거, 공업, 상업, 문화·체육·휴양, 교통, 공공시설지역을 포함한다. 이러한 시가화 건조 지역은 불투수성 포장 등으로 환경 조건을 건강하지 못하게 하며, 도시의 자연환경 회복을 위해서 적극적으로 관리해야 할 대상이다.

자료에 의하면, 지난 20년간 시가화 건조 지역은 1980년대 2,133㎢에서 2000년대 4,154㎢으로 약 95% 증가하였다. 국토 면적 대비 시가화 건조 지역의 면적 비율은 1980년대 2.1%에서 2000년대 4.1%로 약 2배 증가한 것으로 평가되었다.

전국의 시가화건조지역 면적 및 비율 (1980~2000년대) (단위 : ㎢, %)

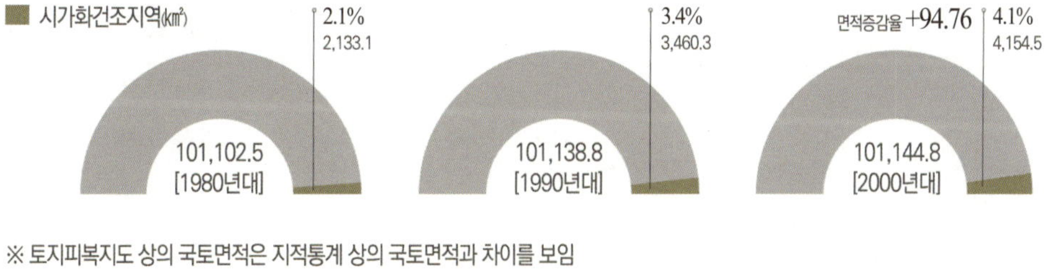

[그림 3-46] 전국의 시가화 건조지역 면적 및 비율

※ 자료출처: 환경부, 2014.

시가화 건조 지역의 면적은 서울 지역에서는 미미하게 증가하였으나, 나머지 시·도에서는 증가 추세가 두드러진다. 특히 경기도의 경우 20년간 178.5%(477㎢) 증가한 것으로 나타났으며, 다음으로 전북(231㎢), 전남(218㎢), 경남(180㎢)의 순으로 면적 증가 폭이 큰 것으로 나타났다. 시가화 건조 지역 면적 비율은 2000년대 기준 서울이 52.1%로 가장 높으며, 다음으로 부산(23.8%), 광주(21.3%)에서 높았다. 광주의 경우 20년간 면적 비율 증가폭이 가장 컸으며(14.2%), 9개 광역자치단체에서는 비율 변화 폭이 3% 미만으로 그리 크지 않은 것으로 나타났다.

사진설명 : 영주 무섬마을(내성천)

4장 복원생태학 이론

4. 복원생태학 이론

가. 복원생태학

최근 다양한 분야에서 발생하는 문제의 해답을 찾기 위한 노력은 한 가지 분야의 학문에 의해 이루어질 수 없다는 것은 모두가 인지하는 사실이다. 그만큼 복잡하게 서로 얽혀 있는 사회에 살고 있으며, 이러한 복잡한 사회에서 발생하는 문제를 해결하기 위해서는 학제간의 연계가 더욱 필요하게 되었고, 융·복합 형태의 새로운 학문들이 나타나고 있다. 복원생태학은 생태학적인 측면에서 보면 응용생태학의 한 분야이지만, 효율적인 생태적 복원을 위해서는 단순히 복원생태학만으로 달성할 수 없다. 따라서 앞서 제시한 다양한 생태학의 분야와 함께 토목공학, 조경학, 수문학, 지리학, 철학 등 다분야의 이론이 함께 융합되어야만 한다.

이러한 맥락에서 앞서 소개한 학문들을 살펴보면, 보전생물학은 생태학과 야생동물관리학이 결합된 학문이라고 할 수 있으며, 생물다양성 문제는 생태학과 분류학, 생태독성학은 생태학과 화학, 경관생태학은 생태학과 지리학, 환경윤리학은 생태학과 철학 등이 결합된 것이며, 복원생태학 역시 생태학과 공학이 연계하여 나타났다(Eugene P. Odum, 1993).

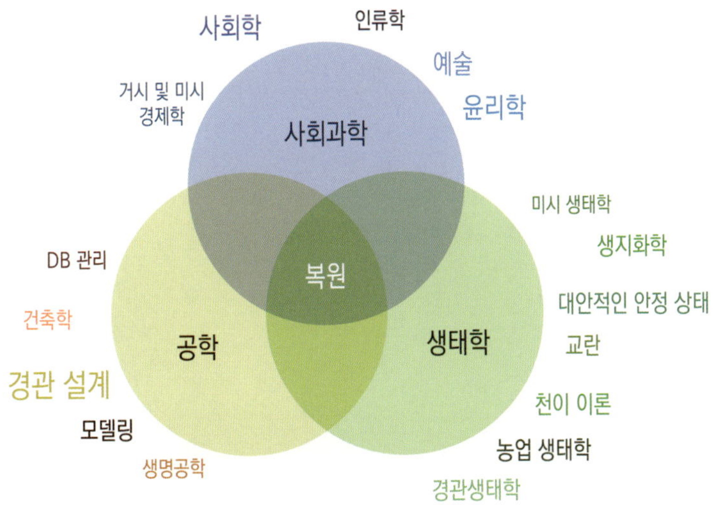

[그림 4-1] 복원생태학의 이론 및 실행과 연계된 주된 학문 분야

※ 자료출처: Juan J. Armesto *et al.*, 2007.

하지만, 최근에 복원생태학은 다양한 학문 분야가 서로 연계되어 있음을 더욱 더 강조하고 있다. 단순히 생태학과 공학만의 융합이 아니라 사회 과학 분야를 포함하고 있다. 즉, 생태학 및 공학적 이론과 함께 경제학, 사회학, 인류학과 같은 사회 과학 분야의 전문적 지식을 필요로 하고 있다. 나아가서 지역 주민의 참여도 강조되고 있다.

복원생태학은 최근 생태계의 중요성이 대두되면서 우리가 자연 생태계에 일으킨 손상이나 피해를 치유하거나 대체 생태계를 재건함으로써 다시 자연의 생태계 서비스를 제공받기 위해 노력하는 학문이다. 즉, 자연은 놀라운 재생력을 가지고 있으며, 우리는 여러 가지 방법을 통해 훼손된 생태계를 재건할 수 있다는 생각을 전제로 하고 있다. 이렇듯 복원생태학이란 새로운 분야는 현지 연구를 통해 직접 얻는 실용적인 지식과 생태계에 대한 이해의 전진을 바탕으로 하고 있다. 즉, 순수생태학이 생태학적 지식을 얻는데 집중한다면, 복원생태학은 그 지식을 바탕으로 실천하고 적용하는 학문이라는 데 근본적인 특징이 있다. 따라서 복원생태학은 "과학적 지식의 이론과 논리 등을 포함한 전 생태학 영역을 지칭하는 광의의 분야"로 볼 수 있다.

복원생태학(restoration ecology)은 복원을 위해 필요한 생태적 이론을 적용하고 발전시켜나가는 과학적 학문이라고 할 수 있다. 중요한 것은 복원생태학은 과학에 기초하고 있다는 것이며, 생태적 이론과 관련한 선행적 지식을 필요로 한다는 것이다.

나. 생태적 복원

복원생태학에 근원을 두고 있는 생태적 복원(ecological restoration)은 "생태계를 복원하고 관리하는 실제 행위"로 간단하게 정의할 수 있지만, 이것은 역동적인 것으로서 다양한 해석과 정의를 가진다. 가장 이상적인 정의는 "인간에 의해 훼손된 고유 생태계의 다양성과 역동성을 고치려는 과정"이며, 보다 세부적으로는 "생태적 완결성의 회복과 관리를 돕는 과정"으로 정의한다. 생태적 완결성(ecological integrity)은 생물다양성에 있어 변이성의 범위, 생태학적 과정과 구조, 지역적이고 역사적인 맥락, 지속가능한 문화적 관계를 포함하는 과정으로 정의할 수 있다(SER, 1996). 실제 생태적 복원은 해결해야 할 많은 과제를 안고 있으면서도 특별한 목적이 있거나 지역적인 혹은 특정 상황을 해결할 의도로 이루어지고 있다.

생태적 복원과 복원생태학은 실행 행위 자체와 기초 학문으로 구분할 수 있다. 즉, 훼손된 생태계를 대상으로 실질적인 복원을 실행할 때에는 생태적 복원이라 하며, 이러한 실행에 바탕을 두고 있는 학문으로서 가설을 실험·검증하고 이들이 어떻게 진행되는지를 이해하는 것은 복원생태학이라고 보면 된다. 한편, 순응적 복원(adaptive restoration)은 복원을 하는 과정 속에서 배우는 것으로서, 대안적 접근 방법들을 실험하고 효율적인 방법의 적용을 확장시켜 나가는 것을 말한다. 순응적 복원의 개념이 중요한 이유는 생태복원이 생태학적 지식에 기초하고 있기 때문이다. 즉, 생태적 지식은 미지성(未知性)이라는 특성을 갖고 있고, 대상지역마다 기본 원칙들이 그대로 적용될 수 있는 것이 아니기 때문에 실패를 거듭해가면서 발전해 가는 분야이다. 그래서 생태복원도 동일한 유형의 서식처라고 하더라도 실패를 할 수 있기 때문에 복원을 하면서 경험을 축적해 나가는 특성을 갖고 있다.

- 복원생태학과 생태적 복원의 관계

[그림 4-2]에서는 앞서 설명한 생태적 이론과 복원생태학, 생태적 복원의 상호 관련성을 제시하였다. 이 책의 구성이 앞서 복원과 관련된 생태학의 이론을 제시한 것은 [그림 4-2]에서 보면 '생태적 이론'이 복원생태학에 기여하고 있기 때문이다. 생태적 이론은 생물과 그 생물을 둘러싼 환경 인자 간의 상호 작용을 밝히려는 것인 만큼 매우 폭이 넓다. 하지만, 현재의 복원생태학은 그 이론들을 모두 활용하는 것이 아니라 생태적 이론의 일부만이 현장에 적용하고 있다. 반면, 생태적 복원은 복원생태학에 근거하지만, 복원생태학의 모든 지식이 생태복원을 충족시켜주지는 못한다. 사회적인 목적과 같이 생태학적 지식만으로는 해결할 수 없는 분야가 생태복원에는 존재함을 알려주는 것이다. 그러함에도 불구하고 바람직한 생태복원을 위해서는 생태적 이론과 복원생태학과의 연계성을 높여주어야 한다. 각 분야별로 연계성이 강화되었을 경우에는 [그림 4-2]에서 제시한 것과 같은 다양한 이점들을 얻을 수 있다.

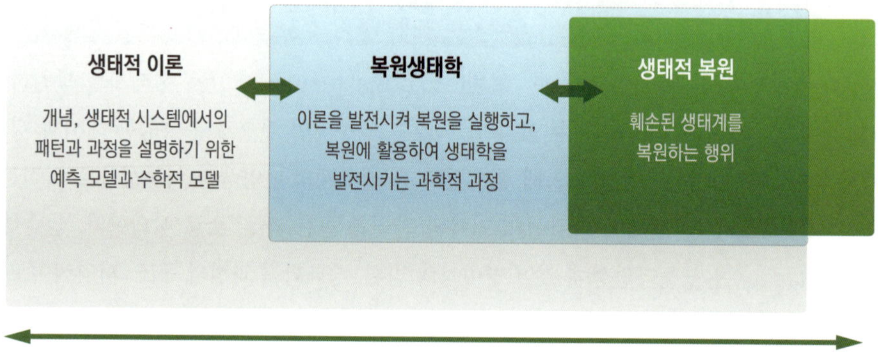

연계(linkages)의 이점

- 조작적인 맥락에서 생태계의 구성 요소를 연구하는 기회를 제공함.
- 생태학과 관련된 이론들을 테스트하고 확대하는 기회를 제공함.
- 생태학자들이 복원 노력에 직접적으로 공헌할 수 있는 기회를 제공함.
- 복원을 위한 학술적 준거틀을 제공함.
- 생태와 관련된 다양한 상호관련성이 단순한 복원 사업에서도 운영될 수 있도록 명확히 함.
- 복원 노력의 질과 효과를 향상시키는 데 기여함.

[그림 4-2] 생태적 이론과 복원생태학, 생태적 복원의 상호 관련성

※ 자료출처: Margaret A. Palmer *et al.*(2006)의 내용을 수정·보완함.

한편, 생태복원은 생태적인 측면 이외에도 경제적인 측면을 포함하고, 역사적, 문화적, 사회적, 정치적, 도덕적, 미학적 측면 등 다양한 분야를 포함하여야 한다. 효과적인 복원을 위해서는 생태적인 정확도를 충족시켜야 하지만, 보다 넓은 의미의 생태적 복원은 효율성을 가져야 한다. 게다가 사회·문화 등 다양한 분야의 인자들을 포함시켜 온전한 복원이 되도록 해야 한다.

[그림 4-3] 생태적 복원의 확장된 개념

※ 자료출처: Eric Higgs, 2003.

나아가서 최근에는 생태적 복원뿐만 아니라 문화적 복원, 나아가 사회적 복원까지도 함께 고려해야 한다. 생태·문화적 복원은 생태적 충실성과 함께 문화적 충실성을 갖추어야 하며, 이는 참여주의적 접근 방식에 기초하여야 한다. 문화적 충실성에는 문화, 언어, 장소, 웰빙, 전통적 지식, 지속가능한 경제, 사회적 정의, 그리고 지역적 특성을 고려한 설계를 통한 접근이 이루어져야 한다.

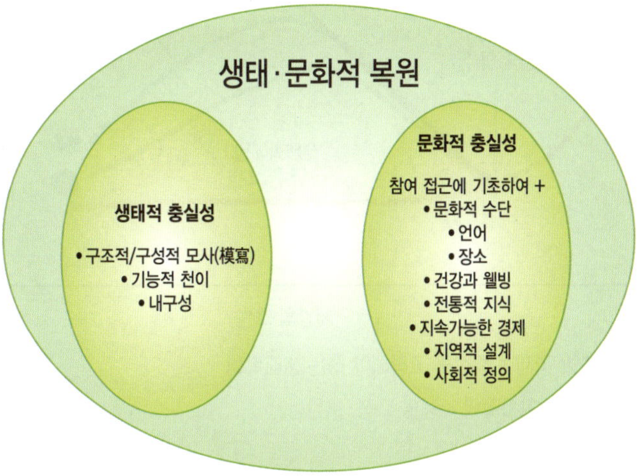

[그림 4-4] 생태·문화적 복원

※ 자료출처: Eric Higgs, 2003.

최근의 생태복원 사업에서는 생태적 특성 혹은 생태 지식에만 기초하여 복원하는 것을 넘어서야 한다는 것을 강조하고 있다. 실무에서 생태복원 사업을 경험해보면 알겠지만 생태복원 사업은 사회적 특성뿐만 아니라 경제적 혜택도 고려해야 한다. 지역사회의 요구에 충분히 상응해야 하며, 해당 지역 주민에게는 장기적으로 경제적 혜택 즉, 복원을 함으로써 생태계 서비스를 제공해 줄 수 있어야 한다. [그림 4-5]에서는 복원 사업 후 성공과 실패 또는 복원 후 효과를 나타낸 것이다(Beeston, 2023). 그림에서 ①의 곡선은 생태적 특성만 고려한 복원이다. 이런 경우에는 단기적으로는 복원 사업이 성공하지만, 사람의 부정적 활동이나 항의 등으로 빠르게 훼손되는 것을 의미한다. 결과적으로 실패하는 복원 사업이 된다. 그림에서 ②의 곡선은 생태적, 사회적 특성을 고려한 복원 사업을 나타낸 것이다. 초기 단계엔 성공하지만, 지역주민에 대한 경제적 혜택의 고려가 없어서 중장기적으로는 지속적이지 못해 실패하는 사례이다. 그림에서 ③은 생태적, 사회적, 경제적 특성을 모두 고려한 복원이다. 장기적으로 지속가능한 복원이 이루어진 성공적인 사례라고 할 수 있다. 이 그림에서 보여주고자 하는 것은 생태복원 사업이더라도 해당지역에 대한 사회적·경제적 측면을 충분히 고려해서 접근해야 한다는 것이다.

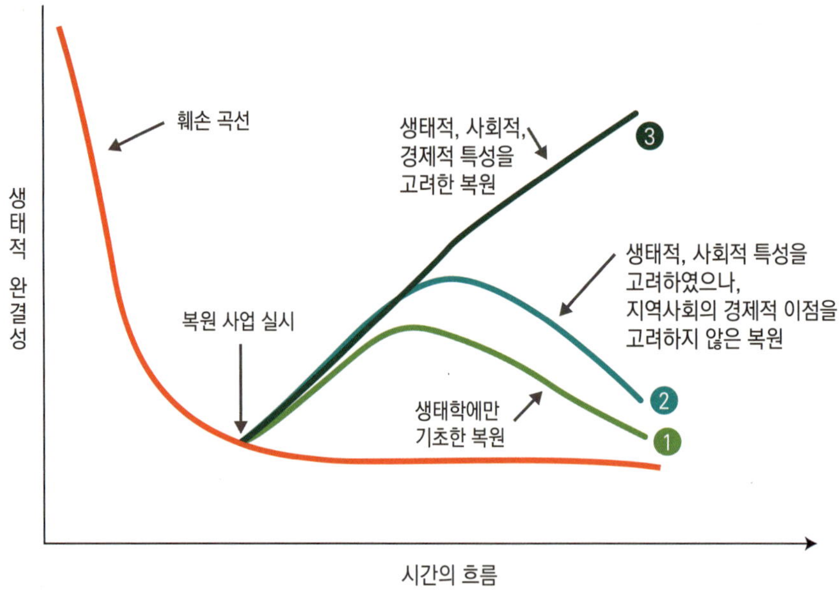

[그림 4-5] 생태적, 사회적, 경제적 특성을 고려해야 하는 생태복원

※ 자료출처: Biswas *et al*.(2009)의 내용을 수정·보완함.

다. 복원생태학의 기여 분야

생태복원이 종합생태학이라고 볼 수 있는 것은 이 학문의 기원에서도 엿볼 수 있다. Joan G. Ehrenfeld(2000)의 연구에 따르면, 복원생태학의 기원을 크게 4가지로 분류하였다.

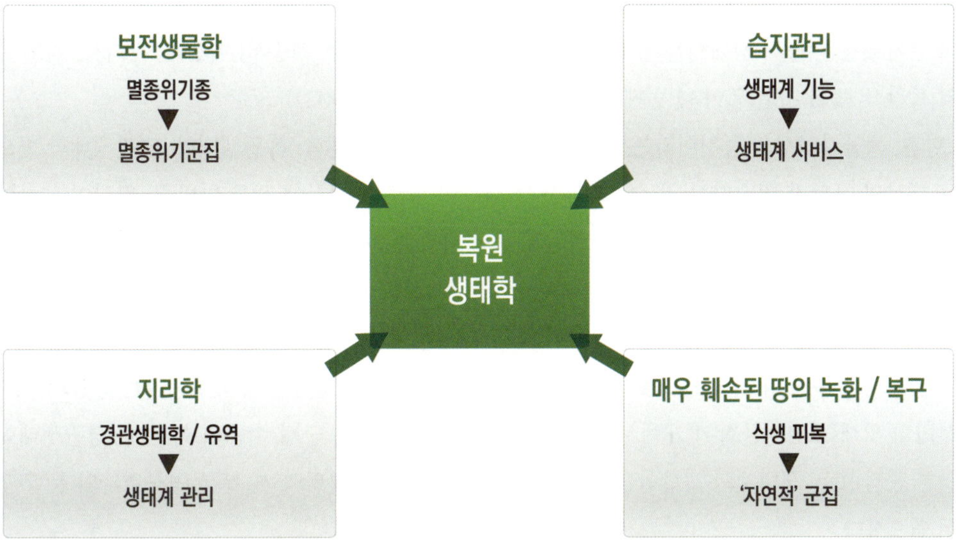

[그림 4-6] 복원생태학의 발전에 기여한 분야

※ 자료출처: Joan G. Ehrenfeld, 2000.

첫 번째 분야는 보전생물학으로 개별 종의 복원에 관심을 갖는다. 보전생물학자들은 희귀종과 멸종위기종 복원을 강조하고, 따라서 복원 목표를 종의 보전과 개체수 증대로 설정한다. 앞서 이론 분야에서 언급된 바와 같이 개별 종 복원의 이론적 기반은 개체 생태학(autecology)이며, 많이 사용되는 기법은 개체군 유지 또는 복원을 위해 필요한 개체군의 유전적 구조, 메타개체군 이론, 개체군 생물학, 존속 가능한 최소개체군, 종간 상호작용 등이다.

또 다른 복원생태학의 역사적 기반으로 경관생태학을 들 수 있다. 경관생태학에 기반을 둔 접근은 같은 종내에서도 개체군 간에 차이가 많기 때문에 대규모 경관에 대한 이해 및 분석, 경관 내 종 및 개체군의 이동을 중요시 한다. 따라서 경관생태학자들은 생태계의 집합인 전체 경관에 주목하며(Forman, 1995), 개별 종보다는 생태계 혹은 경관 복원에 관심을 갖는다. 따라서 이들은 생물종 중심 복원의 반대편에 서 있는 부류이다. 이러한 전통은 이들 대부분이 개별 종 연구에 치중한 사람들이 아니라는 점과 오랜 역사를 가진 유럽의 대규모 경관 관리와 경관생태학의 연관성에서 기인한다(Naveh and Lieberman, 1993). 특히, 경관생태학은 서식처의 손실과 파편화에 관심을 갖고(Huxel and Hastings, 1999), 서식처 격리에 의한 이동 장애의 문제 해결을 위한 서식처간 연결에 주목한다(Primack, 2000; Morrison, 2002; Noss, *et al.,* 1997).

복원생태학에 기여한 세 번째 분야는 습지 관리 및 복원 분야로서 경제 개발 또는 농경지 확대에 의한 습지 피해를 완화하고자 하는 정부의 정책과 밀접한 관련이 있다. 이러한 정부 정책은 습지에 대한 가치의 인식 증대, 습지 복원 및 영향 완화, 대체습지의 조성 등으로 나타난다. 습지 복원, 대체습지 및 인공습지 조성이 이러한 노력의 일환이다.

네 번째 분야는 훼손지 녹화 및 복구 분야로, 과도한 자원의 채취 및 훼손으로 극도로 열악한 환경을 복원하고자 하는 노력이다. 이들은 원래 생태계 기능을 완벽하게 복원하는 것이 아니라, 열악한 환경 조건에 맞는 기능적 생태계를 창조하고자 한다. 채석장, 토취장, 폐광지, 매립지, 간척지, 표토 유실지역 복원 및 녹화 사업 등이 네 번째 부류의 사례이다(김남춘, 2002).

한편, 생물다양성의 증진이라는 목표는 동일하지만, 보전생물학, 복원생태학, 경관생태학 순으로 연구 대상의 규모가 커진다고 할 수 있다. 연구 대상이 다르기 때문에 접근 방법 및 원리에도 차이가 있다. 보전생물학은 생물종의 멸종과 관련된 유전적 기작과 복원을 위한 유전적 다양성의 확보를 중요시 한다. 복원생태학은 모든 생물의 서식기반이 되는 식물군집의 천이에 따른 회복을 강조하고, 경관생태학은 다양한 군집 또는 생태계의 집합인 경관 또는 서식처의 복원을 통한 생물종의 다양성 증진을 추구한다고 할 수 있다. 결론적으로, 자연 및 인간의 간섭에 의한 환경문제 해결이라는 공통의 목표를 달성하기 위해 보전생물학이 개체 수준의 복원에, 복원생태학이 군집 수준의 복원에, 경관생태학이 다양한 군집 또는 생태계의 집합인 경관 복원에 치중하는 역할 분담과 세 부분 연구결과의 통합적 작업이 필요하다.

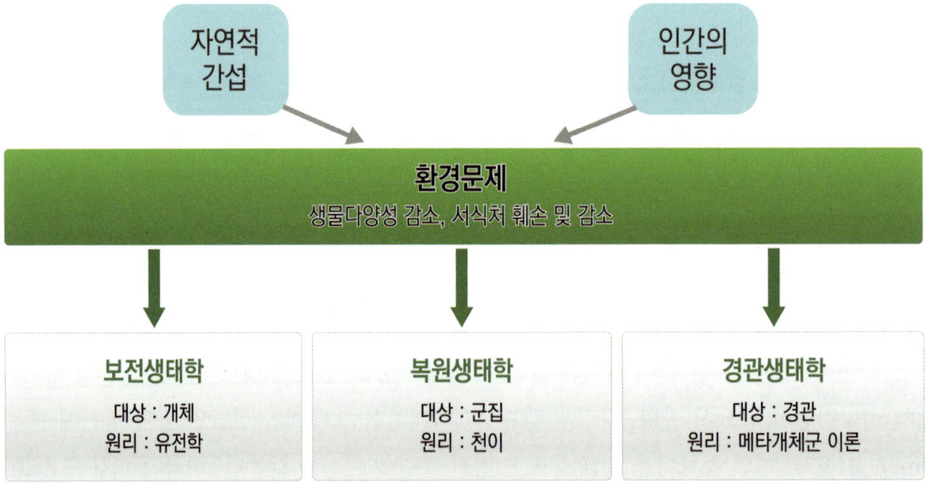

[그림 4-7] 복원생태학, 보전생물학, 경관생태학의 관계

※ 자료출처: 이동근 등, 2004.

라. 자기설계적 복원과 설계 복원

자기설계적 복원과 설계 복원을 구분하는 요소는 식재의 인위적인 도입 여부에 따라 판단한다. 우선, 자기설계적 복원(self-design restoration)은 복원의 관점에서 본 것으로 시간이 흐르면서 복원된 지역이 갖추어지고 결국에는 공학적인 요소들을 변경시킨다는 것이다. 생태계 수준(ecosystem-level)에 따라 해당 생태계의 능력과 잠재력을 강조하는 것으로 충분한 시간의 제공을 통해 공학적 요소들의 자가적 조성 능력에 기반을 둔 접근 방법이라고 할 수 있다. 따라서 수동적 복원(passive restoration)이라고도 한다.

한편, 설계 복원(design restoration)은 고정된 목표점이 없이 천이의 과정을 존중하여 식물의 생활사에 초점을 둔 접근으로 복원 지역의 유형을 직접적으로 창출해 내기 위한 공학적인 식재 전략을 선호하는 방식이다. 복원할 지역에 적절한 수종을 선정하고 식재하는 방식이기 때문에 설계 복원에 의한 접근 방법은 능동적 복원(active restoration)이라고도 한다.

폐고속국도의 생태복원을 예로 들면, 도로의 아스팔트나 콘크리트 포장체만을 제거하고 그 후 식생은 자연스럽게 들어와 정착하게 두는 것은 자기설계적 복원이며, 포장 제거 후 교목이나 관목을 적극적으로 도입하여 식재하는 것은 설계 복원에 해당된다.

실제 현장에서는 대상지의 특성을 정확하게 파악한 후에 자기설계적 복원이 좋은지 설계 복원이 좋은지 정해야 한다. 자기설계적 복원은 생태복원의 접근 방법 중 방치(자연적 과정)에 가까운 방법이며, 설계 복원은 적극적 복원의 방법이다. 우리나라에서는 자기설계적 복원과 설계 복원을 동시에 추진한 사례가 있다.

지난 2000년 4월과 9월 두 차례에 걸쳐서 강원도 삼척 일대에는 대형 산불이 발생한 바 있다. 우리나라에서 발생한 산불 중 훼손된 면적이 가장 큰 사건 중에 하나로, 23,794㏊가 산불의 피해를 받았다. 당시 산불 유형은 수관화, 지표화였다. 참고로 산불의 유형은 지중화, 지표화, 수관화, 수간화 등으로 구분한다. 지표화(地表火)는 지표에 있는 잡초나 낙엽, 관목 등을 태우는 것이며, 수관화(樹冠火)는 서 있는 나무의 가지와 잎을 태운다. 그리고 수간화(樹幹火)는 서 있는 나무의 줄기를 태우고, 지중화(地中火)는 땅속의 부식층까지 태우는 것이다. 대체로 산불은 지표화에서 시작해서 수관화 등으로 확대되는 패턴을 보인다.

2000년 동해 삼척의 산불 전 대상지역의 주요 식생은 소나무 70%, 혼효림 28%, 활엽수림 3% 등으로 구성되었었다. 산불 후 이 지역에 대한 복원 방법을 두고서 여러 가지 고민을 하다가, 최종적으로 자기설계적 복원 방법과 설계 복원 방법을 동시에 적용하였다. 자기설계적 복원 즉, 자연복원 지역은 피해목과 도목(倒木, 쓰러지거나 죽은 나무)을 그대로 방치하는 방법을 사용하였다. 반대로 설계 복원 방법을 적용한 곳은 산림 시업을 시행한 지역으로, 2005년까지 고사목과 잔존목을 제거한 후 원식생이라고 할 수 있는 소나무를 식재하였다.

이후 장기적인 모니터링을 시행하였는데 김진용 등(2015)의 연구에 따르면, 산림시업지역의 하층은 소나무가 우점하였고, 일부 지역은 참나무류에 의해 피압되어 혼재하는 형태로 발달하였다. 이 지역은 지속적인 2차 간섭을 준 것인데, 풀베기, 가지치기, 간벌 등을 주기적으로 실시한 것이다. 결과적으로 낮은 교목 및 아교목층, 높은 관목들이 우점하였고, 고사목과 수목 잔존물은 적었다.

반대로 피해 지역을 그대로 방치한 자연복원 지역은 참나무 맹아로 인해 급속한 성장 후 2003년에 둔화된 것으로 나타났다. 2006년에는 피해목이 전도되기도 했고, 2013년에는 상하층 모두 참나무류가 우점하는 형태로 발달하였다. 그 결과 높은 밀도의 아교목층이 형성되었고, 고사목과 수목 잔존물이 많이 분포하였다.

이 두 지역과 산불 피해를 받지 않은 인근 지역을 대상으로 조류의 서식 현황을 2013년 4월부터 6월까지 조사한 결과, 산림시업지역에서는 14종 81개체, 자연복원지역에서는 24종 172개체, 그리고 미 피해 지역은 25종 183개체로 나타났다. 조류 분류군만 놓고 보면, 자연복원지역이 인위적 복원 지역보다 훨씬 많은 생물종과 개체수가 서식하는 것으로 나타났다(김진용 등, 2015).

이 사례 연구 결과만으로 자연적 복원이 가장 좋은 방식이라고 단정할 수는 없다. 다만, 앞서 언급한 것처럼(이 책의 제1장 참조) 복원해야 할 지역이 너무 광범위하거나 예산이 과다하게 소요되거나, 기존의 복원 시도들이 실패한 경우에는 자연적 복원 방법을 적극적으로 고려해야 한다. 한편, 산불지역에서의 설계 복원 즉, 식재를 하여 숲을 복원하는 능동적 복원이 필요하다는 주장도 있다. 지역주민의 민원, 소나무숲을 이용한 임산물 생산 등의 이유로 원래 식생인 소나무를 조림하여 숲을 만들어야 한다는 것이다. 어떠한 방법이 되었든 생태복원은 단순히 생태적인 관점만으로 해결하기 어렵다는 것을 보여주는 한 사례이기도 하다. 사회·경제적, 문화적, 정치적 요소들이 개입될 수도 있고, 때로는 이러한 요인들이 더 힘을 얻기도 한다. 우리나라의 초대형 산불로 기록된 2022년 강원도 울진-삼척 산불 이후 산림복원 방법과 관련한 다양한 논의가 진행되었다.

강원 고성 및 삼척 지역의 산불피해 지역에서의 20년 간 모니터링 결과, 산불 후 약 2년까지는 산사태가 우려되는 기간으로 분석하였으며, 3~5년 후에는 토양 유출이 산불 발생 이전과 유사한 것으로 나타났다. 또한, 어류는 3년, 수서곤충류는 9년, 개미류는 13년, 조류는 19년, 경관 및 식생은 20년, 야생동물은 35년, 토양은 100년이 걸려야 회복되는 것으로 나타났다(연합뉴스, 2015.10.15.). 또한, 소나무 숲은 20년 후 31%가 회복되었고, 참나무류 숲은 20년 후 60%가 회복되는 것으로 나타났다(연합뉴스, 2019.4.7.). 통상적으로 산불 후 자연복원에 맡겼을 경우 20년 이상이 경과하면 산불 이전 상태의 70~80% 수준으로 회복되는 것으로 보며, 유사한 수준이 되기까지는 30년 이상의 시간이 필요한 것으로 보고 있다.

마. 생태계 훼손과 복원

어떠한 원인에 의해서 훼손된 생태계는 적절한 복원 과정을 거쳐야 하는데, 이는 생태계 훼손과 복원의 개념적 모델로 설명할 수 있다. [그림 4-8]에서 홀(hole)의 형태를 보이는 것은 교란의 정도를 나타낸다. 1번 홀(hole)에서 6번 홀(hole)로 갈수록 교란의 정도는 커진 것을 의미하며, 반대의 경우에는 생태계가 안정화됨을 의미한다. Bradshaw(1984)가 복원의 기본 개념도로 작성한 그림과 같이([그림 1-5] 참조), [그림 4-8]도 6번은 생태계가 훼손되어 제 기능을 하지 못하는 상태이며, 1번은 훼손되지 않은 생태계로서 생태계의 기능이 제대로 작동되고 있는 상태이다.

훼손된 상태를 기초로 필요한 조치를 살펴보면, 5번과 6번의 상태는 물리·화학적 복원을 필요로 한다. 그리고 3번과 4번의 상태는 생물학적 복원을 필요로 한다. 상대적으로 안정적인 상태에 있는 1번과 2번은 향상된 관리가 필요한 단계이다. 6번의 상태에서 1번의 상태로 즉, 훼손된 생태계가 훼손되지 않은 온전한 생태계로 복원하는 과정은 두 가지의 장벽을 거쳐야 한다. 다른 표현을 빌리자면, 훼손된 생태계를 복원하기 위해서는 두 가지의 복원 기법과 과정을 필요로 한다.

첫 번째 장벽인 비생물적 장벽은 핵심적인 물리·화학적 속성이 회복될 때까지 생태계가 효율적으로 기능하는 것을 방해한다. 여기서 물리·화학적 속성은 기후 조건, 토양의 건강성이나 수문학적 과정, 오염물질의 제거, 경관의 구조 등을 포함한다. 이 장벽을 극복하는 것이 바로 생태복원의 설계와 실행을 위한 첫 번째 중요한 과정이 된다. 복원 계획의 수립에 있어서는 생태적 기반 환경을 복원하는 단계로 기후 특성을 고려한 복원, 지형의 복원, 수리·수문·수질의 복원 그리고 토양의 복원 등이 포함된다.

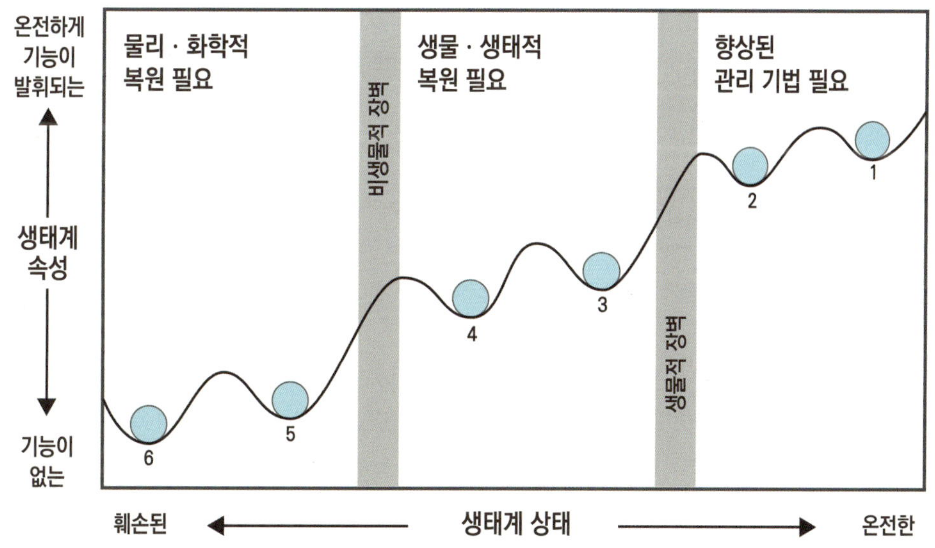

[그림 4-8] 생태계 훼손과 복원의 개념적 모델

※ 자료출처: Whisenant, 1999; Hobbs and Harris, 2001.

두 번째 장벽은 생물적 장벽으로서 생물종이나 생태적 과정 등과 같이 상실된 생태계의 구성 요소를 복원하는 것이다(Hobbs and Harris, 2001). 구체적으로 여기에는 생물종의 조합, 포식 관계, 생물종의 분산, 상호 작용, 교란, 천이 모델 등이 포함된다. 두 번째 장벽을 넘는 것은 식재를 하거나 식재를 통해 야생동물을 유인하여 서식하게 하는 단계라 할 수 있다.

한편, Hobbs와 Norton(2004)은 앞서 제시한 두 가지의 장벽 이외에도 생태복원을 하는 데 있어서 사회·경제적 장벽을 언급하였다. 사회·경제적 장벽에는 지역사회가 원하는 것과 그들이 제공할 수 있는 것들이 예가 된다. 지역주민, 토지 소유자 또는 이해 당사자들의 목표와 포부는 지역사회가 원하는 사항이 되고, 이러한 것들이 생태복원 단계에서 기회요소로 작용할 수도 있다. 반대로 지역사회나 이해당사자 등에 의해서 올바른 생태복원과 거리가 있는 주장을 제기하여 관철시킴으로써 생태복원의 제한요소로도 작용할 수 있다.

[그림 4-9]는 생태복원에서 있어서 비생물적, 생물적, 그리고 사회·경제적 장벽이 어떻게 생태복원에 영향을 미치는 지를 나타낸다. 한 지역에서 생물종다양성을 증진시키기 위한 복원 사업을 실시할 때, 그 지역에서 서식 가능한 잠재적인 생물종 후보들이 많이 있지만, 이들은 여러 장벽에 의해서 실제 서식을 하지 못하게 되는 경우가 발생한다. 결과적으로 바람직한 생태복원을 위해서는 이러한 장벽 요소들을 최소화시키는 접근 방법이 필요하다.

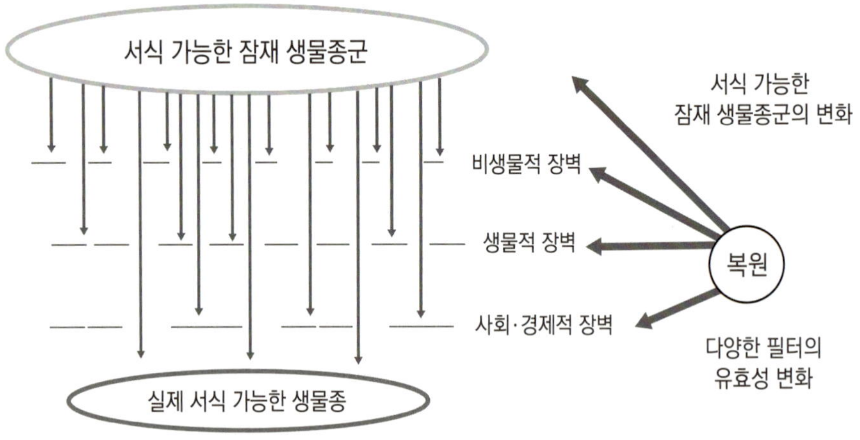

[그림 4-9] 생태복원에 있어서 장벽 요소들에 의한 서식 생물종의 제한 모델

※ 자료출처: Hobbs and Norton, 2004.

최근에는 Whisenant(1999)의 개념을 발전시켜서 자연적 과정의 장벽과 장벽이 없는 즉, 복원이 온전하게 완성되는 단계를 추가하였다. 물리적·화학적 장벽을 넘고 생물학적 장벽을 넘어서는 것까지는 앞서 설명한 바와 동일하지만, 여기에 생태적 과정 즉, 자연적 힘에 맡기는 과정의 장벽을 새롭게 추가하였다. 이 장벽을 넘고 나면 복원 시 설정하였던 참조생태계와 유사한 생태계가 완성된다. 발전된 개념 모식도에서 중요한 것은 복원 사업이 진행된 후에 즉, 생물학적 복원까지 진행한 이후라고 하더라도 자연적 과정에 맡기고 변화하는 여건을 고려하여 관리하는 방식의 중요성을 재인식한 것이라고 볼 수 있다.

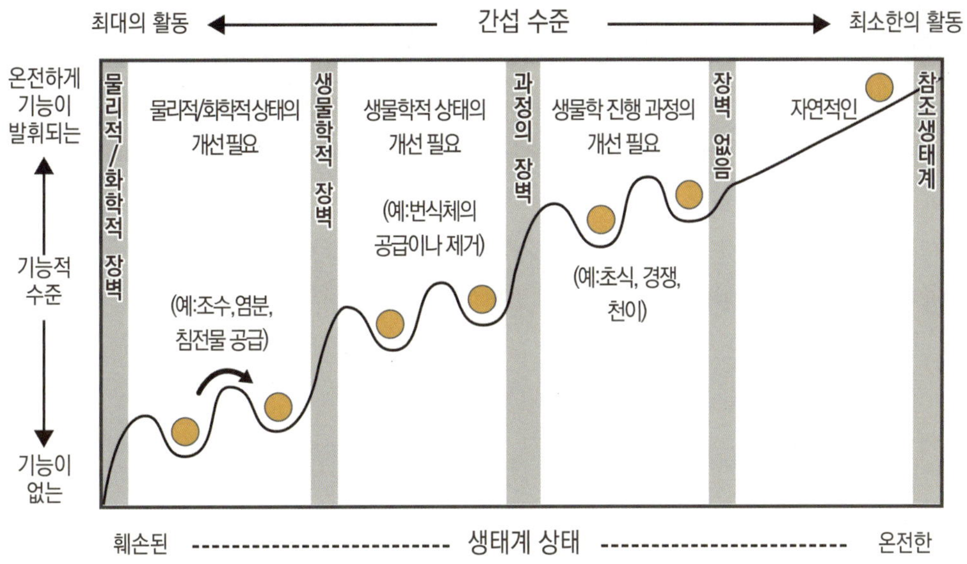

[그림 4-10] 생태복원 과정에서의 다양한 장벽

※ 자료출처: Beeston *et al.*(*eds*), 2023.

바. 가변성의 역사적 범위

가변성의 역사적 범위(historic range of variability, HRV)는 1990년대에 처음 대두된 개념으로, 과거에 발생하였던 생태적인 상태나 과정으로 예측되는 범위라고 정의할 수 있다(Morgan *et al.*, 1994; Norm Johnson *et al.*, 2007). 여기서 역사적이라고 하는 것은 시간과 공간을 따라서 자생 생물종의 다양성이 가장 좋은 시기가 포함된 역동적인 기간을 말한다. [그림 4-11]은 시간에 따른 생태계의 역동성을 나타내고 있는데, 최대 및 최소의 폭이 가변성의 역사적 범위가 된다.

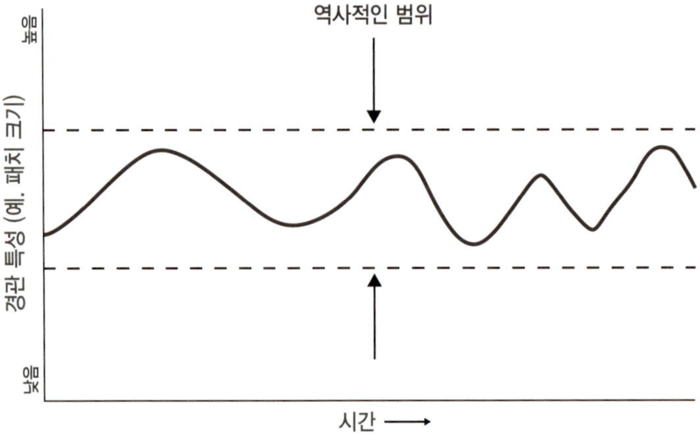

[그림 4-11] HRV의 범위

※ 자료출처: Robert E. Keane *et al.*, 2009.

Landres 등(1999)은 가변성의 역사적 범위를 자연적 가변성의 범위(range of natural variability)와 동일한 개념으로 보고, 자연적 가변성을 명시된 목표에 적합한 시간적·지리적 범위 내에서 상대적으로 사람에 의해서 영향을 받지 않은 생태적인 상태, 그리고 시간적·공간적 변화(차이)로 정의하였다.

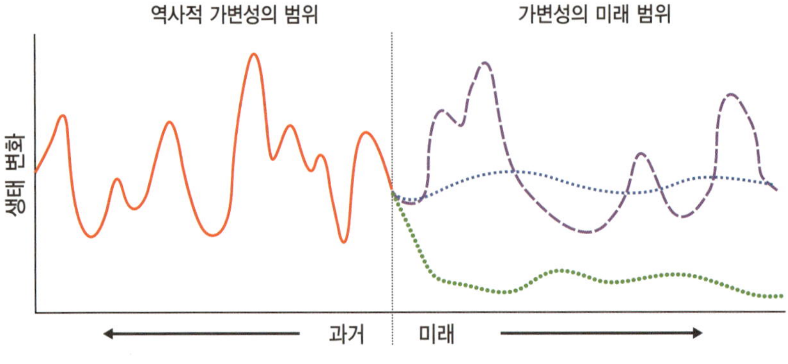

[그림 4-12] HRV과 FRV

※ 자료출처: Robert E. Keane *et al.*, 2009.

한편, 가변성의 미래 범위(future ranges of variability, FRV)는 가변성의 역사적 개념과 유사하지만, 시간적으로 미래에 발생할 수 있는 생태적 상태나 과정의 예측되는 범위로 정의할 수 있다(Duncan *et al.*, 2007). 가변성의 역사적 범위와 가변성의 미래 범위는 [그림 4-12]를 보면 쉽게 파악할 수 있다.

가변성의 사회적 범위(social range of variability, SRV)는 주어진 시간대에 사회가 용인할 수 있는 범위라고 할 수 있다. Duncan 등(2007)은 이 개념을 공공이 용납할 수 있는 교란의 범위라고 설명하였다.

자연적인 상태에서 가변성의 역사적 범위가 어떠한 교란에 의해서 변화되는 것은 [그림 4-13]에서 제시하였는데, 이 경우 가변성은 줄어들게 되고, 시간이 흐르면서 다른 차원의 가변성을 갖게 된다.

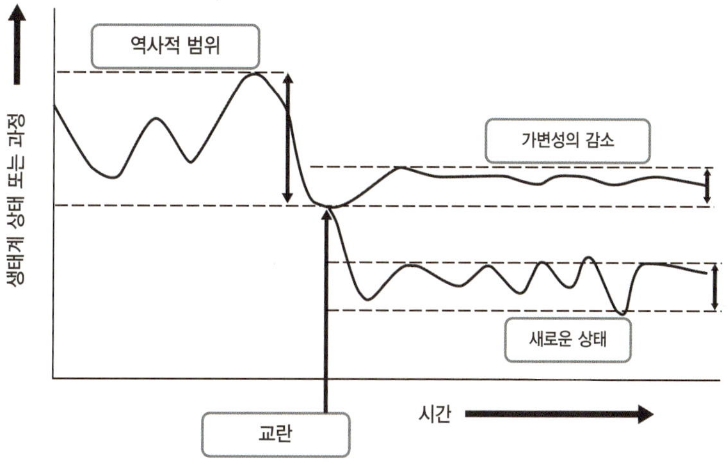

[그림 4-13] 교란에 의한 HRV의 변화
※ 자료출처: Norm Johnson, Sally Duncan, 2007.

자연 지역에서 가변성의 역사적 범위는 자연 생태계의 역동성을 이해하기 위한 방법으로 활용된다. 또한, 가변성의 역사적 범위는 생태계가 유지되고 변화하는 과정을 말하며, 생태계의 현재와 과거와의 관계를 나타내며, 유지·관리에 필요한 상태의 가능한 범위를 나타낸다. 가변성의 역사적 범위는 바람직한 미래 상태의 범위를 결정하는데 유용한 도구로서 사용되고, 수용 가능한 변화의 한계를 결정하는 데에도 활용된다. 즉, 가변성의 역사적 범위는 계획의 수립이나 시행에 있어서 생태계의 건강성이나 생태적 다양성을 증진시키기 위한 기법들을 제공하는데 도움을 준다.

가변성의 역사적 범위는 뒤에서 언급하게 될 참조 생태계와 같이 우리가 생태계를 복원하거나 관리하는데 참조할 수 있는 자연적인 상태를 이해하기 위한 하나의 수단이다. 즉, 과거의 일정 기간 동안 환경이 어떻게 변화해 왔는지를 파악하고, 그 내용을 토대로 앞으로 생태계를 어떻게 관리 혹은 복원할 것인지의 방향을 설정하기 위한 것이다. 이와 관련하여 [그림 4-14]는 관리 정책에 따라서 어떻게 가변성이 변화할 수 있는지를 보여준다.

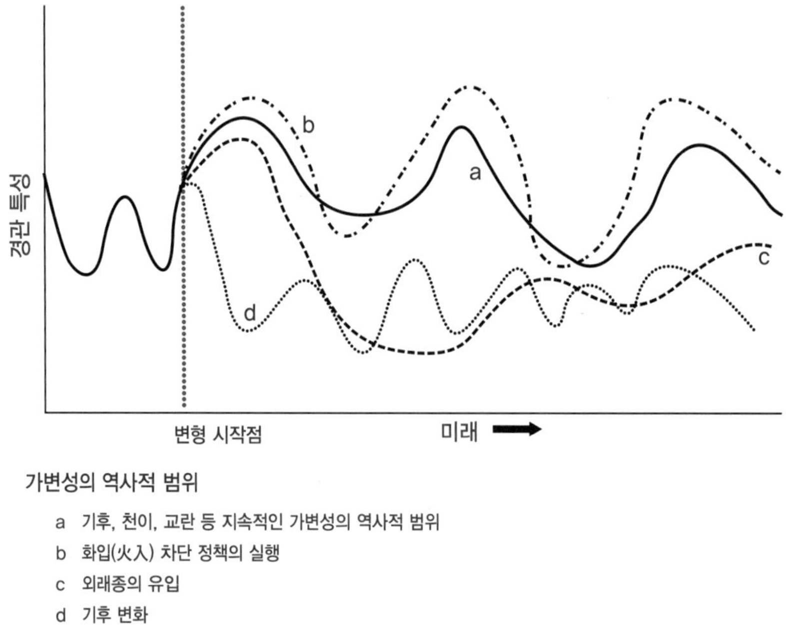

[그림 4-14] 관리 정책에 따른 HRV의 변화

※ 자료출처: Robert E. Keane *et al.,* 2009.

사. 참조 생태계

참조 생태계(reference ecosystem)는 대조 생태계라고도 할 수 있으며, 생태복원에 있어서 매우 중요한 개념이다. 참조 생태계는 생태복원 프로젝트에서 목적이나 계획을 수립하는 데 있어서 사용되는 것으로, 현재 훼손되지 않은 실질적인 생태계(actual ecosystem)이거나 개념적인 모델이다. 또한, 참조 생태계는 복원 사업 이후 성패를 평가할 때에도 사용된다. 따라서 참조 생태계는 복원하고자 하는 생태계의 모습이라고도 할 수 있다.

참조 생태계는 간단하게 생각하면 현재 존재하고 있는 훼손되지 않은 생태계로 볼 수 있으며, 이는 서식처 원형(prototype)과도 크게 다르지 않다. 참조 생태계는 말이나 글, 그림 등으로도 표현할 수 있으며, 필요할 경우에는 여러 지역에서 얻은 정보를 종합하여 새롭게 생성해 낼 수 있다. 하지만, 가끔 원형으로 삼을만한 훼손되지 않은 생태계가 없을 경우에는 개념적인 접근(conceptual approach)으로서 이를 대체할 수 있다.

어떠한 경우든 중요한 것은 참조 생태계는 역동적인 것이며, 전형적인 것으로서 생태복원에 있어서 의도된 생태적 궤도(ecological trajectory)를 보여줄 수 있어야 한다는 것이다.

소택습지의 전형적 모델(창녕 우포늪) | 온대 낙엽활엽수림대의 전형적 모델(원주 성황림)

[그림 4-15] 자연 생태로서의 참조 생태계

생태복원에 있어서 참조 생태계를 설정하는 방법은 동일한 장소와 동일한 시간, 다른 장소와 동일한 시간, 동일한 장소와 다른 시간, 그리고 다른 장소와 다른 시간 등과 같이 참조할 정보의 대상을 4가지 유형으로 구분할 수 있다(White and Walker, 1997).

우선, 동일한 장소와 동일한 시간과 관련된 참조 생태계는 자기-참조생태계(auto-reference)라고도 하는데, 그 자체가 참조 생태계가 되는 것이다. 두 번째 유형인 다른 장소와 동일한 시간의 유형은 서식처 원형에 해당하는 것으로서 복원하고자 하는 곳을 참조할 수 있는 곳으로, “refuge”라고도 한다. 세 번째 유형인 동일한 장소와 다른 시간의 유형은 역사적 기록과 유사한 것으로 즉, 복원하고자 하는 곳의 과거 사진이나 조사 기록 등이 해당한다. 마지막인 다른 시간과 다른 장소는 근본적으로는 복원 대상지역에서 기존의 생태계와 관련된 정보가 없을 때를 말하지만, 경관적으로나 물리적으로 유사한 상태에 있는 지역으로부터 정보를 얻는 것을 말한다.

아. 생태적 궤도

생태적 궤도(ecological trajectory)는 시간의 흐름에 따른 개별적인 생태계의 생물적 표현의 연속성을 말한다(the sequence of biotic expressions of an individual ecosystem over time). 쉽게 표현하자면, 시간이 흘러가면서 나타나는 생태계의 발전 경로라고도 할 수 있다. 바다에 떠가는 배와 같이 생태적 궤도는 일정 방향으로 진행된다. 우리가 복원을 하는 데 있어서도 훼손되기 이전의 역사적 궤도를 따라서 생태계를 되돌리려는 것이다. 이러한 생태계 궤도의 방향은 훼손되기 이전의 생태계에 대한 정보 즉, 구조와 기능, 지역의 환경, 생태, 문화적 특성 등을 종합하여 알 수 있다.

참고로 지난 초판에서는 Clewell과 Aronson(2007)의 『생태복원』 초판을 옮기면서 기차의 레일을 생태적 궤도에 비교한 바 있었다. 하지만, Clewell과 Aronson(2013)이 『생태복원』 제2판을 발간하면서 기차 레일을 생태적 궤도에 비유하는 것은 적절하지 않다고 판단하여 그 내용을 바다를 항해하는 배가 암초에 의해서 고장 난 후 다시 복원되어 항해하는 것에 비유하는 것으로 수정하였다. 훼손된 생태계가 복원되었을 때 정해진 기차 궤도처럼 획일적으로 변화하지 않기 때문이다.

그런 맥락에서 생태복원 사업을 진행할 때 생태적 궤도의 개념을 너무 엄격하게 적용하지 않기를 권고하고 있다(Clewell & Aronson, 2013). 그 이유는 환경이 변화를 겪으면서 궤도의 방향이 바뀔 수도 있기 때문이다. 또한, 생태계의 역동성은 생태계 내에서 예기치 못한 변화를 가져올 수 있고, 이에 따라서 궤도도 변하기 때문이라고 했다. 결과적으로 생태적 궤도는 생태복원의 큰 방향을 제시하는 수준에서 활용하고, 생태계의 역동성이나 환경 변화를 더 염두에 두는 것이 바람직한 것으로 이해하면 좋을 듯 하다.

[그림 4-16]은 시간에 따른 생태적 궤도의 변화를 나타낸 것이다. 그림에서 좌측 상단의 원래 생태계는 오른쪽 편의 5가지의 다른 생태계로 시간이 흐르면서 변해가는 것을 알 수 있다. 원래 생태계는 천이나 관리에 의해서 A나 B의 상태가 될 수 있지만, 문화적인 행위에 의해서 대체 생태계인 C나 D가 될 수도 있다.

한편, 훼손된 생태계는 복원 행위를 하지 않으면, E의 상태가 될 수 있으며, 복원을 하였더라도 때로는 E의 상태가 될 수도 있다. 그리고 훼손된 생태계는 복원의 정도나 예상치 못한 환경의 변화 등에 따라서 A에서 D의 상태까지 다양한 결과가 나올 수 있다.

또한, Clewell과 Aronson(2013)은 생태적 궤도를 생태복원 사업의 성공 여부를 평가하기 위한 기준으로 사용하지 않기를 권고했다. 지나치게 많은 환경적, 생물학적, 생태학적 변수들이 존재하기 때문에 생태적 궤도는 엄격하게 예측할 수 있는 가치를 지닐 수 없기 때문이라고 했다. 이러한 점은 참조 생태계에서도 적용되어야 한다고 강조했다. 생태복원의 성공 여부를 판단하는데, 생태적 궤도나 참조 생태계는 어디까지나 참고를 위한 수준으로만 활용하는 것이 좋다는 것으로 이해하는 것이 바람직하다. 이와 관련하여 "생태복원 계획·설계론 제II권, 제9장. 모니터링 및 평가, 유지·관리"에서 제시한 "RAD 순응적 관리"를 참고할 필요가 있다. 즉, 복원 후 생태계 발달 상태에 따라서 resist(저항), accept(수용), direct(유도 혹은 전환)와 같은 다양한 전략적 접근을 할 필요가 있음을 알 수 있다.

한편, 복원된 생태계에 대한 평가를 할 때 고려해야 할 구체적인 내용들은 다음 절에서 제시하였다.

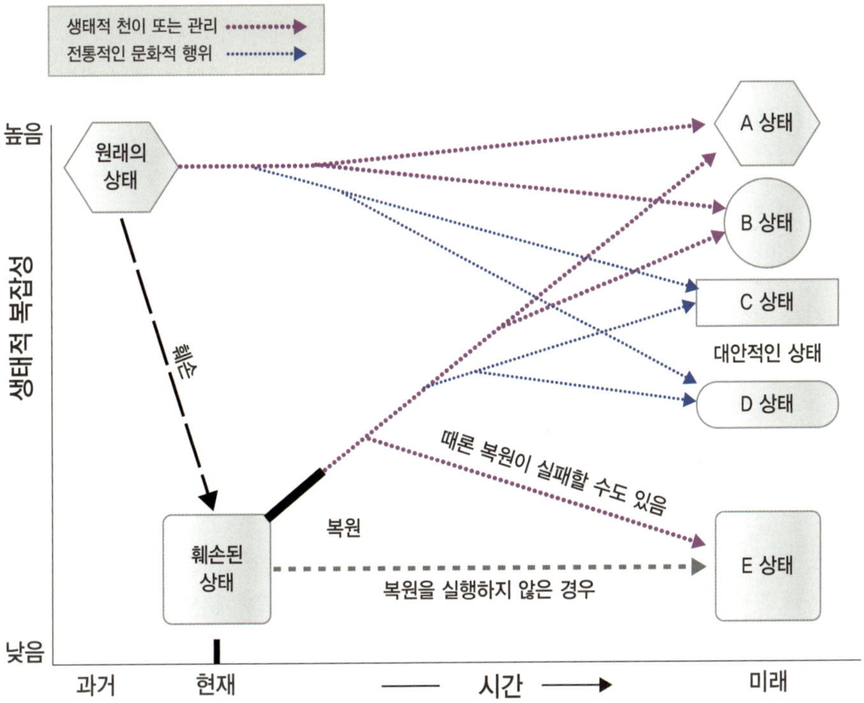

[그림 4-16] 시간의 흐름에 따른 생태적 궤도의 모식도

※ 자료출처 : Clewell and Aronson, 2007.

자. 복원된 생태계의 생태적 속성

복원된 생태계는 안정화되고 충분한 생물종과 생태기반환경에 의해서 외부의 도움이 없어도 스스로 유지될 수 있어야 한다. 이는 구조적이거나 기능적인 측면 모두에서 그러해야 하며, 외부의 스트레스나 교란에 대해서도 탄력성을 가져야 한다. 또한, 생물계와 비생물계의 흐름과 문화적 상호작용에 의해서 인접한 생태계와 지속적인 상호작용을 해야 한다.

국제생태복원학회에서는 훼손된 생태계를 복원하였을 때 회복을 증명할 수 있는 생태적 속성을 나타낼 수 있어야 한다고 하면서, 9가지의 속성을 제시한 바 있다(SER, 2004). 이후 클레웰과 아론슨(Clewell, Aronson, 2013)에 의해 다시 11개의 속성으로 재분류하여 제시하였다. 이것은 복원이 달성되는 시기를 결정할 수 있는 요소로도 활용되며, 복원 사업의 성공 여부를 판단하는 잣대가 되기도 한다. 11개의 요소는 모두 충족되어야 하는 것은 아니며, 각각의 성격에 따라서 손쉽게 측정이 가능한 것도 있지만, 몇몇은 바로 측정할 수 없는 것들도 있다.

이 11개의 요소에는 (1) 종의 구성, (2) 군집 구조, (3) 비생물적 환경, (4) 경관 맥락, (5) 생태학적 기능, (6) 역사적 연속성, (7) 생태학적 복잡성, (8) 자기 조직화, (9) 회복탄력성, (10) 자기 지속성, (11) 생물권의 지탱 등이 있다. 각각에 대한 구체적인 설명은 "생태복원: 떠오르는 전문 분야로서의 원칙, 가치 그리고 체계(제2판)(조동길 등 譯, 2015)"에서 제시하였다. 이 책에서는 복원된 생태계의 생태학적 특성들을 요약한 내용만 발췌하였다. 한편, (1)~(4) 항목까지는 복원 과정에서 직접적으로 적용할 수 있는 항목들로 분류한다. 그리고 나머지 항목들은 복원 이후 서서히 안정화되면서 나타나는 속성들이다.

복원된 생태계의 첫 번째 속성인 종의 구성은 생물종 조합과 같은 맥락이다. 복원된 생태계에서의 생물종 조합은 복원 시 참조하였던 생태계(참조 생태계)에서 나타나는 대표적인 생물종들의 집단이 구현되어야 하며, 이는 적절한 군집 구조를 제공해야 한다. 종의 구성과 관련하여, 복원된 생태계는 참조모델에 근거해서 잠재적으로 상호적응 할 수 있는 종들로 이루어진 포괄적인 군집을 포함하고 있다. 이러한 종들에는 알려져 있는 모든 기능적 집단들을 대표할 수 있는 종들이 포함되어 있다. 이 종들은 자생종이고 가능한 한 침입종들은 포함하지 않아야 한다. 한편, 기능적 그룹(functional groups)이란 생태계에서 어떠한 기능적 역할을 하는 생물종들로서 초기 생산자, 초식동물, 육식동물, 분해자, 질소고정자, 화분 운반자 등을 말한다. 이러한 기능적 그룹들은 지속적으로 발달해야 한다. 만약에 이러한 생물종 그룹이 없다면 있어야 할 곳에 없는 생물종 그룹(the missing groups)이 자연적인 방법에 의해서 잠정적으로 개척화되어야 한다.

우리나라의 경우 생태복원 사업 후 유사도지수를 활용하여 복원 정도를 평가하기도 한다. 유사도지수(SI, Similarity Index, Whittaker, 1956)는 베타(β) 다양성을 구하는 방법 중의 하나로서, 두 군집 간 생물종 구성의 동질성을 판단할 수 있는데, 계산 수식은 아래와 같다.

$$SI = \frac{2 \times c}{a + b} \times 100$$

· (여기서, a: 대상지 a의 종의 수, b: 대상지 b의 종의 수, c: a와 b의 공통 종 수를 의미한다)

유사도 지수가 20% 미만일 때는 서로 다른 집단으로 판단하고, 80% 이상일 때는 서로 동질적인 집단으로 판단한다. 즉, 복원 시 참고하였던 생태계와 복원사업을 실시한 생태계 간의 생태 조사를 통해서 그 종의 구성이 80% 이상이 되면 온전하게 복원된 것으로 볼 수 있다.

두 번째 특성인 군집 구조는 생물군집의 구조적 발전을 돕기 위해 종의 군집이 밀도 높게 수립되고 프로젝트 대상지 전체에 걸쳐서 충분하게 분포되어 있어야 함을 의미한다. 복원된 생태계에는 최대한의 실제적인 한계 내(greatest practicable extent)에서 토착 자생종으로 구성되어야 한다는 것이다. 복원된 문화적 생태계에는 귀화종과 침입적이지 않는 자생종이 함께 공존할 수 있는 곳이어야 한다. 여기서 자생종이란 거친 땅에서 자라는 식물(ruderal, plants that colonize disturbed sites, 터주식물, 인리식물(人里植物))과 농작물과 섞여 자라는 식물(segetals, typically grow intermixed with crop species) 같은 종들을 말한다.

세 번째 속성인 비생물 환경은 복원된 생태계는 생물군을 유지할 수 있는 물리적 능력을 지니고 있어야 함을 의미한다. 복원된 생태계의 물리적 환경은 개체군을 지속적으로 생산해 낼 수 있어야 하는데, 이것은 요구되는 생태적 궤도의 발달과 안정성을 유지하기 위한 것이다.

네 번째 속성인 경관 맥락은 복원된 생태계는 참조모델에 따라서 비생물 및 생물적 흐름을 통해 상호작용하고 교류할 수 있는 생태학적 매트릭스나 경관으로 적절하게 통합되어야 한다. 그리고 가능한 한 주변 경관으로부터 복원된 생태계의 건강과 완결성에 대한 잠재적 위협이 제거되어야 한다.

다섯 번째 속성은 생태적 기능성으로 복원된 생태계에서의 생태적 과정은 생태적 발달 단계 동안에 안정적으로 이루어지고, 역기능에 대한 징후는 나타나지 않는다.

여섯 번째 속성은 역사적 연속성으로 생물다양성은 훼손에 의해서 방해를 받았던 생태계의 역사적인 생태적 궤도가 재수립되는 지점까지 복구됨을 의미한다.

일곱 번째 속성은 생태학적 복잡성으로 복원된 생태계는 생태적 지위의 차별화와 서식지 다양성을 증진해 주는 복잡한 생태 구조를 발전시킨다.

여덟 번째 속성은 자기 조직화로, 복원된 생태계는 자원을 보전할 수 있는 능력과 자율성에 대한 잠재력을 높여주는 되먹임 회로(feedback loops)를 발전시킨다.

아홉 번째 속성은 회복탄력성(resilience, 복원력, 탄력성, 회복력)이다. 복원된 생태계는 가장 혹독한 교란을 제외한 거의 모든 교란에 대해 저항하거나 스스로 복구하는 한편 생태계의 완결성을 유지해주는 스트레스를 통해서 이익을 얻을 수 있을 만큼 충분한 회복력을 지니고 있다.

열 번째 속성은 자기 지속가능성이다. 복원된 생태계는 참조 생태계와 같은 수준까지 스스로 지속할 수 있고, 영구적으로 생존할 수 있는 잠재력을 지니고 있다. 생물다양성의 여러 가지 측면들은 내적 흐름과 외적 환경 변화에 따라 급변할 수 있다.

마지막 열한 번째 속성은 생물권 지탱이다. 복원된 생태계는 대기 중 산소를 생성하고, 이산화탄소를 흡수하고, 열반사를 가능하게 해주고, 희귀종들을 위한 서식지를 제공해 준다.

사진설명 : 대암산 애기용늪

5장 생태복원 관련 국제 협약과 선진 외국의 법·제도

5. 생태복원 관련 국제 협약과 선진 외국의 법·제도

가. 지구환경문제와 지구정상회의

1) 지구환경문제의 인식과 흐름

인류의 성장은 환경 문제와 연동되기 마련이다. 하지만 범지구적 차원에서의 환경 문제에 대한 인식이 언제부터 시작되었는지는 명확하게 파악하기 힘들다. 다만, 자연 환경의 보전과 관련된 저서들로서 그 시작을 가늠해 볼 수 있는데, 우리에게 알려진 소로우(Henry David Thoreau, 1817~1862)는 초기의 보전론자로 볼 수 있다. 그는 작가이면서 자연보호론자, 자연철학자로서 미국 북동부와 캐나다 지역에서의 탐험 내용과 메사추세츠 주에 있는 월든 호수의 생활을 바탕으로 "월든(Walden; Life in the Woods)"이라는 환경 고전을 만들어 낸다. 이후 마시(Geroge Perkins Marsh, 1801~1882), 뮤어(John Muir, 1838~1914), 루즈벨트(Theodore Roosevelt, 1858~1919) 등 다양한 철학자, 탐험가, 정치인들이 자연의 소중함을 언급하고 이를 행동에 옮기기 위한 노력들을 기울여 왔다.

근대에 와서는 환경운동과 환경 토지 윤리의 아버지라고 불리는 앨도 레오폴드(Aldo Leopold)가 환경 문제에 대한 관심을 증폭시켰을 것으로 생각된다. 1949년에 사후 출간된 "모래 군(郡)의 열두 달; 그리고 이 곳 저 곳의 스케치(A Sand County Almanac and Sketches Here and There)"에서 토지 윤리의 중요성을 강조하였다.

이후 레이첼 칼슨은 1962년 전 세계에 살충제 남용의 위험을 알리는 "침묵의 봄(Silent Spring)"을 출간하면서 환경의 중요성을 전 세계적으로 알리기 시작하였다. 그 이외의 다양한 환경 관련 문헌들을 출판하면서 그녀는 "TIME"지가 뽑은 20세기를 변화시킨 100명 중 한 사람으로 뽑히기도 하였다.

이후, 1972년 로마클럽의 경제학자 및 기업인들이 경제 성장이 환경오염과 자원 고갈 등에 미치는 영향을 분석한 보고서인 "성장의 한계(The Limits to Growth)"를 발간하면서 지구적 차원의 환경 문제는 더욱 더 부각되었다. 이 보고서에 참여한 전문가들은 도넬라 H. 메도즈, 데니스 L. 메도즈, 요르겐 랜더스, 윌리엄 W. 베렌스 3세(Donella H. Meadows, Dennis L. Meadows, Jørgen Randers, and William W. Behrens III., 1972, The Limits to Growth)이다. 그리고 2004년에 성장의 한계 30주년 개정판이 새로 발간되었다(Donella H. Meadows, Jørgen Randers, Dennis L. Meadows, 2004).

2005년에 제러드 다이아몬드 교수는 "문명의 붕괴(Collapse)"를 출간하면서 고대에서부터 자연을 존중하지 않는 문명은 멸망 즉, 붕괴를 거듭해 왔으며, 자연을 존중하고 조화를 꾀하고자 했던 문명은 번영을 누렸다고 강조하였다. 그리고 현세대의 우리들 역시 자연을 보전하지 않고 개발만을 할 경우에는 과거에 사라진 고대 문명들과 같이 사라질 수 있다고 경고하였다.

2) 1972년 스웨덴 스톡홀름의 국제연합 인간환경회의

1945년에 설립된 국제연합(UN)이 지구 환경 문제를 주제로 첫 번째로 개최한 정상회의로서 1972년 6월 스웨덴 스톡홀름에서 열렸기 때문에 스톡홀름 회의라고도 한다. 이 회의는 1968년 5월 국제연합 경제사회이사회에서 스웨덴이 제안하였고, 그해 국제연합 총회에서 개최를 결정하였으며, '오직 하나뿐인 지구'를 슬로건으로 하여 주최하였다.

이 정상회의의 목적은 지구를 환경파괴로부터 보호하고 천연자원이 고갈되지 않도록 국제적인 협력 체제를 만들고자 하는 것이다. 113개국에서 1,200여 명의 대표가 참가하였다.

회의에서는 100여개의 항목에 달하는 행동 계획의 권고를 채택하였다. 주요 항목은 환경보전을 위한 인간정주사회의 계획과 관리, 천연자원관리(동·식물·미생물을 포함한 유전자원 보존을 위한 기관 설치 등), 국제적 의의를 갖는 유해물질의 제조·사용·폐기에 관한 자료의 국제적 등록 제도의 설치, 방사성 물질의 배출에 대한 국제 등록 제도의 개발, 세계보건기구(WHO)를 중심으로 식품·대기·수질에 관한 환경 기준, 인체의 허용 한도 설정 등에 관한 것이다.

이 밖에 UN 경제사회이사회의 산하 기관으로 환경 이사회를 설치하여 환경기금을 만들고, 회의 개최를 기념하여 매년 6월 5일을 '세계 환경의 날'로 지정하여 기념할 것 등을 결정하여 현재 매년 세계 환경의 날 행사가 진행되고 있다. 마지막 날에는 인간환경선언을 채택하였으며, UN 총회는 UNEP(국제연합환경계획)라는 국제기구 설립을 결정하였다.

이 국제회의 주요 성과물 중 하나는 오염자 부담 원칙으로 오염을 발생시킨 사람이 환경을 개선시킬 의무를 가져야 한다는 것이다. 생태계보전부담금 제도의 경우, 이 오염자 부담 원칙에 의거하고 있으며, 우리나라에서 시행하고 있는 각종 부담금 제도들도 마찬가지다.

3) 1992년 브라질 리우 유엔환경개발회의(지구정상회의)

1972년 스톡홀름 제1차 세계환경회의 20주년이 되는 1992년 6월 3일부터 6월 14일까지 열대림 파괴의 대명사인 브라질의 리우데자네이로에서 '지구를 건강하게, 미래를 풍요롭게'라는 슬로건 아래 유엔환경개발회의(UNCED)를 개최하였다.

이 지구정상회의는 정치적·경제적·사회적 측면에서 다양한 특성을 갖고 있는데, 정치적 측면에서는 환경보전과 경제개발의 조화를 달성하기 위한 각국 정상들의 정치 회의로 볼 수 있다. 경제적인 측면에서는 자본과 기술, 환경의 교환을 통한 선·후진국의 이해 조정을 목표로 하였으며, 사회적인 측면에서는 현재 세대와 미래 세대의 화합, 인류 자연관의 전환 등의 특징을 갖고 있다.

이 회의의 주된 성과 중에 하나는 '환경적으로 건전하고 지속가능한 개발(ESSD, Environmentally Sound and Sustainable Development)'의 개념이 공식적으로 채택되었고, 이 개념을 적용하기 위한 노력들이 태동하기 시작하였다. 물론, ESSD의 개념은 '환경과 개발에 관한 세계위원회(WCED)'가 1987년에 발표한 "우리 공동의 미래(Our Common Future)"라는 보고서(이 회의의 위원장이 브룬트란트(Brundtland)여서 일명 브룬트란트 보고서라고 함)에서 공식적으로 등장한 것이지만, 지구정상회의에서 이 개념을 주된 발전 방향으로 삼았다는데 의의가 있다. ESSD는 줄여서 지속가능한 개발(SD)이라고도 하며, 개발이라는 말 대신 발전이라는 말을 더 많이 사용한다. ESSD의 개념은 "미래세대가 그들의 필요를 충족시킬 수 있는 가능성을 손상시키지 않는 범위 내에서 현재 세대의 필요를 충족시키는 개발"이다. 중요한 것은 미래세대가 키워드가 될 수 있으며, 우리가 환경을 보전 혹은 복원해야 하는 주된 이유가 우리 세대의 욕구도 있지만, 우리의 후세대들이 안전하고 쾌적한 환경에서 살 수 있도록 하자는 것이다.

또한, 이 지구정상회의의 주요 성과는 생물다양성 협약, 기후변화 협약, 산림 선언, 의제 21(Agenda 21), 지방의제 21(Local Agenda 21), 사막에 관한 협의(Discussion on Deserts) 등 1990년대의 중요한 환경 이슈에 대한 협의와 토론, 대안의 작성 등이 이루어졌다는 것이다. 특히, 생물다양성 협약이나 기후변화 협약은 현재까지도 생태복원과 밀접한 관련성을 갖고 있으며, 그 협약에 의해 파생된 각종 의정서들이 현재까지도 논의되거나 만들어지고 있다. 결과적으로 1992년에 개최된 지구정상회의는 그 중요성이 크게 인정되어 이후의 지구정상회의에서는 1992년 회의를 기점으로 10주년 기념, 20주년 기념과 같은 회의 명칭을 사용하기도 한다.

4) 2002년 남아공 요하네스버그의 지속가능발전 세계정상회의

2002년 8월 24일부터 9월 4일까지 남아프리카공화국 요하네스버그에서 "지속가능발전에 관한 세계정상회의(WSSD)"가 개최되었다. WSSD에는 194개국 정부대표단, 86개 국제기구, NGO 등 4만여 명이 참석했으며, 우리나라 참가단은 정부, 민간, 언론 포함 약 400여명이 참석했다. WSSD는 1992년 리우 환경과 개발에 관한 정상회의 이후 10년간 국제사회의 지속가능발전 추진 실적을 종합 평가하고, 향후 구체적인 추진 계획을 마련하는 데에 주된 목적이 있었다. 리우 지구정상회의의 10주년 기념 성격을 갖기 때문에 "리우+10"회의라고도 한다.

그리고 이에 따른 구체적인 목적은 3가지로 볼 수 있는데, 첫째는, 정치적 선언(political declaration)의 채택이었으며, 둘째는 정치적 약속(political commitments)으로서 "실행계획(Plan of Implementation)"을 통과시켰고, 이 약속을 행동으로 옮기기 위한, Type II 파트너십의 추진이었다. "Make It Happen"이라는 슬로건 하에 추진되는 Type II 파트너십은 일련의 정치적 약속과 행동지향적인 연합(coalitions)으로 구성되는데, 정치적 약속을 행동으로 옮기는 과정을 촉진할 수 있는 인도적인 차원에 초점을 맞추었다.

이 정상회의는 2000년대 초기에 이루어진 만큼 "새천년 발전 목표(Millenium Development Goals, MDGs)"를 채택하였으며, 앞으로 인류가 해결해 나가야 하는 문제들을 다양하게 다루고 있다.

새천년 발전 목표(MDGs)의 설정에는 UN, 세계은행, IMF, OECD가 참여했으며, 1990년대 상반기에 개최된 여러 세계회의의 결의와 협약을 근거로 한 것이다. 목표들은 모두 8개로 구성되는데 처음 7개 목표는 모든 형태의 빈곤을 감소하기 위한 구체적인 목표들이며, 마지막 8번째 목표는 7개 목표를 달성하기 위하여 국제적인 파트너십을 형성하기 위한 목표이다. 앞부분 7개 목표만을 발전 목표로 언급하기도 한다. 목표에는 목표를 계량화하는 지표가 같이 제시되어 있는데, 8개의 목표만을 제시해 보면 다음과 같다.

- 목표 1: 극빈과 기아를 근절한다.
- 목표 2: 보편적인 초등 교육을 달성한다.
- 목표 3: 성평등을 촉진하고 여성의 역량을 강화한다.
- 목표 4: 유아 사망률을 감소시킨다.
- 목표 5: 모성 보건을 개선한다.
- 목표 6: HIV/AIDS, 말라리아, 기타 질병과 싸운다.
- 목표 7: 환경 지속가능성을 보장한다.
- 목표 8: 발전을 위한 글로벌 파트너십을 개발한다.

한편, 당시 유엔 사무총장이었던 코피 아난(Kofi Annan)은 WSSD에서 특별한 관심을 가져주길 바라는 5개의 주제 즉, 물, 에너지, 보건, 농업과 생물다양성(WEHAB)을 제시했다. 이 주제들은 장기적 발전을 위한 주요 분야인 인구 및 빈곤과 함께, 이들 이슈간의 상호관련성이 WSSD에서 중점적으로 다루어졌다.

또한, 코피 아난은 2001년에 유엔 새천년 생태계 평가(UN Millennium Ecosystem Assessment, MA)를 착수시켰는데, 지구 전체에 대한 평가를 2005년 3월에 완료하였다. 새천년 생태계 평가는 국제적인 공동 프로그램으로서 의사 결정권자와 일반 대중에게 필요로 하는 과학적 정보를 제공하기 위한 것이다. 여기서 과학적인 정보는 인류에 의한 생태계 변화와 관련된 것이다. 새천년 생태계 평가는 생물다양성 협약, 사막화 방지 협약, 람사르 협약, 이동성 야생동물종의 보전에 관한 협약 등과 다른 분야에서 필요로 하는 평가를 도와주기 위한 것이기도 하다. 또한 유엔에서는 이러한 새천년 생태계 평가가 지구적 차원에서 뿐만 아니라 대륙, 국가, 지방적 차원에서도 이루어지도록 요구하고 있다.

2005년에 마무리된 유엔 새천년 생태계 평가의 주요 결과는 4가지로 압축할 수 있다. 첫 번째는 세계는 인간의 행위에 의해서 급격하게 변화해 오고 있다. 구체적으로 지구상의 생물종은 500~3,000만종으로 추정되고 있으며, 이 중 175만종은 서식을 확인하였다. 그리고 추정되는 생물종 중에서 인간 활동으로 포유류, 조류, 양서류 등 약 10~30%가 멸종할 것으로 전망하였다. 또한, 과거 40년간(1960~2000) 전 세계 산림 면적의 약 40%가 감소하였고, 특히, 열대림을 중심으로 연간 1,290만ha의 산림 감소가 지속되고 있는 상황이라고 평가하였다. 20세기말까지 수십 년간에 걸쳐 세계 산호초의 약 20%가 손실된 것으로 보았다.

두 번째는 생태계 변화는 상당한 양의 이득과 손실을 함께 가져오고 있다. 생태계는 인간의 복지와 경제적 발전 등에 있어서 긍정적인 이득을 주고 있으나, 생태계 변화에 따른 훼손으로 생태계 서비스는 감소하고 있다. 특히, 생태계의 부정적 변화는 빈곤을 가져오기도 한다.

세 번째는 생태계 서비스에 주는 지속적인 피해는 빈곤을 근절시키는 것을 보다 어렵게 하고 있다. 결과적으로 생태계 서비스의 변화는 새천년 발전 목표를 달성하는데 어려움을 줄 수도 있다.

네 번째는 생태계 훼손은 지금보다 더 서서히 진행되게 하거나 긍정적인 방향으로 선회시킬 수도 있으나, 이를 위해서는 보다 집중된 행동을 필요로 한다.

5) 2012년 브라질 리우의 지속가능발전에 관한 유엔 회의

1992년 이후 20년이 지나 2012년 6월 20일부터 22일까지 브라질 리우에서 열린 리우+20 정상회의에서는 '우리가 원하는 미래(The Future We Want)'라는 제목의 선언문을 채택해 지속가능한 발전에 대한 의지를 재차 확인하였다. 지속가능한 발전이 경제 위기, 사회적 불안정, 기후변화, 빈곤퇴치 등 범지구적 문제에 대한 유일한 해결책임을 다시 한 번 천명하고 각국의 행동을 촉구했다. 지속가능한 발전을 위한 중요한 도구로 녹색경제를 제시하고, 새천년개발목표(MDGs)를 대체하는 지속가능발전목표(SDGs)를 설정하는 절차에 합의했다(http://ncsd.go.kr/app/sub02/91.do).

이 부분의 내용은 지속가능발전포털에서 제시한 것들을 정리, 보완한 것이다. 우선, 리우+20 정상회의에 참석한 세계 각국의 정상들이 녹색경제(Green Economy)로의 이행에 합의하였다. 그리고 지속가능개발목표(SDGs) 설정, 화석 연료 보조금 폐지 촉구, UN 환경계획(UNEP) 역할 강화 방안 등을 포함하는 회의 결과 선언문인 '우리가 원하는 미래(The Future We Want)'를 채택하였다. 리우+20 회의의 주요 결과는 크게 세 가지로 정리할 수 있다.

첫째, MDG를 대체할 SDG를 설정하기로 합의했다. 이를 위해 실무추진단을 구성하고, 2015년 MDG의 평가 결과를 반영하기로 하였으며, 지속가능발전 이행을 위한 재원 조달 체계를 설립하고자 유엔 총회 산하에 '정부 간 과정'을 운영하기로 하였다.

둘째, 빈곤 근절을 위한 녹색경제와 관련하여 각국의 특수성을 고려하되 선진국의 개도국에 대한 개발 원조를 촉구하였다. 또한 "지속적이고 포용적인 경제 성장과 혁신을 촉진하고, 모두에게 기회, 혜택, 권리를 제공하며, 모든 이의 인권을 존중해야 한다."라고 언급하였다. 그리고 "여성, 어린이, 청년, 장애인, 소규모 자작농, 자급자족 농민, 어민, 중소기업 직원의 복지를 증진하고, 특히 개도국의 빈곤층 및 취약계층의 삶과 권리를 증진"하는 것을 녹색경제 정책이 준수해야 할 사항으로 명시하였다.

셋째, 지속가능발전의 거버넌스를 국제적 차원에서 강화하기로 합의하였다. 유엔지속가능발전위원회(UNCSD)를 강화할 고위급 정치포럼을 신설하기로 했고, 유엔환경계획(UNEP)의 위상과 권한을 강화하기로 하였다. 지속가능발전위원회를 대체할 고위급 정치포럼(High Level Political Forum)을 신설하는 데 합의하였다. 이 포럼은 보편적이며 지속가능한 개발 의제의 조율과 일관성 강화 및 이행 모니터링의 중심적 역할을 담당하고자 했다. 그 결과 '우리가 원하는 미래(The Future We Want)'에 지속가능발전에 대한 각국 정상의 의지를 재확인하고, 지속가능발전을 저해하는 도전 요소에 대처하기 위한 국제협력의 강화를 명시하였다.

리우+20 회의는 빈곤 퇴치가 지속가능발전을 위한 최대의 과제임을 확인하였다. 나아가 지속가능발전을 위한 경제, 사회, 환경의 3대 요소를 통합적으로 강화할 필요가 있음을 인식하였다. 그리고 지속가능한 경제 발전, 사회의 형평성 증진, 환경 보호를 주축으로 사람 중심의 지속가능발전을 추진하기로 하였다.

무엇보다도 새천년개발목표 이후 새롭게 대두된 지속가능발전목표(SDGs)는 새천년개발목표에서 추구하던 빈곤 퇴치의 완료를 최우선 목표로 한다. 여기에 더 나아가 범지구적으로 전개되고 있는 경제·사회의 양극화, 각종 사회적 불평등의 심화, 지구환경의 파괴 등 각국 공통의 지속가능발전 위협 요인들을 동시적으로 완화해 나가기 위한 국가별 종합적 행동 및 글로벌 협력 아젠다로 구성되어 있다. 지속가능발전 목표는 2016~2030년까지를 목표로 하며, 17개의 목표와 169개의 세부 목표로 구성되어 있다. 17개의 주요 목표는 아래와 같다.

- 목표 1. 모든 국가에서 모든 형태의 빈곤 종식
- 목표 2. 기아의 종식, 식량 안보 확보, 영양 상태 개선 및 지속가능 농업 증진
- 목표 3. 모든 사람의 건강한 삶을 보장하고 웰빙을 증진
- 목표 4. 모든 사람을 위한 포용적이고 형평성 있는 양질의 교육 보장 및 평생 교육 기회 증진
- 목표 5. 성평등 달성 및 여성·여아의 역량 강화
- 목표 6. 모두를 위한 식수와 위생 시설 접근성 및 지속가능한 관리 확립
- 목표 7. 모두에게 지속가능한 에너지 보장
- 목표 8. 지속적·포괄적·지속가능한 경제 성장 및 생산적 완전 고용과 양질의 일자리 증진
- 목표 9. 건실한 인프라 구축, 포용적이고 지속가능한 산업화 진흥 및 혁신
- 목표 10. 국가 내·국가 간 불평등 완화
- 목표 11. 포용적인·안전한·회복력 있는·지속가능한 도시와 거주지 조성
- 목표 12. 지속가능한 소비 및 생산 패턴 확립
- 목표 13. 기후변화와 그 영향을 대처하는 긴급 조치 시행
- 목표 14. 지속가능발전을 위한 해양·바다·해양자원 보존과 지속가능한 사용
- 목표 15. 육지생태계 보호와 복구 및 지속가능한 수준에서의 사용 증진 및 산림의 지속가능한 관리, 사막화 대처, 토지 황폐화 중단 및 회복, 생물다양성 손실 중단
- 목표 16. 지속가능발전을 위한 평화적이고 포괄적인 사회 증진과 모두가 접근할 수 있는 사법제도, 모든 수준에서 효과적·책무성 있는 포용적인 제도 구축
- 목표 17. 이행 수단 강화 및 지속가능발전을 위한 글로벌 파트너십 재활성화

한편, 우리나라에서는 국제적 정세에 대응하면서 국내 여건을 반영할 수 있도록 UN-SDGs 체계를 따라서 국가 지속가능발전목표(이하 K-SDGs라고 함)를 마련하여 제3차 지속가능발전 기본계획의

변경 계획으로 내용을 확정한 바 있다. 이후 "제4차 지속가능발전 기본계획 2021~2040(관계부처 합동, 2020)"에서 현재의 K-SDGs를 확정하였다. K-SDGs는 국제사회에서 제시한 인류 공동 목표와 연계함과 동시에 국민과 함께 만든 목표, 그리고 특정 분야에 치우침 없이 전 분야를 포괄하는 균형적 목표를 설정하였다는 데에 의의가 있다.

K-SDGs의 비전은 포용성을 강조하는 당시 정부의 지향점과 코로나-19, 기후변화 등 위협 속에서 미래 한국의 지속가능성장을 추동할 핵심 가치로서 '혁신'을 반영하였다. 이를 위한 4대 전략은 '사람', '번영', '환경', '평화·협력'을 설정하였다. 또한, 구체적으로 17개의 목표를 설정하였는데, 이에 대한 체계도는 [그림 5-1]과 같다.

비전	포용과 혁신을 통한 지속가능 국가 실현			
전략	**사람** 사람이 사람답게 살 수 있는 포용사회	**번영** 혁신적 성장을 통한 국민의 삶의 질 향상	**환경** 미래 세대가 함께 누리는 깨끗한 환경	**평화 · 협력** 지구촌 평화와 협력 강화
K-SDGs 17개 목표	[목표1] 빈곤층 감소와 사회 안전망 강화 [목표2] 식량안보 및 지속가능한 농업 강화 [목표3] 건강하고 행복한 삶 보장 [목표4] 모두를 위한 양질의 교육 [목표5] 성평등 보장 [목표11] 지속가능한 도시와 주거지	[목표8] 좋은 일자리 확대와 경제성장 [목표9] 산업의 성장과 혁신 활성화 및 사회 기반시설 구축 [목표10] 모든 종류의 불평등 해소 [목표12] 지속가능한 생산과 소비	[목표6] 건강하고 안전한 물관리 [목표7] 에너지의 친환경적 생산과 소비 [목표13] 기후변화와 대응 [목표14] 해양 생태계 보전 [목표15] 육상 생태계 보전	[목표16] 평화·정의·포용 [목표17] 지구촌 협력 강화

[그림 5-1] K-SDGs 비전과 전략, 17개 목표

※ 자료출처: 관계부처합동, 2020, 제4차 지속가능발전 기본계획 2021~2040.

제4차 지속가능발전 기본계획에서의 K-SDGs는 2030년까지 달성해야 할 국제사회의 보편적 가치와 목표를 담아 17개 분야, 122개 세부목표 및 214개 지표로 하였다. 전체 지표 중에서 UN-SDGs에 포함되지 않은 신규 지표는 122개로 전체의 57%를 차지하여 글로벌 지표와 국가 특화형 지표의 균형을 이루고 있다(지속가능발전포털). 과거 국내 관련 지표들은 환경 분야 중심으로 구성되어 한계가 있었으나 K-SDGs는 사회, 경제부문 지표가 보완되어 균형적인 지속가능발전 목표 체제를 구성하고 있는 것이 특징이다. 세부 목표와 지표는 지속가능발전포털 또는 "제4차 지속가능발전 기본계획 2021~2040(관계부처 합동, 2020)"에서 확인할 수 있다.

[그림 5-2] K-SDGs 심볼

※ 자료출처: 지속가능발전포털

나. 생태환경 관련 협약

1) 서식처 및 생물종 관련 협약

가) 람사르 협약 [1971]

람사르 협약의 공식 명칭은 "특히, 물새 서식지로서 국제적으로 중요한 습지의 보전에 관한 국제 협약(The Convention on Wetlands of International Importance, especially as Waterfowl Habitat)"이다. 1971년 2월 2일, 이란의 람사르에서 개최되어서 약칭 람사르 협약이라고 하며, 2월 2일을 습지의 날로 지정하여 기념하고 있다. 이 협약의 공식 누리집은 http://www.ramsar.org이다. 우리나라는 1997년 3월에 101번째 국가로 가입하였다. 2023년 10월 기준으로 가입국 수는 172개국이며, 170번째 가입(2018년) 국가는 북한이다.

이 협약은 자연자원의 보전과 현명한 이용을 주제로 맺어진 최초의 국제적인 정부간 협약이라는데 의의가 있을 뿐만 아니라 동·식물의 서식처 기능과 생물자원 생산 및 정화 기능을 갖춘 습지 보전을 주된 목적으로 하고 있다.

람사르 협약의 회원국이 되기 위해서는 람사르 등록 습지를 1개소 이상 보유해야 하며, 람사르 습지를 추가 또는 축소할 때에는 사무국에 통보하여야 한다. 또한, 지정된 습지의 보전 및 현명한 이용 계획을 수립하여 시행하여야 한다. 여기서 습지의 "현명한 이용(wise use)"이란, "지속 가능한 발전의 맥락 내에서 생태계 접근 방식의 이행을 통해 성취된 습지의 생태적 특성을 유지하는 것(the maintenance of their ecological character, achieved through the implementation of ecosystem approaches, within the context of sustainable development)"으로 정의되어 있다.

또한, 람사르 습지는 국제적으로 보전 가치가 있는 습지로서 그 지정 기준은 다음과 같은 사항을 충족해야 한다.

- **그룹 A 기준: 대표적이고 희귀하거나 독특한 형태를 유지하고 있는 습지**
  - 기준 1: 특정 생물 지리구에서 대표적이거나, 희귀하고, 독특한 자연적 혹은 거의 자연적인 습지의 대표성을 갖는 습지
- **그룹 B 기준: 생물다양성 보전을 위한 국제적으로 중요한 습지 생물종 및 생태적 군집에 근거를 둔 기준**
  - 기준 2: 민감한 종, 멸종위기종, 혹은 심각하게 서식처가 위협당하고 있는 종 혹은 생태군집이 서식하고 있는 습지
  - 기준 3: 어떤 특정 생물 지리지역에서 생물다양성을 유지하는 데 매우 중요한 동식물 군집을 유지하고 있는 습지
  - 기준 4: 동식물 종의 군집이 생활사의 중요한 부분(기간)을 보내거나 환경이 좋지 않을 때 피난처로 활용되는 중요한 습지

- 물새에 의한 기준
  - 기준 5: 20,000 마리 혹은 그 이상의 물새가 정기적으로 서식하는 습지
  - 기준 6: 어떤 특정 물새의 종 혹은 아종 개체 수가 전 세계 개체 수의 1% 이상이 정기적으로 서식하는 습지
- 물고기에 의한 기준
  - 기준 7: 고유어종 혹은 해당과에 속하는 어류가 상당히 서식하거나, 습지의 가치를 잘 대변해 주는 어류 군집이 서식하는 습지로 지구 전체의 생물 다양성을 높이는 데 기여하는 습지
  - 기준 8: 해당 습지가 어류의 먹이원의 원천, 산란장, 어린 물고기가 성장하는 곳 및 회유하는 어류군이 이동하는 통로로서 중요한 역할을 하는 습지
- 다른 분류군에 의한 기준
  - 기준 9: 조류를 제외한 습지에 의존하는 하나의 종 또는 아종의 개체군이 전 세계 개체군의 1%가 정기적으로 유지되는 습지

우리나라에는 최근 국제 보호 지역을 증가시키기 위해서 지속적으로 람사르 습지를 등록하고 있다. 2024년 6월 기준으로 총 26개소이다. 전체 지정 면적은 203.189㎢이며, 람사르 습지 목록은 다음과 같다.

- 대암산용늪(The High Moor, Yongneup of Mt. Daeam), 우포늪(Upo Wetland), 신안장도 산지습지(Jangdo Island High Moor), 순천만·보성갯벌(Suncheon Bay), 물영아리오름 습지(Mulyeongari-oreum), 무제치늪(Moojechineup), 두웅습지(Du-ung Wetland), 무안갯벌(Muan Tidal Flat), 물장오리오름 습지(Muljangori-oreum wetland), 오대산 국립공원 습지(Odaesan National Park Wetlands), 강화 매화마름 군락지(Ganghwa Maehwamarum Habitat), 1100고지 습지(1100 Altitude Wetland), 서천갯벌(Seocheon Tidal Flat), 고창·부안갯벌(Gochang & Buan Tidal Flats), 제주 동백동산 습지(Dongbaekdongsan),고창 운곡 습지(Ungok Wetland), 증도갯벌(Jeungdo Tidal Flat), 한강밤섬(Han River-Bamseom Islets), 송도갯벌(Songdo Tidal Flat), 숨은물뱅듸(Sumeunmulbaengdui Ramsar Site), 한반도습지(Hanbando Wetland Ramsar Site), 순천 동천하구(Dongcheon Estuary), 대부도 갯벌(Daebudo Tidal Flat), 고양 장항습지(Janghang Wetland), 문경 돌리네 습지(Mungyeong Doline Wetland), 평두메습지(Pyeongdume Wetland)

참고로 2018년에 람사르 협약에 가입한 북한은 가입 당시 평안남도 문덕군과 라선시에 위치한 철새보호구 2개소를 람사르 습지로 등록하였다(통일뉴스, 2018.05.24.).

또한, 람사르 협약에서는 람사르습지도시(Wetland City Accreditation of the Ramsar Convention) 인증제를 실시하고 있다. 람사르습지도시는 2011년 9월 우리나라 정부(환경부)에서 람사르사무국에 최초로 제안하였으며, 2013년 5월에 시범사업을 진행하였다. 이러한 일련의 경과를 통

해서 2015년 6월 람사르 협약 당사국 총회에서 '람사르습지도시 인증제' 결의문을 채택하였고, 람사르 협약 당사국들에게 도입토록 권장하였다. 람사르습지도시는 람사르 습지 인근에 위치하고, 습지 보전 및 현명한 이용에 지역사회가 참여·활동하는 도시(마을)로서 람사르 협약 당사국총회에서 인증하는 도시를 말한다. 람사르 협약에서 정한 6개의 인증 기준은 ① 람사르 습지와 연계성(위치), ② 습지 생태계 서비스 보전 방안, ③ 습지의 복원·관리 방안, ④ 습지의 통합적 보전계획(토지·공간이용), ⑤ 습지의 혜택·서비스 교육·홍보(습지교육센터 등 설치·운영), 그리고 ⑥ 습지도시 관리, 인식증진 등을 위한 지역공동체(지역위원회) 구성·운영 등이다.

람사르습지도시로 인증받은 곳은 람사르 로고를 사용할 수 있어서 지역의 친환경적 이미지를 향상시킬 수 있으며, 결과적으로 지역상품의 경쟁력 향상, 인증 사업에 대한 국고 지원 등의 혜택이 있다. 우리나라의 람사르습지도시는 2018년 인제군, 제주시, 창녕군, 순천시가 1차로 지정되었으며, 2022년에 서귀포시, 고창군, 서천군이 2차로 지정되었다.

나) 멸종위기 야생동식물종의 국제거래에 관한 협약 [1973]

멸종위기 야생동식물종의 국제거래에 관한 협약(Convention on International Trade in Endangered Species of Wild Fauna and Flora)은 첫 글자를 따서 약칭 CITES 협약으로 불린다. 이 협약의 공식 누리집은 http://www.cites.org이다.

이 협약은 1973년에 워싱턴에서 체결되었으며, 멸종위기에 처한 야생동·식물의 국제간 거래를 규제하기 위한 것이다. 또한, 회원국 사이에 부속서 종의 국제 거래가 있을 경우 협약 규정에 따라 거래하여 멸종위기 또는 보호가 필요한 야생동·식물의 과도한 포획과 거래를 방지하고, 전체 거래량을 관리하기 위한 것이다.

우리나라는 1993년 7월 9일 가입하였으며, 2023년 10월 기준으로 협약 가입국 수는 184개국이다(CITES 홈페이지 검색 기준).

협약의 주요 내용으로는 부속서에 포함된 멸종위기 동·식물의 국가 간 수출입 인·허가 제도, 국제거래 규제 및 거래 허용 내용만을 다루며 국내 거래는 적용되지 않는다는 특징이 있다. 또한, 멸종위기 야생동·식물 서식 및 번식에 관한 대책 수립을 의무화 하는 내용도 포함하고 있다.

규제 대상이 되는 야생동·식물의 목록을 담고 있는 부속서는 크게 3개 군으로 되어 있으며, 제Ⅰ군의 경우 수출입으로 인한 멸종 위기에 직면해 있는 약 1,003종 42아종이 포함되어 있다(2019년 12월 기준). 이들은 특별한 경우만 거래를 허용하며 상업 목적 거래는 금지되어 있고, 수출입시 양국 정부에서 발행하는 승인서가 필요하다. 고릴라, 호랑이, 코끼리 등이 여기에 포함되어 있으며, 우리나라의 생물종으로는 따오기, 황새, 두루미류, 산양, 수달, 반달가슴곰 등이 포함되어 있다.

제Ⅱ군은 수출입을 규제하지 않을 경우 멸종 위기에 처할 수 있는 종으로서 약 34,596종 12아종이 포함되어 있고(2019년 12월 기준), 생존 위협을 받는 종으로 양국 정부의 수출허가서가 필요하다. 그리고 제Ⅲ군은 회원국이 자국의 동·식물 보호를 위해 지정한 약 202종 14아종 1변종이 해당되며(2019년 12월 기준), 최소한 하나의 국가에서 보호되어야 할 종으로 수출국 허가서 및 원산지 증명서가 필요하다.

우리나라에서는 "야생생물 보호 및 관리에 관한 법률" 제16조(국제적 멸종위기종의 국제거래 등의 규제)에서 관련 사항을 이행하고 있으며, CITES 부속서 분류 기준과 규제 내용은 [표 5-1]에서 제시하였다.

[표 5-1] CITES 부속서 분류 기준과 규제 내용

구분	부속서 I	부속서 II	부속서 III
부속서 분류 기준	멸종위기에 처한 종 중 국제거래로 그 영향을 받거나 받을 수 있는 종	현재 멸종위기에 처해있지는 아니하나 국제거래를 엄격하게 규제하지 아니하면 멸종위기에 처할 수 있는 종	협약당사국이 자기나라 관할권 안에서의 과도한 이용 방지를 목적으로 국제거래를 규제하기 위하여 다른 협약당사국의 협력이 필요하다고 판단하여 지정한 종
규제 내용	**전시, 학술연구** 또는 **의학 연구** 목적의 거래만 가능 (교육 목적 제외)	상업·학술·연구목적의 **국제거래 가능하나 규제 적용**	상업·학술·연구목적의 국제거래가 허용되나 해당 국가에 대해서는 규제적용
구비 문서	거래 시 수출·입국의 양국정부에서 발행되는 수출·입 승인서 필요	수출국 정부가 발행하는 수출허가서 필요	수출국 정부가 발행하는 수출허가서 및 원산지증명서 필요

※ 자료출처: 환경부(환경부, 2020, 멸종위기에처한야생동·식물종의국제거래에관한협약(CITES) 관련 업무처리지침)의 내용 중 주요 대상종 정보를 제외하고 제시함.

또한, 국제적 멸종위기종 목록은 "야생생물 보호 및 관리에 관한 법률" 제2조제3호에 따라서 멸종위기에 처한 야생동식물종의 국제거래에 관한 협약(CITES)에 의하여 국제거래가 규제되는 국제적 멸종위기종을 환경부 장관이 고시하고 있다.

다) 이동성 야생동물종의 보전에 관한 협약 [1983]

이동성 야생동물종의 보전에 관한 협약(Convention on the Conservation of Migratory Species of Wild Animals, CMS)은 이동성 야생생물과 이들 서식지의 보전 및 지속가능한 이용을 위한 국가적 조치와 국제적 협력에 관한 규범적 골격을 형성하고 있는 국제 환경 협약인 동시에 특정 생태계의 보전을 대상으로 하고 있는 범지구적 차원의 협약이다. 독일의 본에서 협약이 채택되어 본 협약(Bonn Convention)이라고도 한다. 이 협약의 공식 누리집은 http://www.cms.int/ 이다.

이 협약은 생물의 특성상 보전을 위하여 국가 간 협력이 필요한 이동성 야생생물종의 보호에 초점을 맞추고 있으며, 이들의 근본적인 보전을 위한 서식지의 보호와 이동경로 중의 장애 요인들에 대한 대안을 제시하고 있다(박용하·최재용, 2009). 이 협약은 원래 1972년 유엔 인간환경회의에서 이동성 생물종의 보전에 대한 국제적 필요성에 대한 논의가 있은 후에 1974년 초안이 작성되었다. 이후 1979년 독일의 본에서 28개국이 참가하여 15개국이 채택함에 따라서 1983년 11월에 발효되었다. CMS는 보전을 위한 규제에 초점을 둔 협약이라기보다는 해당 지역 주민들에게 자연환경보전과 지속가능한 자원 이용에 대한 교육을 통한 인식 확대, 능력 배양, 교육에 중점을 두고 있다는 특징이 있다. 2024년 5월 말 기준으로 우리나라는 이 협약에 가입하지 않고 있으며, 2022년 3월 기준으로 가입국은 133개국이다(CMS 홈페이지 검색 기준).

[그림 5-3]은 CMS와 다른 협약들과의 관계를 나타내고 있는데, CMS는 생물다양성 협약(CBD)이라는 포괄적인 틀 아래에서 이동성 생물종에 초점을 맞추어 생물다양성에서 제공하지 못하는 실질적이고 세부적인 보전 방안을 제시하고 있다. 그리고 CITES에서 포함하고 있지 못하는 생물종의 보전 활동과 CITES에서 규제되지 않고 있는 이동성 생물종의 서식지 보호 및 살상 행위와 국내 거래에 대한 부분을 보완하고 있다. 2008년 기준으로 CMS 대상 생물종 중 조류, 상어류, 바다거북 등의 이동성 생물종 중에서 71종이 CITES에 포함되어 있지 않다. 또한, 람사르 협약에서 포함하고 있지 않는 이동성 해양 동물 및 이들의 서식지 보호, 이동성 생물종의 이동경로의 보전 등의 역할을 수행하고 있다(박용하·최재용, 2009).

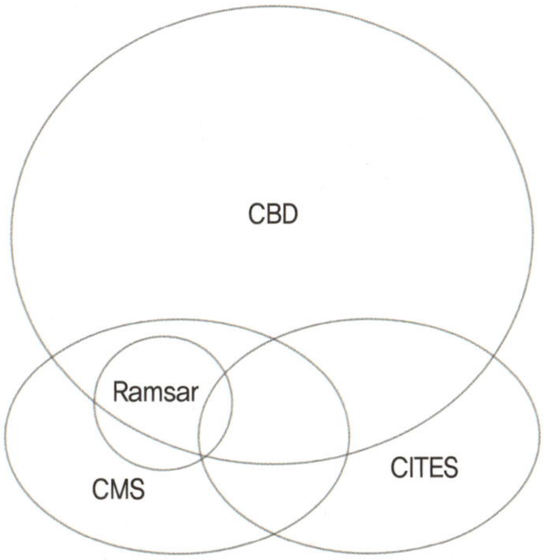

[그림 5-3] 생물다양성 관련 국제 협약간의 관계도

※ 자료출처: 박용하·최재용, 2009.

이 협약에 가입하게 되면, 당사국들의 기본적인 의무 사항을 준수하게 되어 있는데, 부속서 I, II에 등재된 생물종에 대한 의무 사항, 국가 보고서 제출, 분담금 지불 등을 해야 한다.

한편, 우리나라의 이동성 야생동·식물과 관련하여 국제적으로 활동하는 것은 2006년 11월에 출범한 "동아시아-대양주 철새 이동경로 파트너십(EAAFP, East Asian-Australasian Flyway Partnership)"이다. 이 파트너십의 공식 누리집은 http://www.eaaflyway.net/ 이다. 이 파트너십은 2023년 10월 기준 22개 국가가 참여하고 있으며, 철새서식지는 151개가 포함되어 있다([그림 5-4]와 [그림 5-5] 참조).

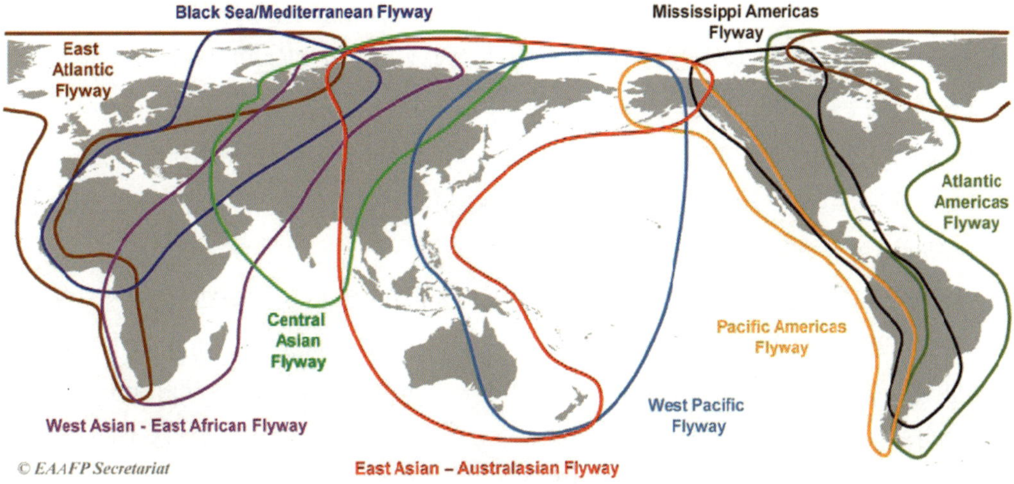

[그림 5-4] 동아시아-대양주 철새 이동경로(그림에서 빨간색 경계)

※ 자료출처: http://www.eaaflyway.net/

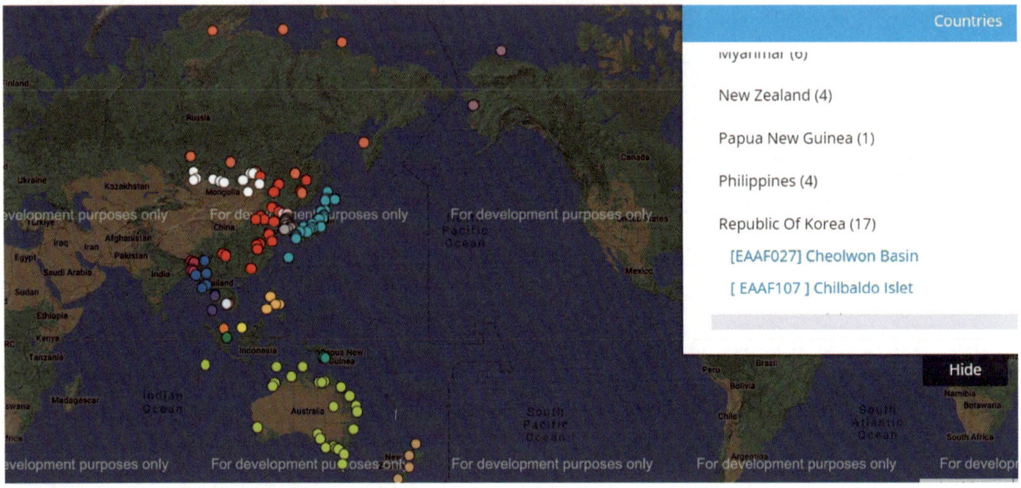

[그림 5-5] 동아시아-대양주의 주요 철새 서식지

※ 자료출처: http://www.eaaflyway.net/

라) 생물다양성 협약 [1992]

생물다양성 협약(Convention on Biological Diversity, CBD)은 국제적으로 생물다양성 보전에 대한 관심이 증대되면서 1992년 브라질 리우 지구정상회의에서 채택된 것으로, 생물다양성의 보전과 지속가능한 이용을 위한 것이다. 이 협약의 공식 누리집은 http://www.cbd.int/ 이다.

이 협약은 1993년 12월에 발효되었고, 우리나라는 1994년 10월에 가입하였으며, 협약 당사국은 196개국에 달한다(2023년 10월 기준). 기후변화협약과 더불어 생물다양성·생물자원 분야의 협약을 포괄하는 중요한 국제협약이다. 특히, 다른 협약들이 대부분 선진 국가에 유리한 반면, 생물다양성 협약은 생물종을 많이 보유하고 있는 후진국이나 개발도상국에 유리하다는 특징도 있다.

이 협약에서의 생물다양성 정의는 "육상·해상 및 그 밖의 수중생태계와 이들 생태계가 부분을 이루는 복합생태계 등에서 나타나는 생물 간의 상이성"으로 되어 있다. 또한, 생물다양성을 유전자 다양성, 생물종 다양성, 생태계 다양성으로 구분하고 있다. 협약 가입국은 생물다양성 국가 행동 계획을 수립하게 되어 있는데, 100개 이상의 국가가 생물다양성 국가행동계획을 도입하고 생물다양성 인식을 제고하였다. 또한, 유전자변형생물체(LMO: Living Modified Organism)의 안전한 이동, 취급 및 이용을 위한 "카르타헤나 의정서(정식명칭: 바이오안전성에 대한 카르타헤나 의정서)"가 2001년 캐나다 몬트리올에서 채택하기도 하였다.

생물다양성 협약은 생물다양성 보전, 생물다양성의 지속가능한 이용, 그리고 생물유전자원의 이용으로부터 발생되는 이익의 공평한 공유 등 세 가지를 주된 목표로 하고 있다. 또한, 각 국가에서 보유하고 있는 생물종은 그 국가의 고유한 자산이 되며, 해당 생물종에 대한 주권을 갖고 있다는 생물주권의 개념을 도입하고 있다. 따라서 우리나라에서 보유하고 있는 고유 생물종이 우리나라의 고유한 자산이 되기 때문에 우리나라 고유 생물종 발굴을 위한 노력을 기울이고 있다.

우리나라에서는 1997년 처음으로 '생물다양성 국가 전략'을 수립하였으며, 2023년 12월 제5차 국가생물다양성 전략을 마련하였다. [그림 5-6]은 제5차 국가생물다양성 전략의 주요 비전과 전략 목표, 핵심과제 등을 나타낸 것이다.

[그림 5-6] 제5차 국가생물다양성 전략의 주요 비전과 전략 목표, 핵심과제

※ 자료출처: 관계부처 합동(2023.12.)을 다시 그림

• 나고야 의정서 [2010]

2010년 일본 나고야에서 개최된 제10차 생물다양성 협약 당사국 총회의 폐막일(10월 30일)에 채택된 생물자원의 접근 및 이익 공유(ABS)를 규정한 의정서가 채택되었다. 일명 "나고야 의정서(Nagoya Protocol on Access to Genetic Resources and The Fair and Equitable Sharing of Benefits Arising from their Utilization to the Convention on Biological Diversity)"라고 하며,

이는 생물다양성 협약의 목표 중에서 '공정한 이익 공유'를 달성하기 위해 국제사회가 준수해야 할 규범을 담고 있으며, 국제적으로 구속력을 가지는 법적 문서이다. 50개국 이상이 비준한 후 90일이 지나면 발효하기로 하였다. 이 규정에 의거 지난 2014년 10월 12일에 나고야 의정서는 공식적으로 발효되었다. 2017년 8월 17일 기준으로 우리나라는 98번째 당사국이 되었다. 나고야 의정서 당사국은 140개국에 달한다(2024년 2월 기준).

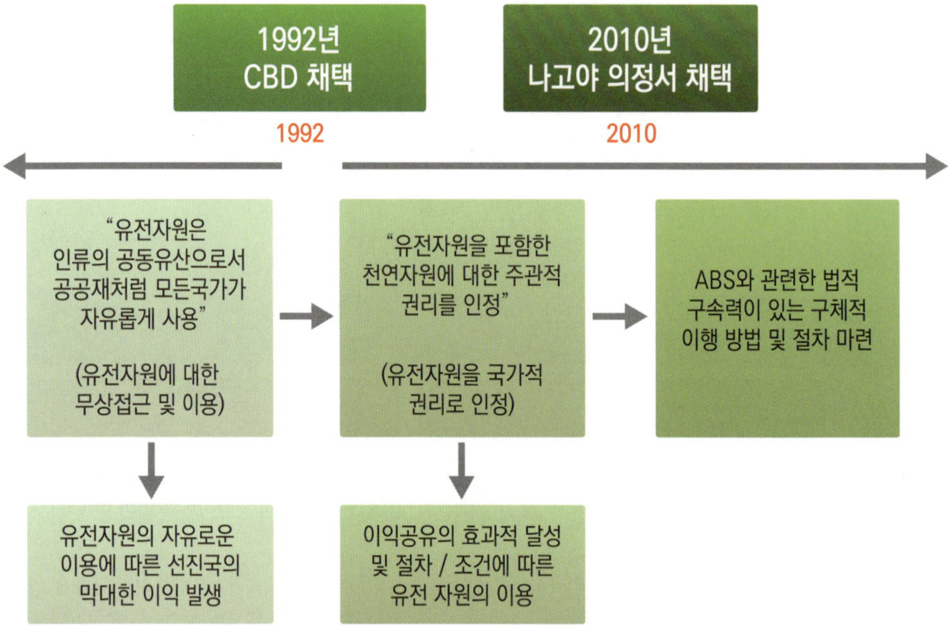

[그림 5-7] ABS(생물자원의 접근 및 이익 공유)의 이해

※ 자료출처: 장영효 등(2022)을 다시 그림.

이 의정서는 유전자원의 이용과 그 파생물을 포함하고 있으며, 지역 토착민이 보유한 유전자원 관련 전통 지식에 대한 것을 포함하고 있다. 특히, 협약의 제5조에서 해외 유전자원의 접근과 관련된 것으로, 유전자원 및 유전자원과 관련된 전통 지식을 이용하고자 하는 주체는 사전에 자원 원산국(또는 자원 제공국)의 국내법에 따라 사전승인(PIC)을 받도록 규정하고 있다.

나고야 의정서의 주요 내용은 3가지로 구분할 수 있다. 우선 접근(Access)에 대한 것으로 유전자원 및 전통 지식에 대한 투명한 접근과 절차를 마련하는 것이다. 국가책임기관으로부터 사전동의서(PIC)를 발급받게 된다. 두 번째는 이익 공유(Benefit-Sharing)이다. 생물자원에 대한 이익 공유에 대해 자원 제공자와 상호 합의서(MAT)를 체결해야 한다. 그리고 자원 이용으로부터 발생한 금전적, 비금전적 이익도 공유한다. 세 번째는 이행 준수(Compliance)이다. 사전동의서(PIC)와 상호합의서(MAT)에 대한 국내 규정을 마련해야 하고, 절차 이행 여부 모니터링과 강제 이행을 위한 점검 기관 등을 설치해야 한다.

이 사항들을 간략하게 설명하면, 자원을 이용하려는 자는 자원 제공자로부터 자원 접근에 대한 허가를 받아야 하며, 자원이용자는 이익의 공유에 대해서 합의해야 한다. 이익 공유는 로열티, 특허료, 연구지원금 등과 같은 금전적 이익 또는 논문·인력교육, 기술훈련 등과 같은 비금전적 이익 공유 형태로 진행할 수 있다.

특히, 생물자원의 이용으로 발생한 이익은 상호 합의 조건에 따라 공유한다. 예를 들어, 신종플루의 치료제인 타미플루 제조사는 지금까지 중국에서 원료가 되는 "팔각회향(스타아니스, 중국인의 향신료)"을 그냥 사용하였다. 하지만 나고야 의정서에 비준하여 당사국이 되었다면, 팔각회향에 대한 사용 이익을 중국과 합의하여 공유해야 한다.

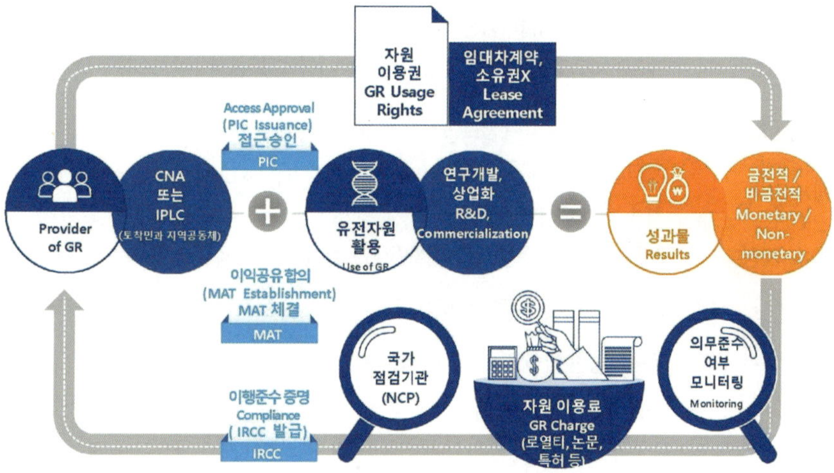

[그림 5-8] 나고야 의정서 이행 체계

※ 자료출처: 한국ABS연구센터(https://www.abs.re.kr/)

나고야 의정서가 채택되는 것은 생물자원 부국(제공국)의 권리 의식이 크게 높아지는 계기가 되지만, 이를 위해서는 해외 생물자원 확보를 위한 체제 정비 마련이 시급하다. 아울러 나고야 의정서 준수를 위한 교육이나 홍보, 국내 생물자원에 대한 주권을 지키기 위한 방안을 마련해야 한다.

• "생물다양성 전략 계획 2011-2020"과 "아이치 타겟(Aichi Target)"

나고야 의정서와 함께 제10차 생물다양성협약 당사국 총회(CBD COP10)에서 중요한 이슈는 생물다양성 전략 계획과 아이치 목표(아이치 타겟)이다. 아이치 목표는 2020년까지 생태계의 회복력을 높이고, 생물다양성 증진을 위해 5개 분야, 20개 실천 목표를 담고 있으며, 이에 따라 국가별로 실천 전략을 수립하도록 규정하고 있다. 5개 분야의 전략 목표는 다음과 같고, 아이치 목표를 요약 정리한 것은 [표 5-2]와 같다.

- 전략목표 A: 생물다양성을 정부와 사회 전반에 주류화하여 생물다양성 손실의 근본 원인에 대응한다.
- 전략목표 B: 생물다양성에 대한 직접적인 압박을 줄이고 생물다양성의 지속가능한 이용을 장려한다.

- 전략목표 C: 생태계, 종 및 유전적 다양성을 보호하여 생물다양성의 상태를 개선시킨다.
- 전략목표 D: 모든 시민들에게 제공되는 생물다양성 및 생태계 서비스의 혜택을 늘린다.
- 전략목표 E: 참여적 계획 수립, 지식 관리, 역량 강화로 수행 능력을 높인다.

특히, 아이치 목표의 15번째 항목은 생태계 복원과 관련된 사항으로 훼손된 생태계의 15% 이상을 복원하도록 요구하고 있음을 주시할 필요가 있다.

[표 5-2] CBD의 생물다양성 전략계획 목표(아이치 목표)

분 야	2020년(일부 2015년)까지 이행 목표 주요 내용
1. 인식제고	모든 사람이 생물다양성의 가치와 지속가능한 이용을 위한 행동 방식에 대해 인식
2. 국가계획 수립	생물다양성 가치를 개발 전략과 통합, 국가 회계 제도 등에 반영
3. 유해인센티브 폐지	보조금을 비롯한 생물다양성에 유해한 인센티브 폐지
4. 이해관계자 참여	정부와 기업 및 여타 이해관계자가 지속가능 소비·생산계획 수립·이행 및 생태학적 한계 내 자연자원 사용
5. 서식지 손실 저감	자연 서식지의 손실 비율을 절반(가능한 곳에서는 제로)으로 저감
6. 어업 관리	지속가능한 어로 행위로 어류 등 수중 생태계 보전
7. 농산업 관리	지속가능한 방식으로 농업·양식업 지역 및 산림 관리
8. 오염 저감	생태계 기능 및 생물다양성에 무해한 수준으로 오염물질 억제
9. 외래종 관리	외래종과 이들의 유입 경로를 파악근절
10. 기후변화 대응	기후변화에 취약한 산호초 및 취약 생태계에 대한 압력 최소화
11. 육상·해양 보호지역 확대	육상지역은 17%까지, 연안·해양지역은 10%를 보전
12. 멸종위기종 관리	기존 멸종위기종의 멸종을 막고, 취약종의 보전 상황을 개선
13. 유전적 다양성 증진	작물과 가축 또는 야생종의 유전자의 유전적 다양성 유지
14. 생태계 서비스의 이용 증진	생활에 필수적인 서비스를 제공하는 생태계를 보호
15. 생태계 복원	훼손된 생태계의 15% 이상을 복원
16. ABS 이행	국내법 제정 등 'ABS 의정서' 이행 기반 구축 및 이행
17. 국가전략 수립	효과적이고, 최근의 생물다양성 현황을 반영한 국가생물다양성전략 및 실천계획 수립
18. 전통지식 보호	토착 지역사회의 전통지식과 지속가능한 이용 관습을 존중하고 보호
19. 과학기술 이전	과학적 기반과 기술을 개선하고, 공유 및 이전
20. 재원 확충	전략계획을 효과적으로 실시하기 위한 재원을 확충

※ 자료출처: 환경부, 2014.

한편, 제5차 지구생물다양성전망(2020) 보고서에서는 아이치 목표의 이행 정도를 평가한 결과, 국제적 차원에서 20개의 목표 중 어느 하나도 완전히 달성되지 않았지만, 그 중 6개의 목표는 부분적으로 달성되었다(목표 9, 11, 16, 17, 19, 20)고 평가하였다.

• "쿤밍-몬트리올 글로벌 생물다양성 프레임워크(GBF)"

앞서 제시한 아이치 목표는 2020년에 종료되었고, 이후의 생물다양성 전략 계획으로서 2022년 12월 캐나다 몬트리올에서 열린 제15차 생물다양성협약 당사국총회(CBD COP15)에서 "쿤밍-몬트리올 글로벌 생물다양성 프레임워크(GBF)"가 채택됐다. 이 총회에서는 아이치 목표를 달성하지 못한 원인으로 이행 수단의 부족과 사회 전 분야의 행동을 이끌어내지 못한 점으로 분석했다. 따라서 새로운 전략 계획은 스마트(SMART = 구체적(Specific), 측정 가능한(Measurable), 달성 가능한(Achievevable), 결과 지향적(Result-based), 시간이 제한된(Time-bound)) 원칙에 부합하는 야심 찬 목표를 설정하기로 14차 총회(2018)에서 합의하였다. 이후 4년간의 논의(2019~2022)를 거쳐 '쿤밍-몬트리올 글로벌 생물다양성 프레임워크(GBF)'라는 명칭의 전략 계획을 채택하였다(환경부, 2020).

GBF는 '자연과 조화로운 삶'이라는 비전을 2050년까지 달성하기 위한 사회·경제 전 분야의 변혁적인 행동을 강조하는 내용으로 시작하여, 2050년까지의 목표(Goals, 4개), 2030년까지의 실천목표(Targets, 23개), 이행 및 평가와 관련된 사항 등으로 구성되었다. 특히, 2030년까지 전 지구적으로 ① 육상 및 해양의 최소 30%를 보호지역 등으로 보전·관리하고, ② 훼손된 육지 및 해양 생태계를 최소 30% 복원하며, ③ 과잉 영양유출을 절반으로, 살충제 및 유해 화학물질로 인한 부정적 위험을 줄이고, ④ 침입외래종의 유입 및 정착률을 절반으로 줄이는 등 이전과 비교해 구체적이고 도전적인 실천목표가 채택됐다. 아울러, 생물다양성 손실을 멈추기 위해 필요한 재정과 현 수준의 격차 해소를 위해 2030년까지 전 세계가 ① 생물다양성에 유해한 보조금을 매년 최소 5,000억 달러씩 점진적으로 줄이거나 개혁하고, ② 공공·민간 등 모든 종류의 재원으로부터 매년 최소 2,000억 달러씩 동원하며, ③ 개도국으로 지원하는 국제적인 재원 흐름을 2025년까지 매년 최소 200억 달러씩, 2026년부터 2030년까지 최소 매년 300억 달러씩 증대시키는 실천목표 19도 포함되었다(환경부, 2020).

특히, 2030년까지 전 지구적으로 육상 및 해양의 최소 30%를 보호지역 등으로 보전·관리하고, 훼손된 육지 및 해양 생태계를 최소 30% 복원한다는 내용은 생태복원 분야와도 밀접한 관련성이 있다.

GBF와 관련한 비전과 미션, 2050 목표는 다음과 같다.

- 2050 비전(Vision): 자연과 조화로운 삶(Living in harmony with nature)
- 2030 미션(Mission): 인류와 지구를 위해 긴급한 조치를 취하여 생물다양성 손실을 막고, 자연을 회복의 길로 되돌려 놓음
- 2050 목표(Goals)
  - 목표 A
    - 모든 생태계의 온전성·연결성·복원력을 유지·강화 또는 복원하고, 면적을 크게 확대
    - 인간이 초래하는 것으로 알려진 생물종 멸종을 중단, 모든 종의 멸종률 및 위험을 1/10로 감소, 토착종의 개체수를 건강하고 복원가능한 수준으로 증대
    - 야생종 및 가축종의 개체군 내 유전다양성이 유지되어 적응력을 보호
  - 목표 B
    - 생물다양성이 지속가능하게 이용·관리되며, 생태계 기능 및 서비스 등 자연이 인간에게 주는 혜택이 가치화되고, 유지·강화
  - 목표 C
    - 유전자원, 유전자원과 관련된 디지털서열정보 및 전통지식의 이용에서 발생하는 금전적·비금전적 이익이 토착민과 지역사회 등에게 공정·공평하게 공유되고 대폭 증가되며, 국제적으로 합의된 유전자원의 접근 및 이익공유 체계에 따라 관련 전통지식이 적절히 보호됨
  - 목표 D
    - 쿤밍-몬트리올 글로벌 생물다양성 프레임워크(GBF)를 이행하기 위한 수단인 재원, 역량개발, 과학기술협력, 기술에 대한 접근 및 이전이 모든 당사국(특히, 개도국, 최빈국, 군서도서개도국, 시장경제전환국)에게 보장되고, 매년 7,000억 달러의 생물다양성 격차를 점진적으로 줄이고, 재정흐름을 GBF에 동조화시킴

[BOX 1] 쿤밍-몬트리올 글로벌 생물다양성 프레임워크 주요 내용
※ 자료출처: 환경부 보도자료(2022.12.20.)

한편, 보호지역을 30%까지 증대시키는 것과 관련하여 "자연공존지역(가칭)(OECM: Other Effective Area-based Conservation Measure)"의 개념을 주목하고 있다. OECM 즉, '기타 효과적인 보전 수단'을 자연공존지역(가칭) 또는 준보호지역이라고 명명하고 있다. 자연공존지역 또는 준보호지역은 보호지역으로 지정되지는 않았지만, 생물다양성 보전에 기여하면서 관리되는 지역을 의미한다. 즉, 자연보호가 아닌 다른 목적으로 관리되지만 생태적 가치가 큰 구획된 공간을 의미한다. 우리나라에서 이에 해당하는 후보지역은 국민신탁 보전재산, 보전협약지, 세계자연유산 완충구역, 사찰림, 개발제한구역, 비무장지대, 보호지역 외 갯벌, 중요농업유산 등이 언급되고 있다.

2) 지구온난화 및 기후 변화 관련 협약

가) 몬트리올 의정서 [1989]

오존층을 파괴시키는 물질을 관리하기 위한 몬트리올 의정서(Montreal Protocol)는 1974년 F. S. 로우랜드 교수가 오존층 파괴 문제를 제기하고, 이에 따라 1985년 "오존층 보호에 관한 빈 협약"이 체결되었다. 이후 1987년 몬트리올에서 오존층 파괴 물질의 생산 및 사용의 규제를 목적으로 몬트리올 의정서가 정식으로 채택되었고, 1989년 1월부터 발효되었다. 오존층 파괴의 원인이 되는 염화불화탄소의 단계적 감소 방안 및 비가입국에 대한 통상 제재 기준이 주요한 내용이다.

나) 기후변화협약 [1992]

기후변화협약(UNFCCC, United Nations Framework Convention on Climate Change)은 1987년 제네바에서 열린 제1차 세계기상회의에서 정부 간 기후변화패널(Inter-Governmental Panel on Climate Change: IPCC)을 결성한 이후에 1992년 리우정상회의에서 정식으로 체결되었다. 이 협약의 공식 누리집은 http://www.unfccc.int이다.

이 협약은 기후변화 특히, 지구온난화의 원인이 되는 온실가스 규제 문제, 재정 지원 및 기술 이전 문제, 특수 상황에 처한 국가를 고려하기 위한 것이다. 이산화탄소를 비롯한 탄산, 메탄가스, 프레온가스 등 온실가스의 방출 제한이 주된 목적이다. 기후변화협약은 온실가스의 배출을 제한하기 위한 전 세계적인 첫 번째 대응책이었다는 데 의의가 있다.

(1) 교토의정서 [1997]

기후변화협약에 의해서 1997년 교토에서 개최된 제3차 당사국총회에서 교토의정서(Kyoto protocol)가 채택되었다. 교토의정서는 기후변화 협약의 구체적 이행 방안을 수립하고, 온난화 방지를 위한 온실가스 사용 제한, 그리고 선진국 위주의 회원 가입 문제 등을 다루고 있다.

교토의정서는 3대 메커니즘에 의해서 온실가스를 규제하고 있는데, 첫 번째는 '배출권거래제도'로서 감축 의무가 있는 선진국 간 배출 쿼터 거래를 허용하는 방식이다. 두 번째는 '공동이행체제'로 선진국이 다른 선진국에 투자, 온실가스 감축 실적을 자국 실적으로 인정하는 방식이다. 세 번째는 '청정개발체제(CDM)'로서 선진국이 개발도상국에 투자하여 온실가스를 감축한 실적을 선진국 실적으로 인정하는 방식이다.

교토의정서에서 규정하고 있는 6대 주요 온실가스는 이산화탄소(CO_2), 메탄(CH_4), 아산화질소(N_2O), 수소불화탄소(HFC_S), 과불화탄소(PFC_S), 육불화황(SF_6) 등이다.

교토의정서에 따라서 선진국은 온실가스 배출량을 5년 동안(2008~2012년) 1990년 대비 평균 5.2% 수준으로 줄이는 목표가 설정되었었다. 이러한 교토의정서는 온실가스 감축을 누가, 얼마나, 어떻게 줄일 것인가에 대한 이슈를 결정한 것으로서, 기후변화협약의 구체적인 실행 지침으로 평가받고 있다. 그러나 미국의 비준 거부와 캐나다의 탈퇴, 일본과 러시아의 기간 연장 불참 등 한계점을 드러내기도 했다.

[표 5-3] 6가지 주요 온실가스와 발생 원인

기 체 종 류	발 생 원 인
이산화탄소(CO_2)	• 산업, 생활, 운송 차량 등 연료
메탄(CH_4)	• 연료 연소, 가축의 장내 발효, 쓰레기 매립, 습지
아산화질소(N_2O)	• 연료 연소, 공업 과정, 자동차 배기가스, 쓰레기 소각, 하폐수
수소불화탄소(HFC_S)	• 스프레이, 냉장고 냉매, 에어컨 냉매
과불화탄소(PFC_S)	• 전자부품 등 기밀성 시스템, 반도체 세척제
육불화황(SF_6)	• 전기 절연가스, 전기 기계

(2) 파리협정 [2015]

파리협정(Paris Agreement)은 2015년 12월 프랑스 파리에서 열린 제21차 유엔기후변화협약 당사국총회(COP21)에서 채택되었다. 2020년 이후 적용할 "신기후협약" 혹은 "신기후체제"로서 1997년 채택한 교토의정서를 대체하는 것이다.

파리협정의 주요 목표 및 내용으로 우선, 지구 평균 온도의 상승폭을 산업화 이전(1750년)과 비교해서 봤을 때 2℃보다 상당히 낮은 수준으로 유지하며, 장기적으로 온도 상승을 1.5℃까지 제한하기 위해 노력한다는 것을 포함하고 있다. 참고로 현재 지구 온도(2011~2020년)는 산업화 시대(1850~1900년) 이전보다 이미 1.09℃ 상승한 상태이다(IPCC, 2021). 또한, 온실가스를 좀 더 오랜 기간 배출해 온 선진국이 더 많은 책임을 지고 개도국의 기후변화 대처를 지원한다는 내용도 포함되었다. 선진국은 2020년부터 개발도상국의 기후변화 대응 사업에 매년 최소 1천억 달러(약 118조원)를 지원하기로 합의했다. 선진국과 개발도상국 모두가 지구온난화 등에 책임을 분담하며, 전 세계가 기후 재앙을 막는 데에 동참하기로 한 것이다. 이 협정은 구속력을 갖고 있으며, 2023년부터 5년마다 당사국들이 탄소 감축 약속을 지키고 있는지에 대해서 국제사회 차원의 종합이행점검(Global Stocktaking)을 받아야 한다.

[표 5-4] 교토의정서와 파리협정(파리기후변화협약) 비교

구분	교토의정서	파리협정
감축 대상	기후변화협약 Annex 1국가(선진국)	모든 당사국(NDC)
범위	온실가스 감축에 초점	감축, 적응, 이행수단 (재원, 기술이전, 역량 배양) 포괄
목표	온실가스 배출량 감축(1차: 5.2%, 2차: 18%)	온도 목표 (2℃ 이하, 1.5℃ 추구)
목표 설정	하향식	상향식(자발적 공약)
의무 준수	징벌적(미달성량의1.3배 페널티 부과)	비징벌적(비구속적, 동료 압력 활용)
의무 강화	특별한 언급 없음	진전원칙(후퇴금지원칙), 전 지구적 이행 점검(매 5년)
지속성	매 공약기간 대상 협상 필요	종료 시점 없이 주기적 이행 상황 점검

※ 자료출처: 외교부 누리집.

파리협정은 교토의정서에 비해서 보다 강력해지고 폭넓어졌다. 우선, 교토의정서에서는 선진국만 온실가스 감축 의무가 있었지만, 파리협정에서는 195개 당사국 모두가 감축 목표를 지켜야 한다. 즉, 선진국 외에 개발도상국 등이 포함된 것인데, 195개 당사국은 세계 온실가스 배출량의 90% 이상을 차지한다. 이산화탄소 감축에 대해선 각국이 자율적으로 목표를 정할 수 있도록 했고, 대신 5년마다 상향된 목표를 제출토록 했다. 우리나라의 경우 교토의정서에 의해서는 온실가스 감축 의무가 부과되지 않았으나, 파리협정에 의해서는 의무적으로 감축안을 제시해야 한다.

파리협정은 앞으로 이행 과정 속에 다양한 변수들이 나타날 수 있다. 그러함에도 불구하고 '모든 국가가' 범지구적인 차원에서 기후변화에 대응하기 위한 노력에 참여하자는 데에 의의가 있다.

우리나라는 "탄소중립·녹색성장 국가전략 및 제1차 국가 기본계획(중장기 온실가스 감축목표 포함)"(관계부처 합동, 2023.04)에서 2030년 배출량 목표는 436.6백만 톤을 유지하는 것으로 하였는데, 이것은 2018년 대비 40%를 감축하는 양에 해당한다. 국가 탄소중립 녹색성장을 위한 전략은 [그림 5-9]에서 제시하였다.

다) 사막화방지협약 [1994]

사막화 방지 협약의 공식 명칭은 "심각한 한발 또는 사막화를 겪는 아프리카지역 국가 등 일부 국가들의 사막화를 방지하기 위한 국제연합 협약(United Nations Convention to Combat Desertification in Those Countries Experiencing Serious Drought and/or Desertification, Particularly in Africa)"이다. 1977년 케냐 나이로비에서부터 사막화 대책에 대한 논의들이 있어 왔으나, 1994년 프랑스 파리에서 채택되었다. 무리한 개발과 오남용으로 인한 사막화 방지를 위해 체결된 협약으로 빈곤 퇴치와 사막화 방지 사업을 연계, 선진국의 자금 및 원조, 기술을 개발도상국에 제공하는 내용을 담고 있다.

사막화방지협약은 기후변화협약, 생물다양성협약과 함께 유엔 3대 환경 협약으로 분류하고 있으며, 194개국이 회원국으로 등록되어 있다. 이 협약의 공식 누리집은 http://www.unccd.int이다.

중요한 것은 사막화의 개념인데 이 협약의 제1조에 의하면 '기후변화와 인간활동 등 여러 가지 요인에 의해서 조성된 건조·반건조 및 반건조 습윤 지역에서의 토지의 황폐화'로 정의하고 있다. 일반적으로 사막은 불충분한 강우 또는 토양 건조 등의 원인으로 식생이 적거나 결여 되어 있는 지역을 말하지만, 사막화는 토지가 가지는 생물의 생산 능력의 감퇴 내지 파괴이며, 종국적으로 사막 상태를 초래하는 과정으로 정의하고 있다. 이와 같은 정의에 따라서 엄격하게 적용해 보면, 우리나라도 사막화 현상이 발생하는 지역이 있다고 볼 수도 있다.

한편, 사막화방지협약은 산림청에서 담당하고 있는데, 주로 몽골 사막지역을 대상으로 한 식생 복원 사업을 중심으로 추진하고 있다. 이는 황사 문제에 선제적으로 대응하기 위한 수단으로서의 역할이 강하다.

| 국가비전 | 2050년까지 탄소중립을 목표로 하여 탄소중립 사회로 이행하고, 환경과 경제의 조화로운 발전을 도모

| 전략목표 | "탄소중립·녹색성장, 글로벌 중추국가로의 도약"

| 3大 정책방향 |

책임있는 실천	질서있는 전환	혁신주도 탄소중립·녹색성장
과학과 합리에 바탕을 둔 의사결정과 정책 추진	법과 절차의 준수, 초당적 협력과 사회적 합의 중시	혁신에 기반한 온실가스 감축 및 경제·사회 구조 전환

4대 전략 12대 과제

구체적 · 효율적 방식으로 온실가스를 감축하는 책임감 있는 탄소중립

1. 원전·신재생e 등 무탄소 전원을 최대한 활용하여 온실가스 감축
2. 저탄소 산업구조 및 순환경제로의 전환
3. 국토의 저탄소화를 통한 탄소중립 사회로의 전환

민간이 이끌어가는 혁신적인 탄소중립 · 녹색성장

4. 과학기술 혁신과 규제개선을 통한 탄소중립·녹색성장 가속화
5. 핵심산업 육성을 통한 세계시장 선도 및 新시장 창출
6. 탄소중립 친화적인 재정·금융 프로그램 구축·운영 및 투자 확대

모든 사회구성원의 공감과 협력을 통해 함께하는 탄소중립

7. 에너지 소비절감과 탄소중립 국민실천
8. 지방이 중심이 되는 탄소중립·녹색성장
9. 근로자 고용안정과 기업 혁신·성장을 위한 산업·일자리 전환 지원

기후위기 적응과 국제사회를 주도하는 능동적인 탄소중립

10. 적응주체 모두가 함께 협력하는 기후위기 적응 기반 구축
11. 국제사회 탄소중립 이행 선도
12. 모든 과제의 전 과정 상시 이행관리 및 환류체계 구축

이행기반

- 국가 탄소중립 · 녹색성장 기본계획 수립 (5년마다)
- 탄녹위+중앙부처+지자체의 상설협의체 운영 및 체계적 이행점검 (매년)

[그림 5-9] 탄소중립녹색성장 국가전략 및 제1차 국가 기본계획에서 제시한 국가비전, 전략목표, 12대 과제

※ 자료출처: 관계부처 합동, 2023.4.

다. 선진 외국의 관련 법과 제도

1) 일본의 자연재생추진법

일본의 생태복원 관련 사업은 자연재생추진법에 근거를 두고 있다. 일본의 자연 재생 관련법은 2002년 12월 4일에 자연재생추진법이 의원 입법에 의해 성립되었고, 2003년 1월 1일부터 시행되었다.

자연재생추진법은 자연 재생에 관하여 기본 이념을 정하고 실시자 등의 책무를 명확히 하는 것과 함께 자연 재생 기본 방침의 책정과 그 밖의 자연 재생을 추진하기 위한 중요한 사항을 정하는 것을 목적으로 하고 있다. 또한, 자연 재생에 관한 시책을 통합적으로 추진하고, 더욱이 생물의 다양성 확보를 통해 자연과 공생하는 사회의 실현을 도모하며, 지구 환경 보전에 기여하는 것을 주된 목적으로 하고 있다.

이 법에서 자연 재생이라 함은 '과거에 손실된 생태계와 그 밖의 자연환경을 되돌리는 것을 목적으로, 외국에 파견된 정부 기관 등의 관계 행정 기관, 도도부현이나 시정촌 등의 관계 지방자치단체, 지역주민, NPO, 전문가 등 그 지역의 다양한 주체가 계획에 참여하여 자연환경의 보전, 재생, 창출과 유지 관리를 실행하는 것'이라고 정의하고 있다. 그리고 자연 재생을 목적으로 실시하는 사업을 '자연 재생 사업'이라고 명시하고 있다.

일본은 자연 재생에 관한 시책을 통합적으로 추진하기 위해 '자연 재생 기본 방침'을 책정하였으며, 환경성, 농림수산성, 국토교통성 등과의 협의를 통해 각료 회의의 결정을 따르는 것으로 되어 있다. 이 자연 재생 기본 방침에는 (1) 자연 재생에 관한 기본적 사항, (2) 자연 재생 협의에 관한 기본적 사업, (3) 자연 재생 전체 구상 및 실시 계획에 관한 기본적 사항, (4) 자연환경 학습 추진에 관한 기본적 사항 등을 명시하고 있고, 이 기본 방침은 5년 마다 수정하는 것으로 되어 있다.

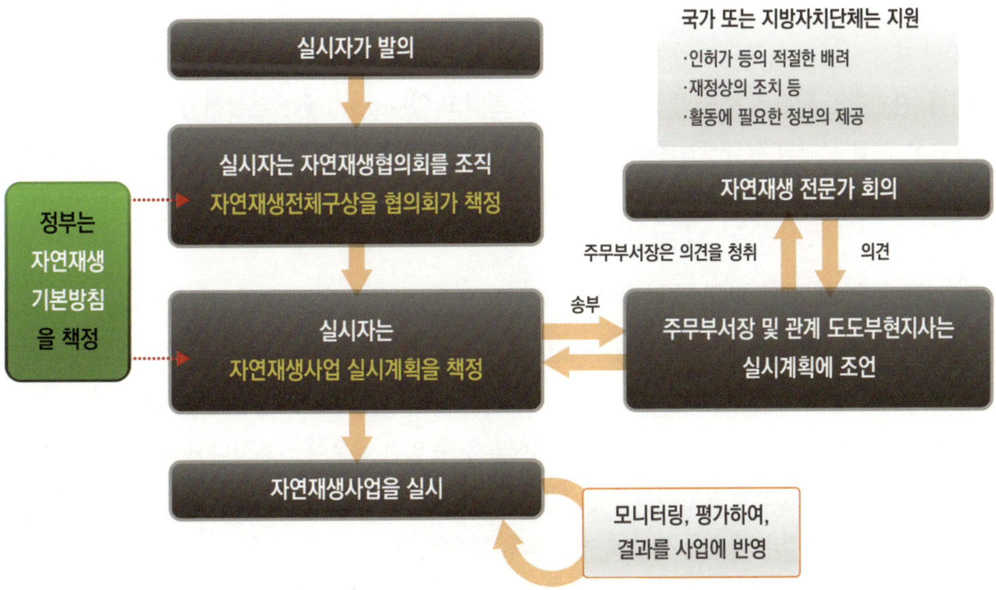

[그림 5-10] 자연재생추진법을 근거로 한 자연 재생 사업 실시 흐름도

※ 자료출처: 김남춘 등, 2010.

일본에서 자연재생추진법에 근거하여 자연 재생 사업을 실시하기 위한 사업 흐름도는 [그림 5-10]과 같다(김남춘 등, 2010). 참고로 일본에서는 생태복원과 관련된 사업은 자연재생추진법에 따르고, 건설 공사와 관련된 분야는 환경공생공사업으로 등록하여 자연친화적인 건설 사업을 추진하고 있다(환경부·(사)한국환경복원녹화기술학회, 2008).

[그림 5-10]에서 나타나듯 자연 재생 사업은 자연재생추진협의회와 자연재생전문가회의에 기초하고 있다. 자연재생추진협의회는 환경성, 농림수산성, 국토교통성 등 관계 행정 기관에서 구성한 '자연재생추진회의'를 조직하게 되어 있다. 이는 효율적인 복원 사업을 위해 실무적인 차원에서의 조정을 위한 기구로서 관계 부처간 연대 강화를 도모하기 위한 것이다. 자연재생전문가회의는 환경성, 농림수산성, 국토교통성, 자연환경에 관한 전문적인 지식인으로 구성되어 있다.

개발 행위 등에 의해 훼손된 환경과 같은 종류의 것을 그와 유사하게 창출하는 것을 목적으로 하는 대체(mitigation) 조치는 자연 재생 사업에 해당하지 않으며, 과거에 손실된 자연 환경을 되돌리기 위한 것으로만 한정하고 있다. 자연재생추진법의 제2조제1항의 규정에 의한 사업의 범주는 다음과 같다.

- 양호하게 자연환경이 현존하고 있는 장소에 있어서 그 상태를 적극적으로 유지하는 행위로서의 "보전"
- 자연환경이 손실된 지역에 있어서 손실된 자연환경을 되돌리는 행위로서의 "재생"
- 대도시 등 자연환경이 거의 훼손된 지역에 있어서 대규모 녹지 공간의 조성 등에 의해 그 지역의 자연생태계를 되돌리는 행위로서의 "창출"
- 재생된 자연환경의 상황을 모니터링하고 그 상태를 장기간에 걸쳐서 유지하기 위해 필요한 관리를 실행하는 행위로서의 "유지·관리"

자연 재생 사업은 지역의 다양한 주체의 참여와 연대, 과학적 식견을 기초로 한 사업 실시, 순응적인 진행, 자연환경 학습의 추진 등을 기본 방향으로 갖고 있다. 여기에는 전국적인 사례 등 정보 제공의 필요성, 보급 활동의 적극적인 추진, 필요한 재정상의 조치를 강구하고 지역 환경과 조화를 이룬 농림수산업의 추진, 지구온난화 대책의 배려 등을 중요한 사항으로 포함하고 있다(김남춘 등, 2010).

2) 독일의 자연 침해 조정 규정

독일의 자연 침해 조정 규정(eingriffsregelung)은 연방자연보호법에 의해서 중요하게 규정된 제도이다. 자연 침해 조정 규정에 따른 법적 의미는, 자연과 경관의 침해는 토양 형상 또는 토지 이용의 변화를 통하여 자연 생태계의 능력 또는 경관이 침해받을 수 있는 경우에 적용한다고 되어 있다. 이 제도는 1976년 독일에서 최초로 도입되었으며, 현재는 독일연방자연보호법과 건설법에 법적 근거를 두고 개발로 인한 자연 환경의 훼손을 사전에 예방하고, 훼손된 생태계를 복원시키는 것에 초점을 두어 시행하고 있다. 즉, 개발 사업에 의해서 생태계를 훼손하였을 경우에 훼손된 만큼 자연을 복원하거나 복원에 필요한 비용 지불을 의무화시키는 것이다.

이 법상에서 자연 침해 조정 관련 개념은 자연 침해, 회피, 균형, 대체 등의 개념을 사용하고 있다. 여기서 자연 침해(eingrifffe)는 자연 생태 균형의 수행성 및 기능성 또는 경관미를 현저히 훼손할 수 있는 토지의 형상 및 형질의 변경, 표토층과 접촉하고 있는 지하수위의 변화를 의미한다. 회피(vermeidung)는 자연 침해가 발생하지 않은 대상지의 선택 또는 어떤 사업이나 사업의 일부를 시행하지 않음으로서 악영향이 발생하지 않도록 하는 것이다. 최소화(minimierung)는 어떤 사업과 사업 실행의 정도 혹은 크기를 제한함으로써 악영향을 최소화하는 것을 의미한다. 균형(ausgleich)은 자연 침해가 발생한 장소에 훼손된 자연 생태 균형의 기능을 빠른 시일 내에 복원하도록 하는 것이며, 경관미는 경관에 적합하게 복원되거나 새로 조성되는 경우를 의미한다. 대체(ersatz)는 균형 조치가 불가능한 경우 자연 침해가 발생한 이외의 장소에 훼손된 자연 생태 균형의 기능이 동일한 가치로 대체되거나, 경관미를 경관에 적합하게 새로 조성하는 경우를 의미한다. 보상(kompensation)은 균형과 대체 개념을 포괄하는 상위 개념이다(BNatSchG, 2002; 환경부, 2007; 환경부, 2009).

연방자연보호법과 각 주정부의 자연보호법에서는 자연 생태의 개념을 정의하고 있는데, 여기에는 보호 자원으로서 생물종 및 생물 군집, 토양, 물, 기후·대기로 구분하고 있다. 또한, 자연과 경관에서 휴양을 위한 조건으로 자연과 경관의 다양성, 고유성 및 아름다움을 관리해야 하는데, 이 경관미는 원칙적으로 자연 생태와 동일한 비중으로 다루어져야 한다(환경부, 2007).

자연 침해 조정 규정은 독립된 절차로 진행되지 않고, 자연과 경관을 침해하는 사업의 인·허가 절차와 함께 진행된다. 인·허가를 필요로 하는 사업은 자체의 계획을 수립하고, 그 계획에 따른 자연과 경관의 침해 및 복원 관련 내용은 자연보호법에 의한 '경관 관리 동반 계획(landschaftspflegerischer begleitplan)'이 수립된다. 이 동반 계획은 해당 사업 계획의 일부로서 인·허가 절차 시 첨부되고 법적 효력을 지닌다.

자연 침해 조정 규정은 자연 생태 보전을 위한 법적·행정적으로 현실상 자연 환경 보호의 중추적 역할을 수행하고 있다. 자연 환경을 침해하는 구체적인 개발 사업에 대해서 자연을 관리하기 위한 방식이다. 자연 생태를 침해하는 구체적인 개발 사업에 대해서 그 필요성이 필수불가결하다고 입증될 경우 침해 행위 후 균형이 가능하거나, 어느 한 사업에 예외적으로 특별한 의미가 부여되어 자연 및 경관의 이해관계에 우선할 경우 허가 가능한 자연 침해에 의한 후속 조치로 적절한 저감 대책을 수립하거나 균형 조치를 실시한다(환경부, 2007).

균형될 수 있는 자연 침해의 인·허가에 관한 결정은 형량 절차에 따르며, 자연보호와 경관 관리는 공공성의 이해관계와 비교 형량된다. 즉, 공공성의 이해관계가 우선될 때 침해는 허가 가능하며, 균형 조치로 복원될 수 있는 훼손은 자연 보호 법률적 형량이 수행된다. 형량은 대체 조치 및 비용 지불보다 먼저 앞 단계에서 실행되며, 주정부는 대체 조치 대신 복원을 위한 비용을 징수할 수 있다. 균형은 동일한 종류의 복원 대책을 필요로 하는 반면, 대체는 동일한 가치의 복원이면 충분하다. 훼손된 기능이 낮은 가치로 복원될 경우 총 가치에 해당하는 만큼 면적을 확대하여 복원해야 한다(환경부, 2009).

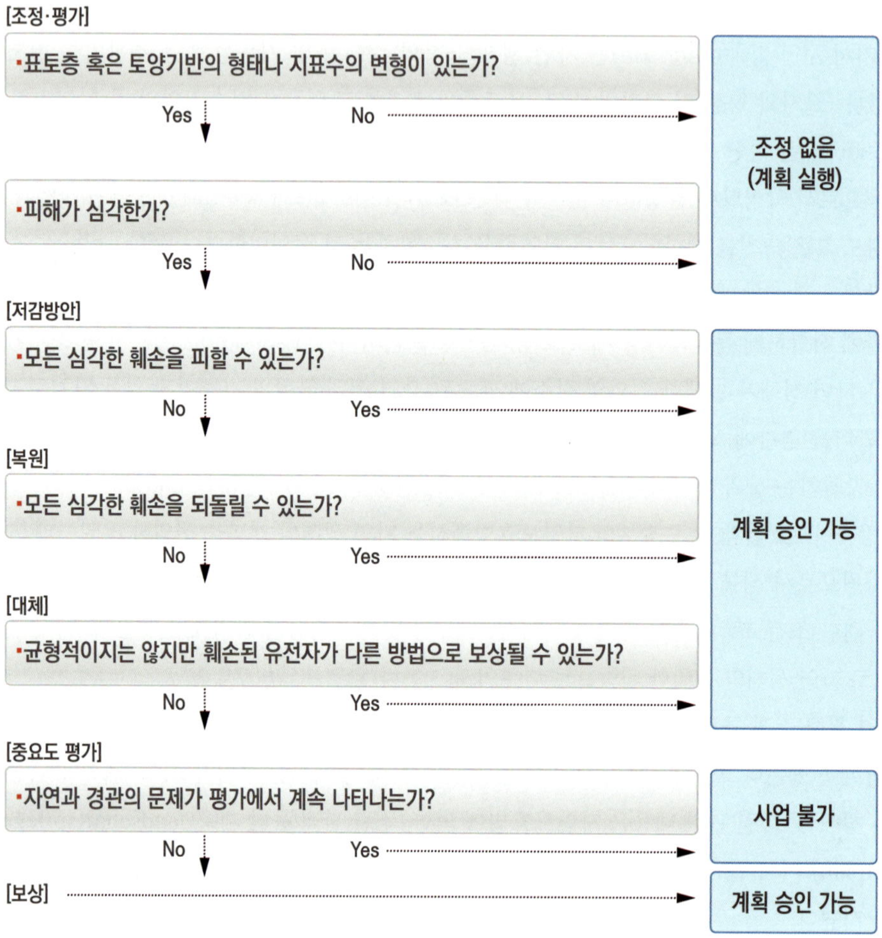

[그림 5-11] 자연 침해 조정 규정의 절차

※ 자료출처: 환경부, 2009.

환경영향평가는 자연 보호 도구인 자연 침해 조정 규정과의 공조 하에 포괄적인 침해의 회피 및 저감 방안을 수립하며, 균형 및 대체 조치에 대한 예상되는 초안을 구상하여 제시한다. 법률 절차에 따라 균형 및 대체 조치는 자연침해조정규정에 의하여 수행된다. 회피하거나 저감할 수 없는 현저하고 지속적인 침해를 유발하는 사업자는 이 침해를 상쇄시켜야 한다.

자연 침해 조정은 생물중심적 가치, 생태중심적 가치, 인간중심적 가치로 크게 구분되며, 자연 침해 조정과 관련하여 개발 사업에 의해 자연과 경관에 미치는 영향의 종류와 강도를 파악하기 위해 다양한 평가 절차들이 개발되었는데, 여기에는 서술·논증적 균형 대책 도출, 비오톱 가치 절차, 균형 계수 절차, 그리고 복원 비용 절차 등 4개의 기본 모형이 있다(환경부, 2009). 서술·논증적 균형 대책 도출 방법은 정형화된 평가 방법 및 계산식이 없으며, 계획가가 각 침해에 대한 개별적인 평가를 통해 균형 대책을 수립한다. 비오톱 가치 절차는 비교 척도 또는 유사 정량 척도인 해당 면적 규모에 따라 계산되며, 야생동물과 무생물적 보호 대상물은 서술·논증적으로 다루어진다. 비오톱 유형의 평가에 따라 보상 범위가 결정된다. 균형 계수 절차는 특정 침해 상황이 정의된 상태에서 미리 보상의 범위가 확정되어 있으며, 내용은 비오톱 가치 절차와 유사하여 가장 정형화되어 있는 보상 범위 결정 방법론이다. 복원 비용 절차는 균형 및 대체 조치의 가상 또는 계산에 의한 비용 산출 방법으로 자연 침해 조정 규정의 마지막 수단인 금전적인 배상을 의미한다. 하지만, 자연 보호 관점에서의 중요성과 관련성이 약하기 때문에 평가 없이 적용하면 비용적으로 유리한 비오톱 유형의 복원만 시행될 우려가 있다.

자연 침해 규정에서는 훼손의 범위를 구체화하고 있으며, 개별 단위 개발 사업까지 원인자 부담 원칙을 적용하여 환경영향평가를 받도록 하고 있다. 훼손된 공간의 크기만큼 다른 곳에 복원토록 구체화하고 있는데, 이는 도심 지역의 부족한 녹지 면적을 확보할 수 있는 중요한 법적 근거가 되고 있다. 훼손량의 정량적 산정은 이후 보상과 대체를 위한 기초적인 자료가 된다(환경부, 2009).

3) 미국의 습지 은행 제도

미국은 전체 국토의 약 5.5% 정도가 습지이며, 그 중 약 90%는 육지에 있는 습지이다(방상원 등, 2006). 하지만, 과거 미국은 농업의 확충, 건설, 배수 등 인간의 활동과 경제 성장을 위해 지난 200년간 약 50% 정도의 습지가 손실된 것으로 알려지고 있다. 이러한 습지의 손실을 방지하고, 과거 시대에 잃어버렸던 습지를 확보하기 위하여 1980년대 이후부터 습지 총량 제도(No Net Loss of Wetlands & Long-term Net Gain of Wetlands Policy)를 운영해 오고 있다.

습지 총량 제도에서 No Net Loss of Wetlands 정책은 미국 내 습지의 총량을 유지하기 위해서 앞으로의 습지 면적에 대한 상실이 없도록 개발되는 면적 이상의 습지를 다른 지역에 조성하도록 하는 것이다. 또한, Long-term Net Gain of Wetlands 정책은 과거에 잃어버렸던 습지의 면적을 확보하기 위해 지속적으로 새로운 습지를 조성 혹은 복원해 나간다는 것이다. 이 중에서 No Net Loss of Wetlands 정책은 미국에서 습지 관리를 위한 강력한 제도로 자리 잡고 있다.

습지 총량 제도와 가장 밀접한 관련이 있는 법률은 청정수질법(Clean Water Act)이다. 이 법의 제404조에 미국 내 수로, 호수 등의 준설 또는 매립에 대한 허가 규정이 신설되었는데, 이에 의해 습지에 대한 준설 또는 매립 행위를 원하는 모든 기관이나 개인은 미국 육군공병단(US Army Corps of Engineers, US ACE)의 개발 허가를 받아야 한다. 이 허가 작업 과정에는 연방 환경보호청(US EPA)과 연방 어류 및 야생동물사무국(US FWS), 주 정부 관계 기관 및 환경 단체를 포함한 특별 이해 집단의 의견을 수렴하여야 하며, 연방 환경보호청은 미국 육군공병단의 허가 결정에 거부권을 행사할 수 있어 잘못된 결정을 견제할 수 있다(방상원 등, 2006).

미국은 습지의 순손실 방지를 목적으로 습지 훼손에 대한 보상·완화 조치(mitigation compensation)가 습지 관련법에 의해 법제화되어 있다. 미육군공병단과 환경보호청은 1990년 체결한 합의각서(MOA)에 따라 습지 훼손 가능성이 있는 개발 사업이 신청되면 이들에 대한 완화 조치로서 회피(avoid), 최소화(minimize), 수정(rectify), 감소(reduce), 보상(compensate)의 방법들을 제시하였다.

[표 5-5] 합의각서상에 제시된 완화 조치의 검토 사항

검토 요소	주요 내용
1. 회피	어떤 행위나 행위의 일부를 취하지 않음으로써 영향을 모두 회피
2. 최소화	어떤 행위와 이행의 정도 및 규모를 제한함으로써 영향을 최소화
3. 수정	영향받은 환경을 수리하거나 회복시키거나 복원함으로써 영향을 수정함
4. 감소	행위 기간 동안에 보관과 관리 작업을 일정 기간 시행함으로써 영향을 감소 또는 제거함
5. 보상	대체 자원 또는 대체 습지를 조성하거나 대체함으로써 영향을 보상함

※ 주) 미국 육군공병단과 연방 환경보호청이 청정수질법 제404조에 의해 1990년 합의각서(MOA)를 체결하였는데, 습지 개발에 대한 완화 조치로 제시한 것임.

하지만, 실제 개발 신청에 대한 검토 우선순위와 내용을 명시하고 있는데, 이는 회피, 최소화, 보상의 3단계로 구분하고 있다. 습지를 관리하는데 있어서 가장 바람직한 방법은 개발로 인한 습지 훼손을 회피(avoidance)하는 것이며, 이는 습지를 개발하려는 자는 습지에 대한 개발 사업의 영향이 가능한 없도록 조치를 취하는 것이다. 실제로 개발 사업이 있을 때 습지를 불가피하게 훼손시켜야 하는 경우가 더 많이 발생하게 된다. 따라서 불가피한 훼손을 최소화(minimization)시키는 노력이 필요하게 된다. 즉, 회피가 힘든 경우에는 습지에의 악영향을 감소하는 조치를 취하는 것이다. 회피와 최소화의 모든 방법이 불가능할 경우, 습지를 보상(compensation)하게 된다. 이 보상의 방법에는 습지의 창출과 복원, 향상 등이 포함되는데, 이러한 것은 넓은 의미에서 대체 습지에 포함된다.

위에서 설명한 3 단계의 완화 조치를 도로 건설을 예로 들어 예시해 보면 [그림 5-12]와 같다. 습지와 같이 보전해야 할 서식처가 있는 지역에 도로 노선이 계획·설계되었을 경우(a), 회피 개념(b)은 도로 노선을 보전해야 할 서식처에서 옮기는 것을 의미한다. 이러한 의사 결정이 안전의 문제나 사업비의 과대한 증대와 같이 불가피한 경우가 생기면, 최소화 개념(c)을 적용하게 된다. 다만, 회피의 방법이 불가능하다는 것을 반드시 증명해야 한다.

최소화의 개념이 적용되는 경우에는 기존의 노선대로 계획·설계하되, 보전해야 할 서식처가 개발 사업에 의한 영향을 최소한으로 받도록 생태통로 등을 조성해 주는 것이다. 최소화 개념을 적용시키고자 할 때에는 개발 사업으로부터 오는 영향을 어떻게 최소화할 것인지를 실험적으로 보여주어야 한다.

이러한 최소화 조치가 지형적 조건이나 다른 문제들로 불가능할 경우에는 보전해야 할 서식처를 다른 곳으로 옮기는 방법을 채택하게 된다. 이것을 보상 개념(d)이라고 하는데, 주의할 것은 어떠한 경우라도 보상(대체)의 개념이 우선적으로 적용되어서는 안 된다는 것이다. 앞서 선택할 수 있었던 회피나 최소화 기법이 불가피할 경우에만 한정하여 적용되어야 한다. 특히, 건설 사업으로 훼손될 수 있는 서식처가 희귀성이 있거나 보전할 가치가 매우 높을 경우에는 회피의 개념만을 적용해야 한다.

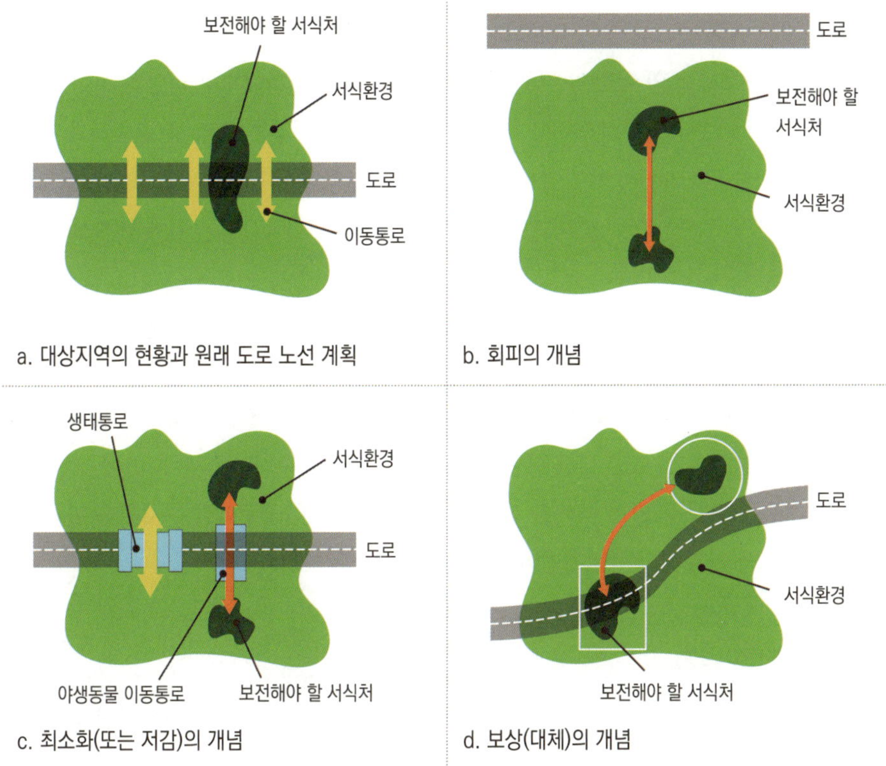

[그림 5-12] 도로 건설에 따른 영향의 회피, 최소화 및 보상(대체)의 개념

한편, 어느 지역의 습지 훼손에 따른 새로운 대체 습지를 조성할 때에는 원래 습지가 있던 지역과 다른 지역(off site)에 있는 습지보다는 동일 지역(혹은 유역) 내(on site)의 습지로 조성하는 것이 더 바람직하다. 같은 방법으로 훼손되는 습지와 새롭게 대체시킬 습지의 유형이 서로 다른 유형의 습지(out of kind) 보다는 같은 유형의 습지(in kind)로 완화·조치하는 것이 더 바람직하다.

습지의 보상·완화 조치(compensatory mitigation)는 습지 보호를 위해 모든 개발 행위를 중지시키는 것이 아니라 불가피한 개발의 경우에 그 개발에 대한 허가를 내주는 대신, 개발에 따른 습지의 손실이 있을 경우에는 습지 개발 사업자(permittee)에게 해당 손실에 대한 보상을 책임지도록 하는 자연환경과 개발의 양자 관점에 입각한 환경 관리 제도로 볼 수 있다. 그러나 습지 개발 사업자가 습지 보상을 위하여 습지를 복원 또는 습지 기능을 향상시킬 경우에 대비한 복원·향상 기술을 가지고 있어야 한다는 문제점, 새로운 습지를 조성해야 할 경우에는 대체 습지의 선정·조성·유지에 많은 비용을 부담해야 한다는 점, 개발업자의 대부분이 습지에 대한 전문 지식이 부족하여 습지의 조성 및 유지가 불가능하고 더욱이 새로운 습지를 조성할 경우에는 오랜 기간이 소요된다는 문제점 등을 가지고 있다.

반면 습지 은행 제도(mitigation banking)는 생태적이고 유기적으로 연계된 광범위한 지역을 장시간에 걸쳐 관리하게 된다는 점에서 동일 지역 내의 습지만을 다루는 프로그램보다 효과적이며 대체 습지를 조성함으로써 습지의 총량을 유지할 수 있다. 습지 훼손의 우려가 있는 지역을 개발하려는 사업자에게 동 지역의 개발에 따른 습지 손실 및 생물종 다양성의 감소 등과 같은 생태적 피해를 완화하기 위해 유사 지역 또는 다른 지역에 같은 규모의 습지 또는 생태 지역을 조성하도록 하는 것이다.

아울러 습지 은행 제도는 앞으로 일어날 개발 행위로 인해서 습지에 불가피한 훼손이 발생할 경우에 이에 대해서 사전에 보상하는 것으로서 개발 지역을 포함하고 있는 유역 내에 습지를 조성하거나 복원, 향상시키는 것을 말한다. 이 개념에서 중요하게 살펴보아야 할 것은 '앞으로 일어날 개발 행위'로서 개발에 따른 습지 훼손을 미리 준비한다는 의미를 담고 있는데, 개발 사업에 앞서서 훼손될 습지를 보상한다는 것이 주된 특징이다.

습지 은행은 규제 기관이 허가한 만큼의 해당 습지에 대한 영향을 동일 지역이 아닌 다른 지역의 습지를 복원, 조성, 향상 또는 보존하여 습지 개발 허가권 수권자가 습지은행으로부터 습지권(credit)을 구매하는 것으로 보상·완화 조치를 완료시켜주고 있다. 즉, 습지 은행은 습지의 손실이 발생하기 전에 습지에 관한 전문적인 지식을 보유한 집단에서 적당한 규모의 습지를 다른 지역에 조성해 두고 습지개발 허가권 수권자가 보상·완화 조치를 필요로 하는 경우에 미리 준비한 습지권을 판매하여 개발 사업 실시 전에 보상을 완료시키는 시스템이다(한국해양연구원, 2004).

4) EU 자연복원법

18세기 산업혁명으로 지구의 다른 어떤 곳보다 먼저 산업화와 도시화가 이루어진 유럽에서 자연환경을 복원하기 위한 입법이 진행된 바 있다. 2022년 6월 22일 유럽연합 집행위원회(EC, European Commission)가 EU 자연복원법(EU Nature Restoration Law)의 초안을 공개하였다. EU 자연복원법 초안은 유럽 내의 생물 서식처와 생물종의 장기적이고 지속적인 회복을 목표로 2030년까지 살충제 사용을 반으로 줄이고 댐을 철거해 강을 복원하며, 육지와 바다의 20%를 복원하고 습지, 숲, 초원, 강과 호수, 사구 등 생물다양성과 생태계를 개선한다는 내용으로 약 1,000억 유로(약 146조 원)가 투입될 예정이었다. EU 자연복원법 초안은 2050년을 목표로 하고 있으며 회원국들은 EU 자연복원법 발효 2년 안에 여건과 필요에 따른 목표와 자금 조달 계획을 포함해 2050년까지 효력을 가지는 관련 법안의 초안을 마련해야 한다는 취지를 갖고 있었다(국가 환경산업기술정보시스템, 2022).

이러한 자연복원법 초안([표 5-6] 참고)은 EU 회원국들의 논의를 통해서 발전하면서, 2030년까지 EU 육지와 바다의 최소 30%를 복원하고 2050년까지 복원이 필요한 모든 생태계를 복구하는 것을 핵심 목표로 하는 것으로 발전하였다. 또한 유럽연합 전체 농지의 10%를 이탄지로 복원, 2030년까지 화학살충제 사용 50% 감소, 벌과 같은 수분매개자의 감소를 역전시키고, 2030년까지 도시 공간의 녹지 순손실 중단(No net loss), 하천의 연결성을 방해하는 보나 댐을 철거하여 2030년까지 2만5000㎞의 강을 자유롭게 흐르도록 복원하는 등의 내용(프레시안 뉴스, 2023.12.09.)으로 발전하였다. 이러한 EU 자연복원법은 강력한 목표를 제시하였고, 규제의 성격이 크지만, EU 기후법(European Climate Law)과 함께 유럽 그린 딜(European Green Deal)의 핵심 역할을 할 것으로 기대되었다.

그리고 이 법은 수차례의 논의를 통해서 2024년 2월 27일 법안이 통과되었다. 이때의 주요 내용은 회원국은 2030년까지 파괴된 서식지의 최소 20%, 2040년까지 60%, 2050년까지 90%를 복원하기 위한 조치를 취한다는 것이다. 목표 달성을 위한 구체적인 방안을 담은 국가 복원 계획도 정기적으로 제출하는 것이었다. 하지만, 이 법안은 중도 우파인 유럽의회의 최대 정치그룹 유럽 인민당(EPP)이 투표 직전까지 반대했다. 자연복원법이 기후 목표 및 농업과 임업 종사자들에게 부담을 줄 수 있다는 이유에서였다. 이 법안이 통과됨으로써 유럽 집행위원회는 발생할 비용은 1,540억 유로(약 222조 원), 경제적 이익은 약 1조 8,600억 유로(약 2,692조 원)에 달할 것이라고 밝혔다.

하지만, 이 법안은 2024년 3월 최종 승인 및 공표를 위한 표결을 했는데, 일부 회원국들의 반대로 최종 입법을 위한 승인이 불투명해지기도 하였으나, 이후 6월 17일 최종적으로 승인되는 결과를 얻었다.

[표 5-6] EU 자연복원법 초안(요약)

구분	주요 내용
목적	• EU의 생물 서식지와 생물종의 장기적이고 지속적인 회복 • EU 종다양성 전략 2030의 주요 목표인 생물종 다양성 회복을 궤도에 안착 • 2030년까지 EU 영토의 최소 20%, 2050년까지 복원이 필요한 모든 생태계를 대상으로 효과적이고 지역에 기반한 복원 조치를 즉시 시행(제1조) • EU 회원국은 2040년까지 도시 녹지 면적을 3%, 2050년까지 5% 확대하고 도시지역에서 최소한의 나무 수관층 확보(제6조) • 회원국들은 하천 장벽과 댐을 철거해 2030년까지 최소 25,500㎞의 자유 유량 하천을 복원(제7조)
강화된 구속력	• 기존 EU의 정책과 노력으로는 생물종 상실을 되돌리기에는 역부족으로 2020년까지 파괴된 생태계의 15%를 회복하겠다는 자발적 목표를 달성하지 못함 • 목표 달성을 위해서는 야심차고 구체적이며 측정 가능하고 긴급하며 시간제한이 있는 목표 설정이 중요 • 생태계 회복을 위해 법적 구속력이 있는 중대 목표와 EU 자연복원법을 강화하고 이를 뛰어넘는 생태계 고유 목표 제시 • 2050년을 목표로 하며 2030년과 2040년까지 법적 구속력을 가짐
자연복원으로 인한 환경적, 사회적, 경제적 혜택	• 건강한 생태계는 사회적 웰빙과 번영의 토대 • 자연 복원은 기후변화, 식량안보, 정신건강 등 당면 문제 해결에 필수 • 건강한 라이프스타일과 사회적 이익을 촉진하고 경제 부문의 유연성을 높이며 경제적 기회와 일자리 창출 • 공동 이익을 통해 당면한 기타 목표 및 EU그린딜 등 국제적 약속 준수에 용이함
강력한 실천 프레임	• 복원의 계획, 자금 조달, 실천 및 모니터링을 위해 전략적 우선순위 결정 및 기획이 필요함 • 회원국들은 EU 자연복원법 발효 후 2년 안에 2050년까지의 여건과 필요에 따른 목표와 자금 조달 계획을 포함하는 국가자연복원계획을 제출 • EC는 각국이 제출한 계획들의 요건 충족 여부 평가
효과적인 모니터링과 보고	• 복원 계획이 제대로 시행되고 기대했던 생물다양성 복원의 혜택이 산출되고 있는지 효과적인 모니터링과 보고가 필요 • 목표 달성 정도는 회원국들이 모니터링해 보고하고, 이를 바탕으로 EU 전체 보고서 작성. 2035년 목적 달성 정도에 대한 검토 실시 • 강화된 모니터링을 통해 관련 지식을 확장하고 EU생태계와 서비스 모니터링 강화를 위한 중대 기회를 제공

※ 자료출처: 국가 환경산업기술정보시스템(2022)을 일부 수정함. (원자료: Institute for European Environmental Policy(ieep.eu), 「The proposed EU Nature Restoration Regulation: The path to nature's recovery」, 2022-06-22 FINAL IEEF (ieep.eu), 「The proposed EU Nature Restoration Regulation: The path to nature's recovery」, 2022-06-22.)

5) 생태계 서비스와 자연의 가치 평가 관련 제도

가) 생태계 서비스 개요

생태계 서비스(ecosystem service)란 인간이 생태계로부터 얻는 편익을 말하며, 자연 생태계와 이를 구성하는 종들이 인간의 삶을 지탱하고 충족하는 조건과 과정들을 의미한다. 생태계의 서비스와 상품에 대한 생각은 1950년대 오덤(Odum)에 의해서 맨 처음 도입되었으며, 생태계 서비스 개념의 태동기인 1960년대 후반과 1970년대에는 자연의 기능에 대한 사회적 가치를 제기하였다(Ehrnlich *et al.,* 1970). 그리고 1970년대와 1980년대에는 생물다양성 보전에 대한 대중의 관심을 끌기 위해 자연자산에 사회·경제적 의존성을 강조하기 시작하였다(De Groot, 1987).

실제로 생태계 서비스라는 용어는 1981년에 Ehrlich과 Ehrlich가 처음 사용하였으나, 생태계 서비스에 대한 주된 견해는 1997년에 Daily의 저서 '자연의 서비스 : 자연 생태계에 대한 사회 의존성(Nature's Services : Social Dependence on Natural Ecosystems)'과 지구 자연자산의 가치에 대한 Costanza 등(1997)의 논문에서부터 본격적으로 대두되었다. Daily(1997)는 생태계 서비스를 생태계와 생물종들이 인간의 삶을 살아가게 하고 충족시키는 것으로 정의하였고, Constanza(1997)는 인간 개인이 생태계 기능으로부터 직·간접적으로 얻는 혜택으로 정의하였다. 최근에는 생태계 서비스의 개념에 대한 논의가 기능 서비스 편익을 구분하는 것으로 정리되는 경향을 보인다(국립생물자원관, 2014).

새천년생태계평가(MA)에서는 생태계 서비스의 범주를 크게 네 가지로 나누었는데, 공급 서비스(provisioning services), 조절 서비스(regulating services), 문화 서비스(cultural services), 지원 서비스(supporting services)로 구분하였다. 한편, 생태계 및 생물다양성의 경제학(The Economics of Ecosystems and Biodiversity, TEEB)에서는 MA에서 설정한 4개 유형 중에서 지원 서비스를 서식처 서비스(habitat service)로, 문화 서비스를 문화 및 어메니티 서비스(culture and amenity service)로 용어를 각각 변경하였다. 각각의 생태계 서비스에 대한 구체적인 내용을 예시해 보면 다음과 같다.

우선, 공급 서비스는 생태계에서 물질적인 결과물을 의미하는 생태계 서비스이다. 공급 서비스는 음식, 작물, 담수 및 물, 식물 기반의 약물 그리고 기타 자원들을 포함한다.

- 식량 : 생태계는 야생 서식지 및 농업 생태계에서 식량 자원을 자라게 하는 조건을 제공한다.
- 원재료 : 생태계는 건설과 연료를 위해 다양한 재료를 제공한다.
- 담수 : 생태계 표면수와 지하수를 제공한다.
- 약용 자원 : 많은 식물이 전통적인 약물과 제약 산업의 원료로 사용된다.

조절 서비스는 생태계가 공기와 흙의 질 또는 홍수 및 질병을 조절하며, 조절자의 역할로서 제공하는 서비스이다. 특히, 습지를 통한 오염물의 여과, 탄소 저장과 물순환을 통한 기후 규제, 수분 작용, 재해로부터의 보호 등이 포함된다.

- 지역의 기후와 공기 질의 규제: 나무는 그늘을 제공하고 대기 중의 오염 물질을 제거한다. 산림은 강우량에 영향을 미친다.
- 탄소 격리 및 저장: 나무와 식물이 성장함에 따라 대기 중의 이산화탄소를 감소시키고, 식물의 조직에 이산화탄소를 효과적으로 가두어 둔다.
- 극단적 재해의 방지: 생태계와 살아있는 유기체는 홍수, 폭풍, 그리고 산사태 등의 자연 재해에 대한 완충장치를 만든다.
- 폐기물 처리: 토양 및 습지의 미생물이 많은 오염 물질을 처리 하는 것처럼, 인간과 동물의 폐기물을 분해한다.
- 부식 방지 및 토양 비옥도의 유지: 토양 부식은 토지의 질 저하 및 사막화 과정의 주요 요소이다.
- 수분 작용: 커피와 코코아 같은 중요한 상업 작물을 포함하는 115종의 주요 식량 작물 중에서 85종은 동물의 수분에 의존한다.
- 생물학적 조절: 생태계는 해충 및 매개체에 의한 질병을 방지하기 위하여 중요하다.

서식처 또는 지원 서비스는 거의 모든 다른 서비스의 버팀목이 된다. 생태계는 식물과 동물에 살아갈 공간을 제공하고, 식물과 동물의 품종의 다양성을 유지한다. 지원 서비스에는 토양 형성, 광합성, 양분 순환 등도 포함된다.

- 종을 위한 서식지: 서식지는 개별 식물이나 동물이 생존에 필요한 모든 것을 제공한다. 철새 종의 경우에는 그의 이동 경로를 따라 서식지가 필요하다.
- 유전적 다양성의 유지: 유전적 다양성은 서로 다른 품종 및 인종을 구별하며, 상업 작물과 가축의 추가 개량을 위한 지역에 적합한 품종과 유전자 그룹의 기초를 제공한다.

문화 및 어메니티 서비스는 생태계와의 접촉으로부터 사람들이 얻는 비물질적인 편익을 포함한다. 문화서비스는 미적, 정신적 그리고 심리적 편익을 포함하며, 레크리에이션, 교육 등을 포함한다.

- 레크리에이션과 정신 및 신체 건강: 정신적, 신체적 건강을 유지시켜주는 자연 경관과 도시의 녹색 지역이 갖는 역할의 중요성이 점차 강조되고 있다.
- 관광: 자연 관광은 상당한 경제적 이점을 제공하고, 많은 나라의 중요한 소득 자원이다.
- 미적 감상과 문화, 예술, 디자인에 대한 영감: 언어, 지식 그리고 자연 환경의 감상은 인류의 역사를 통하여 밀접하게 연결되어 왔다.
- 영적 경험과 장소의 의미: 자연은 모든 주요 종교의 공통적인 요소이다. 자연 풍경은 또한 지역의 정체성과 소속감을 형성한다.

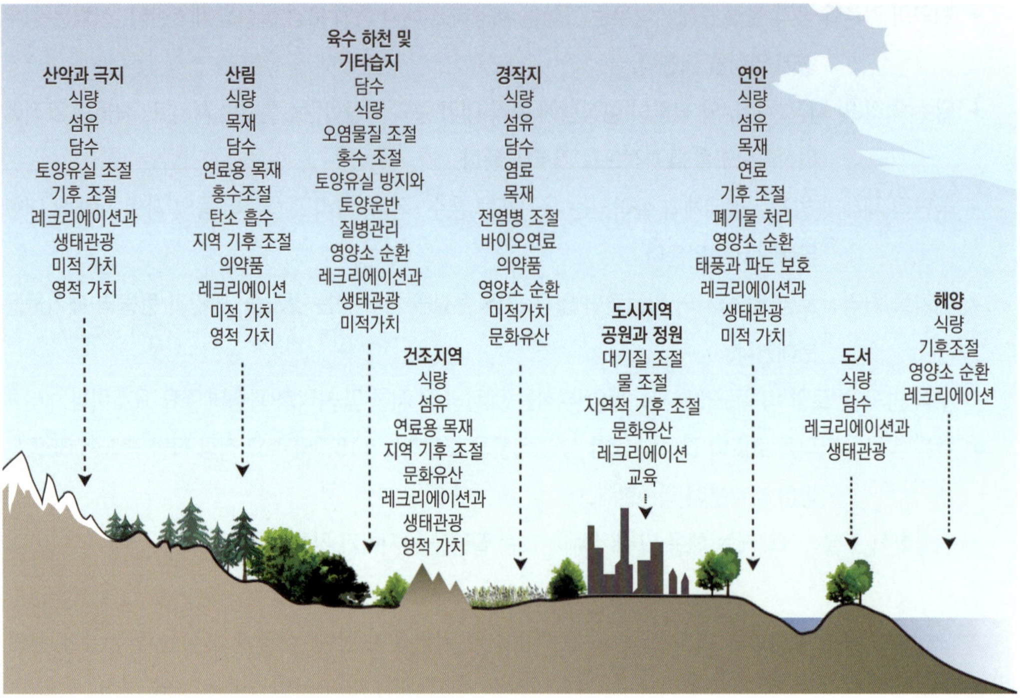

[그림 5-13] 다양한 생태계와 생태계 서비스

※ 자료출처: Millenium Ecosystem Assessment(2005)를 재작성함.

나) 생태계와 생물다양성의 경제학(TEEB)

생태계와 생물다양성의 경제학(The Economics of Ecosystems and Biodiversity, TEEB)은 자연을 경제적인 측면에서 접근하기 위한 방법이다. 즉, 자연이 제공하는 다양한 혜택을 경제적 가치로 환산하는 것이라고 할 수 있다. 일반적으로 "생태계와 생물다양성 손실로 인한 비용"이 "생태계 및 생물다양성을 파괴하는 개발 등으로 얻는 이익"보다 크다고 할 수 있다. TEEB는 유엔환경계획(UNEP)의 주도로 이루어지는 범지구적 프로젝트이며, 유럽 집행위원회, 독일, 영국, 네덜란드, 노르웨이, 스웨덴, 일본 등의 재정적 후원을 받고 있다.

이 개념은 2006년 영국 니콜라스 스턴 경의 "기후변화의 경제학(The Economics of Climate Change)"이라는 보고서에서 기후변화 대책 수립의 커다란 계기로 작용하였다. 경제학을 통해 기후변화 대응을 위한 조기 조치의 필요성을 설득력 있게 제시하여, 기후변화 완화 및 적응을 위한 다양한 대책들이 획기적으로 증가하였다. 그리고 G8+5 국가의 환경장관들의 제안에 따라 유엔환경계획 주관 아래 생태계와 생물다양성 관리를 위해 스턴보고서를 롤 모델로 하여 비슷한 접근을 시도하였다. 자연의 가치를 금전적인 수치로 환산하여, 인류가 자연으로부터 획득하는 효용과 잃어가고 있는 효용을 가시적으로 제시하는 것이 주된 목적이었다.

TEEB는 생물다양성과 생태계 서비스의 경제학을 의사결정 과정에 통합시키는 사례들을 다양하게 만들고 있으며, 이를 위해 2009년에는 국내·외 정책 담당자, 지역 및 지방 정책 담당자, 기업과 소비자, 시민 각각을 대상으로 한 보고서를 작성한 바 있다. 2009년 TEEB 보고서는 친환경적인 선택이 경제적으로도 의미가 있다는 사실을 강조하며, 습지 및 산림의 생태계 서비스 가치 추정, 식수의 금전적 가치, 자연보호 지역의 편익 창출 사례, 중국 산림 파괴와 목재 비용 등 다양한 사례를 들어 이해를 도왔다. 이들 각각에 대한 보고서들은 한국어 번역판이 출간되어 있다.

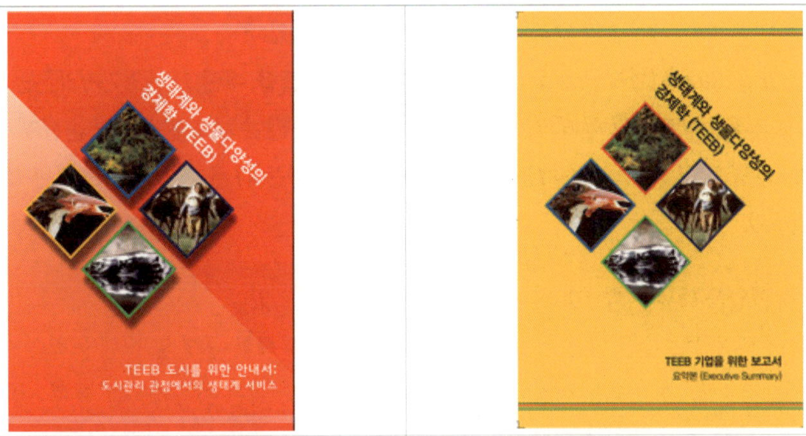

a) 도시 관리를 위한 안내서	b) 기업을 위한 보고서

[그림 5-14] TEEB 관련 한국어 번역판 표지(pdf 버전)

자연가치 측정의 접근 방법은 크게 선호 기반 접근법과 생물물리학적 접근법으로 구분할 수 있는데, 구체적인 내용은 [그림 5-15]와 같다.

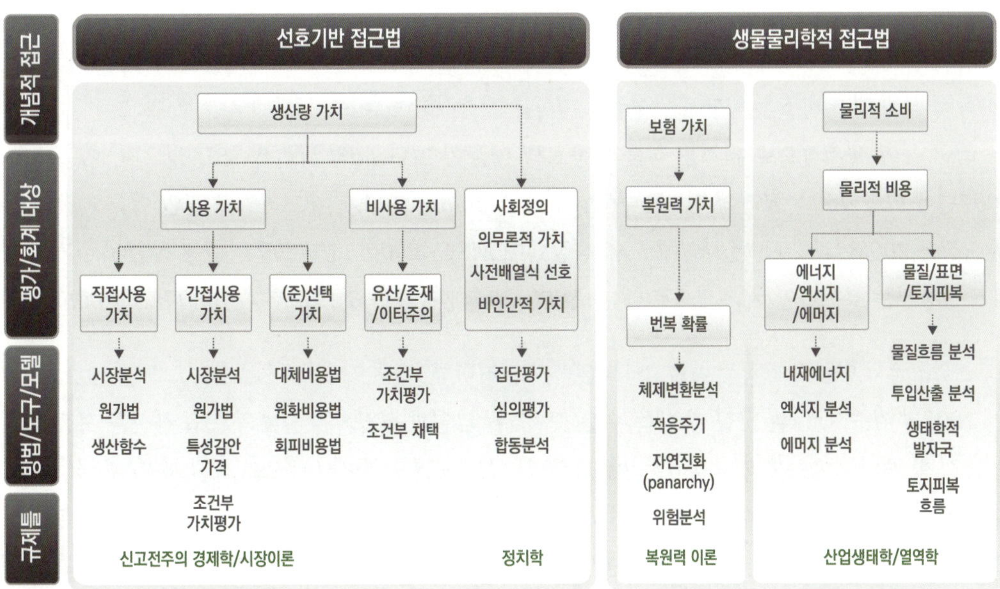

[그림 5-15] 자연가치 측정의 접근 방법

※ 자료출처: TEEB, 2010. (TEEB Foundations, Chapter 5)

한편, "생태계와 생물다양성의 경제학(TEEB) - 자연의 경제학을 주류 의사 결정에 포함시키기: TEEB의 접근법, 결론, 제언에 관한 종합 보고서"에서 제시하고 있는 숫자로 보는 생태계 서비스의 경제학의 내용을 제시해 보면 다음과 같다(TEEB, 2010).

산림 보존으로 미화 3조7천억 달러 상당의 피해를 면할 수 있다.

산림 벌채율을 2030년까지 반으로 줄이면 이산화탄소 배출을 매년 1.5~2.7 기가톤을 줄일 수 있다. 이로 인해 기후변화로부터 야기되는 피해를 면할 수 있는데, 수치로 환산하면 순현재가치(NPV)로 미화 3조7천억 달러이다. 이 수치는 산림생태계가 제공하는 다른 혜택들을 포함한 것은 아니다(Eliasch, 2008).

전 세계의 어업은 매년 미화 500억 달러 만큼의 손실을 내고 있다.

정부로부터 많은 보조금을 받는 어업 선단들 간의 경쟁은 부족한 규제 및 집행 능력의 어려움과 더불어, 상업적으로 가장 가치 있는 어장들만의 남획을 초래했다. 이는 지속가능한 어획 시나리오와 비교할 때, 매년 세계적으로 수산 어장에서의 수입을 미화 500억 달러만큼 줄이고 있다(세계은행/세계농업기구(World Bank and FAO), 2009).

산호초의 생태계 서비스의 중요성

산호초는 세계 대륙붕에서 차지하는 비율이 단지 1.2%에 불과하지만, 모든 해양 어류종의 1/4 이상을 포함하는, 100만~300만 개로 추정되는 종들의 서식지이다(Allsopp et al., 2009). 해안 및 섬 지역에 살고 있는 3,000만 명의 사람들은 그들의 식량 생산, 수입, 생계 수단을 산호초에 전부 의지하고 있다(Gomez et al., 1994; Wilkinson, 2004).

녹색 상품 및 서비스는 시장에서 새로운 기회를 창출하고 있다.

최근 들어 세계적으로 유기농 식품과 음료의 매출이 매년 50억 달러씩 늘고 있으며, 이 수치는 2007년에 미화 460억 달러에 이르렀다(Organic Monitor, 2009). 에코라벨을 붙인 어류 제품의 세계 시장은 2008년과 2009년 사이에 50% 성장했다(MSC, 2009). 생태관광은 관광 산업에서 가장 빠르게 성장하는 부문이며, 세계적으로 매년 소비가 20% 성장하는 것으로 추정된다(TIES, 2006).

스위스에서 양봉의 가치는 매년 2억1천3백만 달러이다.

2002년 기준으로, 벌 군집 한 개는 수분(受粉)된 과일과 산딸기류 열매의 농업 생산을 보장했다. 벌 군집 한 개의 가치는 한해 1,050달러에 달했다. 이는 매년 양봉에서 나오는 직접 제품(예. 꿀, 밀랍, 화분)이 단지 215달러의 가치가 있는 것과 비교할 때 높은 수치다(Fluri and Fricke, 2005). 평균적으로 스위스 벌 군집은 매년 213달러의 농업 생산 가치가 있는 수분 작용을 제공하고, 이는 대략 꿀 생산의 5배 정도의 가치를 가진다(TEEB 사례: 수분 작용의 평가가 양봉가들을 위한 지원을 촉진한다, 스위스). 2005년 세계적으로 곤충을 통한 수분의 경제적 총 가치는 1,530억 유로로써, 세계 농업 생산량의 9.5%로 추정된다(Gallai et al., 2009).

캔버라, 호주에서 나무 심기는 도시 삶의 질을 향상시킨다.

캔버라의 지역 당국은 미기후(微氣候)를 규제하고 오염을 줄임으로써, 이산화탄소를 포집 및 저장하기 위해서 뿐만 아니라, 도시의 공기 질을 향상시키고 에어컨 이용으로 인해 발생하는 에너지 비용을 줄이기 위해 40만 그루의 나무를 심었다. 나무를 심음으로써 도시가 얻을 수 있는 혜택은 2008년에서 2012년 사이에 대략적으로 미화 2,000만~6,700만 달러로 예상된다(Brack, 2002).

위에서 살펴본 바와 같이 TEEB는 생태계와 생물다양성을 대상으로 하여 경제적인 측면에서 접근한 것으로, 무엇보다도 자연이 갖고 있는 혜택 특히, 경제적 가치를 강조하면서 최종적인 의사결정자들로 하여금 자연의 보전과 복원, 친환경적인 발전을 강조하고 있는 것으로도 볼 수 있다.

한편, 전통적인 경제학과 생태학을 결합시키는 생태경제학(Ecological Economics)에 대한 논의도 활발하다. 주지하다시피, 경제학(economy)의 어원은 집을 뜻하는 오이코스(*oikos*)와 관리를 뜻하는 노미아(*nomia*)가 결합된 오이코노미아(*oikonomia*)에서 유래한다. 생태학(ecology)의 어원인 오이코스와 맥을 같이 한다. 필자는 가끔 생태는 경제(ecology = economy) 혹은 자연은 돈(nature = money)이라고 표현한다. 환경 문제와 자연 생태 등에 관련된 여러 가지 이해관계들에 대한 해답을 찾아가고 지속가능한 경제를 도모하기 위해서 생태학과 경제학의 결합 혹은 융·복합은 매우 중요하다. 이것이 바로 생태경제학이라고 할 수 있다.

생태경제학 분야를 선도하고 있는 Costanza와 Daly 등은 인간의 기호와 이해, 기술, 문화적 조직이 생태계에 의해서 제공되는 기회 및 제약과 맞물려서 함께 진화하기 때문에 인간이 상위의 자연 체계 속에서 인간의 고유한 역할을 이해하면서 자연을 지속가능하게 관리할 책임을 가지는 것으로 보고 있다(한면희, 2007; 이정전, 2001).

다) 생태계 서비스 지불제(PES : Payments for Ecosystem Service)

생태계 서비스 지불제(PES)는 생물다양성 부문의 대표적인 경제적 정책 도구이다. 이것은 자발적 계약에 근거하여 특정 환경 서비스의 수혜자가 공급자에게 서비스 이용에 대한 일정액의 대가를 지불하는 다양한 형태의 계약을 총칭한다. 이때 계약 조건은 해당 생태계 서비스의 공급 유지 및 개선에 영향을 미치는 자원 관리가 주를 이룬다(OECD, 2010).

생태계 서비스 제공을 증가시킬 수 있는 직접적 인센티브를 제공함으로써 시장 실패를 해결하고자 하는 자발적인 프로그램이라고 할 수 있다(Wunder, 2005). 개인이나 공동체가 생태계 서비스 공급을 증가시킬 경우, 이 추가적 공급을 위하여 소요된 비용을 보상하는 시스템인 것이다. 이것은 자발적이고 인센티브에 기반한 정책 수단으로써, 보다 높은 환경적 가치를 갖고 보다 낮은 비용을 수반하는 지역을 찾아내는 데에 유리하다. 다른 간접 지불 제도나 규제적 접근에 비하여 상당히 비용 효과적인 수단이다.

이는 서비스 공급자가 특정 계약에 참여 여부를 결정할 수 있는 선택권을 가지고 있다는 의미이기도 하다. 또한 지불제는 성격이 명확히 규정된 생태계 서비스를 대상으로 한다. 이는 해당 서비스의 공급량 변화를 측정 가능하거나 또는 계약에 명시된 이행 조건이 해당 생태계 서비스 공급을 유지 또는 개선할 수 있다는 것을 전제로 한다는 의미이다.

Wunder(2005)는 생태계 서비스 지불제와 관련하여 다섯 가지 기준을 제시하였는데, 우선 (1) 생태계 서비스의 수익자와 공급자 간 자발적 거래이다. 그리고 (2) 생태계 서비스에 관한 명확한 정의가 존재한다. (3) 생태계 서비스의 구매자가 존재하고, (4) 생태계 서비스의 공급자가 존재한다. 마지막으로 (5) 생태계 서비스의 공급자가 지속적으로 생태계 서비스를 공급한다는 것이다.

생태계 서비스 지불제는 최소한 한 사람 이상의 구매자와 공급자를 요구하며, 서비스 공급에 대한 대가를 지불하기 위한 매개체(지불 수단)를 필요로 한다. 마지막으로 계약 성립을 위해서는 서비스 공급이 담보되어야 하는 조건을 충족해야 한다. 이는 생태계 서비스 지불제가 모니터링에 기반을 둔 상호 준수 프로그램이라는 의미이기도 하다(안소은, 2010).

생태계 서비스 지불제(PES)는 보호지역 지정으로 대표되는 기존의 생물다양성 보전 메카니즘에 비해 보다 능동적이고 직접적인 정책이며, 경제적 인센티브를 통해 서비스 공급자로 하여금 양질의 서비스를 자발적으로 제공하도록 함으로써 바람직한 자원 관리로 유도하는 것을 목표로 하고 있다(안소은 외, 2008).

산림 소유자의 토지용도 변경을 예로 살펴본 생태계 서비스 지불제의 작동 원리는 [그림 5-16]에서 제시하였다. 우선, 토지 소유자 입장에서 산림 보전을 통해 기대되는 편익을 A라 가정하고, 산림을 초지로 전환하였을 때 기대되는 편익을 B라 가정해 보자. 또한 산림을 초지로 전환하였을 때 예상되는 생태계 서비스 손실을 수자원(수원함양, 수질정화), 생물다양성, 탄소흡수라고 가정하고, 이때 발생하는 사회적 비용을 C라 가정한다(안소은, 2013). 여기서 생태계 서비스 구매자는 서비스 공급의 대가로 일정액을 토지 소유자에게 지불함으로써 산림 보전을 담보할 수 있다. 이때 최소 지불액은 (B-A)가 되고, 최대 지불액은 C에 해당하며, 지불액이 (B-A)와 C사이에 있으면 이론적으로 생태계

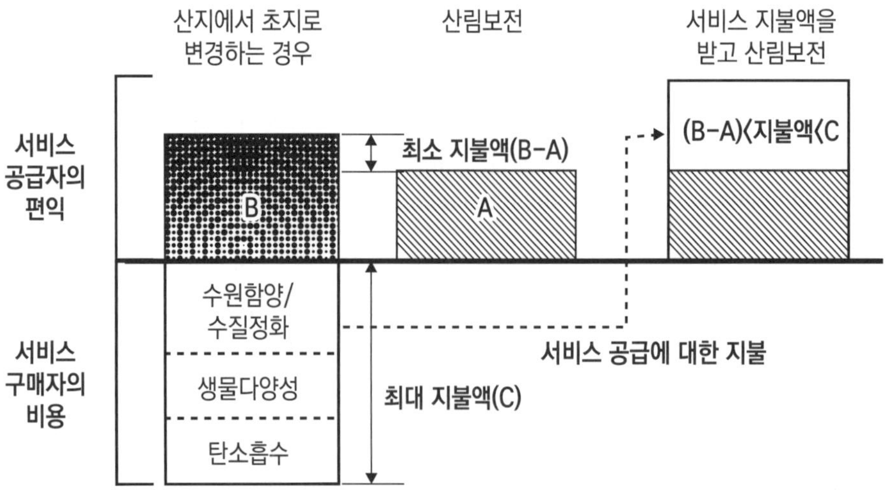

[그림 5-16] 생태계 서비스 지불제 작동 원리

※ 자료출처: 안소은, 2013 재인용(원전: Pagiola and Platais, 2007; Engel *et al.*, 2008 재구성)

서비스 지불제는 작동 가능하다. 결국 생태계 서비스 지불제가 지향하는 목적은 외부 효과의 내부화에 있으며, 특히 특정 조건하에서 외부 효과는 이해당사자 간의 사적인 협상을 통해 해결될 수 있다고 제시한 코즈 정리(Coase Theorem)의 실질적 적용이라 해석할 수 있다(안소은, 2010).

생태계 서비스 지불제는 지난 10년간 급속하게 확산되고 있는데, 오늘날 지역 및 국가적 단위로 전 세계에서 300개 이상의 프로그램이 운영 중인 것으로 알려져 있다. 이중 대부분은 수계 또는 유역(watershed) 서비스, 생물다양성, 탄소 저장, 그리고 경관적 아름다움을 증가시키기 위한 것이다.

우리나라의 경우에는 우리나라 물이용 부담금, 생태계 서비스 지불제 계약, 농업직접지불제도 등을 이 유형으로 분류할 수 있다.

라) 생물다양성 상쇄 제도

생물다양성은 인간의 건강과 웰빙, 경제를 지탱해주는 필수적 기반임에도 불구하고 그 혜택이 시장 가치에 반영되지 않아 많은 문제가 발생하고 있다. 그러한 맥락에서 앞서 언급한 TEEB와 같은 연구가 활성화되고 있다. 그렇지만 경제적인 측면에서 좀 더 효과적인 보전 조치가 필요한 것도 사실이다. 생물다양성 상쇄(biodiversity offsets) 제도는 이러한 도구로 볼 수 있는데, 개발 사업이 생물다양성에 미치는 부정적 영향에 대한 적절한 예방, 완화 조치를 취한 후에도 잔존하는 영향을 최소화하는 조치로 인해 발생하는 측정 가능한 성과라고 정의한다(Forest Trends, 2009). 개념적으로 복잡해 보이지만, 궁극적인 개념은 생물다양성을 보전하기 위한 경제적 측면에서의 정책 도구라고 할 수 있다. 좀 더 간단하게 표현하면, 개발사업 등으로 손실된 생물다양성을 대체하기 위해서 동일한 생태적 질을 갖는 자연환경을 조성해 주는 것을 생물다양성 상쇄 제도라고 한다(국립생물자원관, 2014). 다시 말해 생물다양성 상쇄 제도는 총량제(no net loss 또는 net gain)의 목표를 훼손하지 않는 범위 내에서 일정한 수준의 계속적인 개발을 허용하기 위하여 사용되는 정책 수단이라고 할 수 있다. 이 개념은 원래 습지 보전을 위하여 1970년대에 미국에서 처음 만들어졌다(앞 절의 습지총량제도 참고). 최근에는 약 56개 국가에서 90개 이상의 생물다양성 상쇄 제도와 관련된 법이나 정책을 운영 중에 있는 것으로 알려져 있다.

생물다양성 상쇄 제도의 주된 목적은 총량(No Net Loss, NNL)을 유지하기 위한 것이다. 일반적으로 개발 사업이 생물다양성에 미치는 부정적 영향을 중화(NNL)하는 것이지만, 일부는 순이익의 증대(Net Gain)를 도모하기도 한다. 앞서 언급한 대로 이 개념은 습지 총량 제도 및 습지 은행 제도를 탄생시킨 배경과 같다. 같은 맥락에서 생물다양성 상쇄 제도는 환경 영향의 저감 수단과 관련한 위계에 있어서 마지막 단계에서 수행하는 것으로, 일반적으로 생물다양성의 영향에 대한 저감 방안은 (1) 회피, (2) 최소화, (3) 저감, (4) 복원 그리고 (5) 상쇄의 과정으로 이루어진다(어떤 문헌 자료에서는 저감 단계를 제외하기도 한다). 현실적으로는 모든 조치가 동시에 이루어지기도 한다. 즉, 회피와 최소화, 복원 기법이 적용되면서 상쇄도 진행하는 방식이다. 이러한 생물다양성 상쇄 제도는 개발자에게 환경 훼손에 따른 추가적인 비용을 부과하므로 오염자 부담 원칙에도 부합하는 것이다.

이 제도는 충분한 서식지가 다른 곳에서 보호, 개선 또는 조성된다면, 서식지 훼손이 상쇄(offset)

될 수 있다는 것을 전제로 하고 있다. 생물다양성에 대한 부정적 영향이 상쇄 제도에 의하여 완전하게 보상될 수 없을 경우 상쇄는 허용되지 않아야 하며, 다른 형태의 정책(보호지역 또는 완충지역 설정 등)이 보다 적합하다고 할 수 있다. 생물다양성 상쇄 제도는 개발 사업자가 생물다양성 손실을 고려하도록 하여 환경 비용의 내부화를 촉진하고 사회적으로 최적 수준의 생물다양성을 유지하기 위한 것이다. 단계별 여러 가지 조치를 취한 후에도 여전히 존재하는 생물다양성 손실을 계량화한 후, 적정한 상쇄 제도를 선택토록 하고 있는데, 일반적으로 다음 3가지 중에서 한 가지 형태로 운영되고 있다.

- 일회성 상쇄 제도(One-off offsets): 생물다양성 옵셋이 개발자나 하도급자에 의해서 수행되며, 개발자가 재정적·법률적 책임을 부담하는 방식이다. 개발지역의 생물다양성 손실 시점에 상쇄 조치가 이루어지기 때문에 개발 완료 후의 영향을 고려하지 못하며 환경영향평가의 일환으로 수행되기도 한다.
- 바이오뱅킹(biobanking): 부정적 영향이 측정된 후 개발자는 공공 또는 민간 바이오은행에서 직접 옵셋을 구매토록 하고, 재정적·법률적 책임은 개발자에서 공급자로 이전하는 방식이다. 여기서 바이오은행은 기존 상쇄 현금교환권(credit) 저장소를 말하며, 각 현금교환권은 생물다양성 복원·조성·개선 및 보전 조치로 부터 발생하는 생물다양성의 계량화된 증가치(gain)를 상징한다. 이 제도는 습지 은행 제도처럼 생물다양성에 대한 장래의 개발 영향을 예측하여 사전에 이루어진 상쇄 사업으로 사업자는 개발 사업 전에 상쇄권을 구매하는 방식이다. 이 방식은 일회성 상쇄와는 달리 개발 사업으로 인한 장기적인 영향도 고려가 가능하다는 특징이 있다.
- 대납 제도(In-lieu arrangement 또는 payments-in-lieu): 제3자(즉, 상쇄 공급자)가 옵셋에 대한 재정적·법률적 책임을 지고, 개발자가 제3자에게 지불해야 하는 수수료를 정부가 규정하는 방식이다. 규제 당국이 생물다양성을 훼손하는 사업자에게 부담금 등을 부과하여 생물다양성 보전에 활용하는 방식이다.

지금까지 제시한 3가지 방식의 특성을 요약하여 정리하면 다음과 같다.

[표 5-7] 생물다양성 상쇄 기제의 특성 비교

구 분	일회성 상쇄 제도	바이오뱅킹	대납 제도
참여 동인	강제 규정/ 자발적	강제 규정	강제 규정
성과 담보 주체	사업자	사업자	공적 기관
상쇄 시점	개발지에서의 생물다양성 손실 후	개발지에서의 생물다양성 손실 전	개발지에서 생물다양성 손실 후
보전 책임	사업자	상쇄 공급자	상쇄 공급자
제도적 역량 요구	낮거나 중간 수준	높은 수준	낮은 수준

※ 자료출처: Madsen, B., N. Carroll, K. Moore Brands, 2010.

Memo

사진설명 : 사자평 습지 복원 지역(경남 밀양)

6장 생태복원 관련 국내 법, 정책과 제도

6. 생태복원 관련 국내 법, 정책과 제도

가. 국내 법

1) 환경 관련 법의 역사와 흐름

• 정부 조직

환경 관련법과 업무를 수행하는 정부 부처는 1967년 보건사회부 환경위생과 내에 공해계가 설치된 것이 우리나라 최초의 환경 담당 부서라고 할 수 있고, 그 인원은 불과 4명이었다. 이후 현 환경부의 전신인 환경청이 설립된 것은 1980년이었으며, 10년 후인 1990년에는 환경처로, 다시 4년 후인 1994년에는 현재의 환경부로 태어났다(환경부, 2010, 환경30년사).

• 헌법의 환경권

우리나라의 헌법에 환경이 등장한 것은 1980년 10월 27일 개정된 헌법(제9호)이며, 제33조에서 "모든 국민은 깨끗한 환경에서 생활할 권리를 가지며, 국가와 국민은 환경보전을 위하여 노력하여야 한다."는 조항이 생성되었다.

이후 개정된 1988년 2월 25일부터 시행된 헌법(제10호)에는 제35조에서 환경권에 대한 내용을 담고 있다. 우리나라 헌법 제35조의 제1항에는 모든 국민은 건강하고 쾌적한 환경에서 생활할 권리를 가지며, 국가와 국민은 환경보전을 위하여 노력하여야 한다는 내용을, 제2항에는 환경권의 내용과 행사에 관하여 법률로 정한다는 사항을 담고 있다. 또한, 제35조제3항에서 국가는 주택 개발 정책 등을 통하여 모든 국민이 쾌적한 주거생활을 할 수 있도록 노력하여야 한다고 제시하고 있다.

• 1960년대

우리나라의 환경과 관련된 법은 1960년대를 시작으로 발전해왔다. 우리나라 최초의 환경 관련법은 오물청소법으로 1961년 12월 30일 제정되었으며, 수도법은 그 다음 날인 1961년 12월 31일 제정되었다. 이후 공해방지법(1963년 11월 5일), 독물 및 극물에 관한 법(1963년 12월 13일), 하수도법(1966년 8월 3일) 등이 제정되었다.

자연환경 혹은 생물종과 관련된 법은 조수보호 및 수렵에 관한 법률이 최초라고 할 수 있는데, 이는 1967년 3월 30일 제정되었으며, 농림부, 내무부, 산림청 등을 거쳐 2004년 환경부 소관의 야생동·식물보호법(현재, 야생생물 보호 및 관리에 관한 법률)으로 바뀌었다. 한편, 환경부 소관 법은 아니지만, 천연기념물 지정 등을 담고 있는 문화재보호법(현재, 자연유산의 보존 및 활용에 관한 법률, 2023.3.21. 제정)은 1962년 1월 10일에 제정(국가유산청 소관 법)되었다.

- 1970~1980년대

1970년대부터 1980년대에는 공해방지법이 환경보전법(1977년)으로 바뀌게 되었으며, 합성수지 폐기물처리사업법(1979년), 자연공원법(1980년), 환경오염방지사업단법(1983년), 폐기물관리법(1986년) 등이 제정되었다.

- 1990~2010년대

1990년대부터는 환경청과 환경부가 본격 가동되는 시기로 환경정책기본법(1990년)을 시작으로 매우 다양한 법들이 제정되었다.

이 중에서 자연환경과 관련된 법으로는 자연환경보전법(1991년), 독도 등 도서지역의 생태계 보전에 관한 특별법(1997년), 습지보전법(1999년), 환경영향평가법(1993년), 백두대간보호에 관한 법률(2003년), 문화유산과 자연환경자산에 관한 국민신탁법(2006년), 지속가능발전법(2007년) 등이 있다.

생물종과 관련해서는 야생동·식물보호법(2004년, 현재, 야생생물 보호 및 관리에 관한 법률)이 제정되었다. 물과 관련된 법으로는 수질 및 수생태계 보전에 관한 법률(1990년, 현재, 물환경보전법)이 있으며, 한강 수계 상수원 수질 개선 및 주민 지원 등에 관한 법률(1999년)을 시초로 낙동강 수계, 금강 수계, 영산강·섬진강 수계 등 우리나라 5대강에 대한 물 관리 및 주민지원 등에 관한 법률(2002년)이 제정되었다.

이외에 토양환경보전법(1995년), 환경교육진흥법(2008년), 환경보건법(2008년), 환경 분야 시험·검사 등에 관한 법률(2006년)이 새롭게 제정되었다.

- 2010년대 이후

2010년대 이후에는 물의 재이용 촉진 및 지원에 관한 법률(2010년), 생물다양성 보전 및 이용에 관한 법률(2012년), 동물원 및 수족관 관리에 관한 법률(2016년) 등이 새롭게 제정되었다. 그리고 환경정책기본법과 환경영향평가법은 2011년에 전부 개정되었다.

2010년대 이후에 새롭게 대두된 환경 이슈들에 의해서 친수구역 활용에 관한 특별법(2010년), 석면피해구제법(2010년), 석면안전관리법(2011년), 인공조명에 의한 빛공해 방지법(2012년), 온실가스 배출권의 할당 및 거래에 관한 법률(2012년), 화학물질의 등록 및 평가 등에 관한 법률(2013년), 환경오염피해 배상책임 및 구제에 관한 법률(2014년), 환경오염시설의 통합관리에 관한 법률(2015년), 자원순환기본법(2016년), 수자원의 조사·계획 및 관리에 관한 법률(2017년), 물관리기본법(2018년),

미세먼지 저감 및 관리에 관한 특별법(2018년) 등이 새롭게 제정되었다.

또한, 국제협약 등의 이행을 위해서 새로운 법률 체계도 만들어졌다. 나고야 의정서에 대응하여 유전자원의 접근·이용 및 이익 공유에 관한 법률(약칭: 유전자원법)이 2017년 1월에 제정되었고, 탄소중립의 이행 등을 위해서 기존의 저탄소녹색성장기본법을 폐지하고, 기후위기 대응을 위한 탄소중립·녹색성장 기본법(2021년)을 제정하였다.

주지하다시피 법률의 변화는 매우 빠르게 이루어지고 있으므로 앞으로 소개되는 법들에 대한 구체적인 내용 등은 법제처 등에서 최신 법을 참고해야 한다. 참고로 2023년 환경백서에 제시한 환경부 소관 법령은 법률 기준으로 79개이다(2024년 3월 25일 기준).

생태복원 분야뿐만 아니라 공간을 다루는 분야에서는 법적인 검토를 신중하게 해야 한다. 특히, 생태복원 사업도 하나의 훼손 및 개발 사업으로 간주되는 경우가 많기 때문에 각종 인·허가 과정을 숙지해야 하며, 제반 법적 요건들을 충족할 수 있도록 해야 한다. 따라서 관련 법은 단순히 내용을 아는 것이 아니라 실무에서 적용할 수 있도록 충분히 학습해야 한다. 생태복원을 위한 인·허가 관련 방법은 "생태복원 계획·설계론 제II권, 제2장. 생태복원 사업 기획"에서 제시하였다.

우리나라에서 주요 공간별로 생태복원과 관련한 법률, 사업, 관계 부처와 관련한 내용은 [그림 6-1]과 [그림 6-2]에서 제시하였다.

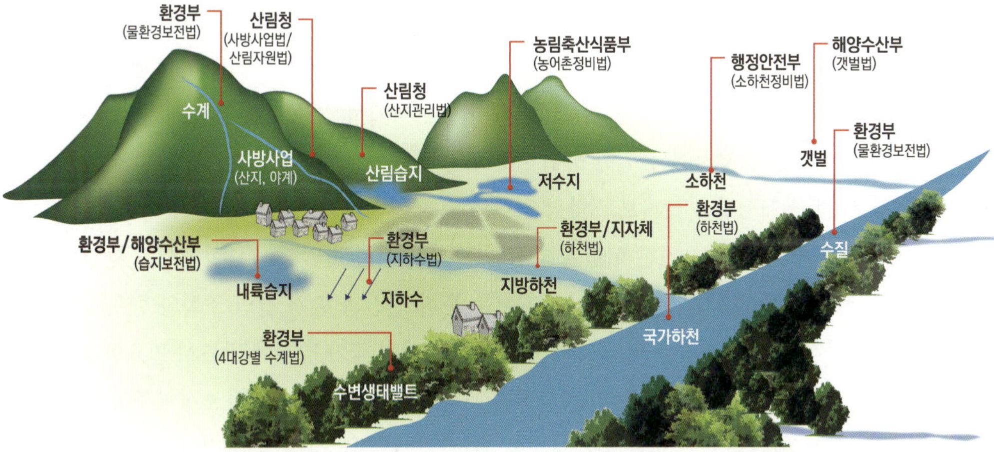

[그림 6-1] 주요 공간에서의 생태복원 관련 사업 유형과 관련 법, 담당 부처 1

※ 주1) 도시 및 하천 등의 대부분 지역은 자연환경보전법에 의한 자연생태복원사업을 실시할 수 있으며, 해양은 해양생태계의 보전 및 관리에 관한 법률(해양생태계법)에 의해서 복원하며, 갯벌은 갯벌 및 그 주변지역의 지속가능한 관리와 복원에 관한 법률(갯벌법)에 따라 복원하고, 산림은 산림자원의 조성 및 관리에 관한 법률(산림자원법)과 사방사업법에 근거하여 복원사업을 함.

※ 주2) 그림에서 법명이 긴 것은 약칭을 사용함.

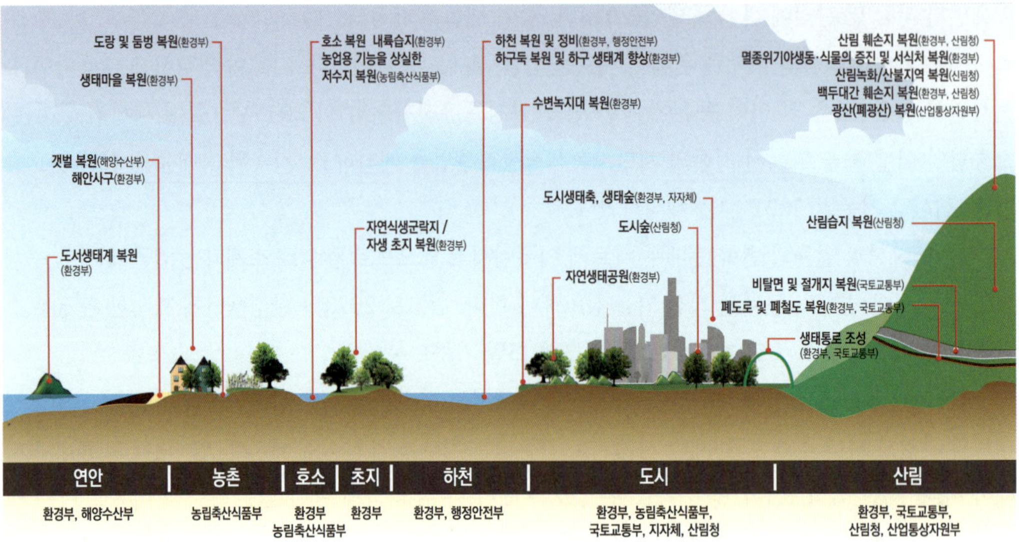

[그림 6-2] 주요 공간에서의 생태복원 관련 사업 유형과 관련 법, 담당 부처 2

2) 환경정책기본법

환경부 소관 최상위법으로서 이 법은 환경보전에 관한 국민의 권리·의무와 국가의 책무를 명확히 하고 환경정책의 기본이 되는 사항을 정하여 환경오염과 환경훼손을 예방하고 환경을 적정하고 지속가능하게 관리·보전함으로써 모든 국민이 건강하고 쾌적한 삶을 누릴 수 있도록 함을 목적으로 한다(환경정책기본법 제1조, 2023.1.3., 일부 개정 기준).

참고로 법 목적에서 적시한 날짜들은 법 개정일이며, 이 책에서 인용한 법률의 시점을 알려 준다. 앞으로 이 장에서 다룬 모든 법들은 동일한 방법으로 최근 개정일을 제시하였다. 향후 법과 관련된 사항을 참고할 경우, 해당 개정일을 살펴보고 항상 최신의 법을 확인하고 적용해야 한다.

환경정책기본법 제2조에서는 기본 이념을 다음과 같이 제시하고 있다. 제1항에서는 환경의 질적인 향상과 그 보전을 통한 쾌적한 환경의 조성 및 이를 통한 인간과 환경 간의 조화와 균형의 유지는 국민의 건강과 문화적인 생활의 향유 및 국토의 보전과 항구적인 국가 발전에 반드시 필요한 요소임에 비추어 국가, 지방자치단체, 사업자 및 국민은 환경을 보다 양호한 상태로 유지·조성하도록 노력하고, 환경을 이용하는 모든 행위를 할 때에는 환경보전을 우선적으로 고려하며, 기후변화 등 지구환경상의 위해(危害)를 예방하기 위하여 공동으로 노력함으로써 현세대의 국민이 그 혜택을 널리 누릴 수 있게 함과 동시에 미래의 세대에게 그 혜택이 계승될 수 있도록 하여야 한다. 또한 제2조제2항에서는 국가와 지방자치단체는 환경 관련 법령이나 조례·규칙을 제정·개정하거나 정책을 수립·시행할 때 모든 사람들에게 실질적인 참여를 보장하고, 환경에 관한 정보에 접근하도록 보장하며, 환경적 혜택과 부담을 공평하게 나누고, 환경오염 또는 환경훼손으로 인한 피해에 대하여 공정한 구제를 보장함으로써 환경정의를 실현하도록 노력한다고 제시하고 있다.

법 제3조(정의)에서는 환경을 자연환경과 생활환경으로 크게 나누어 정의하고 있으며, 환경오염,

환경훼손, 환경보전, 환경용량, 환경기준 등을 정의하고 있다. 법적인 주요 정의를 살펴보면, 우선 "자연환경"이란 지하·지표(해양을 포함한다) 및 지상의 모든 생물과 이들을 둘러싸고 있는 비생물적인 것을 포함한 자연의 상태(생태계 및 자연경관을 포함한다)를 말한다. "생활환경"이란 대기, 물, 토양, 폐기물, 소음·진동, 악취, 일조(日照), 인공조명, 화학물질 등 사람의 일상생활과 관계되는 환경을 말한다. "환경오염"이란 사업 활동 및 그 밖의 사람의 활동에 의하여 발생하는 대기오염, 수질오염, 토양오염, 해양오염, 방사능오염, 소음·진동, 악취, 일조 방해, 인공조명에 의한 빛공해 등으로서 사람의 건강이나 환경에 피해를 주는 상태를 말한다. 이에 비해서 "환경훼손"이란 야생동식물의 남획(濫獲) 및 그 서식지의 파괴, 생태계 질서의 교란, 자연경관의 훼손, 표토(表土)의 유실 등으로 자연환경의 본래적 기능에 중대한 손상을 주는 상태를 말한다. 그리고 "환경보전"이란 환경오염 및 환경훼손으로부터 환경을 보호하고 오염되거나 훼손된 환경을 개선함과 동시에 쾌적한 환경 상태를 유지·조성하기 위한 행위를 말한다. "환경용량"이란 일정한 지역에서 환경오염 또는 환경훼손에 대하여 환경이 스스로 수용, 정화 및 복원하여 환경의 질을 유지할 수 있는 한계를 말한다. 마지막으로 "환경기준"이란 국민의 건강을 보호하고 쾌적한 환경을 조성하기 위하여 국가가 달성하고 유지하는 것이 바람직한 환경상의 조건 또는 질적인 수준을 말한다.

이 법은 제1장 총칙을 포함하여 전체 5장(보칙 포함)으로 구성되어 있다. 제2장에서는 환경보전계획의 수립 등에 관한 사항이 적시되어 있으며, 제3장에서는 법제상 및 재정상의 조치, 제4장에서는 환경정책위원회를 포함하고 있다.

특히, 법 제14조에 따라 환경부장관은 관계 중앙행정기관의 장과 협의하여 국가 차원의 환경보전을 위한 종합계획("국가환경종합계획")을 20년마다 수립하여야 한다. 이 계획에는 다음과 같은 사항을 포함해야 한다.

1. 인구·산업·경제·토지 및 해양의 이용 등 환경변화 여건에 관한 사항
2. 환경오염원·환경오염도 및 오염물질 배출량의 예측과 환경오염 및 환경훼손으로 인한 환경의 질(質)의 변화 전망
3. 환경의 현황 및 전망
4. 환경정의 실현을 위한 목표 설정과 이의 달성을 위한 대책
5. 환경보전 목표의 설정과 이의 달성을 위한 다음 각 목의 사항에 관한 단계별 대책 및 사업계획
   가. 생물다양성·생태계·생태축(생물다양성을 증진시키고 생태계 기능의 연속성을 위하여 생태적으로 중요한 지역 또는 생태적 기능의 유지가 필요한 지역을 연결하는 생태적 서식공간을 말한다)·경관 등 자연환경의 보전에 관한 사항
   나. 토양환경 및 지하수 수질의 보전에 관한 사항
   다. 해양환경의 보전에 관한 사항
   라. 국토환경의 보전에 관한 사항
   마. 대기환경의 보전에 관한 사항

바. 물환경의 보전에 관한 사항

사. 수자원의 효율적인 이용 및 관리에 관한 사항

아. 상하수도의 보급에 관한 사항

자. 폐기물의 관리 및 재활용에 관한 사항

차. 화학물질의 관리에 관한 사항

카. 방사능오염물질의 관리에 관한 사항

타. 기후변화에 관한 사항

파. 그 밖에 환경의 관리에 관한 사항

6. 사업의 시행에 드는 비용의 산정 및 재원 조달 방법
7. 직전 종합계획에 대한 평가
8. 제1호부터 제6호까지의 사항에 부대되는 사항

국가환경종합계획은 환경 분야의 범정부 최상위 계획으로서 분야별 환경계획, 타 중앙행정기관 및 지자체 환경계획에 대한 기본 원칙 및 방향을 제시한다. 특히, 지속가능발전의 공동 목표를 달성할 수 있도록 『제5차 국토종합계획(2020-2040)』과의 통합 관리를 위한 사항을 작성·반영한다. 국가환경종합계획과 타 계획 간의 관련성은 다음과 같다.

[그림 6-3] 국가환경종합계획과 타 계획 간 관계

※ 자료출처: 정부부처합동, 2020.

계획의 기조는 국토 생태용량을 적극적으로 늘리고, 그 속에 사는 국민을 행복하게 하며, 사회·경제 시스템 전반의 녹색화를 견인하는 생태국가를 지향하는 데에 있다. 이를 위해 (1) 우리 모두의 삶의 공간인 국토 생태용량을 늘리고 건강과 안전을 보장하여 현세대뿐만 아니라 미래 세대의 삶의 질을 보장하는 행복한 환경 추구, (2) 또한 아동과 노인, 장애인, 저소득층 등 모든 국민이 풍요로운 환경 혜택을 누리고 환경권을 보장받는 환경정의를 실현하는 녹색사회로 발전하며, 혁신적인 환경기술을 토대로 에너지, 산업, 생산·소비 등에서 생태적 원리가 존중되는 경제적 건강성 추구, 이를 위해서는 환경에 대한 국민의 관심과 배려 그리고 정부와 사회의 적극적인 투자가 기본이 되어 이들이 서로 선순환되는 구조를 구현할 필요, (3) 궁극적으로 환경을 국가 운영의 기본원칙으로 확립하는 것이다(정부부처합동, 2020.).

제5차 국가환경종합계획의 비전과 목표, 핵심 전략은 [그림 6-4]와 같다.

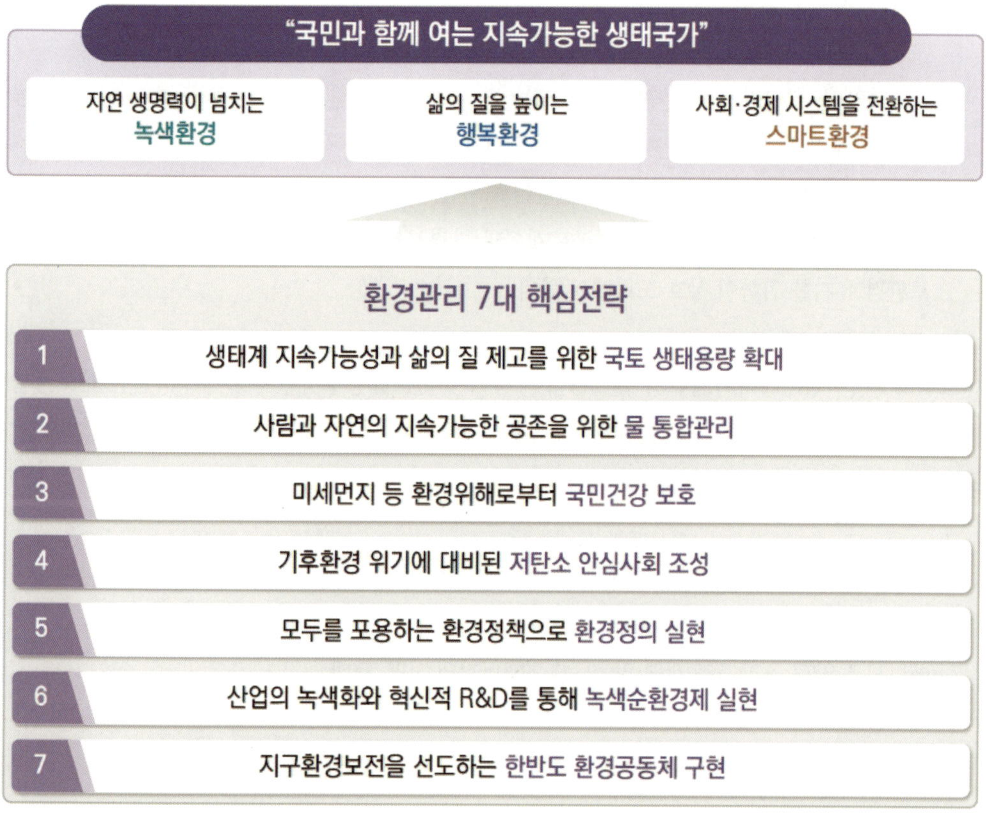

[그림 6-4] 계획의 비전과 목표, 핵심 전략

※ 자료출처: 정부부처합동, 2020.

참고로 원래 제4차 국가환경종합계획 기간이 2016~2035년이었으나, 지속가능한 국토 발전을 위한 국토-환경계획의 연동제에 대한 실질적 시행 기반을 구축하기 위해서 국토종합계획과 국가환경종합계획을 연계하여 수립하였다. 여기서 "국토-환경계획의 연동제"는 환경의 질을 고려하지 않고 개발과 이용에 치우진 국토·도시계획으로 국토의 과잉·난개발이 초래되면서 환경과 개발이 조화되는 국토이용을 위해서는 국토·도시계획 수립 단계부터 환경성을 강화해야 한다는 필요성이 지속적으로 제기되었다. 이를 위해 환경부와 국토교통부는 2013년 협업 TF를 운영하여 국토-환경계획의 수립단계에서부터 연동할 수 있는 '국토-환경계획 연동제'를 도입한 바 있다. 그리고 지난 2019년 12월 환경부와 국토교통부는 국토-환경계획의 통합관리를 적용한 제5차 국가환경종합계획(2020~2040)과 제5차 국토종합계획(2020~2040)을 연계 수립하였다.

국토계획 및 환경보전계획의 통합관리에 관한 공동훈령(시행 2018.3.28., 환경부 훈령 제1315호, 국토교통부 훈령 제986호, 2018.3.28. 제정)에 따르면, "통합관리"란 국토계획 및 환경보전계획을 수립할 때 '지속가능한 발전'이라는 공동의 목표를 달성하기 위하여 계획의 수립 절차, 내용 등에 대하여 상호 연계·보완하고 협력하는 정책 과정을 의미한다.

한편, 제2조 기본 이념에서 이 훈령에 따른 적용 대상 계획의 통합관리는 다음 각 호의 기본 이념을 따른다고 적시하고 있다.

1. 국토계획 및 환경보전계획 수립 시 중·장기적 국토 여건, 환경변화 등을 고려하여 지속가능한 국토·환경 비전과 경제, 사회, 환경적 측면에서 추진 전략, 목표를 공유하고 제시하여야 한다.
2. 대상 계획 수립을 위한 전 과정에서 긴밀한 협력을 위하여 진행 상황과 자료를 공유한다.
3. 국토교통부장관 및 환경부장관은 국토계획과 환경보전계획의 통합관리를 통한 지속가능한 국토환경 유지를 위하여 상호 노력해야 한다.

그리고 훈령 제8조, 국가계획의 통합관리 사항에서 국토교통부장관과 환경부장관은 국토종합계획 및 국가환경종합계획 수립 시 양 계획간 통합관리를 위해 다음 각 호의 사항을 반영하여 계획을 수립하여야 한다.

1. 자연생태계의 관리·보전 및 훼손된 자연생태계 복원
2. 체계적인 국토공간 관리 및 생태적 연계
3. 에너지 절약형 공간구조 개편 및 신·재생에너지의 사용 확대
4. 깨끗한 물 확보와 물 부족에 대비한 대응
5. 대기질 개선을 위한 대기오염물질 감축
6. 기후변화에 대응하는 온실가스 감축
7. 폐기물 배출량 감축 및 자원순환율 제고
8. 그 밖에 지속가능한 발전을 위한 국토 환경의 보전 및 개선에 관한 사항

3) 자연환경보전법

자연환경과 관련된 최상위법으로 이 법은 자연환경을 인위적 훼손으로부터 보호하고, 생태계와

자연경관을 보전하는 등 자연환경을 체계적으로 보전·관리함으로써 자연환경의 지속가능한 이용을 도모하고, 국민이 쾌적한 자연환경에서 여유있고 건강한 생활을 할 수 있도록 함을 목적으로 한다(자연환경보전법 제1조. 2022.10.18., 타법 개정 기준).

자연환경보전법은 제1장 총칙을 포함하여 전체 7장으로 구성되어 있다. 구체적으로 제1장에는 자연환경보전의 기본원칙(제3조), 자연환경보전 기본방침(제6조), 자연환경보전기본계획의 수립·내용·시행에 관한 사항(제8조, 제9조, 제10조) 등을 담고 있다.

제2장은 생태·경관보전지역의 관리 등에 대한 사항으로 생태·경관보전지역(제12조~제21조), 자연유보지역(제22조), 시·도 생태·경관보전지역(제23조~제26조), 그리고 자연경관의 보전 및 자연경관영향의 협의 등(제27조~제29조)의 내용을 담고 있다.

제3장은 생물다양성의 보전과 관련된 것으로 자연환경조사(제30조~제33조), 생태·자연도의 작성 및 활용(제34조), 생태계 보전 대책 및 국제 협력(제35조), 생태계의 연구·기술 개발 등(제36조)의 내용을 담고 있다.

제4장은 자연자산의 관리와 관련된 것으로 자연환경보전·이용시설의 설치 및 운영(제38조), 자연휴식지의 지정 및 관리(제39조), 생태관광 및 생태마을(제41조와 제42조), 도시의 생태적 건전성 향상(제43조), 생태통로 설치 등(제45조)의 내용을 담고 있다. 또한, 제4장의2에서는 자연환경복원사업을 담고 있는데, 이는 2021년 1월 5일 신설되었다. 제45조의3(자연환경복원사업의 시행 등), 제45조의4(자연환경복원사업계획의 수립 등), 제45조의5(자연환경복원사업 추진실적의 보고·평가), 제45조의6(자연환경복원사업의 유지·관리) 등이 포함되어 있다.

제5장은 생태계보전부담금과 관련된 사항이며, 제46조부터 제49조는 생태계보전부담금의 징수와 용도 등에 대한 내용을, 제50조에서는 생태계보전부담금의 반환 및 지원과 관련된 사항을 담고 있다.

제6장은 보칙이며, 제7장은 벌칙이다.

한편, 법 제3조에 의한 자연환경 보전의 기본 원칙은 다음과 같다(2021.1.5. 개정).

1. 자연환경은 모든 국민의 자산으로서 공익에 적합하게 보전되고 현재와 장래의 세대를 위하여 지속가능하게 이용되어야 한다.
2. 자연환경보전은 국토의 이용과 조화·균형을 이루어야 한다.
3. 자연생태와 자연경관은 인간 활동과 자연의 기능 및 생태적 순환이 촉진되도록 보전·관리되어야 한다.
4. 모든 국민이 자연환경보전에 참여하고 자연환경을 건전하게 이용할 수 있는 기회가 증진되어야 한다.
5. 자연환경을 이용하거나 개발하는 때에는 생태적 균형이 파괴되거나 그 가치가 낮아지지 아니하도록 하여야 한다. 다만, 자연생태와 자연경관이 파괴·훼손되거나 침해되는 때에는 최대한 복원·복구되도록 노력하여야 한다.
6. 자연환경보전에 따르는 부담은 공평하게 분담되어야 하며, 자연환경으로부터 얻어지는 혜택은

지역주민과 이해관계인이 우선하여 누릴 수 있도록 하여야 한다.

7. 자연환경보전과 자연환경의 지속가능한 이용을 위한 국제협력은 증진되어야 한다.
8. 자연환경을 복원할 때에는 환경 변화에 대한 적응 및 생태계의 연계성을 고려하고, 축적된 과학적 지식과 정보를 적극적으로 활용하여야 하며, 국가·지방자치단체·지역주민·시민단체·전문가 등 모든 이해관계자의 참여와 협력을 바탕으로 하여야 한다.

한편, 법 제45조는 생태통로의 설치 등에 관한 규정이다. 제1항에서 국가 또는 지방자치단체는 개발 사업 등을 시행하거나 인·허가 등을 할 때 야생생물의 이동 및 생태적 연속성이 단절되지 아니하도록 생태통로 설치 등의 필요한 조치를 하거나 하게 하여야 한다고 규정하고 있다(개정 2020.5.26. 기준). 또한 제2항에서 국가 또는 지방자치단체는 야생생물의 이동 및 생태적 연속성이 단절된 지역을 조사·연구하여 생태통로가 필요한 지역에 대하여 생태통로 설치계획을 수립·시행하여야 한다. 이 경우 생태통로가 필요한 지역에 위치한 도로 및 철도 등의 관리 주체에게 생태통로 설치를 요청할 수 있으며, 요청을 받은 자는 특별한 사유가 없으면 생태통로를 설치하여야 한다(개정 2013.3.22. 기준). 또한, 제3항에서는 생태통로를 설치하려는 자는 (1) 야생생물 서식 종 현황, (2) 개발 사업 등의 시행으로 서식지가 단절될 우려가 있는 야생생물 종 현황, (3) 차량사고 등 사고 발생 우려가 높은 야생생물 종 현황, (4) 그 밖에 백두대간 보호에 관한 법률 제2조제1호에 따른 백두대간 등 주요 생태축과의 연결성에 관한 조사를 하도록 규정하고 있다.

한편, 위의 규정에 의거 생태통로를 조성할 때에는 자연환경보전법 시행규칙 제28조제2항과 관련하여 별표 2에서 제시한 생태통로의 설치 기준을 준용해야 하는데, 구체적인 내용은 아래와 같다(개정 2019.12.20. 기준).

1. 설치지점은 현지 조사를 실시하여 설치 대상 지역 중 야생동물의 이동이 빈번한 지역을 선정하되, 야생동물의 이동 특성을 고려하여 설치지점을 적절하게 배분한다.
2. 생태통로를 이용하는 동물들이 통로에 접근할 때 불안감을 느끼지 아니하도록 생태통로 입구와 출구에는 원칙적으로 현지에 자생하는 종을 식수하며, 토양 역시 가능한 한 공사 중 발생한 절토(땅깎기 공사로 발생한 흙)를 사용한다.
3. 생태통로 입구는 지형·지물이나 경관과 조화되게 설치하여 동물의 이동에 지장이 없도록 상부에 식생을 조성한다. 바닥은 자연 상태와 유사하게 유지하도록 흙이나 자갈·낙엽 등을 덮는다.
4. 생태통로의 길이가 길수록 폭을 넓게 설치한다.
5. 장차 아교목층 및 교목층의 성장 가능성을 고려하여 충분히 피복될 수 있도록 부엽토를 포함한 복토를 충분히 한다.
6. 생태통로 내부에는 다양한 수직적 구조를 가진 아교목·관목·초목 등으로 조성한다.
7. 이동 중 안전을 위하여 생태통로 내부에는 작은 동물이 쉽게 숨거나 그 내부에서 이동하기에 유리하도록 돌무더기나 고사목·그루터기·장작더미 등의 다양한 서식환경과 피난처를 설치한다.

8. 주변의 소음·불빛·오염물질 등 인위적 영향을 최소화하기 위하여 생태통로 양쪽에 차단벽을 설치하되, 목재와 같이 불빛의 반사가 적고 주변 환경에 친화적인 소재를 사용한다.
9. 동물이 많이 횡단하는 지점에 동물들이 많이 출현하는 곳임을 알려 속도를 줄이거나 주의하도록 그 지역의 대표적인 동물 모습이 담겨 있는 동물출현표지판을 설치한다.
10. 생태통로 중 수계에 설치된 박스형 암거는 물을 싫어하는 동물도 이동할 수 있도록 양쪽에 선반형 또는 계단형의 구조물을 설치하며, 작은 배수로나 도랑을 설치한다.
11. 배수구 일부 지점에 경사가 완만한 탈출구를 설치하여 작은 동물의 이동이 용이하도록 하고, 미끄럽지 아니한 재질을 사용한다.
12. 야생동물을 생태통로로 유도하여 도로로 침입하는 것을 방지하기 위하여 충분한 길이의 울타리를 도로 양쪽에 설치한다.

무엇보다도 조성된 생태통로 지역에 대한 관리를 중요시하고 있는데, 이는 법 제45조의2(생태통로의 조사 등)에서 규정하고 있다. 이는 2013년 법 개정 시 신설된 것이다. 이 조항에 따라 생태통로를 설치하거나 관리하고 있는 자는 생태통로가 적정하게 활용될 수 있도록 환경부령으로 정하는 주기 및 방법에 따라 조사를 실시하여야 한다. 이에 따라 생태통로의 설치·관리 현황에 대한 자료를 환경부에서 제출 받아서, 환경부령으로 정하는 기준에 따라 평가하여 생태통로가 제대로 기능하지 못한다고 판단할 때에는 해당 생태통로 설치·관리자에게 개선 조치를 하도록 요청할 수 있다.

생태통로는 생태축을 연결하기 위한 매우 중요한 수단임에도 불구하고, 과거 잘못된 조성 혹은 관리 때문에 많은 논란이 있는 시설물로 여겨졌다. 따라서 법에서 이와 같은 강력한 규정을 두고 있는 것은 생태통로의 올바른 조성과 조성된 생태통로에 대한 관리를 강화하기 위한 좋은 수단으로 볼 수 있다. 또한, 생태통로의 효용성(effectiveness) 등과 관련하여 제 기능을 하지 못하는 연결녹지 등과의 구분을 위해서 법정 관리 대상 생태통로를 지정하여 조사하고 있다. 국립생태원에서 생태통로의 모니터링 등을 수행하고 있으며, 생태통로 시설 및 이용 통계, 지도서비스 등은 국립생태원 누리집을 통해서 확인할 수 있다.

4) 습지보전법

우리나라가 람사르 협약에 가입하고 난 이후 습지 보전을 위한 대응 법률로서 1999년 제정되었다. 습지보전법은 습지의 효율적 보전·관리에 필요한 사항을 정하여 습지와 습지의 생물다양성을 보전하고, 습지에 관한 국제협약의 취지를 반영함으로써 국제협력의 증진에 이바지함을 목적으로 한다(습지보전법 제1조, 2021.1.5., 일부 개정 기준).

이 법에서의 습지 정의(제2조)는 담수(淡水: 민물), 기수(汽水: 바닷물과 민물이 섞여 염분이 적은 물) 또는 염수(鹽水: 바닷물)가 영구적 또는 일시적으로 그 표면을 덮고 있는 지역으로서 내륙습지 및 연안습지를 말한다. “내륙습지”란 육지 또는 섬에 있는 호수, 못, 늪, 하천 또는 하구(河口) 등의 지역을 말한다(개정 2021.1.5. 기준). 참고로 물관리일원화가 되면서 과거 없었던 하천이 습지보전법에 신규로 포함되었다. 또한, "연안습지"란 만조(滿潮) 때 수위선(水位線)과 지면의 경계선으로부터 간조(干潮) 때 수위선과 지면의 경계선까지의 지역을 말한다. 한편, "습지의 훼손"이란 배수(排水), 매립 또는 준설 등의 방법으로 습지 원래의 형질을 변경하거나 습지에 시설이나 구조물을 설치하는 등의 방법으로 습지를 보전 목적 외의 용도로 사용하는 것을 말한다.

이 법은 환경부와 해양수산부에서 공동 입법한 것으로 내륙습지는 환경부가 연안습지는 해양수산부가 담당한다.

습지보전법은 전체 4장으로 구성되어 있으며, 습지에 대한 조사(제4조), 습지보전기본계획의 수립(제5조), 국가습지심의위원회의 설치(제5조의2), 습지 지역의 지정(제8조), 협약의 이행(제9조), 습지보호지역 등의 지정 해제 또는 변경(제10조), 보전계획의 수립·시행(제11조), 습지보전·이용시설(제12조), 훼손된 습지의 관리(제17조), 인공습지의 조성·관리 권장(제18조) 등의 내용을 담고 있다.

5년 마다 환경부와 해양수산부가 공동으로 수립해야 하는 습지보전기본계획에는 (1) 습지 보전에 관한 시책 방향, (2) 습지 조사에 관한 사항, (3) 습지의 분포 및 면적과 생물다양성의 현황에 관한 사항, (4) 습지와 관련된 다른 국가기본계획과의 조정에 관한 사항, (5) 습지보전을 위한 국제협력에 관한 사항 그리고 (6) 그 밖에 습지보전에 필요한 사항으로서 대통령령으로 정하는 사항으로 구성해야 한다.

한편, 이 법에 의해서 습지보호지역으로 지정된 지역에 대한 보전 계획에는 (1) 습지의 보전에 관한 기본적인 사항, (2) 습지보전·이용시설의 설치에 관한 사항, (3) 습지의 보전과 이용·관리에 관한 사항 등이 포함되어야 한다. 특히, 하천구역 내 습지보호지역 등에 관한 보전계획을 수립·시행할 때에는 (4) 「하천법」 제25조에 따라 수립된 하천기본계획에서 계획하는 유수 소통 능력의 확보와 유지에 관한 사항, (5) 육역화(陸域化) 방지 및 하천 수생태계(水生態界) 보전에 관한 사항을 포함하여야 한다(개정 2021.1.5. 기준).

5) 자연공원법

자연공원법은 자연공원의 지정·보전 및 관리에 관한 사항을 규정함으로써 자연생태계와 자연 및 문화경관 등을 보전하고 지속 가능한 이용을 도모함을 목적으로 한다(자연공원법 제1조, 2023.4.18., 일부 개정 기준). 원래 공원과 관련된 법은 1967년 제정된 "공원법"에 근간을 두고 있었는데, 당시 공원법에서 공원은 국립공원, 도립공원 등의 자연공원과 도시공원을 모두 포함하였다. 이후 1980년 자연공원은 도시공원으로부터 분리하여 자연공원법과 도시공원법으로 분법되었고, 환경부와 국토교통부에서 각각 담당하게 되었다.

"자연공원"은 국립공원·도립공원·군립공원(郡立公園) 및 지질공원을 말한다. 도립공원 급으로는 특별시·광역시·특별자치시 등에서 지정하는 광역시립공원이 있으며, 군립공원 급으로는 시립공원, 구립공원 등이 있다. 한편, 지질공원이란 지구과학적으로 중요하고 경관이 우수한 지역으로서 이를 보전하고 교육·관광 사업 등에 활용하기 위하여 환경부장관이 인증한 공원을 말한다.

자연공원법은 전체 8장으로 구성되어 있는데, 제2장에서는 자연공원의 지정 및 공원위원회에 관한 사항을 제3장에서는 공원기본계획 및 공원계획, 제4장은 자연공원의 보전, 제5장은 비용의 징수 등, 제6장 국립공원관리공단(현재 명칭은 국립공원공단이며, 국립공원공단법으로 분리됨)에 대한 내용은 2017년 법 개정시 완전 삭제되었고, 제7장은 보칙이며, 제8장은 벌칙이다.

한편, 법 제2조의2에서 자연공원은 다음 각 호의 기본원칙에 따라 지정·보전 및 관리되어야 한다.

1. 자연공원은 모든 국민의 자산으로서 현재세대와 미래세대를 위하여 보전되어야 한다.
2. 자연공원은 생태계의 건전성, 생태축(生態軸)의 보전·복원 및 기후변화 대응에 기여하도록 지정·관리되어야 한다.
3. 자연공원은 과학적 지식과 객관적 조사 결과를 기반으로 해당 공원의 특성에 따라 관리되어야 한다.
4. 자연공원은 지역사회와 협력적 관계에서 상호혜택을 창출할 수 있도록 관리되어야 한다.
5. 자연공원의 보전 및 지속가능한 이용을 위한 국제협력은 증진되어야 한다.

자연공원구역의 용도지구(제18조)는 공원자연보존지구, 공원자연환경지구, 공원마을지구 및 공원문화유산지구의 4개 용도지구로 구분하였다.

- 공원자연보존지구: 다음의 어느 하나에 해당하는 곳으로서 특별히 보호할 필요가 있는 지역
  - 생물다양성이 특히 풍부한 곳
  - 자연생태계가 원시성을 지니고 있는 곳
  - 특별히 보호할 가치가 높은 야생 동·식물이 살고 있는 곳
  - 경관이 특히 아름다운 곳
- 공원자연환경지구: 공원자연보존지구의 완충공간(緩衝空間)으로 보전할 필요가 있는 지역
- 공원마을지구: 마을이 형성된 지역으로서 주민생활을 유지하는 데에 필요한 지역
- 공원문화유산지구: 「문화유산의 보존 및 활용에 관한 법률」 제2조제3항에 따른 지정문화유산 및 「자연유산의 보존 및 활용에 관한 법률」 제2조제5호에 따른 천연기념물등을 보유한 사찰(寺刹)과 전통사찰보존지 중 문화유산 및 자연유산의 보전에 필요하거나 불사(佛事)에 필요한 시설을 설치하고자 하는 지역(개정 2023.8.8. 기준)

지질공원은 2011년 법 개정에서 포함되었는데, 시·도지사는 지구과학적으로 중요하고 경관이 우수한 지역에 대하여 지역주민공청회와 관할 군수의 의견청취 절차를 거쳐 환경부장관에게 지질공원 인증을 신청할 수 있게 하였다(법 제36조의3). 이에 따라 환경부장관은 시·도지사가 지질공원 인증을 신청한 지역이 다음의 기준에 적합한 경우에는 관계 중앙행정기관의 장과의 협의를 거쳐 인증할 수 있다.

1. 특별한 지구과학적 중요성, 희귀한 자연적 특성 및 우수한 경관적 가치를 가진 지역일 것
2. 지질과 관련된 고고학적·생태적·문화적 요인이 우수하여 보전의 가치가 높을 것
3. 지질유산의 보호와 활용을 통하여 지역 경제 발전을 도모할 수 있을 것

4. 그 밖에 대통령령으로 정하는 기준에 적합할 것

이 법에 의해 지정된 우리나라의 국립공원은 제1호 지리산국립공원을 시작으로 하여 2023년 6월 팔공산국립공원이 도립공원에서 승격되어 23개의 국립공원이 지정되어 있다(2023.10.30. 기준). 국립공원은 국립공원공단에서 관리하고 있으며, 한라산국립공원만 제주특별자치도에서 관리하고 있다. 한편, 국가지질공원으로는 제주도 국가지질공원, 울릉도·독도 국가지질공원, 부산 국가지질공원, 강원평화지역 국가지질공원, 청송 국가지질공원, 무등산권 국가지질공원, 한탄·임진강 국가지질공원 등이 있다.

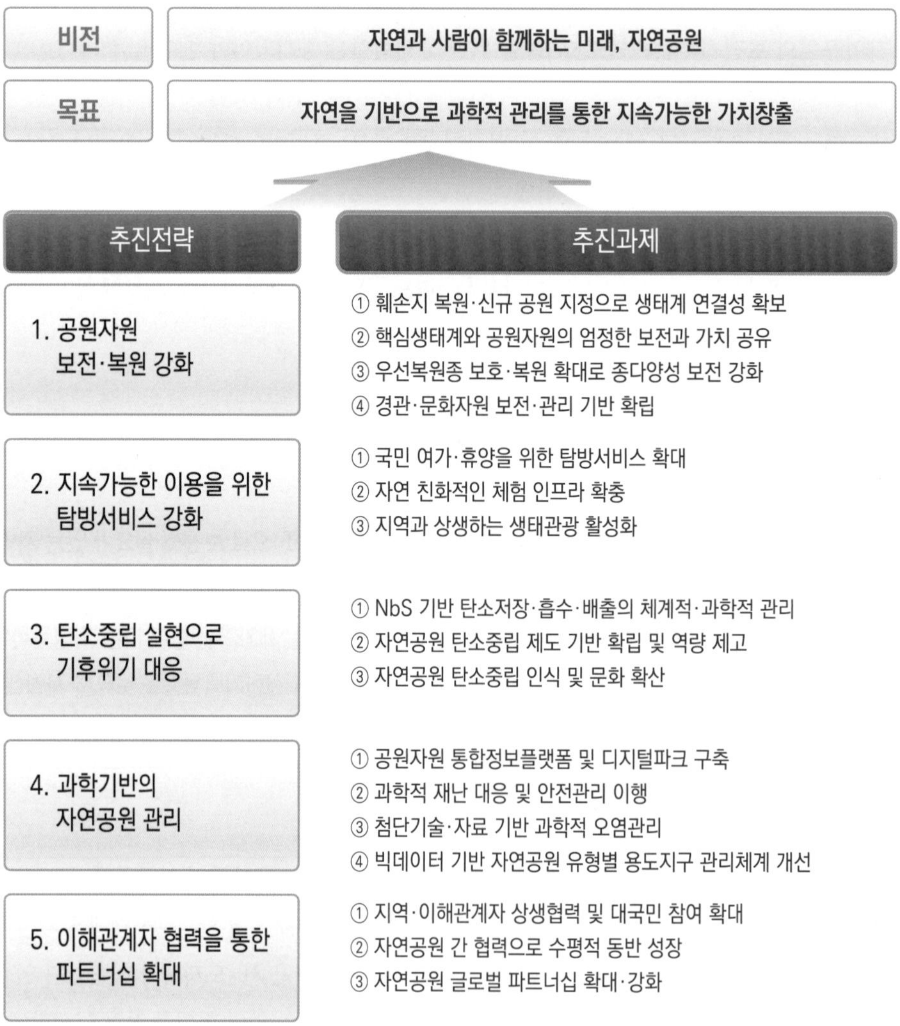

[그림 6-5] 제3차 자연공원기본계획의 비전 및 추진 전략

※ 자료출처: 환경부, 2022.12.

한편, 법 제11조에 의해 환경부장관은 10년마다 국립공원위원회의 심의를 거쳐 공원기본계획을 수립하여야 한다. 이에 따라 2023년부터 2032년까지 추진하는 '제3차 자연공원기본계획'을 수립하였다([그림 6-5] 참고). 제3차 계획의 기본원칙은 자연공원법상의 자연공원 기본원칙에 기반하여 "제3차 자연공원 기본계획" 수립을 위한 기본 방향을 설정하였다. 자연공원 기본원칙은 (1) 보전 우선원칙 및 기후변화 대응, (2) 국민의 자연공원, (3) 과학 기반 공원 관리, (4) 지역사회와 협력적 관계에서 상호혜택 창출, (5) 국제(글로벌) 표준 지향 및 국제 협력 증진 등으로 설정하였다. 이 원칙에 의거 제3차 계획은 5대 추진 전략과 17개 중점 추진 과제로 구성해 정책 방향을 제시했다. 제2차 계획과 비교했을 때 크게 달라진 점은 그간의 계획이 자연공원에 국한되고 보전중심이었다면, 제3차 계획은 자연공원 내외의 생태계 연결성을 고려한 광역 기반의 체계적·효율적 관리를 통해 보전과 지속가능한 이용으로 사회·생태가치를 창출한다는 점이다(환경부 보도자료, 2022.12.20.).

6) 생물종 관련 법

가) 야생생물 보호 및 관리에 관한 법률

1967년 야생동물과 관련하여 최초로 제정한 조수(鳥獸)보호 및 수렵에 관한 법률이 폐지되고, 이를 통합하여 2004년 야생동·식물의 보호에 관한 법률을 제정하였다. 그리고 2012년에 야생생물 보호 및 관리에 관한 법률로 법 명칭을 바꾸었다. 기존엔 야생동물과 야생식물만을 대상으로 하다가 균류 등을 포함하면서 더 포괄적인 용어인 야생생물을 사용한 것이다. 약칭 야생생물법으로 불린다.

이 법은 야생생물과 그 서식환경을 체계적으로 보호·관리함으로써 야생생물의 멸종을 예방하고, 생물의 다양성을 증진시켜 생태계의 균형을 유지함과 아울러 사람과 야생생물이 공존하는 건전한 자연환경을 확보함을 목적으로 한다(야생생물 보호 및 관리에 관한 법률 제1조, 2022.12.13., 일부 개정 기준).

이 법은 전체 6장으로 구성되어 있는데, 제1장의 총칙에 이어, 제2장 야생생물의 보호, 제3장 생물자원의 보전, 제4장 수렵 관리 등으로 구성되어 있다. 제5장은 보칙이며, 제6장은 벌칙이다.

이 법의 제3조에서는 야생생물 보호 및 이용의 기본원칙을 아래와 같이 세 가지로 제시하고 있다.

1. 야생생물은 현세대와 미래세대의 공동자산임을 인식하고 현세대는 야생생물과 그 서식환경을 적극 보호하여 그 혜택이 미래세대에게 돌아갈 수 있도록 하여야 한다.
2. 야생생물과 그 서식지를 효과적으로 보호하여 야생생물이 멸종되지 아니하고 생태계의 균형이 유지되도록 하여야 한다.
3. 국가, 지방자치단체 및 국민이 야생생물을 이용할 때에는 야생생물이 멸종되거나 생물다양성이 감소되지 아니하도록 하는 등 지속가능한 이용이 되도록 하여야 한다.

법 제7조에서는 서식지외 보전기관의 지정을 담고 있다. 환경부장관은 야생생물을 서식지에서 보전하기 어렵거나 종의 보존 등을 위하여 서식지 외에서 보전할 필요가 있는 경우에는 관계 중앙행정기관의 장의 의견을 들어 야생생물의 서식지 외 보전기관을 지정할 수 있다. 다만, 지정된 서식지 외 보전기관(이하 "서식지외보전기관"이라 한다)에서 「자연유산의 보존 및 활용에 관한 법률」 제11조에 따른 천연기념물을 보전하게 하려는 경우에는 국가유산청장과 협의하여야 한다.

법 제2장제2절에서는 멸종위기 야생생물의 지정에 관한 내용을 담고 있는데, I급과 II급은 다음과 같이 정의하고 있다. 우선, "야생생물"이란 산·들 또는 강 등 자연 상태에서 서식하거나 자생(自生)하는 동물, 식물, 균류·지의류(地衣類), 원생생물 및 원핵생물의 종(種)을 말한다. 그리고 "멸종위기 야생생물"이란 다음 중 어느 하나에 해당하는 생물의 종으로서 관계 중앙행정기관의 장과 협의하여 환경부령으로 정하는 종을 말한다.

가. 멸종위기 야생생물 Ⅰ급: 자연적 또는 인위적 위협 요인으로 개체수가 크게 줄어들어 멸종위기에 처한 야생생물로서 대통령령으로 정하는 기준에 해당하는 종

나. 멸종위기 야생생물 Ⅱ급: 자연적 또는 인위적 위협 요인으로 개체수가 크게 줄어들고 있어 현재의 위협 요인이 제거되거나 완화되지 아니할 경우 가까운 장래에 멸종위기에 처할 우려가 있는 야생생물로서 대통령령으로 정하는 기준에 해당하는 종

위 조항에 의거 2022년 12월을 기준으로 하여 멸종위기 야생생물 I급은 68종이며, II급은 214종으로 총 282종이 지정되어 있다.

[표 6-1] 멸종위기 야생생물 지정 현황

구분		Ⅰ급	Ⅱ급
동물 (156종)	포유류 (20종)	14종	6종
	조류 (69종)	16종	53종
	양서류·파충류 (8종)	2종	6종
	어류 (29종)	11종	18종
	곤충류 (29종)	8종	21종
	무척추동물 (32종)	4종	28종
식물 (65종)	육상식물 (92종)	13종	79종
	해조류 (2종)	-	2종
고등균류(1종)		-	1종
계		68	214
		282	

분류군 별로 살펴보면, 포유류는 I급에 늑대, 산양, 수달, 반달가슴곰, 호랑이 등 14종이, II급은 담비, 삵, 하늘다람쥐 등 6종이 지정되어 있다. 조류는 I급에 검독수리, 두루미, 저어새, 넓적부리도요, 황새 등 16종이, II급은 흑기러기, 흑두루미, 흑비둘기, 큰고니, 뜸부기 등 53종이 지정되어 있다. 양서·파충류 I급에는 비바리뱀과 수원청개구리 2종이 지정되어 있으며, II급에는 총 6종으로 고리도롱

뇽, 구렁이, 금개구리, 남생이, 맹꽁이, 표범장지뱀이 있다. 어류 I급에는 감돌고기, 미호종개, 흰수마자 등 11종이, II급에는 가시고기, 돌상어, 묵납자루 등 18종이 지정되어 있다. 곤충류에는 I급에 닻무늬길앞잡이, 붉은점모시나비, 산굴뚝나비, 상제나비, 수염풍뎅이, 장수하늘소 8종이, II급에는 대모잠자리, 한국꼬마잠자리, 물방개, 물장군, 소똥구리 등 21종이 지정되어 있다.

무척추동물은 I급에는 귀이빨대칭이, 나팔고둥, 남방방게, 두드럭조개 등 4종, II급에는 갯게, 참달팽이, 해송(*Antipathes japonica*) 등 28종이 지정되어 있으며, 육상식물 I급에는 광릉요강꽃, 금자란, 나도풍란, 풍란, 한란 등 13종이, II급에는 가시연, 각시수련, 독미나리, 매화마름 등 79종이 지정되어 있다. 해조류는 II급 종으로 그물공말, 삼나무말(*Coccophora langsdorfii*) 2종이 지정되어 있다. 그리고 고등균류는 화경솔밭버섯이 II급 종으로 유일하게 지정되어 있다.

한편, 야생생물 보호 및 관리에 관한 법률 제6조에 의거 환경부 장관은 보호하거나 관리할 필요가 있는 야생생물 및 그 서식지 등이 자연적 또는 인위적 요인으로 인하여 훼손될 우려가 있는 경우에는 수시로 실태 조사를 하거나 관찰종을 지정하여 조사할 수 있다(조문 신설 2014.3.24.). 이에 따라 국립생물자원관에서는 가재, 이끼도롱뇽, 실뱀, 층층둥굴레, 구상나무 등 33종을 지정하여 관찰하고 있다(2024년 1월 국립생물자원관 누리집 검색 기준).

또한, 과거엔 비정기적이던 멸종위기 야생생물의 지정 주기를 5년마다 정기적으로 지정하도록 제13조의2(멸종위기 야생생물의 지정 주기)에서 제시하고 있다. 다만, 특별히 필요하다고 인정할 때에는 수시로 다시 정할 수 있다. 만약 멸종위기에 처한 야생생물에 대한 연구를 위한 포획이나 이식 및 이주 등을 해야 할 경우에는 이 법이 지정한 절차에 따라서 환경부 장관(해당 지방환경청 또는 유역환경청)의 승인을 득해야 한다.

법 제16조에는 국제적 멸종위기종의 국제 거래 등의 규제 내용이 적시되어 있다. 그리고 이 법의 제2장제3절에서는 멸종위기 야생생물 외의 야생생물 보호 등에 관한 규정도 포함되어 있다.

한편, "유해야생동물"이라 함은 사람의 생명이나 재산에 피해를 주는 야생동물로서 환경부령으로 정하는 종을 말한다(법 제2조제5항). 이 유해야생동물에는 참새, 까치, 어치, 직박구리, 까마귀, 멧돼지, 집비둘기, 민물가마우지 등이 포함되어 있다. 참고로 국부적으로 서식 밀도가 과밀하여 농·림·수산업에 피해를 주는 꿩, 멧비둘기, 고라니, 멧돼지, 청설모, 두더지, 쥐류 및 오리류(오리류 중 원앙이, 원앙사촌, 황오리, 알락쇠오리, 호사비오리, 뿔쇠오리, 붉은가슴흰죽지는 제외한다) 등도 포함되어 있는데, 앞서 제시된 바와 같이 야생동물이 사람의 생명이나 재산에 피해를 주게 되면 유해야생동물로 지정된다. 그리고 법 제23조에서는 유해야생동물의 포획 허가 및 관리 등에 대한 규정을 담고 있다.

법의 제2장제4절에서는 야생생물 특별보호구역 등의 지정·관리에 관한 규정을 담고 있으며, 같은 장 제5절에서는 야생동물 질병 관리에 대한 내용을 다루고 있다. 또한, 법 제3장 생물자원의 보전에서는 생물자원 보전시설을 등록할 수 있도록 하고 있다(제35조). 생물자원 보전시설을 설치·운영하려는 자는 환경부령으로 정하는 바에 따라 시설과 요건을 갖추어 환경부장관이나 시·도지사에게 등록할 수 있다.

한편, 법에서 규정하고 있는 야생생물 특별보호구역과 야생생물 보호구역에 대한 비교는 [표 6-2]와 같다. 2024년 4월 기준 '야생생물 특별보호구역'은 2005년 멸종위기 야생동물인 수달의 집단 서식지가 발견된 진양호 일대 26㎢를 최초로 지정하였는데, 유일한 특별보호구역이기도 하다.

[표 6-2] 야생생물 특별보호구역과 야생생물 보호구역의 비교

구 분	야생생물 특별보호구역	야생생물 보호구역
법적 근거	• 야생생물 보호 및 관리에 관한 법률 제27조~제32조	• 야생생물 보호 및 관리에 관한 법률 제33조~제34조의2
지정권자	• 환경부 장관	• 시·도지사나 시장·군수·구청장
지정목적 및 대상지	• 멸종위기 야생생물의 보호 및 번식을 위하여 특별히 보전할 필요가 있는 지역	• 멸종위기 야생생물 등을 보호하기 위하여 특별보호구역에 준하여 보호할 필요가 있는 지역
지정절차	• 토지소유자 등 이해관계인과 지방자치단체의 장의 의견을 듣고 관계 중앙행정기관의 장과 협의(법 제27조)	• 주민의 의견을 들어야 하며, 관계 행정기관의 장과 협의(법 제33조제2항)
행위제한	• 법 제28조에서 규정	• 법 제33조에서 규정(해당 지방자치단체의 조례로 정하는 바에 따름)
출입제한	• 법 제29조에서 규정	• 법 제33조에서 규정(해당 지방자치단체의 조례로 정하는 바에 따름) • 야생동물의 번식기에 출입하려는 경우, 시·도지사나 시장·군수·구청장에게 신고
중지명령 등	• 법 제30조에서 규정	• 법 제33조에서 규정(해당 지방자치단체의 조례로 정하는 바에 따름)
토지 등의 매수	• 법 제31조에서 규정	• 법 제33조에서 규정(해당 지방자치단체의 조례로 정하는 바에 따름)
멸종위기종관리 계약의 체결 등	• 법 제32조, 시행령 제20조에서 규정	• 법 제33조에서 규정(해당 지방자치단체의 조례로 정하는 바에 따름)
주민지원	• 시행령 제22조에서 규정	• 관련 규정 없음
개발행위 등의 협의	• 관련 규정 없음	• 법 제34조에서 규정
관리실태 조사·평가	• 관련 규정 없음	• 법 제34조의2에서 규정
변경 또는 해제	• 군사 목적상, 천재지변 또는 그 밖의 사유로 특별보호구역으로서의 가치를 상실하거나 보전할 필요가 없게 된 경우에는 그 지정을 변경하거나 해제	• 환경부령(시행규칙 제43조)으로 정하는 바에 따라 보호구역의 위치, 면적, 지정일시, 그 밖에 해당 지방자치단체의 조례로 정하는 사항을 고시

나) 생물다양성 보전 및 이용에 관한 법률

생물다양성 보전 및 이용에 관한 법률은 약칭 생물다양성법이다. 2012년 2월에 제정되었으며, 2013년 2월 2일부터 시행되었다. 과거 야생동·식물보호법이 약칭 야생생물법과 생물다양성법으로 나누어졌고, 생물다양성과 관련된 사항들이 이 법에 포함되었다.

이 법은 생물다양성의 종합적·체계적인 보전과 생물자원의 지속가능한 이용을 도모하고 생물다양성협약의 이행에 관한 사항을 정함으로써 국민생활을 향상시키고 국제협력을 증진함을 목적으로

한다(생물다양성 보전 및 이용에 관한 법률 제1조. 2019.12.10., 일부 개정 기준).

이 법에서 정의하고 있는 주요 용어들의 개념은 다음과 같다(법 제2조).

우선, "생물다양성"이란 육상생태계 및 수생생태계와 이들의 복합생태계를 포함하는 모든 원천에서 발생한 생물체의 다양성을 말하며, 종내(種內)·종간(種間) 및 생태계의 다양성을 포함한다. 또한, "생물자원"이란 사람을 위하여 가치가 있거나 실제적 또는 잠재적 용도가 있는 유전자원, 생물체, 생물체의 부분, 개체군 또는 생물의 구성요소를 말한다.

"유전자원"이란 유전(遺傳)의 기능적 단위를 포함하는 식물·동물·미생물 또는 그 밖에 유전적 기원이 되는 유전물질 중 실질적 또는 잠재적 가치를 지닌 물질을 말한다. "지속가능한 이용"이란 현재 세대와 미래 세대가 동등한 기회를 가지고 생물자원을 이용하여 그 혜택을 누릴 수 있도록 생물다양성의 감소를 유발하지 아니하는 방식과 속도로 생물다양성의 구성요소를 이용하는 것을 말한다. "전통지식"이란 생물다양성의 보전 및 생물자원의 지속가능한 이용에 적합한 전통적 생활양식을 유지하여 온 개인 또는 지역사회의 지식, 기술 및 관행(慣行) 등을 말한다. "유입주의 생물"이란 국내에 유입(流入)될 경우 생태계에 위해(危害)를 미칠 우려가 있는 생물로서 환경부장관이 지정·고시하는 것을 말한다.

"외래생물"이란 외국으로부터 인위적 또는 자연적으로 유입되어 그 본래의 원산지 또는 서식지를 벗어나 존재하게 된 생물을 말한다. "생태계 교란 생물"이란 법 제2조제8항에서 정의하고 있는데, 다음 각 목의 어느 하나에 해당하는 생물로서 제21조의2제1항에 따른 위해성평가 결과 생태계 등에 미치는 위해가 큰 것으로 판단되어 환경부장관이 지정·고시하는 것을 말한다.

가. 유입주의 생물 및 외래생물 중 생태계의 균형을 교란하거나 교란할 우려가 있는 생물

나. 유입주의 생물이나 외래생물에 해당하지 아니하는 생물 중 특정 지역에서 생태계의 균형을 교란하거나 교란할 우려가 있는 생물

"생태계위해우려 생물"이란 다음 각 목의 어느 하나에 해당하는 생물로서 제21조의2제1항에 따른 위해성평가 결과 생태계 등에 유출될 경우 위해를 미칠 우려가 있어 관리가 필요하다고 판단되어 환경부장관이 지정·고시하는 것을 말한다.

가. 「야생생물 보호 및 관리에 관한 법률」 제2조제2호에 따른 멸종위기 야생생물 등 특정 생물의 생존이나 「자연환경보전법」 제12조제1항에 따른 생태·경관보전지역 등 특정 지역의 생태계에 부정적 영향을 주거나 줄 우려가 있는 생물

나. 제8호 각 목의 어느 하나에 해당하는 생물 중 산업용으로 사용 중인 생물로서 다른 생물 등으로 대체가 곤란한 생물

이 법에는 생태계 서비스에 대한 법적 정의도 포함하고 있는데, "생태계 서비스"란 인간이 생태계로부터 얻는 다음 각 목의 어느 하나에 해당하는 혜택을 말한다.

가. 식량, 수자원, 목재 등 유형적 생산물을 제공하는 공급서비스

나. 대기 정화, 탄소 흡수, 기후 조절, 재해 방지 등의 환경조절서비스

다. 생태관광, 아름답고 쾌적한 경관, 휴양 등의 문화서비스

라. 토양 형성, 서식지 제공, 물질 순환 등 자연을 유지하는 지지서비스

한편, 법 제3조에서는 생물다양성 보전 및 생물자원의 지속가능한 이용을 위하여 다음 각 호의 기본원칙이 준수되어야 한다고 적시하고 있다.

1. 생물다양성은 모든 국민의 자산으로서 현재 세대와 미래 세대를 위하여 보전되어야 한다.
2. 생물자원은 지속가능한 이용을 위하여 체계적으로 보호되고 관리되어야 한다.
3. 국토의 개발과 이용은 생물다양성의 보전 및 생물자원의 지속가능한 이용과 조화를 이루어야 한다.
4. 산·하천·호소(湖沼)·연안·해양으로 이어지는 생태계의 연계성과 균형은 체계적으로 보전되어야 한다.
5. 생태계 서비스는 생태계의 보전과 국민의 삶의 질 향상을 위하여 체계적으로 제공되고 증진되어야 한다.
6. 생물다양성 보전 및 생물자원의 지속가능한 이용에 대한 국제협력은 증진되어야 한다.

이 법은 총칙과 보칙, 벌칙을 포함하여 총 8개의 장으로 구성되어 있다. 제2장에서는 국가생물다양성 전략을 제3장에서는 생물다양성 및 생물자원의 보전, 제4장은 국가생물다양성센터 등, 제5장은 유입주의 생물 등 관리, 제6장은 연구 및 기술개발 등에 관한 내용을 담고 있다.

구체적으로 제2장에서 국가생물다양성 전략은 5년 마다 수립하도록 하고 있다. 이 전략에는 (1)생물다양성의 현황·목표 및 기본방향, (2)생물다양성 및 그 구성요소의 보호 및 관리, (3)생물다양성 구성요소의 지속가능한 이용, (4)생물다양성에 대한 위협의 대처, (5)생물다양성에 영향을 주는 유입주의 생물 및 외래생물의 관리, (6)생물다양성 및 생태계 서비스 관련 연구·기술개발, 교육·홍보 및 국제협력, (7)생태계 서비스의 체계적인 제공 및 증진, (8)그 밖에 생물다양성의 보전 및 이용에 필요한 사항을 포함해야 한다(2019.12.10. 개정 기준).

법의 제3장 생물다양성 및 생물자원의 보전에서는 생물다양성 조사(제9조), 국가 생물종 목록의 구축(제10조)을 포함하고 있다. 그리고 법 제15조에서는 생태계 보전 및 복원 지원 등에 대한 사항을 규정하고 있는데, 국가와 지방자치단체는 생태계의 균형이 파괴되지 아니하도록 생태계의 보전, 훼손된 생태계의 복원 또는 생태계 서비스의 회복을 위하여 필요한 시책을 수립하여야 한다. 국가와 지방자치단체는 생태계의 보전 및 복원에 참여하는 주민·단체 등에 대하여 지원할 수 있다.

법 제16조에서는 생태계 서비스 지불제 계약(舊, 생물다양성 관리 계약) 사항을 제시하고 있다. 정부는 다음 각 호의 지역이 보유한 생태계 서비스의 체계적인 보전 및 증진을 위하여 토지의 소유자·점유

자 또는 관리인과 자연경관(「자연환경보전법」 제2조제10호에 따른 자연경관을 말한다) 및 자연자산의 유지·관리, 경작방식의 변경, 화학물질의 사용 감소, 습지의 조성, 그 밖에 토지의 관리방법 등을 내용으로 하는 계약(이하 "생태계 서비스지불제계약"이라 한다)을 체결하거나 지방자치단체의 장에게 생태계 서비스지불제계약의 체결을 권고할 수 있다.

1. 「자연환경보전법」 제2조제12호에 따른 생태·경관보전지역
2. 「습지보전법」 제8조에 따른 습지보호지역
3. 「자연공원법」 제2조제1호에 따른 자연공원
4. 「야생생물 보호 및 관리에 관한 법률」 제27조에 따른 야생생물 특별보호구역
5. 「야생생물 보호 및 관리에 관한 법률」 제33조에 따른 야생생물 보호구역
6. 멸종위기 야생생물 보호 및 생물다양성의 증진이 필요한 다음 각 목의 지역
   가. 멸종위기 야생생물의 보호를 위하여 필요한 지역
   나. 생물다양성의 증진 또는 생태계 서비스의 회복이 필요한 지역
   다. 생물다양성이 독특하거나 우수한 지역
7. 그 밖에 대통령령으로 정하는 지역

제4장에서는 국가생물다양성센터 등에 대한 사항을 다루고 있으며, 법 제19조는 생물자원에 대한 이익 공유, 제20조에서는 전통지식의 보호 등을 담고 있다.

제5장은 유입주의 생물 등 관리에 관한 사항을 다루고 있으며, 위해성평가(제21조의2), 생태계교란 생물 등의 지정해제 등(제23조), 그리고 생태계교란 생물의 관리(제24조) 등을 담고 있다. 특히, 환경부장관은 유입주의 생물 또는 외래생물 등에 대하여 생태계 등에 미치는 위해성을 평가할 수 있다(제21조의2). 환경부장관은 제21조의2 제1항에 따른 위해성평가 결과에 따라 생태계 등에 미치는 위해가 크거나 위해를 미칠 우려가 있는 유입주의 생물, 외래생물 등을 관계 중앙행정기관의 장과의 협의를 거쳐 유입주의 생물에서 제외하거나 생태계교란 생물 또는 생태계위해우려 생물로 지정·고시하여야 한다. 위해성평가의 기준·절차, 생태계교란 생물 또는 생태계위해우려 생물의 지정 등에 관하여 필요한 사항은 환경부령으로 정하고 있는데, 매년 시행계획을 수립하여 국립생태원에서 실시하고 있다. 생태계 교란 생물의 지정 절차는 [그림 6-6]과 같다.

[그림 6-6] 생태계 교란 생물 지정 절차

※ 자료출처: 환경부, 2014.

생태계 교란 생물은 포유류, 양서류·파충류, 어류, 갑각류, 곤충류는 살아 있는 생물체와 그 알을 포함한다. 식물은 살아 있는 생물체와 그 부속체(종자, 구근, 인경, 주아, 덩이줄기, 뿌리) 및 표본을 포함한다. 본 목록상의 약어 "spp."는 상위 분류군에 속하는 모든 종을 의미한다.

[표 6-3] 생태계 교란 생물 지정 현황(2023년 9월 기준)

구 분	종 명
포유류	가. 뉴트리아 *Myocastor coypus*
양서류·파충류	가. 황소개구리 *Lithobates catesbeianus*
	나. 붉은귀거북속 전종 *Trachemys* spp.
	다. 리버쿠터 *Pseudemys concinna*
	라. 중국줄무늬목거북 *Mauremys sinensis*
	마. 악어거북 *Macrochelys temminckii*
	바. 플로리다붉은배거북 *Pseudemys nelsoni*
	사. 늑대거북 *Chelydra serpentina*
어류	가. 블루길 *Lepomis macrochirus*
	나. 배스 *Micropterus salmoides*
	다. 브라운송어 *Salmo trutta*
갑각류	가. 미국가재 *Procambarus clarkii*

[표 계속]

구 분	종 명
곤충류	가. 꽃매미 *Lycorma delicatula*
	나. 붉은불개미 *Solenopsis invicta*
	다. 등검은말벌 *Vespa velutina nigrithorax*
	라. 갈색날개매미충 *Pochazia shantungensis*
	마. 미국선녀벌레 *Metcalfa pruinosa*
	바. 아르헨티나개미 *Linepithema humile*
	사. 긴다리비틀개미 *Anoplolepis gracilipes*
	아. 빗살무늬미주메뚜기 *Melanoplus differentialis*
	자. 열대불개미 *Solenopsis geminata*
식 물	가. 돼지풀 *Ambrosia artemisiifolia*
	나. 단풍잎돼지풀 *Ambrosia trifida*
	다. 서양등골나물 *Ageratina altissima*
	라. 털물참새피 *Paspalum distichum* var. *indutum*
	마. 물참새피 *Paspalum distichum* var. *distichum*
	바. 도깨비가지 *Solanum carolinense*
	사. 애기수영 *Rumex acetosella*
	아. 가시박 *Sicyos angulatus*
	자. 서양금혼초 *Hypochaeris radicata*
	차. 미국쑥부쟁이 *Aster pilosus*
	카. 양미역취 *Solidago altissima*
	타. 가시상추 *Lactuca scariola*
	파. 갯줄풀 *Spartina alterniflora*
	하. 영국갯끈풀 *Spartina anglica*
	거. 환삼덩굴 *Humulus japonicus*
	너. 마늘냉이 *Alliaria petiolata*
	더. 돼지풀아재비 *Parthenium hysterophorus*

※ 자료출처: 환경부고시 제2023-228호, 2023.9.25., 일부 개정

다) 유전자원의 접근·이용 및 이익 공유에 관한 법률

유전자원의 접근·이용 및 이익 공유에 관한 법률은 약칭 유전자원법으로 불린다. 2017년 1월 17일에 법이 제정되었으며, 2017년 8월 17일 시행되었다. 이 법은 나고야 의정서가 우리나라에 효력을 발생하는 날(2017년 8월 17일, 우리나라는 나고야 의정서의 98번째 당사국임)부터 시행되었다. 그리고 몇몇 조항은 의정서가 우리나라에 효력을 발행하는 날로부터 1년이 경과한 날부터 시행하게 된다(부칙 제1조(시행일)).

이 법의 목적은 "유전자원에 대한 접근 및 그 이용으로부터 발생하는 이익의 공정하고 공평한 공유에 관한 생물다양성에 관한 협약 나고야 의정서"의 시행에 필요한 사항과 유전자원 및 이와 관련된 전통지식에 대한 접근·이용으로부터 발생하는 이익의 공정하고 공평한 공유를 위하여 필요한 사항을 정함으로써 생물다양성의 보전 및 지속가능한 이용에 기여하고 국민생활의 향상과 국제협력을 증진함을 목적으로 한다(유전자원의 접근·이용 및 이익 공유에 관한 법률 제1조, 2018.12.24., 타법 개정 기준).

이 법은 제1장 총칙과 제2장은 국내 유전자원 등에 대한 접근·이용 및 이익 공유 등, 제3장은 해외 유전자원 등에 대한 접근·이용 및 이익 공유 등으로 구성되어 있다. 제4장은 보칙이며, 제5장은 벌칙이다.

한편, 법 제2조 정의에서 규정하고 있는 몇몇 개념들을 제시하면 다음과 같다.

1. "유전자원"이란 「생물다양성 보전 및 이용에 관한 법률」 제2조제4호의 유전자원을 말한다.
2. "전통지식"이란 유전자원의 보전과 지속가능한 이용에 적합한 전통적인 생활양식을 유지하여 온 개인 또는 지역사회의 지식, 기술 및 관행(慣行) 등을 말한다.
3. "접근"이란 유전자원의 표본 또는 실물을 획득하거나, 유전자원 및 이와 관련된 전통지식(이하 "유전자원등"이라 한다)에 대한 정보를 수집하는 것을 말한다.
4. "이용"이란 유전자원등을 활용하여 유전자원의 유전적·생화학적 구성성분에 관하여 생명공학기술 적용 등의 방법으로 연구·개발을 수행하는 것을 말한다.
5. "이익"이란 유전자원등의 이용으로부터 발생하는 사용료·수입 등 금전적 이익과 기술이전, 연구결과의 공유 등 비금전적 이익을 말한다.

한편, 이 법은 다음 각 호의 어느 하나에 해당하는 경우에는 적용하지 아니한다(제3조, 적용 범위).

1. 인간의 유전자원 등
2. 남극지역 등 국가관할권이 미치지 아니하는 지역에 존재하는 유전자원 등
3. 이용 외의 목적으로 접근하는 유전자원 등
4. 유전자원등의 접근 및 이익 공유와 관련하여 다른 국제조약의 적용을 받는 유전자원 등
5. 「특허법」 제87조제1항에 따른 특허권이 설정 등록된 유전자원 등

라) 자연유산의 보존 및 활용에 관한 법률

문화재보호법은 1962년 1월 10일에 제정된 법률로서 야생생물 보호 및 관리에 관한 법률과 함께 중요 동·식물에 대한 보호를 지정하고 있으며, 문화재보호법은 국가유산청 소관 법률이다. 이 법은 2023년 법 개정을 통해서 자연유산의 보존 및 활용에 관한 법률(약칭: 자연유산법)과 문화유산의 보존 및 활용에 관한 법률(약칭: 문화유산법)로 나뉘어졌다. 따라서 자연환경과 관련이 많은 자연유산법은 역사적·경관적·학술적 가치를 지닌 자연유산을 체계적으로 보존·관리하고 지속가능하게 활용하는 것을 목적으로 한다(자연유산의 보존 및 활용에 관한 법률 제1조, 2023.3.21., 제정 기준).

이 법에서 사용하는 용어의 뜻은 다음과 같다(제2조).

1. "자연유산"이란 자연물 또는 자연환경과의 상호작용으로 조성된 문화적 유산으로서 역사적·경관적·학술적 가치가 큰 다음 각 목의 어느 하나에 해당하는 것을 말한다.
   가. 동물(그 서식지, 번식지 및 도래지를 포함한다)
   나. 식물(그 군락지를 포함한다)
   다. 지형, 지질, 생물학적 생성물 또는 자연현상
   라. 천연보호구역
   마. 자연경관: 자연 그 자체로서 심미적 가치가 인정되는 공간
   바. 역사문화경관: 자연환경과 사회·경제·문화적 요인 간의 조화를 보여주는 공간 또는 생활장소
   사. 복합경관: 자연의 뛰어난 경치에 인문적 가치가 부여된 공간
2. "천연기념물"이란 제1호가목부터 라목까지의 자연유산 중 역사적·경관적·학술적 가치가 인정되어 제11조에 따라 문화재청장이 지정하고 제14조에 따라 고시한 것을 말한다.
3. "명승"이란 제1호마목부터 사목까지의 자연유산 중 역사적·경관적·학술적 가치가 인정되어 제12조에 따라 문화재청장이 지정하고 제14조에 따라 고시한 것을 말한다.
4. "시·도자연유산"이란 천연기념물 및 명승이 아닌 자연유산 중 역사적·경관적·학술적 가치가 인정되어 제40조에 따라 특별시장·광역시장·특별자치시장·도지사·특별자치도지사(이하 "시·도지사"라 한다)가 지정하고 제42조에 따라 준용되는 제14조에 따라 고시한 것을 말한다.
5. "천연기념물등"이란 천연기념물, 명승 또는 시·도자연유산을 말한다.
6. "보호물"이란 자연유산을 보호하기 위하여 제13조에 따라 지정되고 제14조에 따라 고시된 건물이나 시설물을 말한다.
7. "보호구역"이란 일정한 지역이 천연기념물등으로 지정된 경우 지정된 면적을 제외한 지역으로서 그 천연기념물등을 보호하기 위하여 제13조에 따라 지정되고 제14조에 따라 고시된 구역을 말한다.
8. "역사문화환경"이란 자연유산 주변의 자연경관이나 역사적·문화적 가치가 뛰어난 공간으로서 자연유산과 함께 보호할 필요가 있는 주변 환경을 말한다.
9. "전통조경"이란 우리나라 고유의 역사·문화·사상 등을 담아 수목을 식재하거나 건축물을 배치

하는 등 전통적인 기법으로 외부공간을 조성하는 것을 말한다.

제3조에서 제시한 자연유산 보호의 기본원칙으로 자연유산은 다음 각 호의 원칙에 따라 보존·관리 및 활용되어야 한다.

1. 인위적인 간섭을 최대한 배제하되, 자연적인 변화 등 자연유산의 고유한 특성을 반영할 것
2. 자연유산의 보존·관리는 지속가능한 활용과 조화를 이룰 것
3. 국민의 재산권을 과도하게 제한하지 아니할 것

이 법은 전체 6장으로 구성되어 있으며, 제1장 총칙과 제2장은 자연유산 보호 정책의 수립 및 추진, 제3장은 자연유산의 지정 및 관리, 제4장은 자연유산의 보존·관리 및 활용으로 구성되어 있다. 제5장은 보칙이며, 제6장은 벌칙이다.

한편, 각종 개발 사업에 의한 훼손 예정지에 서식하거나 생태복원 시 이입시킬 생물종이 천연기념물 등 법정 보호종에 해당할 경우에는 해당 기관에 신고와 함께 관련 절차를 따라야 한다. 예를 들어 남생이의 경우, 야생생물 보호 및 관리에 관한 법률에 의거 멸종위기 야생생물이면서 자연유산의 보존 및 활용에 관한 법률에 의한 천연기념물이기 때문에 환경부와 국가유산청 두 기관 모두에 허가를 받아야 한다.

7) 물 관련 법

가) 물관리기본법

물관리일원화 정책에 의해 하천관리 기능을 제외한 물관리 업무를 환경부로 일원화하는 정부조직법 개정(2018.6.8.) 직후 물관리기본법(2018.6.13. 제정, 2019.6.13. 시행)을 제정하였다. 참고로 2018년의 물관리일원화는 하천관리 기능을 제외한 물관리 업무를 환경부로 일원화하는 정부조직법 개정안이 통과된 것이다. 이후 국토부에 남아있던 하천관리 기능까지 환경부로 일원화하는 정부조직법 개정(2022.1.1. 시행)으로 마침내 완전한 물관리일원화가 완성되었다.

이 법은 물관리의 기본이념과 물관리 정책의 기본방향을 제시하고 물관리에 필요한 기본적인 사항을 규정함으로써 물의 안정적인 확보, 물환경의 보전·관리, 가뭄·홍수 등으로 인하여 발생하는 재해의 예방 등을 통하여 지속가능한 물순환 체계를 구축하고 국민의 삶의 질 향상에 이바지함을 목적으로 한다(물관리기본법 제1조, 2021.1.5., 일부 개정 기준). 환경부 소관법이며, 2018년 6월 제정되었다.

이 법은 제2조에서 물관리와 관련된 기본이념을 제시하고 있는데, 물은 지구의 물순환 체계를 통하여 얻어지는 공공의 자원으로서 모든 사람과 동·식물 등의 생명체가 합리적으로 이용하여야 하고, 물을 관리할 때에는 그 효용은 최대한으로 높이되 잘못 쓰거나 함부로 쓰지 아니하며, 자연환경과 사회·경제 생활을 조화시키면서 지속적으로 이용하고 보전하여 그 가치를 미래로 이어가게 함을 기본이념으로 한다고 적시하고 있다.

이 법에서 사용하는 주요 정의와 관련하여 "물순환"이란 강수(降水)가 지표수(地表水)와 지하수(地下水)로 되어 하천·호수·늪·바다 등으로 흐르거나 저장되었다가 증발하여 다시 강수로 되는 연속된 흐름을 말한다. "물관리"란 모든 사람과 생명체가 물을 자연환경의 구성요소 및 사회·경제 활동의 필요요소이자 자원으로서 보전하고 경제적으로 이용하며, 가뭄·홍수로 인한 재해를 줄이거나 예방하는 일을 말한다. "수자원"이란 인간의 생활이나 경제활동 및 자연환경 유지 등을 하는 데 이용할 수 있는 자원으로서의 물을 말하고, "유역"이란 분수령(分水嶺)을 경계로 하여 하천 등이 모이는 일정한 구역을 말한다.

법의 제2장에서는 물관리의 기본원칙을 제시하였는데, 제8조(물의 공공성), 제9조(건전한 물순환), 제10조(수생태환경의 보전), 제11조(유역별 관리), 제12조(통합 물관리), 제13조(협력과 연계 관리), 제14조(물의 배분), 제15조(물수요 관리 등), 제16조(물 사용의 허가 등), 제17조(비용부담), 제18조(기후변화 대응), 제19조(물관리 정책 참여)로 구성되어 있다.

법의 제3장에선 물관리위원회를, 제4장은 국가물관리기본계획 등을, 제5장은 물분쟁의 조정 등을 담고 있다. 제6장에선 물문화 육성 및 국제협력 등을 담고 있다.

한편, 법 제27조에서 환경부장관은 10년마다 국가물관리기본계획을 수립하도록 되어 있다. 이 계획은 다른 분야의 최상위 계획과 대등한 위계에서 물관리 정책 방향을 제시한다. 따라서 국가환경종합계획, 국토종합계획, 기후변화대응기본계획, 지속가능발전기본계획, 국가안전관리기본계획, 환경관리해역기본계획 등 타분야 최상위 계획과 일관성 및 정합성을 유지해야 한다. 또한, 이 계획은 물 분야와 관련하여 최상위 계획으로서 물 관련 하위 계획들의 구심적 역할을 수행한다.

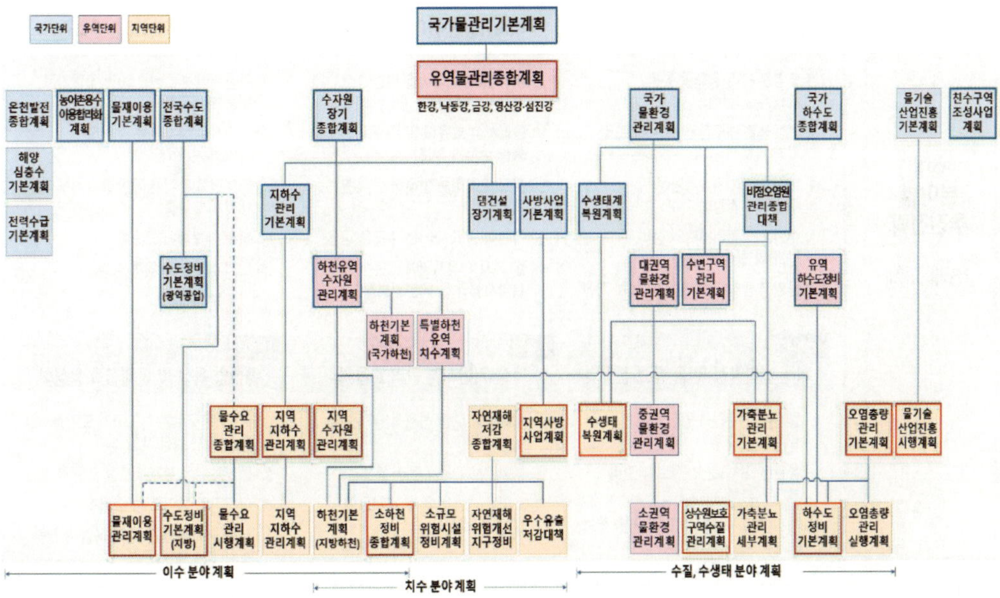

* [파란 테두리] 국가물관리기본계획 부합성 대상, [주황 테두리] 유역물관리종합계획 부합성 대상

[그림 6-7] 물 관련 주요 계획의 체계도

※ 자료출처: 관계부처 합동, 2023.

제1차 국가물관리기본계획(2021~2030)의 비전 체계도는 다음과 같다.

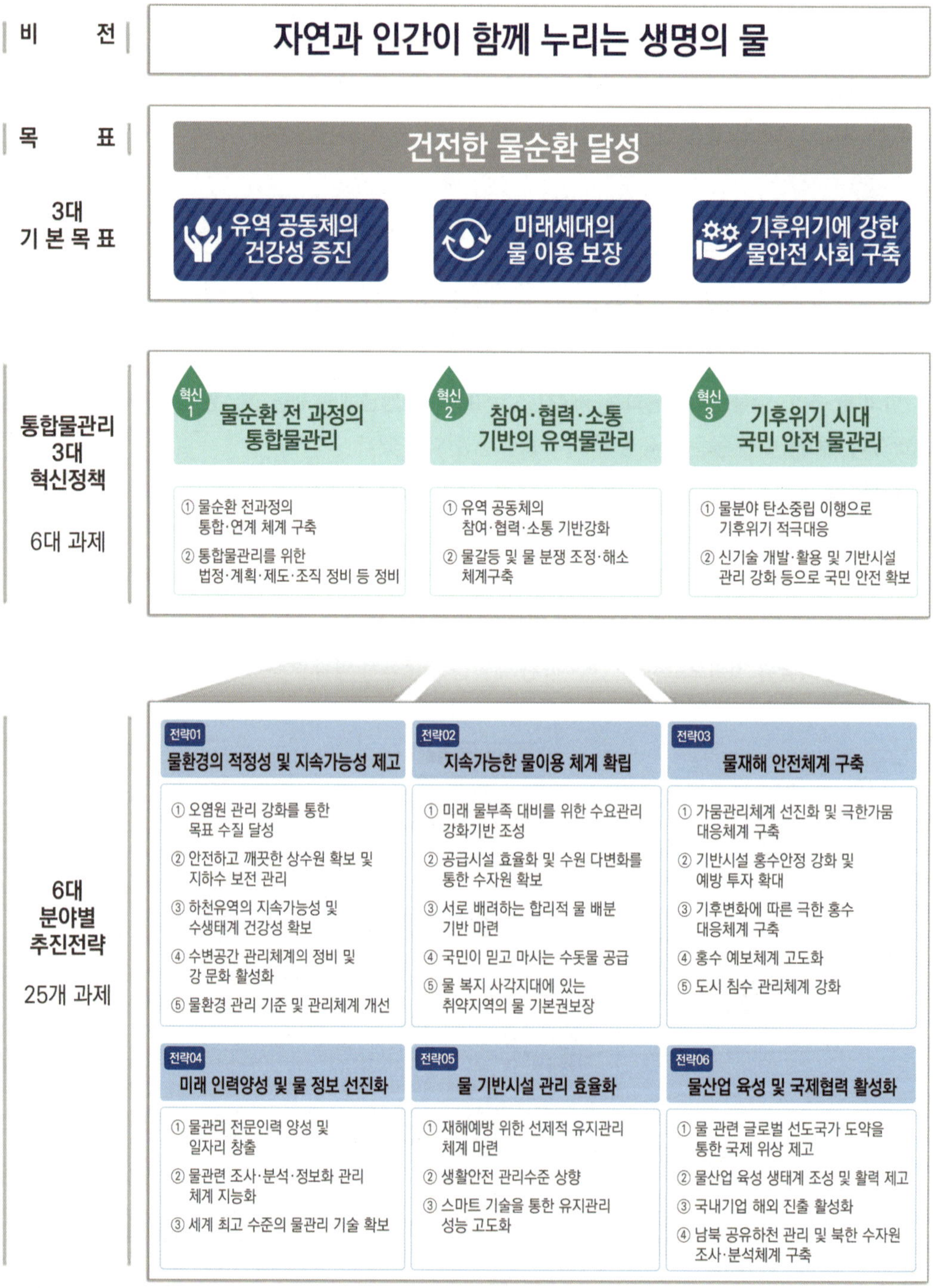

[그림 6-8] 제1차 국가물관리기본계획(2021-2030) 비전 체계도

※ 자료출처: 관계부처 합동, 2023.

나) 물환경보전법

과거 수질환경보전법이 수질 및 수생태계 보전에 관한 법률로 개정되었으며, 다시 2017년 법 개정을 통해서 물환경보전법으로 바뀌었다.

이 법은 수질오염으로 인한 국민건강 및 환경상의 위해(危害)를 예방하고 하천·호소(湖沼) 등 공공수역의 물환경을 적정하게 관리·보전함으로써 국민이 그 혜택을 널리 누릴 수 있도록 함과 동시에 미래의 세대에게 물려줄 수 있도록 함을 목적으로 한다(물환경보전법 제1조, 2021.9.24., 타법 개정 기준).

법 제2조에서는 다양한 용어의 정의가 있는데, 우선 "물환경"이란 사람의 생활과 생물의 생육에 관계되는 물의 질 및 공공수역의 모든 생물과 이들을 둘러싸고 있는 비생물적인 것을 포함한 수생태계(水生態系)를 총칭하여 말한다.

그리고 "점오염원(點汚染源)"이란 폐수배출시설, 하수발생시설, 축사 등으로서 관거(管渠)·수로 등을 통하여 일정한 지점으로 수질오염물질을 배출하는 배출원을 말한다. "비점오염원(非點汚染源)"이란 도시, 도로, 농지, 산지, 공사장 등으로서 불특정 장소에서 불특정하게 수질오염물질을 배출하는 배출원을 말한다. 또한, "기타수질오염원"이란 점오염원 및 비점오염원으로 관리되지 아니하는 수질오염물질을 배출하는 시설 또는 장소로서 환경부령으로 정하는 것을 말한다.

"강우유출수(降雨流出水)"란 비점오염원의 수질오염물질이 섞여 유출되는 빗물 또는 눈 녹은 물 등을 말하고, "불투수면(不透水面)"이란 빗물 또는 눈 녹은 물 등이 지하로 스며들 수 없게 하는 아스팔트·콘크리트 등으로 포장된 도로, 주차장, 보도 등을 말한다.

물환경보전법 정의에 의한 "수질오염방지시설"이란 점오염원, 비점오염원 및 기타수질오염원으로부터 배출되는 수질오염물질을 제거하거나 감소하게 하는 시설로서 환경부령으로 정하는 것을 말한다. 또한, "비점오염저감시설"이란 수질오염방지시설 중 비점오염원으로부터 배출되는 수질오염물질을 제거하거나 감소하게 하는 시설로서 환경부령으로 정하는 것을 말한다.

"수생태계 건강성"이란 수생태계를 구성하고 있는 요소 중 환경부령으로 정하는 물리적·화학적·생물적 요소들이 훼손되지 아니하고 각각 온전한 기능을 발휘할 수 있는 상태를 말한다.

주의해서 봐야 할 법적 개념으로 "물놀이형 수경(水景) 시설"이 포함되어 있는데, 이의 법적 정의는 수돗물, 지하수 등을 인위적으로 저장 및 순환하여 이용하는 분수, 연못, 폭포, 실개천 등의 인공시설물 중 일반인에게 개방되어 이용자의 신체와 직접 접촉하여 물놀이를 하도록 설치하는 시설을 말한다. 다만, 다음 각 목의 시설은 제외한다.

- 「관광진흥법」 제5조제2항 또는 제4항에 따라 유원시설업의 허가를 받거나 신고를 한 자가 설치한 물놀이형 유기시설(遊技施設) 또는 유기기구(遊技機具)
- 「체육시설의 설치·이용에 관한 법률」 제3조에 따른 체육시설 중 수영장
- 환경부령으로 정하는 바에 따라 물놀이 시설이 아니라는 것을 알리는 표지판과 울타리를 설치하거나 물놀이를 할 수 없도록 관리인을 두는 경우

이 법은 총칙(제1장), 보칙 및 벌칙을 포함하여 전체 8장으로 구성되어 있다. 제2장에서는 공공수역의 물환경 보전, 제3장은 점오염원의 관리, 제4장은 비점오염원의 관리, 제5장은 기타 수질오염원의 관리, 제6장은 폐수처리업을 다루고 있다.

이 법에서 눈여겨봐야 할 부분은 제2장 공공수역의 물환경 보전과 관련하여, 제9조의3(수생태계 현황 조사 및 건강성 평가), 제19조의3(수변생태구역의 매수·조성), 제21조의4(완충저류시설의 설치·관리), 제22조의2(수생태계 연속성 조사 등), 제22조의3(환경생태유량의 확보), 제23조의2(국가물환경관리기본계획의 수립), 제27조의2(수생태계 복원계획의 수립 등) 등이 있다.

우선, 수변생태구역의 매수·조성과 관련해서 환경부장관은 하천·호소 등의 물환경 보전을 위하여 필요하다고 인정할 때에는 대통령령으로 정하는 기준에 해당하는 수변습지 및 수변 토지를 매수하거나 환경부령으로 정하는 바에 따라 생태적으로 조성·관리할 수 있다.

완충저류시설의 설치·관리는「국토의 계획 및 이용에 관한 법률」제36조제1항에 따른 공업지역 중 환경부령으로 정하는 지역 또는「산업입지 및 개발에 관한 법률」제2조제8호에 따른 산업단지 중 환경부령으로 정하는 단지의 소재지를 관할하는 특별시장·광역시장·특별자치시장·특별자치도지사·시장·군수는 그 공업지역 또는 산업단지에서 배출되는 오수·폐수 등을 일시적으로 담아둘 수 있는 완충저류시설(緩衝貯留施設)을 설치·운영하여야 한다는 규정이다.

수생태계 연속성 조사 등과 관련된 규정으로 환경부장관은 공공수역의 상류와 하류 간 또는 공공수역과 수변지역 간에 물, 토양 등 물질의 순환이 원활하고 생물의 이동이 자연스러운 상태("수생태계 연속성")의 단절·훼손 여부 등을 파악하기 위하여 수생태계 연속성 조사를 실시할 수 있다.

환경생태유량의 확보 규정(제22조의3)과 관련해서 환경부장관은 수생태계 건강성 유지를 위하여 필요한 최소한의 유량 확보를 위하여 하천의 대표 지점에 대한 환경생태유량을 고시할 수 있다. 이에 따라 국립환경과학원에서 고시한 "환경생태유량 산정 지침(제2023-34호, 2023.7.3. 시행 기준)"에서 제시한 환경생태유량 산정 방법은 다음과 같다.

우선, 환경생태유량은 대표어종 및 하천 특성 등을 고려하여, 아래와 같은 절차에 따라 산정하고 확정한다.

가. 환경생태유량 산정은 서식지 모의 모형(이하 "서식지 모형") 또는 간단법을 사용할 수 있다.

나. 서식지 모형은 대표지점(100~200 m 구간)을 모의할 수 있는 구간모형을 이용하고, 모의 구간이 이보다 길거나 합류부, 만곡부와 같이 2차원 평면 분석이 필요한 경우 다차원 모형을 이용할 수 있다.

다. 간단법 사용 시에는 대표어종의 서식 수심, 유속 등 다양한 서식조건이 반영될 수 있도록 하여야 한다.

라. 서식지 모형을 통한 모의 시, 하천 특성에 따라 대표어종이 서식하고 있는 최적 수심부터 최소 수심의 범위에서 가중가용면적(Weighed usable area, WUA)을 도출하여 환경생태유량을 산정한다.

마. 서식 가능한 최적 수심은 현장 모니터링 시 대표어종이 가장 많이 서식하고 있는 수심을 의미하고, 서식 가능한 최소 수심은 가장 낮은 서식 수심에 여유율 15%를 두어 설정한다.

바. 환경생태유량은 대표지점에서 연중 유지·확보가 가능한 유량으로 한다. 다만, 대표어종, 하천의 특성에 따라 갈수기 및 산란기, 유어기, 성어기 등 특정 시기 동안의 유지·확보가 필요한 경우, 이때의 유량으로 할 수 있다.

사. 산정된 환경생태유량에 대하여 현재 확보가 가능한 양과 새로 확보가 필요한 양으로 구분하여 확정한다.

아. 환경생태유량 확정 시 전문가 타당성 검토 등을 진행한다.

한편, 법 제23조의2에 의해 환경부장관은 공공수역의 물환경을 관리·보전하기 위하여 대통령령으로 정하는 바에 따라 국가 물환경관리기본계획을 10년마다 수립하도록 되어 있다. 2016년부터 2025년까지의 계획을 담고 있는 「제2차 물환경관리 기본계획」은 '수질, 수량관리 및 수생태계 보전을 위한 정부 물환경 관리 정책의 최상위 계획'으로서 대·중·소권역 물환경관리계획, 오염총량관리기본방침 및 기본·시행계획, 비점오염원관리 종합대책 등 주요 물환경 관리 대책 수립의 지침서 역할을 한다.

[그림 6-9] 제2차 물환경관리 기본계획의 체계

※ 자료출처: 환경부, 2016.

이 계획에서 제시하고 있는 핵심전략과 달성 목표는 다음과 같다.

[표 6-4] 물환경 관리를 위한 핵심전략과 달성목표

핵심전략	달성목표
1. 건강한 물순환 체계 확립	• 불투수면적률 25% 초과 51개 소권역의 지역별 물순환 목표 설정 *기본계획 5년차 평가 시까지 정량화된 지표 개발·산정하여 국가 목표 설정
2. 유역통합관리로 깨끗한 물 확보	• 주요 상수원의 수질 좋음(Ⅰ) 등급(BOD*T-P 기준) 달성 *하천 목표기준에 TOC 도입 시('21년) 기준 변경 검토
3. 수생태계 건강성 제고로 생태계 서비스 증진	• 전국 수체의 수생태계 건강성 양호(B) 등급 달성
4. 안전한 물환경 기반 조성	• 산업폐수 유해물질 배출량 10% 저감(2010~2015년 평균 대비) • 4대강 상수원 보의 총인 농도와 남조류세포수 일정 수준 이하 유지
5. 물환경의 경제·문화적 가치 창출	• 국민 물환경 체감 만족도 80% 이상 달성

※ 자료출처: 환경부, 2016.

수생태계 복원계획의 수립 등과 관련된 규정(제27조의2)은 환경부장관, 시·도지사 또는 시장·군수·구청장은 제9조 또는 제9조의3에 따른 측정·조사 결과 수질 개선이 필요한 지역 또는 수생태계 훼손 정도가 상당하여 수생태계의 복원이 필요한 지역을 대상으로 수생태계 복원계획(이하 "복원계획"이라 한다)을 수립하여 시행할 수 있다. 이 조항과 관련하여 물환경보전법 시행령 제29조의6(수생태계 복원계획의 내용 등)에서는 수생태계 복원계획(이하 "복원계획"이라 한다)을 수립할 때 다음 각 호의 사항이 포함되도록 규정하고 있다.

1. 복원계획의 목표 및 추진 방향
2. 수질 현황 또는 수생태계의 훼손 현황
3. 수생태계 복원에 영향을 미치는 관련 계획과의 연계성
4. 수생태계 복원사업(이하 이 조에서 "복원사업"이라 한다)의 사업별 우선순위 및 연도별 추진계획
5. 복원사업의 소요비용 및 재원조달계획

또한, 법 제27조의2제5항 규정은 시·도지사, 시장·군수·구청장은 복원계획을 원활하게 추진하기 위하여 필요하다고 인정하는 경우에는 환경부장관과 협의하여 복원계획에 대한 시행계획을 수립·변경할 수 있다. 이 규정에 따른 시행계획에는 다음 각 호의 사항이 포함되어야 한다.

1. 복원사업의 대상 지역 및 해당 복원사업을 통한 수질·수생태계의 복원 목표
2. 수생태계 복원에 영향을 미치는 관련 사업의 연계성
3. 복원사업 대상 지역의 오염원 분포 및 수질·수생태계 현황에 관한 사항
4. 복원사업의 기본설계 및 실시설계에 관한 사항

5. 복원사업의 분야별·연차별 사업비 및 그 산출근거
6. 복원사업에 대한 모니터링 및 사후관리에 관한 사항
7. 복원사업으로 인한 수질·수생태계의 개선 효과

다) 하천법

이 법은 물관리일원화 정책으로 과거 국토교통부 소관법이었던 것이 환경부 소관법으로 바뀌었다. 이 법은 하천 사용의 이익을 증진하고 수생태환경을 고려하여 하천을 자연친화적으로 정비·보전하며 기후변화 등으로 인한 수재해를 예방하기 위하여 하천의 지정·관리·사용 및 보전 등에 관한 사항을 규정함으로써 하천을 적정하게 관리하고 공공복리의 증진에 이바지함을 목적으로 한다(하천법 제1조, 2023.8.16., 일부 개정 기준).

이 법에 의한 하천의 정의는 지표면에 내린 빗물 등이 모여 흐르는 물길로서 공공의 이해에 밀접한 관계가 있어 제7조제2항 및 제3항에 따라 국가하천 또는 지방하천으로 지정된 것을 말하며, 하천구역과 하천시설을 포함한다. 여기서 하천시설이라 함은 하천의 기능을 보전하고 효용을 증진하며 홍수 피해를 줄이기 위하여 설치하는 다음 각 목의 시설을 말한다. 다만, 하천관리청이 아닌 자가 설치한 시설에 관하여는 하천관리청이 해당 시설을 하천시설로 관리하기 위하여 그 시설을 설치한 자의 동의를 얻은 것에 한한다.

가. 제방·호안(護岸)·수제(水制) 등 물길의 안정을 위한 시설
나. 댐·하구둑(「방조제관리법」에 따라 설치한 방조제를 포함한다)·홍수조절지·저류지·지하하천·방수로·배수펌프장(「농어촌정비법」에 따른 농업생산기반시설인 배수장과 「하수도법」에 따른 하수를 배제(排除)하기 위하여 설치한 펌프장을 제외한다)·수문(水門) 등 하천수위의 조절을 위한 시설
다. 운하·안벽(岸壁)·물양장(物揚場)·선착장·갑문 등 선박의 운항과 관련된 시설
라. 그 밖에 대통령령으로 정하는 시설

이 법은 제1장 총칙, 제2장 하천의 지정 등, 제3장 정보화 및 계획 수립, 제4장 하천공사 등의 시행, 제5장 하천의 점용 등, 제6장 하천환경의 보전·관리, 제7장 하천수의 사용 및 분쟁 조정, 제8장 하천에 관한 비용과 수익, 제9장 감독, 제10장 보칙과 제11장 벌칙으로 구성되어 있다.

법 제25조에는 하천기본계획 수립에 관한 사항이 적시되어 있으며, 제27조에서는 하천관리청의 하천공사 및 유지·보수에 대한 사항을 담고 있다. 그리고 제33조에서는 하천의 점용허가 등에 대한 사항을 규정하고 있다. 일반적으로 생태하천복원 사업 등은 하천 점용 허가 사항에 포함된다. 그리고 제6장의 제43조에는 자연친화적인 공법의 사용 등과 관련된 규정이 있다.

라) 도시하천유역 침수피해방지대책법

이 법은 2023년 9월에 제정되어 2024년 3월에 시행된 법률로서 기후변화와 도시화에 따른 대규모 홍수에 적절하게 대응함으로써 도시하천 유역의 침수피해를 방지하는 것을 목적으로 한다(도시하천유역 침수피해방지대책법 제1조, 2023.9.14., 제정 기준). 환경부 소관 법률이며, 약칭 도시침수방지법이라고 한다.

이 법에서 사용하는 정의와 관련하여 "도시침수"란 홍수로 인한 도시하천의 범람 또는 도시지역 내에서 강우가 적절히 배수되지 아니하여 발생하는 침수현상을 말한다. 그리고 "침수피해"란 도시침수로 인하여 발생한 생명·신체 또는 재산상 피해를 말한다. "특정도시하천"이란 기후변화와 도시화에 따라 현저하게 침수피해가 발생하였거나 발생이 예상되어 하천정비 등 통상적인 홍수관리대책만으로는 피해 예방이 곤란한 도시하천을 말한다. 또한, "침수방지시설"이란 침수피해를 방지하기 위하여 설치하는 시설로서 가) 「하천법」 제2조제3호가목에 따른 물길의 안정을 위한 시설, 나) 「하천법」 제2조제3호나목에 따른 하천수위의 조절을 위한 시설, 다) 「하수도법」 제2조제6호에 따른 하수관로, 라) 「하수도법」 제2조제10호에 따른 하수저류시설, 마) 그 밖에 대통령령으로 정하는 시설을 말한다. 여기서 대통령령으로 정하는 시설이란, (1) 「물환경보전법」 제2조제13호에 따른 비점오염저감시설 중 환경부장관이 정하여 고시하는 시설, (2) 「하천법 시행령」 제2조에 따른 수로터널, (3) 그 밖에 침수피해 방지를 위하여 환경부장관이 정하여 고시하는 시설 등을 말한다.

법 제5조에서 기본원칙을 제시하고 있는데, 도시하천 유역의 침수피해 방지는 다음 각 호의 기본원칙에 따라 추진되어야 한다.

1. 도시침수 예방 및 대비에 관한 정책을 수립할 경우 기후변화를 고려하여야 한다.
2. 인구, 사회기반시설 등이 밀집되어 있어 현저한 침수피해가 우려될 경우에는 과거 최대강우량 등을 고려하여 침수방지시설을 설치할 수 있도록 노력하여야 한다.
3. 도시침수에 대비하여 예보체계를 구축하고 대응 방안을 마련하여야 한다.

그리고 이 법의 제2장에서는 특정도시하천 침수피해 방지 기본계획의 수립 등을 규정하고 있으며, 제3장에서는 침수피해 방지 자료의 정보화 및 연구개발 등을 규정하고 있다. 총 3장, 부칙을 제외하고 19개의 조문으로 구성되어 있다.

마) 물의 재이용 촉진 및 지원에 관한 법률

이 법은 2010년 6월에 제정되어 2011년 6월에 시행된 법률로서 물의 재이용을 촉진하여 물 자원을 효율적으로 활용하고 수질에 미치는 해로운 영향을 줄임으로써 물 자원의 지속 가능한 이용을 도모하고 국민의 삶의 질을 높이는 것을 목적으로 한다(물의 재이용 촉진 및 지원에 관한 법률 제1조, 2022.11.15., 타법 개정 기준). 이 법은 환경부 소관 법률이며, 약칭 물재이용법이라고 한다.

여기서 "물의 재이용"이란 빗물, 오수(汚水), 하수처리수, 폐수처리수 및 발전소 온배수를 물 재이용시설을 이용하여 처리하고, 그 처리된 물(이하 "처리수"라 한다)을 생활, 공업, 농업, 조경, 하천 유지 등의 용도로 이용하는 것을 말한다. 그리고 "물 재이용시설"이란 빗물이용시설, 중수도, 하·폐수처리수 재이용시설 및 온배수 재이용시설을 말한다. "빗물이용시설"이란 건축물의 지붕면 등에 내린 빗물을 모아 이용할 수 있도록 처리하는 시설을 말한다. "중수도"란 개별 시설물이나 개발사업 등으로 조성되는 지역에서 발생하는 오수를 공공하수도로 배출하지 아니하고 재이용할 수 있도록 개별적 또는 지역적으로 처리하는 시설을 말한다(법 제2조).

물의 재이용 촉진 및 지원에 관한 법률은 제1장 총칙을 포함하여 전체 5장으로 구성되어 있는데, 제2장은 물의 재이용 계획에 관한 내용을, 제3장은 물 재이용시설의 설치·관리에 관한 내용을 담고 있다. 제4장은 보칙, 제5장은 벌칙이다.

바) 수계별 물관리 및 주민지원 등에 관한 법률

우리나라의 5대강을 중심으로 하여 수계별로 물관리와 주민 지원에 관한 법률이 제정되어 있다. 여기에는 "한강수계 상수원수질개선 및 주민지원 등에 관한 법률(약칭: 한강수계법)", "낙동강수계 물관리 및 주민지원 등에 관한 법률(약칭: 낙동강수계법)", "금강수계 물관리 및 주민지원 등에 관한 법률(약칭: 금강수계법)", 그리고 "영산강·섬진강수계 물관리 및 주민지원 등에 관한 법률(약칭: 영산강섬진강수계법)"이 있다. 대부분의 법 내용이 유사하기 때문에 이 책에서는 "한강수계법"을 중심으로 제시하였다.

이 법은 한강수계(漢江水系) 상수원(上水源)을 적절하게 관리하고 상수원 상류지역의 수질개선(水質改善) 및 주민지원 사업을 효율적으로 추진하여 상수원의 수질을 개선함을 목적으로 한다(2022.12.27., 타법 개정 기준).

이 법은 제1장 총칙, 제2장 수변구역의 지정·관리, 제3장 오염총량관리제의 실시, 제4장 주민지원사업 등의 실시, 제5장 환경기초시설 설치 촉진 등을 위한 조치, 제6장 재원의 확보 및 관리, 그리고 제7장 보칙과 제8장 벌칙으로 구성되어 있다.

이 법이 중요한 것은 수계별로 수변구역을 지정하게 되어 있으며, 수변구역 관리기본계획을 5년 마다 수립하여 시행케 하고 있다. 수변구역 관리기본계획에는 (1)중·장기 수변구역 관리계획, (2)수변녹지 등 수변생태벨트 조성계획, (3)수변구역의 토지매수 현황 및 계획, (4)그 밖에 환경부령으로 정하는 사항 등을 포함하게 되어 있다.

생태복원 사업과 연계해 보면, 수변생태벨트 조성 분야와 수변구역에서 매수된 토지에 대한 생태복원 사업을 추진하도록 규정하고 있다.

8) 환경영향평가법

환경영향평가제도는 1977년 제정된 「환경보전법」 제5조(사전협의)에 행정기관이 시행하는 도시개발, 산업입지의 조성, 에너지개발 등에 대한 협의근거를 마련함으로써 처음 도입되었으나, 평가서 작성방법 등에 대한 하위규정이 마련되지 않아 실시되지 못하였다. 1981년 2월 '환경영향평가서작성에관한규정(환경청고시 제81-4호)'이 제정·고시됨에 따라 본격적으로 실시되었으며, 이후 「환경보전법」의 개정을 통해 대상사업을 확대하면서 행정기관뿐만 아니라 정부투자기관 등 공공기관 및 민간이 시행하는 사업까지 포함되었다. 그리고 1990년 환경청이 환경처로 승격되면서 환경법 체계를 전면 개편함에 따라 환경영향평가에 관한 사항을 「환경정책기본법」에 규정하고, 주민 의견수렴 및 사후관리제도를 도입하여 환경영향평가가 한 단계 발전하는 계기가 되었다. 이후, 1993년 6월 단일법으로 「환경영향평가법」을 제정하고, 환경영향평가 대상 사업의 범위, 시기, 협의절차 등 구체적·집행적 사항을 규정하였다. 동 법의 제정으로 평가대상사업이 16개 분야 59개 사업으로 확대되고, 주민의견 수렴을 위한 설명회 또는 공청회를 의무화하는 한편, 평가서 협의요청 및 사후관리를 사업승인기관이 담당하도록 하였다(환경부, 2022).

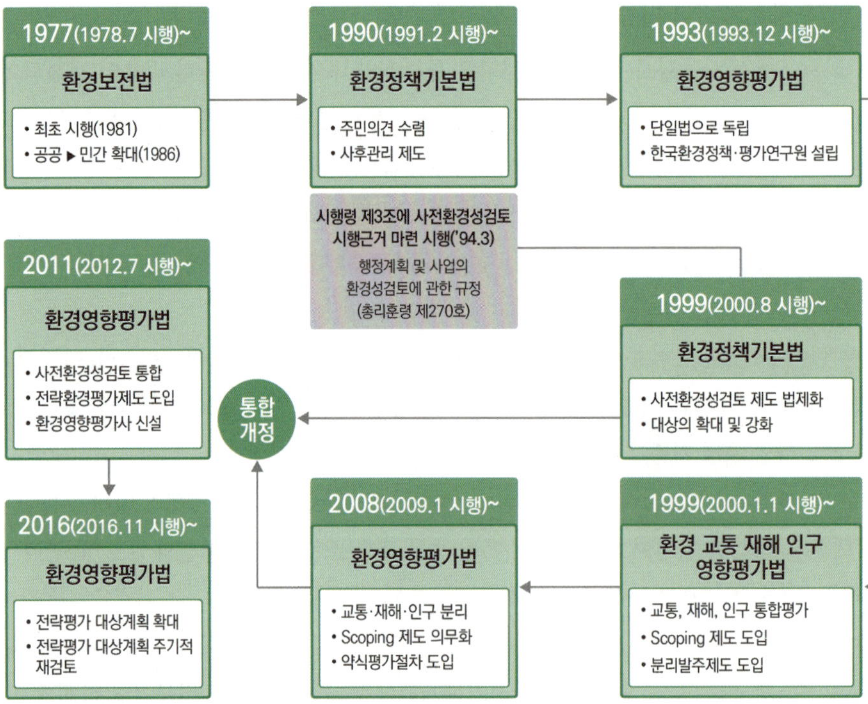

[그림 6-10] 환경영향평가 제도의 변천 과정

※ 자료출처: 환경부, 2023.

이 법은 환경에 영향을 미치는 계획 또는 사업을 수립·시행할 때에 해당 계획과 사업이 환경에 미치는 영향을 미리 예측·평가하고 환경보전방안 등을 마련하도록 하여 친환경적이고 지속가능한 발전과 건강하고 쾌적한 국민생활을 도모함을 목적으로 한다(환경영향평가법 제1조, 2021.8.17., 타법 개정 기준).

법 제2조에는 각종 정의가 제시되어 있는데, (1) "전략환경영향평가"란 환경에 영향을 미치는 상위 계획을 수립할 때에 환경보전계획과의 부합 여부 확인 및 대안의 설정·분석 등을 통하여 환경적 측면에서 해당 계획의 적정성 및 입지의 타당성 등을 검토하여 국토의 지속가능한 발전을 도모하는 것을 말한다.

그리고 (2) "환경영향평가"란 환경에 영향을 미치는 실시계획·시행계획 등의 허가·인가·승인·면허 또는 결정 등(이하 "승인등"이라 한다)을 할 때에 해당 사업이 환경에 미치는 영향을 미리 조사·예측·평가하여 해로운 환경영향을 피하거나 제거 또는 감소시킬 수 있는 방안을 마련하는 것을 말한다. (3) "소규모 환경영향평가"란 환경보전이 필요한 지역이나 난개발(亂開發)이 우려되어 계획적 개발이 필요한 지역에서 개발 사업을 시행할 때에 입지의 타당성과 환경에 미치는 영향을 미리 조사·예측·평가하여 환경보전방안을 마련하는 것을 말한다. 그리고 (4) "환경영향평가 등"이란 전략환경영향평가, 환경영향평가 및 소규모 환경영향평가를 말한다.

"환경영향평가사"란 환경 현황 조사, 환경영향 예측·분석, 환경보전방안의 설정 및 대안 평가 등을 통하여 환경영향평가서 등의 작성 등에 관한 업무를 수행하는 사람으로서 제63조제1항에 따른 자격을 취득한 사람을 말한다.

법 제4조에는 환경영향평가 등의 기본 원칙이 제시되어 있는데, 구체적인 내용은 다음과 같다.

1. 환경영향평가등은 보전과 개발이 조화와 균형을 이루는 지속가능한 발전이 되도록 하여야 한다.
2. 환경보전방안 및 그 대안은 과학적으로 조사·예측된 결과를 근거로 하여 경제적·기술적으로 실행할 수 있는 범위에서 마련되어야 한다.
3. 환경영향평가등의 대상이 되는 계획 또는 사업에 대하여 충분한 정보 제공 등을 함으로써 환경영향평가등의 과정에 주민 등이 원활하게 참여할 수 있도록 노력하여야 한다.
4. 환경영향평가등의 결과는 지역주민 및 의사결정권자가 이해할 수 있도록 간결하고 평이하게 작성되어야 한다.
5. 환경영향평가등은 계획 또는 사업이 특정 지역 또는 시기에 집중될 경우에는 이에 대한 누적적 영향을 고려하여 실시되어야 한다.
6. 환경영향평가등은 계획 또는 사업으로 인한 환경적 위해가 어린이, 노인, 임산부, 저소득층 등 환경유해인자의 노출에 민감한 집단에게 미치는 사회·경제적 영향을 고려하여 실시되어야 한다.

환경영향평가법은 제1장 총칙을 포함하여 전체 9장으로 구성되어 있는데, 제2장은 전략환경영향평가의 내용을 담고 있다. 여기에는 제1절은 전략환경영향평가의 대상, 제2절은 전략환경영향평가서 초안에 대한 의견 수렴 등, 제3절은 전략환경영향평가서의 협의 등이 있다.

제3장은 환경영향평가에 대한 사항으로 제1절은 환경영향평가의 대상, 제2절은 환경영향평가서 초안에 대한 의견 수렴 등, 제3절은 환경영향평가서의 협의, 재협의, 변경협의 등, 제4절은 협의 내용의 이행 및 관리 등, 제5절은 시·도의 조례에 따른 환경영향평가 등의 내용을 담고 있다.

제4장은 소규모 환경영향평가에 대한 내용이며, 제5장은 환경영향평가 등에 관한 특례 사항이 적시되어 있다. 제6장은 환경영향평가의 대행, 제6장의2에는 환경영향평가기술자의 육성에 관한 사항

이 2016년 5월 29일 신설되었다. 제7장은 환경영향평가사에 대한 내용이 적시되어 있으며, 제8장은 보칙, 제9장은 벌칙이다.

참고로 환경영향평가의 협의 기본 절차는 다음 그림과 같다.

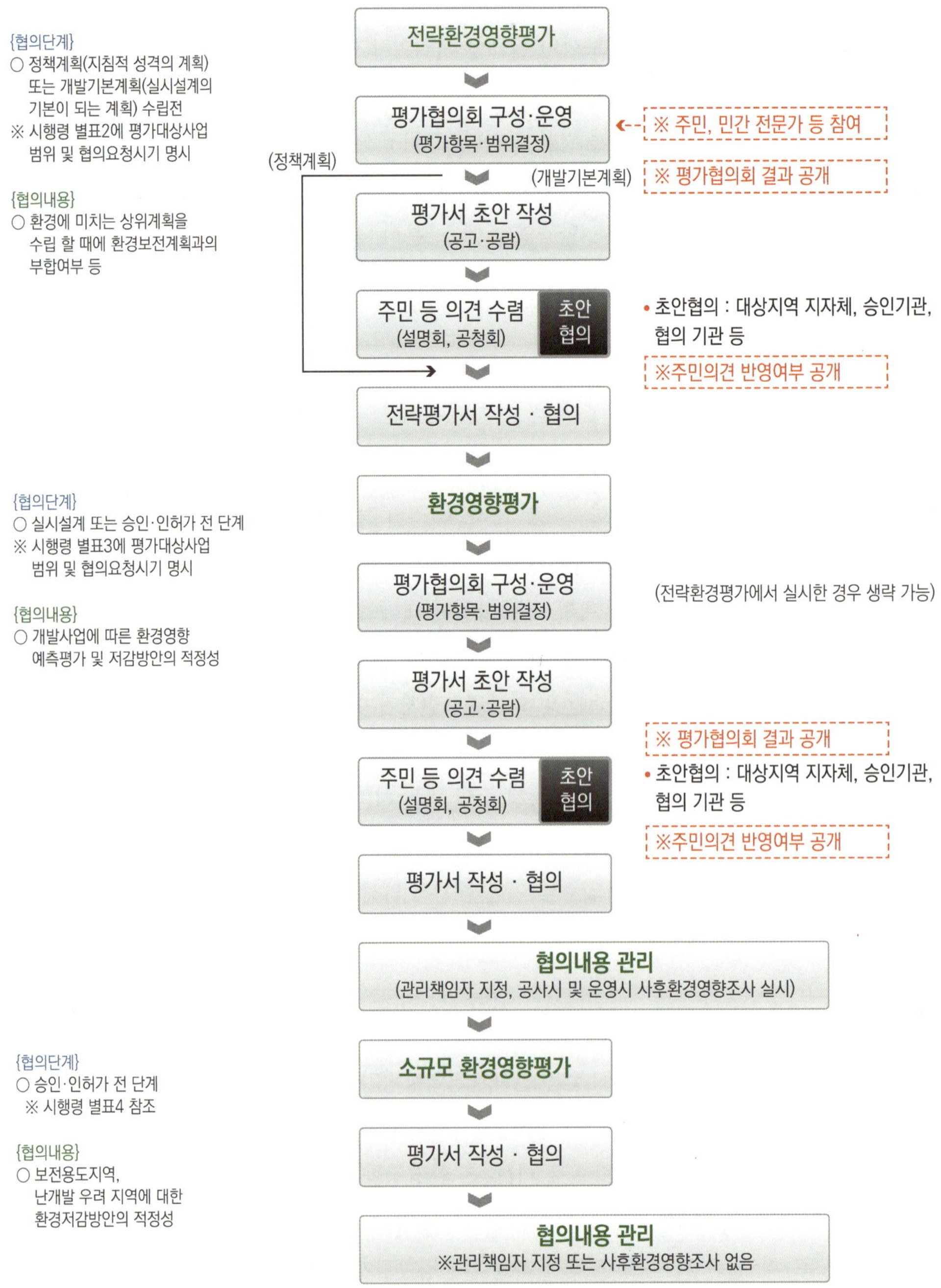

[그림 6-11] 환경영향평가 협의 절차

※ 자료출처: 환경영향평가서등의 작성 등에 관한 안내서(2024, 환경영향평가정보지원시스템)

9) 지속가능발전법

이 법은 경제·사회·환경의 균형과 조화를 통하여 지속가능한 경제 성장, 포용적 사회 및 기후·환경 위기 극복을 추구함으로써 현재 세대는 물론 미래 세대가 보다 나은 삶을 누릴 수 있도록 하고 국가와 지방 나아가 인류사회의 지속가능발전을 실현하는 것을 목적으로 한다(지속가능발전기본법 제1조, 2022.1.4., 제정 기준).

이 법은 2007년 제정된 지속가능발전기본법이 2010년에 지속가능발전법으로 명칭이 바뀌었으며, 주요 내용들은 저탄소녹색성장기본법에 의해 상당 조문이 삭제되었다. 그리고 다시 2022년 법 개정을 통해서 지속가능발전 기본법으로 신규 제정되었다. 이 법은 국무조정실 소관법이다.

이 법에서 사용하는 주요 용어와 관련하여 "지속가능성"이란 현재 세대의 필요를 충족시키기 위하여 미래 세대가 사용할 경제·사회·환경 등의 자원을 낭비하거나 여건을 저하(低下)시키지 아니하고 이들이 서로 조화와 균형을 이루는 것을 말한다. "지속가능발전"이란 지속가능한 경제 성장과 포용적 사회, 깨끗하고 안정적인 환경이 지속가능성에 기초하여 조화와 균형을 이루는 발전을 말한다. 그리고 "지속가능한 경제 성장"이란 지속가능한 생산·소비 구조 및 사회기반시설을 갖추고, 산업이 성장하며 양질의 일자리가 증진되는 등 경제 성장의 산물이 모든 구성원에게 조화롭게 분배되는 것을 말한다. "포용적 사회"란 모든 구성원이 존엄과 평등, 그리고 건강한 환경 속에서 자신의 잠재력을 실현할 수 있도록 경제·사회·문화적으로 공정하며 취약계층에 대한 사회안전망이 보장된 사회를 말한다. 또한, "지속가능발전목표"란 2015년 국제연합(UN： United Nations) 총회에서 채택한 지속가능발전을 달성하기 위한 17개의 목표를 말하고, "국가지속가능발전목표"란 제17조에 따른 지속가능발전 국가위원회에서 지속가능발전목표와 국내 경제적·사회적·환경적 여건 및 지역적 균형에 대한 고려 등을 반영하여 제7조에 따른 지속가능발전 국가기본전략으로 수립하는 국가목표를 말한다.

이 법에서 제시한 지속가능발전의 기본원칙은 다음과 같다.

1. 지속가능발전목표 등 지속가능발전에 관한 국제적 규범 또는 합의사항을 준수·이행하고 지속가능발전목표를 실현하기 위하여 노력한다.
2. 각종 정책과 계획은 경제·사회·환경의 조화로운 발전에 미치는 영향을 종합적으로 고려하여 수립한다.
3. 혁신적 성장을 통하여 새로운 기술지식을 생산하고 양질의 일자리를 창출할 수 있도록 경제체제를 구축하며 지속가능한 경제 성장을 촉진한다.
4. 경제발전과 환경보전 과정에서 발생할 수 있는 사회적 불평등을 해소하고 세대 간 형평성을 추구하는 포용적 사회제도를 구축하여 지속가능발전 과정에서 누구도 뒤처지거나 소외되지 아니하도록 하여야 한다.
5. 생태학적 기반을 보호할 수 있도록 토지이용과 생산시스템을 개발·정비하고 에너지와 자원 이용의 효율성을 높여 자원순환과 환경보전을 촉진한다.
6. 각종 지속가능발전 정책의 수립·시행 과정에 이해당사자와 전문가 그리고 국민의 참여를 보장한다.

7. 국내의 경제발전을 위하여 타 국가의 환경과 사회정의를 저해하지 아니하며, 전 지구적 차원의 지속가능발전목표를 실현하기 위하여 국제적 협력을 강화한다.

지속가능발전법은 제1장 총칙으로 시작하여 총 6장으로 구성되어 있으며, 제2장에서는 지속가능발전 기본전략 및 추진계획을, 제3장에서는 지속가능성 평가에 관련된 것, 제4장은 지속가능발전위원회, 제5장은 지속가능발전 시책에 관한 내용으로 구성되어 있다. 제6장은 보칙이다.

10) 기후위기 대응을 위한 탄소중립·녹색성장 기본법

이 법은 국무조정실 소관 법이었던 저탄소녹색성장 기본법이 환경부 소관 부처 법이 되면서 법률 명칭이 변경되었다. 앞서 제시한 지속가능발전 기본법과 위치를 바꾼 것이라고 볼 수 있다. 이 법은 환경부 소관법이며 약칭 탄소중립기본법이라고 한다.

이 법은 기후위기의 심각한 영향을 예방하기 위하여 온실가스 감축 및 기후위기 적응대책을 강화하고 탄소중립 사회로의 이행 과정에서 발생할 수 있는 경제적·환경적·사회적 불평등을 해소하며 녹색기술과 녹색산업의 육성·촉진·활성화를 통하여 경제와 환경의 조화로운 발전을 도모함으로써, 현재 세대와 미래 세대의 삶의 질을 높이고 생태계와 기후체계를 보호하며 국제사회의 지속가능발전에 이바지하는 것을 목적으로 한다(기후위기 대응을 위한 탄소중립·녹색성장 기본법 제1조, 2022.12.31., 타법 개정 기준).

이 법의 제2조에 의한 주요 개념들의 정의를 살펴보면, 우선 "기후변화"란 사람의 활동으로 인하여 온실가스의 농도가 변함으로써 상당 기간 관찰되어 온 자연적인 기후변동에 추가적으로 일어나는 기후체계의 변화를 말한다. "기후위기"는 기후변화가 극단적인 날씨뿐만 아니라 물 부족, 식량 부족, 해양산성화, 해수면 상승, 생태계 붕괴 등 인류 문명에 회복할 수 없는 위험을 초래하여 획기적인 온실가스 감축이 필요한 상태를 말한다. 한편, "탄소중립"이란 대기 중에 배출·방출 또는 누출되는 온실가스의 양에서 온실가스 흡수의 양을 상쇄한 순배출량이 영(零)이 되는 상태를 말하고, "탄소중립 사회"란 화석연료에 대한 의존도를 낮추거나 없애고 기후위기 적응 및 정의로운 전환을 위한 재정·기술·제도 등의 기반을 구축함으로써 탄소중립을 원활히 달성하고 그 과정에서 발생하는 피해와 부작용을 예방 및 최소화할 수 있도록 하는 사회를 말한다.

"온실가스"란 적외선 복사열을 흡수하거나 재방출하여 온실효과를 유발하는 대기 중의 가스 상태의 물질로서 이산화탄소(CO_2), 메탄(CH_4), 아산화질소(N_2O), 수소불화탄소(HFCs), 과불화탄소(PFCs), 육불화황(SF_6) 및 그 밖에 대통령령으로 정하는 물질을 말한다. "온실가스 배출"이란 사람의 활동에 수반하여 발생하는 온실가스를 대기 중에 배출·방출 또는 누출시키는 직접배출과 다른 사람으로부터 공급된 전기 또는 열(연료 또는 전기를 열원으로 하는 것만 해당한다)을 사용함으로써 온실가스가 배출되도록 하는 간접배출을 말한다. 반면, "온실가스 감축"이란 기후변화를 완화 또는 지연시키기 위하여 온실가스 배출량을 줄이거나 흡수하는 모든 활동을 말한다. 또한, "온실가스 흡수"란 토지이용, 토지이용의 변화 및 임업활동 등에 의하여 대기로부터 온실가스가 제거되는 것을 말한다.

"기후위기 적응"이란 기후위기에 대한 취약성을 줄이고 기후위기로 인한 건강피해와 자연재해에 대한 적응역량과 회복력을 높이는 등 현재 나타나고 있거나 미래에 나타날 것으로 예상되는 기후위기의 파급효과와 영향을 최소화하거나 유익한 기회로 촉진하는 모든 활동을 말한다. "기후정의"란 기후변화를 야기하는 온실가스 배출에 대한 사회계층별 책임이 다름을 인정하고 기후위기를 극복하는 과정에서 모든 이해관계자들이 의사결정과정에 동등하고 실질적으로 참여하며 기후변화의 책임에 따라 탄소중립 사회로의 이행 부담과 녹색성장의 이익을 공정하게 나누어 사회적·경제적 및 세대 간의 평등을 보장하는 것을 말한다.

"정의로운 전환"이란 탄소중립 사회로 이행하는 과정에서 직·간접적 피해를 입을 수 있는 지역이나 산업의 노동자, 농민, 중소상공인 등을 보호하여 이행 과정에서 발생하는 부담을 사회적으로 분담하고 취약계층의 피해를 최소화하는 정책방향을 말한다.

기후위기 대응을 위한 탄소중립·녹색성장 기본법은 제1장 총칙으로 시작하여 총 11장으로 구성되어 있다. 제2장은 국가비전 및 온실가스 감축 목표 등에 관한 내용을 담고 있다. 제3장은 국가 탄소중립 녹색성장 기본계획의 수립 등에 관한 사항을, 제4장은 2050 탄소중립녹색성장위원회 등을 담고 있다. 제5장은 온실가스 감축 시책에 대한 내용을 담고 있으며, 여기에 기후변화영향평가(제23조)가 포함되어 있다. 제6장은 기후위기 적응 시책을, 제7장은 정의로운 전환, 제8장은 녹색성장 시책, 제9장은 탄소중립 사회 이행과 녹색성장의 확산을 담고 있다. 제10장은 기후대응기금의 설치 및 운용을 담고 있고, 제11장은 보칙이다.

참고로 법에서 제시한 "탄소중립"은 대기 중에 배출·방출 또는 누출되는 온실가스의 양에서 온실가스 흡수의 양을 상쇄한 순배출량이 '0'이 되는 상태를 말하는데, "넷제로(Net-Zero)"는 6대 온실가스의 순배출이 '0'이 되는 상태를 말한다. 넷제로는 온실가스의 배출량과 흡수량을 같게 해서 순(Net) 배출을 제로로 만드는 것을 의미한다. 따라서 엄격한 의미에서 탄소중립은 이산화탄소의 순배출량을 '0(중립)'으로 하는 것이고, 넷제로는 6대 온실가스의 순배출량이 '0(중립)'이 되게 하는 개념으로서 탄소중립을 포함하는 상위 개념이라고 할 수 있다. 다른 맥락에서 보면, 넷제로는 이산화탄소의 배출량과 흡수량이 같아져서 상쇄가 된 상태 즉, 순배출량이 제로화하는 되는 상태인 반면, 탄소중립은 이미 발생된 이산화탄소의 배출량을 최소화시키는 활동으로 보기도 한다.

11) 온실가스 배출권의 할당 및 거래에 관한 법률

2012년 5월 제정된 이 법은 "기후위기 대응을 위한 탄소중립·녹색성장 기본법" 제25조에 따라 온실가스 배출권을 거래하는 제도를 도입함으로써 시장기능을 활용하여 효과적으로 국가의 온실가스 감축목표를 달성하는 것을 목적으로 한다(온실가스 배출권의 할당 및 거래에 관한 법률 제1조, 2021.9.24., 타법 개정 기준). 환경부, 국무조정실, 기획재정부 공동 입법이며, 약칭 배출권거래법이라고 한다.

이 법에서 "온실가스"란 「기후위기 대응을 위한 탄소중립·녹색성장 기본법」 제2조제5호에 따른 온실가스를 말하고, "온실가스 배출"이란 「기후위기 대응을 위한 탄소중립·녹색성장 기본법」제2조제6호에 따른 온실가스 배출을 말한다. "배출권"이란 「기후위기 대응을 위한 탄소중립·녹색성장 기본법」 제8조에 따른 중장기 국가 온실가스 감축 목표(이하 "국가온실가스감축목표"라 한다)를 달성하기 위하여 제5조제1항제1호에 따라 설정된 온실가스 배출허용총량의 범위에서 개별 온실가스 배출업체에 할당되는 온실가스 배출허용량을 말한다. 또한, "계획기간"이란 국가온실가스감축목표를 달성하기 위하여 5년 단위로 온실가스 배출업체에 배출권을 할당하고 그 이행실적을 관리하기 위하여 설정되는 기간을 말하고, "이행연도"란 계획기간별 국가온실가스감축목표를 달성하기 위하여 1년 단위로 온실가스 배출업체에 배출권을 할당하고 그 이행실적을 관리하기 위하여 설정되는 계획기간 내의 각 연도를 말한다. "1 이산화탄소상당량톤(tCO_2-eq)"이란 이산화탄소 1톤 또는 「기후위기 대응을 위한 탄소중립·녹색성장 기본법」 제2조제5호에 따른 기타 온실가스의 지구 온난화 영향이 이산화탄소 1톤에 상당하는 양을 말한다.

제3조에서는 기본원칙을 적시하였는데, 정부는 배출권의 할당 및 거래에 관한 제도(이하 "배출권거래제"라 한다)를 수립하거나 시행할 때에는 다음 각 호의 기본원칙에 따라야 한다.

1. 「기후변화에 관한 국제연합 기본협약」 및 관련 의정서에 따른 원칙을 준수하고, 기후변화 관련 국제협상을 고려할 것
2. 배출권거래제가 경제 부문의 국제경쟁력에 미치는 영향을 고려할 것
3. 국가온실가스감축목표를 효과적으로 달성할 수 있도록 시장기능을 최대한 활용할 것
4. 배출권의 거래가 일반적인 시장 거래 원칙에 따라 공정하고 투명하게 이루어지도록 할 것
5. 국제 탄소시장과의 연계를 고려하여 국제적 기준에 적합하게 정책을 운영할 것

이 법은 제1장 총칙을 포함하여 8장으로 구성되어 있다. 제2장 배출권거래제 기본계획의 수립 등, 제3장 할당 대상 업체의 지정 및 배출권의 할당, 제4장 배출권의 거래, 제5장 배출량의 보고·검증 및 인증, 제6장 배출권의 제출, 이월·차입, 상쇄 및 소멸을 다루고 있다. 제7장은 보칙이며, 제8장은 벌칙 및 과태료이다.

한편, 온실가스 배출권의 할당 및 거래에 관한 법률 시행령 제31조에서는 배출권의 거래와 관련하여 규정하고 있는데, 배출권은 법 제19조제2항에 따라 온실가스를 별표 2에 따른 온실가스별 지구온난화 계수에 따라 이산화탄소 상당량톤(tCO_2-eq)으로 환산한 단위로 거래한다. 그리고 이 항에 따라 환산한 1 이산화탄소 상당량톤을 1 배출권으로 하되, 이를 배출권 거래의 최소 단위로 한다.

시행령 제31조에 따른 온실가스별 지구온난화 계수는 [표 6-5]와 같다.

[표 6-5] 온실가스별 지구온난화 계수(제31조제1항 관련)

온실가스의 종류		지구온난화 계수
이산화탄소(CO_2)		1
메탄(CH_4)		21
아산화질소(N_2O)		310
수소불화탄소(HFCs)	HFC-23	11,700
	HFC-32	650
	HFC-41	150
	HFC-43-10mee	1,300
	HFC-125	2,800
	HFC-134	1,000
	HFC-134a	1,300
	HFC-143	300
	HFC-143a	3,800
	HFC-152a	140
	HFC-227ea	2,900
	HFC-236fa	6,300
	HFC-245ca	560
과불화탄소(PFCs)	PFC-14	6,500
	PFC-116	9,200
	PFC-218	7,000
	PFC-31-10	7,000
	PFC-c318	8,700
	PFC-41-12	7,500
	PFC-51-14	7,400
육불화황(SF_6)		23,900

위 표에서 눈여겨 볼 것은 이산화탄소를 지구온난화 계수 1로 봤을 때 메탄은 21의 값을 갖고, 아산화질소는 310의 값을 갖는다. 특히, 관심을 갖고 지켜봐야 하는 것은 메탄으로서 기후변화에 관한 정부 간 협의체(IPCC) 보고서에 의하면 메탄(CH_4)의 단기적인 온실효과는 이산화탄소의 약 80배에 달하기 때문에 가장 강력한 최악의 온실가스로 표현하고 있다. 하지만 관리되고 있는 메탄은 총배출량의 13% 정도로 파악하고 있다. 메탄의 지구온난화 계수는 이산화탄소에 비해 21배가 크며, 기후변화 기여도도 이산화탄소(88.6%)에 비해 두 번째(4.8%)로 높다. 이런 문제로 2021년 11월에 열린 제26차 유엔기후변화협약 당사국 총회(COP26)에서 EU와 미국은 '글로벌 메탄 서약(Global Methane Pledge)'을 발표했다. 이미 2020년 9월 처음 제안한 이 서약에 한국을 포함한 100개국 이상이 서명했고, 전 세계 메탄가스의 배출량을 2020년 대비 30% 감축하는 계획안 등이 포함됐다.

한편, 온실가스 배출권거래제는 온실가스를 배출하는 업체가 배출량만큼 배출권을 제출하도록 하는 제도이다. 정부는 온실가스 배출권거래제 대상업체들이 배출할 수 있는 온실가스 배출량을 정하고, 그만큼만 온실가스 배출권을 발행한다. 기업들은 온실가스를 배출하면 배출한 양만큼 "온실가스 배출권"을 시장에서 구매해 정부에 제출해야 한다. 온실가스 배출권 구매비용이 기업에 부담으로 작용하면 탄소집약적 물품의 생산비용과 가격이 상승한다. 소비자들은 가격이 비싼 탄소집약적 물품의 소비를 줄이게 되므로 온실가스 배출이 감소한다(환경부, 2021.8). 참고로 탄소가격제는 온실가스 배출자가 배출량에 비례하여 가격을 지불하도록 하여 시장실패를 해결하기 위한 제도로서, 대표적인 '탄소가격제'로 탄소세와 온실가스 배출권거래제가 있다. 탄소세는 온실가스 배출 자체나 화석연료의 탄소 함유에 대해 세금을 부과하는 방식이고, 배출권거래제는 정부가 온실가스 배출권을 발행하고 기업들은 온실가스 배출량 만큼의 배출권을 시장에서 구매하여 정부에 제출하는 제도이다(환경부, 2021.8).

[그림 6-12] 배출권 거래제 개념도
※ 자료출처: 환경부, 2021.8.

12) 백두대간 보호에 관한 법률

이 법은 환경부와 산림청이 공동 입법한 것으로서 백두대간의 보호에 필요한 사항을 규정하여 무분별한 개발 행위로 인한 훼손을 방지함으로써 국토를 건전하게 보전하고 쾌적한 자연환경을 조성함을 목적으로 한다(백두대간 보호에 관한 법률 제1조, 2020.5.26., 일부 개정 기준). 약칭 백두대간법이다.

이 법에서 "백두대간"이라 함은 백두산에서 시작하여 금강산·설악산·태백산·소백산을 거쳐 지리산으로 이어지는 큰 산줄기를 말한다. 한편, "정맥"이란 백두대간에서 분기하여 주요하천의 분수계(分水界)를 이루는 대통령령으로 정하는 산줄기를 말한다. "백두대간보호지역"이라 함은 백두대간 중

특별히 보호할 필요가 있다고 인정되어 백두대간 보호에 관한 법 제6조의 규정에 의하여 산림청장이 지정·고시하는 지역을 말한다.

백두대간 보호에 관한 법률은 제1조 목적을 포함하여 전체 18조로 구성되어 있다. 백두대간 보호 기본계획의 수립(제4조), 기본계획에 따른 백두대간 보호 시행 계획(제5조)과 백두대간 보호지역의 지정(제6조), 보호지역 안에서의 행위 제한(제7조)에 관한 내용을 담고 있다. 그리고 개발 행위를 하기 위한 사전 협의(제8조), 보호지역의 지정 해제(제9조), 토지 등의 매수·교환(제10조) 등을 담고 있다. 주민 지원 사업(제11조의2), 정책협의체의 구성·운영(제12조), 토지 등의 수용·사용(제13조), 조사·연구 및 기술개발에 대한 재정 지원(제14조) 등이 포함되어 있다. 제17조는 벌칙, 제18조는 양벌규정이다.

백두대간 보호·관리의 기본원칙(제3조의2)으로는 국가와 지방자치단체는 백두대간 보호·관리를 위하여 다음 각 호의 기본원칙에 따라야 한다.

1. 백두대간은 모든 국민의 자산으로 현재와 미래세대를 위하여 지속가능하게 보전·관리되어야 한다.
2. 백두대간은 자연의 기능 및 생태계 순환이 유지·증진되고 인간의 이용으로 인한 영향과 자연재해가 최소화되도록 보전·관리되어야 한다.
3. 불가피하게 백두대간을 이용하여 훼손이 발생한 경우 최대한 복구·복원되도록 노력하여야 한다.
4. 백두대간은 정맥 등 다른 산줄기와의 연결성이 유지·증진될 수 있게 보전·관리되어야 한다.
5. 백두대간의 지속가능성 유지를 위하여 지역주민과 지역공동체는 보호되어야 한다.

13) 문화유산과 자연환경자산에 관한 국민신탁법

이 법은 환경부와 국가유산청이 공동 입법한 것으로서, 문화유산 및 자연환경자산에 대한 민간의 자발적인 보전·관리 활동을 촉진하기 위하여 문화유산국민신탁 및 자연환경국민신탁의 설립 및 운영 등에 관한 사항과 이에 대한 국가 및 지방자치단체의 지원에 관한 사항을 규정함을 목적으로 한다(문화유산과 자연환경자산에 관한 국민신탁법 제1조, 2021.5.18., 일부 개정 기준). 약칭 문화유산신탁법이다.

이 법의 개념에서 "국민신탁"이라 함은 제3조에 따른 국민신탁법인 또는 제20조의2제1항에 따른 국민신탁단체가 국민·기업·단체 등으로부터 기부·증여를 받거나 위탁받은 재산 및 회비 등을 활용하여 보전가치가 있는 문화유산과 자연환경자산을 취득하고 이를 보전·관리함으로써 현세대는 물론 미래세대의 삶의 질을 높이기 위하여 민간차원에서 자발적으로 추진하는 보전 및 관리 행위를 말한다.

이 법은 제1장 총칙을 포함하여 총 8장으로 구성되어 있다. 제2장은 국민신탁법인의 설립 등에 관한 규정을, 제3장은 국민신탁법인의 재산 등에 대한 내용이 담겨 있다. 제4장은 국민신탁법인의 기관 등에 대한 사항, 제5장은 보전협약, 제6장은 국민신탁단체를 담고 있다. 제7장은 보칙이며, 제8장은 벌칙이다.

14) 독도 등 도서지역의 생태계 보전에 관한 특별법

이 법은 특정도서(特定島嶼)의 다양한 자연생태계, 지형 또는 지질 등을 비롯한 자연환경의 보전에 관한 기본적인 사항을 정함으로써 현재와 미래의 국민 모두가 깨끗한 자연환경 속에서 건강하고 쾌적한 생활을 할 수 있도록 함을 목적으로 한다(독도 등 도서지역의 생태계 보전에 관한 특별법 제1조, 2020.5.26., 타법 개정 기준). 이 법의 약칭은 도서생태계법이다.

여기서 "특정 도서"라 함은 사람이 거주하지 아니하거나 극히 제한된 지역에만 거주하는 섬[무인도서(無人島嶼)등]으로서 자연생태계·지형·지질·자연환경(자연생태계 등)이 우수한 독도 등 환경부장관이 지정하여 고시하는 도서(島嶼)를 말한다. 이 법에서의 자연생태계에 대한 정의는 일정한 지역의 생물공동체와 이를 유지하고 있는 무기적(無機的) 환경이 결합된 물질계 또는 기능계를 말하며, 화석·종유석(鐘乳石) 등과 같이 퇴적작용, 풍화작용, 용해작용 또는 화산활동 등에 의하여 자연적으로 생성된 물질을 포함한다.

이 법은 전체 16개의 조항으로 구성되어 있으며, 법의 제4조에서는 특정도서의 지정 등에 관한 사항을 그리고, 제5조에서는 특정도서보전 기본계획을, 제6조에서는 기초조사 등에 대한 사항을 다루고 있다.

15) 미세먼지 저감 및 관리에 관한 특별법

봄철 황사 현상에 이어 미세먼지가 주된 사회 이슈가 되면서 이를 저감시키고 관리하기 위한 특별법이 2018년 8월 제정되었다. 시행은 2019년 2월이었다.

이 법은 미세먼지 및 미세먼지 생성물질의 배출을 저감하고 그 발생을 지속적으로 관리함으로써 미세먼지가 국민건강에 미치는 위해를 예방하고 대기환경을 적정하게 관리·보전하여 쾌적한 생활환경을 조성하는 것을 목적으로 한다(미세먼지 저감 및 관리에 관한 특별법 제1조, 2024.1.9., 일부 개정 기준). 이 법의 약칭은 미세먼지법이다.

이 법에서 사용하는 정의와 관련하여 "미세먼지"란 「대기환경보전법」 제2조제6호에 따른 먼지 중 다음 각 목의 흡입성 먼지를 말한다.

가. 입자의 지름이 10마이크로미터 이하인 먼지(PM-10 : 미세먼지)

나. 입자의 지름이 2.5마이크로미터 이하인 먼지(PM-2.5 : 초미세먼지)

또한, "미세먼지 생성물질"이란 대기 중에서 미세먼지로 전환되는 다음 각 목의 물질을 말한다.

가. 질소산화물

나. 황산화물

다. 휘발성유기화합물

라. 그 밖에 환경부령으로 정하는 물질

"미세먼지 배출원"이란 미세먼지와 미세먼지 생성물질을 대기에 배출하는 시설물·기계·기구 및 그 밖의 물체로서 「대기환경보전법」 제2조제11호에 따른 대기오염물질배출시설과 환경부령으로 정하는 것을 말한다.

이 법은 전체 31개의 조항으로 구성되어 있으며, 법의 제7조에서는 미세먼지관리종합계획의 수립 등, 제10조에서는 미세먼지특별대책위원회의 설치, 제17조에서는 국가미세먼지정보센터의 설치 및 운영, 제18조에서는 고농도 미세먼지 비상저감조치, 제21조에서는 계절적 요인 등으로 인한 집중관리 등, 제22조에서는 미세먼지 집중관리구역의 지정 등에 대한 사항을 다루고 있다.

여기서 계절적 요인 등으로 인한 집중관리는 계절적인 요인 등으로 초미세먼지 월평균 농도가 특히 심화되는 기간(12월 1일부터 다음 해 3월 31일까지, "미세먼지 계절관리기간")과 대규모 화재 등 비상시적 요인으로 미세먼지등의 배출 저감 및 관리를 효율적으로 수행하기 위하여 필요하다고 인정하는 경우에는 관계 중앙행정기관의 장, 지방자치단체의 장, 「공공기관의 운영에 관한 법률」 제4조에 따른 공공기관이 운영하는 시설(이하 이 조에서 "공공배출시설"이라 한다) 또는 환경부령으로 정하는 민간배출시설(이하 이 조에서 "민간배출시설"이라 한다)의 운영자에게 다음 각 호의 조치를 요청할 수 있다. 이 경우 환경부장관이 민간배출시설의 운영자에게 조치를 요청하고자 할 때에는 지역별 여건과 특성을 고려하기 위하여 민간배출시설 관할 지방자치단체의 장의 의견을 들을 수 있다(2024.1.9. 개정 기준).

1. 「대기환경보전법」 제2조제11호에 따른 대기오염물질배출시설(민간배출시설은 제외한다)의 가동률 조정 및 가동시간 변경
2. 「대기환경보전법」 제2조제12호에 따른 대기오염방지시설의 효율 개선
3. 사업장(「대기환경보전법」 제23조제1항 또는 제38조의2제1항에 따라 허가를 받거나 신고하여야 하는 사업장을 말한다)에서 비산배출되는 먼지 저감 등 미세먼지등의 배출 저감 및 관리를 위한 조치
4. 「해양환경관리법」 제2조제16호에 따른 선박에 대한 연료 전환, 속도 제한 또는 운행 제한
5. 그 밖에 미세먼지등의 배출 저감 및 관리를 위하여 대통령령으로 정하는 사항

이 조항에도 불구하고 시·도지사는 해당 지역의 미세먼지등의 배출 저감 및 관리를 위하여 필요하다고 인정하는 경우에는 시·도의 조례로 정하는 바에 따라 미세먼지 계절관리기간을 연장할 수 있고, 미세먼지 계절관리기간에 다음 각 호의 조치를 시행할 수 있다.

1. 제18조제1항제1호·제3호 및 제4호의 조치
2. 농업을 영위하는 과정에서 발생하는 볏짚 등 잔재물(殘滓物)의 수거, 보관, 운반, 처리 등의 조치
3. 그 밖에 미세먼지등의 배출 저감 및 관리를 위하여 시·도의 조례로 정하는 조치

또한, 제22조 미세먼지 집중관리구역의 지정 등과 관련하여 시·도지사, 시장·군수·구청장은 미세먼지 오염이 심각하다고 인정되는 지역 중 어린이·노인 등이 이용하는 시설이 집중된 지역을 미세먼

지 집중관리구역으로 지정할 수 있다. 그리고 지자체 장은 집중관리구역에서 환경부령으로 정하는 바에 따라 다음 각 호의 사항을 우선적으로 지원할 수 있다.

1. 「대기환경보전법」 제3조에 따른 대기오염도의 상시 측정
2. 살수차·진공청소차의 집중 운영
3. 어린이 등 통학차량의 친환경차 전환
4. 학교 등에 공기 정화시설 설치
5. 수목 식재 및 공원 조성
6. 그 밖에 환경부령으로 정하는 사항

미세먼지 집중관리지역은 해당 지역 내의 미세먼지 및 미세먼지 생성물질의 배출을 저감하고, 그 발생을 지속적으로 관리함으로써 미세먼지가 국민 건강에 미치는 위해를 예방하고 대기환경을 적정하게 관리·보전하여 쾌적한 생활환경을 조성하는 것을 목표로 한다. 지정 주체는 시행규칙 제13조제2항에 따라 지자체장이 지정한다. 지정 범위는 미세먼지 농도와 취약시설 밀집도를 고려하여 취약계층 이용시설 경계선으로부터 직선거리 200m 범위 안을 지정한다. 다만, 지자체장의 판단 하에 최대 1㎞ 범위 내에서 200m를 초과하여 유연하게 지정할 수 있다.

지정 요건으로 농도와 관련한 기준은 미세먼지 또는 초미세먼지의 연간 평균 농도가 「환경정책기본법 시행령」제2조에 따른 환경기준(PM_{10} 50㎍/㎥, $PM_{2.5}$ 15㎍/㎥)을 초과하는 지역을 지정 대상으로 한다. 다만, 지자체장은 연간 평균 농도, 고농도 발생일수 등의 자료를 활용하여 고농도지역, 고농도가 빈번히 발생하는 지역을 우선하여 지정한다. 밀집도와 관련한 기준은 법 제23조에 따른 취약계층 이용시설인 ① 어린이집·유치원, ② 초등학교, ③ 노인복지시설, ④ 산후조리원, 또는 ⑤ 병원이 최소 10개 이상인 곳을 지정 대상으로 한다. 다만, 지자체장이 지정할 필요가 있다고 특별히 인정하는 경우에는 10개 미만의 취약계층 이용시설이 있는 지역도 지정할 수 있다.

미세먼지 집중관리지역에 대한 지원 및 관리방안으로 지자체의 재정여건 등이 허락하는 범위 내에서 지역별(① 산업단지 인접 주거지역, ② 주거밀집지역, ③ 교통 밀집지역 인접 주거지역, ④ 농림지역 인접 주거지역, ⑤ 공업지역 및 교통 밀집지역 인접 주거지역) 특성에 따라 맞춤형으로 미세먼지 저감 및 주민건강 보호를 위한 지원사업을 '미세먼지 집중관리구역'에 우선적으로 추진한다.

미세먼지 집중관리지역 지정 절차는 다음과 같다.

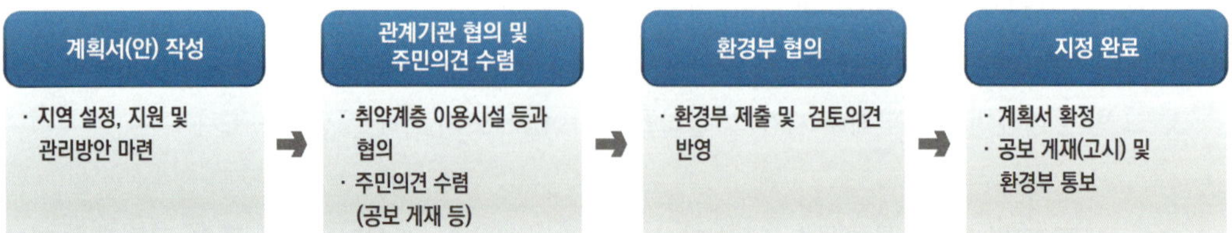

[그림 6-13] 미세먼지 집중관리구역 지정절차

※ 자료출처: 환경부, 2019.11.

16) 산림생태계 관련 법

가) 산림기본법

환경정책기본법이 환경부 소관 최상위법이듯 산림기본법은 산림청 소관 최상위법이다. 이 법은 산림정책의 기본이 되는 사항을 정하여 산림의 다양한 기능을 증진하고 임업의 발전을 도모함으로써 국민의 삶의 질 향상과 국민경제의 건전한 발전에 이바지함을 목적으로 한다(산림기본법 제1조, 2022.12.27., 일부 개정 기준).

제2조에 산림은 국토환경을 보전하고 임산물을 생산하는 기반으로서 국가발전과 생명체의 생존을 위하여 없어서는 안 될 중요한 자산이므로 산림의 보전과 이용을 조화롭게 함으로써 지속가능한 산림경영이 이루어지도록 함을 이 법의 기본이념으로 한다고 적시하고 있다.

법에서 사용하는 주요 개념의 정의로 "지속가능한 산림경영"이란 산림의 생태적 건전성과 산림자원의 장기적인 유지·증진을 통하여 현재 세대뿐만 아니라 미래 세대의 사회적·경제적·생태적·문화적 및 정신적으로 다양한 산림수요를 충족하게 할 수 있도록 산림을 보호하고 경영하는 것을 말한다. "산림복지"란 국민에게 산림을 기반으로 산림문화·휴양, 산림교육 및 치유 등의 서비스를 창출·제공함으로써 국민의 복리 증진에 기여하기 위한 경제적·사회적·정서적 지원을 말한다.

한편, 제2장 시책의 기본방향에서는 산림의 합리적 보전 및 이용(제5조), 산림기능의 증진(제6조), 임업의 육성(제7조), 산촌의 진흥(제8조), 국제협력 및 통일대비 정책(제9조)을 제시하고 있다.

이 법은 전체 8장으로 구성되어 있으며, 제1장 총칙, 제2장은 시책의 기본방향, 제3장은 산림기본계획의 수립 등에 관한 사항을 다루고 있다. 제4장은 산림의 보전 및 이용, 제5장은 산림의 공익기능 증진 등을 다루고 있으며, 제6장은 임업의 육성, 제7장은 국유림 관리 및 산촌진흥, 그리고 제8장은 국제산림협력에 관한 사항을 담고 있다.

나) 사방사업법

이 법은 국토의 황폐화를 방지하고 산사태 등으로부터 국민의 생명과 재산을 보호하고 국토를 보전하기 위하여 사방사업(砂防事業)을 효율적으로 시행함으로써 공공이익의 증진과 산업발전에 이바지함을 목적으로 한다(사방사업법 제1조, 2022.12.27., 타법 개정 기준). 이 법은 장 구분 없이 전체 28개 조항으로 구성되어 있다(벌칙 포함).

이 법에서 사용하는 주요 용어의 뜻은 다음과 같다(법 제2조). 우선 "황폐지"란 자연적 또는 인위적인 원인으로 산지(그 밖의 토지를 포함한다. 이하 같다)가 붕괴되거나 토석·나무 등의 유출 또는 모래의 날림 등이 발생하는 지역으로서 국토의 보전, 재해의 방지, 경관의 조성 또는 수원(水源)의 함양(涵養)을 위하여 복구공사가 필요한 지역을 말한다. "사방사업"은 황폐지를 복구하거나 산지의 붕괴, 토석·나무 등의 유출 또는 모래의 날림 등을 방지 또는 예방하기 위하여 인공구조물을 설치하거나 식물을 파종·식재하는 사업 또는 이에 부수되는 경관의 조성이나 수원의 함양을 위한 사업을 말한다. 그리고 "사방시설"은 사방사업에 따라 설치된 인공구조물과 파종·식재된 식물(사방사업의 시행 전부터 사방사업의 시행지역에서 자라고 있는 식물을 포함한다)을 말한다. 한편, "사방지"란 사방사업을 시행하였거나 시행하기 위한 지역으로서 제4조에 따라 특별시장·광역시장·특별자치시장·도지사·특별자치도지사(이하 "시·도지사"라 한다) 또는 지방산림청장이 지정·고시한 지역을 말한다. "산사태"란 자연적 또는 인위적인 원인으로 산지가 일시에 붕괴되는 것을 말하며, "토석류(土石流)"란 산지 또는 계곡에서 토석·나무 등이 물과 섞여 빠른 속도로 유출되는 것을 말한다.

법 제3조에서는 사방 사업을 구분하고 있는데, 사방 사업은 그 대상지역에 따라 다음 각 호와 같이 구분한다.

1. 산지사방사업 : 산지에 대하여 시행하는 다음 각 목의 사방사업
   가. 산사태예방사업 : 산사태의 발생을 방지하기 위하여 시행하는 사방사업
   나. 산사태복구사업 : 산사태가 발생한 지역을 복구하기 위하여 시행하는 사방사업
   다. 산지보전사업 : 산지의 붕괴·침식 또는 토석의 유출을 방지하기 위하여 시행하는 사방사업
   라. 산지복원사업 : 자연적·인위적인 원인으로 훼손된 산지를 복원하기 위하여 시행하는 사방사업

2. 해안사방사업 : 해안 모래언덕 등 해안과 연접한 지역에 대하여 시행하는 다음 각 목의 사방사업
   가. 해안방재림 조성사업 : 해일, 풍랑, 모래 날림, 염분 등에 의한 피해를 줄이기 위하여 시행하는 사방사업
   나. 해안침식 방지사업 : 파도 등에 의한 해안침식을 방지하거나 침식된 해안을 복구하기 위하여 시행하는 사방사업

3. 야계사방사업(野溪砂防事業) : 산지의 계곡, 산지에 연결된 시내 또는 하천에 대하여 시행하는 다음 각 목의 사방사업
   가. 계류보전사업 : 계류(溪流)의 유속을 줄이고 침식 및 토석류를 방지하기 위하여 시행하는 사방사업
   나. 계류복원사업 : 자연적·인위적인 원인으로 훼손된 계류를 복원하기 위하여 시행하는 사방사업
   다. 사방댐 설치사업 : 계류의 경사도를 완화시켜 침식을 방지하고 상류에서 내려오는 토석·나무 등과 토석류를 차단하며 수원 함양을 위하여 계류를 횡단하여 소규모 댐을 설치하는 사방사업

법 제7조의3에서는 사방사업의 타당성 평가를 제시하고 있는데, 시·도지사 또는 지방산림청장이 사방사업을 시행하려는 경우에는 미리 기본계획과 "산림보호법" 제45조의8에 따른 산사태 취약 지역을 고려하여 사방사업의 필요성·적합성·환경성 등에 대한 종합적인 타당성을 평가하도록 하고 있다. 다만, 산사태 등 자연재해를 복구하기 위하여 사방사업을 하는 경우에는 타당성 평가를 하지 아니할 수 있다.

사방사업 타당성 평가의 기준·방법·대상 사업 등(동법 시행령 제4조의2 관련, 2019.7.2. 개정 기준)에 대한 규정은 다음과 같다.

[표 6-6] 타당성 평가의 기준

사업의 종류		평 가 기 준
공통사항		가. 사방사업 대상지는 산지이거나 산지와 연접한 토지일 것 나. 다른 용도로 개발이 예정 또는 확정되어 있거나 사방사업이 필요하지 않은 지역은 사방사업 대상지에서 제외할 것 다. 멸종위기 동·식물의 서식지가 아닐 것
산지 사방 사업	산사태 예방사업	산사태 발생 위험이 크거나 우려되는 지역일 것
	산사태 복구사업	가. 산사태가 발생한 지역일 것 나. 붕괴·침식 또는 토석의 유출 등 2차 피해가 예상되는 지역일 것
	산지 보전사업	황폐지화가 진행될 우려가 있는 지역 또는 황폐지화가 진행 중이거나 이미 진행된 지역으로서, 사방사업을 시행하면 산지의 붕괴·침식 또는 토석의 유출을 방지하는 효과가 있는 지역일 것
	산지 복원사업	황폐지화가 우려되거나 진행 중 또는 이미 진행된 지역으로서 사방사업을 시행하여 산림생태의 건강·활력 및 안정성의 증진이 가능할 것
해안 사방 사업	해안 방재림 조성사업	가. 해일·풍랑·모래날림·염분 등에 의한 피해가 우려되는 지역 또는 피해가 진행 중이거나 이미 발생한 지역으로서, 사방사업을 시행하면 피해를 예방 또는 감소시킬 수 있는 지역일 것 나. 만조해안선으로부터 200미터 이내일 것
	해안침식 방지사업	파도 등으로 인한 해안침식의 우려가 있는 지역 또는 해안침식이 진행 중이거나 이미 진행된 지역으로서, 사방사업을 시행하면 해안침식을 예방 또는 감소시킬 수 있는 지역일 것
야계 사방 사업	계류 보전사업	계류(溪流) 바닥 또는 기슭에 침식이 예상되는 지역 또는 침식이 진행 중이거나 이미 진행된 지역으로서, 사방사업을 시행하면 유속을 줄이고 침식을 예방 또는 감소시킬 수 있는 지역일 것
	계류 복원사업	계류의 훼손이 우려되는 지역 또는 훼손이 진행 중이거나 진행된 지역으로서, 사방사업을 시행하면 계류의 훼손을 예방 또는 감소시키고, 계류 생태의 건강·활력과 안정성의 증진이 가능한 지역일 것
	사방댐 설치사업	상류지역의 산사태·토석류로 인한 피해가 우려되거나 피해가 진행 중인 지역으로서, 사방사업을 시행하면 산사태·토석류로 인한 피해를 예방 또는 감소시킬 수 있는 지역일 것

타당성 평가의 시기 및 방법과 관련한 사항은 다음과 같다.

가. 평가시기 : 사방사업대상지를 선정한 후 사방사업 실시설계를 하기 전에 평가한다.

나. 평가자 : 사방사업 또는 산림환경 분야에 전문 지식이 있는 자 3명 이상이 평가한다.

다. 평가방법 : 사방사업의 타당성평가 기준에 따라 평가자가 사업의 타당성 여부를 결정하되, 평가자 중 3분의 2 이상이 타당성이 있다고 판정하여야 한다.

타당성 평가의 대상 사업은 다음 각 목의 어느 하나에 해당하는 사방사업에 대하여 실시한다. 다만, 산사태 등 자연재해를 복구하기 위하여 사방사업을 하는 경우에는 타당성 평가를 아니 할 수 있다.

가. 추정 공사금액이 1억 원 이상인 사방사업
나. 사업대상지 면적이 1만제곱미터 이상인 다음의 사방사업
  1) 산사태예방사업
  2) 산사태복구사업
  3) 산지보전사업
  4) 산지복원사업
  5) 해안방재림조성사업
다. 사업대상지 거리가 500미터 이상인 다음의 사방사업
  1) 해안침식방지사업
  2) 계류보전사업
  3) 계류복원사업

한편, 법 제7조의2제2항과 동법 시행규칙 제3조에 의거 사방 사업의 설계 및 시공 기준은 별표로 제시하였는데, 구체적인 내용은 해당 법규를 확인해야 한다.

다) 산림보호법

이 법은 산림보호구역을 관리하고 산림병해충을 예찰(豫察)·방제(防除)하며 산불을 예방·진화하고 산사태를 예방·복구하는 등 산림을 건강하고 체계적으로 보호함으로써 국토를 보전하고 국민의 삶의 질 향상에 이바지함을 목적으로 한다(산림보호법 제1조, 2022.12.27., 일부 개정 기준).

"산림보호구역"이란 산림에서 생활환경·경관의 보호와 수원(水源) 함양, 재해 방지 및 산림유전자원의 보전·증진이 특별히 필요하여 지정·고시한 구역을 말하며, "생태숲"이란 산림생태계가 안정되어 있거나 산림생물 다양성이 높아 특별히 현지 내 보전·관리가 필요한 숲을 말한다.

"산림병해충"이란 산림에 있는 식물과 산림이 아닌 지역에 있는 수목(「농어업재해대책법」 제2조 제4호에 따른 농작물은 제외한다)에 해를 끼치는 병과 해충을 말한다. "예찰"이란 산림병해충이 발생할 우려가 있거나 발생한 지역에 대하여 발생 여부, 발생정도, 피해 상황 등을 조사하거나 진단하는 것을 말하고, "방제"란 산림병해충이 발생하지 아니하도록 예방하거나, 이미 발생한 산림병해충을 약화시키거나 제거하는 모든 활동을 말한다. "예찰·방제기관"이란 산림병해충의 예찰·방제를 하는 지방자치단체나 산림청 소속 기관을 말한다.

또한, "수목진료"란 수목의 피해를 진단·처방하고, 그 피해를 예방하거나 치료하기 위한 모든 활동을 말한다. 법에서 정의한 "나무의사"란 수목 진료를 담당하는 사람으로서 제21조의6제1항에 따라 나무의사 자격증을 발급받은 사람을 말한다. "수목치료기술자"란 나무의사의 진단·처방에 따라 예방

과 치료를 담당하는 사람으로서 제21조의6제2항에 따라 수목치료기술자 자격증을 발급받은 사람을 말한다. "나무병원"이란 수목진료 사업을 하려는 자로서 제21조의9제2항에 따라 등록증을 발급받은 자를 말한다.

제3조에서 제시한 산림 보호의 기본원칙은 다음과 같다.

1. 산림을 자연적 또는 인위적인 피해로부터 온전하게 보호할 것
2. 산림의 건강성을 유지·증진하여 지속 가능한 산림 관리 기반을 조성할 것
3. 산림보호구역의 합리적·체계적 관리로 산림의 공익 기능을 증진할 것
4. 국가와 지방자치단체 간에 유기적인 산림보호 협조 체계를 만들어서 산림피해에 신속히 대응하게 할 것

이 법은 전체 7장으로 구성되어 있으며, 제1장은 총칙, 제2장은 산림보호구역 등에 관한 사항을 그리고 제3장은 산림병해충의 예찰·방제에 대한 사항을 다룬다. 제4장에서는 산불의 방지 및 복구에 관한 사항이 포함되어 있는데, 세부적으로는 제1절 산불방지대책의 수립 등에 관한 사항, 제2절 산불의 예방과 진화, 제3절 산불피해지의 복구 등에 대한 것이다. 제5장은 산사태의 예방·대응 및 복구에 대한 것으로 제1절에 산사태예방 대책의 수립 등에 관한 것, 제2절은 산사태의 예방 및 대응, 제3절은 산사태 발생지의 복구 등을 포함하고 있다. 제6장은 보칙이며, 제7장은 벌칙이다.

라) 산지관리법

이 법은 산지(山地)를 합리적으로 보전하고 이용하여 임업의 발전과 산림의 다양한 공익 기능의 증진을 도모함으로써 국민 경제의 건전한 발전과 국토환경의 보전에 이바지함을 목적으로 한다(산지관리법 제1조, 2021.6.15., 일부 개정 기준).

이 법에서 정의한 "산지"란 다음 각 목의 어느 하나에 해당하는 토지를 말한다. 다만, 주택지[주택지조성사업이 완료되어 지목이 대(垈)로 변경된 토지를 말한다] 및 대통령령으로 정하는 농지, 초지(草地), 도로, 그 밖의 토지는 제외한다.

가. 「공간정보의 구축 및 관리 등에 관한 법률」 제67조제1항에 따른 지목이 임야인 토지
나. 입목(立木)·죽(竹)이 집단적으로 생육(生育)하고 있는 토지
다. 집단적으로 생육한 입목·죽이 일시 상실된 토지
라. 입목·죽의 집단적 생육에 사용하게 된 토지
마. 임도(林道), 작업로 등 산길
바. 나목부터 라목까지의 토지에 있는 암석지(巖石地) 및 소택지(沼澤地)

또한, "산지전용(山地轉用)"이란 산지를 다음 각 목의 어느 하나에 해당하는 용도 외로 사용하거나

이를 위하여 산지의 형질을 변경하는 것을 말한다.

가. 조림(造林), 숲 가꾸기, 입목의 벌채·굴취
나. 토석 등 임산물의 채취
다. 대통령령으로 정하는 임산물의 재배[성토(흙쌓기) 또는 절토(땅깎기) 등을 통하여 지표면으로부터 높이 또는 깊이 50센티미터 이상 형질변경을 수반하는 경우와 시설물의 설치를 수반하는 경우는 제외한다]
라. 산지일시사용

여기서 "산지일시사용"이란 다음 각 목의 어느 하나에 해당하는 것을 말한다.

가. 산지로 복구할 것을 조건으로 산지를 제2호가목부터 다목까지의 어느 하나에 해당하는 용도 외의 용도로 일정 기간 동안 사용하거나 이를 위하여 산지의 형질을 변경하는 것
나. 산지를 임도, 작업로, 임산물 운반로, 등산로·탐방로 등 숲길, 그 밖에 이와 유사한 산길로 사용하기 위하여 산지의 형질을 변경하는 것

법에서 제시한 산지 관리의 기본원칙은 산지는 임업의 생산성을 높이고 재해 방지, 수원(水源) 보호, 자연생태계 보전, 산지경관 보전, 국민보건휴양 증진 등 산림의 공익 기능을 높이는 방향으로 관리되어야 하며 산지전용은 자연친화적인 방법으로 하여야 한다(법 제3조).

이 법은 제1장 총칙을 포함하여 전체 6장으로 구성되어 있으며, 제2장은 산지의 보전에 관한 사항을 다룬다. 제1절에서는 산지관리기본계획 및 산지의 구분 등, 제2절은 보전산지에서의 행위제한, 제3절은 산지전용허가 등, 제4절은 산지관리위원회에 대한 내용이다. 제3장은 토석채취 등에 대한 내용을, 제4장에서는 재해 방지 및 복구 등에 대한 내용을 다루고 있다. 제5장은 보칙, 제6장은 벌칙이다.

이 법에서 산지는 보전 산지와 준보전 산지로 구분하며, 보전 산지는 다시 임업용 산지와 공익용 산지로 구분한다. 그리고 보전 산지에서의 행위 제한을 제시하고 있으며, 산지 전용 허가 사항을 담고 있다.

또한, 산지를 전용하고자 할 때에는 대체산림자원조성비(산지관리법 제19조)를 납부하여야 하며, 법 제4장에서는 재해 방지 및 복구 등과 관련하여 복구비를 예치하도록 하거나(제38조), 전용 지역의 복구(제39조), 복구 설계 및 공사의 감리 등의 내용을 담고 있다.

마) 산림문화·휴양에 관한 법률

이 법은 산림문화와 산림휴양자원의 보전·이용 및 관리에 관한 사항을 규정하여 국민에게 쾌적하고 안전한 산림문화·휴양서비스를 제공함으로써 국민의 삶의 질 향상에 이바지함을 목적으로 한다(산림문화·휴양에 관한 법률 제1조, 2023.6.20., 일부 개정 기준). 약칭 산림휴양법이라고 한다.

이 법에서 정의하고 있는 주요 용어들과 개념은 다음과 같다.

우선, "산림문화"란 산림과 인간의 상호작용으로 형성되는 정신적·물질적 산물의 총체로서 산림과 관련한 전통과 유산 및 생활양식 등과 산림을 활용하여 보고, 즐기고, 체험하고, 창작하는 모든 활동을 말한다. 그리고 "산림휴양"이란 산림 안에서 이루어지는 심신의 휴식 및 치유 등을 말한다. "자연휴양림"은 국민의 정서함양·보건휴양 및 산림교육 등을 위하여 조성한 산림(휴양시설과 그 토지를 포함한다)을 말하고, "산림욕장(山林浴場)"은 국민의 건강 증진을 위하여 산림 안에서 맑은 공기를 호흡하고 접촉하며 산책 및 체력 단련 등을 할 수 있도록 조성한 산림(시설과 그 토지를 포함한다)을 말한다.

"산림치유"란 향기, 경관 등 자연의 다양한 요소를 활용하여 인체의 면역력을 높이고 건강을 증진시키는 활동을 말하고, "치유의 숲"이란 산림치유를 할 수 있도록 조성한 산림(시설과 그 토지를 포함한다)을 말한다. "숲길"이란 등산·트레킹·레저스포츠·탐방 또는 휴양·치유 등의 활동을 위하여 제23조에 따라 산림에 조성한 길(이와 연결된 산림 밖의 길을 포함한다)을 말한다.

"산림문화자산"이란 산림 또는 산림과 관련되어 형성된 것으로서 생태적·경관적·정서적으로 보존할 가치가 큰 유형·무형의 자산을 말한다. "숲속야영장"이란 산림 안에서 텐트와 자동차 등을 이용하여 야영을 할 수 있도록 적합한 시설을 갖추어 조성한 공간(시설과 토지를 포함한다)을 말한다. "산림레포츠시설"이란 산림 안에서 이루어지는 모험형·체험형 활동에 지속적으로 이용되는 시설과 그 부대시설을 말한다. "숲경영체험림"이란 임업(「임업 및 산촌 진흥촉진에 관한 법률」 제2조제1호에 따른 영림업 또는 임산물생산업에 한정한다. 이하 같다) 경영을 체험할 수 있도록 조성한 산림(산림문화·휴양을 위한 시설과 토지를 포함한다)을 말한다.

이 법은 제1장 총칙을 포함하여 전체 8장으로 구성되어 있다. 제2장에서는 산림문화 · 휴양기본계획 등의 사항을 다루며, 제3장은 산림치유지도사 등의 내용을 다루고 있다. 제4장에서는 자연휴양림 및 산림욕장 등의 조성 등에 대한 내용을, 제5장에서는 숲길 등의 내용을, 그리고 제6장에서는 산림문화의 진흥에 관한 내용을 다룬다. 제7장은 보칙이며, 제8장은 벌칙이다.

한편, 제22조의2에서 구분한 숲길의 종류는 다음 각 호와 같다.

1. 등산로 : 산을 오르면서 심신을 단련하는 활동(등산)을 하는 길
2. 트레킹길 : 길을 걸으면서 지역의 역사·문화를 체험하고 경관을 즐기며 건강을 증진하는 활동(트레킹)을 하는 다음 각 목의 길
   가. 둘레길 : 시점과 종점이 연결되도록 산의 둘레를 따라 조성한 길
   나. 트레일 : 산줄기나 산자락을 따라 길게 조성하여 시점과 종점이 연결되지 않는 길
3. 레저스포츠길 : 산림에서 하는 레저·스포츠 활동(산악레저스포츠)을 하는 길
4. 탐방로 : 산림생태를 체험·학습 또는 관찰하는 활동(탐방)을 하는 길
5. 휴양·치유숲길 : 산림에서 휴양·치유 등 건강증진이나 여가 활동을 하는 길

바) 산림자원의 조성 및 관리에 관한 법률

이 법은 산림자원의 조성과 관리를 통하여 산림의 다양한 기능을 발휘하게 하고 산림의 지속가능한 보전(保全)과 이용을 도모함으로써 국토의 보전, 국가경제의 발전 및 국민의 삶의 질 향상에 이바지함을 목적으로 한다(산림자원의 조성 및 관리에 관한 법률 제1조, 2023.6.20., 일부 개정 기준). 약칭 산림자원법이라 한다.

법 제1조의2에서는 산림 경영·관리의 기본 이념을 제시하고 있는데, 산림은 국토의 많은 부분을 이루는 귀중한 자산이므로 국민의 행복한 삶을 위하여 사회·경제·문화 등 다양한 분야에서 그 기능이 가장 조화롭고 알맞게 발휘될 수 있도록 경영·관리되어야 한다.

이 법 제2조에서 제시하고 있는 주요 용어들에 대한 정의는 다음과 같다.

우선 "산림"이란 다음 각 목의 어느 하나에 해당하는 것을 말한다. 다만, 농지, 초지(草地), 주택지, 도로, 그 밖의 대통령령으로 정하는 토지에 있는 입목(立木)·죽(竹)과 그 토지는 제외한다.

가. 집단적으로 자라고 있는 입목·죽과 그 토지
나. 집단적으로 자라고 있던 입목·죽이 일시적으로 없어지게 된 토지
다. 입목·죽을 집단적으로 키우는 데에 사용하게 된 토지
라. 산림의 경영 및 관리를 위하여 설치한 도로[이하 "임도(林道)"라 한다]
마. 가목부터 다목까지의 토지에 있는 암석지(巖石地)와 소택지(沼澤地 : 늪과 연못으로 둘러싸인 습한 땅)

또한, "산림자원"이란 다음 각 목의 자원으로서 국가경제와 국민생활에 유용한 것을 말한다.

가. 산림에 있거나 산림에서 서식하고 있는 수목, 초본류(草本類), 이끼류, 버섯류 및 곤충류 등의 생물자원
나. 산림에 있는 토석(土石)·물 등의 무생물자원
다. 산림 휴양 및 경관 자원

"산림사업"이란 산림의 조성·육성·이용·재해예방·복구 등 산림의 기능을 유지·발전 또는 회복시키기 위하여 산림에서 이루어지는 사업과 도시림·생활림·가로수·수목원의 조성·관리 등 산림의 조성·육성 또는 관리를 위하여 필요한 사업으로서 대통령령으로 정하는 사업을 말한다. "임산물(林産物)"이란 목재, 수목, 낙엽, 토석 등 산림에서 생산되는 산물(産物), 그 밖의 조경수(造景樹), 분재수(盆栽樹) 등 대통령령으로 정하는 것을 말하며, "산림용 종자"란 산림 또는 제2호가목에 따른 산림자원으로부터 유래된 자원의 씨앗, 증식용 영양체, 종균, 포자 등을 말한다. "산림바이오매스에너지"란 임산물 또는 임산물이 혼합된 원료를 사용하여 생산된 에너지를 말한다.

한편, "산림복원"이란 자연적·인위적으로 훼손된 산림의 생태계 및 생물다양성이 원래의 상태에

가깝게 유지·증진될 수 있도록 그 구조와 기능을 회복시키는 것을 말한다. 2019년 이 법을 개정하면서 산림복원을 처음으로 포함시켰다.

이 법은 제1장 총칙을 포함하여 전체 6장으로 구성되어 있다. 제2장은 산림자원의 조성과 육성의 내용을 담고 있는데, 여기에는 제1절 지속가능한 산림경영, 제2절 산림경영계획, 제3절 산림용 종묘(種苗) 생산 등, 제5절 산림사업의 시행 등, 제6절 산림경영지도원, 제7절 산림자원의 조사 및 기술개발, 제8절 무궁화의 보급 및 관리를 다룬다. 특히, 제5절 산림사업의 시행과 관련하여 제24조에서는 산림사업법인의 등록과 관련된 사항을 적시하고 있다. 제3장은 산림자원의 이용에 대한 내용을, 제4장은 산림의 공익기능 증진을 다룬다. 제5장은 보칙이며, 제6장은 벌칙이다.

이 법에 의거 산림은 국유림과 공유림, 사유림으로 구분한다(제4조). 또한, 제8조에서는 산림의 기능별 구분·관리에 대한 사항을 다룬다. 산림청장은 국가 전체적 차원에서의 산림자원의 효율적 조성과 육성을 도모하기 위하여 산림의 위치, 입지 조건, 이용 방향 및 사회·경제적 여건 등을 고려하여 전국의 산림을 관계 중앙행정기관의 장과 협의하여 다음 각 호의 기능별로 구분하고 그에 따라 도면(기능구분도)을 작성하도록 요구하고 있다.

1. 수원(水源)의 함양(涵養)
2. 산림재해방지
3. 자연환경 보전
4. 목재 생산
5. 산림 휴양
6. 생활환경 보전

법 제42조에서는 산림생물다양성의 보전에 대한 사항을 제시하고 있다. 즉, 산림청장은 산림생물다양성의 보전 및 지속가능한 이용 등을 위하여 산림생물다양성 기본계획을 수립·시행하도록 하고 있다. 또한, 산림청장과 지방자치단체의 장은 관할 지역 산림의 산림생물다양성의 보전·관리를 위하여 생태숲·수목원 조성 등 대통령령으로 정하는 사업을 하도록 제시하고 있다.

산림복원과 관련된 조항들은 제42조의2(산림복원의 기본원칙)부터 제42조의11(산림복원지원센터의 지정 등)까지에 걸쳐서 제시하고 있다. 그리고 제42조의12(자생식물 종자 공급센터 지정 등)부터 제42조의16(자생식물 종자의 이력관리)까지는 2024년 5월부터 시행하였다.

법에서 제시한 산림복원의 기본원칙은 다음과 같다.

1. 산림생태계가 모든 국민의 자산으로서 공익에 적합하게 보전·관리되고 지속가능한 이용이 이루어지도록 한다.
2. 산림내 생물이 생태적으로 보호되고 산림생물다양성이 유지·증진될 수 있도록 한다.
3. 산림내 서식 공간 및 기능이 확보되도록 지형·입지에 적합한 자생식물·자연재료를 사용하여

식생을 복원한다.

4. 산림내 생태계 균형이 파괴되거나 그 가치가 낮아지지 않도록 한다.
5. 산림복원 시 계획, 모니터링, 평가의 유기적 연계를 강화한다.

또한, 산림청장은 산림복원을 효율적으로 추진하기 위하여 산림복원 기본계획(이하 "기본계획"이라 한다)을 10년마다 수립·시행하여야 하는데, 여기에 포함되어야 할 내용으로 (1) 산림복원의 기본목표 및 추진방향, (2) 산림복원의 촉진을 위한 시책, (3) 산림복원 대상지(제4조에 따른 산림을 말한다), 산림복원사업 및 사후관리에 관한 사항, (4) 산림복원에 관한 정보관리에 관한 사항, (5) 산림복원 기술 인력의 육성에 관한 사항, (6) 산림복원 기술의 국제교류에 관한 사항, (7) 그 밖에 산림복원의 증진에 관한 사항 등이다.

산림복원과 관련하여 법에서 규정하고 있는 것은 산림복원 대상지의 실태조사(제42조의5), 산림복원사업의 타당성 평가(제42조의6), 산림복원사업의 계획·시행 등(제42조의7), 산림복원지의 사후 모니터링(제42조의8) 등이다. 특히 사후 모니터링과 관련하여 산림청장 및 지방자치단체의 장은 산림복원사업을 종료한 후 복원목표의 달성도, 식생 회복력 등에 대하여 10년 이상 모니터링을 실시하여야 한다. 다만, 대통령령으로 정하는 규모(660제곱미터) 이하의 산림복원지는 제외한다고 규정하고 있다. 이외에도 산림복원의 재료, 전문 인력 양성, 산림복원지원센터의 지정 등을 이 법에서 규정하고 있다.

사) 수목원·정원의 조성 및 진흥에 관한 법률

과거 수목원 조성 및 진흥에 관한 법률명이 바뀐 것으로 2015년 1월 20일 정원에 대한 내용이 포함되었다. 약칭 수목원정원법이라고 한다.

이 법은 수목원 및 정원의 조성·운영 및 육성에 필요한 사항을 규정함으로써 국가적으로 유용한 수목유전자원의 보전 및 자원화를 촉진하고, 정원을 체계적으로 관리하여 국민의 삶의 질 향상과 국민경제의 발전에 이바지함을 목적으로 한다(수목원·정원의 조성 및 진흥에 관한 법률 제1조, 2024.1.2., 타법 개정 기준).

이 법에서 사용하고 있는 주요 용어들에 대한 정의와 관련하여 우선, "수목원"이란 수목을 중심으로 수목유전자원을 수집·증식·보존·관리 및 전시하고 그 자원화를 위한 학술적·산업적 연구 등을 하는 시설로서 농림축산식품부령으로 정하는 기준에 따라 다음 각 목의 시설을 갖춘 것을 말한다.

가. 수목유전자원의 증식 및 재배 시설
나. 수목유전자원의 관리시설
다. 화목원·자생식물원 등 농림축산식품부령으로 정하는 수목유전자원 전시시설
라. 그 밖에 수목원의 관리·운영에 필요한 시설

"수목유전자원"은 수목 등 산림식물(자생·재배 식물을 포함한다)과 그 식물의 종자·조직·세포·

화분(花粉)·포자(胞子) 및 이들의 유전자 등으로서 학술적·산업적 가치가 있는 유전자원을 말한다. "수목원 또는 정원 전문가"란 수목유전자원 또는 식물에 대한 지식을 체계적으로 전달하고 수목원 또는 정원을 효과적으로 조성·관리 및 보전·전시하기 위하여 제18조의15제1항에 따라 지정된 수목원 또는 정원 전문가 교육기관에서 수목원 또는 정원 전문가 교육 과정을 이수한 사람을 말한다.

또한, "희귀식물"이란 자생식물 중 개체수와 자생지가 감소되고 있어 특별한 보호·관리가 필요한 식물로서 농림축산식품부령으로 정하는 식물을 말한다. "특산식물"은 자생식물 중 우리나라에만 분포하고 있는 식물로서 농림축산식품부령으로 정하는 식물을 말한다.

한편, "정원"이란 식물, 토석, 시설물(조형물을 포함한다) 등을 전시·배치하거나 재배·가꾸기 등을 통하여 지속적인 관리가 이루어지는 공간(시설과 그 토지를 포함한다)을 말한다. 다만, 「문화유산의 보존 및 활용에 관한 법률」 제2조에 따른 문화유산, 「자연유산의 보존 및 활용에 관한 법률」에 따른 자연유산, 「자연공원법」에 따른 자연공원, 「도시공원 및 녹지 등에 관한 법률」에 따른 도시공원 등 대통령령으로 정하는 공간은 제외한다. "정원산업"은 정원용 식물, 시설물 및 재료를 생산·유통하거나 이에 필요한 서비스 등을 제공하는 산업을 말하고, "정원치유"란 정원의 다양한 기능과 자원을 활용하여 신체적, 정신적 건강을 회복하고 유지·증진시키는 활동을 말한다.

이 법은 제1장 총칙을 포함하여 전체 6장으로 구성되어 있다. 제2장에서는 수목원의 조성 및 운영 등에 대한 내용을, 제3장에서는 정원의 조성 및 운영 등을 다룬다. 제4장은 교육기관의 지정 등을 다루고, 제5장은 보칙, 제6장은 벌칙이다.

아) 탄소흡수원 유지 및 증진에 관한 법률

이 법은 「기후위기 대응을 위한 탄소중립·녹색성장 기본법」 제33조에 따라 산림의 탄소흡수 기능을 유지하고 증진시킴으로써 기후변화에 대응하고 저탄소 사회 구현에 이바지함을 목적으로 한다(탄소흡수원 유지 및 증진에 관한 법률 제1조, 2021.9.24., 타법 개정 기준). 이 법은 2012년 2월에 제정되었으며, 약칭 탄소흡수원법이다.

이 법에서 제시한 주요 용어들에 대한 정의는 다음과 같다. 우선, "신규조림"이란 최소한 과거 50년 동안 산림이 아니었던 토지에 대하여 인위적인 식재·파종 및 천연갱신 유도를 통하여 산림으로 전환하는 것을 말한다. "재조림"이란 본래 산림이었다가 다른 용도로 전용되어 대통령령으로 정하는 시점 이전까지 산림이 아니었던 토지에 대하여 인위적인 식재·파종 및 천연갱신 유도를 통하여 산림으로 전환하는 것을 말한다. 한편, "식생복구"란 신규조림이나 재조림 외에 식생 조성을 통하여 그 입지에서의 산림탄소흡수량을 증가시키는 인위적인 활동을 말한다.

"목제품(HWP, Harvested Wood Products)"은 수확된 목재 및 목재를 원료로 가공된 제품을 말한다. "토지이용, 토지이용 변화 및 임업(LULUCF, Land Use, Land Use Change and Forestry)"이란 국토를 토지이용 목적과 형태에 따라 산림, 농지, 초지, 습지, 주거지, 그 밖의 범주로 구분하여 각 토지이용 범주별 인위적인 활동에 따른 온실가스 흡수량·배출량과 토지이용 변화에 따른 온실가스 흡수량·배출량을 산출하기 위하여 규정한 정의·방식·규칙을 말한다.

"탄소흡수원"이란 탄소를 흡수하고 저장하는 입목, 죽, 고사유기물, 토양, 목제품 및 산림바이오매스 에너지를 말한다. "산림탄소흡수량"이란 제2호부터 제8호까지와 관련된 활동을 통하여 온실가스 흡수를 증대시키거나 배출을 저감한 탄소량을 말한다. 마지막으로 "산림탄소상쇄"란 산림탄소흡수량을 온실가스 감축에 사용하는 것을 말한다.

이 법은 제1장 총칙을 포함하여 전체 6장으로 구성되어 있다. 제2장에서는 탄소흡수원 증진 종합계획의 수립 등에 대한 사항을 다루고, 제3장에서는 탄소흡수원 유지 및 증진 활동에 대한 사항을 포함하고 있다. 제3장제1절에는 탄소흡수원 확충, 제2절 탄소저장 목제품 및 산림바이오매스 에너지의 이용증진, 제3절 산지전용 억제 및 산림황폐화 방지 등의 내용이 적시되어 있다. 제4장은 산림탄소상쇄 등, 제5장 탄소흡수원 증진 기반 조성에 대한 사항을 다루며, 제6장은 보칙이다.

한편, 법 제5조에서는 탄소흡수원 증진 종합계획의 수립에 대한 사항을 제시하고 있다. 산림청장은 이 법의 목적을 효율적으로 달성하기 위하여 탄소흡수원의 유지 및 증진에 관한 정책목표와 기본방향을 정하는 탄소흡수원 증진 종합계획을 5년마다 수립·시행하여야 한다. 이 종합계획에는 다음 각 호의 사항이 포함되어야 한다.

1. 탄소흡수원 유지 및 증진에 관한 목표와 기본방향
2. 탄소흡수원 유지 및 증진에 관한 국내외 여건 및 전망에 관한 사항
3. 탄소흡수원 유지 및 증진 기술의 개발·보급에 관한 사항
4. 탄소흡수원 유지 및 증진을 위한 국제협력 및 해외시장 진출에 관한 사항
5. 산림부문 온실가스 정보 및 통계 구축에 관한 사항
6. 산림탄소등록부의 구축과 운영에 관한 사항
7. 그 밖에 연구개발, 전문 인력 양성, 재원조달, 교육·홍보 등 효과적인 탄소흡수원 유지 및 증진을 위하여 필요한 사항으로서 대통령령으로 정하는 사항

자) 산림복지 진흥에 관한 법률

2015년 3월 27일에 제정된 산림복지 진흥에 관한 법률은 약칭 산림복지법이다. 이 법은 산림복지의 진흥에 필요한 사항을 정하여 산림을 기반으로 체계적인 산림복지서비스를 제공함으로써 국민의 건강 증진, 삶의 질 향상 및 행복 추구에 이바지함을 목적으로 한다(산림복지 진흥에 관한 법률 제1조, 2023.7.25., 타법 개정 기준).

이 법에서 정의하고 있는 주요 용어로, 우선 "산림복지"란 국민에게 산림을 기반으로 하는 산림복지서비스를 제공함으로써 국민의 복리 증진에 기여하기 위한 경제적·사회적·정서적 지원을 말한다. 그리고 "산림복지서비스"란 산림문화·휴양, 산림교육 및 치유 등 산림을 기반으로 하여 제공하는 서비스를 말한다.

한편, "산림복지지구"란 산림자원을 활용한 산림복지서비스를 제공하기 위하여 산림청장이 지정한 지역을 말한다. 그리고 "산림복지시설"이란 산림복지서비스를 제공하기 위하여 조성된 다음 각 목

의 시설을 말한다.

가. 「산림문화·휴양에 관한 법률」에 따른 자연휴양림, 산림욕장, 치유의 숲, 숲길
나. 「산림교육의 활성화에 관한 법률」에 따른 유아숲체험원 또는 산림교육센터
다. 그 밖에 산림복지서비스 제공 및 산림복지단지 운영에 직접 관련된 시설로서 대통령령으로 정하는 시설

이 법은 제1장 총칙을 포함하여 전체 7장으로 구성되어 있다. 제2장은 산림복지진흥계획 등, 제3장은 산림복지서비스 등, 제4장은 산림복지지구의 지정 및 산림복지단지의 조성·운영, 제5장은 한국산림복지진흥원의 내용을 다룬다. 제6장은 보칙이고, 제7장은 벌칙이다.

차) 산림교육의 활성화에 관한 법률

산림교육의 활성화에 관한 법률은 약칭 산림교육법으로서 2011년 7월에 제정되었다. 이 법은 산림교육의 활성화에 필요한 사항을 정하여 국민이 산림에 대한 올바른 지식을 습득하고 가치관을 가지도록 함으로써 산림을 지속가능하게 보전하고 국가와 사회 발전 및 국민의 삶의 질 향상에 이바지함을 목적으로 한다(산림교육의 활성화에 관한 법률 제1조, 2021.6.15., 일부 개정 기준).

이 법에서 "산림교육"이란 산림의 다양한 기능을 체계적으로 체험·탐방·학습함으로써 산림의 중요성을 이해하고 산림에 대한 지식을 습득하며 올바른 가치관을 가지도록 하는 교육을 말한다. "산림교육전문가"란 산림교육전문가 양성기관에서 산림교육 전문과정을 이수한 사람으로서 다음 각 목의 어느 하나에 해당하는 사람을 말한다.

가. 숲해설가 : 국민이 산림문화·휴양(「산림문화·휴양에 관한 법률」 제2조제1호의 산림문화·휴양을 말한다)에 관한 활동을 통하여 산림에 대한 지식을 습득하고 올바른 가치관을 가질 수 있도록 해설하거나 지도·교육하는 사람
나. 유아숲지도사 : 유아(「유아교육법」 제2조제1호의 유아를 말한다. 이하 같다)가 산림교육을 통하여 정서를 함양하고 전인적(全人的) 성장을 할 수 있도록 지도·교육하는 사람
다. 숲길등산지도사 : 국민이 안전하고 쾌적하게 등산 또는 트레킹(길을 걸으면서 지역의 역사·문화를 체험하고 경관을 즐기며 건강을 증진하는 활동을 말한다)을 할 수 있도록 해설하거나 지도·교육하는 사람

한편, "산림교육전문가 양성기관"이란 산림교육전문가를 양성하기 위하여 제7조제1항에 따라 지정된 기관 또는 단체를 말한다.

이 법은 제1장 총칙, 제2장 종합계획의 수립·시행 등, 제3장 산림교육전문가 등, 제4장 산림교육시설 등을 담고 있으며, 제5장은 보칙, 제6장은 벌칙이다.

17) 해양 및 연안생태계 관련 법

가) 해양생태계의 보전 및 관리에 관한 법률

이 법은 해양생태계를 인위적인 훼손으로부터 보호하고, 해양생물다양성을 보전하며 해양생물자원의 지속가능한 이용을 도모하는 등 해양생태계를 종합적이고 체계적으로 보전·관리함으로써 국민의 삶의 질을 높이고 해양자산을 보호함을 목적으로 한다(해양생태계의 보전 및 관리에 관한 법률 제1조, 2022.12.27., 일부 개정 기준). 약칭 해양생태계법이라고 한다.

이 법에서 사용하는 용어의 주요 정의는 다음과 같다. 우선, "해양생태계"라 함은 일정한 해역의 생물공동체와 이를 둘러싼 무기적(無機的) 또는 유기적 환경이 결합된 물질계 또는 기능계를 말한다. 그리고 "해양생태계의 보전 및 관리"라 함은 해양생태계를 체계적으로 보존·보호 또는 복원하고 해양생물다양성을 보전하기 위하여 행하여지는 모든 행위를 말한다. "해양생물다양성"이라 함은 해양생태계 내의 생물종 및 생물체의 다양성을 말하며, 종내(種內)·종간(種間) 및 생물의 서식지와 생태계의 다양성을 포함한다. "해양생물자원"은 사람을 위하여 가치가 있거나 실제적 또는 잠재적 용도가 있는 유전자원(遺傳資源), 생물체, 생물체의 부분, 개체군 그 밖에 해양생태계의 생물적 구성요소를 말한다. "해양생태축"이라 함은 해양생태계 및 해양생물다양성을 통합적으로 보호·관리하고 생태적 구조 및 기능의 연속성을 유지하기 위하여 생태적으로 중요한 지역 또는 생태적 기능이 유지되고 있는 해역의 생태계를 연결시키는 서식공간의 연결망을 말한다. "해양생태도"라 함은 해양생태계를 생태적·경관적 가치 등에 따라 등급화하여 제12조에 따라 작성된 지도를 말한다. 한편, "해양의 기초생산"이라 함은 해양에서의 광합성이나 화학합성을 통하여 유기물질을 만들어 내는 것을 말하고, "해양생물"이라 함은 해양생태계에서 서식하거나 자생하는 생물을 말한다. 특히, "회유성(回游性) 해양동물"이라 함은 산란·먹이활동·번식 등을 위하여 무리를 지어 이동하는 동물로서 해양수산부령이 정하는 종을 말한다. 또한, "해양포유동물"이라 함은 해양에서 서식하는 포유동물로서 해양수산부령이 정하는 종을 말한다. 특히, "해양보호생물"이라 함은 다음 각 목의 어느 하나에 해당하는 해양생물종으로서 해양수산부령으로 정하는 종을 말한다.

가. 우리나라의 고유한 종
나. 개체수가 현저하게 감소하고 있는 종
다. 학술적·경제적 가치가 높은 종
라. 국제적으로 보호가치가 높은 종

"해양생태계 교란생물"이라 함은 다음 각 목의 어느 하나에 해당하는 생물로서 해양수산부령이 정하는 종을 말한다.

가. 외국으로부터 인위적 또는 자연적으로 유입되어 해양생태계의 균형에 교란을 가져오거나 가져올 우려가 있는 해양생물

나. 유전자의 변형을 통하여 생산된 유전자변형생물체 중 해양생태계의 균형에 교란을 가져오거나 가져올 우려가 있는 해양생물

"유해해양생물"이라 함은 사람의 생명이나 재산에 피해를 주는 해양생물로서 해양수산부령이 정하는 종을 말한다. "해양보호구역"이라 함은 해양생물다양성이 풍부하여 생태적으로 중요하거나 해양경관 등 해양자산이 우수하여 특별히 보전할 가치가 큰 구역으로서 제25조에 따라 해양수산부장관이 지정하는 구역을 말한다. 그리고 "해양자산"이라 함은 사람의 생활이나 경제 활동에 이용될 수 있는 유형·무형의 가치를 가진 해양생태계의 생물자원과 해양경관, 해양광물, 해수(海水) 및 해양에너지 등 비생물적 자원의 총체를 말한다. "국가해양생태공원"이란 해양자산의 생태적·경관적·학술적·경제적 가치를 보전하고 지속가능한 이용·관리를 위하여 제43조의2에 따라 해양수산부장관이 지정하는 구역을 말한다. 다만, 「자연공원법」 제2조에 따른 국립공원·도립공원 및 군립공원은 제외한다.

한편, 법 제3조에서 제시하고 있는 해양생태계의 보전 및 관리의 기본원칙은 다음과 같다.

1. 해양생태계는 모든 국민의 자산으로서 공익에 적합하게 보전·관리되고 지속가능한 이용이 이루어지도록 할 것
2. 해양의 이용은 해양생태계의 보전 및 관리와 조화·균형을 이루도록 할 것
3. 멸종위기에 처하여 있거나 생태적으로 중요한 해양생물은 보호되고, 해양생물다양성은 보전되도록 할 것
4. 국민이 해양생태계의 보전 및 관리에 참여하고 해양생태계를 건전하게 이용할 수 있는 기회가 증진되도록 할 것
5. 해양생태계의 보전 및 관리에 따르는 부담은 공평하게 분담되어야 하며, 해양생태계로부터 얻어지는 혜택은 지역주민과 이해관계인이 우선하여 누릴 수 있도록 할 것
6. 해양환경을 이용하거나 개발하는 때에는 생태적 균형이 파괴되거나 그 가치가 낮아지지 아니하도록 하여야 하며, 해양생태계와 해양경관이 파괴·훼손되거나 침해되는 때에는 최대한 복원·복구되도록 노력하여야 할 것
7. 해양생태계의 지속가능한 이용을 위한 국제협력이 증진되도록 할 것

이 법은 환경부 소관의 자연환경보전법과 유사한 시스템을 갖추고 있는데, 전체 8장으로 구성되어 있다. 제1장은 총칙, 제2장은 계획수립 및 조사, 제3장은 해양생물의 보호, 제4장은 해양보호구역의 지정·관리, 제5장은 해양생물다양성의 보전, 그리고 제6장은 해양자산의 관리를 다룬다. 제7장은 보칙이며, 제8장은 벌칙이다.

법 제46조는 해양생태계의 복원과 관련한 조문이다. 우선 해양수산부장관 또는 지방자치단체의 장은 개발행위 등을 하는 경우에 생태적 가치가 높은 해양생태계가 훼손되지 아니하도록 필요한 조치를 하여야 한다. 그리고 해양수산부장관은 다음의 경우에 관계 중앙행정기관의 장 및 지방자치단체의 장

과 협조하여 해당 해양생태계의 보전 및 관리대책을 마련하여 추진할 수 있다.

1. 해양보호생물의 주된 서식지 또는 산란지로서 파괴·훼손 등으로 인하여 종의 존속이 위협을 받고 있는 경우
2. 원시성을 유지하고 있거나 취약한 해양생태계로서 그 일부가 파괴·훼손되거나 교란되어 있는 경우
3. 해양생물다양성이 특히 높거나 특이한 자연으로서 훼손되어 있는 경우
4. 그 밖에 자연해안·서식지 등 해양생태계의 보전이 필요한 지역 등 대통령령으로 정하는 경우

해양수산부장관 또는 지방자치단체의 장은 훼손된 해양생태계의 복원 등을 위한 필요한 대책을 수립·시행하여야 한다. 또한, 해양수산부장관은 해양생태계의 복원기술개발, 복원사업 및 생태복원 전문기관의 육성 등 해양생태계 보전·복원을 위한 필요한 시책을 수립·시행하여야 한다.

특히, 제7장 보칙에는 해양생태계보전부담금(제49조)을 포함하여 다양한 내용을 담고 있다. 이는 환경부 자연환경보전법의 생태계보전부담금 제도와 유사한 구조를 갖고 있다. 즉, 해양생태계보전부담금을 활용한 해양생태계복원을 위한 반환사업 규정도 포함되어 있다. 해양생태계의 보전 및 복원과 관련하여 관심이 필요한 사항이다.

나) 연안관리법

이 법은 연안(沿岸)의 효율적인 보전·이용 및 개발에 필요한 사항을 규정함으로써 연안환경을 보전하고 연안의 지속가능한 개발을 도모하여 연안을 쾌적하고 풍요로운 삶의 터전으로 조성하는 것을 목적으로 한다(연안관리법 제1조, 2022.12.27., 타법 일부 개정 기준).

이 법에서 사용하는 용어의 주요 개념은 다음과 같다. 우선, "연안"이란 연안해역(沿岸海域)과 연안육역(沿岸陸域)을 말한다. 여기서 "연안해역"이란 다음 각 목의 지역을 말한다.

가. 바닷가[「해양조사와 해양정보 활용에 관한 법률」 제8조제1항제3호에 따른 해안선으로부터 지적공부(地籍公簿)에 등록된 지역까지의 사이를 말한다]
나. 바다[「해양조사와 해양정보 활용에 관한 법률」 제8조제1항제3호에 따른 해안선으로부터 영해(領海)의 외측한계(外側限界)까지의 사이를 말한다]

그리고 "연안육역"이란 다음 각 목의 지역을 말한다.

가. 무인도서(無人島嶼)
나. 연안해역의 육지쪽 경계선으로부터 500미터(「항만법」 제2조제1호에 따른 항만, 「어촌·어항법」 제2조제3호가목에 따른 국가어항 또는 「산업입지 및 개발에 관한 법률」 제2조제8호에 따른 산업단지의 경우에는 1천미터) 이내의 육지지역(「하천법」 제2조제2호에 따른 하천구역은 제

외한다)

"연안침식"이란 파도, 조류, 해류, 바람, 해수면 상승, 시설물 설치 등의 영향에 의하여 연안의 지표가 깎이거나 모래 등이 유실되는 현상을 말하고, "연안재해"란 연안에서 해일(海溢), 파랑(波浪), 조수, 태풍, 강풍, 해수면 상승 등 해양의 자연현상 또는 급격한 연안침식으로 발생하는 재해를 말한다. 그리고 "연안정비사업"이란 연안에서 시행하는 다음 각 목의 사업으로서 제25조제1항에 따른 연안정비사업실시계획에 따라 시행하는 사업을 말한다.

가. 연안재해로부터 연안을 보호하고 훼손된 연안을 정비하는 사업
나. 연안을 보전 또는 개선하는 사업
다. 국민이 연안을 쾌적하게 이용할 수 있도록 친수공간(親水空間)을 조성하는 사업

"자연해안"이란 인위적으로 조성된 시설·도로 등의 구조물이 없이 자연상태의 해안선이 유지되고 있는 해안을 말한다.

이 법의 제3조에서 제시하고 있는 연안 관리의 기본 이념은 다음의 기본 이념에 따라 보전·이용 및 개발되어야 한다.

1. 공공의 이익에 적합하고 생태적·문화적·경제적 가치가 조화롭게 공존할 수 있도록 종합적이고 미래지향적인 관점에서 보전·이용 및 개발할 것
2. 연안의 이용 및 개발은 연안환경의 보전과 조화·균형을 이룰 것
3. 국민의 연안환경 보전·관리에 대한 정책 참여와 건전한 이용 기회를 늘릴 것
4. 기후변화에 따른 연안재해로부터 연안을 안전하게 관리할 것
5. 연안통합관리를 실현하기 위하여 남북한 협력 및 국제협력을 증진할 것

이 법은 제1장 총칙을 포함하여 전체 8장으로 구성되어 있다. 제2장과 제3장은 삭제되었으며, 제3장의2는 연안침식관리구역의 지정·관리 등(신설 2013.8.13)을 다룬다. 제4장은 연안정비사업, 제5장은 연안관리심의회, 그리고 제6장은 연안의 효율적 관리에 대한 내용을 다룬다. 제7장은 보칙이고, 제8장은 벌칙이다.

다) 갯벌 및 그 주변지역의 지속가능한 관리와 복원에 관한 법률

이 법은 갯벌 및 그 주변지역의 지속가능한 이용을 위하여 갯벌을 보전·관리하고 복원에 관한 사항을 정함으로써 생산적이고 건강하게 갯벌을 유지하는 것을 목적으로 한다(갯벌 및 그 주변지역의 지속가능한 관리와 복원에 관한 법률 제1조, 2023.8.8., 타법 개정 기준). 이 법은 2019년 1월 15일 제정되었으며 해양수산부 소관법이고, 약칭 갯벌법이다.

이 법은 제1장 총칙을 포함하여 전체 7장으로 구성되어 있다. 제2장은 갯벌들의 관리·복원 기본계획의 수립 등에 대한 사항을 다루고 있으며, 제3장은 갯벌관리구역의 지정 및 관리를 다루고 있다. 제4장은 갯벌복원사업, 제5장은 갯벌생태관광 등을 다룬다. 제6장은 보칙이고, 제7장은 벌칙이다.

이 법에서 사용하는 용어의 주요 개념은 다음과 같다. 우선 "갯벌"이란 만조(滿潮) 때 수위선(水位線)과 지면의 경계선으로부터 간조(干潮) 때 수위선과 지면의 경계선까지의 지역으로 자연적으로 형성된 펄, 모래, 자갈 등 평평한 지역을 말한다. "주변지역"이란 바닷가[「해양조사와 해양정보 활용에 관한 법률」 제8조제1항제3호에 따른 해안선으로부터 지적공부(地籍公簿)에 등록된 지역까지의 사이를 말한다]와 「해양조사와 해양정보 활용에 관한 법률」 제8조제1항제2호를 기준으로 한 수심 6미터 이내의 해역을 말한다. "갯벌생태계"란 갯벌 및 그 주변지역(이하 "갯벌등"이라 한다)에 서식하는 생물공동체와 이를 둘러싼 무기적(無機的) 또는 유기적 환경이 결합된 물질계 또는 기능계를 의미한다. 그리고 "청정갯벌"이란 갯벌생태계의 건강성과 갯벌등에서 안전한 수산자원의 생산을 위하여 제14조에 따라 해양수산부장관이 지정한 갯벌등을 말한다. "갯벌복원"이란 갯벌에 서식하는 생물의 다양성을 증진하기 위하여 개발사업 등의 영향으로 훼손된 갯벌등의 물리적 형태와 생태적 기능을 본래 갯벌등의 상태로 회복·증진시키는 것을 말한다. 한편, "갯벌생태관광"이란 갯벌생태계가 특히 우수하거나 갯벌과 주변 경관이 수려한 지역에서 해양자산의 보전과 지속가능하고 효율적인 이용을 통하여 갯벌등의 중요성을 체험할 수 있는 자연친화적인 관광을 말한다. "갯벌생태마을"이란 우수한 갯벌생태계와 수려한 경관을 보유하고 이를 지속가능하게 보전·이용할 수 있는 역량을 가진 마을로서 제28조에 따라 해양수산부장관 또는 지방자치단체의 장이 지정한 마을을 말한다. 마지막으로 "갯벌생태계 서비스"란 갯벌등에서의 수산자원 생산, 오염물질 정화, 탄소흡수, 재해방지, 생태관광 및 자연휴양의 문화적 혜택 등 사람을 포함한 생물의 생존에 기여하는 혜택을 의미한다.

한편, 제4조에서 제시한 갯벌등의 관리 및 이용의 원칙과 관련하여 갯벌등은 다음 각 호의 원칙에 따라 관리·이용되어야 한다.

1. 모든 국민의 해양자산으로서 갯벌등이 공익에 적합하게 보전·관리되고 지속가능하게 이용되도록 할 것
2. 갯벌등의 이용은 갯벌생태계의 보전 및 관리와 조화·균형을 이루도록 할 것
3. 생태적으로 중요한 갯벌생물은 보호하고, 갯벌등의 생물다양성은 보전할 것
4. 국민이 갯벌등의 관리에 참여하고 갯벌생태계를 건전하고 안전하게 이용할 수 있는 기회가 증진되도록 할 것
5. 갯벌등을 이용하거나 개발하는 때에는 생태적 균형이 파괴되거나 그 가치가 저하되지 아니하도록 하여야 하며, 갯벌생태계와 경관이 파괴·훼손되거나 침해되는 때에는 복원·복구되도록 노력할 것
6. 갯벌등의 보전 및 지속가능한 이용을 위한 국제협력이 증진되도록 할 것

법 제7조에서는 갯벌등의 관리 및 복원에 관한 기본계획의 수립을 적시하고 있다. 해양수산부장관

은 갯벌등을 종합적·체계적으로 관리하기 위하여 5년마다 갯벌등의 관리 및 복원에 관한 기본계획을 수립하여야 한다. 이 규정에 의거 지난 2021년 수립된 "제1차 갯벌 등의 관리 및 복원에 관한 기본계획(2021~2025)"의 비전, 계획의 목표 및 5대 추진 전략은 다음과 같다.

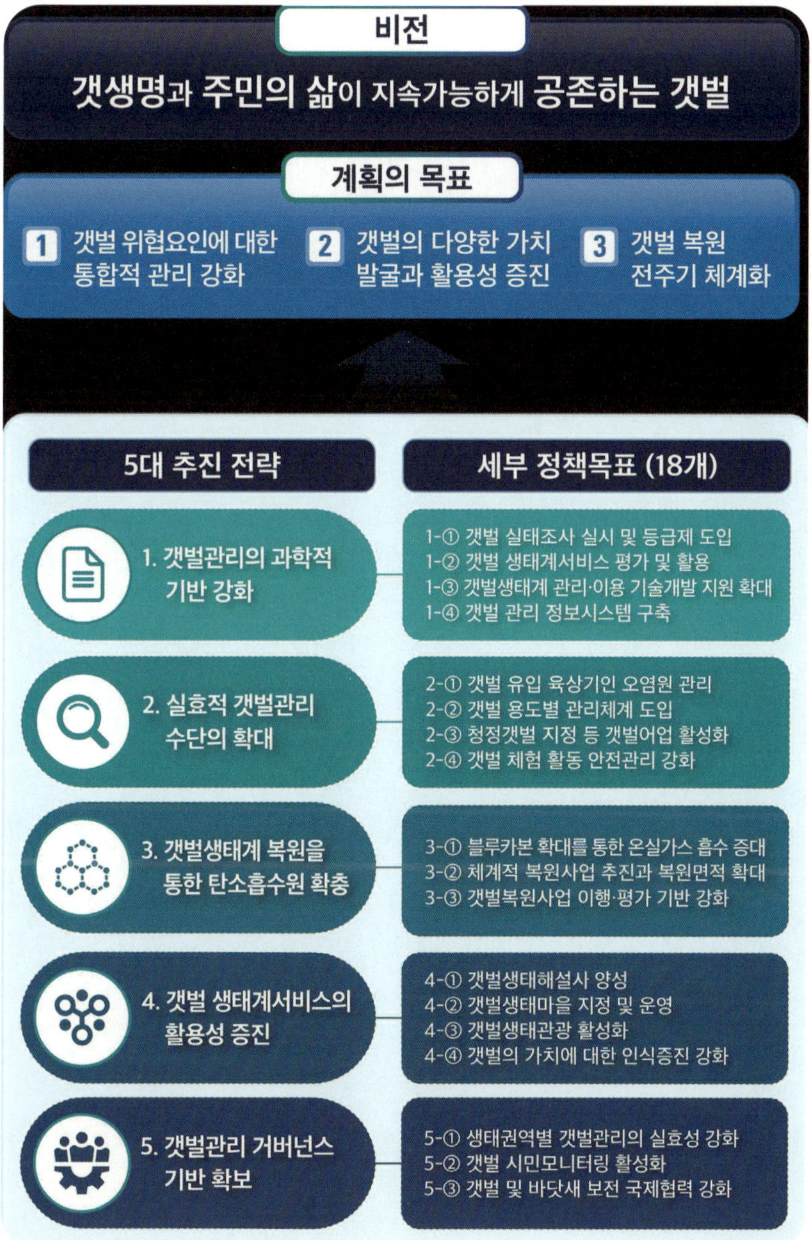

[그림 6-14] 제1차 갯벌 등의 관리 및 복원에 관한 기본계획(2021~2025)의 비전, 계획의 목표 및 5대 추진 전략

※ 자료출처: 해양수산부, 2021.9.

한편, 제19조에서 제시한 갯벌복원사업의 기본원칙과 관련하여 갯벌복원사업을 시행하려는 자는 다음 각 호의 원칙에 따라 사업을 추진하여야 한다.

1. 갯벌생태계의 건강성이 증진되도록 하고 내륙·연안의 생태적 연결성이 확보되도록 할 것
2. 과학적 모니터링 결과를 복원사업 전 과정에 반영할 것
3. 사업계획 수립단계부터 이해관계자가 참여하도록 할 것
4. 지역주민의 소득이 증대될 수 있도록 노력하여야 할 것

나. 정책 및 제도

1) 생태계보전부담금

생태계보전부담금은 자연환경보전법 제5장제46조 내지 제50조에 근거하고 있다. 자연환경 또는 생태계에 미치는 영향이 현저하거나 생물다양성의 감소를 초래하는 사업자에 대하여 "생태계보전부담금"을 징수, 대체자연의 조성, 생태계의 복원 등 생태계 보전 및 복원 사업에 지원하는 제도이다. 이 제도의 근본적인 목적은 보존가치가 높은 지역의 개발을 억제하여 보전가치가 상대적으로 낮은 지역으로의 개발을 유도하기 위함이다. 더불어 "오염자 부담 원칙"에 의해서 개발 사업자로 하여금 복원에 필요한 재원을 확보하게 하는 것이다.

법적으로는 자연환경보전법 제46조에서 환경부장관은 생태적 가치가 낮은 지역으로 개발을 유도하고 자연환경 또는 생태계의 훼손을 최소화할 수 있도록 자연환경 또는 생태계에 미치는 영향이 현저하거나 생물다양성의 감소를 초래하는 사업을 하는 사업자에 대하여 생태계보전부담금을 부과·징수한다고 규정하고 있다.

생태계보전부담금 부과 대상은 다음과 같이 구분한다(2022.10.18. 법 개정 기준).

1. 「환경영향평가법」 제9조에 따른 전략환경영향평가 대상계획 중 개발면적 3만제곱미터 이상인 개발사업으로서 대통령령으로 정하는 사업
2. 「환경영향평가법」 제22조 및 제42조에 따른 환경영향평가대상사업
3. 「광업법」 제3조제2호에 따른 광업중 대통령령으로 정하는 규모 이상의 노천탐사·채굴사업
4. 「환경영향평가법」 제43조에 따른 소규모 환경영향평가 대상 개발사업으로 개발면적이 3만제곱미터 이상인 사업
5. 그 밖에 생태계에 미치는 영향이 현저하거나 자연자산을 이용하는 사업중 대통령령으로 정하는 사업

생태계보전부담금의 부과 대상에서 제외하는 사업은 자연환경보전법 제50조제1항 본문에 따른 자연환경보전사업 및 「해양생태계의 보전 및 관리에 관한 법률」 제49조제2항에 따른 해양생태계보전부담금의 부과대상이 되는 사업은 제외한다. 또한, 감면 대상 사업과 감면 비율은 다음과 같다.

[표 6-7] 생태계보전부담금 감면 대상 사업 및 감면비율(제39조 관련)

감면 대상 사업	감면비율 (퍼센트)
1. 자연환경복원사업	100
2. 법 제12조제1항에 따른 생태·경관보전지역 및 법 제23조제1항에 따른 시·도 생태·경관보전지역에서 제13조제2항제3호에 따른 자연환경의 훼손을 방지하기 위하여 필요하다고 인정하는 시설 등을 설치하는 사업	100
3. 「국방·군사시설 사업에 관한 법률」 제2조제1호가목부터 바목까지의 규정에 따른 국방·군사시설 사업	100
4. 법 제38조제1항제1호 또는 제2호의 시설을 설치하는 사업	50

※ 자료출처: 자연환경보전법 시행령 [별표 2의5] 〈개정 2022.1.6.〉

부과 금액의 산정 방식은 다음과 같다.

- 생태계보전부담금 = 생태계의 훼손 면적 × 단위면적당 부과 금액 × 지역 계수

  여기서, 단위면적당 부과금액: 300원/㎡

- 생태계보전부담금의 지역계수

  1. 「국토의 계획 및 이용에 관한 법률」 제36조제1항에 따른 용도지역별 지역계수

     가. 주거지역·상업지역·공업지역 및 계획관리지역

        1) 「공간정보의 구축 및 관리 등에 관한 법률」 제67조에 따른 지목이 전·답·임야·염전·하천·유지·공원에 해당하는 경우: 1

        2) 1) 외의 지목인 경우: 0

     나. 녹지지역: 2

     다. 생산관리지역: 2.5

     라. 농림지역: 3

     마. 보전관리지역: 3.5

     바. 자연환경보전지역: 4

  2. 법 제34조제1항에 따른 생태·자연도의 권역·지역별 지역계수

     가. 법 제34조제1항제1호의 1등급 권역: 4

     나. 법 제34조제1항제2호의 2등급 권역: 3

     다. 법 제34조제1항제3호의 3등급 권역: 2

     라. 법 제34조제1항제4호의 별도관리지역: 5

  [비고]

  1. 법 제46조제3항 전단에 따른 지역계수는 제1호에 따른 용도지역별 지역계수와 제2호에 따른 생태·자연도의 권역·지역별 지역계수의 합을 2로 나눈 값으로 한다.
  2. 제1호에 따른 용도지역별 지역계수를 정할 때 토지의 용도는 법 제46조제2항 각 호의 사업의 인가·허가 또는 승인 등 처분 시 토지의 용도(부과대상사업의 시행을 위하여 토지의 용도를 변경하는 경우에는 변경 전의 용도를 말한다)에 따른다.

- 생태계보전부담금 산정식

$$\text{단위면적당 부과금액(원/m}^2\text{)} \times \frac{\left\{\left(\text{용도지역별 훼손면적(m}^2\text{)} \times \text{용도 지역별 지역계수}\right) + \left(\text{생태·자연도 권역·지역별 훼손면적(m}^2\text{)} \times \text{생태·자연도 권역·지역별 지역계수}\right)\right\}}{2}$$

[BOX 2] 생태계보전부담금 부과 금액의 산정 방식

한편, 위의 내용에서 훼손 면적은 (1) 토양의 표토층을 제거·굴착 또는 성토하여 토지 형질변경이 이루어지는 행위, (2) 식물이 군락을 이루며 서식하는 지역을 제거하거나 파괴하는 행위, (3) 습지 등 생물다양성이 풍부한 지역을 개간·준설·매립 또는 간척하는 행위가 발생하는 지역을 의미한다. 다만, ①「공간정보의 구축 및 관리 등에 관한 법률」에 따른 지목이 대·공장용지·학교용지·도로·철도용지·체육용지 및 유원지인 토지의 면적, ②「국토의 계획 및 이용에 관한 법률」 제36조제1항제1호가목부터 다목까지 및 제2호다목의 용도지역 중에서「공간정보의 구축 및 관리 등에 관한 법률」 제67조에 따른 지목이 전·답·임야·염전·하천·유지(溜池)·공원에 해당하지 않는 토지의 면적, ③ 제1호 및 제2호 외의 토지 중에서 시설물이 설치된 토지의 면적은 훼손 면적에서 제외한다.

한편, 단위면적당 부과 금액은 법 개정에 따라서 변화될 가능성이 있다. 과거 법에서는 250원이었으며, 2014년 12월 법 개정을 통해서 현재는 300원이다. 한편, 부과 상한액도 과거엔 10억 원이었으나, 2013년 개정을 통해서 50억 원으로 상향되었다가 2021년 1월 법 개정을 통해서 상한액 제한이 폐지되었다.

생태계보전부담금의 징수액은 전액 환경개선특별회계 예산으로 편성하여 생태계보전부담금 교부금 및 생태계보전부담금 반환금으로 지출한다. 여기서 생태계보전부담금 교부금은 징수기관별(시·도)로 징수액의 50%(징수비용 20% 포함)에 상당하는 금액을 교부금으로 교부하여 지자체의 자연환경보전사업 재원으로 활용한다. 나머지 생태계보전부담금 반환금은 개발 사업자가 생태계 훼손 지역의 보전·복원을 위한 사업을 시행한 경우 납부액의 50% 범위 내에서 반환해 주는 것이다.

생태계보전부담금 반환사업은 자연환경보전법 제50조, 동법 시행령 제46조에 근거하고 있다. 생태계보전부담금을 납부한 자 또는 납부자의 동의를 받은 자연환경보전사업 대행자가 환경부장관의 승인을 받아 자연환경보전사업을 실시한 경우에 반환받게 되어 있다. 반환 규모는 납부한 생태계보전부담금의 50% 범위 이내이다. 반환사업의 유형에는 (1) 대체자연 조성 사업, (2) 소생태계 조성 사업, (3) 생태통로 조성 사업, (4) 자연환경보전 및 이용 시설 조성 사업, 그리고 (5) 기타 훼손된 생태계 복원 사업으로 한정되어 있다.

생태계보전부담금 반환사업을 위한 전반적인 절차는 [그림 6-15]와 같다.

생태계보전부담금 반환사업은 2003년에 최초로 시작(당시 명칭은 생태보전협력금 반환사업이었음)하였으며, 지금은 소규모 생태복원 사업으로 분류하고 있다. 그리고 뒤에서 제시한 도시생태축 복원사업(舊, 자연마당 사업)은 상대적으로 규모가 큰 생태복원 사업으로 분류한다.

생태계보전부담금 반환사업 제도는 우리나라에서 생태복원과 관련된 공식적인 규정이면서, 생태복원 사업을 시행할 수 있는 자연환경보전사업 대행자 제도를 도입하고 있다는 데 큰 의의가 있다. 특히, 자연환경보전법 개정을 통해서 자연환경복원이 법제화 되도록 하는 데에 크게 기여했다고 볼 수 있다.

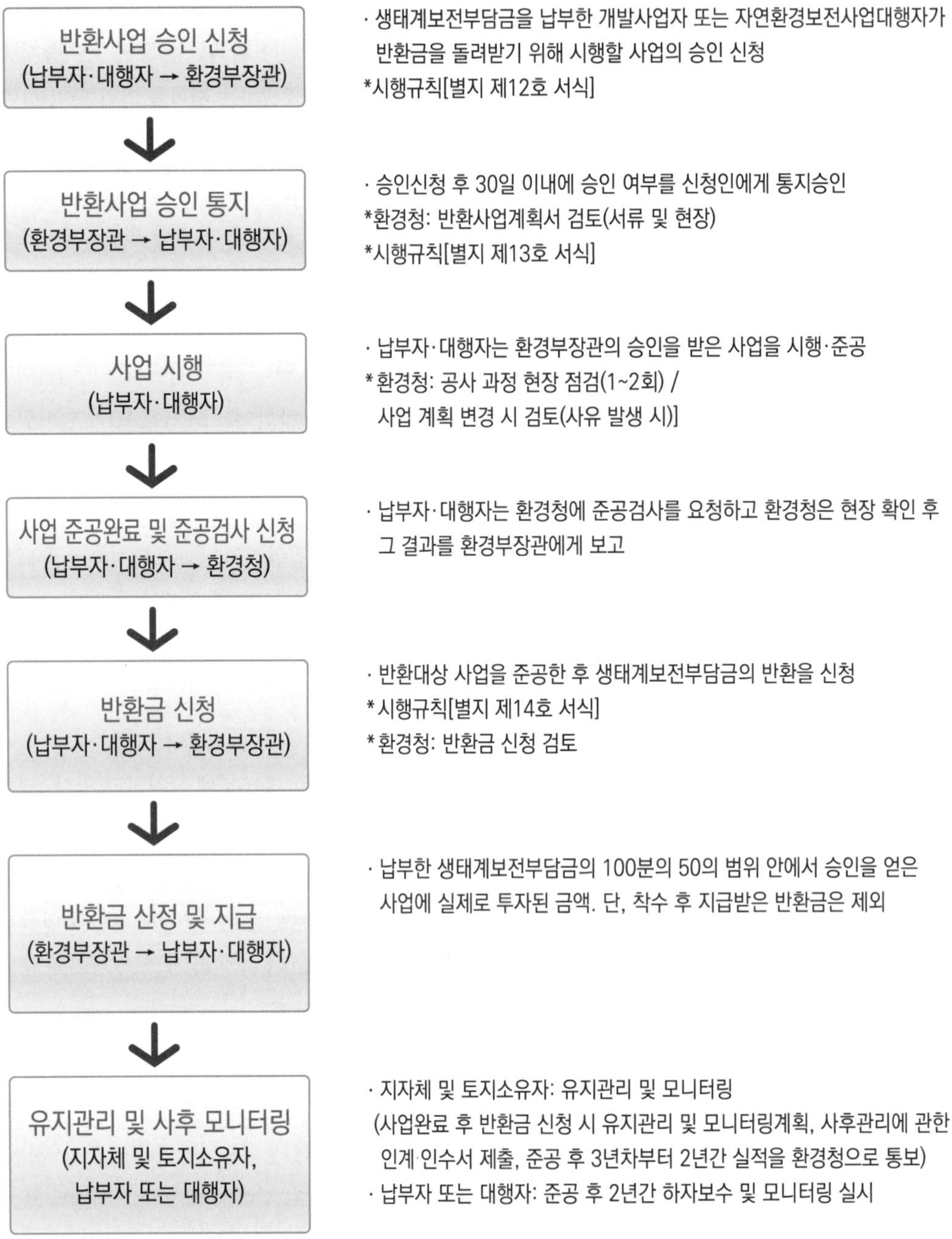

[그림 6-15] 생태계보전부담금 반환사업의 전반적인 과정

※ 자료출처: 환경부(2018)의 내용에서 생태계보전협력금을 생태계보전부담금으로 수정함.

2) 도시생태축 복원사업

생태계보전부담금 반환사업의 평균 면적이 1만㎡ 내외로 소규모 진행되는 점을 보완하고 단절된 생태축의 연결을 강화시키기 위해서 대규모 복원 사업을 기획하였다. 따라서 상대적으로 규모가 큰 복원 사업을 위해서 2012년부터 자연마당 조성 사업을 시행하였고, 지금은 도시생태축 복원사업이라는 명칭으로 시행하고 있다.

a) 인천 서구 자연마당 전경(2015년 준공) b) 전북 군산 자연마당 전경(2016년 준공)

[그림 6-16] 도시생태축 복원 사례(舊, 자연마당)

도시생태축 복원사업의 근거는 크게 3가지로 우선 자연환경보전법 제43조의2(도시생태 복원사업), 동법 시행규칙 제27조의2(도시생태 복원사업 지역), 제27조의3(도시생태 복원사업 계획의 수립 등)에 따른다. 두 번째는 그린뉴딜로서 국토생태계와 녹색 복원과 관련된 부문이다. 세 번째는 탄소중립 2050으로서, 탄소흡수원 관리를 위해 도심·수변 등의 탄소흡수원을 확대하고, 이를 위해서 도시지역 훼손 부지를 생태 공간으로 복원하는 내용 등이 포함되어 있다.

"도시생태축 복원사업"이란 도시생태축이 단절 또는 훼손되어 연결 복원이 필요한 지역에 시행하는 사업으로 도시생태계의 연속성 유지 또는 생태적 기능의 향상을 도모하기 위한 사업을 의미한다. 도시생태축 복원사업 추진의 기본 원칙은 6가지이다(환경부, 2023).

- 도시생태축 복원사업은 도시 내 단절되고 훼손된 생태축을 우선 대상으로 함.
- 도시생태축 복원사업은 도시생태계 연속성 유지 및 생태적 기능 향상을 통해 생태계 서비스 향상과 생태적 건전성 증진에 중점을 둠.
- 도시생태축 복원사업은 환경보전계획 및 생태축 관련 정책과 부합하고 상호 연계되어야 함.
- 도시생태축 복원사업은 도시환경 현안에 적극적으로 대응하여 도시민이 일상생활에서 쉽게 체감할 수 있도록 추진하여야 함.
- 도시생태축 복원사업은 사업 추진 전 과정에 모든 구성원과 이해당사자의 참여 기회를 보장하며 자연환경 전문가 참여를 통해 복원의 완성도를 높일 수 있도록 함.
- 도시생태축 복원사업은 복원 시행 후 지속적인 모니터링을 전제로 하며, 이를 통해 순응적이며 체계적인 유지관리체계를 구축하여야 함.

위 원칙에 따른 기본 방향과 세부 전략은 다음과 같다.

[표 6-8] 도시생태축 복원사업의 기본방향과 세부전략

기본 방향	세부 전략
생태계 연결성 강화	① 단절·훼손된 도시생태축 및 생물서식지 연결 ② 도시생태계의 구조 및 기능 개선 ③ 생활권 생태공간 확충
생물서식지 개선 및 확대	① 생물서식지 확충 ② 자생종, 고유종 보전 및 재정착 유도 ③ 도시 생물종다양성 증진
환경현안 대응	① 지역 중심 탄소 중립·탄소 제로 실현 ② 도시열섬 완화·미세먼지 저감 ③ 생태계 서비스 향상

※ 자료출처: 환경부, 2023.

도시생태축 복원사업 대상지역은 크게 3가지로 (1)산림, 초지, 녹지, 습지 등 도시생태축이 훼손·방치된 지역으로 생태적 여건이 미흡하여 개선이 시급하게 필요한 지역, (2)도시생태축 연결, 생물서식지 복원을 통해 도시생태계 연결성 향상 효과 및 생물종의 유입·전파가 가능한 지역, (3)도시생태축 복원을 통해 생태계 서비스 증진 효과가 큰 지역이다. 사업의 유형은 산림·녹지생태축 복원사업과 습지생태축 복원사업으로 구분하며, 사업 대상지의 입지조건이 사업 유형 2가지 모두 해당할 경우 복합사업으로 추진할 수 있다(환경부, 2023).

[표 6-9] 도시생태축 복원사업 대상지역

사업유형	사업 대상지역
산림· 녹지생태축 복원사업	• 자연적 또는 인위적 요인으로 훼손·파편화된 산림–산림, 산림–초지, 초지–초지를 연결할 필요가 있는 지역 – 자연적으로 형성된 식생 또는 인위적 식생이 혼효된 자연림과 자연–인공림이 훼손된 지역 – 농작물 또는 다년생식물 재배지로 이용되었던 농지가 휴경으로 오랜 기간 방치된 지역 – 무단 영농행위로 원상태 토지이용이 변형된 경작지 – 장기간 방치되어 외래종, 교란종 등의 초본류가 우점한 지역 • 멸종위기종, 핵심종, 생태적 지표종, 깃대종 등 주요 생물종 서식지 또는 인접지역 • 도시 내 연결이 필요한 인공지반 • 가로·보도 및 이와 연계된 공개공지, 공공공지 • 녹도·보행자전용도로 또는 이와 연결된 녹지
습지생태축 복원사업	• 단절되고 파편화된 도시하천 또는 습지를 연결할 필요가 있는 지역 • 농지개간, 지형변형 등으로 훼손된 습지 • 토사유입 및 퇴적, 매립 등으로 육화되어 습지 기능이 상실 또는 저하된 지역 • 논으로 경작되다가 오랜 기간 방치된 묵논습지 • 갯벌, 사구, 방풍림(수림대), 기수역 및 이와 연결된 하천, 습지, 묵논습지 등

※ 자료출처: 환경부, 2023.

사업 면적은 5만㎡ 내외로 설정되어 있으며, 사업 기간은 복원(조성) 기간과 복원(조성) 후 모니터링 5년(1년차, 3년차, 5년차)이다(환경부, 2023). 다만, 복원(조성) 기간은 해당 사업의 입지 여건 및 규모에 따라 달라질 수 있다. 전체 사업 절차는 크게 5단계로 구분되어 있으며, 구체적인 과정은 [그림

6-17]과 같다.

사업 단계	주요 절차	주요 내용
복원 기획 단계	사업 타당성 검토	· 타당성검토 용역(지자체)
	사업 신청	· 사업 접수(환경청) · 수요조사 보고서 제출(지자체)
	사업대상지 검토 및 선정	· 사업대상지 심사 및 선정(환경청/환경부) (환경청에서는 사업대상지 현장평가 실시) · 예산 편성(환경부)
복원 계획 수립 단계	사업 기본계획 수립	· 계획/설계 용역발주(지자체) · 복원계획안 작성(지자체), 도시생태축 복원위원회
	의견 수렴	· 지역주민 · 환경청 의견 수렴(지자체) 및 승인
	계획 고시	· 계획 고시(지자체)
복원 설계 단계	기본 및 실시설계	· 관련인허가 및 행정 절차 이행(지자체) · 복원설계안 작성(지자체)
	기술검토	· 기술검토(환경청, 도시생태축 복원위원회)
복원 시공 단계	사업 착공	· 공사 발주(지자체)
	사업 시행	· 사업경과보고 및 현장점검
	준공 및 실적보고	· 준공검사 (지자체) · 실적보고(지자체→환경청)
사후 관리 단계	사후 모니터링 및 유지관리	· 사후 모니터링 및 유지관리(지자체)
	사후평가	· 결과보고(지자체) 및 평가(환경부)

※ 계획/설계와 시공 단계를 통합하여 시행할 수 있음.

[그림 6-17] 도시생태축 복원사업 추진 과정

※ 자료출처: 환경부, 2023.

3) 생태놀이터 조성 사업

가) 기본 개념

생태놀이터는 도시의 어린이들이 부모와 함께 집 가까이에서 자연생태를 접할 수 있도록 흙, 물, 풀, 나무, 동·식물 등 다양한 자연적 요소와 자연재료를 활용하여 놀이와 생태학습 체험과 휴식을 취할 수 있도록 조성한 자연생태공간을 말한다. 생태놀이터는 과거 어린이놀이터의 획일성을 탈피하고 도심 속에서 자연을 가지고 놀 수 있도록 하자는 취지였다. 달리 표현하자면 획일화된 놀이시설이나 조합놀이대 등을 회피하여 자연 공간에서 자연을 소재로 하여 어린이들이 놀 수 있도록 하는 것을 목적으로 하였었다. 이후 다양한 연구를 통해서 2014년에 환경부에서 관련 가이드라인과 유형별 모델을 발간한 바 있다. 생태놀이터는 "아이뜨락"이라는 브랜드명을 갖고 있다.

[그림 6-18] 생태놀이터 아이뜨락 BI
※ 자료출처 : 환경부, 2014.

나) 역할

생태놀이터의 역할을 크게 세 가지로 구분할 수 있다. 첫 번째는 도시의 생태적 건전성 증진이다. 즉, 자연지반에의 빗물 침투 등 물 순환 증진, 도시 열섬 현상 완화, 야생화, 수목 등 식재로 녹지 공간 확충 등 도시의 생태적 건전성 향상과 기후변화에 대응하기 위한 것이다. 두 번째는 자연생태 학습 체험 및 정서발달을 도모하기 위한 것이다. 어린이들이 자연을 주제로 한 놀이와 체험을 통해 자연에 대한 자기 주도적 학습을 유도하고, 자연을 직접 보고 만지고 느끼게 하여 정서의 함양, 감수성과 창의성 발달을 도모하기 위한 것이다. 세 번째는 도시민의 휴식 및 커뮤니티 공간을 제공하는 데에 있다. 어린이와 그 가족, 지역주민들이 모여 자연과의 친밀감, 정서적 안정감, 신체적 건강성을 되찾는 힐링, 휴식 및 생태커뮤니티 공간을 제공하는 것이다.

따라서 생태놀이터의 입지를 선정할 때에는 도시지역으로서 대상지 주변이 주거나 상업지역 등과 인접하여 어린이를 비롯한 가족과 지역주민의 도보 접근성이 좋은 생활권에 위치한 지역을 우선으로 해야 한다. 또한, 도시 내 유휴 자투리땅, 자연환경이 훼손되었거나 방치된 지역, 인공지반으로 포장된 지역 등 사용 가능한 국·공유지로서 사업 시행 후 자연환경 및 생태적 복원 효과가 우수한 지역 등도 좋은 입지가 된다. 규모는 최소 500㎡ 이상으로 가급적 다양한 공간적 요소가 반영될 수 있는 2,000㎡ 이상의 넓은 지역이 바람직하다.

다) 유형

생태놀이터는 대상지 및 주변의 생태적 여건이나 특성을 충분히 반영한 자연환경을 제공할 수 있도록 입지를 기준으로 유형을 분류하였는데, 도심 생활형, 산림(인접)형, 수변형 3가지로 구분한다.

[표 6-10] 생태놀이터의 3가지 유형과 주요 특징 및 고려사항

구분	도심 생활형	산림(인접)형	수변형
입지여건	• 도심 내부에 위치하여 주변이 주거지 등 건축물로 위요	• 도심 외곽부, 도심과 산림 지역의 연결부에 위치 (산림 경계부)	• 도심 중앙부, 외곽부 등에 다양하게 입지(하천, 수로, 습지 등과 인접)
특징	• 대부분 평지형으로 인공 구조물이나 시설물 기 설치 또는 불투수 포장면을 형성하고 있으며, 주변 생태계와 고립된 형태 다수	• 자연지반으로 구릉지, 식생군락 등이 형성되어 있으며, 인근 산림이나 구릉지와 연계된 경우 다수	• 내부에 수자원이 있거나 인접한 수자원 유입 가능
고려사항	• 도심 내부에서 서식이 가능한 생물종 도입 • 불투수 포장면의 최소화	• 인접하고 있는 산림환경과의 연결성 확보 및 주변 생물종이 이입될 수 있는 환경 조성	• 기존 수체계에 대한 영향을 최소화하도록 조성 • 지형, 수리·수문 등을 고려한 우·배수계획
조성 예시	 	 	 

※ 자료출처: 환경부, 2014.

라) 조성 원칙

생태놀이터인 아이뜨락을 만들 때에는 자연요소, 생물자원을 활용한 쾌적하고 자연적인 놀이 환경을 제공하도록 해야 한다. 또한, 창의력, 면역력 등을 증진시킬 수 있는 자연 소재의 비정형화된 놀이 요소를 개발하도록 해야 한다.

환경부(2014)에서 제시한 조성 원칙은 다음과 같다.

- 지형 및 수리·수문 등 생태기반환경을 최대한 보전하여 활용
- 도입 공간, 소재 등은 생태적 역할 및 기능을 반드시 고려

- 인위적인 공간 구획을 지양하고, 공간의 유기적 연계성 확보
- 지역 자생종 및 특화종을 우선적으로 도입(깃대종, 생태적 지표종 등)
- 나무, 자갈, 모래 등 자연소재 사용
- 변형 또는 가공하지 않은 비정형적인 형태의 놀이 요소 도입(조합놀이대 등 배제)
- 이용자 모두의 눈높이를 고려한 유니버셜 디자인(UD)
- 안전을 위한 범죄예방환경설계(CPTED) 적용

마) 공간 구분 및 조성 방향

생태놀이터는 어린이를 위해 놀이기구를 설치하는 것이 아니라 어린이들이 자유롭게 놀 수 있는 안전하고 쾌적한 환경을 제공하도록 해야 한다. 또한, 어린이, 부모 등 이용자들이 안심하고 놀 수 있도록 건강 및 안전을 위한 위생시설(손세척장, 세족장, 에어건 등)을 설치해야 한다. 마지막으로 조성 대상 지역의 토지용도에 따른 법적 규제를 우선적으로 준수해야 한다.

생태놀이터의 주된 이용 계층은 13세 이하의 어린이와 어린이를 동반한 보호자(부모)이다. 그리고 핵심적인 공간 요소로는 자연 지반, 서식처, 수리 및 수문 환경, 지형 등이다. 모든 공간에 도입되는 재료 및 요소는 식물, 모래, 돌, 나무, 물, 동물, 흙 등을 최우선으로 해야 한다.

그 외 생태놀이터를 조성할 때 고려할 사항은 다음과 같다(환경부, 2014).

- 어린이의 자가 학습 및 발달 단계에 따른 인지 특성과 보호자의 이용 행태 등 고려
- 생물종이 유입될 수 있도록 서식처를 조성하되, 직·간접적으로 이용할 수 있도록 조성
- 공간 및 놀이 요소는 생태적 원리, 생물종, 자연요소를 모티브로 하여 적용
- 오감자극과 감각 발달을 위해 최대한 다양한 질감의 자연 소재 도입
- 유희시설의 경우 국내·외 공인기관의 안전 인증을 획득한 시설 도입
- 도시 생태계의 물질순환을 고려한 공간 및 자원 배치, 자원순환(재활용)을 고려한 소재 활용

한편, 생태놀이터를 만들고자 할 때에는 공간을 구분해야 하는데, 기능 및 이용 행태에 따라 (1) 자연 공간, (2) 모험 공간, (3) 놀이 공간, (4) 개방 공간 등 4개 공간으로 구분하는 것이 좋다.

각각의 공간에 대한 특성, 배치 및 조성 방법은 다음과 같다.

자연 공간 (nature space)

공간특성 • 생물 서식처, 생물종 등 생태복원을 통한 주요 생물서식 공간

공간배치 • 사업대상지 내부에 기존 서식처, 식생군락 등 생태요소가 있는 경우 이를 자연 공간으로 활용
• 내부에 활용가능한 생태요소가 없는 경우 생태적 연결성 및 기능을 고려하여 주변 자연환경과 최대한 인접하게 배치

조성방법 • 대상지의 생태기반환경 및 생태환경 분석 등을 통해 도입 가능한 생물서식공간 조성
• 생물종에 위협이 되지 않는 범위 내에서 이용자들이 직접 만지고 관찰할 수 있는 시설이나 요소 설치
• 자생종 도입을 원칙으로 다층숲, 곤충호텔, 새집 등으로 다양한 생물종들의 이입여건 조성

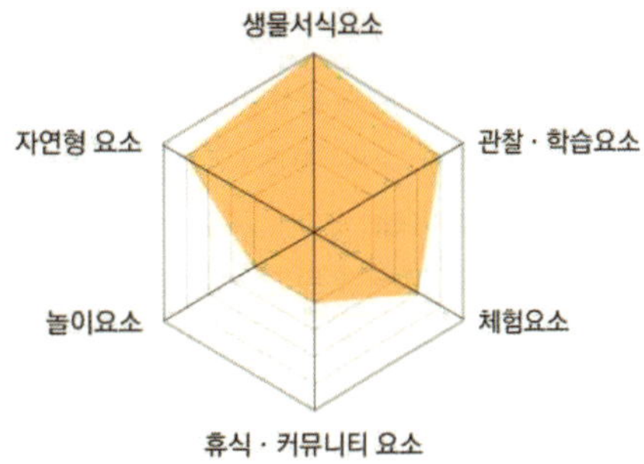

모험 공간 (adventure space)

공간특성 • 마운딩 등 지형조작이나 자연요소를 이용한 동적 놀이활동 요소를 이용하여 활발한 신체적 움직임을 유도하는 공간

공간배치 • 자연공간이나 놀이공간과 연계되도록 배치
• 동적 활동을 유도하는 공간으로 주변 공간과의 이격거리를 충분히 확보하고 중심부 배치보다는 외곽으로 배치

조성방법 • 자연의 원리, 생물종의 생활사를 모티브로 다양한 신체활동 놀이 요소 적극 도입
• 구릉지(마운딩), 땅굴(터널) 등 지형 및 토양을 활용한 놀이 및 체험 요소 도입
• 나무, 바위, 우물, 도랑 등의 자연요소를 이용하여 오르기, 내리기, 건너기, 뛰기 등 동적 신체활동 유도

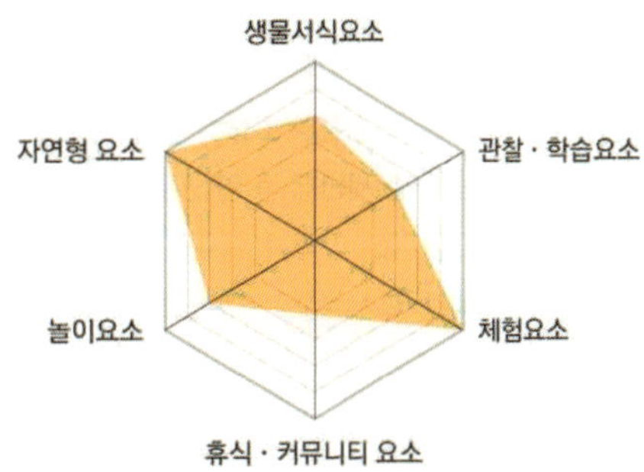

[그림 6-19] 생태놀이터의 공간별 조성 방법(자연 및 모험 공간)

※ 자료출처: 환경부, 2014.

놀이 공간 (play space)

공간특성 • 모래, 나무, 자갈 등 자연재료를 활용한 놀이요소 및 시설 공간

공간배치 • 진입부에서 접근이 용이하도록 배치

• 정적 활동공간으로 동적 활동공간인 모험 공간과의 이격거리를 충분히 확보하고 개방공간과 인접하여 배치

조성방법 • 정형화된 형식이나 규칙은 최소화하고 자가학습이 가능하도록 완성형의 조합형 놀이시설 지양

• 목재 등의 자연재료와 친환경성 소재를 활용한 놀이요소 및 시설 도입

• 오감자극을 위하여 질감, 색채, 크기 등을 다양하게 적용하고 변형, 조작, 만지기 등의 정적 놀이 유도

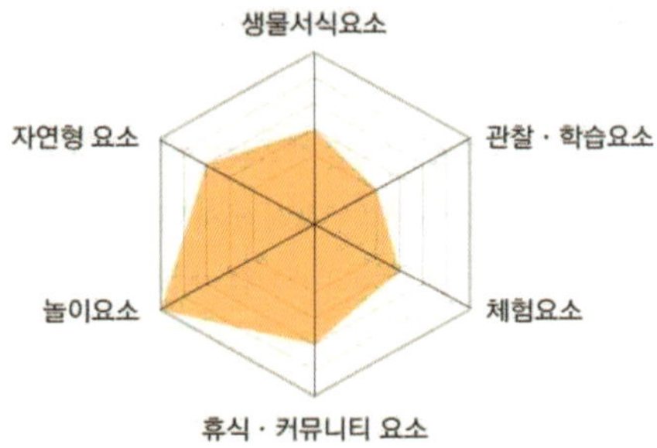

개방 공간 (open space)

공간특성 • 휴식, 소통, 모임 등 다양한 커뮤니티 활동 공간

공간배치 • 개방감 확보 및 침입자 감시 기능 강화를 위해 진입부 또는 중심부 배치(자연 공간, 모험 공간, 놀이 공간에 대한 가시권 확보)

조성방법 • 이용자의 신체적 특성, 이용행태 등을 고려한 편의 및 휴게시설 도입

• 모임, 커뮤니티 활동 등을 위한 공간 확보

• 음수대, 세면대 등 안전 및 위생을 위한 시설 도입

• 편의시설 이외에 가족간, 또래간 함께 할 수 있는 공간 및 시설프로그램 도입

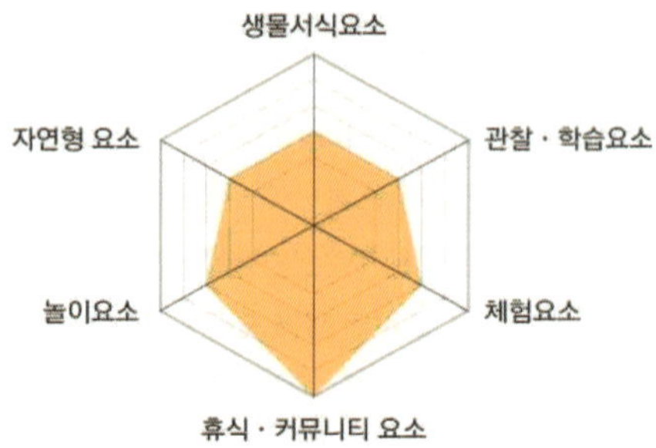

[그림 6-20] 생태놀이터의 공간별 조성 방법(놀이 및 개방 공간)

※ 자료출처: 환경부, 2014.

a) 작은 굴을 포함한 둔덕 놀이터 공간 | b) 언덕과 미끄럼틀을 조합시킨 공간

[그림 6-21] 울산광역시 황방공원 생태놀이터 준공 사진

4) 자연환경보전 및 이용 시설

자연환경보전법 제38조(자연환경보전·이용시설의 설치·운영)에서 자연환경보전·이용 시설을 자연환경보전 및 자연의 건전한 이용을 위한 시설로 다음과 같이 정의하고 있다. (1)자연환경을 보전하거나 훼손을 방지하기 위한 시설, (2)훼손된 자연환경을 복원 또는 복구하기 위한 시설, (3)자연환경보전에 관한 안내시설, 생태관찰을 위한 나무다리 등 자연환경을 이용하거나 관찰하기 위한 시설, (4)자연보전관·자연학습원 등 자연환경을 보전·이용하기 위한 교육·홍보시설 또는 관리 시설 그리고 (5)그 밖의 자연자산을 보호하기 위한 시설 등이다.

또한, 자연환경보전·이용시설은 지역별로 우수한 생태계를 서식지 또는 서식지 외 지역에서 체계적으로 보전하고 관리함으로써 국민들에게 생태적 특성을 알게 하여 자연의 중요성과 가치를 인식시키도록 하는 시설을 말한다. 즉, 생물다양성 보전·증진 및 환경보전에 대한 국민의식 함양을 목적으로 한 생태탐방이나 자연학습의 기회를 제공하는 모든 시설을 통칭하기도 한다(Ferend, 2000).

자연환경보전·이용 시설은 자연 보전, 순수 관찰, 체험·학습, 전시·연구, 이용·편의, 자급형 정주 등 다양한 설치 목적을 위해 조성될 수 있으며, 교목·관목, 구릉지 등의 산지나 초원·농지 등의 초지, 강변·해안·호수·저수지·늪지 등의 습지, 그리고 기개발지, 매립지, 도심복원지역과 같은 육지 등 어떠한 환경에서도 설치가 가능하다. 자연환경보전·이용 시설의 종류는 보전형, 이용형, 절충형으로 구분한다.

보전형은 주요 동·식물의 보전 및 생물다양성을 우선 배려하는 시설 유형으로서 주로 보전가치가 높은 자연경관 지역에 조성한다. 필요할 경우 방문자 수를 제한할 수 있으며, 허용 가능한 시설이나 활동 프로그램에도 제약을 가할 수 있으나, 생태자원을 해하지 않는 범위 내에서의 관찰 활동 등은 허용될 수 있다.

이용형은 비교적 다양한 목적의 시설 설치가 가능한 유형으로, 관찰, 학습·교육뿐만 아니라 연구나 전시, 자급형 정주 또는 기타 이용자의 편의를 고려한 다양한 시도가 가능하다. 다른 유형에 비하여 보다 적극적이고 활동적인 프로그램을 운영하기에 적절하며, 비교적 규모가 넓은 입지 여건을 갖춘 지역에 해당하는 경우가 많다.

절충형은 보전형과 이용형의 중간 유형으로, 동·식물의 관찰뿐만 아니라 자연 체험 및 학습, 환경교육 등을 목적으로 한 다양한 시설 설치가 가능하다. 소규모의 활동 프로그램의 개발 및 운영이 허용될 수 있으나, 이용자와 관찰·학습자원 모두에 대한 세심한 배려가 요구된다.

자연환경보전·이용 시설의 예산은 1997년 1개 사업에 4억 원을 지원한 것으로 시작하였으나, 매년 예산이 크게 증가하였다.

5) 대체서식지 조성·관리 제도

대체 서식지 조성 및 관리에 관한 내용은 환경부(2013)의 “대체 서식지 조성·관리 환경영향평가 지침”의 내용을 토대로 작성하였다.

대체 서식지는 각종 개발 사업으로 인해 훼손되거나 영향을 받을 것으로 예상되는 동·식물의 서식지를 보상하기 위하여 사업 대상 지역 또는 주변 지역에 원래의 서식지와 동일하거나 유사한 수준의 서식지를 창출, 향상 또는 복원 활동이 시행되는 지역을 말한다.

[표 6-11] 대체 서식지의 개념 및 범주

대체서식지(compensatory habitat) = 창출서식지 + 향상서식지 + 복원서식지	
창출(creation)	• 개발사업과 관련하여 새로운 서식지를 조성하는 활동
향상(enhancement)	• 개발사업과 관련하여 기존 서식지를 개선하는 활동
복원(restoration)	• 개발사업과 관련하여 이미 훼손된 서식지를 회복하는 활동

※ 자료출처: 환경부, 2013.

대체 서식지 조성 및 관리를 직접적으로 규정하고 있는 법은 없으나, 자연환경보전법, 습지보전법 등에 유사한 내용이 있다. 자연환경보전법(제2조)에서는 "대체자연"을 기존의 자연환경과 유사한 기능을 수행하거나 보완적 기능을 수행하도록 하기 위하여 조성하는 것으로 규정하고 있다. 또한, 습지보전법(제18조; 인공습지의 조성·관리 권장)에서는 인공적인 습지를 조성하도록 권장하고, 훼손된 습지의 주변에 해류·사구(砂丘) 등의 변화로 인하여 자연적으로 조성되는 습지를 될 수 있으면 유지하고 보전하도록 하여야 한다고 규정하고 있다.

이러한 법적 근거와 함께 대체 서식지는 일부 행정규칙에서 규정하고 있다. 대부분 환경영향평가 시 환경영향 저감 방안의 수단으로 조성되고 있는 상황이다. 즉, 환경친화적 철도건설지침(국토해양부 고시 제2009-657호), 환경친화적 도로건설지침(환경부·국토해양부고시 제2010-579호), 친환경댐 건설을 위한 환경평가지침(국토해양부훈령 제2009-421호), 지속가능한 신도시 계획기준(국토해양부지침, 2007.1.1) 등에서 대체서식지 조성과 관리에 관한 사항을 규정하고 있다.

이러한 맥락에서 환경부에서는 대체 서식지 조성·관리 환경영향평가 지침(2013년 1월 1일 개정 기준)을 마련하여 운용하고 있다. 이 지침의 적용 범위는 환경영향평가법에 의한 전략환경영향평가, 환경영향평가, 소규모 환경영향평가 등이다.

대체 서식지 조성 및 관리의 기본 원칙은 다음과 같다.

[표 6-12] 대체 서식지 조성 및 관리의 기본 원칙

원칙	내용	적용단계
훼손자 부담의 원칙	개발사업으로 서식지를 훼손한 사업자는 훼손으로 발생한 생물다양성 손실을 보상하여야 하며, 보상에 따른 비용 및 사업을 담당해야 한다.	조성, 유지관리
참여와 협력의 원칙	대체 서식지 조성 및 유지관리에 있어 공학자, 생태학자, 지역주민 등 다양한 사람들의 의견을 수렴하여야 한다.	조성, 유지관리
과학적인 접근의 원칙	대체 서식지 조성을 위한 생물종 서식환경 조성 기술 및 생태계 조사 방법에 있어 과학적인 접근 방법에 입각하여 진행되어야 한다.	조성, 유지관리
순응적 관리의 원칙	대체 서식지 관리에 있어 성공 사례를 창출할 수 있도록 점진적으로 접근하고, 사후 모니터링을 통한 평가 및 유지관리 방안이 제시되어야 한다.	유지관리
생태복원의 적용 원칙	대체 서식지 조성 및 유지 관리에 있어 훼손된 서식지의 회복을 위해 해당 지역 및 주변 지역의 생태계 구조와 기능을 토대로 이루어져야 한다.	조성, 유지관리

※ 자료출처: 환경부, 2013.

대체 서식지 조성 및 유지 관리 절차는 (1) 사전 검토, (2) 입지 선정, (3) 계획 및 시공, (4) 유지관리 및 모니터링 단계로 구분하며, 지침에서 제시하고 있는 구체적인 과정은 [그림 6-22]와 같다.

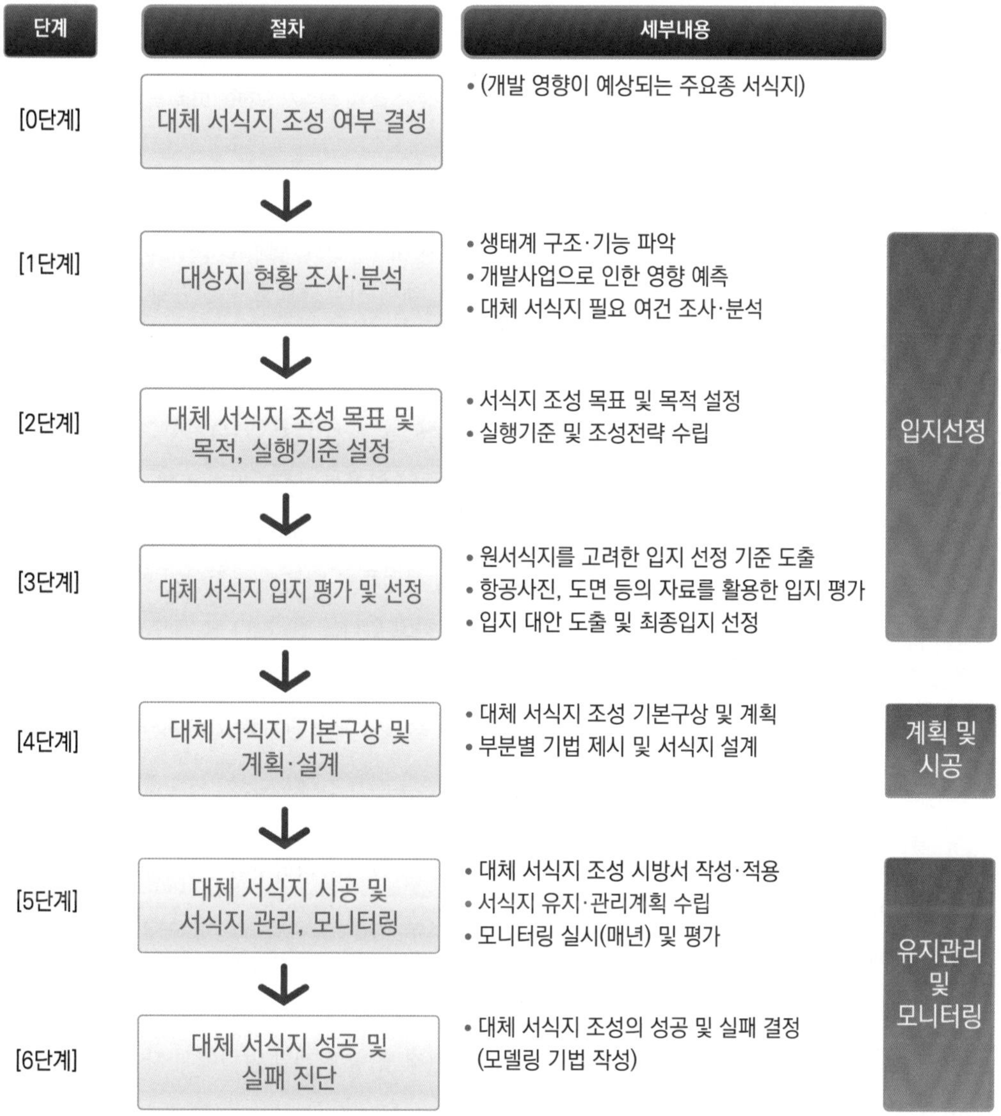

[그림 6-22] 대체 서식지 조성 및 유지 관리 절차

※ 자료출처: 환경부, 2013.

한편, 대체 서식지의 조성 유형은 ① 신규 서식지의 창출, ② 훼손된 서식지의 복원, ③ 기능이 저하된 서식지의 개선으로 구분하고 있다. 그리고 대체 서식지를 조성하기 위해서는 대조 생태계 즉, 참조 생태계를 선정하여 조사하도록 하고 있는데, 구체적인 내용은 [표 6-13]과 같다.

[표 6-13] 대체 서식지의 유형별 대조 생태계 및 대조 생태계 조사 방법

유형 분류	대조 생태계	대조 생태계 조사 방법
창출 (creation)	주변 지역의 생물서식지 구조와 기능	현지 정밀조사를 통한 개발사업 주변지역 생태환경 파악
복원 (restoration)	훼손 이전의 생물서식지 구조와 기능	훼손되기 이전의 고지도, 과거자료, 위성영상, 청문 등을 통한 자료 확보
향상 (enhancement)	전문가 의견수렴 및 서식지 모형	관련 전문가 의견수렴 및 훼손지 유형에 따른 목표 생태계 도출

※ 자료출처: 환경부, 2013.

대체 서식지는 환경영향평가 과정 혹은 개발 사업에 있어서 우수한 자연환경과 생물종의 보호를 목적으로 하기 때문에 일반적으로 목표종을 필요로 한다. 대체 서식지 목표종은 단일 생물종 선정을 원칙으로 한다. 하지만, 개발 사업으로 훼손되는 서식지가 단일 생물종 보다는 생태계 및 생물다양성에 더 큰 영향을 미치는 경우에는 대체 서식지 조성 목표를 생태계 복원으로 설정할 수 있다.

목표종은 개발로 인해 훼손되는 서식지를 대상으로 문헌 및 현장 조사, 지역주민·전문가 의견 수렴을 통해서 선정한다. 또한, 사회·경제적 중요도, 개발 사업 취약성, 생물·생태학적 보전가치, 생태적 특성, 생태 현황에 대한 조사 및 지역 특성, 서식지 조성 사례 등을 고려하여 선정하게 되어 있다.

실제 우리나라에서 이루어지고 있는 대체 서식지 조성 사업들은 대부분 멸종위기 야생생물종이거나 산림청 지정 희귀식물종, 천연기념물 등을 목표종으로 하고 있다.

목표종을 선정하면 사업 대상 지역 및 주변 지역에 대한 생태 현황을 정밀 조사하고, 개발 사업 전·후 서식지 총량 변화를 예측·평가하여 대체 서식지를 조성할 대상지역을 선정해야 한다. 대체 서식지 조성 위치는 다음 4가지 입지 기준에 따른다.

① 개발 사업으로 훼손된 서식지와 동일한 유역(watershed)이나 행정구역 범위 내에 대체 서식지 조성 후보지를 제시한다.

② 목표 생물종을 중심으로 한 대상지역 현지 조사 및 서식환경평가 결과를 토대로 대체 서식지 후보 지역을 선정한다.

③ 개발계획이나 토지이용 등 주변 여건을 감안하여 현재 및 향후 개발 압력에서 자유로운 곳을 선정한다.

④ 대체 서식지 조성 후보지에 대한 대안별 장·단점의 비교·검토를 통해 적정한 입지를 결정한다.

대체 서식지를 조성하고자 할 때에는 조성 위치, 규모, 형태, 구성 비율, 공간 배치로 이루어지며, 목표 생물종이 안정적인 개체군을 유지할 수 있도록 충분한 크기로 조성해야 한다. 대체 서식지의 위치와 면적을 결정한 다음 목표종의 생태적 특성을 토대로 핵심적인 서식 요소를 도출하여야 하며, 생물분류군별 핵심 요소를 제시하면 [표 6-14]와 같다.

[표 6-14] 생물분류군별 대체 서식지 구성 핵심 요소

생물분류군	대체 서식지 핵심 구성요소
포유류	동면지, 보금자리, 먹이자원, 활동권
조류	번식지, 채식지, 월동지, 커버자원(잠자리, 휴식처 등)
양서파충류	집단산란지, 활동지, 동면지, 이동경로
어류	번식장소, 먹이자원, 회유성 어류의 이동경로

※ 재두루미 대체 서식지 조성을 위해서는 일정 규모 이상의 낟알이 있는 농경지, 무논, 얕은 습지 등이 포함되어야 하며, 생물종의 이동거리 및 활동권을 고려하여 서식요소 조성 간격이나 공간 배치 등을 결정하여야 함

※ 자료출처: 환경부, 2013.

대체 서식지 조성에 있어 고려해야 하는 주요 기능은 먹이 공급, 은신처, 번식, 월동 기능 등이다.

이러한 지침과 관련 규정에도 불구하고 지금까지 조성된 대체 서식지들은 목표종의 생태적 기능을 충분히 반영하지 못하는 것으로 평가되고 있다. 또한, 환경영향평가 과정 중에 이루어지다보니 대체 서식지를 형식적으로만 조성하는 수준에 그치는 경우가 많다는 지적도 있다. 이러한 현상은 우리나라 뿐만 아니라 미국의 대체습지 조성 제도가 시행된 초기에도 많이 지적된 사항이었다.

무엇보다도 대체 서식지는 개발 사업의 면죄부로서 작용될 수 있다. 어떠한 경우라도 개발 사업 시 보호해야 할 생물종이 서식하는 것을 확인하였다면 회피(서식처 보전)와 같은 대책을 최우선으로 수립해야 한다.

한편, 지금까지 제시한 내용은 환경부(2013)의 "대체 서식지 조성·관리 환경영향평가 지침"의 내용을 토대로 하였으나, 이것은 2015년 5월 이후 지침 성격이 아닌 참고자료로 전환하여 사용하고 있다. 또한, 국립생태원에서는 금개구리 대체서식지 조성 가이드북(2018.12.), 표범장지뱀 대체서식지 조성 가이드북(2020), 맹꽁이 대체서식지 조성 가이드북(2021.12.(22년 8월 재발행))을 발간하였다.

6) 생태계 서비스 지불제 계약

생태계 서비스 지불제(舊, 생물다양성 관리) 계약은 생물다양성 보전 및 이용에 관한 법률 제16조에 의한 것으로, 정부는 다음 각 호의 지역이 보유한 생태계 서비스의 체계적인 보전 및 증진을 위하여 토지의 소유자·점유자 또는 관리인과 자연경관(「자연환경보전법」 제2조제10호에 따른 자연경관을 말한다) 및 자연자산의 유지·관리, 경작방식의 변경, 화학물질의 사용 감소, 습지의 조성, 그 밖에 토지의 관리방법 등을 내용으로 하는 계약(이하 "생태계 서비스지불제계약"이라 한다)을 체결하거나 지방자치단체의 장에게 생태계 서비스지불제계약의 체결을 권고할 수 있다(2019.12.10. 개정 기준).

1. 「자연환경보전법」 제2조제12호에 따른 생태·경관보전지역
2. 「습지보전법」 제8조에 따른 습지보호지역
3. 「자연공원법」 제2조제1호에 따른 자연공원
4. 「야생생물 보호 및 관리에 관한 법률」 제27조에 따른 야생생물 특별보호구역

5. 「야생생물 보호 및 관리에 관한 법률」 제33조에 따른 야생생물 보호구역
6. 멸종위기 야생생물 보호 및 생물다양성의 증진이 필요한 다음 각 목의 지역
   가. 멸종위기 야생생물의 보호를 위하여 필요한 지역
   나. 생물다양성의 증진 또는 생태계 서비스의 회복이 필요한 지역
   다. 생물다양성이 독특하거나 우수한 지역
7. 그 밖에 대통령령으로 정하는 지역

여기서 대통령령으로 정하는 지역은 (1)유네스코가 선정한 생물권보전지역, (2)「습지보전법」 제9조제1항에 따른 협약등록습지, (3)「수도법」 제7조제1항에 따른 상수원보호구역, (4)「환경정책기본법」 제38조제1항에 따른 특별대책지역 중 상수원 수질보전을 위하여 지정·고시된 지역, (5)「한강수계 상수원수질개선 및 주민지원 등에 관한 법률」 제4조, 「낙동강수계 물관리 및 주민지원 등에 관한 법률」 제4조, 「금강수계 물관리 및 주민지원 등에 관한 법률」 제4조 및 「영산강·섬진강수계 물관리 및 주민지원 등에 관한 법률」 제4조에 따른 수변구역을 말한다.

이 제도는 1997년 8월 자연환경보전법 개정으로 신설되었으며, 이후 관련 연구 등을 수행한 후 2002년 3개 시·군에서 시범 사업을 실시하였고, 2020년 25개 지자체 사업으로 확대되었다. 현재는 생물다양성 보전 및 이용에 관한 법률에 근거하고 있다. 과거 생물다양성 관리 계약이 생태계 서비스 지불제 계약으로 변경되었다.

[표 6-15] 생물다양성관리계약-생태계 서비스지불제계약 비교

구분	생물다양성관리계약	생태계 서비스지불제계약
목적	생물다양성 보전·증진 [철새보호]	생물다양성과 생태계 서비스 보전·증진 [지지(생물다양성, 서식지), 조절(수질, 대기질, 온실가스), 문화서비스(경관, 생태관광)]
사업시행 기관	환경부, 지자체	정부(환경부 등), 지자체, 국립공원공단(위탁), 민간기구
대상지역	• 멸종위기 야생생물의 보호를 위하여 필요한 지역 • 생물다양성의 증진이 필요한 지역 • 생물다양성이 독특하거나 우수한 지역	• 생물다양성관리계약 대상지역 포함 • 생태·경관보전지역, 습지보호지역, 자연공원, 야생생물 보호구역, 야생생물 특별보호구역, 상수원보호구역, 생물권보전지역 등 • 생태계·생물다양성 우수지역
활동유형	• 2개 유형, 4개 사업 • 보리재배, 볏짚 존치, 벼 미수확 존치, 쉼터 조성관리	• 3개 유형(생물다양성법 시행령 제10조 제1항 별표1) • 야생생물 서식지 및 식생군락, 저류지 조성·관리, 경관숲 및 산책로 조성, 자연자산 유지·관리, 하천정화 등

※ 자료출처: 환경부(2022.12.)의 내용을 일부 수정함.

생태계 서비스 지불제 계약과 관련된 활동은 크게 3가지로 나누지만 구체적인 유형은 시행령 제10조제1항 별표에 따른 정당한 보상의 기준(2020.6.2. 신설 기준)에서 볼 수 있다. 생태계 서비스 지불제 계약을 이행하기 위하여 생태계 서비스의 체계적인 보전 및 증진 활동을 한 경우 정당한 보상은 다음 각 호의 구분에 따른 금액을 기준으로 한다.

1. 법 제2조제10호나목에 따른 환경조절서비스의 보전 및 증진 활동
   가. 식생 군락 조성·관리 등 온실가스의 저감
   나. 하천 정화 및 식생대의 조성·관리 등 수질의 개선
   다. 저류지의 조성·관리 등 자연재해의 저감
2. 법 제2조제10호다목에 따른 문화서비스의 보전 및 증진 활동
   가. 경관숲·산책로의 조성·관리 및 식물식재 등 자연경관의 유지·개선
   나. 자연경관의 주요 조망점·조망축의 조성·관리
   다. 자연자산의 유지·관리
3. 법 제2조제10호라목에 따른 지지서비스의 보전 및 증진 활동
   가. 휴경(休耕)하여 농작물을 수확할 수 없게 된 경우: 농작물을 수확할 수 없게 된 면적에 단위면적당 손실액을 곱하여 산정한 금액
   나. 친환경적으로 경작방식 또는 재배작물을 변경한 경우: 수확량이 감소된 면적에 단위면적당 손실액을 곱하여 산정한 금액과 경작방식 또는 재배작물의 변경에 필요한 금액
   다. 야생동물의 먹이 제공 등을 위하여 농작물을 수확하지 않는 경우: 농작물을 수확하지 않는 면적에 단위면적당 손실액을 곱하여 산정한 금액
   라. 습지 및 생태웅덩이 등을 조성·관리하는 경우: 습지 및 생태웅덩이 등의 조성으로 인한 손실액과 그 조성·관리에 필요한 금액
   마. 야생생물 서식지를 조성·관리하는 경우: 야생생물 서식지의 조성·관리에 필요한 금액
4. 그 밖에 환경부장관, 관계 중앙행정기관의 장 및 지방자치단체의 장이 인정하는 생태계 서비스의 보전 및 증진 활동: 해당 활동으로 인한 손실액 및 해당 활동에 필요한 금액

참고로 위에서 제시한 활동의 유형은 차후 법이나 시행령 개정을 통해서 바뀔 수 있으므로 주의해야 한다.

7) 생태면적률 제도

생태면적률 제도에 대한 내용은 환경부에서 작성한 "생태면적률 적용 지침(2016.7.1.)"과 환경영향평가서등 작성 등에 관한 규정(환경부고시 제2023-72호, 2023.4.13., 일부 개정)에 따른 생태면적률 적용 대상사업, 산정방법 및 면적유형별 가중치(별표 2의2)의 내용을 토대로 작성하였다.

가) 주요 개념

생태면적률은 「자연환경보전법」 제4조제2항제2호 및 같은 법 시행규칙 제2조의2제1항에 따라 개발면적 중에서 생태적 기능 또는 자연순환 기능이 있는 토양면적이 차지하는 비율을 말한다. 이는 개발로 인해 훼손되기 쉬운 도시 공간의 생태적 기능(자연의 순환 기능)을 유지 또는 개선할 수 있도록 유도하기 위한 환경계획 지표이다.

급속한 도시화, 인구 증가 등으로 인해 콘크리트 구조물이나 인공지반이 증가하여 도시지역의 자연 및 생태적 기능이 훼손되고 있어 도시의 오염 저감, 열섬 등 기후변화에 적응하고 생물다양성 증진 등 도시의 생태적 건전성 향상 및 쾌적한 생활환경 조성을 위해 2005년부터 도입하였다. 2018년 5월 자연환경보전법 시행규칙이 개정되면서 생태면적률 산정 등(자연환경보전법 시행규칙 제2조의2)이 포함되었다.

한편, 「자연환경보전법」 제4조제2항제2호에서 "환경부령으로 정하는 생태면적률"이란 개발계획 또는 개발사업의 개발면적에서 다음 각 호의 면적의 합이 차지하는 비율을 말한다. 이 경우 다음 각 호의 면적은 생태적 기능 및 자연순환기능을 고려한 가중치를 적용하여 산정한다(자연환경보전법 시행규칙 제2조의2, 2018.5.28., 조항 신설).

1. 자연지반 녹지 또는 인공지반 녹지 면적
2. 하천, 연못 등의 수(水) 공간 면적
3. 옥상 녹화 또는 벽면 녹화 면적
4. 부분포장 또는 투수(透水)포장 면적
5. 그 밖에 환경부장관이 생태적 기능 또는 자연순환기능을 갖고 있다고 인정하는 공간의 면적.

나) 생태면적률 적용 대상 계획 및 사업

생태면적률은 환경영향평가서등 작성 등에 관한 규정에 의해서 다음 사업들에 적용하도록 되어 있다(환경부고시 제2023-72호, 2023.4.13., 일부 개정).

가. 영 별표 2. 제2호에 따른 전략환경영향평가 대상 계획 중 가. 도시의 개발, 나. 산업입지·산업단지 조성, 카. 관광단지의 개발, 파. 특정지역의 개발, 하. 체육시설의 설치, 거. 폐기물·분뇨·가축분뇨처리시설의 설치 계획

나. 영 별표 3에 따른 환경영향평가 대상 사업 중 1. 도시의 개발사업, 2. 산업입지 및 산업단지의 조성사업, 11. 관광단지의 개발사업, 13. 특정지역의 개발사업, 14. 체육시설의 설치사업, 15. 폐기물 처리시설·분뇨처리시설 및 가축분뇨처리시설 사업

다) 생태면적률 산정 방법

생태면적률을 산정하기 위해서는 우선 (1) 개발 대상지를 자연지반녹지와 인공화 지역으로 구분해야 한다. 이후 (2) 인공화 지역을 [표 6-16]에서 구분된 면적 유형으로 구분한 이후에 (3) 인공화 지역의 면적유형별 면적에 정해진 가중치를 곱하여 면적유형별 생태면적을 산출한다. 그리고 (4) 자연지반지와 인공화 지역 생태면적의 합을 전체 대상지 면적으로 나누어 생태면적률을 산출한다. 이를 산술식으로 표현하면 아래와 같다.

$$\text{생태면적률} = \frac{\text{자연지반녹지 면적} + \Sigma(\text{인공화 지역 공간유형별 면적} \times \text{가중치})}{\text{전체 대상지 면적}} \times 100(\%)$$

[표 6-16] 면적유형별 가중치

	공간유형		가중치	설 명	사 례
1	자연지반 녹지	-	1.0	• 자연지반이 손상되지 않은 녹지 • 식물상과 동물상의 발생 잠재력 내재 온전한 토양 및 지하수 함양 기능	• 자연지반에 자생한 녹지 • 자연지반과 연속성을 가지는 절성토 지반에 조성된 녹지
2	수공간	투수기능	1.0	• 자연지반과 연속성을 가지며 지하수 함양 기능을 가지는 수공간	• 하천, 연못, 호수 등 자연상태의 수공간 및 공유수면 • 지하수 함양 기능을 가지는 인공연못
3		차수 (투수불가)	0.7	• 지하수 함양 기능이 없는 수공간	• 자연지반 또는 인공지반 위에 차수 처리 된 수공간
4	인공지반 녹지	90㎝≦토심	0.7	• 토심이 90㎝ 이상인 인공지반 상부 녹지	• 지하주차장 등 지하구조물 상부에 조성된 녹지
5		40㎝≦토심〈90㎝	0.6	• 토심이 40㎝ 이상이고 90㎝ 미만인 인공지반 상부 녹지	
6		10㎝≦토심〈40㎝	0.5	• 토심이 10㎝ 이상이고 40㎝ 미만인 인공지반 상부 녹지	
7	옥상녹화	30㎝≦토심	0.7	• 토심이 30㎝ 이상인 옥상녹화시스템이 적용된 공간	• 혼합형 옥상녹화시스템 • 중량형 옥상녹화시스템
8		20㎝≦토심〈30㎝	0.6	• 토심이 20㎝ 이상이고 30㎝미만인 옥상녹화시스템이 적용된 공간	
9		10㎝≦토심〈20㎝	0.5	• 토심이 10㎝ 이상이고 20㎝미만인 옥상녹화시스템이 적용된 공간	• 저관리 경량형 옥상녹화시스템
10	벽면녹화	등반보조재, 벽면부착형, 자력등반형 등	0.4	• 벽면이나 옹벽(담장)의 녹화, 등반형의 경우 최대 10m 높이까지만 산정	• 벽면이나 옹벽녹화 공간 • 녹화벽면시스템을 적용한 공간
11	투수포장		0.4 ~ 0.2	• 자연지반과 연속성을 가지며 공기와 물이 투과되는 포장면	• 투수성능 및 적용 공법에 따른 가중치 차등 부여 (「환경영향평가서등의 작성 등에 관한 안내서」의 상세기준 준용)
12	저류·침투시설 연계면	저류·침투시설 연계면	0.2	• 지하수 함양을 위한 우수침투시설 또는 저류시설과 연계된 포장면	• 침투, 저류시설과 연계된 옥상면 • 침투, 저류시설과 연계된 도로면
13	저영향개발기법시설 연계면	저영향개발 기법시설 연계면	0.3	• 누적유출고 10㎜ 이상을 처리하는 저영향개발기법 시설과 연계된 포장면	• 「비점오염저감시설의 설치 및 운영·관리 매뉴얼」의 저영향개발기법 시설 중 식생체류지, 나무여과상자, 식물재배화분, 식생수로, 식생여과대, 침투도랑, 침투통, 모래여과시설과 연계된 도로면
			0.2	• 누적유출고 5㎜ 이상을 처리하는 저영향개발기법 시설과 연계된 포장면	
14	포장면	포장면	0.0	• 공기와 물이 투과되지 않는 포장, 식물 생장이 없음	• 인터락킹 블록, 콘크리트 아스팔트 포장 • 불투수 기반에 시공된 투수 포장

※ 자료출처: 환경영향평가서등 작성 등에 관한 규정(환경부고시 제2023-72호, 2023.4.13., 일부개정)의 별표 2의2

라) 생태면적률 달성 목표

개발사업 유형별 생태면적률 달성 목표는 [표 6-17]과 같으며, 사업계획 수립, 계획·목표생태면적률 설정, 영향평가 협의시의 지표로 활용한다

[표 6-17] 생태면적률 적용 기준

개발 사업 유형	권장 달성 목표	세부 내용
1. 도시의 개발	30 이상	구도심개발사업
	40 이상	구도심 외의 개발사업
2. 산업입지 및 산업단지의 조성	20 이상	-
3. 관광단지의 개발	60 이상	-
4. 특정지역의 개발	20~80 이상	개발사업 유형별 기준 적용
5. 체육시설의 설치	80 이상	일반 체육시설(실외)
	50 이상	경륜·경정시설(실내)
6. 폐기물 및 분뇨처리시설의 설치	50 이상	매립시설
	40 이상	소각시설 및 분뇨처리시설

※ 주1) 구도심 개발사업은 "도시개발법" 및 "도시 및 주거환경정비법"에 의하여 추진되는 사업으로 도시재정비 등 구도심에서의 개발사업에 적용

※ 주2) 해당 계획 또는 사업의 특성·내용, 지역적 특성, 권장달성목표 등을 종합적으로 고려하여 해당 계획 또는 사업에 적용할 생태면적률 달성목표를 최대 50퍼센트 범위 내까지 감소하여 설정할 수 있다.

- 서울특별시의 생태면적률 제도

2004년 생태면적률 도시계획 활용계획을 수립하였던 서울특별시에서도 2016년 생태면적률 제도를 개편한 바 있다. 기존의 생태면적률이 평면적인 자연에 대한 가치를 평가하는 방법이라는 한계를 보완하기 위해서 수직적 자연의 가치 즉, 입면적인 수목의 양까지를 포함하는 제도를 도입하였다. 이후 2023년 개정 작업을 거쳤다. 서울시에서는 생태면적률을 공간계획 대상 전체면적 중에서 '생태적 기능 또는 자연순환기능'을 가진 공간 면적이 차지하는 비율을 의미한다. 생태면적률은 피복유형별 환산면적과 식재유형별 환산면적의 합을 전체 대지면적으로 나누어 산정한다(서울특별시, 2023.11).

$$\text{생태면적률} = \frac{\text{피복유형 환산 면적} + \text{식재유형 환산 면적}}{\text{전체 면적}} \times 100(\%)$$

여기서, 피복유형 환산 면적은 자연의 순환기능 관점에서 가치를 달리하는 피복유형별 면적에 해당하는 가치(가중치 [표 6-18] 참조)를 곱하여 구한 환산면적으로 산정한다.

$$\text{피복유형 환산면적} = \text{자연순환기능 면적} = \Sigma(\text{피복유형별 면적} \times \text{가중치})$$

[표 6-18] 피복유형별 가중치

피복유형		가중치		세부기준	비고
1	자연지반 녹지	자연지반녹지	1.0	자연기반이 손상되지 않은 녹지	
		식생체류지	1.2	자연지반녹지 내 식생체류지 설치 부분	
2	수공간	투수기능	1.0	자연기반과 연속성을 가지며, 투수기능을 가지는 수공간	
		차수시설	0.5	자연지반 또는 인공지반 위에 차수처리된 수공간	
3	인공지반 녹지	토심≧90㎝	0.7	인공지반 상부 녹지 조성 (최소토심 45㎝ 이상)	
		45㎝≦토심<90㎝	0.6		
4	옥상녹화	토심≧90㎝	0.7	옥상녹화시스템이 적용된 공간 (최소토심 20cm 이상)	
		45㎝≦토심<90㎝	0.6		
		20㎝≦토심<45㎝	0.4		
5	투수포장	식재비율≧30%	0.4	자연기반과 연속성을 가지며 단위면적당 식재면적 비율이 30% 이상인 부분 포장면	인공지반 상부에 설치하는 경우 토심에 따른 인공지반 가중치를 해당 공간유형별 가중치에 곱하여 산정 개정지침 시행일로부터 2년경과 이후에는 투수계수 1㎜/sec 이상 포장재사용
		식재비율<30%	0.2	자연지반과 연속성을 가지며 단위면적당 식재면적 비율이 30% 미만인 부분 포장면으로 포장재 (한 변의 길이는 500㎜이하) 간 간격은 최소 10㎜ 이상의 틈새 확보	
		미식재	0.2	자연지반 상부 식재와 연계하지 않고 포장재 전체를 통해 공기와 물이 통과되는 투수성 포장면으로 투수계수 0.5㎜/sec (서울시 투수성능 지속성 검증시험 결과 2등급) 이상의 포장재 사용 또는 마사토, 모래, 자갈 등 자연골재를 물다짐하여 조성	
6	벽면녹화		0.3	창이 없는 벽면이나 옹벽(담장) 녹화로 최소토심은 20㎝ 이상 (단, 등반형 벽면녹화의 경우 최대 10m 높이까지 산정)	
7	옥상저류 및 침투시설 연계면		0.1	누적유출고 5㎜ 이상 처리하는 우수침투시설 또는 저류시설과 연계	

※ 자료출처: 서울특별시, 2023.11.

식재유형 환산면적은 식물 개체가 가지는 네 가지 특성 즉, 수고(H), 근원직경(R), 흉고직경(B), 수관폭(W)에 기반한 규모 기준에 따라 자연순환기능 환산면적을 부여하고, 식재유형에 해당하는 가치(가중치[표 6-19] 참조)를 곱하여 구한 식재유형별 환산면적으로 산정한다. 식재 유형을 산정하는 계산식은 다음과 같다.

식재유형 환산면적 = 식재특성 면적 = Σ(식재 개체수 × 자연순환기능 환산면적 × 가중치)

서울특별시에서 제시하고 있는 식재 유형 구분 및 가중치는 [표 6-19]와 같다.

[표 6-19] 식재유형별 가중치

<table>
<tr><th>식재유형</th><th>개체당 환산 면적</th><th>가중치</th><th>세부기준</th><th>비고</th></tr>
<tr><td>0.3≤H<1.5</td><td>0.1㎡/주수</td><td>0.1</td><td>지피초화류의 경우 0.3m 이상이라 하더라도 개체로 인정하지 않음</td><td>• 관목류</td></tr>
<tr><td>1.5≤H<4.0</td><td>0.3㎡/주수</td><td>0.1</td><td>관목류를 식재하는 경우 개체당 환산면적의 50%만 인정</td><td>• 대관목류 및 소교목류</td></tr>
<tr><td rowspan="2">H≥4.0</td><td rowspan="2">3㎡/주수</td><td rowspan="2">0.1</td><td>낙엽교목으로 B≥5㎝ 또는 R≥6㎝ 이거나, 상록교목으로 W≥0.8m인 경우 교목을 1주 인정</td><td rowspan="4">• 대교목류로서 조경기준 (국토부고시) 제7조2항의 각호에 의하여 인정주수를 산출 후 가중치를 곱하여 산정
• 보존수목일 경우 가중치 0.15
• 대나무를 식재하는 경우 개체당 환산면적의 10% (0.3㎡)만 인정</td></tr>
<tr><td>낙엽교목으로 B≥12㎝ 또는 R≥15㎝ 이거나, 상록교목으로 W≥2m인 경우 교목을 2주 인정</td></tr>
<tr><td rowspan="2">H≥5.0</td><td rowspan="2">3㎡/주수</td><td rowspan="2">0.1</td><td>낙엽교목으로 B≥18㎝ 또는 R≤20㎝ 이거나, 상록교목으로 W≥3m인 경우 교목을 4주 인정</td></tr>
<tr><td>낙엽교목으로 B≥25㎝ 또는 R≥30㎝ 이거나, 상록교목으로 W≥5m인 경우 교목을 8주 인정</td></tr>
</table>

(H: 수고, B: 흉고직경, R: 근원직경, W: 수관폭)

※ 자료출처: 서울특별시, 2023.11.

8) 국가생태탐방로 제도

국가생태탐방로는 생태 및 문화 자원을 효율적으로 "탐방(체험, 학습, 감상 등)"할 수 있도록 지원하는 "도보 중심의 길"로써 국가급으로 인증받은 탐방로를 말한다(환경부, 2015). 국가생태탐방로는 국민들이 아름다운 자연자원이나 생태적 배경을 가진 역사, 문화 자원을 보다 쉽게 찾고 즐길 수 있도록 조성한 곳을 말한다.

이 사업은 "전국 단위 생태탐방로 조성 계획(2007.11)"에 따라 2008년 퇴계 오솔길 조성 시범 사업을 실시한 이후에 2009년부터 국가생태탐방로 조성 사업으로 본격적으로 추진하고 있다. 2008~2023년 기간 동안 총사업비 1,604억원(국비 802억원, 50%)을 투입하여 90개 사업, 2,317㎞ 탐방로를 조성중에 있다(2023년 10월 기준).

국가생태탐방로는 탐방자원, 길(생태탐방로, 접근로, 연결로), 탐방시설, 탐방지역, 거점도시로 구성되어 있다.

[표 6-20] 국가생태탐방로 구성 요소

구분		개념·정의
탐방자원		• 생태탐방로의 특성을 나타내는 요소를 통칭
		• 자연·생태, 역사·문화·관광, 인문·사회적 요소
길	생태탐방로	• 탐방자원에 대한 접근과 관찰이 가능한 길
	접근로	• 생태탐방로 시발점과 거점지역, 종점과 연결되는 접근 가능한 길(도보길, 도로 포함)
	연결로	• 생태탐방로와 생태탐방로를 연결하는 길
탐방시설		• 생태탐방을 위한 최소의 편의·안내시설
탐방지역		• 생태탐방로에 직·간접적으로 연결되는 지역으로 생태탐방을 위한 교통 및 편의시설(숙박포함)을 최소한으로 제공할 수 있는 지역(소규모 지역)
거점도시		• 탐방객이 탐방을 위해 목적지에 대중교통 혹은 자가용으로 도착할 수 있는 최소한의 교통 기반시설 보유지역

※ 자료출처: 환경부, 2015.

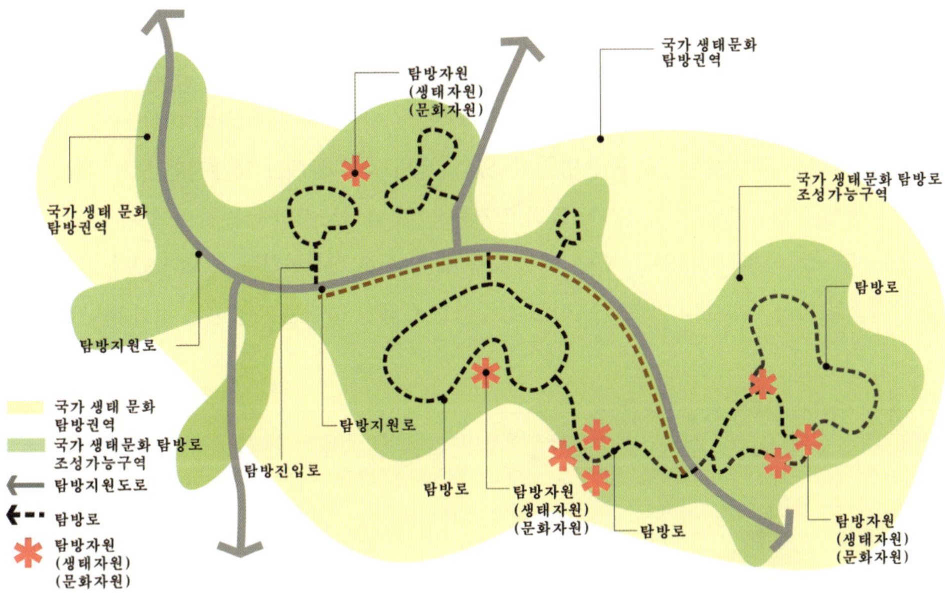

[그림 6-23] 국가생태탐방로 구성요소 개념

※ 자료출처: 환경부, 2015.

국가생태탐방로는 강길, 해안길, 숲생태길의 3대 기본 유형이 있으며, 각 유형별로 마을길(생태적 배경을 가진 시골길, 도시길, 자전거길 등), 옛길 등의 다양한 테마 부여가 가능하다.

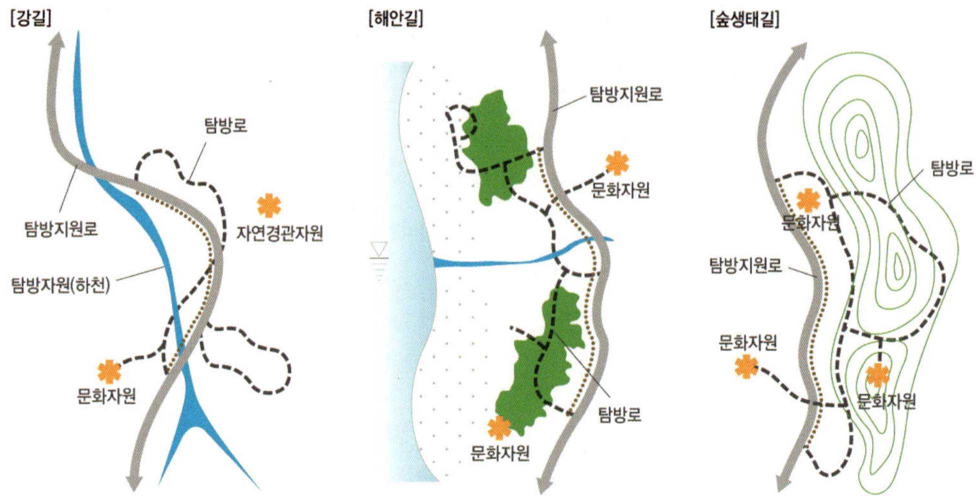

[그림 6-24] 강길, 해안길, 숲생태길 탐방 자원로와 탐방로의 개념도
※ 자료출처: 환경부, 2015.

한편, 국가생태탐방로는 그 지역의 자연과 문화, 역사를 효과적으로 체험할 수 있는 길들을 선택적으로 발굴하여 조성, 관리하는 지역적 특성을 가진다. 또한, 자연, 역사, 문화에 대한 체험·안내 시설을 보완하고, 다양한 체험 프로그램을 운영할 수 있다. 탐방 자원에 대한 체계적인 보호·복원 관리를 통해 지속가능한 이용을 도모할 수 있다. 그리고 가족 단위 남녀노소의 국민들이 쉽게 걷고, 즐길 수 있는 길들(숲길, 강·하천길, 마을길, 옛길, 해안길 등)을 위주로 조성한다는 특징이 있다. 따라서 정상 등반을 목적으로 하는 등산이나 마루금을 타고 종주하는 트레킹 행태는 지양하는 것이 바람직하다.

[표 6-21] 국가생태탐방로의 등급과 요건

등급	라벨	등급요건	관리주체
국가급 National	국가생태문화탐방로 KOREA ECO-CULTURAL TRAIL (예시)	• 국가를 대표하는 탐방자원을 보유하고 국가급으로써 유지·관리·운영되고 있는 탐방로	국가 (시·도, 기초자치단체 등이 위임 관리)
광역급 Provincial	자체 지정	• 시·도 규모 혹은 대유역권을 대표하는 탐방자원을 보유하고 국가급에 준하여 유지·관리·운영되고 있는 탐방로	시·도
지역급 Local	자체 지정	• 특정 구간의 자연환경자원 및 그와 연계된 문화자원 탐방로로써 국가급, 광역급이 아닌 탐방로	기초자치단체

※ 자료출처: 환경부, 2015.

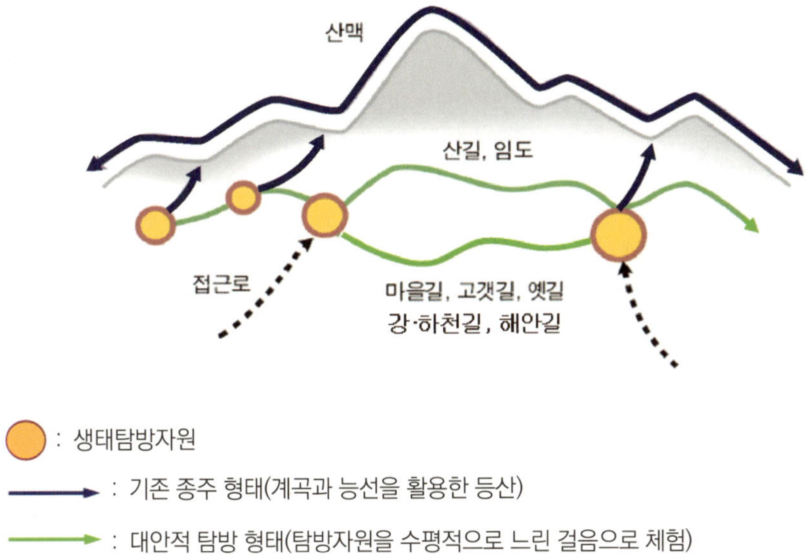

[그림 6-25] 생태탐방로와 등산로의 차이점

※ 자료출처: 환경부, 2015.

9) 자연생태(복원) 우수마을 지정 제도

자연환경보전법 제42조는 생태마을 지정 등에 관한 규정이다. 제42조제1항에서 환경부장관 또는 지방자치단체의 장은 다음 각 호의 어느 하나에 해당하는 마을을 생태마을로 지정할 수 있다고 규정하고 있다. 여기에는 (1) 생태·경관보전지역안의 마을, 그리고 (2) 생태·경관보전지역 밖의 지역으로서 생태적 기능과 수려한 자연경관을 보유하고 있는 마을이 해당한다. 다만, 산림기본법 제28조의 규정에 의해 지정된 산촌진흥지역의 마을은 제외한다.

이 조항에 의거 주민의 자발적인 노력으로 우수한 자연환경이 잘 보전된 마을 또는 훼손된 생태계를 잘 복원한 사례를 발굴하여 생태마을로 지정하는 것이다. 이는 생태 보전, 복원 우수 사례 홍보를 통해 지역주민의 자긍심을 고취하고 국민의 자연환경 보전 의식을 함양하는 것을 주된 목적으로 한다.

법 규정에 의해 생태마을로 지정된 곳은 3년간 지위가 유지되며, 이후 재지정 심사를 통해 재지정 여부가 결정된다. 자연환경보전법 제42조제2항의 규정에서 환경부장관 또는 지방자치단체의 장은 생태마을을 지정한 때에는 공공시설 등 당해 지역주민을 위한 편의시설의 설치 및 주민 소득 증대 방안을 우선적으로 강구·시행하여야 한다고 규정하고 있다.

이에 따라 2013년을 기준으로 총 30억 원의 사업비를 확보하여 10개 마을을 지원하였다. 지원되는 내용은 생태복원이나 자연생태학습장 조성, 홍보 시설 설치 등 생태마을 보전 및 관리 활동에 필요한 사업이다. 자연환경보전법 시행규칙 별표 1의 규정에 의한 생태마을의 지정 기준은 [표 6-22]와 같다.

[표 6-22] 생태마을 지정 기준

유형	지정 기준
1. 자연생태 우수마을	가. 총괄 자연환경 및 경관 등이 잘 보전되어 있는 마을이나 주민들의 노력으로 자연환경 및 경관 등이 잘 조성된 마을 나. 지역 환경 여건 (1) 자연환경 및 생태적 가치: 생태·경관보전지역 등 우수한 생태지역을 포함한 지역 또는 숲·습지·철새도래지 등 생태적 가치가 높은 지역 (2) 경관·녹지 공간 확보: 마을공원 등 녹지공간을 확보한 지역 또는 크고 수령이 오래된 나무, 동·식물 서식지 등 수려한 경관을 갖춘 지역 (3) 친환경 생활양식: 취락구조·건축물 등의 주변 환경과의 조화, 태양열 등 청정에너지의 사용, 돌담·흙벽·나무 등 친환경 건축물의 사용, 무공해 농법의 사용, 오수처리시설 등의 설치 여부 다. 주민활동 및 지역문화 (1) 주민활동: 환경보전 주민협의체의 구성·운영 또는 무공해 농산물의 생산·판매활동 여부 (2) 보전활동관련 표창의 수상 경력 여부 (3) 지역문화: 전통 문화재의 보유 또는 환경보전 관련 지역축제의 개최 여부
2. 자연생태 복원 우수마을	가. 총괄 자연형 하천조성, 녹화, 생태연못, 생태공원 등 오염된 지역이나 생태계가 훼손된 지역을 지역주민의 노력으로 복원하여 그 복원 효과가 우수한 마을 나. 복원효과 (1) 복원계획·목표의 달성도: 주변 생태계와의 조화, 생물다양성의 확보 등 복원 계획의 적정성 및 목표 달성도 (2) 생태계 복원 결과의 효과 및 변화도 다. 활용 효과 운영·관리 실태: 탐방객 수, 복원 관리 프로그램의 개발·활용, 주민·환경단체의 자율 참여 또는 복원 후의 관리 노력

※ 자료출처: 자연환경보전법 시행규칙 별표 1 (2022.1.5., 일부 개정 기준)

10) 생태관광지역 지정 제도

자연환경보전법 제41조는 생태관광의 육성과 관련된 것이다. 환경부장관은 생태관광을 육성하기 위하여 문화체육관광부장관과 협의하여 환경적으로 보전가치가 있고 생태계 보호의 중요성을 체험·교육할 수 있는 지역을 지정할 수 있도록 하고 있다(개정 2013.3.22.).

생태관광의 법적 정의는 생태계가 특히 우수하거나 자연경관이 수려한 지역에서 자연자산의 보전 및 현명한 이용을 통하여 환경의 중요성을 체험할 수 있는 자연친화적인 관광을 말한다. 한편, 생태관광은 학술적인 개념으로 보면, 기존 대중 관광지의 생태·문화를 훼손하고 지역에 이익을 남기지 않는 대중관광의 폐해를 해소하는 대안관광(alternative tourism)으로서 1980년부터 대두된 것이다. 무엇보다도 중요한 개념은 생태와 문화의 요소를 보전함과 동시에 지역사회에 경제적 이득을 주는 방식이어야 한다는 것이다.

생태관광지역 지정 제도는 2013년부터 시행된 제도로서, 규제 지역으로 인식되는 보호지역 혹은 보전가치가 잠재되어 있는 지역의 지속적인 유지와 활성화 및 경제적 자립 기반을 마련하기 위한 것이다. 생태관광의 대상 지역이 될 수 있는 곳은 지역 내 자연자원 중심의 지정제로 대체로 보호지역을 대상으로 한다. 하지만, 잠재적 보호가치가 있거나 도시지역에서 상대적 보전가치를 가지고 있는 자연지역도 대상이 될 수 있다. 생태관광지역을 선정할 때에는 ① 자연·생태적 가치, ② 시설의 생태적 설계, ③ 환경과 지역문화의 이해, ④ 지자체 추진 의지와 기반, ⑤ 장단기 보전·관리 전략 우수지역 등에 따라서 평가한다(환경부, 2023년 10월 18일 보도자료). 생태관광지역으로 지정된 곳은 법 제41조 제3항에 의거 환경부장관은 문화체육관광부장관 및 지방자치단체의 장과 협조하여 생태관광에 필요한 교육, 생태관광자원의 조사·발굴 및 국민의 건전한 이용을 위한 시설의 설치·관리를 위한 계획을 수립·시행하거나 지방자치단체의 장에게 권고할 수 있다.

대체로 생태관광지역으로 지정된 곳은 지역협의체 구성 및 운영 지원, 생태관광프로그램 개발·운영, 생태관광기반시설 설치·관리, 보전 활동, 자연환경해설사 양성 및 주민 교육, 홍보 등의 사업을 추진한다. 또한, 주민협의체 및 프로그램 운영 등 국고보조, 생태탐방로, 에코촌, 자연환경보전이용시설 등 관련 사업 우선 지원, 전문가 맞춤 컨설팅, 대중매체 중점 홍보 등 지원에 지원금을 사용하고 있다.

[표 6-23] 생태관광지역 지정 현황(2023년 10월 기준)

지정	지역	생태관광지
'13년 (12개소)	부산	낙동강하구
	울산	태화강
	강원 인제	생태마을(용늪)
	강원 양구	DMZ
	강원 평창	어름치마을
	충남 서산	천수만 철새도래지
	충남 서천	금강하구 및 유부도
	전남 순천	순천만
	경북 울진	왕피천계곡
	경남 창녕	우포늪
	경남 남해	앵강만
	제주 제주시	동백동산
'14년 (5개소)	경기 안산	대부도
	강원 강릉	가시연습지·경포호
	충북 괴산	산막이옛길과 괴산호
	전북 고창	고인돌·운곡습지
	제주 서귀포	효돈천과 하례리

[표 계속]

지정	지역	생태관광지
'15년 (3개소)	전남 신안	영산도
	전남 완도	완도 상서마을
	광주	광주 평촌마을
'18년 (6개소)	경북 영양	밤하늘·반딧불이공원
	경남 밀양	사자평습지와 재약산
	경남 김해	화포천습지
	제주 제주시	저지곶자왈과 저지오름
	강원 철원	DMZ 철새평화타운 및 철새도래지
	전북 정읍	월영습지와 솔티숲
'21년 (3개소)	인천	백령도
	충북 옥천	대청호 안터지구
	경남 창원	주남저수지
'23년 (6개소)	전북 남원	지리산 정령치습지
	경북 문경	돌리네습지
	제주 제주시	구좌읍 평대리
	충남 예산	황새공원
	경남 하동	탄소없는 마을
	강원 횡성	청태및태기산

※ 자료출처: 환경부 보도자료(2023.10.18.)를 수정함.

한편, 생태관광지역으로 지정된 이후 지역 활성화를 비롯하여 유지 및 관리를 위한 노력이 꾸준하게 이행되어야 한다. 과거 유명했던 생태관광지역이 인구 고령화 문제와 더불어서 유지 및 관리 부족 등으로 사라지는 사례도 많기 때문이다. 그 결과 생태관광지역에서 제외된 곳들도 있다. 무엇보다도 생태관광의 기본 취지에 맞도록 지역주민들이 함께 참여하고 지역주민에게 직접적인 경제적 혜택이 돌아갈 수 있도록 하기 위한 다양한 방안을 마련하는 것이 중요하다.

[그림 6-26] 남해 다랭이마을(2017년 05월)

11) 생태계 변화 관찰 제도

자연환경보전법 제31조는 생물다양성 보전을 위한 정밀 조사와 생태계의 변화관찰 등에 관한 조항이다. 환경부 장관은 5년 마다 수행해야 하는 전국자연환경조사 결과를 토대로 새롭게 파악된 생태계로서 특별히 조사하여 관리할 필요가 있다고 판단되는 경우에는 그 생태계에 대한 정밀조사계획을 수립·시행하여야 한다. 또한, 전국자연환경조사를 실시한 지역 중에서 자연적 또는 인위적 요인으로 생태계 변화가 뚜렷하다고 인정되는 지역에 대하여는 보완 조사를 실시할 수 있다.

생태계 변화 관찰 제도는 제31조제3항에 의한 것으로 환경부장관은 자연적 또는 인위적 요인으로 인한 생태계의 변화 내용을 지속적으로 관찰하여야 한다고 적시한 내용에 따른 것이다. 이는 자연환경이 우수하여 보전가치가 높은 지역의 자연적, 인위적 변화 상태를 관찰, 건강한 생태계 유지와 효율적인 보전 대책을 마련하기 위한 것이다. 또한, 자연환경보전법 시행규칙 제12조에 의해 생태계의 변화 관찰 대상은 (1) 생물다양성이 풍부한 지역, (2) 멸종위기 야생생물의 서식지·도래지, (3) 그 밖에 자연환경의 보전가치가 높은 지역 등이다.

생태계 변화 관찰 지침(환경부훈령 제1007호, 2012.10.23., 일부 개정 기준)에 따른 관찰 기관은 유역·지방환경청과 국립공원공단이다.

훈령에 따르면, 관찰 지역을 선정할 때에는 (1) 생물다양성이 풍부하거나 자연환경 보전가치 높아 변화 관찰의 필요성이 높은 지역, (2) 산불·유류오염 등 재해로 인해 지속적인 변화 관찰이 필요한 지역, (3) 멸종위기 및 희귀 야생동·식물 서식지, (4) 생태적으로 중요성이 새롭게 나타나는 지역 등을 우선적으로 고려해야 한다. 생태계 변화 관찰 분야 및 내용으로는 지형, 식생, 식물상, 저서성대형무척추동물, 육상곤충, 어류, 양서·파충류, 조류, 포유류 등 총 9개 분야를 조사하는 것을 원칙으로 하되, 대상지역의 자연환경 특성 등에 따라 관찰 분야를 조정할 수 있도록 하고 있다. 이러한 생태계 변화 관찰은 그 자체로서도 의미가 있지만, 지속적인 생태조사 자료의 축적 효과와 변화 시 생태복원 등에 능동적으로 대처할 수 있는 기회를 제공한다는 장점도 있다.

12) ESG

1992년 리우 지구정상회의 이후 지속가능발전(ESSD) 즉, 지속가능성(sustainability)이 사회 전반에서 중요한 목표로 대두되었다. 지속가능성 자체가 환경뿐만 아니라 사회 및 경제 분야의 지속가능성까지 아우르는 개념이다. 이러한 정책 여건의 변화 속에서 환경과 사회에 큰 영향을 주는 기업의 역할과 책임인 CSR(Corporate Social Responsibility) 개념이 강조되었다. 이후 CSR 활동이 사회공헌활동으로 축소되어 시행되거나 기업의 수익 활동과 무관하다는 이유 등으로 CSR이 한계에 부딪치게 된다. 이러한 문제점을 해결하기 위해서 공유가치창출(Creating Shared Value, CSV)이라는 개념이 전 세계적으로 확산되기 시작하였다. CSR이 기업의 사회적 책임으로서 기업이 선하고 좋은 일을 하는 것이라고 본다면, CSV는 공유가치를 창출하는 것으로서 기업이 사회적 가치를 창출할 수 있는 아이템을 발굴하고, 이를 기업의 경영전략에 반영함으로써 사회적 가치와 경제적 가치를 동시에 추구하는 것을 말한다. 달리 말하면 기업과 지역사회가 상생하는 방안을 CSV라고 할 수 있다. 그리고 기업의 경영 목표 자체가 사회적 가치 창출이나 문제 해결을 목적으로 할 때에는 사회적 기업이라고 한다. CSR보다 CSV가 더 진화한 개념이며, 이들 더 진화시킨 개념이 ESG이다. ESG는 이러한 배경에서 2006년 UN책임투자원칙(RPI)이 출범하면서 "기업의 ESG를 고려한 투자의 필요성"을 강조하며 대두되었다.

"ESG"는 환경(Environment), 사회(Social), 지배구조(Government)의 약자로, 기업 경영활동을 환경 경영, 사회적 책임, 건전하고 투명한 지배구조에 초점을 둔 지속가능성을 달성하기 위한 기업 경영의 3가지 핵심요소를 의미한다. 최근 ESG는 전 세계적인 트랜드로 확산되고 있으며, 이에 따른 소비자, 투자자, 정부 등 모든 사회구성원의 관심이 고조되면서 선택이 아닌 기업의 생존과 성장의 핵심적인 요소로 부상하고 있다(관계부처합동, 2021.12). 특히, 환경·사회·지배구조(ESG) 정책을 기업의 전략과 운영에 통합하는 것이 기업의 장기적 가치 실현을 위해 중요하다는 인식이 증가함에 따라 전 세계적으로 ESG 등 비재무적 정보에 대한 공개 요구가 증가하고 있다.

ESG의 개념은 다양하게 정의되고 있으나, 일반적으로 기업의 전략을 실행하고 기업의 가치를 높이기 위한 능력에 영향을 미칠 수 있는 환경, 사회 및 지배구조에 관한 요소들을 포괄하는 개념으로 이해되고 있다. 때로는 ESG라는 표현을 대신하여 "지속가능성"이라는 용어를 사용되기도 한다(한국거래소, 2020). ESG 정보는 비재무적(non-financial) 정보라고 불리기도 하는데, 기업이 ESG 요소를 어떻게 관리하느냐에 따라 기업의 재무적(financial) 결과에 영향을 미칠 수 있다.

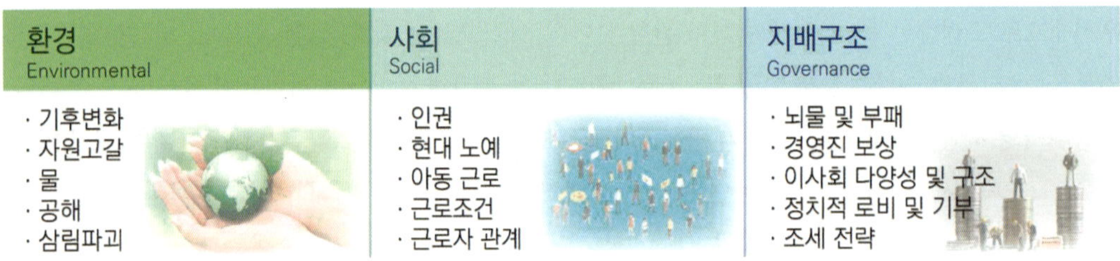

[그림 6-27] ESG 요소(예시)

※ 자료출처: UN Principles for Responsible Investment

특히, ESG에 대한 국가 차원의 관심이 고조되고, 연기금 등의 책임 투자 논의 활성화, 정부 단위의 ESG 제도화, 민간 분야의 적극적인 ESG 활성화 논의로 확대되고 있다. 특히, ESG 제도화와 관련하여 국가 단위에서는 ESG 관련 법안 마련을 추진하고 있으며, ESG 관련 기업의 정보공개 등의 제도화 논의가 확산되고 있다(관계부처합동, 2021.12).

ESG 활성화와 관련하여 민간 분야에서는 글로벌 투자기관들이 ESG 관점 투자 선언을 통해 기업들이 ESG에 적극적으로 대응하기 시작하였고, 이에 따라 협·단체 차원의 민간 이니셔티브가 결성되어 ESG에 자발적으로 대응하는 등 ESG 활성화 논의가 확대되고 있다(관계부처합동, 2021.12). 무엇보다도 ESG 공시를 법제화하기 위한 노력들이 기울여지고 있다. 나라마다 상황은 조금씩 차이가 있으나, 유럽에서는 2024 회계연도부터 EU 소재 기업뿐만 아니라 EU에 자회사를 두고 있는 기업까지 지속가능성 공시를 의무화하는 CSRD(Corporate Sustainability Reporting Directive, 기업 지속가능성 공시 지침)가 도입된다. 우리나라에서도 ESG 공시 법제화를 위한 논의가 이루어지고 있다. 어떠한 경우든 ESG 경영에 관심을 갖는 기업들은 기업들의 가치 제고를 위해서 생태복원 분야와 연계시키기 위한 노력들이 이루어질 것으로 보인다.

13) TNFD(자연자본 관련 정보공개협의체)

TNFD는 '자연자본 관련 정보공개 협의체(TNFD, Taskforce on Nature-related Financial Disclosures)'의 줄임말인데, 유엔환경계획 금융이니셔티브(UNEP FI), 유엔개발계획(UNDP) 주도로 자연자본 관련 재무 공시를 위해 설립된 협의체를 의미한다. 2024년 2월 기준 1,700여 개 금융기관, 기업 등이 가입해 있다. 여기서 '자연자본 공시'란 기업이 자연과 관련된 위험과 기회를 재무적으로 평가하고 이를 관리하는 방안을 투자자에게 공개하도록 하는 제도를 의미한다. 또한, 자연자본은 인간에게 혜택을 공급하는 재생가능 및 재생 불가능한 자원(예, 식물, 동물, 공기, 물, 토양, 광물 등)의 저장물(stock)을 의미한다. TNFD는 자연 손실을 방지하고 생태계 회복을 위해 활동하는 글로벌 환경협의체로서, 국제 이니셔티브를 의미하며, 2021년 6월 공식적으로 출범하였다. 기업의 사업·재무적 결정 시 기후변화뿐만 아니라, 자연보전 및 보존에 대한 인식 제고를 위해 정보공개 표준화의 필요성이 논의되면서 이 개념이 마련되었다. TNFD의 목표는 기업이 보유한 자연자본 관련 위험성을 공개하고 기업이 자연보전 및 보존을 위한 활동에 대한 지침을 마련하는 데 있다. 참고로 TNFD에 앞서서 발족된 TCFD(기후 관련 재무정보 공개 협의체)의 리스크 관리 및 공시기준을 준용한다. 자연자본 관련 재무위험·기회에 대한 프레임워크를 마련하여 공개하고, 글로벌 규범화를 위해 국제회계기준위원회와 협업중에 있다.

국내·외에서는 전통적인 재무 요소 외에 '환경·사회·투명 경영(ESG)' 요소에 대한 공시기준이 제정되고 있으며, 기후에 이어 자연자본에 대한 분야도 공시 제도화가 예상되고 있다. 특히 자연자본 공시는 국제기구, 유럽연합(EU) 등을 중심으로 속도감 있게 도입이 논의되고 있어 해외 투자, 수출이 중요한 기업의 경우 신속한 대응이 필요하다(환경부 보도자료, 2024.3.5.).

사진설명 : 주왕산국립공원 주산지

7장 생태복원의 전망과 과제

7. 생태복원의 전망과 과제

가. 생태복원의 전망

생태복원 전망은 매우 밝다. 경제적으로 윤택해지면서 보다 더 환경을 생각하게 될 것이며, 일반인들은 좀 더 자연이 많은 공간을 선호하기 때문이다. 주지하다시피 아파트의 옥외공간에 숲이 만들어지고 실개울이 만들어진 곳은 그렇지 않은 곳보다 더 높은 매매가가 형성된다. 또한, 같은 녹지면적이 있더라도 많은 나무가 심겨진 곳이 더 비싸기 마련이다. 이러한 현상은 당연히 자연을 선호하는 사람들이 더 비싼 값을 치르더라도 살고 싶어 하기 때문일 것이다. 더 많은 숲과 습지, 실개울을 만들어내는 것은 생태복원의 한 분야가 될 것이며, 이는 이 분야의 전망을 밝게 하고 있다.

무엇보다도 UN에서는 2019년 3월 "유엔 생태계 복원 10년(The UN Decade on Ecosystem Restoration)"을 발표하였다. 유엔환경계획(UNEP)과 식량농업기구(FAO)에서 공동으로 준비한 것으로 2021년부터 2030년의 10년 기간을 생태복원을 위한 중요한 시기로 설정하였다. 그만큼 생태복원이 중요한 시대라는 것을 의미하고 있다.

제3차 자연환경보전기본계획에 의하면, 생태계 복원 시장은 급속도로 성장하는 것으로 나타나고 있다. 전 세계적으로는 2010년에 43조 원의 규모였으며, 2020년에는 약 75조 원에 달할 것으로 내다봤다. 우리나라의 경우에도 2010년에는 약 1.4조 원 규모였으며, 2020년에는 5조 원의 시장 규모로 예측하였다. 더불어서 ESG에 대한 기업들의 관심이 높아짐에 따라 생태복원을 통한 사회적 책임을 다하고 기업을 친환경적으로 경영하기 위한 노력들도 이 분야의 발전에 크게 기여할 것이다. 특히, 전통적인 재무 요소 외에 '환경·사회·투명 경영(ESG)' 요소에 대한 공시 기준이 제정되고 있고, 기후 및 자연자본 분야의 공시 제도화(TCFD & TNFD)가 예상되고 있는 상황에서 민간의 자금들이 생태복원 분야에 투입될 가능성도 매우 높아지고 있는 실정이다.

또한, 전문가 양성을 위한 자격 제도 분야에서도 자연환경분야는 이제 안정화 단계에 들어서 있다. 지난 2004년에 도입된 자연환경관리기술사와 자연생태복원기사·산업기사 제도는 법적으로 다양한 제도적 기반을 확보하게 되었다. 자연환경관리기술사의 경우에는 기술사법에 의해 기술사 사무소를 설립할 수 있으며, 지난 2010년 전면 개정된 엔지니어링산업진흥법(2010년 4월 12일 전부 개정)에 의해서 엔지니어링 활동 주체로 신규 등록되었다. 자연환경·토양 분야로 묶여 있긴 하지만, 엔지니어링업을 등록하기 위해서는 자연생태복원기사나 산업기사 등 해당 분야의 전문가를 5명 이상 확보해야 한다. 고용 인력이 증대됨에 따라 채용 기회도 높아지게 된 것이다.

또한, 자연환경보전법에 의해서 생태계보전부담금 반환사업을 추진하게 되어 있는 자연환경보전사업 대행자가 최근 그 영역을 확장하고 있을 뿐만 아니라 대행자의 숫자도 2010년에 비하면 10배에 가까운 성장을 보이고 있다. 무엇보다도 산림청과 환경부, 해양수산부 등에서 복원 분야를 법제화했다는 것은 이 분야의 발전에 기여하는 바가 매우 크다고 하겠다.

생태복원이라는 분야는 이제 선택이 아니라 인류의 번영과 행복, 지속가능한 발전을 위한 필수적인 요소로 인식되고 있다. 기후변화협약이나 생물다양성협약 등에서 전 지구적 관점에 생태복원을 요구하고, 그 목표값을 설정하는 것은 이 분야가 선택이 아닌 필수라는 것을 의미하기도 한다.

결과적으로 생태복원과 관련된 분야의 전망은 더욱 더 밝고, 다양해질 것이며, 사회·문화·경제 분야와 더욱 밀접한 관계 속에서 발전해 나갈 것이라고 믿는다.

나. 생태복원의 과제

• 사고 혹은 인식의 전환

생태복원이 법제화가 되었음에도 불구하고 아직 올바른 생태복원을 위한 원칙이나 구체적 방법론 등과 관련해서는 개선해야 할 것들이 많다. 그 중에서 가장 중요한 분야 중에 하나가 바로 인식의 전환이다. 즉, 생태복원을 어떻게 바라보고 이해해야 할 것인가에 대한 올바른 이해가 절대적으로 필요하다.

생태복원을 위해서는 기존의 전통적 접근 방식 즉, 환경을 훼손하거나 경관이나 이용 중심의 접근 방법을 탈피해야 한다. 예를 들어, 숲을 만들기 위해서 과거 공원에서는 고사한 수목을 제거하고 다시 식재하는 방법을 사용했다면, 이제는 그냥 내 버려두는 것도 좋은 방법이라는 것을 알아야 한다. 고사한 수목을 제거하고 다시 식재하는 것은 고사한 수목이 경관상 좋지 않다는 것이 주된 이유이지만, 고사한 수목은 생태적으로도 매우 중요한 역할을 하기 때문이다.

2010년 태풍으로 전복된 수목을 그대로 방치하여 관리하기로 결정함

[그림 7-1] 송파구 방이동 생태경관보전지역의 전복된 수목의 관리

또한, 생태복원 사업은 시간에 맡기는 즉, 자연에 맡기는 지혜가 필요한 분야이다. 건설공사는 공사 기한을 단축시키는 것도 매우 중요한 기술이 되지만, 생태복원 사업은 오랜 시간을 거치면서 자연에 의해서 만들어지도록 하는 노력이 필요하다. 따라서 생태복원 사업은 몇 개월 만에 끝냈다고 자랑해서는 안 되는 것이고, 수십 여 년을 거치면서 자연으로 되돌리는 것이 더 자랑스러워야 한다. 실제로 선진 외국의 경우, 갯벌을 복원하는 데 평균적으로 계획하고 실행하는 기간을 40년으로 잡고 있다.

복원 사업에서 성장이 많이 이루어진 대경목을 이용하는 것보다는 성장 중에 있는 소경목을 이용하는 것이 더 바람직하다. 하지만 소경목만으로 복원 사업을 하면 경관이 좋지 않다거나 사업을 하지 않은 듯한 인상을 남길 수도 있다. 이러한 것은 생태복원에 대한 이해의 부족 때문이며, 앞으로 집중적으로 개선해 나가야 할 사항이다.

• 파트너십에 의한 추진

생태복원 사업의 전체 과정에 일반 대중이 참여토록 해야 한다. 복원 계획, 의사 결정, 관리와 모니터링을 수행함에 있어 현지의 지역사회가 참가하고 의논하거나 그 밖의 방법으로 일반 대중이 참여하는 것은, 경제적, 사회적, 생태학적 목적들을 검토하고 통합하는 귀중한 수단이 될 수 있다. 이것은 또한 "순응적 관리"에도 큰 도움이 된다. 참여에 의해서 일반 대중의 신뢰가 깊어지고, 복원 목적에 대한 일반 대중의 이해가 높아진다. 일반 대중의 참여는 정책 결정자와 계획가에게 추가적인 자료나 정보를 제공하기도 한다.

• 풍부한 생태적 지식의 축적과 활용

생태복원은 생태적 지식에 기초하는 학문이다. 물론 이외에도 지리학, 수리·수문학 등 다양한 학문이 연관되어 있으나, 근본적으로 생물종의 서식처를 조성하고 생물다양성을 증진시켜야 한다. 이를 위해서는 생태적 지식이 충분하게 축적되어야 한다. 아직까지도 인류는 전 세계의 생물종의 수도 헤아리지 못하고 있으며, 알고 있는 생물종들도 생태적 특성을 완벽하게 파악하고 있는 종도 거의 없다. 그러함에도 불구하고 지속적인 생태적 지식을 축적하도록 해야 하며, 생태복원은 바로 그 생태적 지식에 기초하여 시행해야 한다.

• 생태에 대한 이해와 협력

생태적 복원은 과거 토목적 접근이나 이용 중심적인 조경적 접근이 아닌 생태에 기초하고 있으므로, 생태에 대한 충분한 이해가 필요하다. 조경학자가 수목 도감을 갖고 수목의 특성을 학습하듯, 올바른 생태복원을 위해서는 생물종의 분류군별 도감도 학습해야 하며, 생태 분야의 전문가들과 잦은 만남으로 생태학을 좀 더 친숙하게 이해해야 한다. 아울러 자주 현장에 나가 생태를 이해하기 위한 노력들을 기울여야 한다.

또한, 생태복원을 위해서는 한 분야의 전문적 지식만으로는 불가능하기 때문에 바람직한 생태복원이 되기 위해서는 해당 분야의 전문가들 특히, 생태학자들과 협력을 통해서 진행해 나가는 것이 좋다. 생태학자 이외에도 수문학, 토목학, 지형 및 지리학, 토양학, 기후학 등 다양한 분야의 전문가들이 함께 하여 지혜를 모으도록 해야 한다.

• 구체적이고 다양한 목표 설정

바람직한 생태복원을 위해서는 구체적인 목표 설정이 필요하다. 물론 생태를 정량화하기가 쉽지 않지만, 갖고 있는 정보를 최대한 활용하여 가급적 구체적인 목표를 설정하도록 해 나가야 한다.

한편, 생태복원의 목표는 환경 변화를 고려하여 유연성 있게 마련하는 것도 필요하다. 또한, 생태복원의 목표는 다양하게 설정해야 한다. 자연이라는 공간은 한가지만의 기능을 하지 않기 때문이며, 생태복원 사업을 진행하고자 할 때 생물다양성의 증진뿐만 아니라 수질정화나 대기정화, 기후변화의 완화, 환경교육과 체험의 장 제공 등 하나의 공간에서 실현 가능한 다양한 기능들이 구현될 수 있도록 목표를 설정해 나가는 것이 바람직하다.

• 미래 환경을 고려한 생태복원

생태복원은 훼손된 생태계를 훼손되기 이전으로 되돌리는 것이다. 즉, 훼손되지 않은 과거로 되돌리는 것인데, 현 시대에서 과거만으로 되돌리는 것만을 고집하는 것은 다소 한계가 있을 것이다. 기후 변화를 포함한 환경 변화와 함께 시대적인 정서의 변화가 있기 때문에 생태복원은 과거뿐만 아니라 미래를 고려하여 접근해 나가야 한다.

• 구조보다는 기능

우리가 생태복원을 하는 주된 이유는 상실된 기능을 되돌리기 위함이다. 물론 생태계의 기능은 생태계의 구조로부터 나올 것이다. 하지만, 생태복원 사업을 진행하는 데 있어서 구조적 접근만을 신경쓰다 보면, 진정으로 중요한 기능적인 측면을 소홀하게 된다. 따라서 생태복원 계획이나 시공을 하는 데 있어서 현장의 조건을 충분히 고려하여 복원될 생태계가 제 기능을 수행할 수 있을 것인지를 충분히 배려하면서 접근해야 한다.

• 지역적 특성을 고려한 접근

생태복원 사업은 지역마다 다른 생명 재료를 이용해야 한다. 생태환경은 복원하고자 하는 대상지역의 기후나 토양 등의 자연환경에 영향을 받기 때문에 동일한 방법으로 접근하는 것은 무리가 있다. 또한, 생태복원 사업은 그 지역 고유의 문화 등과 결합되어 있기 때문에 더욱 더 신경을 써야 한다.

남부 지역의 생태복원 사업과 중부 지역의 생태복원 사업은 큰 차이를 갖기 마련이고, 습지나 하천과 고산지대나 산림지역의 복원 사업은 매우 다르다. 하지만 아직까지는 우리나라의 자연환경에 적합한 생태복원 기술들이 충분히 연구되지 않은 상태이기 때문에 이에 대한 학문적 연구도 지속적으로 이루어져야 한다.

• 홍보와 인식 증진

생태복원은 국민을 상대로 적극적으로 홍보해야 한다. 생태복원에 대한 일반적인 인식과 함께 생태복원 사업을 통해서 얻을 수 있는 효과와 혜택 등에 대해서 체계적으로 알리기 위한 노력이 이루어져야 한다. 아무리 좋은 일이더라도 일반 국민이 알지 못하면 지속적인 발전을 보장받을 수 없기 때문이다.

사진설명 : 태화강 대나무숲

참고문헌

참고문헌

▶ 국내문헌

Hidehiro Inagaki, 2020(장은정 역, 2021), 식물학 수업: 불확실한 시대를 살아가는 잡초의 전략, 키라북스, 215pp.

ICLEI 한국사무소, 2013, 지방생물다양성 전략 및 이행계획 지침서, 51pp.

KDI 공공투자관리센터, 2023.12., 2023년도 예비타당성 조사 보고서: 장항 국가습지복원사업, 447pp.

KOTRA, 2016, 유엔기후변화협약 당사국총회(COP21) 논의 현황 및 유망 프로젝트 조사결과, 진한엠앤비, 175pp.

UNDP, 서울대학교, 과학기술부, 한국토지공사, 2000, 경기북부지역에서의 환경적으로 건전하고 지속가능한 개발을 위한 조사·연구.

WWF, KIOST, 2014, 황해생태지역지원사업 종합보고서 2007-2014, 131pp. (온라인 버전)

강태호 등, 2016, 新 조경시공학, 조경학대계 VI, 문운당, 616pp.

강현경, 2001, 도시 식물군집의 구조적 특성 및 자연성 복원을 위한 식생모델에 관한 연구, 상명대학교 대학원 환경자원학과 박사학위 논문, 171pp.

강혜순, 오인혜, 정근, 이우신 譯, 2011, 생태학(7판), 라이프사이언스, 638pp. (원저: Thomas M. Smith·Robert Leo Smith, 2009, Elements of ecology)

건설교통부, 1999, 개발제한구역 제도 개선을 위한 환경 평가 기준 연구.

공우석, 2007, 생물지리학으로 보는 우리 식물의 지리와 생태, 지오북, 335pp.

곽상만, 유재국, 2016, 시스템 다이내믹스 모델링과 시뮬레이션 Vensim의 활용, 북코리아, 475pp.

관계부처 합동, 2014.3., 제3차 국가생물다양성전략: 생물다양성은 미래의 자산이다. 125pp.

관계부처 합동, 2023, 제1차 국가물관리기본계획(2021~2030) (변경), 149pp.(온라인 버전)

관계부처합동, 2019.11.1., 미세먼지 고농도 시기('19.12~'20.3) 대응 특별대책, 19pp.(온라인 버전)

관계부처합동, 2019.11.1., 미세먼지 관리 종합계획(2020~2024), 92pp.(온라인 버전)

관계부처합동, 2019.8.30., 제2차 외래생물 관리계획(2019~2023), 77pp.(온라인 버전)

관계부처합동, 2021.12, K-ESG 가이드라인 v1.0, 175pp.(온라인 버전)

관계부처합동, 2023.12, 제5차 국가생물다양성전략(요약본) [2024~2028년], 19pp.(온라인 버전)

국가 환경산업기술정보시스템, 2022, EU 자연복원을 위한 자연복원법 초안 발표, 해외 환경시장 동향 자료, 4pp. (온라인 버전)

국가생물다양성센터, 2023, 국가생물다양성 통계자료집(2022), 국립생물자원관, 161pp.

국립공원공단, 2023, 국립공원 기본통계.

국립공원관리공단 국립공원연구원·멸종위기종복원센터, 2010, 여우종 복원을 위한 서식지 및 환경 특성 조사, 146pp.

국립생물자원관, 2011, 남생이(*Chinemys reevesii*) 증식·복원 연구 Ⅱ, 170pp.

국립생물자원관, 2014, 생물다양성과 비즈니스의 경제학 관련 연구, 569pp(pdf 버전).

국립생물자원관, 2022, 국가생물적색자료집 제7권 곤충I, 174pp.(온라인 버전)

국립수목원, 2020, 한국의 숲(VI): 한국의 식물상 지역과 식생기후, 196pp.(온라인 버전)

국립환경과학원 생태평가과, 2007, 제3차 전국자연환경조사 지침(지형 등 각 분야별 보고서).

국립환경과학원, 2011, 자연방파제 해안사구, 142pp(pdf 버전).

국토해양부, 2010, 국립해양생물자원관 오염토 적치장의 친환경적 정화 및 옥외공간 조성 방안 수립, 138pp.

김계훈 등, 2006, 토양학, 향문사, 471pp.

김귀곤·조동길, 2004, 자연환경·생태복원학원론, 아카데미서적, 601pp.

김남춘, 1998, 경관 훼손지의 생태적 복구 방안에 관한 연구, 한국환경복원녹화기술학회지, 1(1):31.

김남춘·박보신·조민환 譯, 2010, 자연재생; 생태공학적 접근, 보문당, 375pp.

김도성, 조영복, 고재기, 1999, 옥천군 지역의 붉은점모시나비의 소멸 원인과 복원 방안, 한국환경생물학회지 17(4):467~479.

김도훈, 문태훈, 김동환, 1999, 시스템 다이내믹스, 도서출판 대영문화사, 261pp.

김동환, 2004, 시스템 사고; 시스템으로 생각하기, 선학사, 323pp.

김명수, 2001, 파편화된 서식처 복원을 위한 기초이론 고찰, 한국환경복원녹화기술학회지, 4(2) : 52~61.

김상욱 譯, 2010, 습지설계, 내하출판사, 195pp. (원저: Robert L. France, 2003, Wetland Design)

김성도, 김동윤, 김철규, 2017, 생태복원의 인문학적 상상력, 아산재단 연구총서 제417집, 집문당, 509pp.

김영일, 2020, 습지 탄소순환에 대한 이해, KOSEN Report 2020, 6pp. (온라인 버전)

김영하, 조미정, 김민경, 조은지, 유승연, 2023, 생물다양성을 고려한 공원녹지 정책 방향(일본편), 넥서스환경디자인연구원 출판부, 148pp.

김윤미, 공학양, 최광희, 2021, 해안사구 지형변화에 대한 해안림의 영향: 소황리 전사구를 사례로, 한국지형학회지, 28(1):51~66.

김은규, 2013, 한국의 염생식물, 자연과생태, 368pp

김인규, 2010, 주요 수조류(waterbirds)의 대체 서식지 조성 방안, 자연누리 제19호, pp.33~51.

김인수, 2023, 탄소중립과 블루카본, 청정대기 인사이트, 청정대기센터, 8pp. (온라인 버전)

김재근 등, 2004, 생태조사방법론, 보문당, 285pp.

김재근·김홍태 옮김, 2008, 생태학-개념과 적용, 4판, 라이프사이언스, 574pp.

김종엽, 2007, 수도권 도시 내 조성 녹지의 군락 식재 모델 개발 연구, 서울시립대학교 대학원 박사학위논문, 264pp.

김종원, 2006, 녹지생태학(제2판), 월드사이언스, 340pp.

김종원·이율경, 2006, 식물사회학적 식생 조사와 평가 방법, 월드사이언스, 240pp.

김종환, 2011, 세계의 환경문제 논의 동향과 시사점: 리우+20 정상회의, '지속가능한 소비와 생산(SCP)', 국가환경정보센터 Special Issues(제40호). 12pp.

김준민·전의식·임양재, 2000, 한국의 귀화식물.

김준호 등 譯, 2006, 생태와 환경, 라이프사이언스, 284pp.

김준호 등, 2007, 현대생태학(개정판), (주)교문사, 434pp.

김지석, 2009, 한국 생태복원에 있어서 나비, 잠자리류 서식지 복원과 과제, (사)한국환경계획조성협회 정보지 제14호, pp.64~75.

김진용 등, 2015, 산불 후 복원 방법 차이가 번식기 조류 군집에 미치는 영향, 한국환경생태학회지 29(4):508

김혜주, 2004, 자연형 하천 계획·설계, 태림문화사, 347pp.

노백호, 2010, 생태복원 성공여부는 무엇으로 평가할 것인가? -목표 설정과 서식지 평가를 중심으로-, 환경포럼 4권 10호.

노태복 譯, 2009, 생태학 개념어 사전, 에코리브르, 239pp. (원저, Ernest Callenbach, 1998, Ecology : A Pocket Guide)

농림부·농업기반공사, 2004, 농업용수 수질개선을 위한 인공습지 설계·관리 요령, 319pp.

대한민국, 2009, 생물다양성협약 제4차 국가보고서, 41pp.

도넬라 H. 메도즈 등, 2004(김병순 옮김, 2011), 성장의 한계(30주년 기념판), 갈라파고스, 485pp.

라파즈한라시멘트주식회사·일송환경복원주식회사, 2010, 라파즈한라시멘트주식회사 옥계 석회석광산 생태복구 2010년도 시험시공 모니터링, 140pp.

메디컬투데이, 2008.07.18., 자연휴양림, 만병 치유하는 '녹색병원'

명현호, 2010, 건강성 평가를 통한 해안사구 생태계 보전·관리방안 연구, 목포대학교 대학원 박사학위 논문, pp.217~224.

문석기 등 譯, 2004, 생태공학, 보문당, 196pp. (원저 : 龜山 章, 2002, 生態工學)

문화재청, 1999, 천연기념물 산양과 사향노루의 분포와 생태 연구 보고서.

문화재청·녹색연합, 2006, 산양 서식지 실태 조사 및 보호 방안 연구.

박상규 등, 2022, 환경과학; 자연과 문명에 대한 통찰과 생태학적 시선으로 본 환경문제, 지오북, 387pp.

박소현 등 譯, 2016, 생태복원 사업의 계획과 관리, 넥서스환경디자인연구원 출판부, 415pp. (원저 : John Rieger *et al.*, 2014)

박수현, 2009, 세밀화와 사진으로 보는 한국의 귀화식물, 일조각, 575pp.

박용하·최재용, 2009, 우리나라의 이동성 야생동물종의 보전에 관한 협약 가입 여부에 대한 타당성 분석, 환경영향평가 18(2):111~122.

박은진, 2009, 도시 수목의 이산화탄소 흡수량 산정 및 흡수 효과 증진 방안, 경기개발연구원 기본연구보고서, 158pp.

박훈, 송철호, 최현아, 이우균, 2024, 기후변화와 생태계 물질순환, OJERI BOOKS, 254pp.

방상원, 안선영, 박주현, 2006, 습지보전을 위한 정책 방안 연구; 습지은행제도(Wetland Banking)를 중심으로, 한국환경정책·평가연구원 연구보고서.

서울대학교 산학협력단, 2009, 토종 여우(*Vulpes vulpes*)의 인공 증식 및 자연 생태계 복원 기술 개발; 생태환경 이용 및 관리기술, 환경부 차세대 핵심환경기술개발사업 최종보고서(완결본), 363pp.

서울특별시 도시계획국, 2016.4., 서울특별시 생태면적률 운영지침(안), 36pp.

서울특별시, 2023.11.20., 서울특별시 생태면적률 운영지침, 64pp.(온라인 버전)

석영선, 유수진, 송기환, 전진형, 2015, 시스템 다이내믹스를 이용한 신두리 해안사구의 보전 방안, 한국 시스템다이내믹스 연구, 16(1):5~23.

손요한 등, 2019, 신고 산림생태학, 향문사, 346pp.

송원경, 2011, 공간 그래프 이론을 적용한 삵 서식지 네트워크 모형 개발, 서울대학교 환경대학원 박사학위 논문, 200pp.

신현철 등, 2009, 한국의 보전생물학 현황과 과제, 월드사이언스, 267pp.

안봉원 등, 1995, 조경학대계 Ⅰ 조경계획론, 한국조경학회, 390pp.

양병이, 2011, 녹색도시 만들기, 서울대학교 출판문화원, 378pp.

여천생태연구회, 2005, 현대생태학실험(개정판), 교문사, 370pp.

오구균, 1986, 자연식생의 생태적 특성을 고려한 배식설계 기준에 관한 연구: 창덕궁 후원 자연식생분석을 통하여, 서울대학교 환경조경학과 석사학위논문, 159pp.

오구균, 박석곤, 2002, 백두대간 피재-도래기재구간의 능선부 식생구조, 한국환경생태학회지 15(4):330~343.

우보명, 2003, 훼손지환경녹화공학, 서울대학교 출판부, 558pp.

우효섭 등 편집, 2017, 생태공학 원리와 응용, 청문각, 456pp.

우효섭, 2008, 화이트 리버? 그린 리버?, 물과 미래: 한국수자원학회지 41(12):38-47.

우효섭, 조강현, 장창래, 이찬주, 2019, 하천과정과 식생 – 연구동향과 시사점, Ecology and Resilient Infrastructure 6(2):89~100.

우효섭, 한승완, 2020, 물관리를 위한 자연기반해법과 유사개념들의 유형분류 및 체계, Ecology and Resilient Infrastructure, 7(1):15-25.

원주지방환경청, 2013, 대암산 용늪 육화 및 건조화 진단을 위한 연구 용역 보고서, 107pp.

월드워치연구소 엮음, 2013, WWI 2013 지구환경보고서: 지속가능성의 도전 (오수길, 함규진, 이창언, 곽병훈 옮김, 2013), 도요새, 786pp.

월드워치연구소 엮음, 2016, WWI 2016 지구환경보고서: 도시는 지속가능할 수 있을까? (황의방, 김종철, 이종욱 옮김, 2017), 환경재단, 724pp.

월드워치연구소(박준식·추선영 譯), 2012, 지속가능한 발전에서 지속가능한 번영으로(2012 지구환경보고서(리우+20 특집호)), 도요새, 528pp.

유네스코 한국위원회, 2019, 국재보호지역 - 세계유산, 생물권보전지역, 세계지질공원, 람사르습지, 195pp. (온라인 버전)

유종해 등, 1993, 행정학대사전, 고시원, pp.294-295.

육근형, 강민구, 강완모, 고인수, 배소연, 이민규, 최광훈, 허진옥, 이도원, 2010, 생태계 서비스와 인간문화의 바탕이 되는 생물다양성과 위협 요인, 환경논총, 49:1-25.

윤상욱, 2010, 도시와 생태, 문음사, 351pp.

이경준 등, 1996, 산림생태학, 향문사, 395pp.

이동근 등, 2004, 경관생태학, 보문당, 518pp.

이동근, 이명균, 정태용, 2014, 생물다양성, 경제로 논하다, 보문당, 263pp.

이명균 등 譯, 2004, 생태공원; 생물이 서식하는 공원 조성, 보문당, 292pp.

이상태, 2010, 식물의 역사: 식물의 탄생과 진화 그리고 생존전략, 지오북, 303pp.

이수욱, 1981, 한국의 산림토양에 관한 연구(II), 한국임학회지, 54:25~35.

이영만, 2002, 통계생태학, 전남대학교 출판부, 262pp.

이우균 등, 2023, 위기에서 살아남는 현명한 방법 자연기반해법, 427pp.

이우신 등, 2010, 야생동물 생태 관리학, 라이프사이언스, 331pp.

이율경, 백현민, 2023, 하천과 습지, 식물의 역동적인 적응과 생태, 참생태연구소, 안양, 512pp.

이은엽 등, 2014, 식생기반형 LID 시설의 식재식물 선정을 위한 내침수성 비교, 환경영향평가 23(6):466~476.

이재영, 2009, 첨단환경기술 2009년 3월호. pp.8~16.

장수균, 2011, 장수균 멸종위기종 복원사업 관련 기본계획, 넥서스환경디자인연구원, 181pp.

장영효, 안민호, 이선, 2022, 연구자를 위한 ABS 가이드북, 생명공학분야 연구자를 위한 ABS Guide 제10권, 한국생명공학연구원, 151pp.

정경선 등, 2010, 도로와 환경, 넥서스환경디자인연구원, 396pp.

정구복, 김원일, 이종식, 김경민, 2002, 장기 재배 시험에 의한 중금속 오염 토양의 식물 정화, 한국환경농학회지 21(1):31~37.

정승우 외, 2009, 토양복원공학. 도서출판 동화기술, 262pp.

정헌모, 김해란, 유영한, 2013, 습지생태계의 공익적 서비스 연구 1: 자생 어류을 이용한 모기 유충의 효과적인 생태학적 제어 방법, 한국습지학회지 15(1):19~24.

정환도, 2012, 대기오염과 식물생태에 관한 기초 연구, 대전발전연구원, 108pp. (온라인 버전)

정희정, 유승연, 조은지, 지용주, 김용석, 오현경, 이종성, 장현도, 조동길, 2023, 계절별 강수 패턴에 따른 하천 식생 변화 양상 연구, 한국지리정보학회지 26(2):1~19.

제임스 B. 나르디(노승영 譯), 2009, 흙을 살리는 자연의 위대한 생명들, 상상의 숲, 431pp.

제주도, 1997, 제주도 친환경 개발을 위한 환경지표설정, 980pp.

조동길 등 譯, 2015, 생태복원: 떠오르는 전문 분야로서의 원칙, 가치 그리고 체계(제2판), 넥서스환경디자인연구원 출판부, 411pp. (원저: Andre F. Clewell, James Aronson, 2013)

조동길, 1999, 인공습지 조성 후 생물다양성 증진효과에 관한 연구; 서울공고 생태연못을 중심으로, 서울대학교 대학원 생태조경학과 석사학위논문, 111pp.

조동길, 2004, 소택형 습지의 복원 및 창출을 위한 생태적 식재 설계 모델; 생물다양성 증진을 중심으로, 서울대학교 환경대학원 박사학위논문, 159pp.

조동길, 김상욱, 2010, 생태계보전협력금 반환사업의 추진 현황과 개선 과제, 환경복원녹화, 13(3):63~72.

조동길, 조동범, 2007, 친환경 주거단지 외부공간의 비오톱 조성을 위한 재료 및 기법 연구, 환경복원녹화 10(1):72~81.

조동길, 조동범, 2007, 친환경 주거를 위한 외부공간의 비오톱 유형 분류 및 적용 항목에 관한 연구, 환경복원녹화 10(1):57~71.

조동길, 최재용, 전용철, 2010, 폐고속국도의 생태복원 방안; 영동선 192.4K(인천) 지점을 중심으로, 환경복원녹화 13(5):38~50.

조동범·조동길 譯, 2007, 내 손으로 만드는 비오톱 가든, 도서출판 조경, 127pp.

조용현, 이종문, 2017, 훼손지 유형별 생태계 복원 가이드라인, 넥서스환경디자인연구원 출판부, 474pp(비매품).

최광희, 공학양, 2020, 곰솔 조림으로 인한 동해안 사구의 환경변화: 영양군 오산해변을 사례로, 한국지형학회지, 27(1):21~31.

최태영 등, 2016, 광역생태축의 보전 및 복원을 위한 기반 연구, 국립생태원, 181pp.

최호, 2022, 습지식물의 우점도 및 종다양성과 토양 질소 이용 특성의 관계, 서울대학교 대학원 박사학위논문, 198pp.

프레시안, 2023.19.09., 유럽 100개 이상 기업이 나서서 '자연복원법' 통과를 요구한 이유(신재은 풀씨행동연구소 캠퍼이너).

한겨레신문, 2019.10.29.(수정), 논에서 배출되는 메탄 줄이려다…온실가스 늘었다.

한겨레신문, 2024.03.26., EU 자연복원법 '1% 모자라' 폐기 위기…농민 반발에 제동(신기섭 기자). (온라인 버전)

한국거래소, 2020, 2020 ESG 정보공개 가이던스, 40pp.(온라인 버전)

한국건설기술연구원, 2015, 친수 · 환경가치 제고를 위한 하천관리 기술 개발, 238p.

한국생물과학협회 편, 1998, 생물학사전, 아카데미서적, 2068pp.

한국수자원공사, 1997, 조경설계기준.

한국조경학회 편, 2007, 국토해양부 승인 조경설계기준 2007, 404pp.

한국토지공사, 2006, 김포 장기지구 복사이식 및 모델식재 연구, 187pp.

해양수산부, 2021.9., 제1차 갯벌 등의 관리 및 복원에 관한 기본계획(2021~2025), 61pp(pdf).

홍선기 등, 2004, 생태복원공학; 서식지와 생태공간의 보전과 관리, 라이프사이언스, 174pp.

홍재상 등 譯, 2008, 해양생물학: 생태학적 접근 6판, 라이프사이언스, 472pp. (원저: James W. Nybakken, Mark D. Bertness, 2005, Marine Biology: An Ecological Approach, 6th Edition, Pearson Education, Inc.)

환경부 국립습지센터, 2014, 습지 정책 담당자를 위한 업무 가이드북, 192pp(pdf).

환경부 보도자료, 2024.3.5., 자연자본 공시 대응 위해 민관 머리 맞댄다.

환경부, (사)한국환경복원녹화기술학회, 2008, 자연환경 복원사업 발전을 위한 공청회 결과보고서, 63pp.

환경부, 2005, 생물자원보전 종합대책 자료집.

환경부, 2005, 자연환경보전·이용시설 업무편람, 51pp.

환경부, 2007, 광역생태축 구축을 위한 연구. 237pp.

환경부, 2007, 녹지총량제 도입 방안 연구.

환경부, 2008, 국토환경성평가지도 백서(2001년~2008년), 324pp.

환경부, 2008, 생태문화탐방로 조성 가이드라인 연구, 99pp.

환경부, 2009, 2009년 국토환경성평가지도 유지·관리 최종보고서, 한국환경정책평가연구원, 210pp.

환경부, 2009, 녹지자원 총량관리제 지표 및 기준 마련 연구.

환경부, 2009, 환경성평가제도 관련 규정·지침. 493pp.

환경부, 2010, 환경30년사.

환경부, 2012, 국토 환경의 생태계 기반 관리방안 마련 연구, 넥서스환경디자인연구원(주).

환경부, 2014.11, 통계로 본 국토·자연 환경, 85pp(pdf).

환경부, 2014.2., 생태놀이터 조성 가이드라인.

환경부, 2015, 국가생태문화탐방로 조성·운영 가이드라인. 113pp(hwp 버전).

환경부, 2016, 제2차 물환경관리 기본계획, 96pp.(온라인 버전)

환경부, 2016.7.1., 생태면적률 적용 지침.

환경부, 2019.11, 미세먼지 집중관리구역 지정·운영 가이드라인, 11pp.(온라인 버전)

환경부, 2019.5., 야생조류 투명창 충돌 저감 가이드라인, 25pp.(온라인 버전)

환경부, 2021.4., 제1차 국가물관리기본계획(2021~2030) 공청회 공개본, 182pp.(온라인 버전)

환경부, 2021.8., 배출권거래제, 탄소중립으로 가는 길 86pp.(온라인 버전)

환경부, 2022.12., 생태계 서비스지불제계약 사업시행 가이드라인, 86pp.(온라인 버전)

환경부, 2022.12., 제3차 자연공원기본계획(2023~2032) 요약보고서, 36pp.(온라인 버전)

환경부, 2023.4., 환경백서, 행복한나무, 896pp.

환경부, G-7 국내 여건에 맞는 자연형 하천공법 개발 연구팀, 2002, 하천 복원 가이드라인(시안), 255pp.

환경부·국립환경과학원, 2006, 재3차 전국자연환경조사 지침, 298pp.

▶ 국외문헌

Admiraal, A. N., Morris, M. J., Brooks, T. C., Olson, J. W., Miller, M. V., 1997, Illinois Wetland Restoration & Creation Guide, Illinois Natural History Survey, 188pp.

Akira KAMEYAMA & Noboru KURAMOTO, 1998, Eco-park : Planning and Design for Ecology Park.

Alard, D. and Poudevigne, I., 1999, Factors controlling plant diversity in a rural landscape : a functional approach, Landscape and Urban Planning 46:29~39.

Anaya, A. L., 1999, Allelopathy as a tool in the management of biotic resources in agroecosystems, Critical Reviews in Plant Sciences 18(6):697~739.

Andre F. Clewell and James Aronson, 2007, Ecological restoration : principles, values, and structure of and emerging profession, Island Press, 216pp.

Andreas Chovanec, 1994, Man-made wetlands in urban recreational areas : a habitat for endangered species?, Landscape and Urban Planning 29:43~54.

Ann L. Riley, 1998, Restoring Streams in Cities : A Guide for Planners, Policy makers, and Citizens, Island Press, Washington, D.C.

Anthony D. Bradshaw, 1988, Rehabilitating Damaged Ecosystems 'Alternative Endpoints for Reclamation', CRC Press.

Aubree F, David P, Jarne P, Loreau M, Mouquet N, Calcagno V, 2020, How community adaptation affects biodiversity-ecosystem functioning relationships, Ecology Letters 23:1263-1275.

Avolio ML, Forrestel EJ, Chang CC, La Pierre KJ, Burghardt KT, Smith MD, 2019, Demystifying dominant species. New Phytologist 223:1106-1126.

Bailey, J. A., 1984, Principles of Wildlife Management, John Wiley & Sons, Inc., 373pp.

Balzter, H., 2000, Markov chain models for vegetation dynamics, Ecological Modelling 126:139~154.

Barazani, O. and Friedman, J., 1999, Allelopathic bacteria and their impact on higher plants, Critical Reviews in Plant Sciences 18(6):741~755.

Bazzaz, F. A., 1968, Succession on abandoned fields in the Shawnee Hills, southern Illinois, Ecology, 49(5):924~936.

Beeston, M., Cameron, C., Hagger, V., Howard, J., Lovelock, C., Sippo, J., Tonneijk, F., van Bijsterveldt, C. and van Eijk, P. (Editors), 2023, Best practice guidelines for mangrove restoration, 278pp. (온라인 버전)

Bill Freedman, 1995, Environmental Ecology: The Ecological Effects of Pollution, Disturbance, and Other Stresses, Second Edition, Academic Press, san Diego. p.5.

Bland, L.M., Keith, D.A., Miller, R.M., Murray, N.J. and Rodríguez, J.P. (*eds.*), 2017, Guidelines for the application of IUCN Red List of Ecosystems Categories and Criteria, Version 1.1. Gland, Switzerland: IUCN, ix + 99pp. (온라인 버전)

Bradshaw A. D., 1984, Ecological principles and land reclamation practice, Landscape Planning 11(1):35~48.

Campbell, C. S. and Ogden, M. H., 1999, Constructed Wetlands in the Sustainable Landscape, John Wiley & Sons, Inc., 270pp.

CBD, 2016, Ecosystem restoration: short-term action plan, CBD/COP/DEC/XIII/5, 10 December 2016, 10pp.

Changlin Xu *et al.*, 2023, Herbivory limits success of vegetation restoration globally, Science 382:589-594. DOI: 10.1126/science.add281

Chris Baines and Jane Smart, 1991, A guide to habitat creation. A London Ecology Unit Publication.

Clémentine Mutillod , Elise Buisson , Gregory Mahy, Renaud Jaunatre, James M. Bullock, Laurent Tatin1 and Thierry Dutoit, 2024, Ecological restoration and rewilding: two approaches with complementary goals?, Biol. Rev. (2024), pp. 000–000. doi: 10.1111/brv.13046

Clouston, B.(*eds*), 1994, Landscape Design with Plants, The Landscape Institute, 416pp.

Crawford, R. M. M.(*eds*), 1987, Plant life in aquatic and amphibious habitats; special publication number 5 of the british ecological society, Blackwell Scientific Publications, 452pp.

Cronk, J. K. and Fennessy, M. S., 2001, Wetland Plants: Biology and Ecology, Lewis Publishers, 462pp.

Crossle, K. and Brock, M. A., 2002, How do water regime and clipping influence wetland plant establishment from seed banks and subsequent reproduction?, Aquatic Botany 74:43~56.

Cylinder, P. D., Bogdan, K. M., Davis, E. M. and Herson, A. I., 1995, Wetlands Regulation; A Complete Guide to Federal and California Programs, Solano Press Books Point Arena, California, 363pp.

Dabl, T. E. and Johnson, C. E., 1991, States and Trends of wetlands in the conterminous United States, mid-1980s, U.S. Department of the Interior, U.S. Fish and Wildlife Service, Washington, D. C., 82pp.

Damstad, W.E., Olsen, J.D. and Forman, R.T.T., 1996, Landscape Ecology Principles in Landscape Architecture and Land-Use Planning, Harvard University Graduate School of Design.

Dave Egan, 2003, "Ecological Restoration and Sustainable Development", Ecological Restoration Volume 21 Number 3, pp.161~162.

David B. Lindenmayer and Joern Fischer, 2006, Habitat Fragmentation and Landscape Change: An Ecological and Conservation Synthesis, Island Press, 328pp.

Davis, B. and Coppeard, R., 1989, Soil conditions and grassland establishment for amenity and wildlife on a restored landfill site, In: G. Buckley(Editor), Biological Habitat Reconstruction, Belhaven Press, New York, pp. 221~234.

Donald A. Falk *et al.*(*eds*), 2006, Foundations of Restoration Ecology, Island Press, 364pp.

Donald Harker *et al.*, 1993, Landscape Restoration, Lewis Pub.

Eric Higgs, 2003, Nature by design: people, natural process, and ecological design, The MIT Press, 341pp.

Eskelinen, A., Harpole, W.S., Jessen, MT. *et al.*, 2022, Light competition drives herbivore and nutrient effects on plant diversity, Nature 611:301-305. https://doi.org/10.1038/s41586-022-05383-9

Eugene P. Odum, 1993, ecology, Sinauer Associates.

France, R. L.(*eds*.), 2002, Handbook of Water Sensitive Planning and Design, Lewis Publishers, 699pp.

Gann, G.D., McDonald, T., Walder, B., Aronson, J., Nelson, C.R., Jonson, J., Hallett, J.G. *et al.*, 2019, International principles and standards for the practice of ecological restoration, Second edition, Restoration Ecology, 27(S1): S1-S46. https://doi.org/10.1111/rec.13035

Gilbert, O. L. and Anderson, P., 1998, Habitat Creation and Repair, Oxford University Press, 288pp.

Given, D. R., 1994, Principles and Practice of Plant Conservation, Timber Press, 292pp.

Gleason, H. A. and Cronquist, A., 1964, The Natural Geography of Plants, Columbia University Press. 420pp.

Global Footprint Network, 2020, Calculating Earth overshoot day 2020 : Estimates point to August 22nd. Lin, D., Wambersie, L., Wackernagel, M., and Hanscom, P. editors. Global Footprint Network, Oakland. 〈www.overshootday.org/2020-calculation〉 for data see 〈http://data.footprintnetwork.org〉.

Gopal, B.(compiler), 1995, Handbook of Wetland Management, WWF-India, New Delhi, India. 305pp.

Graham Bennett and Kalemani Jo Mulongoy, 2006, Review of experience with ecological networks, corridors and buffer zones.

Grayson, J. E., Chapman, M. G., Underwood, A. J., 1999, The assessment of habitat in urban wetlands, Landscape and Urban Planning 43:227~236.

Gross, K. L., 1987, Mechanism of colonization and species persistence in plant communities(in Restoration ecology; a synthetic approach to ecological research), Cambridge University Press, pp. 173~188.

Haber, E., 1997, Guide to Monitoring Exotic and Invasive Plants (http://www.cciw.ca).

Hammer, D. A., 1996, Creating Freshwater Wetlands(2nd ed.), Lewis Publishers, 406pp.

Harfoot, M. B. J., Johnston, A., Balmford, A., Burgess, N. D., Butchart, S. H. M., Dias, M. P., Hazin, C., Hilton-Taylor, C., Hoffmann, M., Isaac, N. J. B., Iversen, L. L., Outhwaite, C. L., Visconti, P. & Geldmann, J., 2021, Using the IUCN Red List to map threats to terrestrial vertebrates at global scale, Nature Ecology & Evolution, 1-10. doi.org/10.1038/s41559-021-01542-9

Harris, J. A., Birch, P., Palmer, J., 1996, Land Restoration and Reclamation; Principles and Practice, Longman, 230pp.

Hey, D. L., and Philippi, N. S., 1999, A case for wetland restoration, John Wiley & Sons, Inc., 215pp.

Hobbs, R.J. and C.J. Yates, 2003, Impacts of ecosystem fragmentation on plant population : generalising the idiosyncratic, Australian Journal of Botany 51:471~488. In Lindenmayer, D.B., J. Fischer, 2006, Habitat Fragmentation and Landscape Change : An Ecological and Conservation Synthesis, Washington, ISLAND PRESS.

Hoffmann, J., 1998, Assessing the effects of environmental changes in a landscape by means of ecological characteristics of plant species, Landscape and Urban Planning 41:239~248.

Hough Woodland Naylor Dance Limited Gore & Storrie Ltd., 1995, Restoring Natural Habitats; A Manual for Habitat Restoration in the Greater Toronto Bioregion, 170pp.

Hough, M., 1984, City form and natural process : Towards a new urban vernacular, Van Nostrand Reinhold Company, 288pp.

Hough, S. and Michalski L., 1982, Naturalization Project, National Capital Commission, 170pp.

IPBES, 2023, Summary for Policymakers of the Thematic Assessment Report on Invasive Alien Species and their Control of the Intergovernmental Science-Policy Platform on Biodiversity and Ecosystem Services. Roy, H. E., Pauchard, A., Stoett, P., Renard Truong, T., Bacher, S., Galil, B. S., Hulme, P. E., Ikeda, T., Sankaran, K. V., McGeoch, M. A., Meyerson, L. A., Nuñez, M. A., Ordonez, A., Rahlao, S. J., Schwindt, E., Seebens, H., Sheppard, A. W., and Vandvik, V. (*eds.*). IPBES secretariat, Bonn, Germany. https://doi.org/10.5281/zenodo.7430692

IPCC, 2023 : Climate Change 2023 : Synthesis Report. Contribution of Working Groups I, II and III to the Sixth Assessment Report of the Intergovernmental Panel on Climate Change [Core Writing Team, H. Lee and J. Romero (*eds.*)]. IPCC, Geneva, Switzerland, 184 pp., doi : 10.59327/IPCC/AR6-9789291691647.

J. P. Kimmins, 1987, Forest Ecology : A Foundation for Sustainable Management. 2nd ed., Prentice Hall, Inc., 596pp.

JNCC, 2010, Handbook for Phase 1 habitat survey - a technique for environmental audit, ISBN 0 86139 636 7

John Cairns, Jr, 1988, Rehabilitating Damaged Ecosystems - Volume I, II, CRC Press, Inc.

John Cairns, Jr.(ed.), 1995, Rehabilitating Damaged Ecosystem, Second Edition, Lewis Publishers, London, 425pp.

John Tillman Lyle, 1985, Design for Human Ecosystems : landscape, land use, and natural resources, p.214.

Jonathan Lewis-Phillips, Steve Brooks, Carl Derek Sayer, Rachel McCrea, Gavin Siriwardena, Jan Christoph Axmacher, 2019, Pond management enhances the local abundance and species richness of farmland bird communities, Agriculture, Ecosystems and Environment 273:130~140

Juan J Armesto *et al.*, 2007, Towards an ecological restoration network : reversing land degradation in Latin America, Front Ecol Environ 5(4) : W1~W4, The Ecological Society of America.

Kayranli, B. *et al.*, 2010, Carbon storage and fluxes within freshwater wetlands : a critical review. Wetlands 30:111-124.

Kendle, A. D. and Rose, J. E., 2000, The aliens have landed! What are the justifications for 'native only' policies in landscape plantings?, Landscape and Urban Planning 47:19~31.

Kentula, M. E., 2000, Perspectives on setting success criteria for wetland restoration, Ecological Engineering 15:199~209.

Laura Zinke, 2020, The colours of carbon, Nature Reviews Earth & Environment 1:141. https://doi.org/10.1038/s43017-020-0037-y

Lewis III, R. R., 1990, Wetlands restoration/creation/enhancement terminology : suggestions for standardization. in Kusler and Kentula, 1990, Wetland Creation and Restoration : The status of the science. Island Press, pp. 417~422.

Luckeydoo, L. M., Fausey, N. R., Brown, L. C., Davis, C. B., 2002, Early development of vascular vegetation of constructed wetlands in northwest Ohio receiving agricultural waters, Agriculture Ecosystems & Environment 88:89~92.

Luisa Maffi, 2005, LINGUISTIC, CULTURAL, AND BIOLOGICAL DIVERSITY, Annual Review of Anthropology 34(1):599-617

Luken, J. O., 1990, Directing Ecological Succession, Chapman and Hall, 251pp.

Lyle, J. T., 1986, Design for Human Ecosystems : Landscape, Land Use, and Natural Resources, John Wiley & Sons, Inc, 272pp.

MacArthur, R. H. and Wilson, E. O., 1967, The Theory of Biogeography, Princeton University Press, 216pp.

Malcolm Emery for the Ecological Parks Trust, 1986, Promoting Nature in Cities and Towns : A Practical Guide, Ecological Parks Trust, 400pp.

Manci, Karen M., 1998, Riparian ecosystem creation and restoration : A literature summary, U.S. Fish and Wildlife Service Biological Report.

Marble, A. D., 1992, A Guide to Wetland Functional Design, Lewis Publishers, 222pp.

Martin R. Perrow and Anthony J. Davy(*eds.*), 2002, Handbook of Ecological Restoration. Volume 1. Principles of Restoration, Cambridge University Press, 444pp.

Martin R. Perrow and Anthony J. Davy(*eds.*), 2002, Handbook of Ecological Restoration. Volume 2. Restoration in Practice, Cambridge University Press, 599pp.

Middleton, B., 1999, Wetland Restoration, Flood Pulsing, and Disturbance Dynamics, John Wiley & Sons, Inc., 388pp.

Mitsch, W. J. and Cronk, J. K., 1992, Creation and Restoration of Wetlands : Some Design Consideration for Ecological Engineering, Springer-Verlag New York Inc., pp. 217~259.

Mitsch, W. J. and Gosselink, J. G., 1993, Wetlands(2nd Edition), John Wiley & Sons, Inc., 722pp.

Mulamoottil, G., Warner, B. G., McBean, E. A.,(*eds.*), 1994, Wetland; Environmental Gradients, Boundaries, and Buffers, Lewis Publishers, 298pp.

Nelson, C.R., Hallett, J.G., Romero Montoya, A.E., Andrade, A., Besacier, C., Boerger, V., Bouazza, K., Chazdon, R., Cohen-Shacham, E., Danano, D., Diederichsen, A., Fernandez, Y., Gann, G.D., Gonzales, E.K., Gruca, M., Guariguata, M.R., Gutierrez, V., Hancock, B., Innecken, P., Katz, S.M., McCormick, R., Moraes, L.F.D., Murcia, C., Nagabhatla, N., Pouaty Nzembialela, D., Rosado-May, F.J., Shaw, K., Swiderska, K., Vasseur, L., Venkataraman, R., Walder, B., Wang, Z., & Weidlich, E.W.A. 2024. Standards of practice to guide ecosystem restoration - A contribution to the United Nations Decade on Ecosystem Restoration 2021-2030. Rome, FAO, Washington, DC, SER & Gland, Switzerland, IUCN CEM. https://doi.org/10.4060/cc9106en

Newbold, C. and Mountford, O., 1997, Water level requirements of selected plants and animals, English Nature Freshwater Series No. 5, English Nature, 36pp.

Nishihiro, J., Araki, S., Fujiwara N., Washitani, I., 2004, Germination characteristics of lakeshore plants under an artificially stabilized water regime, Aquatic botany 79:333~343.

Noon, K. F., 1996, A model of created wetland primary succession, Landscape and Urban Planning 34:97~123.

Norbert Müller, Peter Werner & John G. Kelcey(*Eds.*), 2010, Urban Biodiversity and Design, Wiley-Blackwell Publishing Ltd., 626pp.

Norm Johnson, Sally Duncan, 2007, The Future Range of Variability : Project Summary. 41pp.

Norton, B. G., 1998, Evaluation and ecosystem management : new directions needed?, Landscape and Urban Planning 40:185~194.

Nowicki, P. *et al.*(editors), 1996, Perspectives on Ecological Networks, European Centre for Nature Conservation, pp.16~17.

Ostrom, E., 2009, A general framework for analyzing sustainability of social-ecological systems, Science 325(5939):419-422.

Paul Rookwood, 1995, Landscape planning for biodiversity, Landscape and Urban Planning 31:379~385.

Riis, T. and Hawes I., 2002, Relationships between water level fluctuations and vegetation diversity in shallow water of New Zealand lakes, Aquatic botany 74:133~148.

Robert E. Keane *et al.*, 2009. The use of historical range and variability(HRV) in landscape management, Forest Ecology and Management 258:1025~1037.

Robert L. France, 2003, Wetland Design; Principles and Practices for Landscape Architects and Land-Use Planners, W. W. Norton & Company, 160pp.

Rookwood, P., 1995, Landscape planning for biodiversity, Landscape and Urban Planning 31(1-3):379~385.

Sala, O.E., 2001, Price put on biodiversity. Nature 412:34–36 https://doi.org/10.1038/35083676

Secretariat of the Convention on Biological Diversity, 2012, Cities and Biodiversity Outlook, Montreal, 64pp.

Secretariat of the Convention on Biological Diversity, 2020, Global Biodiversity Outlook 5, Montreal, 22pp.(온라인 버전, 한국어 번역본)

Shuwen, W., Pei, Q., Yang, L., Liu, X. P., 2001, Wetland Creation for rare waterfowl conservation: A project designed according to the principles of ecological succession, Ecological Engineering 18:115~120.

Sigurdur Greipsson, 2011, Restoration Ecology, Jones & Bartlett Learning, 408pp.

Singh, H. P., Batish, D. R., Kohli, R. K., 1999, Autotoxicity:Concept, Organisms, and Ecological Significance, Critical Reviews in Plant Sciences 18(6):757~772.

Smallidge, P. J. and Leopold, D. J., 1997, Vegetation management for the maintenance and conservation of butterfly habitats in temperate human-dominated landscape, Landscape and Urban Planning 38:259~280.

Smith, W. H., 1980, Air pollution a 20th century allogenic influence on forest ecosystems. In proceeding of symposium on Effects of air pollution on Mediterranean and Temperate forest ecosystems USDA Forest service, pp.79~87.

Soanes, K., Rytwinski, T., Fahrig, L., Huijser, M. P., Jaeger, J. A. G., Teixeira, F. Z., van der Ree, R., & van der Grift, E. A., 2024, Do wildlife crossing structures mitigate the barrier effect of roads on animal movement? A global assessment, Journal of Applied Ecology, 00, 1-14. https://doi.org/10.1111/1365-2664.14582

TEEB, 2010, The Economics of Ecosystems and Biodiversity: Mainstreaming the Economics of Nature: A synthesis of the approach, conclusions and recommendations of TEEB.

The SER International Primer on Ecological Restoration; Society for Ecological Restoration International Science & Policy Working Group(Version 2: October, 2004).

Theobald, D. M., Miller, J. R., Hobbs, N. T., 1997, Estimating the cumulative effects of development on wildlife habitat, Landscape and Urban Planning 39(1):25~36.

Thompson, E. H. and Sorenson, E. R., 2000, Wetland, Woodland, Wildland : A Guide to the Natural Communities of Vermont, The Nature Conservancy and the Vermont Department of Fish and Wildlife, 456pp.

Thunhorst, G. A., 1993, Wetland Planting Guide for the Northeastern United Status : Plants for Wetland Creation, Restoration, and Enhancement, Environmental Concern, Inc., 179pp.

Tilton, D. L., 1995, Integrating wetlands into planned landscapes, Landscape and Urban Planning 32(3):205~209.

UNEP, 2006, Ecosystem-based Management : Markers for Assessing Progress.

UNEP, 2011, Taking Steps Toward Marine and coastal Ecosystem-based Management.

UNESCO, 2003, Sharing a World of Difference : the Earth's linguistic, cultural and biological diversity, 55pp.

Urbanska, K. M., Webb, N. R. and Edwards, P. J., 1997, Restoration Ecology and Sustainable Development, Cambridge University Press, 397pp.

US Department of Agriculture, Natural Resources Conservation Service, 2007, Stream Restoration Design Handbook (National Engineering Handbook, 210VI, Part 654)

Uwe Riecken, 발표자료(undated), Core areas and corridors of the German ecological network with national and international relevance, 30pp.

V Despotakis, M Giaoutzi and P Nijkamp, 1992, "Spatial Depiction of Local Sustainable Development", in M. J. Breheny(ed.) Sustainable Development and Urban Forum, Pion Limited, London, pp.242~267.

Vicky M. Temperton *et al.*, 2004, Assembly Rules and Restoration Ecology; Bridging the Gap Between Theory and Practice, Island Press, 439pp.

Wheeler, N. and Horton, P., 1997, Ouse Valley Link Trial Area Report, English Nature Habitat Restoration Project, pp. 22~24.

William J. Mitsch and Sven Erik Jørgensen, 2004, Ecological engineering and ecosystem restoration, John Wiley & Sons, Inc., 411pp.

William R. Jordan III *et al.*, 1987, Restoration ecology; a synthetic approach to ecological research, Cambridge University Press.

WWF, 2020, Living Planet Report 2020 - Bending the curve of biodiversity loss, Almond, R.E.A., Grooten M. and Petersen, T. (*Eds*). WWF, Gland, Switzerland.

Zavala, M. A. and Burkey, T. V., 1997, Application of ecological models to landscape planning : the case of the Mediterranean basin, Landscape and Urban Planning 38(3-4):213~227.

杉山惠一, 進士五十八 編, 1995, 自然環境復元の技術, 朝倉書店, pp. 108~112.

▶ 인터넷자료

http://mab.unesco.or.kr/

http://www.acad.carleton.edu/

http://www.biodiversityhotspots.org/

http://www.for.gov.bc.ca/

http://www.forest.go.kr (산림청)

http://www.me.go.kr (환경부)

http://www.moleg.go.kr (법제처)

http://www.natureserve.org

http://www.nier.go.kr (국립환경과학원)

http://www.planningfornature.wur.nl

http://www.ser.org, 2010.8, "Leaflet 21 Supplement:References for Leaflet 21." (http://www.ser.org/mwgl/pdf/Leaflet_21.pdf)

http://www.unesco.or.kr/heritage (유네스코 한국위원회)

http://www.unesco.org

http://www.usda.gov/stream_restoration

http://www.d.umn.edu

사진설명 : 군산 회현방조제

찾아보기

찾아보기

숫자

영어

A

C

E

G

H

I

K

L

R

S

T

W

한글

ㄱ

ㄴ

ㄷ

ㄹ

ㅁ

ㅂ

ㅅ

ㅇ

ㅈ

ㅊ